新課程

チャート式®

体系数学2
代数編

岡部恒治／チャート研究所 共編著

数研出版

「わからない」「なぜ？」は、悪くない。

たとえば、分数と小数を勉強したとき、
こんな疑問にぶつかった人はいませんか。
「1÷3」の答を、分数で表すと「1/3」、
小数で表すと「0.333・・・(3 が永遠につづく)」です。
1/3 に 3 をかけると「1」になりますが、0.333・・・に 3 をかけると「0.999・・・(9 が永遠につづく)」になります。
これはいったいどういうことなのでしょう？

「数学は難しい、わからない」と悩んでいるみなさんに
伝えておきたいことがあります。
数学は、「わらかない」「なぜ？」を大歓迎する学問です。
なぜなら、数学は、いや数学に限らず多く学問は、
「わからない」「なぜ？」から生まれ、発展してきたからです。
たとえば、古代エジプトでは、たびたび氾濫するナイル川の
不思議を解明するために、現代の代数学、幾何学の起源となる
エジプト数学が生まれたといわれています。
ニュートンが万有引力を発見したのも、リンゴが木から落ちる
現象に対する「なぜ？」がきっかけといわれています。

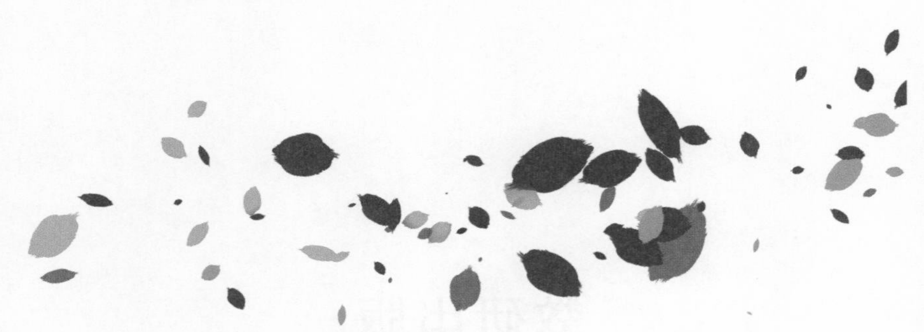

チャート式は、学ぶ人の「わからない」「なぜ?」を大切にし、
そこに寄りそう参考書でありたいと思っています。
だから、問題の正解を得ることをゴールとするのではなく、
そこにたどり着くまでのプロセスにおける「考察」を大切に
する内容になっています。

チャートとは、海図のこと。
大海原を航海すれば、必ずさまざまな問題にぶつかり、
その問題を乗り越えるための道しるべが、チャートです。
数学は、航海に似ています。
「なぜそうなるのか?」「どちらに向かえばよいのか?」
といったことがたくさん起きる、いわば「冒険のような学問」
といえます。

さぁ、数学という、ワクワクドキドキの冒険に出かけましょう。
チャート式といっしょに。

はしがき

本書は，中学，高校で学ぶ数学の内容を体系的に編成した，数研出版発行のテキスト『新課程 体系数学 2 代数編』に準拠した参考書で，通常，中学 2，3 年で学ぶ「数と式」の内容を中心に構成されています。
これからみなさんが学ぶテキスト『新課程 体系数学 2 代数編』において，わからないことや疑問に思うことをやさしくていねいに解説しています。

数学において「自分自身で考えること」は大切です。なぜなら，数学は単に問題を解くだけではなく，何が重要なのか，なぜそうなるのかを考える学問だからです。考える際には試行錯誤がつきものですが，本書ではその時々に道しるべとなる解説があり，それが問題解決にむけてみなさんをサポートします。
また，テキストで身につけた数学の知識や考え方をさらに深め，もっと先を知りたいと思うみなさんの知的好奇心も刺激します。テキストで扱った内容をさらに発展させた内容や，高校数学にもつながる，より深まりのある問題にチャレンジすることで，思考力の育成を後押しします。
なお，問題解法を「自分自身で考える」際のポイントは次の通りです。

1. どうやって問題解法の糸口を見つけるか
2. ポイント，急所はどこにあるか
3. おちいりやすい落とし穴はどこか
4. その事項に関する，もとになる知識はどれだけ必要か

本書はこれらに重点をおいてできるだけ詳しく，わかりやすく解説しました。
テキストと本書を一緒に使用することで，中学 2，3 年で学ぶ「数と式」の全体像を見渡せることが本書の目標です。それによって多くの人が数学を好きになってほしいと願い，本書をみなさんに届けます。

C.O.D.(*The Concise Oxford Dictionary*) には，CHART——Navigator's sea map, with coast outlines, rocks, shoals, *etc.* と説明してある。
海図——浪風荒き問題の海に船出する若き船人に捧げられた海図——問題海の全面をことごとく一眸の中に収め，もっとも安らかな航路を示し，あわせて乗り上げやすい暗礁や浅瀬を一目瞭然たらしめる CHART！

——昭和初年チャート式代数学巻頭言

目次

中1 中2 中3 は，中学校学習指導要領に示された，その項目を学習する学年を表しています。また，数I 数Aはそれぞれ，高等学校の数学I，数学Aの内容です。

1 章トビラ

各章のはじめに，その章で扱う例題一覧と学習のポイントを掲載しています。
例題一覧は，その章の例題の全体像をつかむのに役立ちます。

2 節はじめのまとめ

0 節の名称

基本事項

その節で扱う内容の基本事項をわかりやすくまとめてあります。
ここでの内容はしっかりと理解し，必要ならば記憶しなければなりません。
テストの前などには，ここを見直しておきましょう。

2 例題とその解答

のマークが　1，2 個 …… 教科書の例，例題レベル
　　　　　　3，4 個 …… 教科書の節末・章末問題レベル
　　　　　　5 個　 …… やや難レベル　　　　　　　　　を表します。

例題 0

基礎力をつける問題，応用力を定着させる問題を中心にとり上げました。
中にはやや程度の高い問題もあります。

問題の解き方をどうやって思いつくか，それをどのように発展させて解決へ導けばよいか，注意すべき点はどこかなどをわかりやすく示してあります。また，本書の特色である CHART（右ページの説明 7 を参照）も，必要に応じてとり上げています。
問題の解き方のポイントをおさえながら，自分で考え出していく力を養えるように工夫してあり，ここがチャート式参考書の特色が最も現れているところです。

解答　例題に対する模範解答を示しました。特に，応用問題や説明（証明）問題では，無理や無駄がなく結論に到達できるように注意しました。この解答にならって，答案の表現力を養いましょう。

4 解　説

例題に関連した補足的な説明や，注意すべき事柄，更に程度の高い内容についてふれました。「考え方」と同じく，本書の重要な部分です。

5 練　習

練 習 0

例題の反復問題や，例題に関連する問題をとり上げました。例題が理解できたかチェックしましょう。

6 節末問題

演習問題

その節の復習および仕上げとしての問題をとり上げました。よくわからないときは，➔で示した例題番号にしたがって，例題をもういちど見直しましょう。なお，必要に応じて，ヒントをページの下に入れています。

7 チャート

CHART

航海における海図（英語ではCHART）のように，難問が数多く待ち受けている問題の海の全体を見渡して，最も安全な航路を示し，乗り上げやすい暗礁や浅瀬を発見し，注意を与えるのがチャートです。
もとになる基本事項・重要事項（公式や定理）・注意事項を知っているだけではなかなか問題は解けません。これらの事項と問題との間に距離があるからです。この距離を埋めようというのがチャートです。

8 ステップアップ

本文で解説した内容やテキストに関連した内容を深く掘り下げて解説したり，発展させた内容を紹介したりしています。
数学の本質や先々学ぶ発展的な内容にもふれることができ，数学的な知的好奇心を刺激するものになっています。　（ステップアップ一覧は $p.8$ 参照）

9 総合問題

総合問題 0 思考力・判断力・表現力を身につけよう!

これからの大学入試で求められる力である「思考力・判断力・表現力」を身につけるのに役立つ問題をとり上げました。自分で考え，導いた答えが妥当か判断し，それを自分の言葉で表すことを意識して取り組みましょう。

また,「日常生活に関連した題材」も扱っています。総合問題に取り組みながら，日常生活に関連する問題が，数学を用いてどのように解決されるのか，ということも考えてみましょう。

10 QR コード

理解を助けるため，必要な箇所に閲覧サイトにアクセスできる QR コードをもうけました。

※QR コードは株式会社デンソーウェーブの登録商標です。

11 答と解説

巻末の「答と略解」で,「練習」と「演習問題」の最終の答を示しました。
詳しい答と解説は，別冊解答編に示してあります。

ステップアップ一覧

第1章 式の計算

この章の学習のポイント

❶ 多項式の計算では，分配法則や公式を用いてすばやく正確に行えるように練習を積みましょう。因数分解では基本の公式の活用からさまざまな式を因数分解する方法も学びます。

❷ 式の計算や文字を利用して，数や図形の性質について説明できるようにしましょう。

例題一覧

		例題	レベル
1	1	単項式と多項式の乗法	①
	2	(多項式)÷(単項式) の計算	①
	3	$(a+b)(c+d)$ の展開	①
	4	多項式どうしの積の展開	②
	5	$(x+a)(x+b)$ の展開	①
	6	$(x+a)^2$，$(x-a)^2$ の展開	①
	7	$(x+a)(x-a)$ の展開	①
	8	$(ax+b)(cx+d)$ の展開	①
	9	$(a+b+c)^2$ の形の式の展開	③
	10	おきかえによる式の展開	③
	11	展開の公式の利用	②
	12	くふうして行う式の展開	③
	13	分数を含む多項式の計算	③
	14	複雑な式の計算	③
	15	展開した式の係数	③
2	16	共通因数をくくり出す	①
	17	x^2+px+q の因数分解	②
	18	$x^2+2ax+a^2$，$x^2-2ax+a^2$ の因数分解	①
	19	x^2-a^2 の因数分解	①
	20	共通因数のある式の因数分解	②
	21	px^2+qx+r の因数分解	②
	22	おきかえによる因数分解	③
	23	複雑な式の因数分解	④
	24	複2次式の因数分解	⑤
3	25	数の計算のくふう	②
	26	式の値 (1)	②
	27	式の値 (2)	②
	28	整数の問題	③
	29	図形の問題	④

1 多項式の計算

基本事項

1 単項式と多項式の乗法と除法

(1) **(単項式)×(多項式), (多項式)×(単項式)**

分配法則 $\boldsymbol{a(b+c)=ab+ac}$, $\boldsymbol{(a+b)c=ac+bc}$ を使って計算する。

例 $3a(a+b)=3a\times a+3a\times b$
$\quad=3a^2+3ab$

$(a-b+c)b=a\times b-b\times b+c\times b$
$\quad=ab-b^2+bc$

(2) **(多項式)÷(単項式)**

除法を乗法に直して計算 する。そのためには，わる式の逆数をかければよい。

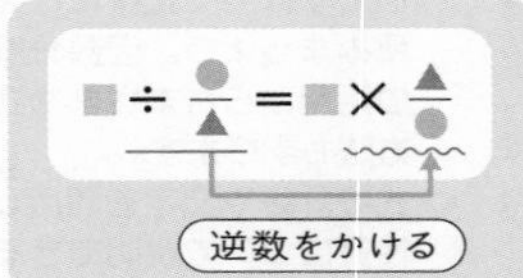

例 $(a-b+c)\div d=(a-b+c)\times\dfrac{1}{d}$

$$=\frac{a}{d}-\frac{b}{d}+\frac{c}{d}$$

2 多項式の乗法

(1) 単項式と多項式の乗法，あるいは，多項式と多項式の乗法において，かっこをはずして単項式の和の形に表すことを，もとの式を **展開** するという。

(2) **(多項式)×(多項式) の展開**

一方の多項式をまとまりとしてとらえ，**分配法則** を使う。

例 $(a-3b+2)(4a-5b)=a(4a-5b)-3b(4a-5b)+2(4a-5b)$
$\quad=4a^2-5ab-12ab+15b^2+8a-10b$
$\quad=4a^2-17ab+15b^2+8a-10b$

$(a+b)(c+d)$ の展開は右の要領で行う。

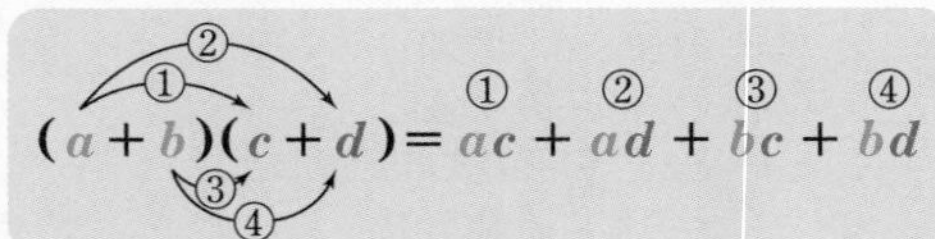

展開した式が同類項を含むときは，同類項をまとめて簡単な形にする。

3 展開の公式

[1] $(x+a)(x+b)=x^2+(a+b)x+ab$

[2] $(x+a)^2=x^2+2ax+a^2$ [3] $(x-a)^2=x^2-2ax+a^2$

[4] $(x+a)(x-a)=x^2-a^2$

[5] $(ax+b)(cx+d)=acx^2+(ad+bc)x+bd$

例題 1 単項式と多項式の乗法

次の計算をしなさい。

(1) $-4x(x-3y)$ (2) $5a(3a-2ab+b)$ (3) $3x(x+2y)-y(7x-y)$

(単項式)×(多項式) の計算は，**分配法則を使ってかっこをはずす。**

分配法則 $a(b+c)=ab+ac$ $(a+b)c=ac+bc$

(2) のように，多項式の項の数が多くなっても，計算の要領は同じ。

解答

(1) $-4x(x-3y)=-4x\times x-4x\times(-3y)$

$=\boldsymbol{-4x^2+12xy}$ 答

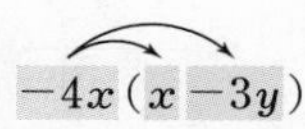

(2) $5a(3a-2ab+b)=5a\times 3a+5a\times(-2ab)+5a\times b$

$=\boldsymbol{15a^2-10a^2b+5ab}$ 答

(3) $3x(x+2y)-y(7x-y)=3x^2+6xy-7xy+y^2$

$=\boldsymbol{3x^2-xy+y^2}$ 答

◀同類項はまとめる。

慣れてくれば，途中の式を省略して，ただちに結果の式を書いてもかまわない。

解説

(単項式)×(多項式) の計算では，分配法則を使ってかっこをはずすとき，単項式の積の計算を行うことになる。

単項式の積の計算では，

係数は係数どうし，文字は文字どうし

それぞれ別々に計算するとよい。たとえば，(1) の $-4x\times(-3y)$ の計算では，$-4\times(-3)=12$，$x\times y=xy$ であるから，結果は $12xy$ となる。

CHART

単項式の積 係数は係数どうし，文字は文字どうし

練習 1 次の計算をしなさい。

(1) $-a(b-5)$ (2) $(3-x)\times 2x$

(3) $(4x-6y)\times\left(-\frac{1}{2}x\right)$ (4) $2ab(a^2b-ab^2)$

(5) $(5p-3q-7r)\times 4x$ (6) $\left(\frac{3}{4}x^2-xy+\frac{9}{2}y^2\right)\times\left(-\frac{2}{3}xy\right)$

(7) $-3m(m+n)+n(m-6n)$ (8) $\frac{1}{4}a(4a-12b)-\frac{1}{3}b(9a-6b)$

例題 2　(多項式)÷(単項式) の計算

次の計算をしなさい。

(1)　$(15x^2y-3xy)\div 3x$　　(2)　$\left(\frac{1}{3}a^3b^2-2ab^2\right)\div\left(-\frac{1}{6}ab^2\right)$

(多項式)÷(単項式) の計算は，**除法を乗法に直して行う。**
そのためには，わる式の逆数をかければよい。
たとえば，**m でわる** ということは，
$\frac{1}{m}$ をかける ということである。

$\div\square \longrightarrow \times\frac{1}{\square}$

例　$(a+b)\div m=(a+b)\times\frac{1}{m}$　◀逆数をかける。

$=a\times\frac{1}{m}+b\times\frac{1}{m}=\frac{a}{m}+\frac{b}{m}$

解答

(1)　$(15x^2y-3xy)\div 3x=(15x^2y-3xy)\times\frac{1}{3x}$　◀$3x$ の逆数は $\frac{1}{3x}$

$=\frac{15x^2y}{3x}-\frac{3xy}{3x}$　◀$\frac{15x^2y}{3x}=5xy$，$\frac{3xy}{3x}=y$

$=\mathbf{5xy-y}$　答

(2)　$\left(\frac{1}{3}a^3b^2-2ab^2\right)\div\left(-\frac{1}{6}ab^2\right)$　◀$-\frac{1}{6}ab^2=-\frac{ab^2}{6}$ であるから，$-\frac{1}{6}ab^2$ の逆数は $-\frac{6}{ab^2}$

$=\left(\frac{1}{3}a^3b^2-2ab^2\right)\times\left(-\frac{6}{ab^2}\right)$

$=-\frac{a^3b^2\times 6}{3ab^2}+\frac{2ab^2\times 6}{ab^2}$　◀$\frac{a^3b^2\times 6}{3ab^2}=2a^2$，$\frac{2ab^2\times 6}{ab^2}=12$

$=\mathbf{-2a^2+12}$　答

式の計算では，結果の式を **できるだけ簡単な形にするのが大原則** だよ。
計算して出てきた式が約分できる場合には，必ず約分しておこう。

練習 2　次の計算をしなさい。

(1)　$(12a^2-4a)\div 2a$　　(2)　$(15ax-10ay)\div(-5x)$

(3)　$(a^3b-8a^2b^2)\div a^2b$　　(4)　$(6x^3-15x^2+3x)\div(-3x)$

(5)　$(8a^2b^3-12ab^4-4ab^3)\div 2ab$　　(6)　$(-8x^2+4x)\div\frac{4}{3}x$

(7)　$\left(\frac{a^3b}{7}-\frac{a^2b^2}{4}\right)\div\frac{ab}{28}$　　(8)　$\left(\frac{4}{5}x^3y-\frac{3}{4}xy^2\right)\div\left(-\frac{3}{2}xy\right)$

例題 3 $(a+b)(c+d)$ の展開

次の式を展開しなさい。

(1) $(a-2)(3a+4)$ (2) $(3x+5y)(2x-3y)$

$(a+b)(c+d)$ の形をした積の展開は，次のように行う。

$$(a+b)(c+d)=\overset{①}{ac}+\overset{②}{ad}+\overset{③}{bc}+\overset{④}{bd}$$

◀$(a+b)(c+d)=a(c+d)+b(c+d)$
$=ac+ad+bc+bd$

展開した式が同類項を含むときは，**同類項をまとめて** 簡単な形にする。

CHART 式は整理　同類項はまとめる

解答

(1) $(a-2)(3a+4)=3a^2+4a-6a-8$　（$+4a$ と $-6a$ が同類項）

$=\boldsymbol{3a^2-2a-8}$ 答

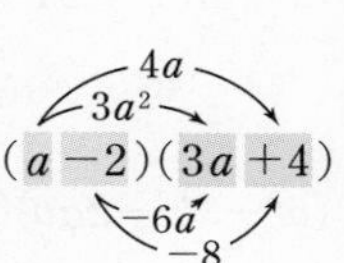

(2) $(3x+5y)(2x-3y)$

$=6x^2-9xy+10xy-15y^2$　（$-9xy$ と $+10xy$ が同類項）

$=\boldsymbol{6x^2+xy-15y^2}$ 答

−9xy
6x²
(3x +5y)(2x −3y)
10xy
−15y²

解説

(多項式)×(多項式) を展開するには，上のように横書きのまま計算する方法のほかに，次のように縦書きで計算する方法もある。

(1)
$$\begin{array}{r} a-2 \\ \times)\ 3a+4 \\ \hline 3a^2-6a \\ 4a-8 \\ \hline 3a^2-2a-8 \end{array}$$
←$(a-2)\times 3a$
←$(a-2)\times 4$

(2)
$$\begin{array}{r} 3x+5y \\ \times)\ 2x-3y \\ \hline 6x^2+10xy \\ -9xy-15y^2 \\ \hline 6x^2+\ \ xy-15y^2 \end{array}$$
←$(3x+5y)\times 2x$
←$(3x+5y)\times(-3y)$

縦書きで計算する場合は，計算が簡単にできるように同類項を縦に並べて書く。

練習 3 次の式を展開しなさい。

(1) $(x+2)(y+3)$ (2) $(x+7)(x-2)$ (3) $(a-4)(b+8)$
(4) $(k-11)(\ell-7)$ (5) $(a-2b)(c+3d)$ (6) $(p+5q)(x-13y)$
(7) $(2x+1)(x+3)$ (8) $(8n+3)(7n-5)$ (9) $(4x-y)(5x+2y)$

例題 4　多項式どうしの積の展開

次の式を展開しなさい。

(1)　$(x+3)(x^2-2x+4)$　　(2)　$(a^2-3b^2-2ab)(3b^2-2a^2)$

分配法則 を使って展開する。式をまとまりとしてとらえることが大切。

(1)　$(x+3)\boxed{(x^2-2x+4)}=x\boxed{(x^2-2x+4)}+3\boxed{(x^2-2x+4)}$

(2) では展開する前に，それぞれの (　) の中を a について次数が低くなる順に項を並べかえておく。こうすると，分配法則を使うとき，指数の大きさの順に並ぶので，計算しやすくなる。

解答

(1)　$(x+3)(x^2-2x+4)=x(x^2-2x+4)+3(x^2-2x+4)$

$=x^3-2x^2+4x+3x^2-6x+12$　◀同類項はまとめる。

$=\boldsymbol{x^3+x^2-2x+12}$　答

(2)　$(a^2-3b^2-2ab)(3b^2-2a^2)$

$=(a^2-2ab-3b^2)(-2a^2+3b^2)$　◀ a について次数が低くなる順に整理。

$=a^2(-2a^2+3b^2)-2ab(-2a^2+3b^2)-3b^2(-2a^2+3b^2)$

$=-2a^4+3a^2b^2+4a^3b-6ab^3+6a^2b^2-9b^4$　◀同類項はまとめる。

$=\boldsymbol{-2a^4+4a^3b+9a^2b^2-6ab^3-9b^4}$　答

解説

多項式の計算では，ある文字に着目して，各項の次数が低くなる順に整理することが多い。このことを **降べきの順に整理する** という。

たとえば，(2) において，a^2-3b^2-2ab の a に着目すると

a の 2 次の項は a^2，a の 1 次の項は $-2ab$，a を含まない項は $-3b^2$

である。

よって，a^2-3b^2-2ab を a に着目して降べきの順に整理すると，$a^2-2ab-3b^2$ となる。

b に着目して整理してもいいんだね。

練習 4　次の式を展開しなさい。

(1)　$(x+1)(x^2-3x+2)$　　(2)　$(2-x+2x^2)(3+x-x^2)$

(3)　$(a+b)(3a-4b+2)$　　(4)　$(4x-y+2)(2x-y)$

(5)　$(3a+2b)(5a-4b-3)$　　(6)　$(7p-3q+5)(4p+9q-6)$

(7)　$(3m+2n-4)(m-2n+3)$　　(8)　$(x^2-3xy+y^2)(3x-y)$

(9)　$(2a-3b)(a^2-3ab+4b^2)$　　(10)　$(3xy+2x^2-4y^2)(x^2-5y^2-3xy)$

例題 5 $(x+a)(x+b)$ の展開

次の式を展開しなさい。

(1) $(x+2)(x-6)$　　(2) $(x-7y)(x+5y)$

(3) $(2a+b)(2a+3b)$　　(4) $\left(x+\frac{1}{2}\right)\left(x-\frac{1}{3}\right)$

$$(x+a)(x+b)=x^2+(a+b)x+ab$$ ← x^2+(和)$x+$(積)

（加える／かける）

(2) $-7y$ を a，$5y$ を b とみなす。

(3) 共通の式 $2a$ を x とみなす。

(4) 公式の a，b が分数となる場合も，手順は同じ。

解答

(1) $(x+2)(x-6)=x^2+(2-6)x+2\times(-6)$　◀ $x^2+\{2+(-6)\}x+2\times(-6)$ と同じ。

$=\boldsymbol{x^2-4x-12}$ 答

(2) $(x-7y)(x+5y)=x^2+(-7y+5y)x+(-7y)\times5y$

$=\boldsymbol{x^2-2xy-35y^2}$ 答　◀ yx は xy とする。

(3) $(2a+b)(2a+3b)=(2a)^2+(b+3b)\times2a+b\times3b$

$=\boldsymbol{4a^2+8ab+3b^2}$ 答　◀ ba は ab とする。

(4) $\left(x+\frac{1}{2}\right)\left(x-\frac{1}{3}\right)=x^2+\left(\frac{1}{2}-\frac{1}{3}\right)x+\frac{1}{2}\times\left(-\frac{1}{3}\right)$　◀ $\frac{1}{2}-\frac{1}{3}=\frac{3}{6}-\frac{2}{6}$

$=\boldsymbol{x^2+\frac{1}{6}x-\frac{1}{6}}$ 答

練習 5A 次の式を展開しなさい。

(1) $(x+1)(x+3)$　　(2) $(x+3)(x-5)$

(3) $(x-9)(x+4)$　　(4) $(y-5)(y-7)$

(5) $(a+b)(a+3b)$　　(6) $(a-2b)(a-3b)$

(7) $(x+2y)(x-4y)$　　(8) $(3a-2b)(3a-4b)$

(9) $\left(t-\frac{3}{5}\right)\left(t-\frac{5}{6}\right)$

練習 5B 次の式の ア□，イ□ にあてはまる数を求めなさい。

(1) $(x+$ ア□$)(x+4)=x^2+$ イ□ $x+12$

(2) $(x-3)(x-$ ア□$)=x^2-5x+$ イ□

(3) $(x+$ ア□$)(x-8)=x^2-$ イ□ $x-40$

(4) $(x-2)(x+$ ア□$)=x^2+3x-$ イ□

例題 6 $(x+a)^2$, $(x-a)^2$ の展開

次の式を展開しなさい。

(1) $(x+9)^2$　(2) $(x-6)^2$　(3) $(2a+3)^2$

(4) $(8x-5)^2$　(5) $\left(3y-\dfrac{2}{3}\right)^2$　(6) $(-2a+3b)^2$

和の平方の公式　$(x+a)^2=x^2+2ax+a^2$

差の平方の公式　$(x-a)^2=x^2-2ax+a^2$

（2乗）　積の2倍を忘れずに

(3)～(6) では，係数もひとまとめにして公式にあてはめる。

解答

(1) $(x+9)^2=x^2+2\times9\times x+9^2=\boldsymbol{x^2+18x+81}$ 答

(2) $(x-6)^2=x^2-2\times6\times x+6^2=\boldsymbol{x^2-12x+36}$ 答

(3) $(2a+3)^2=(2a)^2+2\times2a\times3+3^2$

$=\boldsymbol{4a^2+12a+9}$ 答

(4) $(8x-5)^2=(8x)^2-2\times8x\times5+5^2=\boldsymbol{64x^2-80x+25}$ 答

(5) $\left(3y-\dfrac{2}{3}\right)^2=(3y)^2-2\times3y\times\dfrac{2}{3}+\left(\dfrac{2}{3}\right)^2$

$=\boldsymbol{9y^2-4y+\dfrac{4}{9}}$ 答

◀分数の累乗は，かっこをつける。

(6) $(-2a+3b)^2=(-2a)^2+2\times(-2a)\times3b+(3b)^2$

$=\boldsymbol{4a^2-12ab+9b^2}$ 答

◀$(-2a+3b)^2=\{(-2a)+3b\}^2$

同符号
$(●+■)^2=●^2+2\times●\times■+■^2$

同符号
$(●-■)^2=●^2-2\times●\times■+■^2$

解説

(6) は最初の項にマイナスがついているが，上の解答では $(-2a+3b)^2=\{(-2a)+3b\}^2$ と考えて，**和の平方の公式** を利用した。

この式は，次のように変形して，**差の平方の公式** を利用することもできる。

① $(-2a+3b)^2=(3b-2a)^2$　② $(-2a+3b)^2=\{-(2a-3b)\}^2=(2a-3b)^2$

◀①，② を展開すると，どちらも $4a^2-12ab+9b^2$ となる。

練習 6　次の式を展開しなさい。

(1) $(x+8)^2$　(2) $(x-9)^2$　(3) $(5y+2)^2$

(4) $(2a-7)^2$　(5) $(x-3y)^2$　(6) $\left(\dfrac{1}{6}a+9b\right)^2$

(7) $(-a+2)^2$　(8) $(-3m+2n)^2$　(9) $(-2p-q)^2$

例題 7 $(x+a)(x-a)$ の展開

次の式を展開しなさい。

(1) $(x+5)(x-5)$　　(2) $(3x+2)(3x-2)$　　(3) $(3a-4b)(4b+3a)$

和と差の積であるから，次の公式を使う。

$$(x+a)(x-a)=x^2-a^2$$

和と差の積は平方の差

◀ $(x+a)(x-a)=x^2+(a-a)x-a^2$
$=x^2-a^2$

(3) は，$4b+3a=3a+4b$ に気づくことがポイント。

解答

(1) $(x+5)(x-5)=x^2-5^2=\boldsymbol{x^2-25}$ 答

(2) $(3x+2)(3x-2)=(3x)^2-2^2=\boldsymbol{9x^2-4}$ 答

(3) $(3a-4b)(4b+3a)=(3a-4b)(3a+4b)$

$=(3a)^2-(4b)^2=\boldsymbol{9a^2-16b^2}$ 答

◀ $(x-a)(x+a)$ の形でも公式は使える。

練習 7 次の式を展開しなさい。

(1) $(x+1)(x-1)$　　(2) $(7x-2y)(7x+2y)$

(3) $(3-5x)(5x+3)$　　(4) $(-2m+3n)(3n+2m)$

(5) $(-5-a)(5-a)$　　(6) $\left(-\dfrac{2}{5}a+\dfrac{1}{2}\right)\left(\dfrac{1}{2}+\dfrac{2}{5}a\right)$

例題 8 $(ax+b)(cx+d)$ の展開

次の式を展開しなさい。

(1) $(2x+3)(x+4)$　　(2) $(2a-3b)(5a+4b)$

$(ax+b)(cx+d)=acx^2+(ad+bc)x+bd$ を利用する。

(2) は，$\{2a+(-3b)\}(5a+4b)$ と考える。

解答

(1) $(2x+3)(x+4)=2\times1\times x^2+(2\times4+3\times1)x+3\times4=\boldsymbol{2x^2+11x+12}$ 答

(2) $(2a-3b)(5a+4b)=2\times5\times a^2+\{2\times4b+(-3b)\times5\}a+(-3b)\times4b$

$=\boldsymbol{10a^2-7ab-12b^2}$ 答

練習 8 次の式を展開しなさい。

(1) $(x+5)(3x+4)$　　(2) $(2a+3)(4a-1)$

(3) $(3x-2)(4x+3)$　　(4) $(x+7y)(6x+5y)$

(5) $(2a-5b)(3a+2b)$　　(6) $(5p-8q)(4p-3q)$

例題 9　$(a+b+c)^2$ の形の式の展開

$(a+2b-c)^2$ を展開しなさい。

考え方　$(a+2b-c)^2=(a+2b-c)(a+2b-c)$ であるから，分配法則を使えば展開できる。しかし，計算は少し面倒になる。
かっこ内が 2 項なら，展開の公式が使えるから，$a+2b=M$ とおくと

$$(a+2b-c)^2=(M-c)^2=M^2-2Mc+c^2$$
$$=(a+2b)^2-2(a+2b)c+c^2$$

あとは，展開の公式と分配法則を使って展開すればよい。
慣れてきたら，いちいち文字でおきかえずに，まとめる項をかっこでくくって計算しよう。

解答

$(a+2b-c)^2=\{(a+2b)-c\}^2$　　◀$a+2b$ をまとめる。

$=(a+2b)^2-2(a+2b)c+c^2$

$=a^2+4ab+4b^2-2ac-4bc+c^2$　　◀同類項はないから，これを答えとしてもよい。

$=\boldsymbol{a^2+4b^2+c^2+4ab-4bc-2ca}$　答

参考　同じ要領で $(a+b+c)^2$ を展開すると，次の結果が得られる。

$$\boldsymbol{(a+b+c)^2=a^2+b^2+c^2+2ab+2bc+2ca} \quad \cdots\cdots ①$$

これを公式として覚えておくと便利である。
① を公式として使って $(a+2b-c)^2$ を展開すると，次のようになる。

$(a+2b-c)^2=a^2+(2b)^2+(-c)^2+2\times a\times 2b+2\times 2b\times(-c)+2\times(-c)\times a$

$=\boldsymbol{a^2+4b^2+c^2+4ab-4bc-2ca}$　答

解説

3 文字 a，b，c について 2 文字の和・差・積を並べて書くときは，$(a+b+c)^2=a^2+b^2+c^2+2ab+2bc+2ca$ の書き方と同じように，次のような **輪環の順** に書くことが多い。

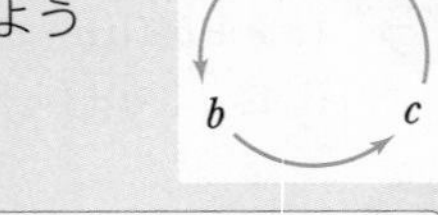

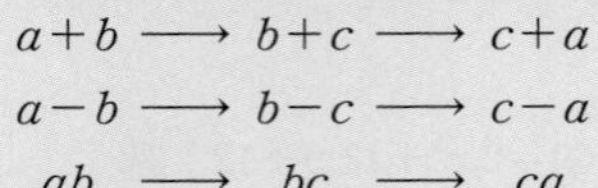

こうすると式が見やすくなって，項の見落としも少なくなるね。

練習 9　次の式を展開しなさい。

(1)　$(a-b+2)^2$　　(2)　$(2a-b-c)^2$　　(3)　$(a+2b-3c)^2$

(4)　$(3x+5y+4z)^2$　　(5)　$(9x+8y-6z)^2$　　(6)　$(-7x+5y-3z)^2$

例題 10 おきかえによる式の展開

次の式を展開しなさい。

(1) $(a-b+c)(a-b-c)$　(2) $(x+2y-3)(x+2y+4)$

(3) $(a^2+3a-4)(a^2-3a+4)$

どの式も 2 つのかっこ内に共通な式が含まれている。

(1) では $a-b$ が共通であるから，$a-b=M$ とおくと

$$(a-b+c)(a-b-c)=(M+c)(M-c)$$ …… **和と差の積**

となって，展開の公式が使える。

(2) では $x+2y=M$，(3) では $-3a+4=-(3a-4)$ と変形して $3a-4=M$ とおくと，展開の公式が利用できる。

実際の計算では，おきかえる代わりに共通な式をかっこでまとめよう。

CHART 共通な式は　まとめる

解答

(1) $(a-b+c)(a-b-c)=\{(a-b)+c\}\{(a-b)-c\}$
$=(a-b)^2-c^2$
$=\boldsymbol{a^2-2ab+b^2-c^2}$ 答

◀共通な式 $a-b$ をまとめる。

(2) $(x+2y-3)(x+2y+4)=\{(x+2y)-3\}\{(x+2y)+4\}$
$=(x+2y)^2+(x+2y)-12$
$=\boldsymbol{x^2+4xy+4y^2+x+2y-12}$ 答

◀共通な式 $x+2y$ をまとめる。

(3) $(a^2+3a-4)(a^2-3a+4)=\{a^2+(3a-4)\}\{a^2-(3a-4)\}$
$=(a^2)^2-(3a-4)^2$
$=a^4-(9a^2-24a+16)$
$=\boldsymbol{a^4-9a^2+24a-16}$ 答

◀共通な式 $3a-4$ をまとめる。

解説

本問は分配法則を使っても展開できる。しかし，むやみに展開すると項の個数が多くなって，計算ミスの可能性が高くなる。
したがって，式の特徴をつかんで計算をくふうすることが大切で，計算をより速く，より正確に行うことにつなげられる。

練習 10 次の式を展開しなさい。

(1) $(x+y+2)(x+y-3)$　(2) $(a-b-5)(a-b+7)$

(3) $(x+y-z)(x-y-z)$　(4) $(2a-3b+c)(2a+3b-c)$

(5) $(x^2-4x+6)(x^2-4x-9)$　(6) $(x^2-5xy+3y^2)(x^2-5xy-3y^2)$

(7) $(2x^2-3x+4)(4+3x-2x^2)$　(8) $(a+b-c-d)(a-b-c+d)$

例題 11 展開の公式の利用

次の計算をしなさい。

(1) $(x-4)^2-(x-3)(x+2)$　　(2) $(x-4y)(5x-y)+(3x+2y)(3x-2y)$

(3) $(x+1)(3-x)-(2x-1)(2x+1)+(1-3x)^2$

加法・減法と乗法が混じった計算 ⟶ **乗法を先に計算** する。
たとえば(1)は，まず $(x-4)^2$ と $(x-3)(x+2)$ を展開する。
展開して得られた式はかっこでくくり，符号に注意してかっこをはずす。

+(　)はそのまま　　(　)をはずす　　$\boldsymbol{+(a+b-c)=a+b-c}$

−(　)は符号を変えて(　)をはずす　　$\boldsymbol{-(a+b-c)=-a-b+c}$

解答

(1) $(x-4)^2-(x-3)(x+2)=(x^2-8x+16)-(x^2-x-6)$

$=x^2-8x+16-x^2+x+6$　　◀−(　)は符号を変えてはずす。

$\boldsymbol{=-7x+22}$ 答

(2) $(x-4y)(5x-y)+(3x+2y)(3x-2y)$

$=(5x^2-21xy+4y^2)+(9x^2-4y^2)$

$=5x^2-21xy+4y^2+9x^2-4y^2$　　◀+(　)はそのままはずす。

$\boldsymbol{=14x^2-21xy}$ 答

(3) $(x+1)(3-x)-(2x-1)(2x+1)+(1-3x)^2$

$=-(x+1)(x-3)-(2x-1)(2x+1)+(3x-1)^2$　　◀$(x+1)(3-x)=(x+1)\{-(x-3)\}$
$(1-3x)^2=\{-(3x-1)\}^2$

$=-(x^2-2x-3)-(4x^2-1)+(9x^2-6x+1)$

$=-x^2+2x+3-4x^2+1+9x^2-6x+1$　　◀+(　)はそのままはずす。
−(　)は符号を変えてはずす。

$\boldsymbol{=4x^2-4x+5}$ 答

解説

問題で与えられた式のことを **与式**(よしき) といい，「(与式)=……」のように書くことがある。たとえば，(1)の解答は (与式)$=(x^2-8x+16)-(x^2-x-6)$ と書ける。
問題文の式が長く，書き写すのが大変な場合に使うと便利である。

練習 11 次の計算をしなさい。

(1) $(x+2)(x-8)+(x+3)^2$　　(2) $(x-3)(x+5)-(x+6)(x-7)$

(3) $(3x-2)^2-(x+1)(x-4)$　　(4) $(2m+3n)^2+(2m-3n)^2$

(5) $(x+2y)(x-y)-(3x-y)^2$　　(6) $(-a+3)(-a-3)+2(a+1)^2$

(7) $(x+3)(x-7)+(x-3)^2-(2x-3)(x-5)$

(8) $(5a+3b)(5a-3b)-(2a-7b)^2-(a-4b)(a+2b)$

例題 12 くふうして行う式の展開

次の式を展開しなさい。

(1) $(3a+2b)^2(3a-2b)^2$　　(2) $(x-1)(x-2)(x-3)(x-4)$

考え方　そのまま前から順に展開すると，計算が複雑になる。しかし，(1) は $(3a+2b)(3a-2b)$ のように **組み合わせる** と，和と差の積の公式が使える。
(2) はそれぞれのかっこ内の定数項に着目し，**組み合わせをくふう** すると

$$(x-1)(x-4)\times(x-2)(x-3)=(\underline{x^2-5x}+4)(\underline{x^2-5x}+6)$$

◀$1+4=2+3=5$

となり，共通な式 x^2-5x が現れる。これで計算の見通しがよくなった。

解答

(1) $(3a+2b)^2(3a-2b)^2=\{(3a+2b)(3a-2b)\}^2$
$=(9a^2-4b^2)^2$
$=(9a^2)^2-2\times9a^2\times4b^2+(4b^2)^2$
$=\boldsymbol{81a^4-72a^2b^2+16b^4}$ 答

◀和と差の積の組み合わせをつくる。

◀文字 a について，降べきの順に並べて整理している。

(2) $(x-1)(x-2)(x-3)(x-4)=(x-1)(x-4)\times(x-2)(x-3)$
$=(\underline{x^2-5x}+4)(\underline{x^2-5x}+6)$
$=\{(x^2-5x)+4\}\{(x^2-5x)+6\}$
$=(x^2-5x)^2+10(x^2-5x)+24$
$=x^4-10x^3+25x^2+10x^2-50x+24$
$=\boldsymbol{x^4-10x^3+35x^2-50x+24}$ 答

◀共通な式 x^2-5x をまとめる。

解説

例題 12 は前から順に展開しても計算できる。たとえば，(1) は

$$(3a+2b)^2(3a-2b)^2=(9a^2+12ab+4b^2)(9a^2-12ab+4b^2)$$
$$=(9a^2+4b^2)^2-(12ab)^2=81a^4-72a^2b^2+16b^4$$

しかし，上の解答の方がスマートである。これは和と差の積になる組み合わせは展開しても項が増えず，計算の見通しがよくなるためである。

CHART

式の取り扱い　1 式は整理　2 共通な式はまとめる　3 組み合わせをくふう

練習 12　次の式を展開しなさい。

(1) $(4a+3b)^2(4a-3b)^2$　　(2) $(4x^2+y^2)(2x+y)(2x-y)$

(3) $(x-2)(x+3)(x+2)(x-3)$　　(4) $(x-2)(x-3)(x+4)(x+5)$

例題 13　分数を含む多項式の計算

$\dfrac{(a-b)^2}{4}-\dfrac{(-a+2b)(a+2b)}{3}+\dfrac{b(a+2b)}{2}$ を計算しなさい。

考え方 分母が異なるから，まず通分する。

分母は　4，3，2 の最小公倍数の 12

分子は　$3(a-b)^2$，$4(-a+2b)(a+2b)$，$6b(a+2b)$

となる。**分数を含む方程式の解法と混同して，与式を 12 倍してはいけない。**

解答

$$\frac{(a-b)^2}{4}-\frac{(-a+2b)(a+2b)}{3}+\frac{b(a+2b)}{2}$$

$$=\frac{3(a-b)^2-4(-a+2b)(a+2b)+6b(a+2b)}{12}$$

◀分母を 4，3，2 の最小公倍数 12 にそろえる。

$$=\frac{3(a^2-2ab+b^2)-4(-a^2+4b^2)+6(ab+2b^2)}{12}$$

$$=\frac{3a^2-6ab+3b^2+4a^2-16b^2+6ab+12b^2}{12}=\boldsymbol{\frac{7a^2-b^2}{12}}$$ 答

◀符号に注意して，かっこをはずす。

解説

項の個数が多いと分数の横線が長くなり，その線を引くのはやや面倒である。

そこで，$\dfrac{A}{B}=\dfrac{1}{B}\times A$ に着目して，次のように計算してもよい。

$$(\text{与式})=\frac{1}{12}\{3(a-b)^2-4(-a+2b)(a+2b)+6b(a+2b)\}$$

◀{　}を忘れずに。

$$=\frac{1}{12}(3a^2-6ab+3b^2+4a^2-16b^2+6ab+12b^2)$$

$$=\frac{1}{12}(7a^2-b^2)=\boldsymbol{\frac{7}{12}a^2-\frac{1}{12}b^2}$$ 答

式が複雑になると，かっこのつけ忘れや書き間違い，符号のミスをしやすい。

答えを出したら，計算の途中に誤りがないかどうかよく確認しておこう。

練習 13　次の計算をしなさい。

(1) $\dfrac{(x+3)^2}{3}-\dfrac{3x+1}{2}$　　(2) $\dfrac{(2a-b)^2}{4}-\dfrac{(a-3b)^2}{6}$

(3) $\dfrac{2a^2+3b^2}{4}-\dfrac{(a-2b)(a+3b)}{6}-\dfrac{b^2}{12}$

(4) $\dfrac{(x-y)^2}{2}-\dfrac{(x+y)(x-y)}{3}+(x-y)y$

例題 14 複雑な式の計算

次の計算をしなさい。

(1) $(3a^3b^2-2a^2b)\div ab+4a^2\times(-3b)$

(2) $x^2-2[5x-2\{x^2-2x(3-3x)\}]$

加減乗除の混じった計算 ⟶ **乗除を先に計算** する。
(2)のように，かっこが2重，3重にある場合は

内側のかっこからはずしていく

解答

(1) $(3a^3b^2-2a^2b)\div ab+4a^2\times(-3b)$

$=(3a^3b^2-2a^2b)\times\dfrac{1}{ab}+4a^2\times(-3b)$ ◀ $\div\square \longrightarrow \times\dfrac{1}{\square}$

$=\dfrac{3a^3b^2}{ab}-\dfrac{2a^2b}{ab}+(-12a^2b)$ ◀まず，乗除を計算。

$=3a^2b-2a-12a^2b=\boldsymbol{-9a^2b-2a}$ 答 ◀同類項をまとめる。

(2) $x^2-2[5x-2\{x^2-2x(3-3x)\}]$

$=x^2-2\{5x-2(x^2-6x+6x^2)\}$ ◀内側のかっこから順にはずし，そのつど同類項をまとめる。

$=x^2-2\{5x-2(7x^2-6x)\}$

$=x^2-2(5x-14x^2+12x)$

$=x^2-2(-14x^2+17x)$

$=x^2+28x^2-34x=\boldsymbol{29x^2-34x}$ 答

CHART

計算の順序

1 まず剰余　加減はあと　　2 かっこは内側からはずす

練習 14 次の計算をしなさい。

(1) $(9a^2b-6ab^3)\div\left(-\dfrac{3}{2}ab\right)\times 2a^2$

(2) $5x(x-y)-(4x^3y+3x^2y^2)\div xy$

(3) $\left(\dfrac{x^4}{2}-\dfrac{x^3}{3}\right)\div\dfrac{x}{6}+(4x^2-8x)\times\left(-\dfrac{x}{2}\right)$

(4) $(6x^2y+2x^2y^3)\div 2xy-x(3-y)^2+6x$

(5) $2a^2+3a-a\{4a-3(a-5)\}$

(6) $x^2-3xy-2x\{x+4y-(4x+3y)\}$

(7) $-2\{3p^2-5p(2q-3p)\}-2q(2q+7p)$

(8) $5x^2-3[6x-4\{2x^2-3x(2-3x)\}]$

例題 15　展開した式の係数

$(x^2-2x+5)(-3x^2+x+5)$ を展開したときの，x^2 の係数を求めなさい。

式を展開してすべての項を求める必要はない。左のかっこ内の項と右のかっこ内の項をかけて，x^2 ができる項だけを書き出す。

解答

与えられた式を展開したとき，x^2 の項は

$$x^2\times 5+(-2x)\times x+5\times(-3x^2)=5x^2-2x^2-15x^2$$
$$=-12x^2$$

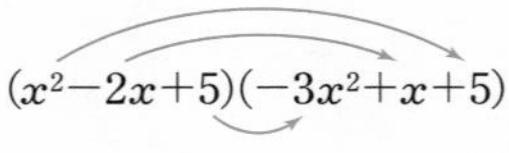

よって，x^2 の係数は　**−12**　答

練習 15　次の式を展開したときの，[　] 内の項の係数を求めなさい。

(1)　$(1-2x+3x^2)(2+x-x^2)$　$[x^3]$

(2)　$(a^2+3ab+b^2)(2a-3b)$　$[ab^2]$

(3)　$(x^3-2x^2+3x+2)(x^2+4x+3)$　$[x^2]$

● 展開の公式と面積 ●

展開の公式は，図形の面積を用いて説明することができる。

分配法則　$m(a+b)=ma+mb$

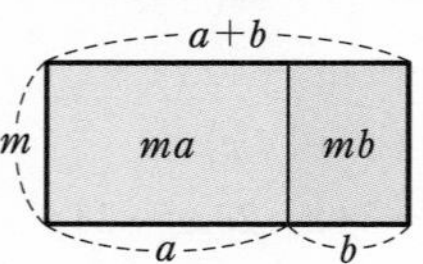

$(x+a)(x+b)=x^2+(a+b)x+ab$

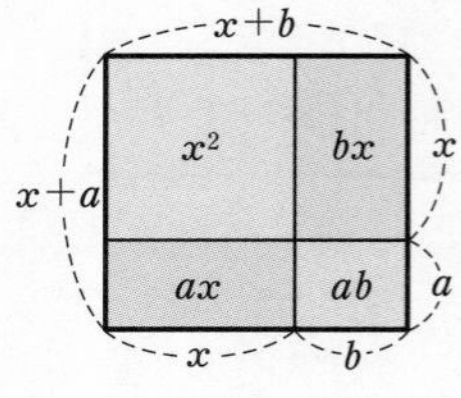

$(x+a)^2=x^2+2ax+a^2$

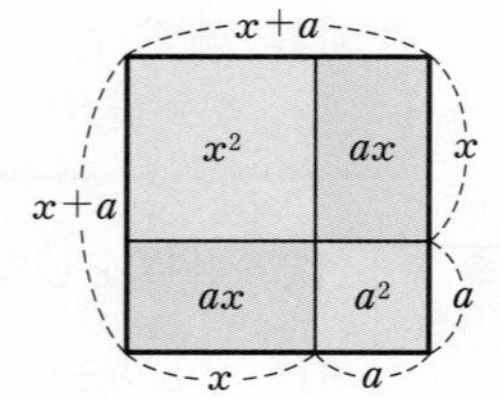

$(x+a)(x-a)=x^2-a^2$

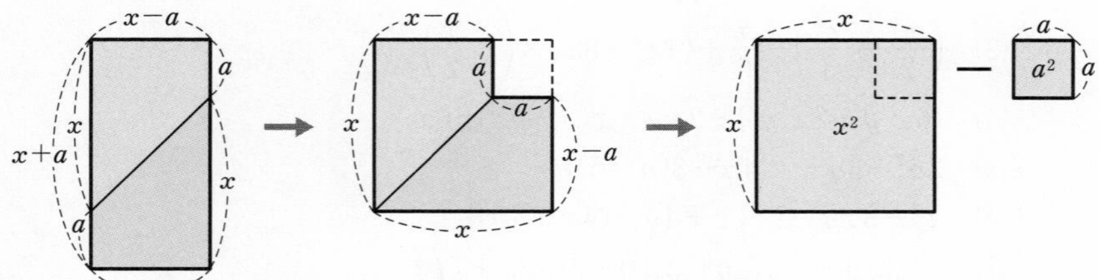

演習問題

□**1** 次の計算をしなさい。

(1) $(3a-b)\times(-5a)$　　(2) $-2a(-5a+3b-1)$

(3) $\dfrac{3}{4}x(12x-8xy+4y)$　　(4) $(5a^2+10ab-15b^2)\times\left(-\dfrac{1}{15}ab\right)$

(5) $\dfrac{3}{2}x(x-2y)-\dfrac{2}{3}y(3x+y)$

➔ 1

□**2** 次の計算をしなさい。

(1) $(-12a^2b+9ab^2)\div 3ab$　　(2) $(9x^2yz^2-15x^3y^2z)\div(-3x^2yz)$

(3) $\left(\dfrac{1}{3}pqr-\dfrac{1}{7}pq^2r+pq\right)\div\left(-\dfrac{1}{21}pq\right)$

(4) $(8a^5b^2-12a^4b^3+4a^4b^2)\div(-2a^2b)^2$

➔ 2

□**3** 次の式を展開しなさい。

(1) $\left(\dfrac{x}{4}-\dfrac{1}{6}\right)\left(2x-\dfrac{2}{3}\right)$　　(2) $(y+0.2x)(4x-3y)$

(3) $(x^2+3x+2)(x-3)$　　(4) $(x^2-xy-2y^2)(2x-3y)$

(5) $(a+b-1)(a-b-3)$　　(6) $(2x^3-3x^2+1)(5x^2+4x-2)$

➔ 3, 4

□**4** 次の式を展開しなさい。

(1) $(x-3)(x-2)$　　(2) $(x+3)(x-8)$　　(3) $(p+3q)(p-7q)$

(4) $(x+2y)^2$　　(5) $(3x-2y)^2$　　(6) $(-5p+3q)^2$

(7) $(-3m-4n)^2$　　(8) $(2x+13)(2x-13)$　　(9) $(3x-5y)(5y+3x)$

➔ 5, 6, 7

□**5** 次の式を展開しなさい。

(1) $(5x+7)(x+3)$　　(2) $(3x+2)(2x-3)$　　(3) $(2x-1)(3x-4)$

(4) $(9x+4y)(x+8y)$　　(5) $(7a-6b)(2a+3b)$　　(6) $(3x+y)(2x-5y)$

➔ 8

□**6** 次の式を展開しなさい。

(1) $\left(x^2+\dfrac{x}{2}+1\right)^2$　　(2) $\{(-x)^3-y+z\}^2$

(3) $(x^2+x+1)(x^2+x+3)$　　(4) $(x^2+3x+2)(x^2-3x+2)$

(5) $(a+2b+3c)(a-2b-3c)$　　(6) $(a^2+ab-b^2)(a^2-ab+b^2)$

➔ 9, 10

□**7** 次の計算をしなさい。

(1) $(x-3)^2-4(x+1)(x-5)$　　(2) $3(x-1)^2+(2x+1)(x-3)$

(3) $(x-4)(3x+2)-(x-5)^2$　　(4) $(2x-3)^2-(2x+3)(2x-5)$

(5) $(x-2y)^2+(2x+y)(2x-y)-(x-y)(3x-y)$

→ 11

□**8** 次の計算をしなさい。

(1) $\left(x+\dfrac{y}{2}\right)^2\left(x-\dfrac{y}{2}\right)^2$　　(2) $(x+3)(x-5)(x+5)(x-3)$

(3) $(x-1)(x+1)(x^2+1)(x^4+1)$　　(4) $(2x+1)(x+2)(2x-1)(x-2)$

→ 12

□**9** 次の計算をしなさい。

(1) $(a+b-c)^2-(a-b+c)^2$　　(2) $(x^2+y^2)^2+(x+y)^2(x-y)^2$

(3) $(a+b-c)(a-b+c)+(b-c)^2$

(4) $(3x+y-z)^2-(3x+y)(3x+y-2z)$

(5) $(x^2+xy+y^2)(x^2-xy+y^2)(x^4-x^2y^2+y^4)$

(6) $(x-3y)(x+3y)(x^2+3xy+y^2)(x^2-3xy+y^2)$

(7) $(a+b+c)(-a+b+c)+(a-b+c)(a+b-c)$

(8) $(a+b+c)^2-(a-b-c)(a+b-c)-2(b+c)(a+b)$

□**10** 次の計算をしなさい。

(1) $\left(\dfrac{3x+4y}{5}\right)^2+\left(\dfrac{4x-3y}{5}\right)^2$

(2) $\dfrac{(2x-5)(x+3)}{2}-\dfrac{(5-3x)(1+2x)}{3}$

(3) $\dfrac{(3x-2)^2}{4}-\dfrac{(3-2x)(3+2x)}{5}-\dfrac{(3x-4)(x+4)}{12}$

→ 13

□**11** 次の計算をしなさい。

(1) $2ab^2(3a+5b)-6a^4b^3\div a^2b$

(2) $(9a^3b^2-21ab^3)\div 3a^3b^4\times(-ab^3)^2$

(3) $(12x^3y^2-8x^2y^3+2xy^4)\div 4xy^2-\left(x-\dfrac{1}{4}y\right)(4x-y)$

→ 14

□**12** $(x^5-3x^4+4x^3-2x+5)(x^3+2x^2+7x-6)$ を展開したとき，x^5 の係数，x^3 の係数をそれぞれ求めなさい。

→ 15

ヒント　**9** (5)，(6)　CHART　組み合わせをくふう

2 因数分解

基本事項

1 因数分解

(1) 1つの式が多項式や単項式の積の形に表されるとき，積をつくっている1つ1つの式を，もとの式の **因数** という。

(2) 1つの多項式をいくつかの因数の積の形に表すことを，もとの式を **因数分解** するという。

因数分解は展開の逆の計算

$(x+2)(x+3)$ ⇄ x^2+5x+6 （→ 展開，← 因数分解）

$(x+2)$，$(x+3)$：因数

(3) 多項式のすべての項に共通に含まれている因数を **共通因数** という。たとえば，$ma+mb-mc$ では m が共通因数で，分配法則を使うと，$ma+mb-mc=m(a+b-c)$ となる。このように，因数分解では **共通因数をくくり出す** ことが出発点となる。

2 因数分解の公式

	$\boldsymbol{ma+mb-mc=m(a+b-c)}$	[共通因数をくくり出す]
[1]	$\boldsymbol{x^2+(a+b)x+ab=(x+a)(x+b)}$	[x^2+px+q の形]
[2]	$\boldsymbol{x^2+2ax+a^2=(x+a)^2}$	[平方の形になる]
[3]	$\boldsymbol{x^2-2ax+a^2=(x-a)^2}$	[平方の形になる]
[4]	$\boldsymbol{x^2-a^2=(x+a)(x-a)}$	[平方の差の形]
[5]	$\boldsymbol{acx^2+(ad+bc)x+bd=(ax+b)(cx+d)}$	[px^2+qx+r の形]

3 いろいろな因数分解

式が複雑なときは，次の手順で式を整理しながら因数分解するとよい。

(1) **共通因数** 共通因数があるかどうかを調べ，あればくくり出す。

(2) **おきかえ** おきかえることによって，見通しよく公式を使える場合がある。おきかえるときは，まとまったものを1つとみる。

例 $(3x+2)^2-(2x-1)^2$ は，$3x+2=A$，$2x-1=B$ とおくと

$A^2-B^2=(A+B)(A-B)$ ◀公式[4]のタイプ。

(3) **組み合わせ** 組み合わせに注意して，公式を使う。

例 $x^3+3+x+3x^2=(x^3+3x^2)+(x+3)$

$=x^2(x+3)+(x+3)$ ◀共通因数は $x+3$

$=(x+3)(x^2+1)$

(4) **式の整理** 多くの文字があるときは，**次数の低い文字について整理** する。

例題 16 共通因数をくくり出す

次の式を因数分解しなさい。

(1) $2mx^2+3m^2x$　　(2) $4a^2bc+8ab^2c-6abc^2$

(3) $3(a-b)x+2(b-a)y$　　(4) $\frac{2}{3}x^3+\frac{1}{2}x^2-ax$

因数分解をするときの第1の手順は

まず，共通因数をくくり出す　ことである。

(2) 各項に共通な文字をくくり出して

$$4a^2bc+8ab^2c-6abc^2=abc(4a+8b-6c)$$

とするだけではいけない。係数に公約数があるときは，それもくくり出す。

(3) $b-a=-(a-b)$ と考えると，共通因数 $a-b$ が現れる。

解答

(1) $2mx^2+3m^2x=mx\times 2x+mx\times 3m=\boldsymbol{mx(2x+3m)}$ 答　◀共通因数は mx

(2) $4a^2bc+8ab^2c-6abc^2=2abc\times 2a+2abc\times 4b-2abc\times 3c$　◀共通因数は $2abc$

$=\boldsymbol{2abc(2a+4b-3c)}$ 答

(3) $3(a-b)x+2(b-a)y=3(a-b)x-2(a-b)y$　◀共通因数は $a-b$

$=\boldsymbol{(a-b)(3x-2y)}$ 答

(4) $\frac{2}{3}x^3+\frac{1}{2}x^2-ax=\frac{x}{6}\times 4x^2+\frac{x}{6}\times 3x-\frac{x}{6}\times 6a$　◀共通因数は $\frac{x}{6}$

$=\boldsymbol{\frac{x}{6}(4x^2+3x-6a)}$ 答

解説

(4)は3つの項に共通な因数 x をくくり出すと，$x\left(\frac{2}{3}x^2+\frac{1}{2}x-a\right)$ となる。これでも 答 として間違いではないが，**結果の式はできるだけ簡単な形にするのが原則。** 式を見やすく扱いやすいように，分数は（　）の外に出し，（　）の中の係数は整数にして答えるのがよい。また，$\frac{2}{3}x^3+\frac{1}{2}x^2-ax=\frac{1}{6}(4x^3+3x^2-6ax)$ であり，右辺の分数をなくして $4x^3+3x^2-6ax$ とするのは誤り。

練習 16　次の式を因数分解しなさい。

(1) x^2+3x　　(2) ab^2+2ab　　(3) $3ab^2-27ab$

(4) $ax-ay+az$　　(5) $3x^3-x^2+5x$　　(6) $x(a+b)+y(a+b)$

(7) $5a(x-y)-2b(y-x)$　　(8) $\frac{1}{2}m^2n-\frac{3}{2}mn^2$　　(9) $3x^3-x^2+\frac{1}{6}x$

例題 17 x^2+px+q の因数分解

次の式を因数分解しなさい。

(1) $x^2+9x+14$　　(2) x^2-5x+6

(3) $a^2+2a-15$　　(4) $x^2-2xy-24y^2$

$$x^2+(a+b)x+ab=(x+a)(x+b)$$

（積：ab ← a と b の積、和：$(a+b)$ ← a と b の和）

$(x+a)(x+b)$ の展開の公式（$p.15$ 参照）の左辺と右辺を入れかえると，上のようになる。したがって，x^2+px+q の因数分解では，積が q，和が p となる 2 数をみつけることになる。

解答

(1) $x^2+9x+14=\boldsymbol{(x+2)(x+7)}$ 答　◀ $(x+7)(x+2)$ でもよい。

(2) $x^2-5x+6=\boldsymbol{(x-2)(x-3)}$ 答

(3) $a^2+2a-15=\boldsymbol{(a-3)(a+5)}$ 答

(4) $x^2-2xy-24y^2=\boldsymbol{(x+4y)(x-6y)}$ 答　◀ y を書き忘れないこと。

解説

積が q，和が p となる 2 数 a，b は，右の枠内の性質を利用しながらみつける。

> **2 数 a，b の符号**
> ● **積が正** なら **同符号**
> 和が正 ⟶ ともに正
> 和が負 ⟶ ともに負
> ● **積が負** なら **異符号**
> 和が正
> ⟶ |正の数|>|負の数|
> 和が負
> ⟶ |正の数|<|負の数|

(1) **積が 14（正），和が 9（正）** ⟶ 2 数は ともに **正**

$14=1\times14$，2×7 とみて　**2，7**

(2) **積が 6（正），和が -5（負）**

⟶ 2 数は ともに **負**

$6=(-1)\times(-6)$，$(-2)\times(-3)$ とみて　**-2，-3**

(3) **積が -15（負），和が 2（正）** ⟶ 2 数は **異符号**

↑|正の数|>|負の数|

$-15=(-1)\times15$，$(-3)\times5$ とみて

-3，5　◀ $|5|>|-3|$

(4) では $x^2-2x-24=(x+4)(x-6)$ としてから，あとで y をつけ加える とよい。

公式を使うと　$x^2-2xy-24y^2=x^2+(4y-6y)x+4y\times(-6y)=(x+4y)(x-6y)$

練習 17 次の式を因数分解しなさい。

(1) x^2+4x+3　　(2) a^2+6a+8　　(3) $x^2+3x-10$

(4) $y^2+3y-28$　　(5) $x^2-10x+9$　　(6) $x^2+14xy+48y^2$

(7) $x^2-9xy-36y^2$　　(8) $a^2-16ab+48b^2$　　(9) $p^2+2pq-35q^2$

例題 18　$x^2+2ax+a^2$，$x^2-2ax+a^2$ の因数分解

次の式を因数分解しなさい。

(1)　$x^2+14x+49$　　　(2)　x^2-6x+9

(3)　$4x^2-12x+9$　　　(4)　$16a^2+24ab+9b^2$

考え方　因数分解する式が $x^2+\square+a^2$（2 乗の項が 2 つ）の形に表されるときは，あと 1 つの項 $\square$ が $+2ax$ または $-2ax$ ではないかと考える。

$\square$ が　$+2ax$（プラス）　なら　$(x+a)^2$（プラス）
　　　　$-2ax$（マイナス）　なら　$(x-a)^2$（マイナス）

解答

(1)　$x^2+14x+49=x^2+2\times7\times x+7^2=\boldsymbol{(x+7)^2}$　答

(2)　$x^2-6x+9=x^2-2\times3\times x+3^2=\boldsymbol{(x-3)^2}$　答

(3)　$4x^2-12x+9=(2x)^2-2\times2x\times3+3^2=\boldsymbol{(2x-3)^2}$　答　◀$2x$ をひとかたまりと考える。

(4)　$16a^2+24ab+9b^2=(4a)^2+2\times4a\times3b+(3b)^2$　◀$4a$，$3b$ をひとかたまりと考える。
$=\boldsymbol{(4a+3b)^2}$　答

解説

例題 17，18 のような，2 次で項が 3 つの式，すなわち 2 次 3 項式は，次のチャートで因数分解を考える。

CHART　2 次 3 項式の因数分解

1　2 乗 2 つ　和の形　　$(x+a)^2$，$(x-a)^2$ にならないか

2　積，和　符号から 2 数発見　　$(x+a)(x+b)$ の形

1 のタイプの因数分解では，よく出てくる平方数を，パッと思い浮かぶようにしておくと便利である。11～19 までの平方数ぐらいは記憶しておきたい。ただし，2 乗 2 つが和の形になっていても必ずしも $(x+a)^2$，$(x-a)^2$ の形になるとは限らない。

$11^2=121$，$12^2=144$，$13^2=169$，
$14^2=196$，$15^2=225$，$16^2=256$，
$17^2=289$，$18^2=324$，$19^2=361$
になるね。

例　$x^2+13x+36=(x+4)(x+9)$　　$x^2-10x+16=(x-2)(x-8)$

練習 18　次の式を因数分解しなさい。

(1)　x^2+4x+4　　(2)　$x^2-8x+16$　　(3)　$36x^2+60x+25$

(4)　$81a^2-18a+1$　　(5)　$16x^2+56xy+49y^2$　　(6)　$4+a^2-4a$

(7)　$1-16m+64m^2$　　(8)　$25p^2+110p+121$　　(9)　$169x^2-52xy+4y^2$

例題 19 x^2-a^2 の因数分解

次の式を因数分解しなさい。

(1) x^2-9　　(2) $49x^2-400$　　(3) $\dfrac{a^2}{9}-\dfrac{b^2}{16}$

考え方　いずれも平方の差であるから，公式 $\boldsymbol{x^2-a^2=(x+a)(x-a)}$ で解決する。

平方の差は　和と差の積

解答

(1) $x^2-9=x^2-3^2=\boldsymbol{(x+3)(x-3)}$ 答

(2) $49x^2-400=(7x)^2-20^2=\boldsymbol{(7x+20)(7x-20)}$ 答

(3) $\dfrac{a^2}{9}-\dfrac{b^2}{16}=\left(\dfrac{a}{3}\right)^2-\left(\dfrac{b}{4}\right)^2=\boldsymbol{\left(\dfrac{a}{3}+\dfrac{b}{4}\right)\left(\dfrac{a}{3}-\dfrac{b}{4}\right)}$ 答

●^{2}−■^{2}=(●+■)(●−■)

参考 (3)の 答 は $\dfrac{1}{144}(4a+3b)(4a-3b)$ としてもよい。　◀$9\times16=144$

練習 19 次の式を因数分解しなさい。

(1) x^2-81　　(2) $9a^2-100$　　(3) $-49q^2+81p^2$

(4) $\dfrac{a^2}{25}-\dfrac{b^2}{36}$　　(5) $64t^2-121$　　(6) $196a^2-225b^2$

例題 20 共通因数のある式の因数分解

次の式を因数分解しなさい。

(1) $2x^2y-16xy+32y$　　(2) $x^3-x^2y+9(y-x)$

考え方　どちらもそのままでは公式が使えない。そこで，因数分解の原点に戻って，まず **共通因数をくくり出す** ことを考えてみる。

解答

(1) $2x^2y-16xy+32y=2y(x^2-8x+16)=\boldsymbol{2y(x-4)^2}$ 答　◀$2y$ が共通因数。

(2) $x^3-x^2y+9(y-x)=x^2(x-y)-9(x-y)$

$=(x-y)(x^2-9)$　◀ここでやめてはいけない。x^2-9 はまだ因数分解できる。

$=\boldsymbol{(x-y)(x+3)(x-3)}$ 答

練習 20 次の式を因数分解しなさい。

(1) $2a^2-12a+16$　　(2) $2x^2y-20xy+50y$

(3) $a^4b-3a^3b^2-4a^2b^3$　　(4) $x^2(5y-3)+4(3-5y)$

例題 21 px^2+qx+r の因数分解

次の式を因数分解しなさい。

(1) $3x^2+7x-6$　　(2) $6x^2-7xy-20y^2$

考え方 px^2+qx+r が $(ax+b)(cx+d)$ の形に因数分解されたとすると

$$(ax+b)(cx+d)=acx^2+(ad+bc)x+bd$$

であるから　$p=ac$, $q=ad+bc$, $r=bd$

よって，　a, c は p (x^2 の係数) の約数

　　　　　b, d は r (定数項) の約数

で，右のように，たすきにかけた bc, ad の和が q (x の係数) になるから，この図式 (**たすきがけ** という) を使って組み合わせをみつける。

$$\begin{array}{ccccc} a & \diagdown\!\!\!\!\diagup & b & \rightarrow & bc \\ c & & d & \rightarrow & ad \\ \hline ac & & bd & & ad+bc \end{array}$$

解答

(1) $3x^2+7x-6$

$=(x+3)(3x-2)$ 答

$$\begin{array}{ccccc} 1 & \times & 3 & \rightarrow & 9 \\ 3 & & -2 & \rightarrow & -2 \\ \hline 3 & & -6 & & 7 \end{array}$$

(2) $6x^2-7xy-20y^2$

$=(2x-5y)(3x+4y)$ 答

$$\begin{array}{ccccc} 2 & \times & -5 & \rightarrow & -15 \\ 3 & & 4 & \rightarrow & 8 \\ \hline 6 & & -20 & & -7 \end{array}$$

解説

たすきがけの図式の使い方を (1) $3x^2+7x-6$ の場合で詳しくみてみよう。

x^2 の係数 3 の分解は　1×3　◀ 2 次の係数は，正の数の組み合わせだけでよい。

定数項 -6 の分解は　$1\times(-6)$, $(-1)\times6$, $2\times(-3)$, $(-2)\times3$

そこで，$a=1$, $c=3$ として，次の 8 通りのたすきがけが考えられる。

[1]	[2]	[3]	[4]
1×1 $3 \quad -6$	1×-6 $3 \quad 1$	1×-1 $3 \quad 6$	1×6 $3 \quad -1$
[5]	**[6]**	**[7]**	**[8]**
1×2 $3 \quad -3$	1×-3 $3 \quad 2$	1×-2 $3 \quad 3$	1×3 $3 \quad -2$

このうち，[1]，[3]，[5]，[7] は破線部分に共通の約数 3 があるが，与式は 3 でくくれないので，はじめから試す必要はない。また，$ad+bc<0$ となる [2] と [6] も候補からはずせる。結局，[4] と [8] だけ調べればよく，[8] が適する。

練習 21 次の式を因数分解しなさい。

(1) $3x^2-5x-2$　(2) $6x^2+13x+6$　(3) $4a^2+11a-3$

(4) $3x^2-26xy+35y^2$　(5) $4x^2+16xy+15y^2$　(6) $9x^2-3xy-2y^2$

例題 22 おきかえによる因数分解

次の式を因数分解しなさい。

(1) $(a-b)^2-4c^2$　　(2) $(x+3)^2-(x+3)-2$

(3) $(x^2-2x)^2+4(x^2-2x)+3$

考え方

(1) $4c^2=(2c)^2$ であるから，$a-b=A$，$2c=B$ とおくと (与式)$=A^2-B^2$ となり，**平方の差の形** になる。

(2) 与式では $x+3$ が 2 か所に現れている。共通な式は，$p.19$ でも説明したように **まとめておきかえる。**

$x+3=M$ とおくと　(与式)$=M^2-M-2=(M+1)(M-2)$

◀**おきかえで公式利用できないか** を考える。

(3) (2) と同じように考える。

解答

(1) $(a-b)^2-4c^2=(a-b)^2-(2c)^2$　◀平方の差の形。

$=\{(a-b)+2c\}\{(a-b)-2c\}$

$=\boldsymbol{(a-b+2c)(a-b-2c)}$ 答

(2) $(x+3)^2-(x+3)-2=\{(x+3)+1\}\{(x+3)-2\}=\boldsymbol{(x+4)(x+1)}$ 答

(3) $(x^2-2x)^2+4(x^2-2x)+3=\{(x^2-2x)+1\}\{(x^2-2x)+3\}$

$=(x^2-2x+1)(x^2-2x+3)$　◀ここでやめてはいけない。x^2-2x+1 はまだ因数分解できる。

$=\boldsymbol{(x-1)^2(x^2-2x+3)}$ 答

注意 (3) の x^2-2x+3 については，積が 3，和が -2 の 2 数がみつけられないから，因数分解できない。

解説

Q 例題 22 の式をいったん展開してから因数分解してもかまいませんか？

たとえば，(3) の式を展開すると $x^4-4x^3+8x^2-8x+3$ となり，因数分解するのが非常に難しくなります。

(2) の式は展開すると x^2+5x+4 となり，簡単に因数分解できます。

おきかえを使うと計算がらくになることが多いので，おきかえによる因数分解に慣れていくとよいでしょう。

練習 22 次の式を因数分解しなさい。

(1) $(x+2y)^2-9$　　(2) $a^2-(b-c)^2$

(3) $(x+y+1)^2-(x-y)^2$　　(4) $(x+1)^2+2(x+1)-8$

(5) $(x+1)^2-2(x+1)-3$　　(6) $(x^2-2x)^2-4(x^2-2x)+3$

(7) $(x^2-6x)^2+(x^2-6x)-56$　　(8) $(x^2+4x)^2-8(x^2+4x)-48$

例題 23 複雑な式の因数分解

次の式を因数分解しなさい。

(1) $x^3-y^3+x^2y-xy^2$　　　(2) $2xy-2yz+2zx-x^2-y^2$

(1) x についても y についても 3 次式で，今までの方法では因数分解できない。**項の組み合わせをくふう** して，$(x^3+x^2y)-(y^3+xy^2)=x^2(x+y)-y^2(y+x)$ とすると，共通因数 $x+y$ をくくり出すことができる。

(2) x について 2 次，y について 2 次，z について 1 次であるから，z について式を整理する。複数の種類の文字を含む式の因数分解では，解き方の見通しがつきにくい場合，**1 つの文字に着目して式を整理** するとよい。

解答

(1) $x^3-y^3+x^2y-xy^2=(x^3+x^2y)-(xy^2+y^3)$

$=x^2(x+y)-y^2(x+y)$

$=(x+y)(x^2-y^2)$

$=(x+y)(x+y)(x-y)$

$=\boldsymbol{(x+y)^2(x-y)}$ 答

◀ x について降べきの順に整理すると組み合わせに気づきやすい。

◀ ここでやめてはいけない。x^2-y^2 はまだ因数分解できる。

◀ 同じ因数は累乗で表す。

(2) $2xy-2yz+2zx-x^2-y^2=(-2yz+2zx)-(x^2-2xy+y^2)$

$=2z(x-y)-(x-y)^2$

$=(x-y)\{2z-(x-y)\}$

$=\boldsymbol{(x-y)(-x+y+2z)}$ 答

解説

(2) は，次数の低い文字 z について整理すると $Pz+Q$ の形になるから，因数分解できるなら P と Q に共通因数があるはずである。実際

$$(\text{与式})=\underbrace{(-2yz+2zx)}_{z\text{の1次式}}-\underbrace{(x^2-2xy+y^2)}_{z\text{を含まない式}}=2(x-y)z-(x-y)^2$$

となり，確かに共通因数 $x-y$ をもつ。このように，文字が多い式の因数分解は，次の方針で進めるとうまくいく場合が多い。

CHART 最も次数の低い文字について整理

練習 23 次の式を因数分解しなさい。

(1) $xy-3x+2y-6$　　　(2) $ac+bc+2a+2b-3c-6$

(3) x^2-y^2-x+y　　　(4) xy^2-y-x^2y+x

(5) a^2-b^2-2a+1　　　(6) $1-x^2-2xy-y^2$

(7) x^3-x^2-x+1　　　(8) $a^2-2ab+b^2-6a+6b$

例題 24 複 2 次式の因数分解

次の式を因数分解しなさい。

(1)　x^4-256　　(2)　x^4-10x^2+9　　(3)　x^4+x^2+1

$x^4=(x^2)^2$ であるから，x^2 が共通な式 ⟶ **まとめておきかえ** てみる。

(1), (2)　$x^2=t$ とおくと

(1)　t^2-256　　(2)　$t^2-10t+9$　　◀これは因数分解できる。

(3)　$x^2=t$ とおくと t^2+t+1 となるが，この形では積が 1，和が 1 の 2 数はみつからないので，因数分解できない。ところが，

x^2 をたして　x^2 をひく

$$x^4+x^2+1=(x^4+2x^2+1)-x^2$$

◀(　)の部分で平方の式をつくる。

と変形すると，**平方の差** $(x^2+1)^2-x^2$ になって，因数分解できる。

解答

(1)　$x^4-256=(x^2)^2-16^2=(x^2+16)(x^2-16)$　◀共通な式 x^2 をまとめる。

$=\boldsymbol{(x^2+16)(x+4)(x-4)}$　答

(2)　$x^4-10x^2+9=(x^2)^2-10x^2+9$　◀共通な式 x^2 をまとめる。

$=(x^2-1)(x^2-9)$　◀(平方の差)×(平方の差)

$=\boldsymbol{(x+1)(x-1)(x+3)(x-3)}$　答

(3)　$x^4+x^2+1=(x^4+2x^2+1)-x^2=(x^2+1)^2-x^2$　◀平方の差へ。

$=\{(x^2+1)+x\}\{(x^2+1)-x\}$

$=\boldsymbol{(x^2+x+1)(x^2-x+1)}$　答　◀これ以上因数分解できない。

解説

$x^2=t$ とおくと，t についての 2 次式 at^2+bt+c となる式，すなわち ax^4+bx^2+c の形の式を **複 2 次式** という。複 2 次式の因数分解についてまとめておこう。

CHART

複 2 次式の因数分解

1　$x^2=t$ とおく　　2 次 3 項式へ

2　項を加えてひいて　　平方の差へ

練習 24　次の式を因数分解しなさい。

(1)　$16x^4-1$　　(2)　x^4-5x^2+4　　(3)　x^4+x^2-12

(4)　x^4-13x^2-48　　(5)　x^4+3x^2+4　　(6)　$x^4-18x^2y^2+y^4$

演習問題

□**13** 次の式を因数分解しなさい。

(1) $4a^2-49b^2$ (2) $9x^2+42x+49$ (3) $x^2-9x+18$

(4) $a(b-c)-b+c$ (5) $81-30t+t^2$ (6) $35x^2-12xy+y^2$

(7) $3a^2b-6ab-9b$ (8) $4x^2+16x+16$ (9) $36a^2-4$

(10) $\frac{1}{3}x^2-2x+3$ (11) $a(a-b+c)+c(b-a-c)$

(12) $5a^2x^3y+30a^2x^2y^2+45a^2xy^3$

➔ 16〜20

□**14** 次の式を因数分解しなさい。

(1) $3x^2+17x+10$ (2) $6x^2+x-12$

(3) $18a^2-39ab-7b^2$ (4) $10p^2-19pq+6q^2$

➔ 21

□**15** 次の式を因数分解しなさい。

(1) $(x-1)(x-2)-6$ (2) $(x+3)(2x-1)-x(x+7)$

(3) $(2x-3)^2-(3x-1)(x-2)-1$ (4) $(a+5)(2a-3)-(a+3)^2-6$

□**16** 次の式を因数分解しなさい。

(1) $x^4-(4x^2-12x+9)$ (2) $(3a-b)^2-(5b-a)^2$

(3) $(a-5)^2-2(a-5)-24$ (4) $(a^2+b^2-c^2)^2-4a^2b^2$

(5) $(x+1)^2(x-2)^2-14(x+1)(x-2)+40$

➔ 22

□**17** 次の式を因数分解しなさい。

(1) $9x(x-2)-4y(y-3)$ (2) $(x+2y)(x-2y)-4y-1$

(3) $(x+y-3)(x-y-3)+12x$ (4) $a^2-ab-4a+2b+4$

(5) $x^2z-z^3-xyz+yz^2$

(6) $2(a-b)^2(a+b)-(a-b)(a^2+2b^2)$

➔ 23

□**18** 次の式を因数分解しなさい。

(1) $x^4-810000$ (2) $16a^4-625b^4$ (3) x^4-20x^2+64

(4) $x^4-10x^2y^2+9y^4$ (5) x^4+5x^2+9 (6) $4x^4+11x^2y^2+9y^4$

(7) $4x^4+1$

➔ 24

15 まず，式を展開して整理する。

18 (7) $4x^4+1=4x^4+4x^2+1-4x^2$ となることを利用する。

3 式の計算の利用

1 計算のくふう

展開や因数分解の考え方を用いて，数の計算をくふうして行うと，計算が簡単になる場合がある。

例 $98^2=(100-2)^2$ 〔$(x-a)^2=x^2-2ax+a^2$〕
$=100^2-2\times100\times2+2^2$
$=10000-400+4$
$=9604$

$52\times48=(50+2)\times(50-2)$ 〔$(x+a)(x-a)=x^2-a^2$〕
$=50^2-2^2$
$=2500-4$
$=2496$

2 式の値

式の値を求めるときは，まず式を簡単にしてから数値を代入する。

例 $a=-1.2$，$b=7.5$ のとき，$(a+b)(a-b)-(a-b)^2+2b^2$ の値

$(a+b)(a-b)-(a-b)^2+2b^2$
$=a^2-b^2-(a^2-2ab+b^2)+2b^2$
$=2ab=2\times(-1.2)\times7.5$
$=-1.2\times15=-18$

3 式の計算の利用

以下，n は整数とする。

(1) **文字を使った整数の表し方**

① **連続した2つの整数** n，$n+1$
連続した3つの整数 n，$n+1$，$n+2$ ◀$n-1$，n，$n+1$ でもよい。

② **偶数** $2n$ **奇数** $2n+1$ ◀奇数は $2n-1$ でもよい。

③ **2桁の自然数** $10a+b$
3桁の自然数 $100a+10b+c$
（a，b，c は0から9までの整数で，a は0でない。）

(2) **整数の分類とその表し方**

整数は，次のように分けることができる。

① 偶数と奇数に分ける。⟶ $2n$，$2n+1$ ◀2でわった余りが0，1

② 3でわった余りが0，1，2の数に分ける。⟶ $3n$，$3n+1$，$3n+2$

一般に，p が2以上の自然数のとき

pn，$pn+1$，$pn+2$，……，$pn+(p-1)$ ◀p でわった余りが0，1，2，……，$p-1$

整数についての事柄を証明するとき，問題に応じて，整数を上のように分けて考えると，うまくいく場合がある。

例題 25 数の計算のくふう

くふうして，次の計算をしなさい。

(1) $91\times 89+99^2$　　(2) $20.1^2-19.9^2$

(3) $94^2-2\times 94\times 18+18^2-59^2-2\times 59\times 65-65^2$

そのまま計算すると手間がかかる。計算を始める前に，式の特徴をつかんで，展開の公式や因数分解の公式が利用できないか考える。

(1) $91=90+1$，$89=90-1$，$99=100-1$ に注目すると，**展開の公式が使える。**

(2) 平方の差の形 ⟶ 公式 $x^2-a^2=(x+a)(x-a)$ が使える。

(3) 同じ数に注目すると ●$^2-2\times$●$\times$■$+$■$^2-$●$^2-2\times$●$\times$■$-$■^{2} の形。

$$(94^2-2\times 94\times 18+18^2)-(59^2+2\times 59\times 65+65^2)$$

と分けると，**因数分解の公式が使える。**

CHART 計算は くふうしてらくに

解答

(1) $91\times 89+99^2=(90+1)\times(90-1)+(100-1)^2$
$=90^2-1^2+100^2-2\times 100\times 1+1^2$
$=8100-1+10000-200+1$
$=\mathbf{17900}$ 答

◀ $(x+a)(x-a)=x^2-a^2$
$(x-a)^2=x^2-2ax+a^2$

(2) $20.1^2-19.9^2=(20.1+19.9)\times(20.1-19.9)$
$=40\times 0.2$
$=\mathbf{8}$ 答

◀ $x^2-a^2=(x+a)(x-a)$

(3) $94^2-2\times 94\times 18+18^2-59^2-2\times 59\times 65-65^2$
$=(94^2-2\times 94\times 18+18^2)-(59^2+2\times 59\times 65+65^2)$
$=(94-18)^2-(59+65)^2$
$=76^2-124^2$
$=(76+124)\times(76-124)$
$=200\times(-48)=\mathbf{-9600}$ 答

◀ $x^2-2ax+a^2=(x-a)^2$
$x^2+2ax+a^2=(x+a)^2$

◀ $x^2-a^2=(x+a)(x-a)$

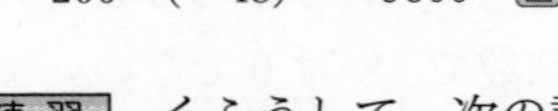

練習 25A くふうして，次の計算をしなさい。

(1) 7.99^2　　(2) 39×41　　(3) 3.02×2.98

(4) 102×103　　(5) $5.5^2\times 3.14-4.5^2\times 3.14$

(6) $153^2+147^2+156\times 144-2\times 153\times 147$

練習 25B $P=2022^2-3\times 2021^2+2\times 2022\times 2021+3\times 2021\times 2020-3\times 2020\times 2022$ とする。

(1) $2021=a$ とおき，P を a を使ってできるだけ簡単な式で表しなさい。

(2) P の値を求めなさい。

例題 26 式の値(1)

(1) $a=5$, $b=7$ のとき，$(a-3b)^2-a^2+4ab-9b^2$ の値を求めなさい。

(2) $a=4$, $b=-3$ のとき，$a^2-6ab+9b^2$ の値を求めなさい。

代入する箇所が多いと計算が面倒。**式を簡単にしてから代入する** のが得策。
(1) 積を展開して整理。 (2) 因数分解すると，代入する箇所が少なくなる。

CHART **式の値** 式を簡単にしてから数値を代入

解答

(1) $(a-3b)^2-a^2+4ab-9b^2$
$=a^2-6ab+9b^2-a^2+4ab-9b^2$
$=-2ab$
$-2ab$ に $a=5$, $b=7$ を代入して
$-2ab=-2\times5\times7=\mathbf{-70}$ 答

(2) $a^2-6ab+9b^2=(a-3b)^2$
$(a-3b)^2$ に $a=4$, $b=-3$ を代入して
$(a-3b)^2=\{4-3\times(-3)\}^2$
$=(4+9)^2=13^2=\mathbf{169}$ 答

練習 26
(1) $a=2$, $b=-3$ のとき，$(2a+b)^2-4a(a-b)$ の値を求めなさい。
(2) $a=3.76$, $b=0.38$ のとき，$a^2+4b^2-4ab+1$ の値を求めなさい。

例題 27 式の値(2)

$a+b=-7$, $ab=7$ のとき，a^2-ab+b^2 の値を求めなさい。

a, b の値が求められれば，それを代入して解決できる。しかし，今までの知識では，連立方程式 $a+b=-7$, $ab=7$ を解くことができない。
そこで，**値を求める式を $a+b$ と ab で表す** ことを考える。

解答

$a^2-ab+b^2=(a^2+2ab+b^2)-3ab$
$=(a+b)^2-3ab$
$(a+b)^2-3ab$ に $a+b=-7$,
$ab=7$ を代入して
$(a+b)^2-3ab=(-7)^2-3\times7$
$=49-21=\mathbf{28}$ 答

別解 $a+b=-7$ の両辺を 2 乗すると
$a^2+2ab+b^2=49$
両辺から $3ab$ をひいて
$a^2-ab+b^2=49-3ab$
この右辺に $ab=7$ を代入して求めてもよい。

重要 $a^2+b^2=(a+b)^2-2ab$ $a^2+b^2=(a-b)^2+2ab$

練習 27
(1) $a+b=3$, $ab=-9$ のとき，$a^2+a^2b+2ab+ab^2+b^2$ の値を求めなさい。
(2) $a-b=-5$, $ab=-2$ のとき，a^2+b^2 の値を求めなさい。

例題 28　整数の問題

(1)　連続する 2 つの整数の 2 乗の差は奇数であることを証明しなさい。

(2)　7 でわると余りが 1 である自然数 A と，7 でわると余りが 4 である自然数 B がある。A^2-B^2 を 7 でわったときの余りを求めなさい。

(1)　連続する 2 つの整数を式で表すと　n，$n+1$（n は整数）
その 2 乗の差 $(n+1)^2-n^2$ が奇数（$2m+1$ の形，m は整数）になることを示す。

(2)　7 でわると余りが k である整数を式で表すと

$$7n+k\ (n\text{ は整数}；k=0,\ 1,\ 2,\ \cdots\cdots,\ 6)$$

$A=15$，$B=11$ とすると　$A^2-B^2=15^2-11^2=225-121=104=7\times14+\mathbf{6}$
このA，Bを文字式で表して，同じように考えてみる。　↑余り

解答

(1)　n を整数とすると，連続する 2 つの整数は n，$n+1$ と表される。

その 2 乗の差は　$(n+1)^2-n^2=n^2+2n+1-n^2$
$=2n+1$

となり，これは奇数である。

よって，連続する 2 つの整数の 2 乗の差は奇数である。 終

(2)　m，n を 0 以上の整数とすると，A，B は $A=7m+1$，$B=7n+4$ と表される。　（異なる文字を使う。）

よって　$A^2-B^2=(7m+1)^2-(7n+4)^2$
$=49m^2+14m+1-(49n^2+56n+16)$
$=49m^2+14m-49n^2-56n-15$
$=7(7m^2+2m-7n^2-8n-3)+6$　◀ $-15=7\times(-3)+6$

m，n は整数であるから，$7m^2+2m-7n^2-8n-3$ も整数である。

よって，A^2-B^2 を 7 でわったときの余りは　**6**　答

すべての数について，ある事柄が成り立つことを説明するには，いくつかの具体例をあげて説明するだけでは不十分である。**すべての数を代表して，文字を使って説明する**と，すべての数について説明したことになる。

(2) は，同じ文字を使って $A=7m+1$，$B=7m+4$ とすると，A と B は 3 だけ離れた 2 つの数となる。これではすべての場合を考えたことにならない。

練習 28　(1)　連続する 2 つの整数の 2 乗の差は，この 2 つの整数の和である。このことを証明しなさい。

(2)　3 でわると余りが 2 である自然数 a と，6 でわると余りが 3 である自然数 b がある。a^2+b^2 を 3 でわったときの余りを求めなさい。

例題 29 図形の問題

右の図のように，円Oの直径を2つに分けて，それぞれを直径とする半円をかき，その中心を，それぞれA，Bとする。このとき，2つの半円の弧で分けられた円Oの2つの部分のうち，点Aを含む斜線部分の面積をS，点Bを含む斜線部分の面積をTとする。円A，円Bの半径を，それぞれa，bとして，SとTの比を求めなさい。

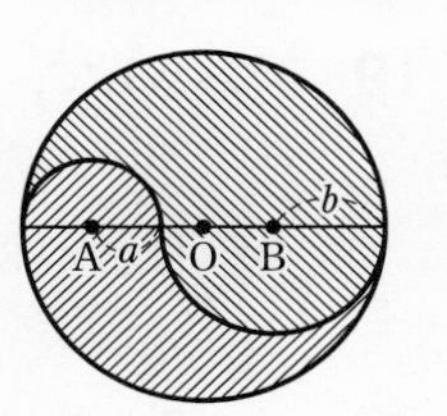

少し複雑な図形が出てきたが，次の方針で解決する。

複雑な図形　基本図形に分割

ここでは，基本図形は半円。円の面積は　$\pi\times(\text{半径})^2$　◀ πは円周率 3.14……

面積Sは次のように求められる。

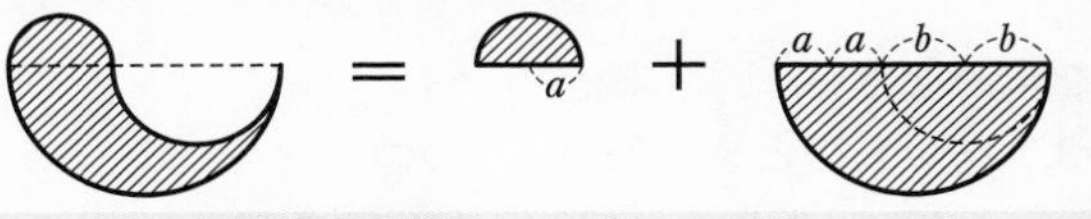

また　$T=(\text{円Oの面積})-S$

解答

面積S，Tをそれぞれ求めると

$$S=\frac{1}{2}\pi a^2+\frac{1}{2}\pi(a+b)^2-\frac{1}{2}\pi b^2$$

◀(円Oの半径)$=(a+a+b+b)\div 2$

$$=\frac{1}{2}\pi(a^2+a^2+2ab+b^2-b^2)$$

$$=\frac{1}{2}\pi(2a^2+2ab)=\pi a(a+b)$$

$$T=\pi(a+b)^2-S$$

$$=\pi(a+b)^2-\pi a(a+b)$$

$$=\pi(a+b)(a+b-a)=\pi b(a+b)$$

◀共通因数は $\pi(a+b)$

よって　$S:T=\pi a(a+b):\pi b(a+b)$

$=\boldsymbol{a:b}$　答

◀$\pi(a+b)$ でわる。

> **比の性質**
> $ma:mb=a:b$　$(m\neq 0)$
> 比の前後の項に0でない同じ数をかけても，わっても，比は変わらない。

練習 29　右の図のように，点Oを中心とする半円がある。斜線部分の面積をS，点O_2を中心とする半円の面積をTとする。また，半円O_1，O_2の半径を，それぞれa，bとする。
$S=3T$ のとき，$a:b$を最も簡単な整数の比で表しなさい。

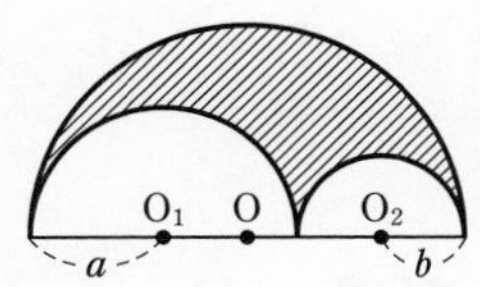

演習問題

□**19** くふうして，次の計算をしなさい。

(1) $99^2+51^2-49^2$　　(2) $87\times87+88\times86-88\times89-85\times85$

(3) $1115\times985-885\times1015$　　(4) $\dfrac{120^2-97^2}{91^2-70^2}$

➔ 25

□**20** くふうして，次の計算をしなさい。

$$\left(1-\frac{1}{2^2}\right)\left(1-\frac{1}{3^2}\right)\left(1-\frac{1}{4^2}\right)\left(1-\frac{1}{5^2}\right)\times\cdots\cdots\times\left(1-\frac{1}{50^2}\right)$$

□**21** 次の式の値を求めなさい。

(1) $a=\dfrac{2}{3}$，$b=\dfrac{3}{2}$ のとき，$(2a-b)(a-b)-(2a-b)(a+b)$ の値

(2) $a=5.6$，$b=1.2$ のとき，a^2+9b^2-6ab の値

➔ 26

□**22** 次の式の値を求めなさい。

(1) $x+y=3$，$xy=1$ のとき，$(x-y)^2$ の値

(2) $2a-b=2$，$ab=1$ のとき，$4a^2+ab+b^2$ の値

(3) $x+y=2$ のとき，$x^2+y^2+xy+(x-1)(y-1)$ の値

➔ 27

□**23** $a-b=3$，$b=\dfrac{6}{a}$ のとき，次の式の値を求めなさい。

(1) a^2+b^2 の値　　(2) $(a+3)(b-3)$ の値

➔ 27

□**24** a は 5 でわると 3 余る自然数で，b は 5 でわると 2 余る自然数である。このとき，a^2+b^2+3ab を 5 でわったときの余りを求めなさい。

➔ 28

□**25** 右の図のように，三角形の土地の周りに幅 a m の道がある。道の中央を通る線の長さを ℓ m，道の面積を S m^2 とするとき，$S=a\ell$ となることを証明しなさい。

➔ 29

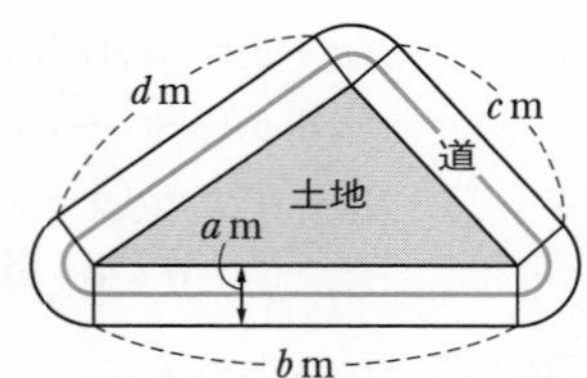

24 $a=5m+3$，$b=5n+2$ とおいて，a^2+b^2+3ab を m，n で表す。

25 S と ℓ をそれぞれ a，b，c，d を用いて表す。

□**26** (1) $x+\dfrac{1}{x}=3$ のとき，$x^2+\dfrac{1}{x^2}$ の値を求めなさい。

(2) $x-\dfrac{1}{x}=2$ のとき，$x^2+\dfrac{1}{x^2}$ の値を求めなさい。

(3) $x-\dfrac{1}{x}=3$ のとき，$x^2-3x+2+\dfrac{3}{x}+\dfrac{1}{x^2}$ の値を求めなさい。

□**27** x，y が連立方程式 $\begin{cases}3x+5y=11\\2x-7y=-3\end{cases}$ の解であるとき，$6x^2-11xy-35y^2$ の値を求めなさい。

□**28** 十の位の数が a，一の位の数が b である 2 桁の自然数 A と，その十の位の数と一の位の数を入れかえてできた自然数 B がある。$A^2-B^2=1980$ であるとき，a^2-b^2 の値を求めなさい。 → 28

□**29** 次のことを証明しなさい。

(1) 連続する 3 つの整数の中で最小のものを $n-1$ で表すと，この 3 つの整数の積は n^3-n である。

(2) 連続する 3 つの整数の積は 3 の倍数である。

(3) 整数 n について，n^3-n は 6 の倍数である。 → 28

□**30** 右の図において，点 M は線分 AB の中点である。次のことを証明しなさい。

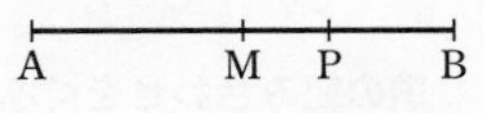

(1) AP，PB を 1 辺とする 2 つの正方形の面積の平均は，AM，MP を 1 辺とする正方形の面積の和に等しい。

(2) AM，MP を 1 辺とする正方形の面積の差は，AP，PB を 2 辺とする長方形の面積に等しい。 → 29

26 (1) $\left(\boldsymbol{x}+\dfrac{1}{\boldsymbol{x}}\right)^2=x^2+2\times x\times\dfrac{1}{x}+\left(\dfrac{1}{x}\right)^2=\boldsymbol{x}^2+\dfrac{1}{\boldsymbol{x}^2}+2$

(2) $\left(\boldsymbol{x}-\dfrac{1}{\boldsymbol{x}}\right)^2=x^2-2\times x\times\dfrac{1}{x}+\left(\dfrac{1}{x}\right)^2=\boldsymbol{x}^2+\dfrac{1}{\boldsymbol{x}^2}-2$

29 (2) 1，2，**3**，4，5，**6**，7，…… ⟶ どの連続する 3 つの整数にも，3 の倍数が 1 つ含まれている。

(3) 6 の倍数であることを示すには，2 の倍数であり，3 の倍数であることを示せばよい。

30 AM＝MB＝a，MP＝x として，各面積を a，x で表す。

因数分解の手順と方法

整式の積の展開は，分配法則を繰り返し利用すれば，必ず展開することができます。しかし，因数分解は手順を考えないと，行き詰まってしまうことが少なくありません。そこで，因数分解を以下の 1 ～ 3 の手順で進めることにします。1 は不必要な場合もあります。2 ではいずれの方法を使うか見きわめ，3 で最終確認をしましょう。

1　共通因数をくくり出す。

すべての項に **共通な因数** があれば，**くくり出す。**

例　$6a^2b-8ab=2ab(3a-4)$

例　$(a-b)^2+c(b-a)=\underline{(a-b)^2}-c\underline{(a-b)}=(a-b)(a-b-c)$

2−1　公式を適用する。

くくり出してから，公式を適用する。

例　$2x^4-6x^3+4x^2=2x^2\underline{(x^2-3x+2)}=2x^2(x-1)(x-2)$

おき換えてから，公式を利用する。

例　$(x+1)^2-3(x+1)-10$ は，$x+1=A$ とおくと

$$(x+1)^2-3(x+1)-10=\underline{A^2-3A-10}=(A+2)(A-5)$$
$$=\{(x+1)+2\}\{(x+1)-5\}=(x+3)(x-4)$$

項の組み合わせをくふう して，公式を適用する。

例　$a^2+b^2-c^2-2ab=\underline{(a^2-2ab+b^2)}-c^2=\underline{(a-b)^2-c^2}$

$$=\{(a-b)+c\}\{(a-b)-c\}=(a-b+c)(a-b-c)$$

2−2　最低次数の 1 つの文字について整理する。

2 つ以上の文字を含む複雑な式では，この方針が最も有効な手段になることが多い。

例　y について整理すると共通因数 $(x+1)$ が現れる。

$$x^2+xy+2x+y+1=(x+1)y+(x^2+2x+1)$$
$$=\underline{(x+1)y}+\underline{(x+1)^2}=(x+1)(x+y+1)$$

2−3　おき換えでうまくいかない複 2 次式は，$(\quad)^2-(\quad)^2$ の形に変形するとうまくいくことがある。

例　$x^4+x^2+1=(x^4+2x^2+1)-x^2=(x^2+1)^2-x^2$

$$=\{(x^2+1)+x\}\{(x^2+1)-x\}=(x^2+x+1)(x^2-x+1)$$

3　「かっこの中は，これ以上因数分解ができないかどうか」を確認する。

第2章 平方根

この章の学習のポイント

❶ 新しい記号 $\sqrt{\ }$（根号）によって，2 乗して 2 となる数 $\sqrt{2}$ などを定義します。その意味を理解し，さらに根号を含む式の計算に慣れましょう。

❷ $\sqrt{\ }$ の定義によって，数は有理数に加えて無理数まで広がります。新しい数の広がりを実感して学習を進めましょう。

例題一覧		レベル
1 30	平方根を求める	①
31	根号を使って平方根を表す	①
32	根号を使わずに表す	②
33	平方根の 2 乗	②
34	平方根と数の大小	②
35	平方根表の読みとり	①
2 36	根号を含む式の乗法と除法（1）	①
37	根号の外の数を根号の中に入れる	①
38	平方根の変形 $\sqrt{a^2b} \longrightarrow a\sqrt{b}$	②
39	根号を含む式の乗法と除法（2）	③
40	分母の有理化（1）	②
41	根号を含む式の加法と減法	③
42	根号を含む式の乗法（1）	③
43	根号を含む式の乗法（2）	④
44	分母の有理化（2）	③
45	根号を含む数と式の値	③
46	$\sqrt{A}$ と自然数	③
47	整数部分，小数部分	③

例題一覧		レベル
3 48	分数を循環小数で表す	②
49	循環小数を分数で表す	③
4 50	根号を含む数の近似値	②
51	近似値と真の値	②
52	有効数字の表し方	③
53	有効数字と測定値	②

1 平 方 根

基本事項

1 平方根

(1) **平方根**　2 乗 (平方) して a になる数を，a の **平方根** という。
すなわち，$x^2=a$ となる x が a の平方根である。

[1]　正の数の平方根は 2 つある。この 2 つの数は，絶対値が等しく，符号が異なる。

[2]　0 の平方根は 0 のみである。

[3]　負の数の平方根は考えない。

(2) **根号**　一般に，a を正の数とするとき，a の平方根のうち，

正の方を $\sqrt{a}$，　負の方を $-\sqrt{a}$

と書く。これらをまとめて $\pm\sqrt{a}$ と書くことがある。記号 $\sqrt{\ }$ を **根号** という。

±は **複号**（ふくごう）といい，$\pm\sqrt{a}$ は「プラスマイナスルート a」と読むよ。

参考　$\sqrt{\ }$ はラテン語の radix (根，英語で root) の頭文字 r を記号化したものといわれている。

2 平方根の性質

(1) **平方根の性質**　a は 0 以上の数とする。

① $(\sqrt{a})^2=a$，$(-\sqrt{a})^2=a$

② $\sqrt{a^2}=a$，$\sqrt{(-a)^2}=a$

(2) **平方根の大小**

a，b が正の数のとき　　$a<b$　ならば　$\sqrt{a}<\sqrt{b}$

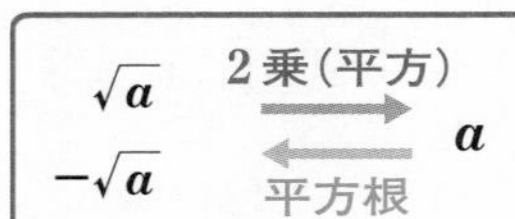

3 近似値

真の値とは異なるが，真の値に近い値のことを **近似値** という。

例　円周率は 3.14159…… のように限りなく続く小数で，その小数第 3 位を四捨五入した近似値は 3.14

例　巻末の平方根表から $\sqrt{5.72}$ の近似値は 2.392

近似値は真の値とは異なるが，$\sqrt{5.72}=2.392$ のように，等号＝を使って近似値を表すことがある。また，$\sqrt{5.72}\fallingdotseq 2.392$ のように，記号≒を使って近似値を表すこともある。≒はほぼ等しいことを表す記号である。

例題 30 平方根を求める

次の数の平方根を求めなさい。

(1) 9　(2) 0.64　(3) $\frac{49}{81}$　(4) 0

考え方 a の平方根の定義は，2乗して a になる数。

正の数には平方根が2つある。 ◀絶対値が等しく，符号が異なる。

(1) $3^2=(-3)^2=9$　(2) $0.8^2=(-0.8)^2=0.64$

(3) $\left(\frac{7}{9}\right)^2=\left(-\frac{7}{9}\right)^2=\frac{49}{81}$　(4) **0の平方根は0のみである。**

解答

(1) **3と−3** 答　(2) **0.8と−0.8** 答 ◀「0.08と −0.08」としないように。

(3) $\boldsymbol{\frac{7}{9}}$ **と** $\boldsymbol{-\frac{7}{9}}$ 答　(4) **0** 答

参考 (1)〜(3)の答えは，複号 ± を使って次のように書いてもよい。

(1) **±3** 答　(2) **±0.8** 答　(3) $\boldsymbol{\pm\frac{7}{9}}$ 答

練習 30 次の数の平方根を求めなさい。

(1) 36　(2) 10000　(3) 121　(4) 4900

(5) 0.09　(6) 0.16　(7) $\frac{36}{169}$　(8) $\frac{144}{361}$

例題 31 根号を使って平方根を表す

次の数の平方根を，根号を使って表しなさい。

(1) 7　(2) 30　(3) 0.13　(4) $\frac{2}{5}$

考え方 数 a の平方根は，根号 $\sqrt{\ }$ を使って表すことができる。

正の方が $\sqrt{a}$，負の方が $-\sqrt{a}$ ⟶ まとめて $\pm\sqrt{a}$

解答

(1) $\boldsymbol{\pm\sqrt{7}}$ 答　(2) $\boldsymbol{\pm\sqrt{30}}$ 答

(3) $\boldsymbol{\pm\sqrt{0.13}}$ 答　(4) $\boldsymbol{\pm\sqrt{\frac{2}{5}}}$ 答

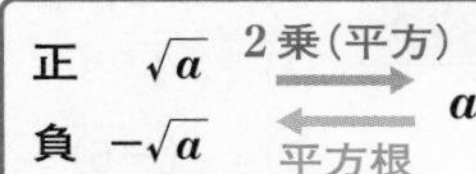

練習 31 次の数の平方根を，根号を使って表しなさい。

(1) 5　(2) 231　(3) 1.41　(4) $\frac{7}{3}$

例題 32　根号を使わずに表す

次の数を，根号を使わずに表しなさい。

(1)　$\sqrt{36}$　　(2)　$-\sqrt{36}$　　(3)　$\sqrt{9^2}$

(4)　$\sqrt{(-9)^2}$　　(5)　$-\sqrt{\dfrac{25}{49}}$　　(6)　$\sqrt{\left(-\dfrac{3}{2}\right)^2}$

正の数 a の平方根のうち，正の方が $\sqrt{a}$，負の方が $-\sqrt{a}$

$\sqrt{}$ の中の数は，正の数または 0 であることにも注意する。

a が正の数のとき　　$\sqrt{a^2}=a$，$\sqrt{(-a)^2}=a$

解答

(1)　$\sqrt{36}=\sqrt{6^2}=\mathbf{6}$　答

(2)　$-\sqrt{36}=-\sqrt{6^2}=\mathbf{-6}$　答

(3)　$\sqrt{9^2}=\mathbf{9}$　答

(4)　$\sqrt{(-9)^2}=\sqrt{9^2}=\mathbf{9}$　答

(5)　$-\sqrt{\dfrac{25}{49}}=-\sqrt{\left(\dfrac{5}{7}\right)^2}=-\dfrac{\mathbf{5}}{\mathbf{7}}$　答

(6)　$\sqrt{\left(-\dfrac{3}{2}\right)^2}=\sqrt{\left(\dfrac{3}{2}\right)^2}=\dfrac{\mathbf{3}}{\mathbf{2}}$　答

解説

例題 30 と例題 32 の違いがよくわかりません。

平方根の定義と $\sqrt{}$ の定義をきちんとおさえておきましょう。たとえば，次の例はすべて誤りです。

①　9 の平方根は 3 だけである。　　②　-9 の平方根は -3 である。

③　$\sqrt{9}=\pm 3$　　④　$-\sqrt{16}=4$　　⑤　$\sqrt{(-9)^2}=-9$　　⑥　$\sqrt{9^2}=3$

え!?　どうしてですか。

理由は次のようになります。

①　9 の平方根は 3 と -3 の 2 つある。　②　負の数の平方根は考えない。

③　$\sqrt{9}$ は「2 乗して 9 になる正の数」，すなわち 3 である。

④　$-\sqrt{16}$ は「2 乗して 16 になる負の数」，すなわち -4 である。

⑤，⑥　$(-9)^2=9^2=81$ であるから　$\sqrt{(-9)^2}=\sqrt{9^2}=\sqrt{81}=9$

練習 32A　次の数を，根号を使わずに表しなさい。

(1)　$\sqrt{1}$　　(2)　$\sqrt{81}$　　(3)　$-\sqrt{49}$　　(4)　$\sqrt{18^2}$

(5)　$\sqrt{(-6)^2}$　　(6)　$-\sqrt{(-9)^2}$　　(7)　$\sqrt{0.49}$　　(8)　$-\sqrt{6400}$

練習 32B　次の数を，根号を使わずに表しなさい。

(1)　$\sqrt{\dfrac{81}{36}}$　　(2)　$-\sqrt{\dfrac{9}{64}}$　　(3)　$\sqrt{\left(\dfrac{4}{3}\right)^2}$　　(4)　$\sqrt{\left(-\dfrac{2}{3}\right)^2}$

例題 33 平方根の2乗

次の値を求めなさい。

(1) $(\sqrt{4})^2$　(2) $(-\sqrt{4})^2$　(3) $(\sqrt{2})^2$　(4) $(-\sqrt{2})^2$

(1), (2) 平方根の定義にもどって考える。

$\sqrt{4}$ は2乗して4になる正の数であるから　$(\sqrt{4})^2=4$

$-\sqrt{4}$ は2乗して4になる負の数であるから　$(-\sqrt{4})^2=4$

次のように考えてもよい。

$(\sqrt{4})^2=2^2=4$

$(-\sqrt{4})^2=(-2)^2=4$

正	$\sqrt{a}$	2乗(平方) →	a
負	$-\sqrt{a}$	← 平方根	

a が正の数のとき

$$(\sqrt{a})^2=a,\ (-\sqrt{a})^2=a$$

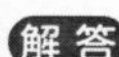

(1) $(\sqrt{4})^2=\mathbf{4}$ 答　(2) $(-\sqrt{4})^2=\mathbf{4}$ 答

(3) $(\sqrt{2})^2=\mathbf{2}$ 答　(4) $(-\sqrt{2})^2=\mathbf{2}$ 答

(2), (4) を誤って，$(-\sqrt{4})^2=-4$，$(-\sqrt{2})^2=-2$ としないように！

$(-3)^2=9$ と同様に，負の数の2乗（平方）は正の数になる。

● 平方根と $\sqrt{\ }$ について ●

平方根と $\sqrt{\ }$ について，重要な事柄をまとめておこう。

CHART

平方根と $\sqrt{a}$

定義を忘れずに

1 正の数 a の平方根は $\pm\sqrt{a}$ の2つ　$\sqrt{a}$ は正の方

2 $\sqrt{\ }$ の中も 外も 2乗も 正か0

2 $\sqrt{a}$ の中 $a\geqq0$　$\sqrt{a}$ の外 $\sqrt{a}\geqq0$　$\sqrt{a}$ の2乗 $(\sqrt{a})^2\geqq0$

練習 33 次の値を求めなさい。

(1) $(\sqrt{7})^2$　(2) $(-\sqrt{6})^2$　(3) $-(\sqrt{3})^2$

(4) $-(-\sqrt{10})^2$　(5) $\{-(-\sqrt{13})\}^2$　(6) $\left(\sqrt{\dfrac{3}{4}}\right)^2$

(7) $\left(-\sqrt{\dfrac{1}{2}}\right)^2$　(8) $-\left(-\sqrt{\dfrac{3}{2}}\right)^2$

例題 34 平方根と数の大小

次の数の大小を，不等号を使って表しなさい。

(1)　$\sqrt{7}$，$\sqrt{8}$　　(2)　-5，$-\sqrt{24}$　　(3)　$\sqrt{2}$，$\sqrt{3}$，1.5

$\sqrt{\ }$ のついた数の大小を調べるには，次のことを利用する。

a，b が正の数のとき　$a<b$　ならば　$\sqrt{a}<\sqrt{b}$

(2)　まず，5 を根号を使って表して，5 と $\sqrt{24}$ の大小を調べる。
負の数どうしでは，絶対値の大きい方が小さい数であることに注意。

(3)　1.5 を根号を使って表して，3 つの数の大小を調べる。
または，各数を 2 乗した数の大小を調べてもよい。(別解 参照)

解答

(1)　$7<8$ であるから　　$\boldsymbol{\sqrt{7}<\sqrt{8}}$　答

(2)　$5=\sqrt{5^2}=\sqrt{25}$，$25>24$ であるから　　◀ 5 を根号を使って表す。

$\sqrt{25}>\sqrt{24}$　　すなわち　　$5>\sqrt{24}$

よって　　$\boldsymbol{-5<-\sqrt{24}}$　答　　◀不等号の向きが変わる。

(3)　$1.5=\sqrt{1.5^2}=\sqrt{2.25}$，$2<2.25<3$ であるから　　◀1.5 を根号を使って表す。

$\sqrt{2}<\sqrt{2.25}<\sqrt{3}$　　すなわち　　$\boldsymbol{\sqrt{2}<1.5<\sqrt{3}}$　答

別解　$(\sqrt{2})^2=2$，$(\sqrt{3})^2=3$，$1.5^2=2.25$ であるから

$(\sqrt{2})^2<1.5^2<(\sqrt{3})^2$　　◀$a^2<b^2$ ならば $a<b$ を利用。(ただし，$a>0$，$b>0$)

したがって　　$\boldsymbol{\sqrt{2}<1.5<\sqrt{3}}$　答

解説

正の数 a，b の大小 と **$\sqrt{a}$，$\sqrt{b}$ の大小** の関係を右の図のような正方形を利用して考えてみよう。

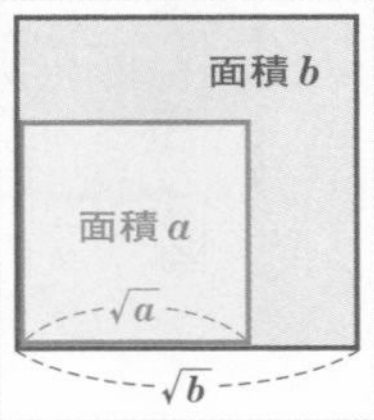

1 辺 $\sqrt{a}$ の正方形の面積は $(\sqrt{a})^2$ すなわち a

1 辺 $\sqrt{b}$ の正方形の面積は $(\sqrt{b})^2$ すなわち b

これを比べると　$0<\sqrt{a}<\sqrt{b}$　ならば　$0<a<b$

また，逆に　　$0<a<b$　　ならば　$0<\sqrt{a}<\sqrt{b}$

したがって，$\sqrt{a}$，$\sqrt{b}$ の大小は，それらを 2 乗して，a，b の大小で判定できる。

重要　正の数 a，b の大小と $\sqrt{a}$，$\sqrt{b}$ の大小は一致する。

(図：面積 b，面積 a，$\sqrt{a}$，$\sqrt{b}$)

練習 34　次の数の大小を，不等号を使って表しなさい。

(1)　6，$\sqrt{35}$　　(2)　-9，$-\sqrt{80}$　　(3)　$\sqrt{\dfrac{1}{2}}$，$-\dfrac{1}{2}$，$\dfrac{1}{3}$

例題 35 平方根表の読みとり

右の図は，平方根表の一部である。この表を用いて，次の数の近似値を求めなさい。

(1) $\sqrt{5.92}$　　(2) $\sqrt{6.03}$

(3) $\sqrt{5.6}$　　(4) $-\sqrt{6.11}$

数	0	1	2	3
5.5	2.345	2.347	2.349	2.352
5.6	2.366	2.369	2.371	2.373
5.7	2.387	2.390	2.392	2.394
5.8	2.408	2.410	2.412	2.415
5.9	2.429	2.431	2.433	2.435
6.0	2.449	2.452	2.454	2.456
6.1	2.470	2.472	2.474	2.476
6.2	2.490	2.492	2.494	2.496

(1) $\sqrt{5.92}$ の近似値は，右の平方根表の 5.9 の行と 2 の列の交点の値を読みとる。

(3) $\sqrt{5.6}=\sqrt{5.60}$ と考える。

(4) $\sqrt{6.11}$ の近似値を求めてから，マイナスをつければよい。

数	0	1	②	3
5.5	2.345	2.347	2.349	2.352
5.6	2.366	2.369	2.371	2.373
5.7	2.387	2.390	2.392	2.394
5.8	2.408	2.410	2.412	2.415
(5.9)	2.429	2.431	[2.433]	2.435

解答

(1) 平方根表の 5.9 の行と 2 の列の交点の値は 2.433

よって　$\sqrt{5.92}=\mathbf{2.433}$ 答　　◀ $\sqrt{5.92}\fallingdotseq 2.433$ でもよい。

(2) 平方根表の 6.0 の行と 3 の列の交点の値は 2.456

よって　$\sqrt{6.03}=\mathbf{2.456}$ 答

(3) 平方根表の 5.6 の行と 0 の列の交点の値は 2.366

よって　$\sqrt{5.6}=\mathbf{2.366}$ 答　　◀ $\sqrt{5.60}$

(4) 平方根表の 6.1 の行と 1 の列の交点の値は 2.472

よって　$\sqrt{6.11}=2.472$　　したがって　$-\sqrt{6.11}=\mathbf{-2.472}$ 答

解説

$\sqrt{5.92}$ の近似値は，平方根表を利用しない場合，次のようにして求めることができる。2 乗の計算には電卓を用いるなどして，確かめてみよう。

$2^2=4$，$3^2=9$ であるから　$2^2<5.92<3^2$　よって　$2<\sqrt{5.92}<3$

同じようにして，$2.4^2=5.76$，$2.5^2=6.25$ であるから　$2.4<\sqrt{5.92}<2.5$

$2.43^2=5.9049$，$2.44^2=5.9536$ であるから　$2.43<\sqrt{5.92}<2.44$

$2.433^2=5.919489$，$2.434^2=5.924356$ であるから　$2.433<\sqrt{5.92}<2.434$

これより　$\sqrt{5.92}=2.433\cdots\cdots$　すなわち　$\sqrt{5.92}\fallingdotseq 2.433$

練習 35 巻末の平方根表を用いて，次の数の近似値を求めなさい。

(1) $\sqrt{16.3}$　(2) $\sqrt{10.4}$　(3) $-\sqrt{15}$　(4) $-\sqrt{18.1}$

演習問題

□**31** 次の $\square$ にあてはまる数を入れなさい。

(1) 1の平方根は $\square$ (2) $-\sqrt{1}=\square$ (3) $\sqrt{(-13)^2}=\square$

(4) $-\sqrt{0.3^2}=\square$ (5) $\sqrt{\dfrac{25}{169}}=\square$ (6) $-(-\sqrt{0.4})^2=\square$

□**32** 次の数を，大きい方から順に並べなさい。

$$1.7,\ \sqrt{3},\ -\sqrt{2},\ 0,\ -1\frac{1}{2},\ (-0.4)^2$$

→ 34

□**33** 巻末の平方根表を用いて，次の数の近似値を求めなさい。

(1) $\sqrt{3.52}$ (2) $\sqrt{7.74}$ (3) $\sqrt{48.1}$

(4) $\sqrt{90.6}$ (5) $-\sqrt{5.68}$ (6) $-\sqrt{64.7}$

→ 35

□**34** (1) 下の数直線上の点 A，B，C，D，E は，$-\sqrt{\dfrac{1}{3}}$，$\sqrt{5}$，$\sqrt{14}$，$\dfrac{\sqrt{10}}{2}$，$-\sqrt{6}$ のいずれかに対応している。A，B，C，D，E に対応する数を，それぞれ求めなさい。

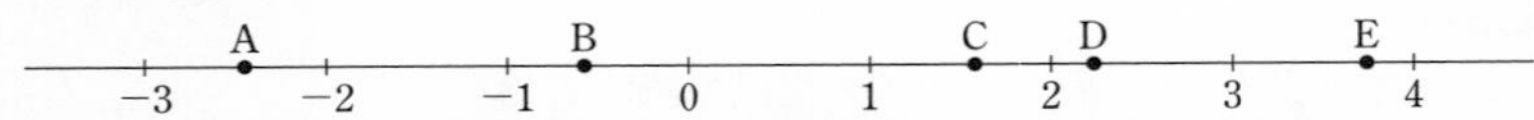

(2) n を1より大きい整数とする。次の3つの数の大小関係を，不等号を使って表しなさい。

$$\frac{\sqrt{3n^2}}{3},\quad \frac{\sqrt{n}}{3},\quad \sqrt{\frac{n}{3}}$$

平方根の値を語呂合わせで覚えよう

$\sqrt{2}=1.41421356\cdots\cdots$ （一夜一夜に 人見頃）

$\sqrt{3}=1.7320508\cdots\cdots$ （人なみに おごれや）

$\sqrt{5}=2.2360679\cdots\cdots$ （富士山麓 オウム鳴く）

$\sqrt{6}=2.4494897\cdots\cdots$ （煮よ よくよ 焼くな）

$\sqrt{7}=2.64575\cdots\cdots$ （菜に 虫いない）

$\sqrt{8}=2.828427\cdots\cdots$ （ニヤニヤ 呼ぶな）

$\sqrt{10}=3.1622\cdots\cdots$ （三色に ならぶ）

注意 ……は数が限りなく続くことを表す。

2 根号を含む式の計算

基本事項

1 根号を含む式の乗法と除法

a，b が正の数のとき

[1] $\sqrt{a}\times\sqrt{b}=\sqrt{ab}$　　例　$\sqrt{2}\times\sqrt{3}=\sqrt{2\times3}=\sqrt{6}$

└記号 × を省略して $\sqrt{a}\sqrt{b}$ と書くことがある。

[2] $\dfrac{\sqrt{a}}{\sqrt{b}}=\sqrt{\dfrac{a}{b}}$　　例　$\dfrac{\sqrt{5}}{\sqrt{2}}=\sqrt{\dfrac{5}{2}}$

2 根号を含む式の変形

根号の中の数を素因数分解したとき，根号の中の数が ●^{2}×■ の形になる場合は，$\sqrt{●^2\times■}$＝●$\sqrt{■}$ のような変形ができる。

整数の因数（約数）のうち，自然数の2乗で表されるものを **平方因数** という。

例　$\sqrt{72}=\sqrt{6^2\times2}=6\sqrt{2}$　　◀72 の平方因数は　2^2，3^2，6^2

注意　$6\times\sqrt{2}$，$\sqrt{2}\times6$ のような積は，記号×を省略して $6\sqrt{2}$ と書く。

3 分母の有理化

分母に根号を含む数は，その分母と分子に同じ数をかけて，分母に根号を含まない形に変形できる。このことを，分母を **有理化** するという。

例　$\dfrac{\sqrt{3}}{\sqrt{5}}=\dfrac{\sqrt{3}\times\sqrt{5}}{\sqrt{5}\times\sqrt{5}}=\dfrac{\sqrt{15}}{5}$　　$\dfrac{3}{2\sqrt{7}}=\dfrac{3\times\sqrt{7}}{2\sqrt{7}\times\sqrt{7}}=\dfrac{3\sqrt{7}}{14}$

4 根号を含む式の加法と減法

$\sqrt{}$ の中が同じ数の和・差は，**文字式の同類項と同じようにまとめる** ことができる。

└$\sqrt{}$ を文字とみる。

① **和**　●$\sqrt{■}$＋▲$\sqrt{■}$＝(●＋▲)$\sqrt{■}$

② **差**　●$\sqrt{■}$－▲$\sqrt{■}$＝(●－▲)$\sqrt{■}$

例　$5\sqrt{3}+2\sqrt{3}=(5+2)\sqrt{3}=7\sqrt{3}$　　$6\sqrt{7}-4\sqrt{7}=(6-4)\sqrt{7}=2\sqrt{7}$

5 整数部分，小数部分

正の数 x に対して，

$m\leqq x<m+1$ を満たす整数 m を x の **整数部分**，$x-m$ を x の **小数部分** という。すなわち　**(x の小数部分)＝x－(x の整数部分)**

例　$\sqrt{4}<\sqrt{5}<\sqrt{9}$ であるから　　$2<\sqrt{5}<3$　　◀$\sqrt{2^2}<\sqrt{5}<\sqrt{3^2}$

よって，$\sqrt{5}$ の整数部分は 2，$\sqrt{5}$ の小数部分は $\sqrt{5}-2$

例題 36 根号を含む式の乗法と除法 (1)

次の計算をしなさい。

(1) $\sqrt{3}\times\sqrt{7}$　　(2) $\dfrac{\sqrt{14}}{\sqrt{10}}$　　(3) $\sqrt{36}\div\sqrt{12}$

a, b が正の数のとき　[1] $\sqrt{a}\times\sqrt{b}=\sqrt{ab}$　[2] $\dfrac{\sqrt{a}}{\sqrt{b}}=\sqrt{\dfrac{a}{b}}$

(3) わり算は分数の形で表して, [2] を使う。⟶ $\sqrt{36}\div\sqrt{12}=\dfrac{\sqrt{36}}{\sqrt{12}}=\sqrt{\dfrac{36}{12}}$

解答

(1) $\sqrt{3}\times\sqrt{7}=\sqrt{3\times7}=\boldsymbol{\sqrt{21}}$ 答　◀ $\sqrt{a}\times\sqrt{b}=\sqrt{ab}$

(2) $\dfrac{\sqrt{14}}{\sqrt{10}}=\sqrt{\dfrac{14}{10}}=\boldsymbol{\sqrt{\dfrac{7}{5}}}$ 答　◀ $\dfrac{\sqrt{a}}{\sqrt{b}}=\sqrt{\dfrac{a}{b}}$

(3) $\sqrt{36}\div\sqrt{12}=\dfrac{\sqrt{36}}{\sqrt{12}}=\sqrt{\dfrac{36}{12}}=\boldsymbol{\sqrt{3}}$ 答

練習 36 次の計算をしなさい。

(1) $\sqrt{6}\times\sqrt{5}$　(2) $\sqrt{3}\sqrt{14}$　(3) $\dfrac{\sqrt{2}}{\sqrt{7}}$　(4) $\sqrt{14}\div\sqrt{42}$

例題 37 根号の外の数を根号の中に入れる

次の数を $\sqrt{a}$ の形に表しなさい。

(1) $7\sqrt{5}$　　(2) $\dfrac{\sqrt{10}}{2}$　　(3) $\dfrac{2\sqrt{5}}{3}$

a, b が正の数のとき　$a\sqrt{b}=\sqrt{a^2}\times\sqrt{b}=\sqrt{a^2b}$　$\dfrac{\sqrt{b}}{a}=\dfrac{\sqrt{b}}{\sqrt{a^2}}=\sqrt{\dfrac{b}{a^2}}$

解答

(1) $7\sqrt{5}=\sqrt{7^2}\times\sqrt{5}=\sqrt{7^2\times5}=\boldsymbol{\sqrt{245}}$ 答

(2) $\dfrac{\sqrt{10}}{2}=\dfrac{\sqrt{10}}{\sqrt{2^2}}=\sqrt{\dfrac{10}{2^2}}=\boldsymbol{\sqrt{\dfrac{5}{2}}}$ 答

(3) $\dfrac{2\sqrt{5}}{3}=\dfrac{\sqrt{2^2}\times\sqrt{5}}{\sqrt{3^2}}=\sqrt{\dfrac{2^2\times5}{3^2}}=\boldsymbol{\sqrt{\dfrac{20}{9}}}$ 答

$a\sqrt{b}$ → $\sqrt{a^2b}$
a^2
中に入れるときは
2乗にして
a^2 として入れよう。

練習 37 次の数を $\sqrt{a}$ の形に表しなさい。

(1) $5\sqrt{3}$　(2) $\dfrac{\sqrt{14}}{2}$　(3) $\dfrac{3\sqrt{5}}{10}$　(4) $\dfrac{\sqrt{8}\times\sqrt{15}}{2\sqrt{6}}$

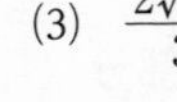

例題 38 平方根の変形 $\sqrt{a^2b} \longrightarrow a\sqrt{b}$

次の数を $a\sqrt{b}$ の形に変形しなさい。ただし，b はできるだけ小さい自然数とすること。

(1) $\sqrt{45}$　(2) $\sqrt{108}$　(3) $\sqrt{\dfrac{5}{49}}$　(4) $\sqrt{0.0063}$

考え方 例題 37 の考え方の等式を逆向きに使う。

a，b が正の数のとき

$$\sqrt{a^2b}=\sqrt{a^2}\times\sqrt{b}=a\sqrt{b}$$

$$\sqrt{\frac{b}{a^2}}=\frac{\sqrt{b}}{\sqrt{a^2}}=\frac{\sqrt{b}}{a}$$

$\sqrt{a^2b} \rightarrow a\sqrt{b}$
a
a^2 なら外に出せるよ。
外に出すときは
2乗をとって
a として出そう。

(1)，(2) 根号の中は **整数**

⟶ 素因数分解して，**平方因数をみつける。**

(3) 根号の中は **分数** ⟶ 分母と分子を別々に素因数分解する。

(4) 根号の中は **小数** ⟶ まず，10^2，100^2，…… を分母とする分数に直す。

解答

(1) $\sqrt{45}=\sqrt{3^2\times5}=\sqrt{3^2}\times\sqrt{5}=\boldsymbol{3\sqrt{5}}$ 答

(2) $\sqrt{108}=\sqrt{6^2\times3}=\sqrt{6^2}\times\sqrt{3}=\boldsymbol{6\sqrt{3}}$ 答

$\sqrt{●^2\times■}=●\sqrt{■}$

(3) $\sqrt{\dfrac{5}{49}}=\sqrt{\dfrac{5}{7^2}}=\dfrac{\sqrt{5}}{\sqrt{7^2}}=\boldsymbol{\dfrac{\sqrt{5}}{7}}$ 答

◀ $\dfrac{1}{7}\sqrt{5}$ でもよい。

(4) $\sqrt{0.0063}=\sqrt{\dfrac{63}{10000}}=\sqrt{\dfrac{3^2\times7}{100^2}}=\dfrac{\sqrt{3^2}\times\sqrt{7}}{\sqrt{100^2}}=\boldsymbol{\dfrac{3\sqrt{7}}{100}}$ 答

◀ 小数を分数に直したあとは (3) と同じ方針。

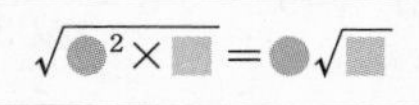

解説

根号の中の平方因数を全部外に出すには，

$$\sqrt{108}=\sqrt{6^2\times3}=6\sqrt{3}$$

のように，いちどに変形しなくても，みつけた平方因数から順に外に出していけばよい。

例 $\sqrt{108}=\sqrt{2^2\times27}=2\sqrt{27}$
$=2\sqrt{3^2\times3}=2\times3\sqrt{3}$
$=6\sqrt{3}$

素因数分解のしかたは 1 通りであるから，どの順に外に出しても結果は同じで，偶数個の素因数だけ根号の外に取り出すことになる。

練習 38 次の数を $a\sqrt{b}$ の形に変形しなさい。ただし，b はできるだけ小さい自然数とすること。

(1) $\sqrt{40}$　(2) $\sqrt{242}$　(3) $\sqrt{96}$　(4) $\sqrt{5000}$

(5) $\sqrt{\dfrac{5}{9}}$　(6) $\sqrt{\dfrac{11}{36}}$　(7) $\sqrt{0.28}$　(8) $\sqrt{0.0125}$

例題 39　根号を含む式の乗法と除法 (2)

次の計算をしなさい。

(1)　$2\sqrt{10}\times3\sqrt{15}$　　(2)　$\sqrt{192}\div\sqrt{3}$

(3)　$\sqrt{14}\times\sqrt{3}\div\sqrt{6}$　　(4)　$\sqrt{32}\div3\sqrt{2}\times6\sqrt{3}$

考え方　根号を含む式の乗法と除法の計算は，次の方針で進める。

まず，除法を乗法に直す。　$\div\square \longrightarrow \times\dfrac{1}{\square}$

根号の外どうし，中どうしを計算 → 根号の部分は1つの根号にまとめる → 根号の中の平方因数を根号の外に出す

解答

(1)　$2\sqrt{10}\times3\sqrt{15}=(2\times3)\times\sqrt{10}\times\sqrt{15}$

$=6\sqrt{10\times15}=6\sqrt{2\times5\times3\times5}$

$=6\sqrt{5^2\times2\times3}=\mathbf{30\sqrt{6}}$　答

◀10，15 を素因数分解して平方因数をさがす。

(2)　$\sqrt{192}\div\sqrt{3}=\dfrac{\sqrt{192}}{\sqrt{3}}=\sqrt{\dfrac{192}{3}}=\sqrt{64}=\mathbf{8}$　答

◀$64=8^2$

(3)　$\sqrt{14}\times\sqrt{3}\div\sqrt{6}=\dfrac{\sqrt{14}\times\sqrt{3}}{\sqrt{6}}=\sqrt{\dfrac{14\times3}{6}}=\mathbf{\sqrt{7}}$　答

(4)　$\sqrt{32}\div3\sqrt{2}\times6\sqrt{3}=\dfrac{\sqrt{32}\times6\sqrt{3}}{3\sqrt{2}}=2\sqrt{\dfrac{32\times3}{2}}$

◀根号の外を 3 で約分。

$=2\sqrt{16\times3}=2\sqrt{4^2\times3}$

◀平方因数をさがす。

$=\mathbf{8\sqrt{3}}$　答

解説

$\sqrt{}$ を含んだ式の乗法や除法は，まず $\sqrt{}$ が 2 つ以上あれば，これを 1 つの $\sqrt{}$ にまとめ，その中に平方因数があれば $\sqrt{}$ の外に出す方針で行えばよい。
これを右の 1 のように覚えておこう。
2 は $p.58$，59，3 は $p.58$ で説明する。

CHART　$\sqrt{}$ のある計算

1　$\sqrt{}$ に入れたり出したり
2　$\sqrt{}$ を文字とみる
3　まず分母を有理化

練習 39　次の計算をしなさい。

(1)　$\sqrt{3}\times\sqrt{27}$　　(2)　$2\sqrt{3}\times\sqrt{6}$　　(3)　$\sqrt{12}\div\sqrt{3}$

(4)　$\sqrt{2}\div\sqrt{3}\times\sqrt{6}$　　(5)　$3\sqrt{5}\times\sqrt{\dfrac{7}{12}}\div3\sqrt{\dfrac{15}{8}}$

例題 40　分母の有理化 (1)

次の数の分母を有理化しなさい。

(1) $\dfrac{1}{\sqrt{3}}$　(2) $\dfrac{\sqrt{5}}{3\sqrt{2}}$　(3) $\dfrac{12}{\sqrt{6}}$　(4) $\dfrac{15}{\sqrt{20}}$

分母の有理化は，分母の $\sqrt{}$ のついた数を分母と分子にかける。

(2)　分母と同じ数 $3\sqrt{2}$ をかけると手間が増える。$\sqrt{2}$ をかける。

(4)　$\sqrt{20}=\sqrt{2^2\times5}=2\sqrt{5}$ であるから，分母と分子に $\sqrt{5}$ をかける。

CHART　**分母の有理化**　分母・分子に同じ数をかける

解答

(1) $\dfrac{1}{\sqrt{3}}=\dfrac{1\times\sqrt{3}}{\sqrt{3}\times\sqrt{3}}=\boldsymbol{\dfrac{\sqrt{3}}{3}}$ 答　◀分母と分子に同じ数 $\sqrt{3}$ をかける。

(2) $\dfrac{\sqrt{5}}{3\sqrt{2}}=\dfrac{\sqrt{5}\times\sqrt{2}}{3\sqrt{2}\times\sqrt{2}}=\boldsymbol{\dfrac{\sqrt{10}}{6}}$ 答　◀分母と分子に同じ数 $\sqrt{2}$ をかける。

(3) $\dfrac{12}{\sqrt{6}}=\dfrac{12\times\sqrt{6}}{\sqrt{6}\times\sqrt{6}}=\dfrac{12\sqrt{6}}{6}=\boldsymbol{2\sqrt{6}}$ 答　◀約分を忘れないように。

(4) $\dfrac{15}{\sqrt{20}}=\dfrac{15}{2\sqrt{5}}=\dfrac{15\times\sqrt{5}}{2\sqrt{5}\times\sqrt{5}}=\dfrac{15\sqrt{5}}{2\times5}=\boldsymbol{\dfrac{3\sqrt{5}}{2}}$ 答　◀約分を忘れないように。

▲平方因数を外に出す。

解説

Q (4) で，分母の $\sqrt{20}$ をそのままかけて有理化してもかまいませんか？

それはかまいません。ただ，$\sqrt{}$ の中の数に平方因数がある場合は，$\sqrt{}$ の外に出しておく方が，あとの計算がらくになります。

$\sqrt{20}$ をそのままかけると次のようになります。

$$\frac{15}{\sqrt{20}}=\frac{15\times\sqrt{20}}{\sqrt{20}\times\sqrt{20}}=\frac{15\sqrt{20}}{20}=\frac{3\sqrt{20}}{4}=\frac{3\times2\sqrt{5}}{4}=\boldsymbol{\frac{3\sqrt{5}}{2}}$$ 答

根号の中の数の平方因数が増えると，計算の手間はさらに増えてしまいますね。

練習 40A　次の数の分母を有理化しなさい。

(1) $\dfrac{1}{\sqrt{2}}$　(2) $\dfrac{5}{\sqrt{3}}$　(3) $\dfrac{10}{7\sqrt{2}}$　(4) $\dfrac{\sqrt{21}}{\sqrt{6}}$　(5) $\dfrac{\sqrt{8}}{\sqrt{27}}$

練習 40B　次の計算をしなさい。

(1) $\sqrt{7}\div\sqrt{2}$　(2) $\sqrt{24}\div\sqrt{5}$　(3) $3\sqrt{2}\div2\sqrt{3}$

例題 41 根号を含む式の加法と減法

次の計算をしなさい。

(1) $4\sqrt{2}+3\sqrt{2}$　(2) $\sqrt{48}-9\sqrt{3}$　(3) $\sqrt{72}+\sqrt{50}-\sqrt{98}$

(4) $\dfrac{\sqrt{8}}{3}-\dfrac{\sqrt{5}}{\sqrt{10}}+2\sqrt{2}$　(5) $-4\sqrt{2}-\sqrt{12}+3\sqrt{3}+\sqrt{50}$

$\sqrt{\ }$ の中が同じ数は，**同類項の計算と同じようにまとめる** ことができる。
たとえば，(1)は $\sqrt{2}=a$ とおくと，$4a+3a=7a$ の計算と同じ。
また，$\sqrt{\ }$ の中が異なる数でも，**平方因数を外に出す** ことにより，まとめられる場合がある。分母に $\sqrt{\ }$ があるときは **有理化** してから計算する。

CHART $\sqrt{\ }$ **のある計算**　$\sqrt{\ }$ を文字とみる　まず分母を有理化

解答

(1) $4\sqrt{2}+3\sqrt{2}=\mathbf{7\sqrt{2}}$ 答　◀$(4+3)\sqrt{2}$

(2) $\sqrt{48}-9\sqrt{3}=4\sqrt{3}-9\sqrt{3}=\mathbf{-5\sqrt{3}}$ 答　◀$(4-9)\sqrt{3}$

(3) $\sqrt{72}+\sqrt{50}-\sqrt{98}=6\sqrt{2}+5\sqrt{2}-7\sqrt{2}$　◀$(6+5-7)\sqrt{2}$

$=\mathbf{4\sqrt{2}}$ 答

(4) $\dfrac{\sqrt{8}}{3}-\dfrac{\sqrt{5}}{\sqrt{10}}+2\sqrt{2}=\dfrac{2\sqrt{2}}{3}-\dfrac{1}{\sqrt{2}}+2\sqrt{2}$　◀$\dfrac{\sqrt{5}}{\sqrt{10}}=\dfrac{\sqrt{5}}{\sqrt{5}\times\sqrt{2}}=\dfrac{1}{\sqrt{2}}$

$=\dfrac{2\sqrt{2}}{3}-\dfrac{\sqrt{2}}{2}+2\sqrt{2}=\left(\dfrac{2}{3}-\dfrac{1}{2}+2\right)\sqrt{2}$

$=\dfrac{4-3+12}{6}\times\sqrt{2}=\mathbf{\dfrac{13\sqrt{2}}{6}}$ 答

(5) $-4\sqrt{2}-\sqrt{12}+3\sqrt{3}+\sqrt{50}$

$=-4\sqrt{2}-2\sqrt{3}+3\sqrt{3}+5\sqrt{2}$

$=\mathbf{\sqrt{2}+\sqrt{3}}$ 答

$\sqrt{2}+\sqrt{3}$ はこれ以上簡単な形の数にまとめることができないんだね。

練習 41 次の計算をしなさい。

(1) $4\sqrt{7}+13\sqrt{7}$　(2) $\sqrt{50}-\sqrt{32}$　(3) $\sqrt{32}-\sqrt{72}+3\sqrt{2}$

(4) $2\sqrt{75}-\sqrt{48}-3\sqrt{3}$　(5) $2\sqrt{5}+3\sqrt{80}-\sqrt{20}-2\sqrt{180}$

(6) $\sqrt{\dfrac{3}{49}}+\dfrac{4\sqrt{3}}{7}$　(7) $\dfrac{1}{\sqrt{2}}+\sqrt{10}\times\dfrac{1}{2\sqrt{5}}$

(8) $\sqrt{18}-\dfrac{\sqrt{24}}{\sqrt{3}}$　(9) $4\sqrt{2}-\sqrt{50}+\dfrac{\sqrt{8}}{2}$

(10) $3\sqrt{20}-\dfrac{15}{\sqrt{5}}-\sqrt{80}$　(11) $\dfrac{15\sqrt{2}}{\sqrt{6}}-\dfrac{4}{\sqrt{2}}-\dfrac{18}{\sqrt{3}}+\sqrt{18}$

例題 42 根号を含む式の乗法 (1)

次の計算をしなさい。

(1) $(\sqrt{3}+1)(\sqrt{3}-2)$　　(2) $(\sqrt{7}+\sqrt{3})^2$

(3) $(2\sqrt{3}-5)(\sqrt{3}+1)$　　(4) $(\sqrt{12}+\sqrt{7})(2\sqrt{3}-\sqrt{7})$

$\sqrt{\quad}$ を文字とみると，式の計算と同じように計算できる。
展開の公式を使って，効率よく計算しよう。
たとえば，(1) なら $\sqrt{3}$ を x とみなして，$(x+1)(x-2)$ を展開する要領で計算する。

展開の公式
$(x+a)(x+b)=x^2+(a+b)x+ab$
$(x+a)^2=x^2+2ax+a^2$
$(x-a)^2=x^2-2ax+a^2$
$(x+a)(x-a)=x^2-a^2$
$(ax+b)(cx+d)=acx^2+(ad+bc)x+bd$

(4) では $\sqrt{12}=2\sqrt{3}$ とすると，$(x+a)(x-a)$ の展開の公式が使える。

CHART $\sqrt{\quad}$ **のある計算**　$\sqrt{\quad}$ を文字とみる

解答

(1) $(\sqrt{3}+1)(\sqrt{3}-2)=(\sqrt{3})^2+(1-2)\sqrt{3}+1\times(-2)$
$=3-\sqrt{3}-2$
$=\mathbf{1-\sqrt{3}}$ 答

◀ $\sqrt{3}=x$ とおくと $(x+1)(x-2)$

(2) $(\sqrt{7}+\sqrt{3})^2=(\sqrt{7})^2+2\times\sqrt{7}\times\sqrt{3}+(\sqrt{3})^2$
$=7+2\sqrt{21}+3$
$=\mathbf{10+2\sqrt{21}}$ 答

◀ $\sqrt{7}=x$，$\sqrt{3}=a$ とおくと $(x+a)^2$

(3) $(2\sqrt{3}-5)(\sqrt{3}+1)=2(\sqrt{3})^2+\{2\times1+(-5)\times1\}\sqrt{3}+(-5)\times1$
$=6-3\sqrt{3}-5$
$=\mathbf{1-3\sqrt{3}}$ 答

◀ $\sqrt{3}=x$ とおくと $(2x-5)(x+1)$

(4) $(\sqrt{12}+\sqrt{7})(2\sqrt{3}-\sqrt{7})=(2\sqrt{3}+\sqrt{7})(2\sqrt{3}-\sqrt{7})$
$=(2\sqrt{3})^2-(\sqrt{7})^2$
$=12-7=\mathbf{5}$ 答

◀ $2\sqrt{3}=x$，$\sqrt{7}=a$ とおくと $(x+a)(x-a)$

練習 42 次の計算をしなさい。

(1) $\sqrt{3}(\sqrt{24}-\sqrt{6})$　　(2) $(\sqrt{2}+2)(\sqrt{2}-1)$

(3) $(\sqrt{5}-\sqrt{2})(\sqrt{5}+\sqrt{3})$　　(4) $(\sqrt{2}+1)^2$

(5) $(\sqrt{8}-\sqrt{5})^2$　　(6) $(\sqrt{2}-2\sqrt{3})(3\sqrt{2}+\sqrt{3})$

(7) $(\sqrt{3}-3\sqrt{2})(\sqrt{27}-\sqrt{8})$　　(8) $(\sqrt{7}+\sqrt{2})(\sqrt{7}-\sqrt{2})$

(9) $\sqrt{6}(\sqrt{3}-\sqrt{2})+2\sqrt{3}$　　(10) $(\sqrt{6}-\sqrt{2})^2+\sqrt{3}(4-\sqrt{3})$

(11) $\sqrt{3}(\sqrt{12}+\sqrt{18})-(2\sqrt{3}+\sqrt{2})^2$

例題 43 根号を含む式の乗法 (2)

次の計算をしなさい。

(1) $(\sqrt{3}+\sqrt{5}+\sqrt{7})(\sqrt{3}+\sqrt{5}-\sqrt{7})$

(2) $(1+\sqrt{2})^2(2-\sqrt{2})^2$　　(3) $(1+\sqrt{2}+\sqrt{3})^2$

(1) $\sqrt{3}+\sqrt{5}$ を **まとめておきかえる** と，和と差の積の公式が使える。

(2) $a^2b^2=(ab)^2$ を利用して，$\{(1+\sqrt{2})(2-\sqrt{2})\}^2$ として計算。ここで，$2-\sqrt{2}=\sqrt{2}(\sqrt{2}-1)$ に気づくと，{ }内で和と差の積の公式が使える。

(3) $1+\sqrt{2}$ を **まとめておきかえる** と，和の平方の公式が使える。

CHART **式の取り扱い**
共通な式はまとめる　組み合わせをくふう

解答

(1) $(\sqrt{3}+\sqrt{5}+\sqrt{7})(\sqrt{3}+\sqrt{5}-\sqrt{7})$

$=\{(\sqrt{3}+\sqrt{5})+\sqrt{7}\}\{(\sqrt{3}+\sqrt{5})-\sqrt{7}\}$　◀和と差の積。

$=(\sqrt{3}+\sqrt{5})^2-(\sqrt{7})^2$

$=3+2\sqrt{15}+5-7=\mathbf{1+2\sqrt{15}}$ 答

(2) $(1+\sqrt{2})^2(2-\sqrt{2})^2=\{(1+\sqrt{2})(2-\sqrt{2})\}^2$

$=\{\sqrt{2}(1+\sqrt{2})(\sqrt{2}-1)\}^2$　◀$(\sqrt{2})^2\{(\sqrt{2}+1)(\sqrt{2}-1)\}^2$

$=2(2-1)^2=\mathbf{2}$ 答

(3) $(1+\sqrt{2}+\sqrt{3})^2=\{(1+\sqrt{2})+\sqrt{3}\}^2$　◀$(x+a)^2=x^2+2ax+a^2$

$=(1+\sqrt{2})^2+2(1+\sqrt{2})\sqrt{3}+(\sqrt{3})^2$

$=1+2\sqrt{2}+2+2\sqrt{3}+2\sqrt{6}+3$

$=\mathbf{6+2\sqrt{2}+2\sqrt{3}+2\sqrt{6}}$ 答

別解 公式 $(a+b+c)^2=a^2+b^2+c^2+2ab+2bc+2ca$ を利用すると

$(1+\sqrt{2}+\sqrt{3})^2=1^2+(\sqrt{2})^2+(\sqrt{3})^2+2\sqrt{2}+2\sqrt{2}\times\sqrt{3}+2\sqrt{3}$

$=1+2+3+2\sqrt{2}+2\sqrt{6}+2\sqrt{3}$

$=\mathbf{6+2\sqrt{2}+2\sqrt{3}+2\sqrt{6}}$ 答

練習 43 次の計算をしなさい。

(1) $(2\sqrt{2}-1)^2-(\sqrt{2}+3)^2$　　(2) $\left(\dfrac{\sqrt{2}+1}{2}\right)^2-\left(\dfrac{\sqrt{2}-1}{2}\right)^2$

(3) $(5-2\sqrt{6})(3\sqrt{2}+2\sqrt{3})^2$　　(4) $(\sqrt{2}+\sqrt{3}-\sqrt{5})^2$

(5) $(1+\sqrt{2}-\sqrt{3})(1-\sqrt{2}+\sqrt{3})(1+\sqrt{2}+\sqrt{3})^2$

(6) $\dfrac{1}{12}\{(\sqrt{3}+\sqrt{15}+\sqrt{21})^2-(\sqrt{3}-\sqrt{15}-\sqrt{21})^2\}$

例題 44　分母の有理化 (2)

次の数の分母を有理化しなさい。

(1) $\dfrac{3}{\sqrt{7}+2}$　　(2) $\dfrac{\sqrt{5}+\sqrt{3}}{\sqrt{5}-\sqrt{3}}$

考え方　分母に $\sqrt{a}+\sqrt{b}$ や $\sqrt{c}-d$ の形の式がある数の分母を有理化するには，$\sqrt{a}-\sqrt{b}$ や $\sqrt{c}+d$ のように，符号を変えた式を分母と分子にかけるとよい。

$$(\sqrt{a}+\sqrt{b})(\sqrt{a}-\sqrt{b})=(\sqrt{a})^2-(\sqrt{b})^2=a-b$$
$$(\sqrt{c}-d)(\sqrt{c}+d)=(\sqrt{c})^2-d^2=c-d^2$$

(1) 分母が $\sqrt{7}+2$ ⟶ 分母と分子に $\sqrt{7}-2$ をかける。
(2) 分母が $\sqrt{5}-\sqrt{3}$ ⟶ 分母と分子に $\sqrt{5}+\sqrt{3}$ をかける。

解答

(1) $\dfrac{3}{\sqrt{7}+2}=\dfrac{3(\sqrt{7}-2)}{(\sqrt{7}+2)(\sqrt{7}-2)}$

$=\dfrac{3(\sqrt{7}-2)}{(\sqrt{7})^2-2^2}=\dfrac{3(\sqrt{7}-2)}{7-4}$

$=\dfrac{3(\sqrt{7}-2)}{3}=\boldsymbol{\sqrt{7}-2}$ 答

(2) $\dfrac{\sqrt{5}+\sqrt{3}}{\sqrt{5}-\sqrt{3}}=\dfrac{(\sqrt{5}+\sqrt{3})(\sqrt{5}+\sqrt{3})}{(\sqrt{5}-\sqrt{3})(\sqrt{5}+\sqrt{3})}$

$=\dfrac{(\sqrt{5}+\sqrt{3})^2}{(\sqrt{5})^2-(\sqrt{3})^2}=\dfrac{5+2\sqrt{15}+3}{5-3}$

$=\dfrac{8+2\sqrt{15}}{2}=\dfrac{2(4+\sqrt{15})}{2}$　◀ 2 で約分できる。

$=\boldsymbol{4+\sqrt{15}}$ 答

分母の有理化

1 $\dfrac{b}{\sqrt{a}}=\dfrac{b\times\sqrt{a}}{\sqrt{a}\times\sqrt{a}}=\dfrac{b\sqrt{a}}{a}$

2 $(\sqrt{a}+\sqrt{b})(\sqrt{a}-\sqrt{b})$
$=a-b$ の利用。

$\dfrac{c}{\sqrt{a}+\sqrt{b}}=\dfrac{c(\sqrt{a}-\sqrt{b})}{a-b}$

$\dfrac{c}{\sqrt{a}-\sqrt{b}}=\dfrac{c(\sqrt{a}+\sqrt{b})}{a-b}$

練習 44A　次の数の分母を有理化しなさい。

(1) $\dfrac{4}{3+\sqrt{5}}$　(2) $\dfrac{1}{\sqrt{5}-\sqrt{2}}$　(3) $\dfrac{\sqrt{7}+\sqrt{5}}{\sqrt{7}-\sqrt{5}}$

(4) $\dfrac{\sqrt{5}-\sqrt{3}}{\sqrt{5}+\sqrt{3}}$　(5) $\dfrac{\sqrt{5}-1}{2\sqrt{5}+3}$　(6) $\dfrac{3\sqrt{2}+\sqrt{3}}{3\sqrt{2}-\sqrt{3}}$

練習 44B　(1) $(\sqrt{2}+\sqrt{3}+\sqrt{5})(\sqrt{2}+\sqrt{3}-\sqrt{5})$ を計算しなさい。

(2) $\dfrac{1}{\sqrt{2}+\sqrt{3}+\sqrt{5}}$ の分母を有理化しなさい。

44B (2)　(1) の結果を利用して，有理化を 2 回行う。

例題 45 根号を含む数と式の値

次の式の値を求めなさい。

(1) $x=\sqrt{2}+1$ のとき，x^2-2x-3 の値

(2) $x=\sqrt{3}+\sqrt{2}$，$y=\sqrt{3}-\sqrt{2}$ のとき，$x^2+4xy+y^2$ の値

そのまま代入しても求められるが，ここでは計算を簡単にするくふうを考える。

(1) x^2-2x-3 を $(x+1)(x-3)$ と **因数分解してから数値を代入** すると，$(\sqrt{2}+2)(\sqrt{2}-2)$ となり，和と差の積が現れる。

(2) $x+y$，xy が簡単に求められるから，$x^2+4xy+y^2$ を $x+y$ と xy を用いて表すことを考える。

重要 $x^2+y^2=(x+y)^2-2xy$

解答

(1) $x^2-2x-3=(x+1)(x-3)$ ◀与式を因数分解。

$(x+1)(x-3)$ に $x=\sqrt{2}+1$ を代入して

$$(x+1)(x-3)=(\sqrt{2}+1+1)(\sqrt{2}+1-3)$$
$$=(\sqrt{2}+2)(\sqrt{2}-2)=(\sqrt{2})^2-2^2$$
◀$(x+a)(x-a)=x^2-a^2$
$$=2-4=\mathbf{-2}$$ 答

別解 $x=\sqrt{2}+1$ から $x-1=\sqrt{2}$ ◀右辺を無理数だけにして 2 乗すると，無理数がなくなり計算がらくになる。

両辺を 2 乗すると $(x-1)^2=(\sqrt{2})^2$

すなわち $x^2-2x+1=2$

両辺から 4 をひいて $x^2-2x+1-4=2-4$

したがって $x^2-2x-3=\mathbf{-2}$ 答

(2) $x^2+4xy+y^2=(x+y)^2-2xy+4xy=(x+y)^2+2xy$ ◀$x^2+y^2=(x+y)^2-2xy$

$x+y=(\sqrt{3}+\sqrt{2})+(\sqrt{3}-\sqrt{2})=2\sqrt{3}$

$xy=(\sqrt{3}+\sqrt{2})(\sqrt{3}-\sqrt{2})=3-2=1$

よって，$(x+y)^2+2xy$ に $x+y=2\sqrt{3}$，$xy=1$ を代入して

$(x+y)^2+2xy=(2\sqrt{3})^2+2\times1=12+2=\mathbf{14}$ 答

練習 45A 次の式の値を求めなさい。

(1) $x=\sqrt{3}-2$ のとき，x^2+4x+6 の値

(2) $x=2\sqrt{7}+3$ のとき，x^2-6x+5 の値

(3) $x=3+\sqrt{3}$，$y=3-\sqrt{3}$ のとき，$x^2+5xy+y^2$ の値

練習 45B $a=3\sqrt{5}+7$，$b=3\sqrt{5}-7$ のとき，次の式の値を求めなさい。

$$(a+b)(a-b)-\frac{(2a+b)(a-2b)}{2}$$

例題 46 $\sqrt{A}$ と自然数

(1) $5<\sqrt{2x}\leqq 6$ を満たすような自然数 x の個数を求めなさい。

(2) $\sqrt{756n}$ が自然数となるような自然数 n のうち，最も小さいものを求めなさい。

(1) $5<\sqrt{2x}\leqq 6$ を満たす x の値の範囲がわかれば，自然数 x の個数がわかる。
そのままの形では考えにくいので，両端の値 5，6 を $\sqrt{\quad}$ を使って表すと

$$\sqrt{25}<\sqrt{2x}\leqq\sqrt{36}$$

正の数 a，b の大小と $\sqrt{a}$，$\sqrt{b}$ の大小は一致する から，$2x$ の値の範囲がわかる。
└すなわち，$\sqrt{\quad}$ の大小は 2 乗して比べてもよい。

(2) $\sqrt{756n}$ が自然数　ならば　$756n$ が (自然数)^2 の形。
756 を素因数分解すると　$2^2\times3^3\times7$ …… 何をかけると $(\quad)^2$ の形になるか？

解答

(1) $5=\sqrt{25}$，$6=\sqrt{36}$ であるから　　$\sqrt{25}<\sqrt{2x}\leqq\sqrt{36}$

よって　　$(\sqrt{25})^2<(\sqrt{2x})^2\leqq(\sqrt{36})^2$　すなわち　$25<2x\leqq 36$

したがって　　$\dfrac{25}{2}<x\leqq 18$　　◀ $12.5<x\leqq 18$

x は自然数であるから　　$13\leqq x\leqq 18$

よって，求める自然数 x の個数は　　$18-13+1=\mathbf{6}$ 答

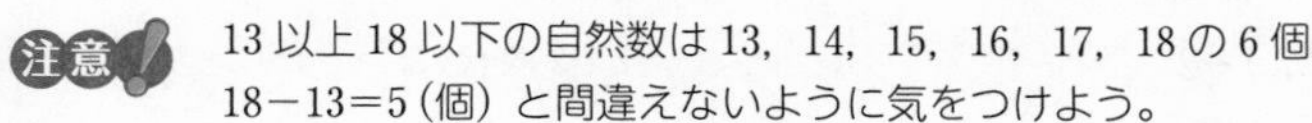

注意 13 以上 18 以下の自然数は 13，14，15，16，17，18 の 6 個。
$18-13=5$ (個) と間違えないように気をつけよう。

(2) $\sqrt{756n}=\sqrt{2^2\times3^3\times7\times n}$ である。

$\sqrt{756n}$ が自然数となるのは，$756n$ が自然数の 2 乗の形になるときである。

よって，条件を満たす自然数 n のうち，最も小さいものは

$$n=3\times7=\mathbf{21}$$ 答

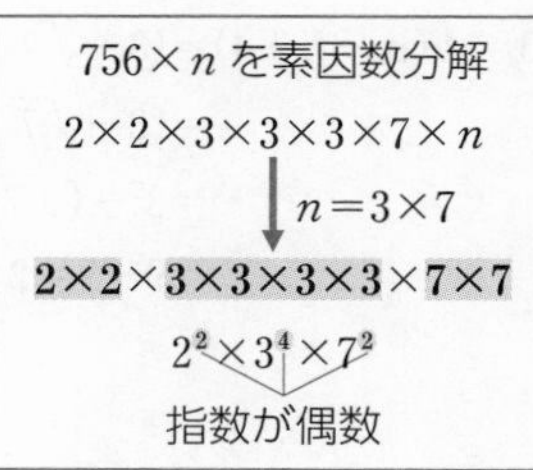

練習 46

(1) $11\leqq\sqrt{a}<12$ を満たすような自然数 a の個数を求めなさい。

(2) $\sqrt{2^3\times3^4\times5\times6^3\times7^3\times a}$ が自然数となるような自然数 a のうち，最も小さいものを求めなさい。

(3) $\sqrt{\dfrac{936}{x}}$ が自然数となるような自然数 x のうち，最も小さいものを求めなさい。

例題 47 整数部分，小数部分

$5-\sqrt{7}$ の整数部分を a，小数部分を b とするとき，次の式の値を求めなさい。

(1) a　　(2) b　　(3) $b(a-b+4)$

数 x の整数部分と小数部分

整数部分 …… x を超えない最大の整数
小数部分 …… $x-$(x の整数部分)

(1) まず，$5-\sqrt{7}$ がどれくらいの値になるかを調べる。
$\sqrt{4}<\sqrt{7}<\sqrt{9}$ すなわち $2<\sqrt{7}<3$ であることを利用。

(2) $b=(5-\sqrt{7})-a$ から b の値が求められる。

(3) (1), (2) で求めた a，b の値を代入して計算。

整数部分
2　$5-\sqrt{7}$　3
x
小数部分

解答

(1) $\sqrt{4}<\sqrt{7}<\sqrt{9}$ であるから　$2<\sqrt{7}<3$

各辺に -1 をかけて　$-3<-\sqrt{7}<-2$　◀不等号の向きが変わる。

各辺に 5 をたして　$2<5-\sqrt{7}<3$　◀$5-\sqrt{7}=2.\cdots\cdots$

よって　$\boldsymbol{a=2}$ 答

(2) $5-\sqrt{7}$ から a をひいたものが b であるから

$b=(5-\sqrt{7})-a$　◀(小数部分)＝(もとの数)－(整数部分)

$=(5-\sqrt{7})-2$　◀$a=2$ を代入。

$\boldsymbol{=3-\sqrt{7}}$ 答

(3) $b(a-b+4)=(3-\sqrt{7})\{2-(3-\sqrt{7})+4\}$　◀$a=2$，$b=3-\sqrt{7}$ を代入。

$=(3-\sqrt{7})(3+\sqrt{7})$　◀和と差の積。

$=3^2-(\sqrt{7})^2$

$=9-7\boldsymbol{=2}$ 答

練習 47

(1) $7-2\sqrt{3}$ の整数部分を a，小数部分を b とするとき，$3a^2-3ab+b^2$ の値を求めなさい。

(2) $4-\sqrt{3}$ の整数部分を a，小数部分を b とするとき，$\dfrac{1}{b}+\dfrac{1}{2a-b}$ の値を求めなさい。

(3) $\dfrac{7}{3-\sqrt{2}}$ の整数部分を a，小数部分を b とするとき，

$\dfrac{1}{a+b+1}+\dfrac{1}{a-b-1}$ の値を求めなさい。

演習問題

□**35** 次の計算をしなさい。

(1) $\sqrt{8}\times\sqrt{0.5}$　(2) $3\sqrt{2}\times(-\sqrt{6})$　(3) $2\sqrt{5}\times\sqrt{8}\div\sqrt{10}$

(4) $\sqrt{32}\div\sqrt{12}\div\sqrt{6}$　(5) $\left(-\dfrac{3\sqrt{2}}{4}\right)^3\times\sqrt{32}\times\dfrac{1}{9}$

(6) $3\sqrt{12}+2\sqrt{3}-\sqrt{48}$　(7) $\sqrt{12}+\sqrt{27}-4\sqrt{3}$

(8) $2\sqrt{32}+\sqrt{18}-3\sqrt{72}$　(9) $5\sqrt{3}+2\sqrt{8}-\sqrt{147}-3\sqrt{2}$

→ 39, 41

□**36** 次の計算をしなさい。

(1) $5\sqrt{3}\times\sqrt{2}-\sqrt{24}$　(2) $\sqrt{18}\div\sqrt{3}+\sqrt{54}$

(3) $(\sqrt{50}-\sqrt{18})\div\sqrt{2}$　(4) $2\sqrt{50}-2(\sqrt{2}-1)$

(5) $\sqrt{32}+(\sqrt{2}-3)\times\sqrt{2}$　(6) $\sqrt{3}(2+\sqrt{6})-\sqrt{2}(3-\sqrt{6})$

□**37** 次の計算をしなさい。

(1) $(\sqrt{3}-\sqrt{2})^2+\sqrt{24}$　(2) $(3\sqrt{3}+\sqrt{2})(3\sqrt{3}-\sqrt{2})$

(3) $(\sqrt{7}+4)(2\sqrt{7}-3)$　(4) $(\sqrt{3}-2)^2+4(\sqrt{3}-1)$

(5) $\left(\dfrac{\sqrt{5}+3}{\sqrt{6}}\right)^2+\left(\dfrac{\sqrt{5}-3}{\sqrt{6}}\right)^2$　(6) $(\sqrt{3}+\sqrt{2}-1)(\sqrt{3}-\sqrt{2}-1)$

(7) $\sqrt{27}-6\left(\dfrac{5}{\sqrt{3}}-\dfrac{4}{\sqrt{2}}\right)+\dfrac{\sqrt{54}}{\sqrt{3}}$　(8) $\dfrac{\sqrt{8}+3\sqrt{6}}{\sqrt{3}}-\sqrt{54}-\dfrac{2\sqrt{2}}{4+\sqrt{12}}$

(9) $\{(3+\sqrt{10})^{100}+(3-\sqrt{10})^{100}\}^2-\{(3+\sqrt{10})^{100}-(3-\sqrt{10})^{100}\}^2$

→ 42, 43

□**38** 次の計算をしなさい。

(1) $\dfrac{\sqrt{6}-\sqrt{2}}{\sqrt{6}+\sqrt{2}}$　(2) $\dfrac{\sqrt{6}+\sqrt{2}}{\sqrt{6}-\sqrt{2}}-\dfrac{\sqrt{6}-\sqrt{2}}{\sqrt{6}+\sqrt{2}}$

(3) $\dfrac{1}{\sqrt{6}+\sqrt{2}+2}+\dfrac{1}{\sqrt{6}-\sqrt{2}-2}$

→ 44

□**39** $a-1<\sqrt{x}<a+1$ を満たす自然数 x の個数が 111 個のとき，自然数 a の値を求めなさい。

→ 46

37 (9) $(3+\sqrt{10})^{100}=a$，$(3-\sqrt{10})^{100}=b$ とおいて，式を整理。

□**40** 次の式の値を求めなさい。

(1) $x=\dfrac{5-\sqrt{13}}{2}$ のとき，x^2-5x の値

(2) $a=\dfrac{\sqrt{5}+\sqrt{2}}{\sqrt{3}}$，$b=\dfrac{\sqrt{5}-\sqrt{2}}{\sqrt{3}}$ のとき，$a^2+5ab+b^2$ の値

(3) $a+b=2\sqrt{3}+\sqrt{2}$，$a-b=\sqrt{6}-2$ のとき，$(2a-b)^2-(a-2b)^2$ の値

➔ 45

□**41** $\sqrt{10}-\sqrt{2}$ の整数部分を a，小数部分を b とするとき，$2a^2+2ab+b^2$ の値を求めなさい。

➔ 47

□**42** $x=\sqrt{6}+\sqrt{3}$，$y=\sqrt{6}-\sqrt{3}$ のとき，$\dfrac{\sqrt{x}-\sqrt{y}}{\sqrt{x}+\sqrt{y}}$ の値を求めなさい。

➔ 45

□**43** 自然数 n に対して $\{n\}$ を $\sqrt{n}$ の整数部分とする。たとえば，$\{2\}=1$，$\{3\}=1$，$\{4\}=2$ である。このとき，$\{2020\}=a$ とし，$\{n\}=20$ を満たす自然数 n の個数を b として，a，b の値を求めなさい。

□**44** (1) $\sqrt{105-5a}$ が自然数となるような自然数 a の値を求めなさい。

(2) $\sqrt{\dfrac{2205}{x}}$ が自然数となるような 3 桁の自然数 x の値を求めなさい。

➔ 46

□**45** (1) 方程式 $\sqrt{2}x-\sqrt{12}=\sqrt{48}-\sqrt{8}x$ を解きなさい。

(2) 不等式 $\dfrac{4\sqrt{3}}{3}x-\sqrt{2}<\dfrac{x+\sqrt{3}}{\sqrt{3}}$ を解きなさい。

(3) 連立方程式 $\begin{cases}\dfrac{1}{2}x-\dfrac{1}{3}y=\sqrt{2}\\ 3x-4y=6\sqrt{3}\end{cases}$ を解きなさい。

□**46** $a=\dfrac{2}{\sqrt{6}+2}$ のとき，次の式の値を求めなさい。

(1) $a-\dfrac{2}{a}$

(2) $\left(a+\dfrac{8}{a}\right)\left(2a+\dfrac{1}{a}\right)+\left(a-\dfrac{8}{a}\right)\left(2a-\dfrac{1}{a}\right)$

43 $a\leqq\sqrt{2020}<a+1$ を満たす整数 a をみつける。

44 (1) $\sqrt{105-5a}=\sqrt{5(21-a)}$ が自然数 ⟶ $21-a=5k^2$（k は自然数）

46 (2) まず，展開して整理する。(1) を利用。

3 有理数と無理数

1 小　数

(1) **有限小数**　小数第何位かで終わる小数。

例　0.27　　3.1259

(2) **無限小数**　小数部分が限りなく続く小数。

例　5.3864……

◀5.3864…… の ……は終わりがないことを表す。

(3) **循環小数**　ある位以下では数字の同じ並びがくり返される小数。

くり返す数字の上に記号・を書いて表す。

例　$0.666\cdots\cdots=0.\dot{6}$

$7.3\underline{451}\,\underline{451}\,\underline{451}\cdots\cdots=7.3\dot{4}5\dot{1}$

2 有理数と無理数

(1) **有理数**　整数 m と正の整数 n を用いて，分数 $\dfrac{m}{n}$ の形に表される数。

整数以外の有理数は，有限小数か循環小数のいずれかで表される。

逆に，有限小数と循環小数は分数の形に表され，有理数である。

例　$3.07=\dfrac{307}{100}$，$0.\dot{2}\dot{5}=\dfrac{25}{99}$，$1.\dot{2}8571\dot{4}=\dfrac{9}{7}$

(2) **実　数**　有限小数や無限小数で表される数と整数とを合わせたもの。

(3) **無理数**　有理数でない実数。

無理数は，循環しない無限小数で表される数であり，分数の形に表すことはできない。

例　$\sqrt{2}$，$-\sqrt{7}$，$2\sqrt{5}$，円周率 $\pi=3.1415926535\cdots\cdots$

(4) **実数の分類**

$$
\text{実数}\begin{cases}\text{有理数}\begin{cases}\text{整　数}\begin{cases}\text{自然数}\\ 0\\ \text{負の整数}\end{cases}\\ \text{有限小数}\\ \text{循環小数}\end{cases}\\ \text{無理数}\cdots\cdots\text{循環しない無限小数}\end{cases}
$$

（循環小数と循環しない無限小数を合わせて：無限小数）

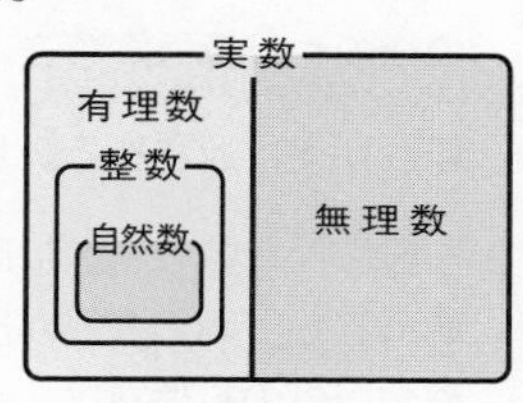

(5) **有理数と実数の四則計算の性質**

2つの有理数の 和，差，積，商 は，また有理数である。

2つの実数　の 和，差，積，商 は，また実数である。

商に関しては，0 でわることは考えない。

例題 48 分数を循環小数で表す

次の分数を小数に直し，$0.\dot{5}$ のような表し方で書きなさい。

(1) $\dfrac{2}{3}$　　(2) $\dfrac{4}{33}$　　(3) $\dfrac{26}{111}$

循環小数を表すには，くり返す数字の上に・を書いて

$0.5555\cdots\cdots=0.\dot{5}$　　$0.343434\cdots\cdots=0.\dot{3}\dot{4}$　　$0.5432432432\cdots\cdots=0.5\dot{4}3\dot{2}$

のように表す。・が 2 つのときは，・から・までの数がくり返すことを示す。

解答

(1) $\dfrac{2}{3}=0.666\cdots\cdots=\mathbf{0.\dot{6}}$ 答　　(2) $\dfrac{4}{33}=0.121212\cdots\cdots=\mathbf{0.\dot{1}\dot{2}}$ 答

(3) $\dfrac{26}{111}=0.234234234\cdots\cdots=\mathbf{0.\dot{2}3\dot{4}}$ 答

(1)
```
   0.66
3 )20
   18
    2
```
(2)
```
    0.121
33 )40
    33
     70
     66
      4
```
(3)
```
     0.2342
111 )260
     222
     380
     333
      470
      444
       26
```

余りに同じ数が現れたら，以降のわり算は同じことのくり返しになるね。

解説

分数を小数で表すには，分子を分母でわればよい。たとえば $\dfrac{1}{7}$ を小数で表すときは，右のように $1\div7$ を計算する。余りはわる数より小さいから，毎回のわり算で出てくる余りは 0，1，2，3，4，5，6 のいずれかである。よって，わり算を続けていくと，すでに出てきた余りがどこかで再び出てくる。その後のわり算は同じことのくり返しになり，商には同じ数の並びがくり返される。したがって，$\dfrac{1}{7}$ は循環小数になる。

一般に，分数を小数に直すこのような計算は，どこかでわり切れるか，同じ余りが出てくるかのどちらかになる。よって，整数以外の有理数は，有限小数か循環小数のどちらかになる。

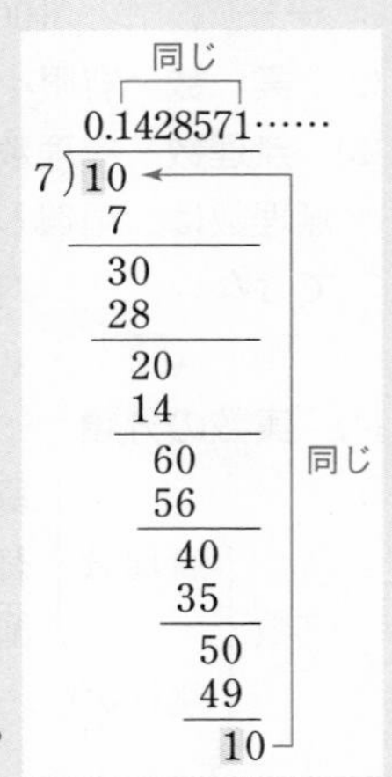

次の分数を小数に直し，$0.\dot{6}$ のような表し方で書きなさい。

(1) $\dfrac{5}{11}$　　(2) $\dfrac{19}{27}$　　(3) $\dfrac{34}{111}$　　(4) $\dfrac{3}{7}$

例題 49 循環小数を分数で表す

次の循環小数を分数で表しなさい。

(1) $1.\dot{6}$　　(2) $0.\dot{3}\dot{9}$　　(3) $0.\dot{3}4\dot{5}$　　(4) $0.1\dot{2}\dot{3}$

有限小数は，簡単に分数に直すことができる。
循環小数は，**循環する部分を消す** ことを考える。

(1) $1.\dot{6}=x$ とおいて，これを 10 倍すると　$10x=16.\dot{6}$
ここで，$10x$ から x をひくと循環する部分が消えて　$9x=15$
よって，x を分数で表すことができる。

(2) $0.\dot{3}\dot{9}=x$ とおいて，(1)のように循環する部分を消す方針で考える。
10 倍すると $10x=3.\dot{9}\dot{3}$ となり，$10x-x$ としても循環する部分が消えない。
100 倍すると $100x=39.\dot{3}\dot{9}$ となり，$100x-x$ でうまく消える。

解答

(1) $1.\dot{6}=x$ とおくと　$9x=15$

よって　$x=\dfrac{15}{9}=\mathbf{\dfrac{5}{3}}$ 答

$$\begin{array}{rr} & 10x=16.666\cdots\cdots \\ -) & x=\ \ 1.666\cdots\cdots \\ \hline & 9x=15 \end{array}$$

(2) $0.\dot{3}\dot{9}=x$ とおくと　$99x=39$

よって　$x=\dfrac{39}{99}=\mathbf{\dfrac{13}{33}}$ 答

$$\begin{array}{rr} & 100x=39.3939\cdots\cdots \\ -) & x=\ \ 0.3939\cdots\cdots \\ \hline & 99x=39 \end{array}$$

(3) $0.\dot{3}4\dot{5}=x$ とおくと　$999x=345$

よって　$x=\dfrac{345}{999}=\mathbf{\dfrac{115}{333}}$ 答

$$\begin{array}{rr} & 1000x=345.345345\cdots\cdots \\ -) & x=\ \ \ \ 0.345345\cdots\cdots \\ \hline & 999x=345 \end{array}$$

(4) $0.1\dot{2}\dot{3}=x$ とおくと　$99x=12.2$

よって　$x=\dfrac{12.2}{99}=\dfrac{122}{990}=\mathbf{\dfrac{61}{495}}$ 答

$$\begin{array}{rr} & 100x=12.32323\cdots\cdots \\ -) & x=\ \ 0.12323\cdots\cdots \\ \hline & 99x=12.2 \end{array}$$

参考 (4)は $1000x=123.2323\cdots\cdots$，$10x=1.2323\cdots\cdots$ であるから，$1000x-10x$ を計算しても循環する部分を消すことができる。

解説

循環小数を分数で表すには，上の例題のように，循環する部分の桁数に応じて，循環小数を 10 倍したり 100 倍したりすることで，循環する部分が消えるような計算を行うとよい。

CHART
循環小数から分数へ
かけて ずらして ひく

練習 49 次の循環小数を分数で表しなさい。

(1) $0.\dot{7}$　　(2) $0.\dot{1}2\dot{3}$　　(3) $0.1\dot{4}\dot{5}$　　(4) $3.1\dot{4}1\dot{7}$

演習問題

□**47** 次の分数を小数に直したとき，有限小数になるものを答えなさい。

$$\frac{1}{2},\ \frac{2}{3},\ \frac{3}{4},\ \frac{12}{15},\ \frac{5}{6},\ \frac{4}{33},\ \frac{3}{14},\ \frac{8}{65},\ \frac{15}{32},\ \frac{59}{495}$$

□**48** $\frac{1}{13}$ を小数に直したとき，小数第 20 位の数字を求めなさい。

□**49** 次の計算をし，結果を分数で表しなさい。

(1) $1-(6.\dot{5}\dot{4}-3.3\dot{4}\dot{5})$　　(2) $0.\dot{1}\dot{5}\times0.\dot{3}$

➔ 49

□**50** 次の事柄はつねに成り立つかどうかを答えなさい。成り立たない場合があれば，その例を 1 つ示しなさい。

(1) (無理数)＋(有理数)＝(無理数)　(2) (無理数)＋(無理数)＝(無理数)

(3) (無理数)×(有理数)＝(無理数)　(4) (無理数)×(無理数)＝(無理数)

有限小数で表される分数

$\frac{2}{3}$ や $\frac{5}{13}$ のように，これ以上約分できない分数を **既約分数**（きやく） といいます。

既約分数と有限小数について，次のことが成り立ちます。

> ① 有限小数は，分母の素因数が 2 と 5 だけの既約分数で表すことができる。
> ② 分母の素因数が 2 と 5 だけの既約分数は，有限小数で表される。

例 $0.215=\frac{215}{1000}=\frac{5\times43}{2^3\times5^3}$

$=\frac{43}{2^3\times5^2}$

① と ② を 1 より小さい数について，証明しましょう。

証明 有限小数 $0.a_1a_2a_3\cdots\cdots a_n$（$a_n$ は小数第 n 位の数）を分数で表すと

$$\frac{a_1a_2a_3\cdots\cdots a_n}{10^n}=\frac{a_1a_2a_3\cdots\cdots a_n}{2^n\times5^n}$$ よって，① は成り立つ。

また，分母の素因数が 2 と 5 だけの既約分数は $\frac{m}{2^b\times5^c}$ と表される。

$\frac{m}{2^b\times5^c}$ は，$b\geqq c$ なら 10^b 倍すると整数となり，$b<c$ なら 10^c 倍すると整数になる。よって，② は成り立つ。 終

無理数であることの証明

『体系数学 2 代数編』 $p.56$ で，$\sqrt{2}$ が無理数であることを **背理法** で証明しました。
ここでは，$\sqrt{3}$ が無理数であることを背理法で証明してみましょう。ただし，整数 k に対して k^2 が 3 の倍数なら k も 3 の倍数であることを使ってかまいません。

証明　$\sqrt{3}$ が有理数であると仮定すると，2 つの整数 m，n を用いて，$\sqrt{3}=\dfrac{m}{n}$ と分数の形で表すことができる。ただし，$\dfrac{m}{n}$ はこれ以上約分できない分数とする。
このとき　$\sqrt{3}\,n=m$　　両辺を 2 乗すると　$3n^2=m^2$　……①
したがって，m^2 は 3 の倍数であるから，m は 3 の倍数である。
よって，m は整数 k を用いて，$m=3k$ と表されるから，これを ① に代入して
$3n^2=(3k)^2$　すなわち　$n^2=3k^2$
したがって，n^2 は 3 の倍数であるから，n は 3 の倍数である。
m，n がともに 3 の倍数であることは，$\dfrac{m}{n}$ がこれ以上約分できない分数としたことに矛盾する。よって，$\sqrt{3}$ は無理数である。 終

整数 k に対して k^2 が 6 の倍数なら k も 6 の倍数であることを使うと，上と同じようにして，$\sqrt{6}$ が無理数であることが証明できます。
では，$\sqrt{6}$ が無理数であることを用いて，$\sqrt{2}+\sqrt{3}$ が無理数であることを証明してみましょう。
これも，背理法を使います。ただし，有理数の和，差，積，商はまた有理数であることを使ってかまいません。

証明　$\sqrt{2}+\sqrt{3}$ が有理数であると仮定すると，$\sqrt{2}+\sqrt{3}=p$（p は有理数）と表すことができる。
$\sqrt{2}+\sqrt{3}=p$ の両辺を 2 乗すると　$(\sqrt{2}+\sqrt{3})^2=p^2$
よって　$5+2\sqrt{6}=p^2$　　変形すると　$\sqrt{6}=\dfrac{p^2-5}{2}$
$\dfrac{p^2-5}{2}$ は有理数であるから，$\sqrt{6}$ が無理数であることに矛盾する。
したがって，$\sqrt{2}+\sqrt{3}$ は無理数である。 終

4 近似値と有効数字

基本事項

1 近似値と誤差

(1) **近似値**　真の値に近い値のことを **近似値** という（$p.46$ で既習）。

(2) **測定値**　量を測定して得た値を **測定値** という。測定値は近似値の 1 つである。普通，測定値は目もりの端数の部分を目分量で四捨五入して得る。

例　四捨五入して得られた測定値が 65.3 のとき，真の値を x とすると
$65.25 \leqq x < 65.35$ である。

(3) **誤差**　近似値から真の値をひいた差を **誤差** という。

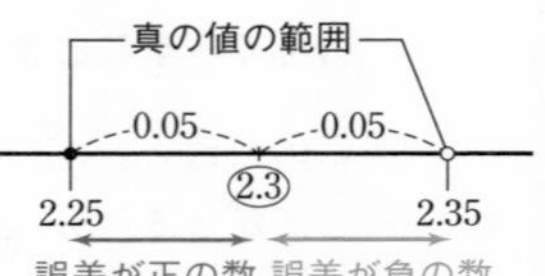

(誤差)＝(近似値)－(真の値)

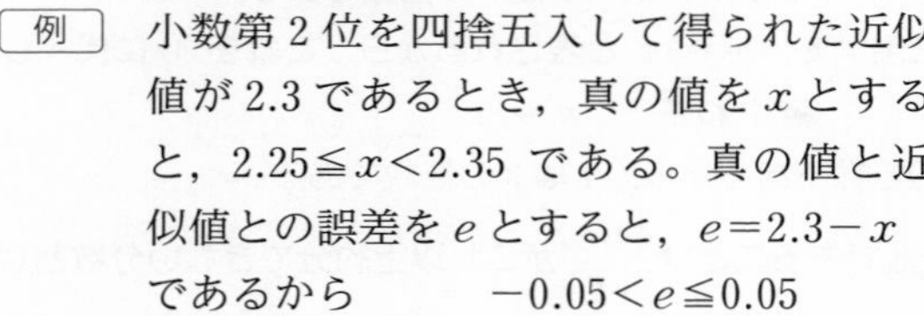

例　小数第 2 位を四捨五入して得られた近似値が 2.3 であるとき，真の値を x とすると，$2.25 \leqq x < 2.35$ である。真の値と近似値との誤差を e とすると，$e=2.3-x$ であるから　　$-0.05 < e \leqq 0.05$

◀ $2.3-2.35 < 2.3-x \leqq 2.3-2.25$

2 有効数字

(1) **有効数字**

近似値を表す数のうち，信頼できる数字を **有効数字** という。

例　真の値が 5.704…… である数について，

[1]　小数第 2 位を四捨五入して得られる近似値は　5.7

[2]　小数第 3 位を四捨五入して得られる近似値は　5.70

(2) **有効数字の表し方**

有効数字をはっきりさせるために，

$$\boldsymbol{a} \times \mathbf{10}^n \quad \text{または} \quad \boldsymbol{a} \times \frac{\mathbf{1}}{\mathbf{10}^n}$$
（a は 1 以上 10 未満の数，n は自然数）

の形で表すことが多い。

例　10 m の位まで測定した 840 m は，有効数字が 8，4 であるから，
8.4×10^2 m と表す。

例　$0.0632=6.32 \times 0.01=6.32 \times \frac{1}{10^2}$ であるから，近似値 0.0632 は

$6.32 \times \frac{1}{10^2}$ と表される。

例題 50 根号を含む数の近似値

$\sqrt{7}=2.646$, $\sqrt{70}=8.367$ とするとき，次の値を求めなさい。

(1) $\sqrt{700}$　　(2) $\sqrt{7000}$　　(3) $\sqrt{0.07}$

(4) $\sqrt{0.007}$　　(5) $\sqrt{630}$　　(6) $\dfrac{1}{\sqrt{7}}$

$\sqrt{\quad}$ の中を $○^2\times7$, $□^2\times70$ の形に導く

$\sqrt{7}$ と $\sqrt{70}$ の値が与えられているから，$○\sqrt{7}$, $□\sqrt{70}$ の形に導く。

(1)〜(4)　$\sqrt{100a}=10\sqrt{a}$,　$\sqrt{\dfrac{a}{100}}=\dfrac{\sqrt{a}}{10}$,　$\sqrt{\dfrac{a}{10000}}=\dfrac{\sqrt{a}}{100}$

であることを利用すると

(1) $\sqrt{700}=\sqrt{7\times100}=10\sqrt{7}$　　(2) $\sqrt{7000}=\sqrt{70\times100}=10\sqrt{70}$

(3) $\sqrt{0.07}=\sqrt{\dfrac{7}{100}}=\dfrac{\sqrt{7}}{10}$　　(4) $\sqrt{0.007}=\sqrt{\dfrac{70}{10000}}=\dfrac{\sqrt{70}}{100}$

(5) $\sqrt{630}=\sqrt{70\times9}=3\sqrt{70}$

(6) $\dfrac{1}{\sqrt{7}}=\dfrac{1}{2.646}$ とすると計算が大変になる。分母を有理化して計算する。

解答

(1) $\sqrt{700}=\sqrt{7\times100}=10\sqrt{7}=10\times2.646$
$=\mathbf{26.46}$ 答

(2) $\sqrt{7000}=\sqrt{70\times100}=10\sqrt{70}=10\times8.367$
$=\mathbf{83.67}$ 答

(3) $\sqrt{0.07}=\sqrt{\dfrac{7}{100}}=\dfrac{\sqrt{7}}{10}=\dfrac{2.646}{10}=\mathbf{0.2646}$ 答

(4) $\sqrt{0.007}=\sqrt{\dfrac{70}{10000}}=\dfrac{\sqrt{70}}{100}=\dfrac{8.367}{100}=\mathbf{0.08367}$ 答

(5) $\sqrt{630}=\sqrt{70\times9}=3\sqrt{70}=3\times8.367$
$=\mathbf{25.101}$ 答

(6) $\dfrac{1}{\sqrt{7}}=\dfrac{\sqrt{7}}{7}=\dfrac{2.646}{7}=\mathbf{0.378}$ 答

練習 50　$\sqrt{2}=1.414$, $\sqrt{5}=2.236$ とするとき，次の値を求めなさい。

(1) $\sqrt{500}$　　(2) $\sqrt{50}$　　(3) $\sqrt{0.005}$

(4) $\dfrac{1}{\sqrt{2}}$　　(5) $\dfrac{1}{\sqrt{5}+\sqrt{2}}$

例題 51 近似値と真の値

あるものの長さを測り，次のようにして 164 mm という近似値を得た。この長さの真の値 x はどんな範囲にあるかを不等式で表しなさい。なお，単位は省略して書きなさい。

(1) 1 mm 未満を四捨五入したとき

(2) 1 mm 未満を切り上げたとき

(3) 1 mm 未満を切り捨てたとき

(1) 1 未満を四捨五入して 164 になるのは 163.5 以上 164.5 未満の範囲の数である。

(2) 1 未満を切り上げて 164 になるのは 163 より大きく 164 以下の範囲の数である。

(3) 1 未満を切り捨てて 164 になるのは 164 以上 165 未満の範囲の数である。

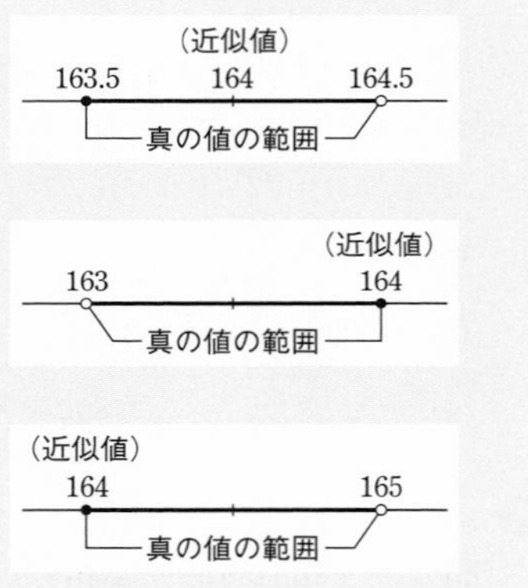

解答

(1) 真の値は，1 未満，すなわち小数第 1 位を四捨五入して 164 になる数であるから

$163.5 \leqq x < 164.5$ 答

(2) 真の値は，1 未満，すなわち小数第 1 位以下を切り上げて 164 になる数であるから

$163 < x \leqq 164$ 答

(3) 真の値は，1 未満，すなわち小数第 1 位以下を切り捨てて 164 になる数であるから

$164 \leqq x < 165$ 答

練習 51 体重を測り，次のようにして 43.8 kg という近似値を得た。この体重の真の値 x の範囲を不等式で表しなさい。

(1) 0.1 kg 未満を切り捨てたとき

(2) 0.1 kg 未満を切り上げたとき

(3) 0.1 kg 未満を四捨五入したとき

例題 52 有効数字の表し方

次の近似値を，$a\times10^n$ または $a\times\frac{1}{10^n}$ （a は 1 以上 10 未満の数，n は自然数）の形で表しなさい。

(1) 149600000 km の有効数字が 1，4，9，6 であるときの値

(2) 149600000 km の有効数字が 1，4，9，6，0 であるときの値

(3) 0.0543 の小数第 4 位を四捨五入した値

(4) 0.009987 の小数第 4 位未満を四捨五入した値

有効数字 とは，近似値を表す数のうち，**信頼できる数字** のことである。

(1) 100000 km の位まで測定した値ならば，1，4，9，6 の数字を読みとったことになり，有効数字は 1，4，9，6 である。

(2) 10000 km の位まで測定した値ならば，1，4，9，6，0 の数字を読みとったことになり，有効数字は 1，4，9，6，0 である。

有効数字をはっきり表すために，近似値を

$$\boldsymbol{a}\times\mathbf{10}^{\boldsymbol{n}} \text{ または } \boldsymbol{a}\times\frac{\mathbf{1}}{\mathbf{10}^{\boldsymbol{n}}}$$ （a は 1 以上 10 未満の数，n は自然数）

の形で表す。

解答

(1) 149600000 の有効数字が 1，4，9，6 であるから

$149600000=1.496\times10^8$　　答 $\mathbf{1.496\times10^8}$ **km**

(2) 149600000 の有効数字が 1，4，9，6，0 であるから

$149600000=1.4960\times10^8$　　答 $\mathbf{1.4960\times10^8}$ **km**

(3) 0.0543 の小数第 4 位を四捨五入すると　0.054

$0.054=5.4\times\frac{1}{10^2}$　　答 $\mathbf{5.4\times\frac{1}{10^2}}$

(4) 0.009987 の小数第 4 位未満，すなわち小数第 5 位を四捨五入すると　0.0100

$0.0100=1.00\times\frac{1}{10^2}$　　答 $\mathbf{1.00\times\frac{1}{10^2}}$

(4) 0.009987 の小数第 5 位を四捨五入すると 0.01 となるが，有効数字は小数第 4 位までであるから，0.0100 である。したがって，$1.00\times\frac{1}{10^2}$ の 00 は有効数字であるから省略してはいけない。

次の近似値を，$a\times10^n$ または $a\times\frac{1}{10^n}$（a は 1 以上 10 未満の数，n は自然数）の形で表しなさい。(1)，(2) の [　] 内の数は有効数字を表す。

(1) 51800 [5，1，8]　　(2) 51800 [5，1，8，0]　　(3) 0.0078

例題 53　有効数字と測定値

次の測定値は近似値である。何の位まで測定したものか答えなさい。

(1)　4.72×10^3 km　　(2)　5.430×10^2 m　　(3)　$3.00\times\frac{1}{10}$ kg

考え方　有効数字のうち，一番小さい位の数が何の位の数になるかを考える。
単位に注意する。

解答

(1)　$4.72\times10^3=4720$

4.72×10^3 は，有効数字が 4，7，2 であることを表しているから，4720 km は 10 km の位まで測定したものである。

答　**10 km の位**

(2)　$5.430\times10^2=543.0$

5.430×10^2 は，有効数字が 5，4，3，0 であることを表しているから，543.0 m は 0.1 m，すなわち 10 cm の位まで測定したものである。

答　**10 cm の位**　◀0.1 m の位としてもよい。

(3)　$3.00\times\frac{1}{10}=0.300$

$3.00\times\frac{1}{10}$ は，有効数字が 3，0，0 であることを表しているから，0.300 kg は 0.001 kg，すなわち 1 g の位まで測定したものである。

答　**1 g の位**　◀0.001 kg の位としてもよい。

参考　測定値の末位が，有効数字の末位である。
したがって，次のようにしてもよい。

別解　(1)　$0.01\times10^3=10$　　答　**10 km の位**

(2)　$0.001\times10^2=0.1$　　0.1 m＝10 cm　　答　**10 cm の位**

(3)　$0.01\times\frac{1}{10}=0.001$　　0.001 kg＝1 g　　答　**1 g の位**

練習 53　次の測定値は近似値である。何の位まで測定したものか答えなさい。

(1)　8.64×10^4 kg　　(2)　2.30×10^3 m^2　　(3)　$4.000\times\frac{1}{10^2}$ km

演習問題

□**51** (1) $\sqrt{10}=3.16$ とする。$\sqrt{30}\div\sqrt{12}$ の値を求めなさい。

(2) $\sqrt{3.56}=1.89$，$\sqrt{35.6}=5.97$ とする。$\sqrt{0.00356}$，$\sqrt{0.000356}$ の値をそれぞれ求めなさい。

➔ 50

□**52** 面積が 360 cm^2 の正方形の 1 辺の長さを四捨五入により小数第 2 位まで求めなさい。必要があれば巻末の平方根表を用いてよい。

□**53** 次のおのおのの場合の誤差を求めなさい。

(1) $\dfrac{3}{8}$ の近似値を 0.38 とする。

(2) $\dfrac{21}{25}$ の近似値を 0.8 とする。

➔ p.72 基本事項 ❶

□**54** 次の各場合について，真の値 x の範囲を不等式で表しなさい。

(1) 小数第 2 位未満を四捨五入して，18.10 を得たとき

(2) 1 の位以下を切り捨てて 680 を得たとき

➔ 51

□**55** 次の数の近似値を［　］内の条件で四捨五入して求め，それを $a\times10^n$ または $a\times\dfrac{1}{10^n}$（a は 1 以上 10 未満の数，n は自然数）の形で表しなさい。

(1) $\dfrac{38405}{13}$ ［小数第 2 位］　　(2) $\dfrac{3}{2009}$ ［小数第 6 位］

➔ 52

□**56** 次の近似値を，$a\times10^n$ または $a\times\dfrac{1}{10^n}$（a は 1 以上 10 未満の数，n は自然数）の形で表しなさい。ただし，(1) の［　］内の数は有効数字を表す。

(1) 831500　［8，3，1，5］　　(2) 0.040

➔ 52

□**57** 家から学校までの距離を測り，10 m 未満を四捨五入して 1600 m を得た。この測定値の有効数字を答えなさい。また，この測定値を，$a\times10^n$ または $a\times\dfrac{1}{10^n}$（a は 1 以上 10 未満の数，n は自然数）の形で表しなさい。

開平法の原理

ある正の数の平方根の近似値を筆算で求める手段として
開平法 があります(『体系数学 2 代数編』 $p.40$ 参照)。
開平法で $\sqrt{3969}=63$ を求めると右のようになります。
このことの原理を図を使って確認しましょう。
平方根を求めることは，面積のわかっている正方形の
1 辺の長さを求めることと同じであるので，開平法は，
正方形の 1 辺の長さを求めるために，少し小さい正方形を用いて近似していきます。

	6	3
6	$\sqrt{39}$	69
6	36	
123	3	69
3	3	69
		0

斜線部分の正方形の面積が，全体の正方形の面積 3969 を超えない最大のものとなるように 1 辺の長さを 10 の倍数で近似します。⟶ $\sqrt{3969}\fallingdotseq 60$

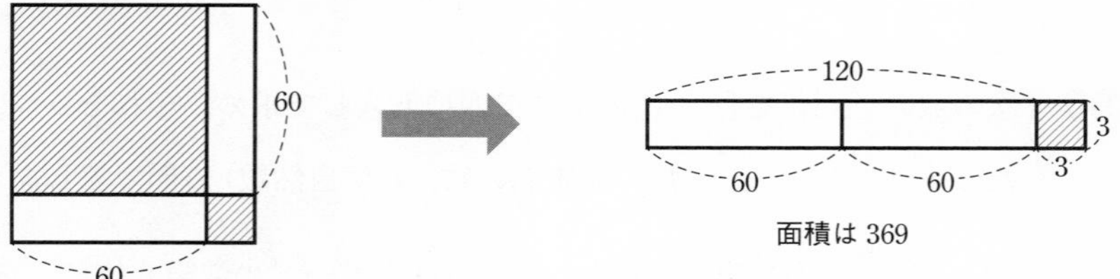

続いて，1 辺の長さが 60 の正方形を除いた部分の面積を考えます。図の横の長さが 60 の白い長方形 2 つの面積の和が 369 を超えない最大のものとなるように考えると，高さは 3 で面積の和は 360 となります。残りの右下の正方形の 1 辺の長さは 3 となり，もとの正方形の 1 辺の長さは 63 となります。すなわち $\sqrt{3969}=63$

以上を文字式を用いて説明すると，次のようになります。
$10^2<3969<10^4$ であるから，正方形の 1 辺の長さを 2 桁の整数 x とすると，$x=10a+b$ (a，b は整数，$1\leqq a\leqq 9$，$0\leqq b\leqq 9$) と表され　　$x^2-(10a)^2=(20a+b)b$
よって，もとの正方形の面積から，十の位の数の平方を表す面積をひいて，残りの面積から一の位の数を算出していることがわかります。

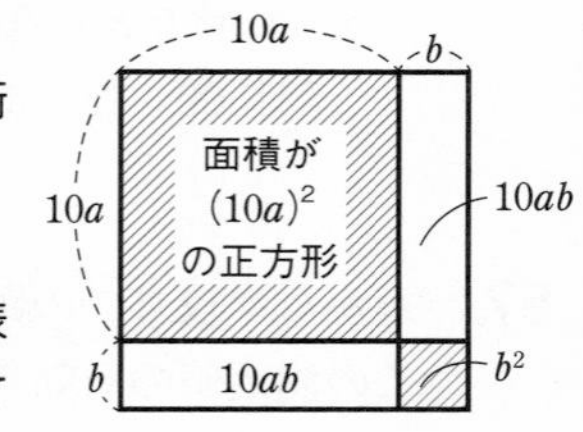

第3章 2次方程式

この章の学習のポイント

❶ 2次方程式の解き方にはさまざまな方法があります。因数分解による方法，$M^2=n$ の形にする方法，解の公式による方法など，早く正確に解けるように習得していきましょう。
❷ 応用問題(文章題)では，文字の決定，立式と計算，解の検討に注意して，問題を解いていきましょう。

1 2次方程式の解き方

基本事項

1 2次方程式と解

(1) 整理すると $ax^2+bx+c=0$（a は0でない定数，b，c は定数）の形になる方程式を，x についての **2次方程式** という。

(2) 方程式を成り立たせる文字の値を，その方程式の **解** という。方程式の解をすべて求めることを，その方程式を **解く** という。

2 2次方程式の解き方

(1) **因数分解による方法**

2次方程式 $ax^2+bx+c=0$ の左辺が因数分解できれば，次の性質を利用して解くことができる。

$AB=0$ ならば $A=0$ または $B=0$

特に $A^2=0$ ならば $A=0$　◀$B=A$ の場合。

例　$(x+2)(x-3)=0 \longrightarrow x+2=0$ または $x-3=0$

$\longrightarrow x=-2$ または $x=3$　◀これを「$x=-2,\ 3$」と書く。

(2) **$M^2=n$ の形にする方法**

平方根（$p.46$）で述べたことから，次のことがいえる。

$n>0$ のとき，方程式 $M^2=n$ の解は　$M=\pm\sqrt{n}$

$ax^2=b$ の形の2次方程式は $x^2=\dfrac{b}{a}$ と変形し，$(x+m)^2=n$ の形の方程式は $x+m=M$ とおくと，上のことを使って解くことができる。

(3) **解の公式による方法**

2次方程式 $ax^2+bx+c=0$ の解は　$\boldsymbol{x=\dfrac{-b\pm\sqrt{b^2-4ac}}{2a}}$

これを2次方程式の **解の公式** という。

この公式で b が偶数のときには，$b=2b'$ を代入すると次のようになる。

2次方程式 $ax^2+2b'x+c=0$ の解は　$\boldsymbol{x=\dfrac{-b'\pm\sqrt{b'^2-ac}}{a}}$

(4) **複雑な2次方程式**

係数に分数や小数があるときは，両辺を何倍かして分数や小数をなくし，かっこのある式は，かっこをはずしてから整理して解くとよい。

例題 54　2次方程式とその解

(1) 次の方程式のうち，2次方程式をすべて選びなさい。

(ア) $x^2=4$　　(イ) $x^2-3x=10$

(ウ) $(x+3)(x-1)=-2$　　(エ) $8-x^2=(4-x)x$

(2) -2，-1，0，1，2 のうち，2次方程式 $x^2-x-2=0$ の解であるものを答えなさい。

考え方

(1) 方程式を整理して $ax^2+bx+c=0$ の形にしたとき，$a \neq 0$ であれば，この方程式は x についての2次方程式である。

(2) 2次方程式に代入したとき，等式を成り立たせる値が2次方程式の解である。1つ1つ代入して確かめる。

解答

(1) (ア)〜(エ)の方程式を整理すると，次のようになる。

(ア) $x^2-4=0$

(イ) $x^2-3x-10=0$

(ウ) $x^2+2x-1=0$

(エ) $-4x+8=0$　　◀(エ)は1次方程式。

よって，2次方程式であるものは　**(ア)，(イ)，(ウ)**　答

(2) $x=-2$ のとき　$x^2-x-2=(-2)^2-(-2)-2=4$

$x=-1$ のとき　$x^2-x-2=(-1)^2-(-1)-2=0$

$x=0$ のとき　$x^2-x-2=0^2-0-2=-2$

$x=1$ のとき　$x^2-x-2=1^2-1-2=-2$

$x=2$ のとき　$x^2-x-2=2^2-2-2=0$

したがって，$x^2-x-2=0$ の解であるものは　**-1，2**　答

参考　(2)は次ページで学ぶ因数分解による方法を用いて直接解を求めることもできる。

$$x^2-x-2=0 \longrightarrow (x+1)(x-2)=0 \longrightarrow x=-1,\ 2$$

練習 54A　次の方程式のうち，2次方程式をすべて選びなさい。

(ア) $x^2=6x$　　(イ) $x-x^2=-6$

(ウ) $x(x+2)=(x-1)(x-3)$　　(エ) $(2x-1)(3x+5)=(2-x)^2+x^2$

練習 54B　次の2次方程式のうち，$x=-2$ が解であるものをすべて選びなさい。

(ア) $x^2=2$　　(イ) $x^2-2x=8$

(ウ) $(2x+1)(x-2)=x+14$　　(エ) $(x+1)^2+(x-2)^2=5$

例題 55 因数分解による解き方

次の 2 次方程式を解きなさい。

(1) $x^2+2x-8=0$　　(2) $2x^2-3x=0$

(3) $x^2+6x+9=0$　　(4) $6x^2+x=12$

2 次方程式 $ax^2+bx+c=0$ の左辺が因数分解できるとき，次の性質を使って解くことができる。

$AB=0$　ならば　$A=0$ または $B=0$

特に　$A^2=0$　ならば　$A=0$　◀$B=A$ の場合。

解答

(1) 左辺を因数分解すると　$(x+4)(x-2)=0$

よって　$x+4=0$　または　$x-2=0$

したがって　$x=-4$　または　$x=2$　　答 $\boldsymbol{x=-4,\ 2}$

(2) 左辺を因数分解すると　$x(2x-3)=0$　◀両辺を x でわって $2x-3=0$ としてはダメ。解 $x=0$ が求められなくなってしまう。

よって　$x=0$　または　$2x-3=0$

したがって　$x=0$　または　$x=\frac{3}{2}$　　答 $\boldsymbol{x=0,\ \frac{3}{2}}$

(3) 左辺を因数分解すると　$(x+3)^2=0$　◀$A^2=0$ の形。

よって　$x+3=0$　　したがって　$\boldsymbol{x=-3}$ 答

(4) $6x^2+x=12$　　12 を移項すると　$6x^2+x-12=0$

左辺を因数分解すると　$(2x+3)(3x-4)=0$

$$\begin{array}{ccccc} 2 & \times & 3 & \rightarrow & 9 \\ 3 & & -4 & \rightarrow & -8 \\ \hline 6 & & -12 & & 1 \end{array}$$

よって　$2x+3=0$　または　$3x-4=0$

したがって　$x=-\frac{3}{2}$　または　$x=\frac{4}{3}$

答 $\boldsymbol{x=-\frac{3}{2},\ \frac{4}{3}}$

解説

上の (1), (2), (4) の 2 次方程式の解は，それぞれ 2 つあるが，(3) の 2 次方程式の解はただ 1 つである。これは $(x+3)^2=0$ を $(x+3)(x+3)=0$ と考えたとき，$x+3=0$ または $x+3=0$ から $x=-3$ または $x=-3$ となり，2 つの解が重なったといえる。このような解を **重解** という。

整理すると $(ax+b)^2=0$ の形になる 2 次方程式の解は重解になる。

練習 55　次の 2 次方程式を解きなさい。

(1) $x^2+4x=0$　(2) $x^2+8x+15=0$　(3) $x^2-6x=-5$

(4) $x^2+9x-36=0$　(5) $x^2-8x-20=0$　(6) $x^2+14x+49=0$

(7) $4x^2-12x+9=0$　(8) $6x^2+5x=6$　(9) $12x^2-7x-10=0$

例題 56　$ax^2=b$，$(x+m)^2=n$ の解き方

次の 2 次方程式を解きなさい。

(1)　$x^2=25$　　(2)　$4x^2=64$　　(3)　$5x^2-7=0$

(4)　$(x+3)^2=25$　　(5)　$(x-5)^2-12=0$

重要　$n>0$ のとき，方程式 $M^2=n$ の解は　$M=\pm\sqrt{n}$

(2)　両辺を 4 でわる。　(3)　-7 を移項して，両辺を 5 でわる。

(4)　$x+3=M$ とおくと　$M^2=25$　　(5)　$x-5=M$ とおくと　$M^2-12=0$

であるから，「**$n>0$ のとき，方程式 $M^2=n$ の解は　$M=\pm\sqrt{n}$**」が使える。

解答

(1)　$x=\pm\sqrt{25}$　　よって　**$x=\pm 5$** 答

(2)　$4x^2=64$

両辺を 4 でわると　$x^2=16$　　よって　**$x=\pm 4$** 答

(3)　$5x^2-7=0$

-7 を移項すると　$5x^2=7$　　両辺を 5 でわると　$x^2=\frac{7}{5}$

よって　$x=\pm\sqrt{\frac{7}{5}}$

したがって　**$x=\pm\frac{\sqrt{35}}{5}$** 答　　◀分母に $\sqrt{\ }$ を含まない形にする。

(4)　$(x+3)^2=25$　　◀$x+3=M$ とおくと $M^2=25 \longrightarrow M=\pm\sqrt{25}$

$x+3=\pm 5$

$x=-3\pm 5$　　◀ 3 を移項する。

よって　**$x=2,\ -8$** 答

(5)　$(x-5)^2-12=0$

-12 を移項すると　$(x-5)^2=12$

$x-5=\pm 2\sqrt{3}$　　◀$\sqrt{12}=2\sqrt{3}$

よって　$x=5\pm 2\sqrt{3}$　　◀-5 を移項する。

したがって　**$x=5+2\sqrt{3},\ 5-2\sqrt{3}$** 答

注意　(5)は，最終の答えである「$x=5+2\sqrt{3},\ 5-2\sqrt{3}$」をまとめて「$x=5\pm 2\sqrt{3}$」を答えとしてもよい。

練習 56　次の 2 次方程式を解きなさい。

(1)　$x^2=169$　　(2)　$x^2-18=0$　　(3)　$3x^2-25=0$

(4)　$24x^2=81$　　(5)　$(x-5)^2=9$　　(6)　$(x+2)^2=5$

(7)　$(x+1)^2-3=0$　　(8)　$(2x-1)^2=16$　　(9)　$2-3(2x+5)^2=0$

例題 57　$(x+m)^2=n$ の形に変形して解く 

次の 2 次方程式を $(x+m)^2=n$ の形に変形して解きなさい。

(1)　$x^2-10x+8=0$　　　(2)　$x^2+7x+3=0$

考え方　$(x+m)^2=x^2+2mx+m^2$ の右辺に着目すると，m^2 は x の係数 $2m$ の半分の 2 乗になっている。$2m=p$ とおくと，右の式が得られる。よって，$x^2+px+q=0$ の形の方程式を $(x+m)^2=n$ の形に変形するには，次のようにすればよい。

$$x^2+px+\left(\frac{p}{2}\right)^2=\left(x+\frac{p}{2}\right)^2$$

（p の半分）

① **定数項を右辺に移項。**　② **両辺に x の係数の半分の 2 乗をたす。**

$$x^2+px=-q \longrightarrow x^2+px+\left(\frac{p}{2}\right)^2=-q+\left(\frac{p}{2}\right)^2 \longrightarrow \left(x+\frac{p}{2}\right)^2=-q+\left(\frac{p}{2}\right)^2$$

解答

(1)　$x^2-10x+8=0$

$x^2-10x=-8$　◀定数項を移項。

$x^2-10x+5^2=-8+5^2$　◀両辺に -10 の半分 -5 の 2 乗をたす。

$(x-5)^2=17$

$x-5=\pm\sqrt{17}$

よって　$x=5\pm\sqrt{17}$　答

(2)　$x^2+7x+3=0$

$x^2+7x=-3$　◀定数項を移項。

$x^2+7x+\left(\frac{7}{2}\right)^2=-3+\left(\frac{7}{2}\right)^2$　← 両辺に 7 の半分 $\frac{7}{2}$ の 2 乗をたす。

$\left(x+\frac{7}{2}\right)^2=\frac{37}{4}$

$x+\frac{7}{2}=\pm\frac{\sqrt{37}}{2}$

$x=-\frac{7}{2}\pm\frac{\sqrt{37}}{2}$

よって　$x=\frac{-7\pm\sqrt{37}}{2}$　答

解説

$x^2+px+q=0$ の形の 2 次方程式は，$(x+m)^2=n$ の形に変形することにより，すべて解くことができる。たとえば，2 次方程式 $4x^2+9x+3=0$ のように，x^2 の係数が 1 でない場合も，両辺を x^2 の係数 4 でわって $x^2+px+q=0$ の形にできるから，例題の方法でどんな 2 次方程式も解くことができる。(次ページを参照)

練習 57　次の 2 次方程式を $(x+m)^2=n$ の形に変形して解きなさい。

(1)　$x^2+6x+7=0$　　　(2)　$x^2-8x-4=0$

(3)　$x^2+3x+1=0$　　　(4)　$x^2-5x-3=0$

(5)　$3x^2+7x+1=0$　　　(6)　$5x^2-6x-2=0$

● 2次方程式の解の公式 ●

前ページの例題と同じ要領で，2次方程式 $ax^2+bx+c=0$ の解の公式を導くことができる。$4x^2+9x+3=0$ の解き方と比べながら，導いてみよう。

$ax^2+bx+c=0$（2次方程式であるから $a\neq0$）　　$4x^2+9x+3=0$

↓　両辺を x^2 の係数でわる。　↓

$x^2+\frac{b}{a}x+\frac{c}{a}=0$　　$x^2+\frac{9}{4}x+\frac{3}{4}=0$

↓　定数項を右辺に移項する。　↓

$x^2+\frac{b}{a}x=-\frac{c}{a}$　　$x^2+\frac{9}{4}x=-\frac{3}{4}$

↓　両辺に x の係数の半分の2乗をたす。　↓

$x^2+\frac{b}{a}x+\left(\frac{b}{2a}\right)^2=-\frac{c}{a}+\left(\frac{b}{2a}\right)^2$　　$x^2+\frac{9}{4}x+\left(\frac{9}{8}\right)^2=-\frac{3}{4}+\left(\frac{9}{8}\right)^2$

(A) ↓　左辺を2乗の形にし，右辺を計算する。　↓

$\left(x+\frac{b}{2a}\right)^2=\frac{b^2-4ac}{4a^2}$　　$\left(x+\frac{9}{8}\right)^2=\frac{33}{64}$

(B) ↓　平方根を求める。　↓

$x+\frac{b}{2a}=\pm\frac{\sqrt{b^2-4ac}}{2a}$　$(b^2-4ac\geqq0)$　　$x+\frac{9}{8}=\pm\frac{\sqrt{33}}{8}$

↓　定数項を移項する。　↓

$x=-\frac{b}{2a}\pm\frac{\sqrt{b^2-4ac}}{2a}$　　$x=-\frac{9}{8}\pm\frac{\sqrt{33}}{8}$

よって　$x=\frac{-b\pm\sqrt{b^2-4ac}}{2a}$　　よって　$x=\frac{-9\pm\sqrt{33}}{8}$

(A)　$-\frac{c}{a}+\left(\frac{b}{2a}\right)^2=-\frac{c}{a}+\frac{b^2}{4a^2}=-\frac{c\times4a}{a\times4a}+\frac{b^2}{4a^2}=\frac{b^2-4ac}{4a^2}$

(B)　$x+\frac{b}{2a}=\pm\sqrt{\frac{b^2-4ac}{4a^2}}$　　ここで $\begin{cases} a>0 \text{ のとき } \sqrt{4a^2}=2a \\ a<0 \text{ のとき } \sqrt{4a^2}=-2a \end{cases}$

よって，$x+\frac{b}{2a}=\pm\frac{\sqrt{b^2-4ac}}{2a}$ は a の正・負にかかわらず成り立つ。

● 2次方程式の判別式と実数解の個数 ●

2次方程式の解の公式における根号の中の式 b^2-4ac を **判別式** といい，ふつう $\boldsymbol{D}$ で表す。判別式 $D=b^2-4ac$ の符号によって，実数の解の個数がわかる。

$D=b^2-4ac$ の符号	$D>0$	$D=0$	$D<0$
実数解の個数	2個	1個（重解）	0個

実数の解のことを，単に **実数解** という。
実数では負の数の平方根はないから，$D<0$ のとき実数解はない。

D は判別式を意味する英語 discriminant の頭文字である。

例題 58　解の公式の利用

解の公式を利用して，次の 2 次方程式を解きなさい。

(1)　$2x^2-3x-1=0$　　(2)　$x^2+x-11=0$

(3)　$2x^2+3x-2=0$　　(4)　$x^2=3x+3$

2 次方程式 $ax^2+bx+c=0$ の解の公式は　$x=\dfrac{-b\pm\sqrt{b^2-4ac}}{2a}$

与えられた方程式の係数から a，b，c の値を読みとり，公式にあてはめる。

(4)　公式が使えるように，右辺を移項して $ax^2+bx+c=0$ の形にする。

解答

(1)　$x=\dfrac{-(-3)\pm\sqrt{(-3)^2-4\times2\times(-1)}}{2\times2}$

$=\dfrac{3\pm\sqrt{9+8}}{4}=\dfrac{3\pm\sqrt{17}}{4}$ 答

◀上の解の公式に $a=2$，$b=-3$，$c=-1$ を代入。

(2)　$x=\dfrac{-1\pm\sqrt{1^2-4\times1\times(-11)}}{2\times1}$

◀$a=1$，$b=1$，$c=-11$

$=\dfrac{-1\pm\sqrt{1+44}}{2}=\dfrac{-1\pm\sqrt{45}}{2}=\dfrac{-1\pm3\sqrt{5}}{2}$ 答

◀平方因数は外に出す。

(3)　$x=\dfrac{-3\pm\sqrt{3^2-4\times2\times(-2)}}{2\times2}$

◀$a=2$，$b=3$，$c=-2$

$=\dfrac{-3\pm\sqrt{9+16}}{4}=\dfrac{-3\pm\sqrt{25}}{4}=\dfrac{-3\pm5}{4}$

◀$25=5^2$

よって　$x=\dfrac{-3+5}{4}$，$\dfrac{-3-5}{4}$　すなわち　$x=\dfrac{1}{2}$，-2 答

(4)　$x^2=3x+3$ から　$x^2-3x-3=0$

よって　$x=\dfrac{-(-3)\pm\sqrt{(-3)^2-4\times1\times(-3)}}{2\times1}$

◀$a=1$，$b=-3$，$c=-3$

$=\dfrac{3\pm\sqrt{9+12}}{2}=\dfrac{3\pm\sqrt{21}}{2}$ 答

参考　(3) は，次のように因数分解を利用して解くこともできる。

$2x^2+3x-2=0 \longrightarrow (2x-1)(x+2)=0$

$\longrightarrow 2x-1=0,\ x+2=0 \longrightarrow x=\dfrac{1}{2},\ -2$

練習 58　解の公式を利用して，次の 2 次方程式を解きなさい。

(1)　$2x^2-5x+1=0$　(2)　$x^2+7x-1=0$　(3)　$3x^2-9x-5=0$

(4)　$x^2+5x+2=0$　(5)　$x^2-3x-9=0$　(6)　$x^2-5x-24=0$

(7)　$6x^2+7x-3=0$　(8)　$x^2=9x-5$　(9)　$5x^2=-7x+2$

例題 59 解の公式の利用（$b=2b'$ の場合）

次の 2 次方程式を解きなさい。

(1) $3x^2-2x-2=0$　　(2) $x^2-8x+14=0$

考え方　前ページの例題と同じように，2 次方程式 $ax^2+bx+c=0$ の解の公式 $x=\dfrac{-b\pm\sqrt{b^2-4ac}}{2a}$ を使っても解ける（下の解説を参照）。しかし，本問では **x の係数が偶数になっていることに注目** すると，次の公式が使える。

2 次方程式 $ax^2+2b'x+c=0$ の解は　$x=\dfrac{-b'\pm\sqrt{b'^2-ac}}{a}$

解答

(1) $3x^2+2\times(-1)x-2=0$ であるから

$$x=\frac{-(-1)\pm\sqrt{(-1)^2-3\times(-2)}}{3}$$

$$=\frac{1\pm\sqrt{1+6}}{3}=\boldsymbol{\frac{1\pm\sqrt{7}}{3}}\ \text{答}$$

◀上の公式に $a=3$，$b'=-1$，$c=-2$ を代入。

(2) $x^2+2\times(-4)x+14=0$ であるから

◀$a=1$，$b'=-4$，$c=14$

$$x=\frac{-(-4)\pm\sqrt{(-4)^2-1\times14}}{1}$$

$$=4\pm\sqrt{16-14}=\boldsymbol{4\pm\sqrt{2}}\ \text{答}$$

◀分母の 1 を省略して $x=-(-4)\pm\sqrt{(-4)^2-1\times14}$ と書いてもよい。

解説

上の例題は，2 次方程式 $ax^2+bx+c=0$ の解の公式 $x=\dfrac{-b\pm\sqrt{b^2-4ac}}{2a}$ を使って次のように解いてもかまわない。この場合，根号の中の平方因数を外に出して 2 で約分することを忘れないように注意する。

(1) $x=\dfrac{-(-2)\pm\sqrt{(-2)^2-4\times3\times(-2)}}{2\times3}=\dfrac{2\pm\sqrt{28}}{6}$　◀平方因数は外に出す。

$=\dfrac{2\pm2\sqrt{7}}{6}=\boldsymbol{\dfrac{1\pm\sqrt{7}}{3}}$ 答　◀2 で約分。

(2) $x=\dfrac{-(-8)\pm\sqrt{(-8)^2-4\times1\times14}}{2\times1}=\dfrac{8\pm\sqrt{8}}{2}$　◀平方因数は外に出す。

$=\dfrac{8\pm2\sqrt{2}}{2}=\boldsymbol{4\pm\sqrt{2}}$ 答　◀2 で約分。

練習 59　次の 2 次方程式を解きなさい。

(1) $11x^2-10x+2=0$　(2) $3x^2+2x-4=0$　(3) $3x^2-4x-5=0$

(4) $9x^2+12x+2=0$　(5) $x^2-6x+4=0$　(6) $3x^2+2x-5=0$

例題 60　いろいろな 2 次方程式

次の 2 次方程式を解きなさい。

(1)　$(2x-1)(x-1)=x(2-x)$　　　(2)　$\dfrac{x^2-2}{2}-\dfrac{x^2-5x}{3}=3$

整理されていない 2 次方程式を解く問題。

⟶ まず $ax^2+bx+c=0$ の形に **式を整理** する。

(1)　両辺を展開してから，移項して整理する。

(2)　係数が分数のままでは扱いにくい。両辺に 6 をかけて，分母をはらう。

解答

(1)　$(2x-1)(x-1)=x(2-x)$

$2x^2-3x+1=2x-x^2$　◀両辺を展開してかっこをはずす。

$3x^2-5x+1=0$

よって　$x=\dfrac{-(-5)\pm\sqrt{(-5)^2-4\times3\times1}}{2\times3}=\mathbf{\dfrac{5\pm\sqrt{13}}{6}}$　答

(2)　$\dfrac{x^2-2}{2}-\dfrac{x^2-5x}{3}=3$

両辺に 6 をかけて　$3(x^2-2)-2(x^2-5x)=18$　◀分母をはらう。

$3x^2-6-2x^2+10x=18$　◀左辺を展開してかっこをはずす。

$x^2+10x-24=0$

左辺を因数分解すると　$(x-2)(x+12)=0$　　よって　$\mathbf{x=2,\ -12}$　答

解説

2 次方程式を $ax^2+bx+c=0$ の形に整理したら，次のいずれかの方法で解く。

① **因数分解を利用**　　② **解の公式を利用**

整理した式の左辺が簡単に因数分解できる場合は，①の方が計算はらくになる。しかし，解の公式を利用すれば必ず解けるので，因数分解に気がつかない場合には，解の公式を使えばよい。なお，b^2-4ac が平方数になる場合は因数分解できる。

CHART

2 次方程式の解き方　まず因数分解　困ったら解の公式

練習 60　次の 2 次方程式を解きなさい。

(1)　$(x-2)(x-4)=(2x-3)^2$　　(2)　$3x^2-(x-1)(x+5)=(2x+3)^2$

(3)　$\left(\dfrac{x-2}{2}\right)^2-\dfrac{5}{4}=\dfrac{x+3}{2}$　　(4)　$4.5x^2-2.25x-0.25=0$

(5)　$(5x-1)(x+2)=(x+3)(x+7)-20$

例題 61　2次方程式の解き方（おきかえの利用）

次の2次方程式を解きなさい。

(1)　$(x+1)^2=5(x+1)+14$　　(2)　$4(x-2)^2+10(x-2)+5=0$

考え方　(1) は $x+1$，(2) は $x-2$ が2か所に現れている。

共通な式をまとめておきかえる

と，おきかえた文字の2次方程式になる。

(1)　$x+1=t$ とおくと $t^2=5t+14$　　(2)　$x-2=t$ とおくと $4t^2+10t+5=0$

まず，t の2次方程式を解く。そして，t を x の式にもどす。

解答

(1)　$x+1=t$ とおくと，方程式は次のようになる。

$$t^2=5t+14$$

$$t^2-5t-14=0$$　◀移項して整理。

$$(t+2)(t-7)=0$$　◀左辺を因数分解。

よって　$t=-2,\ 7$

すなわち　$x+1=-2$　または　$x+1=7$　◀x の式にもどす。

したがって　$\boldsymbol{x=-3,\ 6}$　答

(2)　$x-2=t$ とおくと，方程式は次のようになる。

$$4t^2+10t+5=0$$

よって　$t=\dfrac{-5\pm\sqrt{5^2-4\times5}}{4}=\dfrac{-5\pm\sqrt{5}}{4}$

$\boldsymbol{ax^2+2b'x+c=0}$ **の解は**

$$\boldsymbol{x=\frac{-b'\pm\sqrt{b'^2-ac}}{a}}$$

すなわち　$x-2=\dfrac{-5\pm\sqrt{5}}{4}$　◀x の式にもどす。

したがって　$\boldsymbol{x=\dfrac{3\pm\sqrt{5}}{4}}$　答　◀$x=2+\dfrac{-5\pm\sqrt{5}}{4}=\dfrac{8-5\pm\sqrt{5}}{4}$

参考　たとえば(2)は，おきかえを使わない場合，次のように式を整理することになる。

$$4(x-2)^2+10(x-2)+5=0 \longrightarrow 4(x^2-4x+4)+10(x-2)+5=0$$

$$\longrightarrow 4x^2-16x+16+10x-20+5=0$$

$$\longrightarrow 4x^2-6x+1=0$$

$$\longrightarrow x=\frac{-(-3)\pm\sqrt{(-3)^2-4\times1}}{4}$$

$$\longrightarrow x=\frac{3\pm\sqrt{5}}{4}$$

練習 61　次の2次方程式を解きなさい。

(1)　$(2x-3)^2+2(2x-3)-15=0$　　(2)　$2(x-7)^2=4(x-7)+3$

(3)　$(2x+1)^2-32=4(2x+1)$　　(4)　$5(3x+1)^2-9(3x+1)+2=0$

例題 62 解から係数決定 (1)

x の 2 次方程式 $x^2+ax+12=0$ の解の 1 つは，2 次方程式 $x^2-4x=0$ の小さい方の解より 3 小さい。このとき，定数 a の値を求めなさい。

考え方

$x^2+ax+12=0$ よりも $x^2-4x=0$ の方が解を求めやすい。
そこで，まず $x^2-4x=0$ を解く。求めた解のうち，小さい方から 3 をひいたものが $x^2+ax+12=0$ の解になる。
方程式の解がわかれば

CHART **方程式の解**　代入すると成り立つ

を利用して解決する。

解答

$x^2-4x=0$ を解くと　$x=0,\ 4$　◀ $x(x-4)=0$

よって，$x^2+ax+12=0$ の解の 1 つは $0-3$，
すなわち -3 であるから

$$(-3)^2+a\times(-3)+12=0$$ ◀解を方程式に代入。

$$-3a+21=0$$ ◀ a についての 1 次方程式。

これを解いて　$\boldsymbol{a=7}$　答

参考　$a=7$ のとき，方程式は　$x^2+7x+12=0$
左辺を因数分解すると　$(x+3)(x+4)=0$
これを解いて　$x=-3,\ -4$

練習 62A　次の x の 2 次方程式が (　) 内に与えられた解をもつとき，定数 a の値ともう 1 つの解を求めなさい。

(1) $x^2-2ax+a+5=0$　$(x=2)$

(2) $x^2-ax+a^2-3=0$　$(x=-2)$

(3) $2x^2-3ax-2(3a+10)=0$　$(x=2a)$　ただし，$a<0$ とする。

(4) $x^2-2x+a=0$　$(x=1-\sqrt{5})$

(5) $x^2+ax+4=0$　$(x=-3+\sqrt{5})$

練習 62B　x の 2 次方程式 $x^2-4ax+a^2+12=0$ の解の 1 つは，2 次方程式 $x^2+4x-21=0$ の小さい方の解より 5 大きい。このとき，定数 a の値を求めなさい。

練習 62C　x の 2 次方程式 $a(x-1)(x-2)+b=0$ の解の 1 つが 3 である。このとき，もう 1 つの解を求めなさい。

63 解から係数決定(2)

(1) x の 2 次方程式 $2x^2+ax-b=0$ が 3 と -5 を解にもつとき，定数 a，b の値を求めなさい。

(2) 2 つの解が $\sqrt{2}$，$2\sqrt{2}$ であるような x の 2 次方程式をつくりなさい。

(1) $2x^2+ax-b=0$ に $x=3$ と $x=-5$ をそれぞれ代入すると，a，b の方程式が 2 つ得られる。これらを解く。

(2) 求める 2 次方程式を $x^2+mx+n=0$ とする。あとは (1) と同じ要領で解く。

CHART　方程式の解　代入すると成り立つ

解答

(1) 解が 3 と -5 であるから，2 次方程式 $2x^2+ax-b=0$ に $x=3$，$x=-5$ をそれぞれ代入すると

$2\times3^2+a\times3-b=0$　すなわち　$18+3a-b=0$ ……①

$2\times(-5)^2+a\times(-5)-b=0$　すなわち　$50-5a-b=0$ ……②

①，② を解いて　$\boldsymbol{a=4,\ b=30}$ 答

別解　解が 3 と -5 である 2 次方程式は　$2(x-3)(x+5)=0$

よって　$2x^2+4x-30=0$

これと $2x^2+ax-b=0$ を比べて　$\boldsymbol{a=4,\ b=30}$ 答

◀問題文において，x^2 の係数は 2

(2) 求める 2 次方程式を $x^2+mx+n=0$ ……① とする。

解が $\sqrt{2}$，$2\sqrt{2}$ であるから，① に $x=\sqrt{2}$，$2\sqrt{2}$ をそれぞれ代入すると

$(\sqrt{2})^2+m\times\sqrt{2}+n=0$　すなわち　$2+\sqrt{2}m+n=0$ ……②

$(2\sqrt{2})^2+m\times2\sqrt{2}+n=0$　すなわち　$8+2\sqrt{2}m+n=0$ ……③

②，③ を解いて　$m=-3\sqrt{2}$，$n=4$

これを ① に代入して　$\boldsymbol{x^2-3\sqrt{2}x+4=0}$ 答

(2) 求める 2 次方程式は $ax^2+bx+c=0$ $(a\neq0)$ とおくこともできるが，$x^2+\frac{b}{a}x+\frac{c}{a}=0$ として $m=\frac{b}{a}$，$n=\frac{c}{a}$ とすれば同じである。

練習 63A 次の x の 2 次方程式が (　) 内に与えられた解をもつとき，定数 a，b の値を求めなさい。

(1) $x^2+ax+b=0$ $(x=-6,\ 5)$　(2) $2x^2+ax+b=0$ $(x=-4,\ 6)$

練習 63B x の 2 次方程式 $x^2+ax+b=0$ の 2 つの解に，それぞれ 2 を加えたものが 2 次方程式 $x^2-2x-15=0$ の解となる。このとき，定数 a，b の値を求めなさい。

例題 64 実数解の個数と係数決定

(1) 次の 2 次方程式の実数解の個数を求めなさい。

(ア) $3x^2-6x-2=0$　　(イ) $2x^2-2\sqrt{6}\,x+3=0$　　(ウ) $2x^2+x+3=0$

(2) x の 2 次方程式 $x^2+5x-m-1=0$ が異なる 2 つの実数解をもつような，定数 m の値の範囲を求めなさい。

2 次方程式 $ax^2+bx+c=0$ …… Ⓐ の解は，解の公式により

$$x=\frac{-b\pm\sqrt{b^2-4ac}}{2a}$$

2 次方程式 Ⓐ の解の個数は，判別式 $D=b^2-4ac$ の符号によって，次のように分類できる。本問は，このことを利用する。

[1] $D>0$ のとき，異なる 2 つの実数解

[2] $D=0$ のとき，ただ 1 つの実数解（重解）

[3] $D<0$ のとき，実数解はない

CHART 判別式 $D=b^2-4ac$ の符号を調べる

解答

(1) 2 次方程式の判別式を D とする。

(ア) $D=(-6)^2-4\times3\times(-2)=60>0$

よって，実数解の個数は **2 個** である。 答　　◀異なる 2 つの実数解をもつ。

(イ) $D=(-2\sqrt{6})^2-4\times2\times3=24-24=0$

よって，実数解の個数は **1 個** である。 答　　◀ただ 1 つの実数解（重解）をもつ。

(ウ) $D=1^2-4\times2\times3=-23<0$

よって，実数解の個数は **0 個** である。 答　　◀実数解はない。

(2) x の 2 次方程式 $x^2+5x-m-1=0$ …… ① の判別式を D とすると

$$D=5^2-4\times1\times(-m-1)=29+4m$$

① が異なる 2 つの実数解をもつのは，$D>0$ のときである。

よって　　$29+4m>0$

これを解くと　　$m>-\dfrac{29}{4}$ 答

練習 64 (1) 次の 2 次方程式の実数解の個数を求めなさい。

(ア) $x^2-5x+2=0$　　(イ) $\dfrac{1}{4}x^2+x+1=0$　　(ウ) $\sqrt{3}\,x^2-3x+2=0$

(2) x の 2 次方程式 $x^2+6x+2m-3=0$ が異なる 2 つの実数解をもつような，定数 m の値の範囲を求めなさい。

演 習 問 題

□**58** 次の方程式を解きなさい。

(1) $2x^2-3\sqrt{5}x+4=0$　　(2) $-x^2-x+3=0$

(3) $(2x+3)^2=(x+3)^2$

(4) $2(x-1)^2=(x+3)(x-3)-3(x-4)$

(5) $(3x-5)^2+6(3x-7)=-14$　　(6) $(3x+13)^2-4(3x+13)-221=0$

(7) $\frac{1}{3}x(x+5)+\frac{3}{4}=\frac{1}{3}x$　　(8) $\frac{x^2-1}{4}-\frac{2x-5}{3}=\frac{x^2+5}{6}$

(9) $0.5x(0.5-x)+0.25(2x+1)=0.5x$

(10) $(x+8)\left(\frac{1}{2}x-4\right)+\frac{1}{2}\{(x+5)^2-(x-5)^2\}-16=0$　➔ 60, 61

□**59** (1) x の 2 次方程式 $a(x+1)(x-1)+b(x+2)(x-2)=3$ の解の 1 つが $x=1$ であるとき，もう 1 つの解を求めなさい。ただし，$a \neq 1$ とする。

(2) x についての 2 次方程式 $x^2+ax-1=0$ の解の 1 つが $x=1-\sqrt{2}$ のとき，a の値ともう 1 つの解を求めなさい。　➔ 62

□**60** 次の各場合について，定数 a，b の値を求めなさい。

(1) 2 次方程式 $x^2+2x-8=0$ の 2 つの解をそれぞれ 2 乗したものが，x の 2 次方程式 $x^2+ax+b=0$ の 2 つの解となる。

(2) 2 次方程式 $2x^2-7x+3=0$ の解のそれぞれの逆数が，ともに x の 2 次方程式 $x^2-ax+b=0$ の解となる。　➔ 63

□**61** (1) 2 次方程式 $x^2-x-1=0$ の 2 つの解を a，b とするとき，a^2-a-b^2+b+1 の値を求めなさい。

(2) 2 次方程式 $x^2-8x+3=0$ の 2 つの解を a，b とするとき，$(a^2-8a)(b^2-8b+2)$ の値を求めなさい。

□**62** x の 2 次方程式 $x^2-4x+2a=0$ の 2 つの解の差が $2\sqrt{2}$ であるとき，a の値を求めなさい。

58 (1) 係数に無理数を含む場合も解の公式が使える。

59 CHART **方程式の解**　代入すると成り立つ

61 a，b を方程式に代入して得られる等式を利用する。

□**63** x の 2 次方程式 $x^2-10x+a=0$ …… ① について，次の問いに答えなさい。

(1) ① が異なる 2 つの実数解をもつような a の値の範囲を求めなさい。

(2) ① がただ 1 つの実数解をもつような a の値を求めなさい。 ➔ 64

□**64** x の 2 次方程式 $x^2+ax+a^2-2a+1=0$ の実数解の個数が 1 個となるような，定数 a の値とそのときの実数解を求めなさい。

□**65** [ ] 内のおきかえを利用して，次の方程式を解きなさい。

(1) $x^4-7x^2+12=0$ [$x^2=t$ とおく]

(2) $(x^2-5x)^2+10(x^2-5x)+24=0$ [$x^2-5x=t$ とおく]

□**66** 次の連立方程式を解きなさい。

(1) $\begin{cases} x^2+7x+4y+7=0 \\ x+4y=2 \end{cases}$ (2) $\begin{cases} (x+y)^2-4(x+y)+4=0 \\ (3x-2y)^2+(3x-2y)=6 \end{cases}$

□**67** 2 次方程式 $x^2-px-12=0$ は -4 を解にもち，$x^2+qx+r=0$ は 7 を解にもつ。さらに，この 2 つの方程式が共通の解をもつとき，p，q，r の値の組をすべて求めなさい。

□**68** AさんとBさんが同じ x についての，x^2 の係数が 1 の 2 次方程式を解いた。Aさんは 1 次の項の係数を読み間違えて解いたので解が -3 と 5 になった。また，Bさんは定数項を読み間違えて解いたので解が $2+\sqrt{3}$ と $2-\sqrt{3}$ になった。もとの 2 次方程式の正しい解を求めなさい。

□**69** 2 つの数 a，b に対して，演算◎を $a◎b=(a-b)^2-2ab$ と定めるとき，$(2x+1)◎(x-2)=25$ を満たす x の値を求めなさい。

66 (1) y を消去して，まず，x の 2 次方程式を解く。

(2) $x+y=a$，$3x-2y=b$ とおいて，まず，a，b の値をそれぞれ求める。そして，a と b の組み合わせにより，x，y の連立方程式を導く。

67 $x^2-px-12=0$ の他の解を a とすると，共通の解は -4 または a

68 解が a，b である 2 次方程式は $(x-a)(x-b)=0$ とおける。

69 $a◎b$ の定義にしたがって計算すると，2 次方程式になる。

2次方程式の解と係数の関係

2次方程式 $x^2+ax+b=0$ の解は，解の公式により

$$x=\frac{-b\pm\sqrt{b^2-4ac}}{2a}$$

$$\alpha=\frac{-b-\sqrt{b^2-4ac}}{2a},\quad \beta=\frac{-b+\sqrt{b^2-4ac}}{2a}$$ とおくと

$$\alpha+\beta=\frac{-b+\sqrt{b^2-4ac}}{2a}+\frac{-b-\sqrt{b^2-4ac}}{2a}$$

$$=\frac{-2b}{2a}=-\frac{b}{a}$$

$$\alpha\beta=\frac{-b+\sqrt{b^2-4ac}}{2a}\times\frac{-b-\sqrt{b^2-4ac}}{2a}=\frac{b^2-(b^2-4ac)}{4a^2}$$

$$=\frac{4ac}{4a^2}=\frac{c}{a}$$

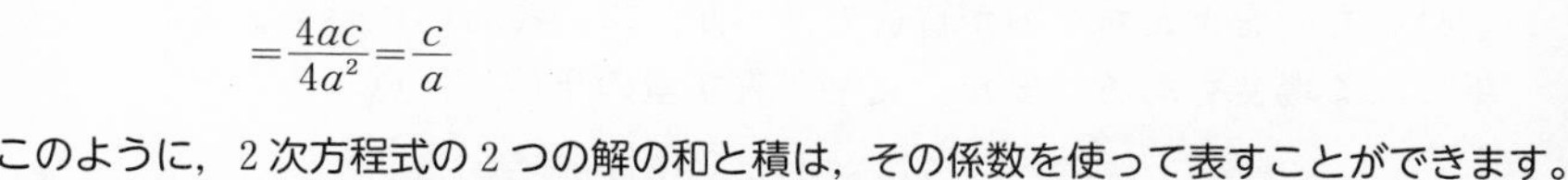

α，β はギリシャ文字で
α をアルファ
β をベータ
と読むよ。

このように，2次方程式の2つの解の和と積は，その係数を使って表すことができます。
これを2次方程式の **解と係数の関係** といいます。

解と係数の関係

2次方程式 $ax^2+bx+c=0$ の2つの解を α，β とすると

$$\boldsymbol{\alpha+\beta=-\frac{b}{a},\quad \alpha\beta=\frac{c}{a}}$$

解と係数の関係を利用すると，$p.91$ の例題63は次のように簡単に解くことができます。

別解 (1) 解と係数の関係により

$$3+(-5)=-\frac{a}{2},\qquad 3\times(-5)=\frac{-b}{2}$$

したがって　$\boldsymbol{a=4,\ b=30}$　答

(2) 2つの解が $x=\sqrt{2}$，$2\sqrt{2}$ であるような2次方程式を $x^2+mx+n=0$ とすると，解と係数の関係により

$$\sqrt{2}+2\sqrt{2}=-\frac{m}{1},\qquad \sqrt{2}\times2\sqrt{2}=\frac{n}{1}$$

よって　$m=-3\sqrt{2}$，$n=4$

したがって　$\boldsymbol{x^2-3\sqrt{2}\,x+4=0}$　答

2 2次方程式の利用

基本事項

1 応用問題の解き方

1次方程式の利用や連立方程式の利用でも学んだように，方程式の応用問題（文章題）は，次の順序で解けばよい。

①	**文字を決める**	問題に現れた量を，文字を使って表す。
②	**方程式をつくる**	等しい数量を見つけ，等号＝で結ぶ。
③	**方程式を解く**	②でつくった方程式を解く。
④	**解を検討する**	得られた解が問題に適するかどうかを調べる。

① **文字を決める**

求めるものを x とおくのが普通であるが，求めるもの以外を x とおく方が簡単になる場合もある。また，文字が表す量の単位に注意する。

重要 式の作成では　必ず単位をそろえる

② **方程式をつくる**

等しい数量を見つけて，式に表すことを考える。

等しい数量は **2通りに書かれたもの** が多い。

③ **方程式を解く**　これまでに学習した要領で解けばよい。

④ **解を検討する**　求めた方程式の解が，問題に適さない場合があるから，実際の問題に適しているか必ず確かめる。

例 (1) 自然数について考えている問題では，答えが0や負の数になったり，整数以外の分数になったりすることはない。

(2) 面積や辺の長さなどは，0や負の数にならない。

例 連続する2つの自然数の2乗の和が25となる2つの数を求める場合，小さい方の数を x として　$x^2+(x+1)^2=25$

これを整理して解くと，問題に適する解は $x=3$ であるが，求めるものは2つの数であるから，3と4が答えとなる。

CHART

文章題の解き方

1 等しい数量を見つけて　＝で結ぶ

2 はじめに戻って解を検討　解が答えになるとは限らない

例題 65 応用問題（数の問題）

連続する 3 つの自然数がある。小さい方の 2 つの数の積が，最も大きい数の 6 倍より 2 大きくなるとき，これら 3 つの自然数を求めなさい。

① **文字を決める**　最も小さい数を x とすると，連続する 3 つの自然数は

$x,\ x+1,\ x+2$

② **方程式をつくる**　小さい方の 2 つの数の積 …… $x(x+1)$

最も大きい数の 6 倍より 2 大きい …… $6(x+2)+2$　（等しい数量）

これを等号＝で結んで　$x(x+1)=6(x+2)+2$

③ **方程式を解く**　方程式を整理してから解く。

④ **解を検討する**　得られた解のうち，実際の問題に適するものを答えとする。

x は自然数 であることに注意。

解答

最も小さい数を x とすると，連続する 3 つの自然数は x，$x+1$，$x+2$ と表される。

よって　$x(x+1)=6(x+2)+2$　◀等しい数量を＝で結ぶ。

$x^2-5x-14=0$　◀式は整理。

$(x+2)(x-7)=0$　これを解いて　$x=-2,\ 7$

x は自然数であるから，$x=-2$ はこの問題には適さない。　◀以下，解を検討する。

$x=7$ のとき，3 つの数は 7，8，9 となり，適している。　答　**7，8，9**

参考　連続する 3 つの自然数の真ん中の数を x としてもよい。

別解　真ん中の数を x とすると，連続する 3 つの自然数は $x-1$，x，$x+1$ と表される。

よって　$(x-1)x=6(x+1)+2$　整理して　$x^2-7x-8=0$

左辺を因数分解して　$(x+1)(x-8)=0$　これを解いて　$x=-1,\ 8$

x は 2 以上の自然数であるから，$x=-1$ はこの問題には適さない。　◀$x-1 \geqq 1$

$x=8$ のとき，3 つの数は 7，8，9 となり，適している。　答　**7，8，9**

練習 65A　次の各場合について，x を求めなさい。

(1) ある数 x を 2 乗するところを，誤って 2 倍したために，正しい答えより 120 だけ小さくなった。

(2) ある負の数 x を 2 乗して 5 をひくところを，誤って 2 倍して 5 をたしたために，正しい答えより 2 だけ大きくなった。

練習 65B

(1) 連続する 3 つの自然数がある。最も小さい数を 2 乗したものが，他の 2 つの数の和に等しくなるとき，これら 3 つの自然数を求めなさい。

(2) 連続する 3 つの正の奇数がある。最も小さい数と最も大きい数の積が 285 であるとき，これら 3 つの奇数の和を求めなさい。

例題 66　応用問題（図形の問題）

右の図のような縦が 15 m，横が 28 m の長方形の土地に，道幅が同じで互いに垂直な道を 2 本作ると，残りの空き地の面積が 300 m² になるという。このとき，道幅を求めなさい。

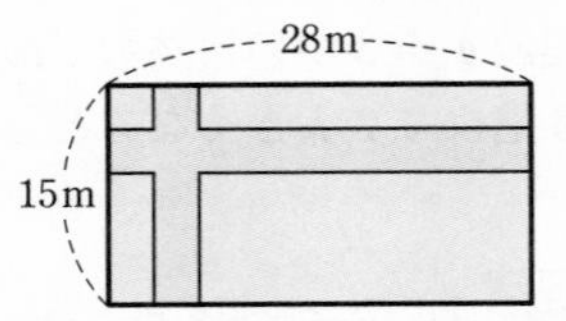

① **文字を決める**　道幅を x m とする。

② **方程式をつくる**　空き地の面積を x を使って表し，300 m² と等号＝で結ぶ。

空き地の面積は，右の図のように道を端によせて空き地を 1 つの長方形で表すと，らくに求められる。

方程式を解いたあとは，解を検討する。

道幅は正の数 であることはもちろんだが，

土地の縦の長さの **15 m 以上にならない** ことにも注意する。

解答

道幅を x m とすると　$0<x<15$　◀道幅は正の数であり，土地の縦の長さより小さい。

右の図のように，道を端によせて考えても，空き地の面積は変わらない。

よって，空き地の面積は

$(15-x)\times(28-x)$ m²

したがって　$(15-x)(28-x)=300$

$420-43x+x^2=300$

$x^2-43x+120=0$

$(x-3)(x-40)=0$　　これを解いて　$x=3,\ 40$

$0<x<15$ であるから，$x=40$ はこの問題には適さない。　◀解の検討。

$x=3$ は問題に適している。　答　**3 m**

長さが 36 cm のひもがある。このひもを使って長方形を作ったところ，面積が 65 cm² になった。長方形の縦の長さと横の長さを求めなさい。ただし，横の長さは縦の長さより長いものとする。

練習 66B

縦 8 m，横 12 m の長方形の土地がある。右の図のように，道幅が同じで互いに垂直な道を縦に 2 本，横に 1 本作り，残りの土地を花だんにしたところ，花だんの面積と道の面積が同じになった。道幅を求めなさい。

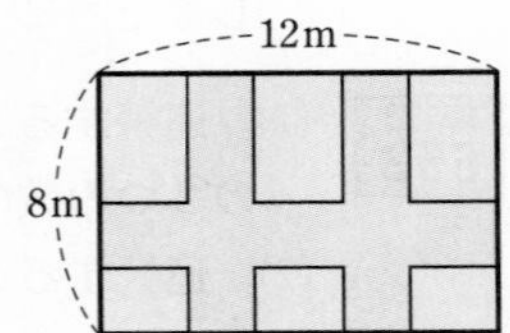

例題 67　応用問題（割合の問題）

ある学校の昨年度の生徒数は，2 年前に比べて x% 減少し，今年度は昨年度に比べて $4x$% 増加した。2 年前の生徒数は 300 人であった。今年度の生徒数が 342 人のとき，x の値を求めなさい。ただし，x は 10 を超えないものとする。

a（基準）がある割合（%，割）で変化して b になるという問題では，次のことが基本となる。

a の x% 増加したものが b ⟶ $b=a\left(1+\dfrac{x}{100}\right)$

a の x 割増加したものが b ⟶ $b=a\left(1+\dfrac{x}{10}\right)$

減少する場合は＋を－におきかえる。

昨年度の生徒数は 2 年前の生徒数を基準とし，今年度の生徒数は昨年度の生徒数を基準として考える。

基準になっている数量をはっきりつかむ ことが大切である。

解答

昨年度の生徒数は　$300\left(1-\dfrac{x}{100}\right)=300-3x$（人）　◀ 2 年前の生徒数が基準。

よって，今年度の生徒数は

$$(300-3x)\left(1+\frac{4x}{100}\right)=300+12x-3x-\frac{3}{25}x^2$$　◀昨年度の生徒数が基準。

（$(300-3x)$：昨年度の生徒数）

$$=300+9x-\frac{3}{25}x^2 \text{（人）}$$

今年度の生徒数は 342 人であるから

$$300+9x-\frac{3}{25}x^2=342$$　◀等しい数量を＝で結ぶ。

整理すると　$x^2-75x+350=0$

$(x-5)(x-70)=0$

これを解いて　$x=5,\ 70$

x は 10 を超えないから，$x=70$ はこの問題には適さない。

$x=5$ は問題に適している。　答　$x=5$

参考　$x=5$ であるから，昨年度の生徒数は $300\left(1-\dfrac{5}{100}\right)=285$（人）であった。

練習 67　原価 1500 円の品物に，$2a$ 割の利益を見込んで定価をつけたが，その品物が売れ残ったので，その定価から a 割だけ引いて 1620 円で売った。a の値を求めなさい。ただし，a は 3 を超えないものとする。

例題 68 応用問題（速さの問題）

30 km 離れた 2 地点 A, B がある。P, Q 2 人が自転車に乗って同じ道を，P は A から B へ，Q は B から A へ同時に出発した。2 人がすれ違ったあと，Q が A に着くのに 1 時間 20 分かかった。出発後 2 人がすれ違うまでにかかった時間を求めなさい。ただし，P の速さは時速 8 km とする。

速さの問題の基本は　**距離＝速さ×時間**

① **文字を決める**　すれ違うまでにかかった時間を x 時間，Q の速さを時速 y km とする。

② **方程式をつくる**　図をかいて **等しい数量** を見つける。

[1] 2 人がすれ違ったとき　　[2] すれ違ったあとの **距離** が候補。

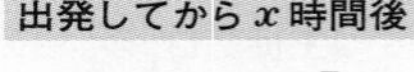

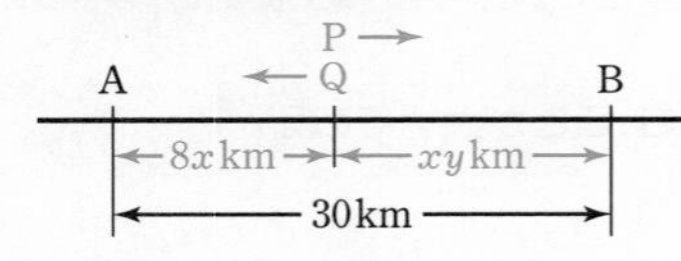

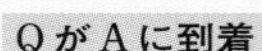

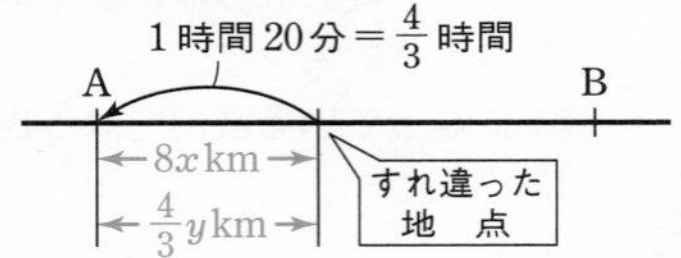

解答

すれ違うまでにかかった時間を x 時間，Q の速さを時速 y km とすると

$8x+xy=30$　…… ①　　◀すれ違うまでに P, Q が進んだ距離の合計。

$8x=\frac{4}{3}y$　…… ②　　◀すれ違ったあとに Q が進んだ距離。

② から　$y=6x$　　これを ① に代入すると　$8x+6x^2=30$

したがって　$3x^2+4x-15=0$

$(x+3)(3x-5)=0$　　これを解いて　$x=-3,\ \frac{5}{3}$

$x>0$ であるから　$x=\frac{5}{3}=1+\frac{40}{60}$　　◀時間は正の数。

よって，1 時間 40 分後に 2 人がすれ違う。これは適している。　◀解の検討。

答　**1 時間 40 分**

練習 68　90 km 離れた P 駅と Q 駅がある。P 駅から列車 A が，Q 駅から列車 B がそれぞれ向かい合って同時に出発する。2 本の列車がすれ違ったあと，列車 B が P 駅に着くまでに 20 分かかった。列車 A の速さを時速 45 km とする。ただし，列車の長さは考えないものとする。

(1) 列車が出発してからすれ違うまでにかかった時間を x 時間，列車 B の速さを時速 y km とし，x と y の関係を表す式を 2 つ答えなさい。

(2) 列車 B の速さを求めなさい。

例題 69　応用問題（座標の問題）

図のように，点 A(2, 0), B(0, 1), O(0, 0), C(2, −1) を頂点とする平行四辺形がある。
辺 AB 上の点Pを通り，x 軸，y 軸に平行に引いた直線が辺 OB，辺 OC と交わる点を，それぞれ Q，R とし，点Pの x 座標を p とする。

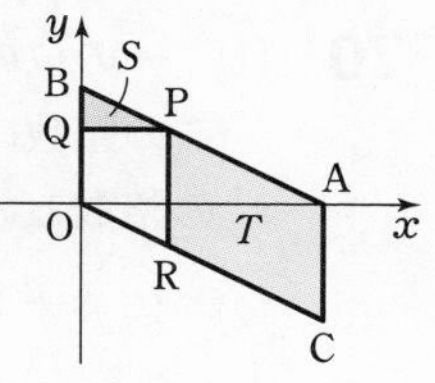

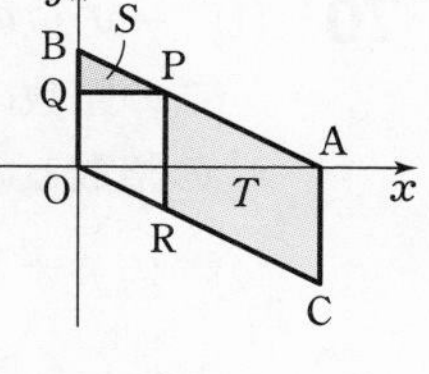

(1)　直線 AB の式を求めなさい。

(2)　△BQP の面積を S，▱PRCA の面積を T とする。
　$S=T$ となるときの p の値を求めなさい。

考え方

(1)　傾き a，切片 b の直線の式は　$y=ax+b$

(2)　**直線 $y=ax+b$ 上の点の座標は　$(p,\ ap+b)$**
点Pは直線 AB 上にあるから，(1) で求めた式により，その座標がわかる。**等しい数量** S，T をそれぞれ p の式で表し，**＝で結んで方程式をつくる。** 方程式を解いたら，「点Pが辺 AB 上にある ⟶ $0<p<2$」に注意して，**解を検討** する。

解答

(1)　直線 AB の傾きは　$\dfrac{0-1}{2-0}=-\dfrac{1}{2}$，　切片は　1

よって，直線 AB の式は　　$\boldsymbol{y=-\dfrac{1}{2}x+1}$　答

(2)　$S=\dfrac{1}{2}\times\mathrm{PQ}\times\mathrm{BQ}=\dfrac{1}{2}\times p\times\left\{1-\left(-\dfrac{1}{2}p+1\right)\right\}=\dfrac{1}{4}p^2$

また，PR と OA の交点をNとすると

$T=\mathrm{PR}\times\mathrm{AN}=\mathrm{OB}\times\mathrm{AN}=1\times(2-p)=2-p$

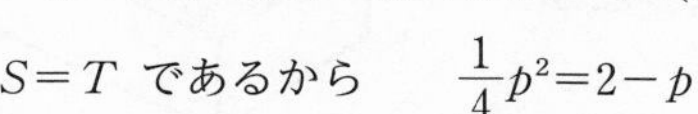

$S=T$ であるから　　$\dfrac{1}{4}p^2=2-p$　　　よって　　$p^2+4p-8=0$

これを解いて　　$p=-2\pm2\sqrt{3}$

点Pは辺 AB 上にあり，△BQP や ▱PRCA ができる条件から　　$0<p<2$

$p=-2-2\sqrt{3}$　は適さない。

$p=-2+2\sqrt{3}$　は適している。

　答　$\boldsymbol{p=-2+2\sqrt{3}}$

◀ $1<\sqrt{3}<2$ から　$-2+2\times1<-2+2\sqrt{3}<-2+2\times2$
よって　$0<-2+2\sqrt{3}<2$

練習 69　座標平面上で 2 点 A(−1, −1), B(2, 5) を通る直線を ℓ とし，ℓ と y 軸との交点をCとする。x 座標と y 座標がともに正である ℓ 上の点Pから x 軸に垂線を引き，x 軸との交点をQとするとき，△PCQ の面積が 14 となった。

(1)　直線 ℓ の式を求めなさい。　　(2)　点Pの x 座標を求めなさい。

演習問題

□**70** (1) 一の位の数が十の位の数よりも3だけ大きい2桁の整数がある。この整数の一の位の数と十の位の数を入れかえてできる整数と，もとの整数との積が2268に等しいとき，もとの整数を求めなさい。

(2) 約分すると$\frac{2}{3}$になる分数で，分母と分子がともに正で，その積が150となるもとの分数を求めなさい。 ➔ 65

□**71** 右の図は，ある月のカレンダーである。この中のある数をxとする。xのすぐ真上の数とxの右どなりの数をかけたものは，xに3を加えた数を9倍したものに等しい。このとき，xの値を求めなさい。 ➔ 65

日	月	火	水	木	金	土
						1
2	3	4	5	6	7	8
9	10	11	12	13	14	15
16	17	18	19	20	21	22
23	24	25	26	27	28	29
30	31					

□**72** 2数のうちの一方をxとおいて，次のような2つの数を求めなさい。

(1) 和が15，積が26　　(2) 和が2，積が-35

(3) 和が-4，積が-45　　(4) 和が4，積が1

□**73** 横の長さが縦の長さより5 cm長い長方形の厚紙がある。この長方形の4隅から1辺5 cmの正方形を切り取って折り曲げ，図のようなふたのない箱を作ると，容積が2.5 Lになった。もとの厚紙の縦の長さを求めなさい。 ➔ 66

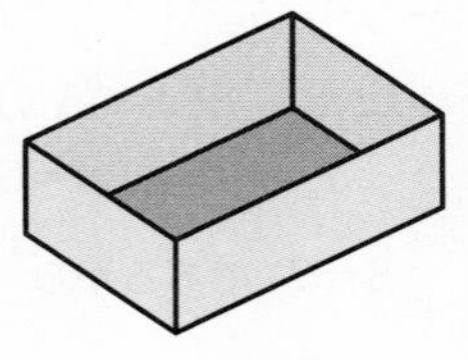

□**74** 濃度x%の食塩水200 gを入れた容器からx gの食塩水をくみ出し，この容器に同量の水を加えた。さらにこの容器に，濃度15%の食塩水$2x$ gを加えてよくかき混ぜたら，濃度17.5%の食塩水になった。このとき，xの値を求めなさい。

ヒント **70** (2) 約分すると$\frac{2}{3}$ ⟶ もとの分数は$\frac{2x}{3x}$ $(x>0)$とおける。

□**75**　バーゲンセールで，ある商品を定価のx割引きで売ったら，通常よりも売上個数が$(x+1)$割増え，売上高も通常より4％増えたという。xの値を求めなさい。

→ 67

□**76**　面積が4800 m^2 である長方形の土地の周囲に木を植えた。4隅に1本ずつ植えたあと，縦，横ともそれぞれちょうど10 m間隔で植えることができ，横の1辺に植えた本数が，縦の1辺に植えた本数の2倍より5本少なかった。この土地に植えた木の総数を求めなさい。

□**77**　2直線 $y=2x+3$，$y=3x+a$ $(a<3)$ がある。これらの直線とy軸との交点および2直線の交点を図のようにA，B，Cとする。

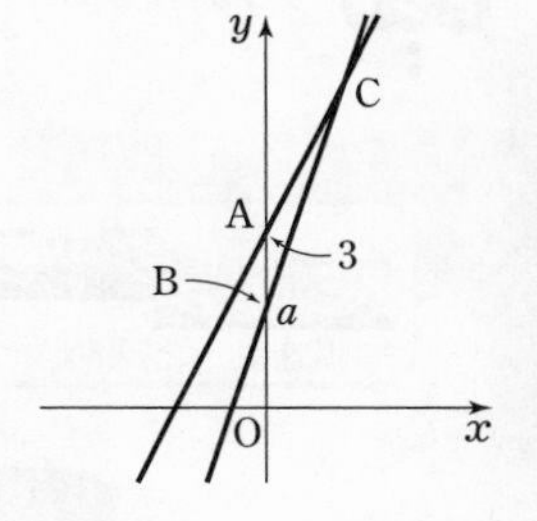

(1)　交点Cの座標をaを用いて表しなさい。

(2)　△ABCの面積をSとしたとき，Sをaを使って表しなさい。

(3)　△ABCの面積が2となるとき，aの値を求めなさい。

→ 69

□**78**　右の図は，1辺6 cmの正方形ABCDである。点Pは頂点Aを出発し毎秒1 cmの速さで反時計回りに，点Qは頂点Aを出発し毎秒2 cmの速さで時計回りに，ともに辺上を動く。2点P，Qが点Aを同時に出発してからx秒後について，次の問いに答えなさい。ただし，xの変域は $0 \leqq x \leqq 6$ とする。

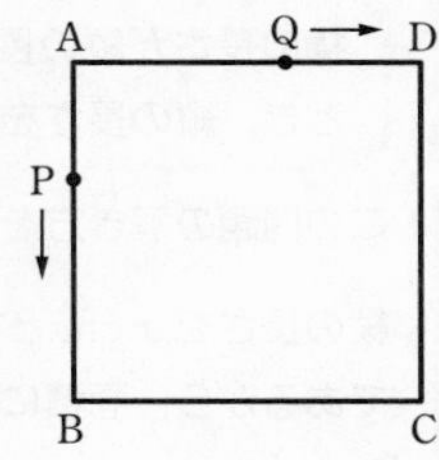

(1)　点Qが辺AD上にあるとき，△CPQの面積をxを使って表しなさい。

(2)　△CPQの面積が14 cm^2 となるxの値を求めなさい。

75　定価をa円，通常の売上個数をb個とし，売値と売上個数を文字で表す。
78 (2)　点Qが辺DC上を動く場合も考える。

□**79** 長方形 ABCD の辺 BC, CD, DA 上にそれぞれ点 E, F, G をとり，線分 EG 上に点 H をとると右の図のようになり，四角形 ABEG, HECF はともに正方形となった。長方形 ABCD の面積が長方形 GHFD の面積の 6 倍であるとき，次の問いに答えなさい。なお，答えが複数ある場合はすべて求めなさい。

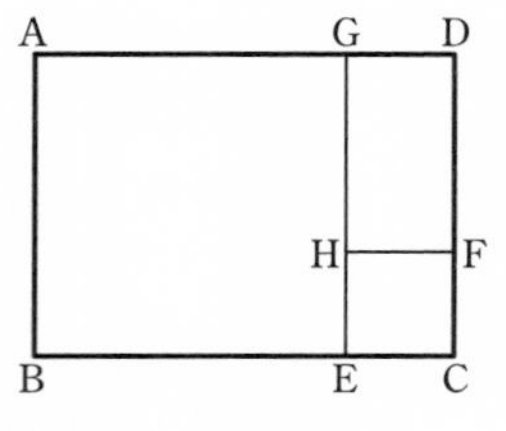

(1) BE : EC をできるだけ簡単な整数の比で表しなさい。

(2) △ABC の面積が 6，△FDG の面積が 1 であるとき，正方形 ABEG の面積を求めなさい。

79 線分 BE, EC の長さをそれぞれ a, b とおいて，面積を a, b で表す。

2 次方程式を図を用いて解く

江戸時代に日本で発達した数学を **和算** といいます。和算では，次のような 2 次方程式の問題を図を用いて解いていました。

> 横の長さが縦の長さより 2 cm 長い長方形がある。この長方形の面積が 35 cm² のとき，縦の長さを求めなさい。

この問題の解き方を現代の記号を使って説明すると，以下の通りです。

縦の長さを x cm とすると，横の長さは $(x+2)$ cm であるから，面積について次の等式が成り立つ。

$$x(x+2)=35$$

[1]

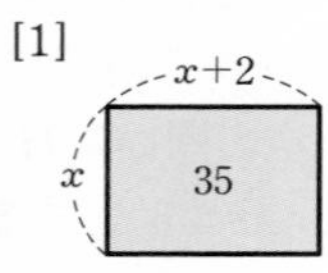

図 [1] の長方形を 4 つ使って，図 [2] のような正方形を作る。すると，1 辺 $(2x+2)$ cm の正方形の真ん中に，1 辺 2 cm の正方形のすき間ができる。

[2]

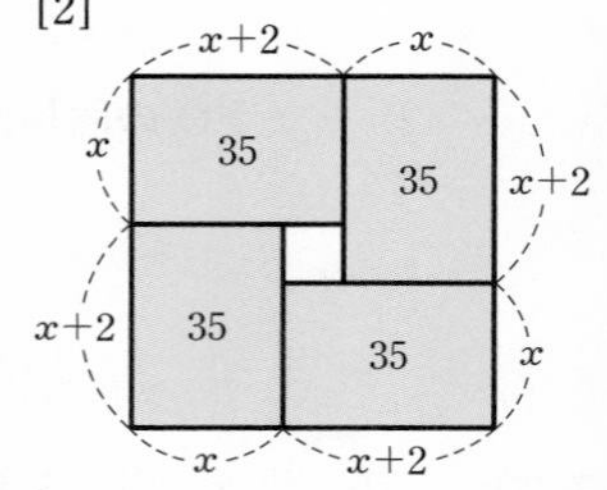

よって，面積について次の等式が成り立つ。

$$(2x+2)^2=4\times35+2^2$$

すなわち　$(2x+2)^2=144$

面積が 144 cm² の正方形の 1 辺の長さは 12 cm であるから　$2x+2=12$

これを解いて　$x=5$

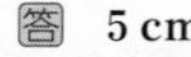

5 cm

第 4 章
関数 $y=ax^2$

この章の学習のポイント

❶ この章では x の 2 乗に比例する関数 $y=ax^2$ を学びます。この関数の性質，グラフの特徴，1 次関数 $y=ax+b$ との関係についても理解を深めましょう。

❷ 2 つの変化する量の関係(関数)は日常にもあふれています。いろいろな関数を式で表し，グラフにかいてみましょう。

	例題一覧	レベル
1 2		
70	2 乗に比例するかどうかの判定	①
71	2 乗に比例する式の決定	②
72	関数 $y=ax^2$ のグラフ	①
73	通る点やグラフから関数を決定	②
74	関数 $y=ax^2$ のグラフ上の点の座標	③
3 75	関数の値域と最大値，最小値	②
76	関数の値域から係数を決定	③
77	関数 $y=ax^2$ の変化の割合	②
78	変化の割合が等しい 2 つの関数	③
4 79	2 乗に比例する関数の応用	③
80	放物線と直線の共有点	②
81	放物線と三角形	③
82	放物線と平行四辺形	③
83	放物線と線分の共有点	④
84	折れ線の最小	④
5 85	いろいろな関数	②
86	いろいろな関数(正方形の辺上を動く点)	④

1 関数 $y=ax^2$ 2 関数 $y=ax^2$ のグラフ

基本事項

1 2乗に比例する関数

y は x^2 に比例
$y=ax^2$
比例定数

(1) y が x の関数で，$\boldsymbol{y=ax^2}$（a は定数，$a \neq 0$）と表されるとき，**y は x^2 に比例する** という。
また，この定数 a を **比例定数** という。

(2) 関数 $y=ax^2$ において，x の値が2倍，3倍，4倍，……，n 倍になると，y の値はそれぞれ 2^2 倍，3^2 倍，4^2 倍，……，n^2 倍になる。

2 関数 $y=ax^2$ のグラフの特徴

(1) 関数 $y=ax^2$ のグラフの形の曲線を **放物線** という。

参考 物を放り投げたとき，物が描く曲線は放物線である。

(2) 放物線は左右に限りなく伸びており，対称の軸をもつ。
この軸を放物線の **軸** といい，放物線とその軸の交点を放物線の **頂点** という。
関数 $y=ax^2$ のグラフの軸は y 軸，頂点は原点である。

軸　頂点　軸に関して対称

注意 関数 $y=ax^2$ のグラフのことを **放物線 $\boldsymbol{y=ax^2}$** ということがある。

(3) **グラフの開きぐあい**

$a>0$ のとき
上に開いた形（**下に凸**）

$a<0$ のとき
下に開いた形（**上に凸**）

a の絶対値が大きいほど，放物線の開きぐあいは小さくなる。

$a>0$ 下に凸　$a<0$ 上に凸

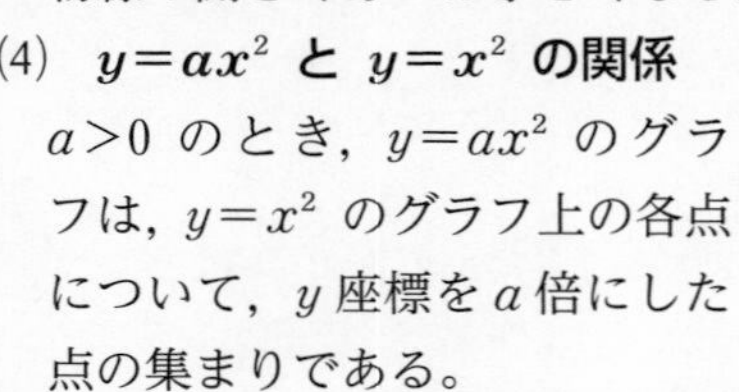

(4) **$y=ax^2$ と $y=x^2$ の関係**
$a>0$ のとき，$y=ax^2$ のグラフは，$y=x^2$ のグラフ上の各点について，y 座標を a 倍にした点の集まりである。

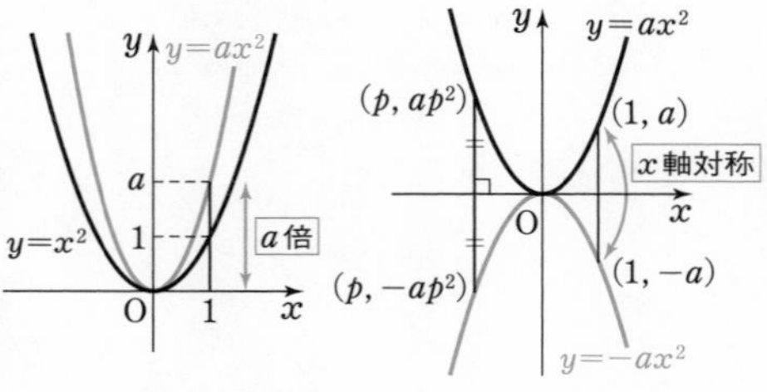

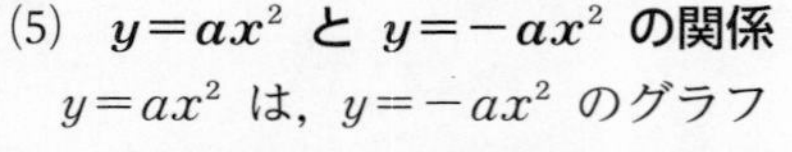

(5) **$y=ax^2$ と $y=-ax^2$ の関係**
$y=ax^2$ は，$y=-ax^2$ のグラフ上の各点と，x 軸に関して対称な点の集まりである。

注意 原点に関して対称な点の集まりでもある。

例題 70　2乗に比例するかどうかの判定

次の(1)~(3)について，y を x の式で表しなさい。また，y は x^2 に比例するかどうかを答えなさい。

(1)　周の長さが10 cm，縦が x cm の長方形の面積を $y\ \mathrm{cm}^2$ とする。

(2)　1辺の長さが x cm の正方形を底面とする，高さ6 cm の四角錐の体積を $y\ \mathrm{cm}^3$ とする。

(3)　底面の半径が x cm，高さが半径の3倍の円柱の体積を $y\ \mathrm{cm}^3$ とする。ただし，円周率は π とする。

まず，x と y の関係を調べ，y を x の式で表す。y が x^2 に比例するかどうかは，**$y=ax^2$ の形で表せるかどうかで判定する。**

解答

(1)　横の長さは　$(10-2x)\div 2=5-x$ (cm)

よって　$y=x(5-x)$　すなわち　$\boldsymbol{y=5x-x^2}$ 答　◀$y=ax^2$ の形ではない。

答　**y は x^2 に比例しない。**

(2)　$y=\frac{1}{3}\times x^2\times 6$　すなわち　$\boldsymbol{y=2x^2}$ 答　◀$y=ax^2\ (a=2)$ の形。

答　**y は x^2 に比例する。**

(3)　高さが $3x$ cm であるから

$y=\pi x^2\times 3x$　すなわち　$\boldsymbol{y=3\pi x^3}$ 答　◀$y=ax^2$ の形ではない。

答　**y は x^2 に比例しない。**

参考　$y=ax^2+bx+c$ (a, b, c は定数，$a\neq 0$) の形で表される関数 y を x の **2次関数** という。$y=ax^2$ はその特別な場合 ($b=c=0$ の場合) である。
(1)は $y=-x^2+5x$ と表されるから，y は x の2次関数である。

練習 70　次の(1)~(4)について，y を x の式で表しなさい。また，y は x^2 に比例するかどうかを答えなさい。ただし，円周率は π とする。

(1)　縦の長さが x cm，横の長さが $3x$ cm の長方形の周の長さを y cm とする。

(2)　底面の半径が x cm，高さが9 cm の円錐の体積を $y\ \mathrm{cm}^3$ とする。

(3)　上底が $2x$ cm，下底が $3x$ cm，高さが $6x$ cm の台形の面積を $y\ \mathrm{cm}^2$ とする。

(4)　中心が同じで，半径がそれぞれ x m，$(2x+1)$ m の2つの円の間にあるドーナツ状の部分の面積を $y\ \mathrm{m}^2$ とする。

例題 71　2乗に比例する式の決定

y は x^2 に比例し，$x=-2$ のとき $y=-6$ である。

(1)　y を x の式で表しなさい。

(2)　$x=4$ のときの y の値を求めなさい。

(3)　$y=-12$ となる x の値をすべて求めなさい。

(1)　y は x^2 に比例 $\longrightarrow$ $y=ax^2$ と表すことができる。
この式に1組の値 $x=-2$，$y=-6$ を代入すると，a の値が決まる。

(2)　(1)で求めた式に $x=4$ を代入する。

(3)　(1)で求めた式に $y=-12$ を代入する。求める x の値は2つある。

解答

(1)　y は x^2 に比例するから，比例定数を a とすると，$y=ax^2$ と表すことができる。
$x=-2$ のとき $y=-6$ であるから　　$-6=a\times(-2)^2$　　◀$y=ax^2$ に $x=-2$，$y=-6$ を代入。
よって　　$a=-\dfrac{3}{2}$　　したがって　　$\boldsymbol{y=-\dfrac{3}{2}x^2}$　答

(2)　$y=-\dfrac{3}{2}x^2$ で $x=4$ とすると　　$\boldsymbol{y}=-\dfrac{3}{2}\times4^2\boldsymbol{=-24}$　答

(3)　$y=-\dfrac{3}{2}x^2$ で $y=-12$ とすると　　$-12=-\dfrac{3}{2}x^2$
よって　　$x^2=8$　　したがって　　$\boldsymbol{x=\pm2\sqrt{2}}$　答

解説

例題71(1)のように，関数 $y=ax^2$ において $x=0$，$y=0$ 以外の1組の x，y の値が決まると，比例定数 a の値が決まる。
また，例題71(3)のように，関数 $y=ax^2$ では1つの y の値に対して，x の値は1つとは限らないので注意が必要である。

練習 71

(1)　y は x^2 に比例し，$x=-3$ のとき $y=54$ である。このとき，y を x の式で表しなさい。

(2)　y は x^2 に比例し，$x=4$ のとき $y=6$ である。このとき，y を x の式で表しなさい。

(3)　y は x^2 に比例し，$x=\sqrt{5}$ のとき $y=-2$ である。このとき，$x=\dfrac{5}{2}$ のときの y の値を求めなさい。

(4)　y は x^2 に比例し，$x=-2$ のとき $y=-28$ である。このとき，$y=-63$ となる x の値をすべて求めなさい。

例題 72　関数 $y=ax^2$ のグラフ

次の関数のグラフをかきなさい。

(1) $y=x^2$　　(2) $y=2x^2$　　(3) $y=-\frac{1}{2}x^2$

正確なグラフをかくには，グラフ上の点をなるべく多くとるとよい。
そのために，x のいろいろな値に対する y の値を計算して表をつくる。
そして，対応する x，y の値を座標とする点を **なめらかな曲線** で結ぶ。

解答

3つの関数 $y=x^2$，$y=2x^2$，$y=-\frac{1}{2}x^2$ について，対応する x，y の値は下の表のようになる。

x	…	-3	-2	-1	0	1	2	3	…
x^2	…	9	4	1	0	1	4	9	…
$2x^2$	…	18	8	2	0	2	8	18	…
$-\frac{1}{2}x^2$	…	$-\frac{9}{2}$	-2	$-\frac{1}{2}$	0	$-\frac{1}{2}$	-2	$-\frac{9}{2}$	…

上の表の x，y の値の組を座標とする点をとって，なめらかに結ぶと，**右の図** のようになる。　答

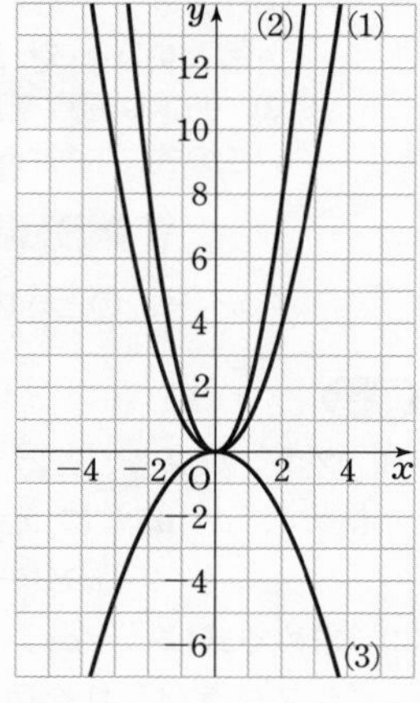

解説

関数 $y=ax^2$ のグラフは **y 軸に関して対称** であるから，$x \geqq 0$ で対応表をつくってグラフをかき，その各点について x 座標の符号を反対にした点をとってかいてもよい。
また，関数 $y=ax^2$ のグラフは **関数 $y=x^2$ のグラフをもとにしてかく** こともできる。たとえば，関数 $y=2x^2$ のグラフは関数 $y=x^2$ のグラフ上の各点について，y 座標を2倍にした点をとってかけばよい。

CHART

$y=ax^2$ のグラフ

1 放物線で，y 軸対称，頂点は原点

2 基本は $y=x^2$ のグラフ　$a>0$ なら　上に開く
　　　　　　　　　　　　　$a<0$ なら　下に開く

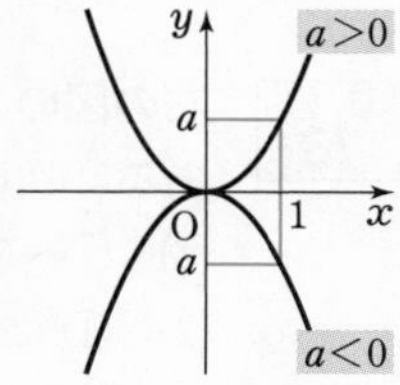

練習 72　次の関数のグラフをかきなさい。

(1) $y=3x^2$　　(2) $y=\frac{1}{3}x^2$　　(3) $y=-3x^2$　　(4) $y=-\frac{3}{4}x^2$

例題 73 通る点やグラフから関数を決定

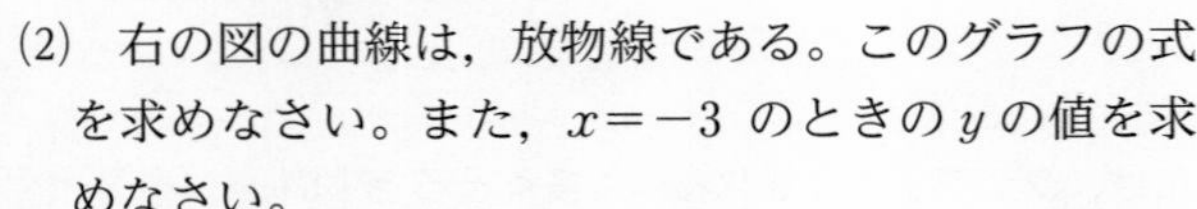

(1) 関数 $y=ax^2$ のグラフが点 $(-1,\ 2)$ を通るとき，a の値を求めなさい。

(2) 右の図の曲線は，放物線である。このグラフの式を求めなさい。また，$x=-3$ のときの y の値を求めなさい。

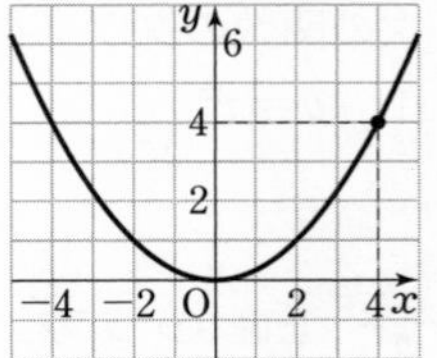

考え方

(1) 関数 $y=ax^2$ のグラフが点 $(p,\ q)$ を通るとは，$x=p$，$y=q$ を $y=ax^2$ に代入すると成り立つということである。

(2) 曲線は原点を頂点とする放物線 ⟶ グラフの式は $y=ax^2$ と表される。この式に曲線が通る点の座標を代入すると，a の値が決まる。

●CHART 式の決定 (a)　1点の座標を代入する

$x=-3$ のときの y の値は図から読みとれないから，グラフの式を利用する。

解答

(1) グラフが点 $(-1,\ 2)$ を通る。

よって，$y=ax^2$ に $x=-1$，$y=2$ を代入すると

$2=a\times(-1)^2$　　したがって　$\boldsymbol{a=2}$ 答

(2) 求める式は $y=ax^2$ と表すことができる。

グラフが点 $(4,\ 4)$ を通る。

よって，$y=ax^2$ に $x=4$，$y=4$ を代入すると

$4=a\times 4^2$

したがって　$a=\dfrac{1}{4}$　答 $\boldsymbol{y=\dfrac{1}{4}x^2}$

また，$x=-3$ のとき　$\boldsymbol{y}=\dfrac{1}{4}\times(-3)^2=\boldsymbol{\dfrac{9}{4}}$ 答　◀ $y=\dfrac{1}{4}x^2$ に $x=-3$ を代入する。

練習 73 右の図の ①～③ の曲線は，いずれも放物線である。次のものを求めなさい。

(1) ①～③ のグラフの式

(2) ① について，$x=-6$ のときの y の値

(3) ② について，$x=\dfrac{5}{2}$ のときの y の値

(4) ③ について，$x=5$ のときの y の値

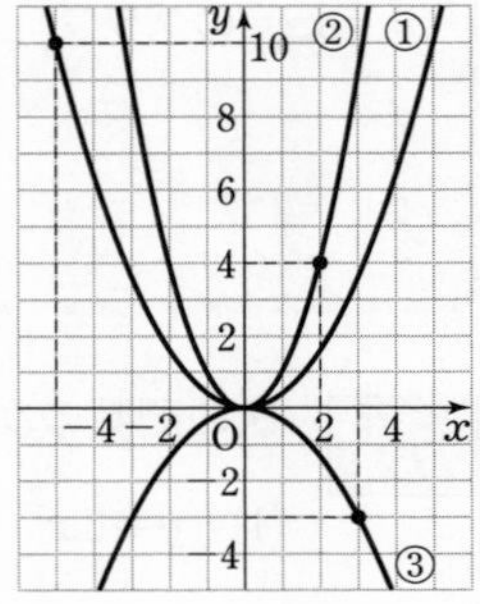

例題 74　関数 $y=ax^2$ のグラフ上の点の座標

右の図のように，点 A（x 座標の符号は正）は関数 $y=x^2$ のグラフ上にあり，点 B，C は関数 $y=-\frac{1}{2}x^2$ のグラフ上にある。線分 AB は y 軸に，線分 BC は x 軸に平行である。AB=BC が成り立つとき，点Aの座標を求めなさい。

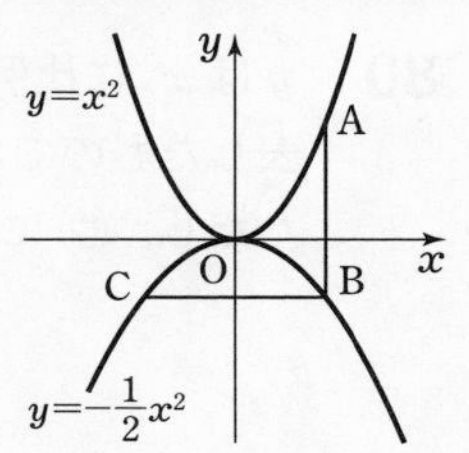

考え方　$y=x^2$ のグラフ上の点A ⟶ x 座標を t とすると，A$(t,\ t^2)$ と表される。

重要　$y=ax^2$ のグラフ上の点は，$(t,\ at^2)$ と表される。

グラフ上の点 B，C の座標は，次のことに着目すると，t を使って表される。

線分 AB は y 軸に平行 ⟶ AとBの x 座標が等しい
線分 BC は x 軸に平行 ⟶ BとCの y 座標が等しい

あとは条件 AB=BC から t の方程式をつくり，それを解く。

解答

点Aは関数 $y=x^2$ のグラフ上にあるから，A$(t,\ t^2)$ $(t>0)$ と表される。

また，AB は y 軸に平行で，点Bが関数 $y=-\frac{1}{2}x^2$ のグラフ上にあるから，B$\left(t,\ -\frac{1}{2}t^2\right)$ と表される。

よって　　$AB=t^2-\left(-\frac{1}{2}t^2\right)=\frac{3}{2}t^2$

BC は x 軸に平行で，点Cは関数 $y=-\frac{1}{2}x^2$ のグラフ上にあるから，点Bと点Cは y 軸について対称である。

よって，点Cの x 座標は $-t$ で　　$BC=t-(-t)=2t$

AB=BC であるから　　$\frac{3}{2}t^2=2t$　　よって　　$t(3t-4)=0$

$t>0$ であるから　　$t=\frac{4}{3}$　　したがって，A の座標は　$\left(\frac{4}{3},\ \frac{16}{9}\right)$ 答

練習 74　右の図において，曲線 ①，② は，それぞれ関数 $y=ax^2$, $y=\frac{1}{2}x^2$ のグラフである。いま，x 軸上の点Pを通り，y 軸に平行な直線を引き，曲線 ①，② との交点をそれぞれ A，B とする。AB=2BP であるとき，a の値を求めなさい。

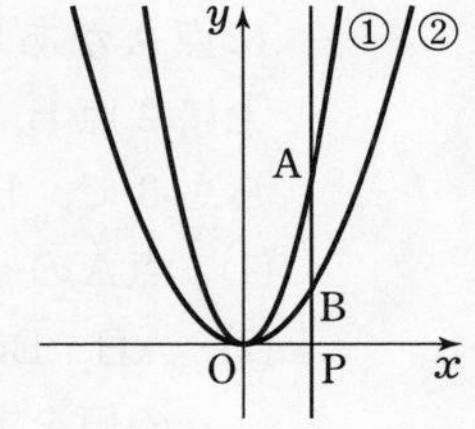

演習問題

□**80**　y は x^2 に比例する関数であり，下の表は，対応する x，y の値の一部を表したものである。(ア)～(ウ) にあてはまる数をそれぞれ求めなさい。ただし，(ウ) にあてはまる数は正であるものとする。

x	-3	-2	0	$\frac{3}{2}$	(ウ)
y	-6	(ア)	0	(イ)	-24

→ 71

□**81**　次の ①～⑥ の関数のグラフについて，下の問いに答えなさい。

①　$y=3x^2$　　②　$y=-x^2$　　③　$y=\frac{1}{2}x^2$

④　$y=-0.5x^2$　　⑤　$y=-\frac{2}{5}x^2$　　⑥　$y=0.7x^2$

(1)　グラフが上に凸となるものを選びなさい。

(2)　グラフが下に凸となるものを選びなさい。

(3)　グラフの開きぐあいが最も大きいものを選びなさい。

(4)　グラフの開きぐあいが最も小さいものを選びなさい。

(5)　x 軸に関して互いに対称となるものは，どれとどれであるか答えなさい。

→ 72

□**82**　右の図は，(ア)～(カ) の関数のいずれかをグラフにかいたものである。グラフ ① と ②，① と ③ の交点がそれぞれ A(2, 1)，B(−1, −2) であるとき，①～③ の関数は次のどれか答えなさい。

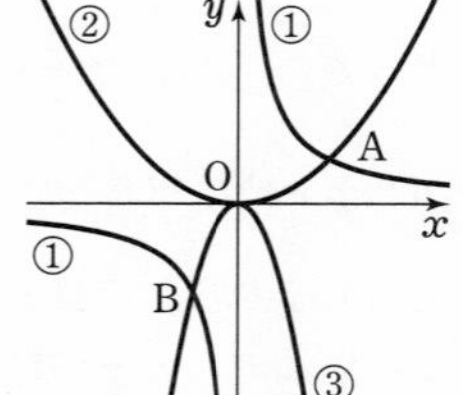

(ア)　$y=2x^2$　　(イ)　$y=-2x^2$　　(ウ)　$y=\frac{1}{4}x^2$

(エ)　$y=-\frac{1}{4}x^2$　　(オ)　$y=\frac{2}{x}$　　(カ)　$y=-\frac{2}{x}$

□**83**　右の図のように，関数 $y=-\frac{1}{3}x^2$ のグラフ上に点Aがあり，関数 $y=ax^2$ $(a>0)$ のグラフ上に2点B，Cがある。AとBの x 座標はどちらも3で，BとCの y 座標は等しくなっている。

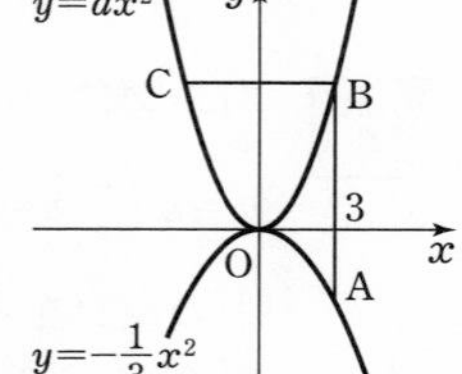

(1)　点Aの y 座標を求めなさい。

(2)　AB：BC＝3：2 のとき，関数 $y=ax^2$ の a の値を求めなさい。

→ 74

3 関数 $y=ax^2$ の値の変化

基本事項

1 関数 $y=ax^2$ の値の変化

x の値が増加すると，y の値は
$a>0$ のとき　$x<0$ の範囲で減少
　　　　　　　$x>0$ の範囲で増加
$a<0$ のとき　$x<0$ の範囲で増加
　　　　　　　$x>0$ の範囲で減少

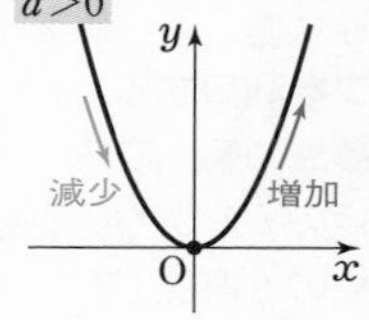

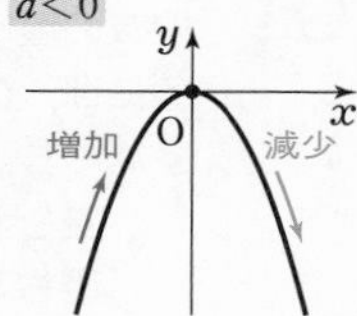

関数 $y=ax^2$ の y の値の範囲（**値域**）は 0 以上か 0 以下のどちらかで，正負にまたがることはない。関数の値域に最大の値があるとき，これをその関数の **最大値** といい，値域に最小の値があるとき，これをその関数の **最小値** という。

2 変化の割合

x の増加量に対する y の増加量の割合を，関数の **変化の割合** という。すなわち

$$(\text{変化の割合})=\frac{y\text{ の増加量}}{x\text{ の増加量}}$$

増加量
＝(変化後)－(変化前)

これは，関数のグラフ上の 2 点を結ぶ線分の傾きと考えることができる。
したがって，次のことが成り立つ。
1 次関数 $y=ax+b$ の変化の割合は常に一定で，$y=ax+b$ のグラフの傾き a と等しい。

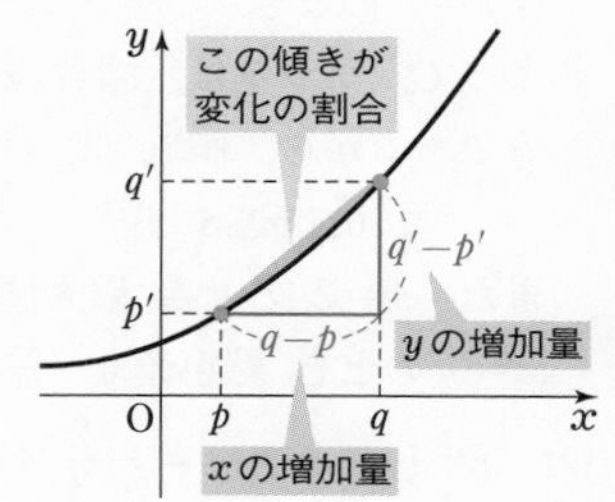

3 関数 $y=ax^2$ の変化の割合

右の図からわかるように，関数 $y=ax^2$ のグラフ上の 2 点を結ぶ線分の傾きは一定ではない。
したがって，次のことが成り立つ。
関数 $y=ax^2$ の変化の割合は一定ではない。
関数 $y=ax^2$ の x の値が p から q まで増加するときの変化の割合は

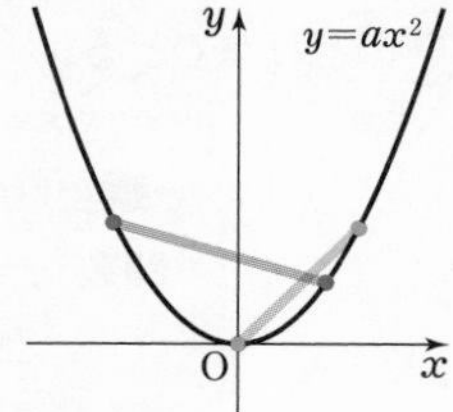

$$\frac{aq^2-ap^2}{q-p}=\frac{a(q^2-p^2)}{q-p}=\frac{a(q+p)(q-p)}{q-p}=a(p+q)$$ （ただし，$p<q$ とする。）

p，q が変化すれば $a(p+q)$ の値も変化するから，関数 $y=ax^2$ の変化の割合は一定ではないことがわかる。

4章
3 関数 $y=ax^2$ の値の変化

例題 75 関数の値域と最大値，最小値

次の関数の値域と最大値，最小値を求めなさい。

(1)　$y=2x^2$ $(-1\leqq x\leqq 2)$　　(2)　$y=-\dfrac{2}{3}x^2$ $(1\leqq x\leqq 3)$

関数の値域，最大値，最小値を求めるには，**グラフを利用する。**
すなわち，定義域の範囲で
　最も上の点の y 座標（最大値）
　最も下の点の y 座標（最小値）
を読みとる。

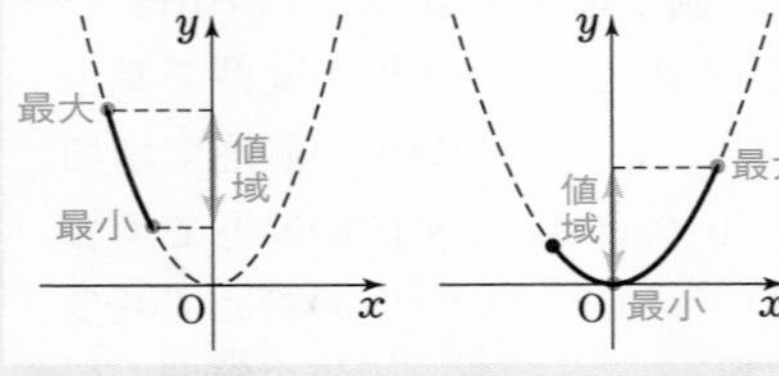

$y=ax^2$ で $a>0$ の場合は，図のように，値域の最大の値は定義域の端でとる。しかし，値域の最小の値は，定義域に $x=0$ が含まれるかどうかで変わる。

解答

(1)　$x=-1$ のとき $y=2\times(-1)^2=2$
　$x=2$ のとき　$y=2\times 2^2=8$
よって，グラフは，図(1)の実線部分であるから，**値域** は
　$0\leqq y\leqq 8$　答
また，$x=2$ のとき **最大値 8**，
$x=0$ のとき **最小値 0**　答

(1)
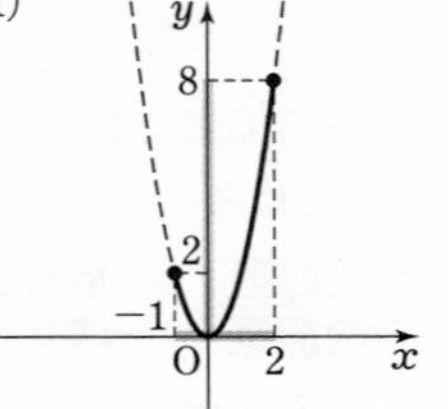

(2)
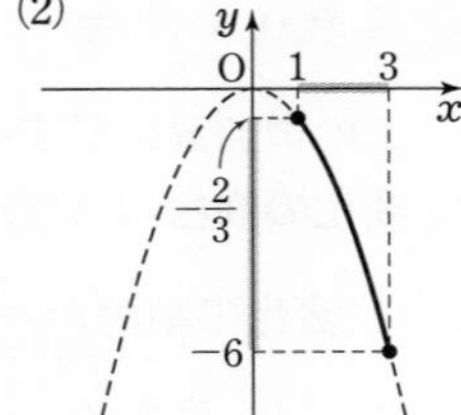

(2)　$x=1$ のとき $y=-\dfrac{2}{3}\times 1^2=-\dfrac{2}{3}$，$x=3$ のとき $y=-\dfrac{2}{3}\times 3^2=-6$
よって，グラフは，図(2)の実線部分であるから，**値域** は　**$-6\leqq y\leqq -\dfrac{2}{3}$**　答
また，$x=1$ のとき **最大値 $-\dfrac{2}{3}$**，$x=3$ のとき **最小値 -6**　答

解説

$y=ax^2$ の定義域が $p\leqq x\leqq q$ の形のとき，最大値・最小値は $x=0$ か定義域の端のどれかでとる。

CHART

関数 $y=ax^2$ の値域，最大・最小
1　グラフ利用　　2　定義域の両端と頂点に着目

練習 75　次の関数の値域と最大値，最小値を求めなさい。

(1)　$y=2x^2$　$(-3\leqq x\leqq 2)$　　(2)　$y=-2x^2$　$(-2\leqq x\leqq 3)$

(3)　$y=\dfrac{1}{4}x^2$　$\left(-1\leqq x\leqq \dfrac{8}{3}\right)$　　(4)　$y=-\dfrac{1}{3}x^2$　$(-3\leqq x\leqq -1)$

例題 76　関数の値域から係数を決定

関数 $y=ax^2$ について，定義域が $-3 \leqq x \leqq 2$ のとき，値域は $-27 \leqq y \leqq b$ となる。定数 a，b の値を求めなさい。

関数の値域の問題 ⟶ **グラフを利用する。**
グラフをかくためには，関数 $y=ax^2$ のグラフが上に凸か，下に凸かを知る必要がある。値域が $-27 \leqq y \leqq b$ であるから，関数は 0 以下の値をとる。
よって，関数 $y=ax^2$ のグラフは上に凸であるとわかる。

解答

関数 $y=ax^2$ の値域は，$a>0$ のとき 0 以上，$a<0$ のとき 0 以下となり，正と負にまたがることはない。

まず，a が正か負かを考えるんだね。

この関数の値域は $-27 \leqq y \leqq b$ であるから

$a<0$　◀グラフは上に凸。

$y=ax^2$ について

$x=-3$ のとき　$y=a\times(-3)^2=9a$
$x=2$　のとき　$y=a\times 2^2=4a$
（端の値）

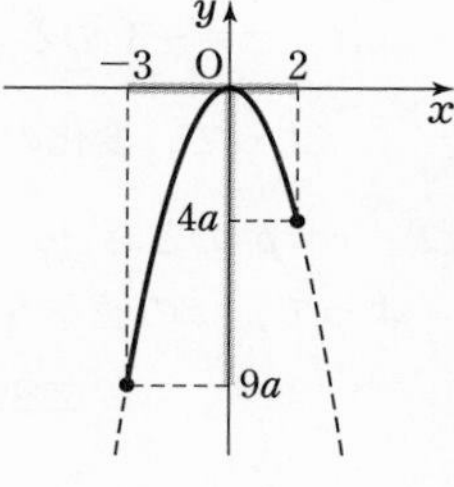

グラフから，値域は

$9a \leqq y \leqq 0$　◀$9a$ は $4a$ より下にある。

これが $-27 \leqq y \leqq b$ と等しいから

$9a=-27$，$0=b$

よって　$\boldsymbol{a=-3}$，$\boldsymbol{b=0}$　答

練習 76A　関数 $y=ax^2$ について，定義域と値域が次のようになるときの定数 a の値を求めなさい。

(1)　定義域が $-2 \leqq x \leqq 1$，　値域が $0 \leqq y \leqq 8$

(2)　定義域が $-3 \leqq x \leqq 5$，　値域が $-10 \leqq y \leqq 0$

練習 76B

(1)　関数 $y=-4x^2$ について，定義域が $a \leqq x \leqq 2$ のとき，値域が $-36 \leqq y \leqq b$ となる。定数 a，b の値を求めなさい。

(2)　関数 $y=ax^2$ について，定義域が $-3 \leqq x \leqq 8$ のとき，値域が $b \leqq y \leqq 48$ となる。定数 a，b の値を求めなさい。

(3)　定義域が $-4 \leqq x \leqq 2$ である 2 つの関数 $y=3x^2$，$y=ax+b$ $(a<0)$ の値域が一致するような定数 a，b の値を求めなさい。

例題 77 関数 $y=ax^2$ の変化の割合

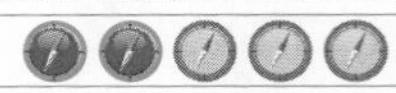

(1) 関数 $y=3x^2$ について，x の値が次のように増加するときの変化の割合を求めなさい。

(ア) 2 から 5 まで　　(イ) -3 から -1 まで

(2) 関数 $y=-5x^2$ について，x の値が p から $p+3$ まで増加するときの変化の割合は 15 である。このとき，定数 p の値を求めなさい。

$$(\text{変化の割合})=\frac{y\text{の増加量}}{x\text{の増加量}}$$

(2) は，変化の割合を p を使った式で表し，p についての方程式をつくる。

解答

(1) (ア) $x=2$ のとき $y=3\times2^2=12$，　$x=5$ のとき $y=3\times5^2=75$

よって，変化の割合は　$\dfrac{75-12}{5-2}=\dfrac{63}{3}=\mathbf{21}$ 答

(イ) $x=-3$ のとき $y=3\times(-3)^2=27$，　$x=-1$ のとき $y=3\times(-1)^2=3$

よって，変化の割合は　$\dfrac{3-27}{-1-(-3)}=\dfrac{-24}{2}=\mathbf{-12}$ 答

(2) $x=p$ のとき $y=-5p^2$，　$x=p+3$ のとき $y=-5(p+3)^2$

よって，x の値が p から $p+3$ まで増加するときの変化の割合は

$$\frac{-5(p+3)^2-(-5p^2)}{(p+3)-p}=\frac{-30p-45}{3}=-10p-15$$

これが 15 に等しいから　$-10p-15=15$　　これを解いて　$\mathbf{p=-3}$ 答

普通，x の増加量は正になるように考えるが，y の増加量は，増加量といっても正であるとは限らない。0 や負の場合もある。

練習 77A 関数 $y=\dfrac{2}{3}x^2$ について，x の値が次のように増加するときの変化の割合を求めなさい。

(1) 3 から 6 まで　　(2) -4 から 2 まで　　(3) -3 から 3 まで

練習 77B (1) 関数 $y=-2x^2$ について，x の値が -3 から k まで増加するときの変化の割合は -4 である。このとき，定数 k の値を求めなさい。ただし，$k>-3$ とする。

(2) 関数 $y=ax^2$ について，x の値が 1 から 4 まで増加するときの変化の割合は 3 である。このとき，定数 a の値を求めなさい。

(3) 関数 $y=6x^2$ について，x の値が $p-2$ から $p+4$ まで増加するときの変化の割合は 36 である。このとき，定数 p の値を求めなさい。

例題 78　変化の割合が等しい2つの関数

関数 $y=ax^2$ と1次関数 $y=-6x+5$ について，x の値が -2 から4まで増加するときの変化の割合が一致する。このとき，定数 a の値を求めなさい。

考え方　1次関数 $y=px+q$（p，q は定数）の変化の割合は一定で　p　◀グラフの傾き

⟶ $y=-6x+5$ の変化の割合は　-6

$y=ax^2$ について，x の値が -2 から4まで増加するときの変化の割合は，a の式で表される。それが -6 になるような a の値を求める。

解答

$y=ax^2$ について

$x=-2$ のとき $y=a\times(-2)^2=4a$，　$x=4$ のとき $y=a\times4^2=16a$

よって，x の値が -2 から4まで増加するときの変化の割合は

$$\frac{16a-4a}{4-(-2)}=\frac{12a}{6}=2a$$

1次関数の変化の割合はグラフの傾きに等しい。

$y=-6x+5$ の変化の割合は，常に -6 である。

したがって　$2a=-6$　　よって　$\boldsymbol{a=-3}$　答

注意　2つ以上の関数が出てくる場合は，どの関数について考えているかを明記する。

解説

p.113の基本事項 3 で，$y=ax^2$ の x の値が p から q まで増加するときの変化の割合は　$a(p+q)$　になることを示した。

このことを使うと，上の例題の変化の割合は

$$a\{(-2)+4\}=2a$$

と求められる。

この事柄を使うと，変化の割合が簡単に求められて便利ではあるが，教科書では公式として示されていないから，答案で何の説明もなく使うのは避けた方がよい。検算や答えだけ出せばよい問題のときだけ利用するようにしよう。

練習 78

(1) 関数 $y=ax^2$ と1次関数 $y=-3x+2$ について，x の値が -3 から1まで増加するときの変化の割合が一致する。このとき，定数 a の値を求めなさい。

(2) 関数 $y=4x^2$ と1次関数 $y=3x-1$ について，x の値が $p-2$ から $p+2$ まで増加するときの変化の割合が一致する。このとき，定数 p の値を求めなさい。

演習問題

□84 2 次関数 $y=12x^2$ について，x の定義域を $a-2 \leqq x \leqq a$ とする。ただし，a は定数とする。このとき，次の問いに答えなさい。

(1) $a=-1$ のとき，y の最小値と最大値を求めなさい。

(2) y の最小値が 0 になるとき，a の値の範囲を求めなさい。

(3) $a \geqq 1$ とする。y の最大値と最小値の差が 36 となるとき，a の値を求めなさい。

→ 75

□85 定義域が $-2 \leqq x \leqq 3$ である 2 つの関数 $y=ax^2$，$y=-2x+b$ の値域が一致するような，定数 a，b の値を求めなさい。

→ 76

□86 関数 $y=-\frac{1}{2}x^2$ において，定義域が $a \leqq x \leqq a+3$ のとき，値域が $-2 \leqq y \leqq 0$ となった。このとき，定数 a の値を求めなさい。

□87 (1) 関数 $y=\sqrt{5}\,x^2$ について，x の値が $-\sqrt{3}$ から k まで増加するときの変化の割合は $2\sqrt{10}$ である。このとき，定数 k の値を求めなさい。ただし，$k>-\sqrt{3}$ とする。

(2) 関数 $y=ax^2$ について，x の値が $\frac{1}{3}$ から $\frac{1}{2}$ まで増加するときの変化の割合は $\frac{3}{2}$ である。このとき，定数 a の値を求めなさい。

→ 77

□88 (1) 関数 $y=-3x^2$ と 1 次関数 $y=ax+4$ について，x の値が 2 から 5 まで増加するときの変化の割合が一致する。このとき，定数 a の値を求めなさい。

(2) 関数 $y=-\frac{3}{4}x^2$ と 1 次関数 $y=-\frac{3}{2}x+5$ について，x の値が $t-1$ から $t+5$ まで増加するときの変化の割合が一致する。このとき，定数 t の値を求めなさい。

→ 78

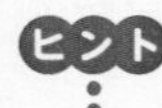

84 (2) 定義域 $a-2 \leqq x \leqq a$ に $x=0$ が含まれるような a の値の範囲を考える。

(3) 定義域に 0 を含む場合と含まない場合に分ける。

4 関数 $y=ax^2$ の利用

例題 79 2乗に比例する関数の応用

高いところからボールを落としたとき，x 秒後までにボールが落ちた距離を y m とすると，y は x^2 に比例する。ボールが落ち始めてから 2 秒後までに落ちた距離は 19.6 m であった。

(1) y を x の式で表しなさい。

(2) ボールが落ち始めてから 4 秒後までに落ちた距離を求めなさい。

(3) ボールが落ちた距離が 176.4 m となるのは何秒後か求めなさい。

考え方

CHART y は x^2 に比例 ⟷ $y=ax^2$

(1) $y=ax^2$ に 1 組の値 $x=2$，$y=19.6$ を代入すると，a の値が決まる。

(2) $x=4$ のときの y の値を求める。

(3) $y=176.4$ のときの x の値を求める。

解答

(1) y は x^2 に比例するから，比例定数を a とすると，$y=ax^2$ と表すことができる。

$x=2$ のとき $y=19.6$ であるから　　$19.6=a\times2^2$

よって　　$a=4.9$　　　したがって　　$\boldsymbol{y=4.9x^2}$ 答

(2) $y=4.9x^2$ に $x=4$ を代入すると

$y=4.9\times4^2=78.4$　　　答 **78.4 m**

(3) $y=176.4$ となる x を求める。

$176.4=4.9x^2$

よって　　$x^2=36$　　すなわち　　$x=\pm6$

$x>0$ であるから　　$x=6$　　◀ x は経過時間であるから，正の数。

答 **6 秒後**

練習 79 走っている自動車にブレーキをかけるとき，ブレーキがきき始めてから停止するまでに進む距離を制動距離という。ある自動車では，時速 x km で走っているときの制動距離を y m とすると，y は x^2 に比例する。この自動車が時速 40 km で走っているときの制動距離は 10 m であった。

(1) y を x の式で表しなさい。

(2) 時速 80 km で走っているときの制動距離を求めなさい。

(3) 制動距離が 5 m のとき，自動車の速さを求めなさい。

例題 80 放物線と直線の共有点

次の放物線と直線について，共有点の座標を求めなさい。

(1) 放物線 $y=2x^2$，直線 $y=6$

(2) 放物線 $y=-\frac{1}{2}x^2$，直線 $x=4$

(3) 放物線 $y=x^2$，直線 $y=-2x+3$

●CHART **グラフと方程式** 共有点 ⟷ 連立方程式の解

(1) 共有点の x 座標は $2x^2=6$ の解。

(2) 共有点の y 座標は $y=-\frac{1}{2}\times 4^2$

(3) 共有点の座標は，連立方程式 $\begin{cases} y=x^2 \\ y=-2x+3 \end{cases}$ の解。まず，y を消去する。

解答

(1) 共有点は 2 つあり，その y 座標はともに 6 である。

共有点の x 座標は $2x^2=6$ を解いて $x=\pm\sqrt{3}$

答 $(\sqrt{3},\ 6)$，$(-\sqrt{3},\ 6)$

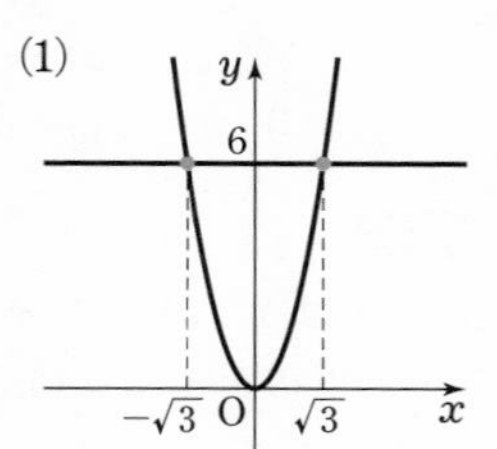

(2) 共有点の x 座標は 4 である。

共有点の y 座標は $y=-\frac{1}{2}\times 4^2=-8$

答 $(4,\ -8)$

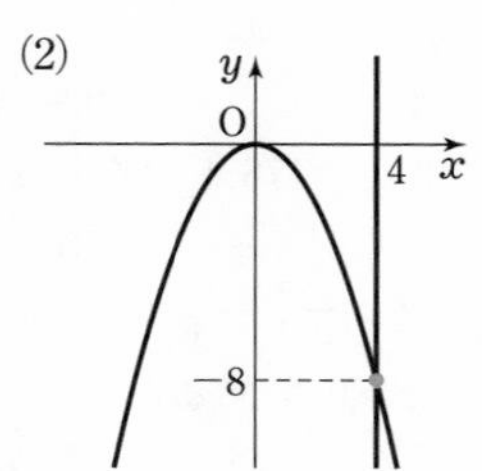

(3) $x^2=-2x+3$ ◀ y を消去。

$x^2+2x-3=0$

$(x+3)(x-1)=0$

よって $x=-3,\ 1$ ◀共有点の x 座標。

$x=-3$ のとき $y=9$，$x=1$ のとき $y=1$

答 $(-3,\ 9)$，$(1,\ 1)$

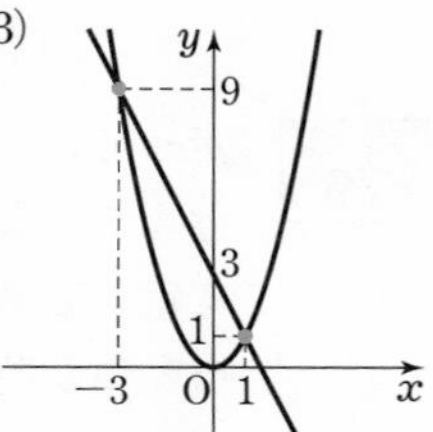

放物線 $y=ax^2$ と直線との共有点の座標は，一般に次のようにして求められる。

(1) **x 軸に平行な直線 $y=p$ との共有点**

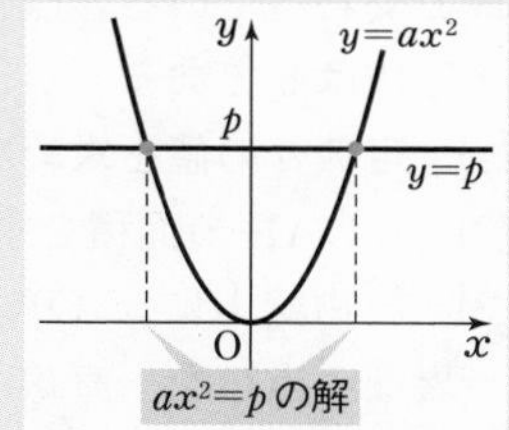

放物線 $y=ax^2$ と直線 $y=p$ との共有点の x 座標は，2つのグラフの式から y を消去した方程式 $ax^2=p$ の解である。

$p \neq 0$ で，p と a が同符号であるとき，共有点は2つあり，その y 座標はともに p である。

(2) **y 軸に平行な直線 $x=q$ との共有点**

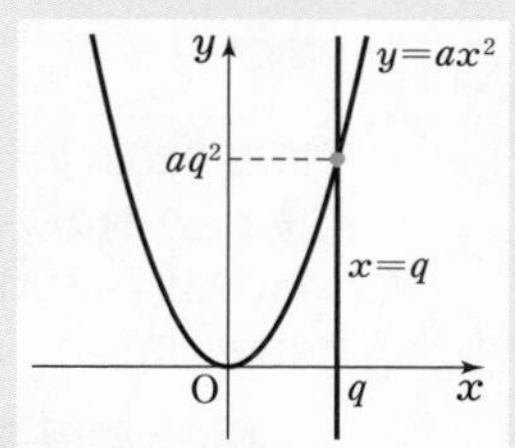

放物線 $y=ax^2$ と直線 $x=q$ との共有点の y 座標は，$y=ax^2$ に $x=q$ を代入して求められる。

共有点は1つあり，その x 座標は q である。

(3) **直線 $y=mx+n$ との共有点**

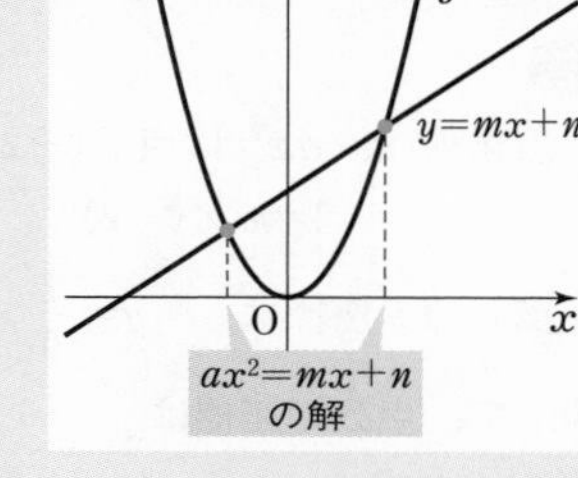

放物線 $y=ax^2$ と直線 $y=mx+n$ との共有点の x 座標は，2つのグラフの式から y を消去した方程式

$$ax^2=mx+n \quad \cdots\cdots ①$$

の解である。

共有点の y 座標は ① の解を，$y=ax^2$ か $y=mx+n$ のどちらかに代入して求められる。

放物線 $y=ax^2$ と直線 $y=mx+n$ の共有点の座標は，連立方程式 $\begin{cases} y=ax^2 \\ y=mx+n \end{cases}$ の解ということもできる。

練習 80A 次の放物線と直線について，共有点の座標を求めなさい。

(1) 放物線 $y=-2x^2$，直線 $y=-5$

(2) 放物線 $y=\dfrac{2}{3}x^2$，直線 $x=-3$

練習 80B 次の2つの関数のグラフについて，共有点の座標を求めなさい。

(1) $y=x^2$，$y=x+12$ (2) $y=2x^2$，$y=-x+3$

(3) $y=-2x^2$，$y=-4x-8$ (4) $y=4x^2$，$y=4x-1$

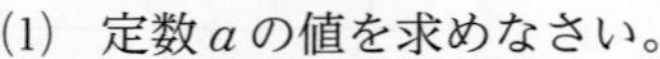

例題 81 放物線と三角形

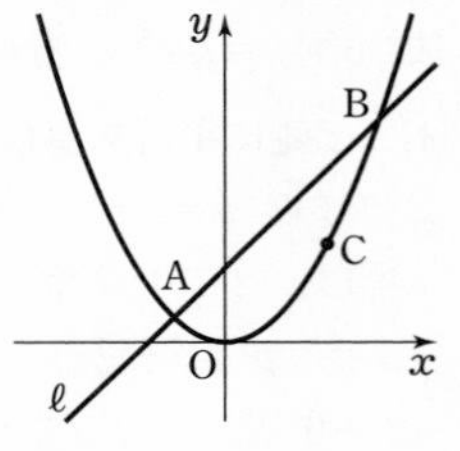

右の図のように，放物線 $y=ax^2$ と直線 ℓ が 2 点 A，B で交わっている。点Aの座標は $(-2,\ 1)$ で，点Bの x 座標は 6 である。

(1) 定数 a の値を求めなさい。

(2) △OAB の面積を求めなさい。

(3) 放物線上に △OAB＝△CAB となる，原点Oと異なる点Cを，直線 ℓ より下側にとる。点Cの座標を求めなさい。

(4) (3) の点Cを通り，△CAB の面積を 2 等分する直線の式を求めなさい。

考え方

(2) 直線の式は $y=bx+c$ とおいて，2 点 A，B の座標を代入して求める。
直線 ℓ と y 軸の交点をDとすると　△OAB＝△OAD＋△ODB

(3) △OAB＝△CAB のとき，底辺を AB とすると高さが等しいから　AB∥OC
これを利用して，原点を通り直線 ℓ に平行な直線と放物線の交点を求める。

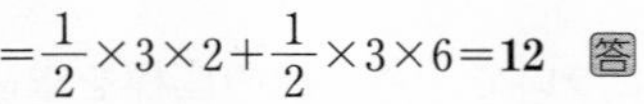
CHART 面積の等しい三角形　平行線で形を変える

(4) 求める直線は線分 AB の中点を通る。

解答

(1) 放物線 $y=ax^2$ は点 A$(-2,\ 1)$ を通るから

$1=a\times(-2)^2$　　よって　$a=\dfrac{1}{4}$ 答

(2) 点Bの y 座標は　$y=\dfrac{1}{4}\times6^2=9$　　◀放物線の式は $y=\dfrac{1}{4}x^2$

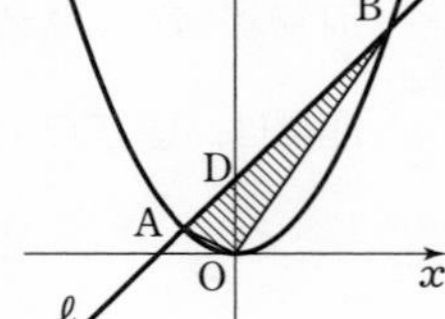

よって，点Bの座標は　$(6,\ 9)$

直線 ℓ の式を $y=bx+c$ とおくと，直線 ℓ は 2 点 A，B を通るから　$1=-2b+c,\ 9=6b+c$

これを解いて　$b=1,\ c=3$

よって，直線 ℓ の式は　$y=x+3$

直線 ℓ と y 軸の交点をDとすると，D の y 座標は 3 である。

したがって　△OAB＝△OAD＋△ODB

$=\dfrac{1}{2}\times3\times2+\dfrac{1}{2}\times3\times6=\mathbf{12}$ 答　　◀OD を底辺とみる。

(3) △OAB＝△CAB となるのは，底辺 AB に対する高さが等しいときである。

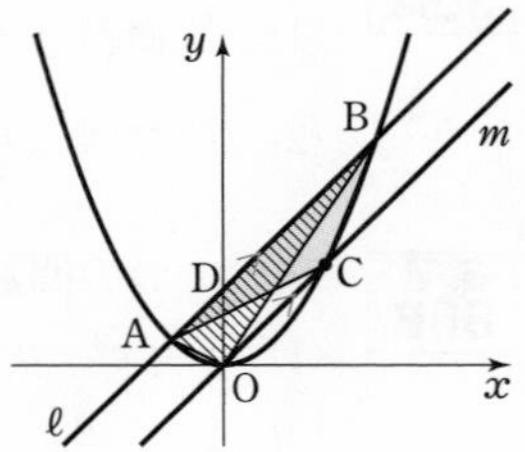

したがって，点Cは，原点Oを通り直線 ℓ に平行な直線 m と放物線との交点である。

(2) より，直線 ℓ の傾きは 1 であるから，直線 m の式は $y=x$ と表される。

よって，点Cの x 座標は，$\frac{1}{4}x^2=x$ の解である。

これを解くと　$x=0$，4

点Cは原点Oと異なる点であるから　$x=4$　◀$x=0$ は原点Oの x 座標。

点Cの y 座標は　$y=4$　◀点Cは $y=x$ 上の点。

したがって，点Cの座標は　**(4, 4)** 答

(4)　点Cを通り，△CABの面積を2等分する直線は，線分ABの中点Mを通る。

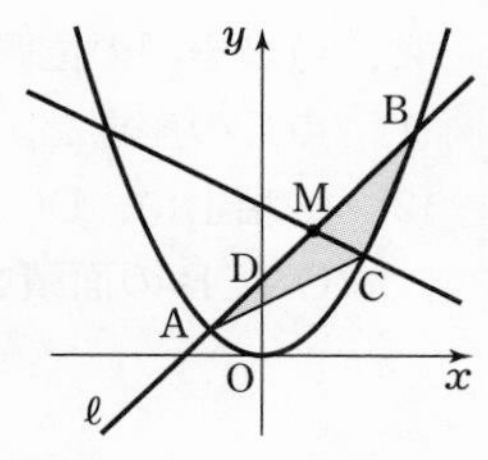

点Mの座標は $\left(\frac{-2+6}{2}, \frac{1+9}{2}\right)$ から　(2, 5)

ここで，求める直線の式を $y=dx+e$ とおくと，この直線は2点 (4, 4)，(2, 5) を通るから

$$4=4d+e,\quad 5=2d+e$$

これを解いて　$d=-\frac{1}{2}$，$e=6$

よって，求める直線の式は　$\boldsymbol{y=-\frac{1}{2}x+6}$ 答

解説

放物線上で，△OAB＝△CAB となる点Cは，直線 ℓ の上側には2点ある。この座標はどのようにして求めればよいだろうか。

y 軸上に点E(0, 6) をとると，OD＝DE より

△OAD＝△EAD，　△OBD＝△EBD

であるから　△OAB＝△EAB

よって，点Eを通り，直線 ℓ に平行な直線と放物線の交点を求めればよい。

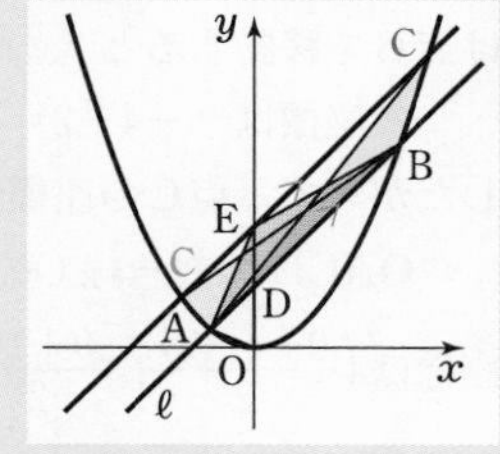

練習 81　放物線 $y=ax^2$ は2点A，Bを通り，点Aの座標は $(-1, 2)$ であり，点Bの x 座標は2である。

(1)　定数 a の値を求めなさい。

(2)　直線ABの式を求めなさい。

(3)　△OABの面積を求めなさい。

(4)　点Aを通り，△OABの面積を2等分する直線の式を求めなさい。

(5)　放物線上に，△OAB＝△OCB となる，点Aと異なる点Cを，直線OBより上側にとるとき，点Cの座標を求めなさい。

例題 82　放物線と平行四辺形

右の図のように，放物線 $y=\frac{1}{2}x^2$ 上に 2 点 A，B がある。点 A，B の x 座標はそれぞれ 2，-4 である。また，四角形 OACB が平行四辺形となるように，点 C を図の位置にとる。

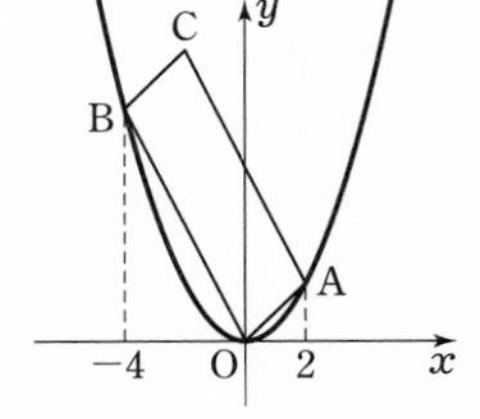

(1)　点 C の座標を求めなさい。

(2)　x 軸上に，D$(-6,\ 0)$ をとるとき，点 D を通り，▱OACB の面積を 2 等分する直線の式を求めなさい。

考え方
(1)　点 O から点 A への移動と，点 B から点 C への移動は，同じ移動である。
(2)　平行四辺形の面積を 2 等分する直線は，平行四辺形の対角線の交点を通る。

解答

(1)　点 A の y 座標は　$\frac{1}{2}\times 2^2=2$，　点 B の y 座標は　$\frac{1}{2}\times(-4)^2=8$

▱OACB においては，点 O から点 A への移動と，点 B から点 C への移動は同じ移動であるから，右に 2，上に 2 だけ点 B を移動すると

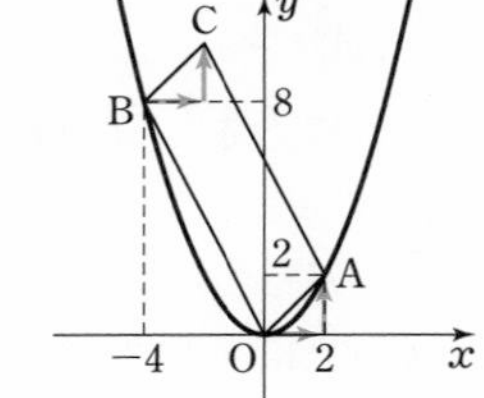

x 座標は　$-4+2=-2$，　y 座標は　$8+2=10$

したがって，点 C の座標は　**$(-2,\ 10)$**　答

(2)　▱OACB の対角線 OC の中点を M とすると，点 M の座標は $\left(\frac{0+(-2)}{2},\ \frac{0+10}{2}\right)$ から　$(-1,\ 5)$

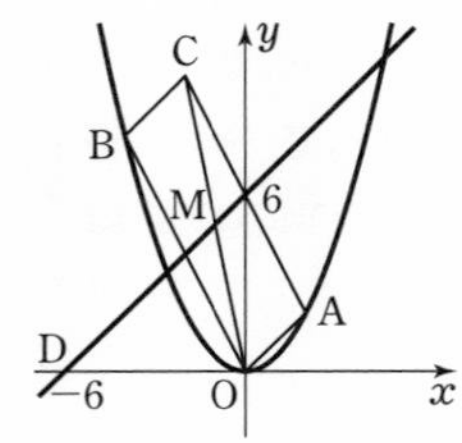

求める直線の式を $y=ax+b$ とおくと，2 点 D$(-6,\ 0)$，M$(-1,\ 5)$ を通るから

$$0=-6a+b,\qquad 5=-a+b$$

これを解いて　$a=1,\ b=6$

よって，求める直線の式は　**$y=x+6$**　答

練習 82　右の図のように，放物線 $y=ax^2$ と直線 ℓ が 2 点 A，B で交わっている。この放物線上に点 C を，y 軸上に点 D をとり，▱ABCD を作る。点 A の座標は $(-2,\ 8)$，点 B の x 座標は 1 である。

(1)　定数 a の値を求めなさい。

(2)　直線 ℓ の式を求めなさい。

(3)　点 C の座標を求めなさい。　　(4)　点 D の座標を求めなさい。

例題 83　放物線と線分の共有点

放物線 $y=ax^2$ が2点 $(1,\ 1)$, $(3,\ 2)$ を結ぶ線分と共有点をもつように，定数 a の値の範囲を定めなさい。

考え方

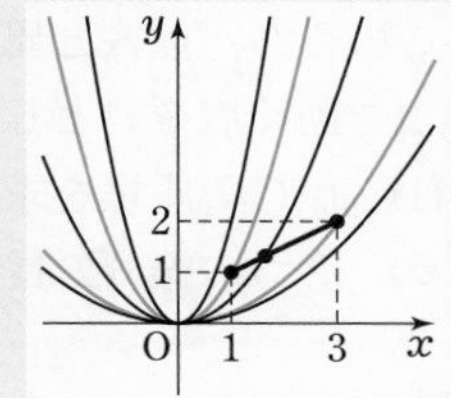

a の値をいろいろ変えて放物線をかくと，右の図のようになる。すなわち，

a の絶対値が大きいほど
放物線の開きぐあいは小さくなる。

本問では，放物線と線分が共有点をもつとき，

a の値が最大 …… 点 $(1,\ 1)$ を通る
a の値が最小 …… 点 $(3,\ 2)$ を通る

したがって，放物線が線分の両端を通る場合を調べればよい。

解答

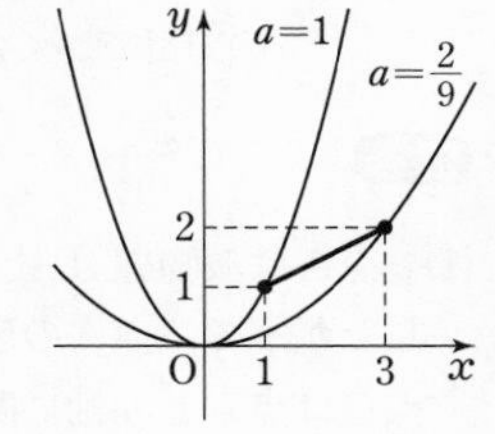

右の図より，a の値が最大となるのは，放物線 $y=ax^2$ が点 $(1,\ 1)$ を通るときである。

このとき　$1=a\times1^2$

よって　$a=1$

a の値が最小となるのは，放物線 $y=ax^2$ が点 $(3,\ 2)$ を通るときである。

このとき　$2=a\times3^2$

よって　$a=\dfrac{2}{9}$

したがって，求める a の値の範囲は

$$\frac{2}{9}\leqq a\leqq1$$ 答

練習 83

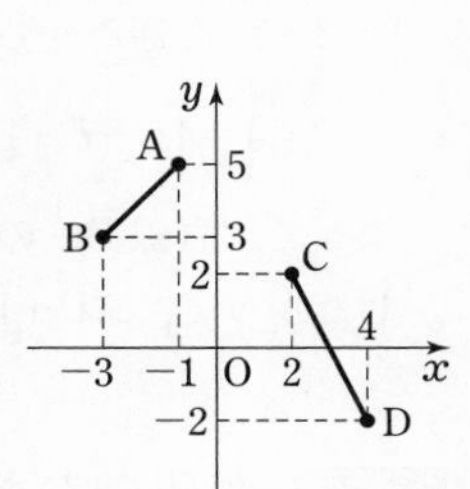

右の図のように，4点 $\mathrm{A}(-1,\ 5)$, $\mathrm{B}(-3,\ 3)$, $\mathrm{C}(2,\ 2)$, $\mathrm{D}(4,\ -2)$ がある。放物線 $y=ax^2$ が次の条件を満たすように，定数 a の値の範囲を定めなさい。

(1)　線分 AB と共有点をもつ。

(2)　線分 CD と共有点をもつ。

(3)　線分 AB とも，線分 CD とも共有点をもつ。

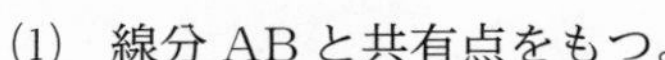

(4)　線分 AB とも，線分 CD とも共有点をもたない。

例題 84 折れ線の最小

右の図のように，放物線 $y=\frac{1}{4}x^2$ ……① 上に x 座標がそれぞれ 2，4 の 2 点 A，B がある。点Aを通り，x 軸に平行な直線 ℓ と放物線 ① の 2 つの交点のうち，点Aと異なる点をCとする。また，y 軸上を動く点をPとし，その y 座標を t とする。

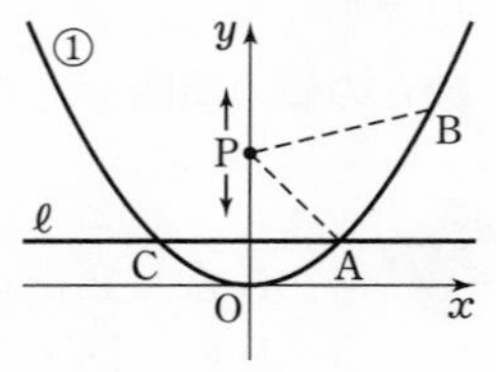

(1) 点Cの座標を求めなさい。

(2) 2 つの線分の長さの和 AP+PB が最小となるときの t の値を求めなさい。

考え方

(1) 点Aの座標は放物線 ① の式によってすぐわかる。**放物線 ① は y 軸に関して対称** であるから，点Cと点Aは y 軸に関して対称。

(2) AP=CP であるから，AP+PB に等しい CP+PB が最小となるように考える。⟶ **CHART** **折れ線の最小** 折れ線は 直線にのばす の方針でいく。Pが直線 BC と y 軸の交点に一致するとき最小となる。

解答

(1) 点Aは放物線 ① 上にあるから，点Aの y 座標は $\frac{1}{4}\times2^2=1$

したがって，点Aの座標は (2, 1)

点Cは点Aと y 軸に関して対称であるから，点Cの座標は **(−2, 1)** 答

(2) 点Bは放物線 ① 上にあるから，点Bの y 座標は $\frac{1}{4}\times4^2=4$

したがって，点Bの座標は (4, 4)

AP=CP であるから，CP+PB が最小となるとき，AP+PB も最小となる。

CP+PB が最小となるのは，点Pが直線 BC 上にあるときである。

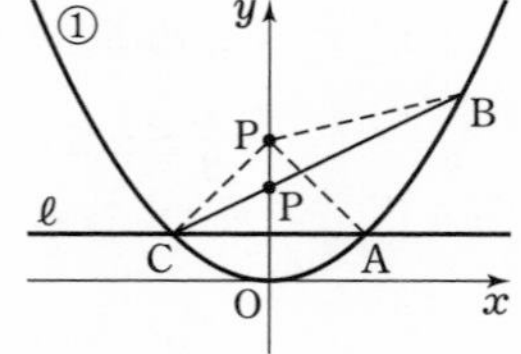

直線 BC の式を $y=ax+b$ とおくと，2 点 (4, 4), (−2, 1) を通るから

$4=4a+b$，$1=-2a+b$ これを解いて $a=\frac{1}{2}$，$b=2$

よって，直線 BC の切片は 2

したがって，AP+PB が最小となるときの t の値は $\boldsymbol{t=2}$ 答

練習 84 例題 84 において，x 軸上を動く点をQとし，その x 座標を s とする。2 つの線分の長さの和 AQ+QB が最小となるときの s の値を求めなさい。

演習問題

□**89** 真上にボールを秒速 x m の速さで投げ上げたとき，ボールの到達する高さを y m とすると，y は x^2 に比例する。いま，真上に秒速 10 m の速さで投げたボールが高さ 5 m まで達した。

(1) y を x の式で表しなさい。

(2) 毎秒 30 m の速さで投げ上げたとき，ボールが到達する高さを求めなさい。

➔ 79

□**90** 放物線 $y=\frac{1}{2}x^2$ と直線 $y=-x+4$ の共有点のうち，x 座標が小さい方の点をA，もう一方をBとする。直線 $y=-x+4$ と y 軸，x 軸との交点を，それぞれ C，D とする。このとき，次の三角形の面積を求めなさい。

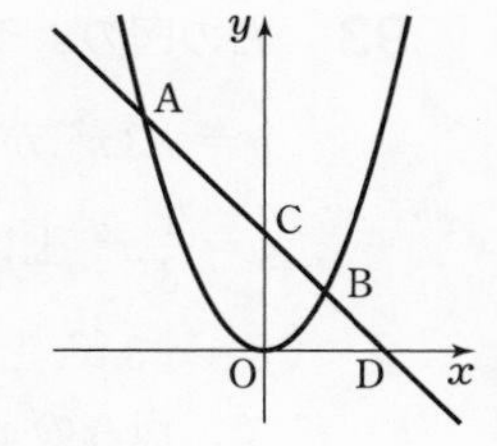

(1) △ODC　(2) △OAC　(3) △OAB

➔ 81

□**91** 右の図のように，直線 ℓ は放物線 $y=x^2$ と 2 点 Q，R で交わり，放物線 $y=\frac{1}{4}x^2$ と 2 点 P，S で交わっている。点 P，R の x 座標がそれぞれ -4, 1 のとき，次の問いに答えなさい。

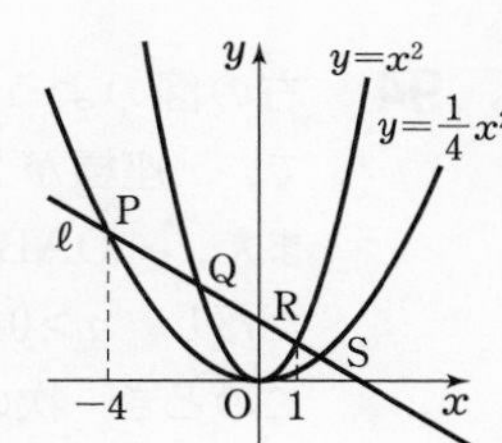

(1) 直線 ℓ の式を求めなさい。

(2) 3 つの三角形の面積比

△OPQ：△OQR：△ORS

を求めなさい。

91 (2) CHART **三角形の面積比**　等高なら底辺の比

□**92** 右の図のように，放物線 $y=x^2$ 上に2点A，Cがあり，点A，Cの x 座標はそれぞれ3，-1 である。また，放物線 $y=ax^2$ 上に点Bがある。四角形OABCが平行四辺形になるとき，次の問いに答えなさい。

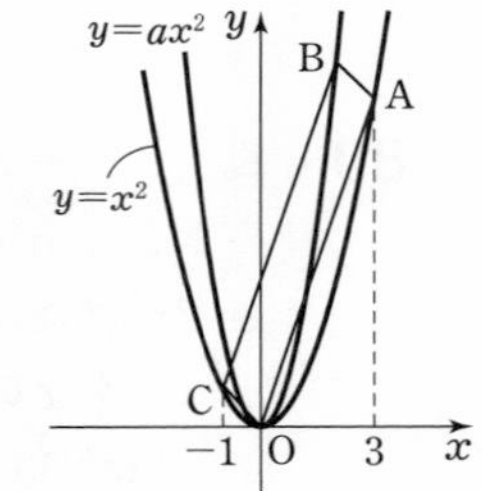

(1)　2点A，Cを通る直線の式を求めなさい。

(2)　定数 a の値を求めなさい。

(3)　四角形OABCの面積を求めなさい。 ➔ 82

□**93** 右の図のように，2つの放物線 $y=\frac{1}{3}x^2$，$y=-3x^2$ がある。2点A，Bは放物線 $y=\frac{1}{3}x^2$ 上にあり，2点C，Dは放物線 $y=-3x^2$ 上にある。また，ABは x 軸に平行で，点Aの x 座標は正であるものとする。四角形ABCDが正方形となるとき，点Aの座標を求めなさい。

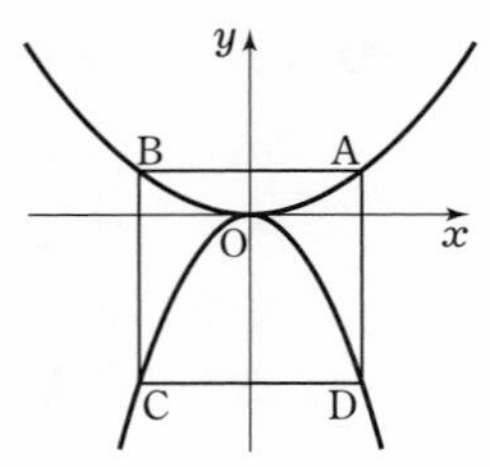

□**94** 右の図のように，放物線 $y=ax^2$ のグラフ上で，x 座標が2の点をA，-4 の点をBとする。また，△OABの面積を6とする。
ただし，$a>0$ とする。
このとき，次の問いに答えなさい。

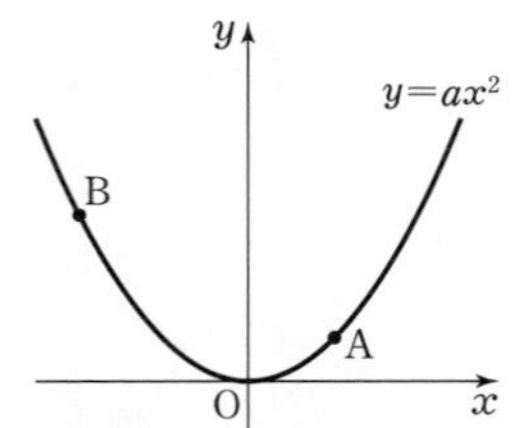

(1)　定数 a の値を求めなさい。

(2)　放物線上にOと異なる点Dをとり，△DABの面積が△OABの面積と等しくなるような点Dの x 座標をすべて求めなさい。

93 点Aの x 座標を a とし，点A，B，Dの座標を a で表す。

94 (1)　△OABの面積が6であることから，a の値を求める。
直線ABと y 軸との交点をCとすると　△OAB＝△OAC＋△OBC

(2)　三角形の面積が等しい。⟶ **等底なら等高**　直線ABと平行な直線と放物線との交点の x 座標を求める。直線ABの両側にあることに注意。

□95 右の図のように，放物線 $y=\frac{1}{2}x^2$ 上に2点A，Bがある。点A，Bの x 座標はそれぞれ -4，2である。

(1) 直線ABの式を求めなさい。

(2) y 軸上に，y 座標が正の点Cをとり，△ABCの面積が△AOBの面積の2倍になるようにする。このとき，点Cの座標を求めなさい。

(3) 放物線上に点Pをとり，△ABPの面積が△OABの面積の2倍になるようにする。このとき，点Pの座標を求めなさい。 ➔ 81

□96 右の図のように，放物線 $y=x^2$ と直線 $y=2x+8$ が2点A，Bで交わっている。また，点Pは放物線 $y=x^2$ 上をAからBまで動く。四角形APBQが平行四辺形となるとき，次の問いに答えなさい。

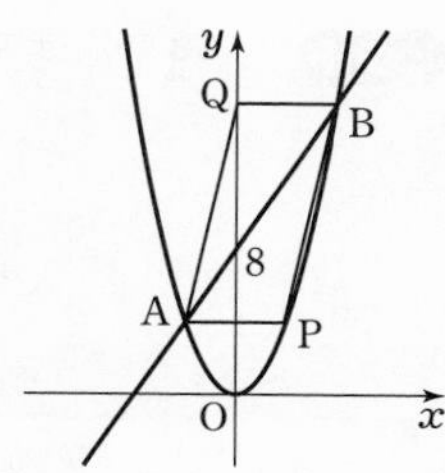

(1) 2点A，Bの座標を求めなさい。

(2) 原点Oと点Pを通る直線が直線 $y=2x+8$ に平行となるとき，点Qの座標を求めなさい。

(3) (2)のとき，▱APBQの面積を求めなさい。また，点$(-9,\ 0)$を通り，その面積を2等分する直線の式を求めなさい。 ➔ 82

□97 右の図のように，放物線 $y=2x^2$ 上に2点A，Bをとる。点A，Bの x 座標はそれぞれ -1，2である。また，y 軸上に点C$(0,\ 10)$をとり，直線ABと y 軸との交点をDとする。

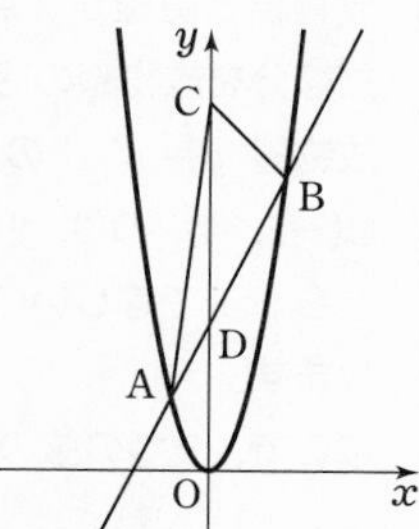

(1) 点Dの座標を求めなさい。

(2) △ABCの面積を求めなさい。

(3) 点Dを通り，△ABCの面積を2等分する直線の式を求めなさい。

(4) △ACDを y 軸の周りに1回転させてできる立体の体積を求めなさい。ただし，円周率は π とする。

95 (3) △ABP＝△ABC となる点Pを求める。

97 (4) できる立体は大きな円錐から小さな円錐を除いたものである。
体積の計算は　大きく作って 余分をけずる

□**98** 右の図のように，2点A，Cは放物線 $y=\frac{1}{2}x^2$ 上，点Bは点 $\left(\frac{1}{2},\ \frac{1}{2}\right)$ を通る放物線 $y=ax^2$ 上の点で，辺ADが x 軸に平行である正方形ABCDがある。ただし，A，B，C，Dの x 座標は正とする。

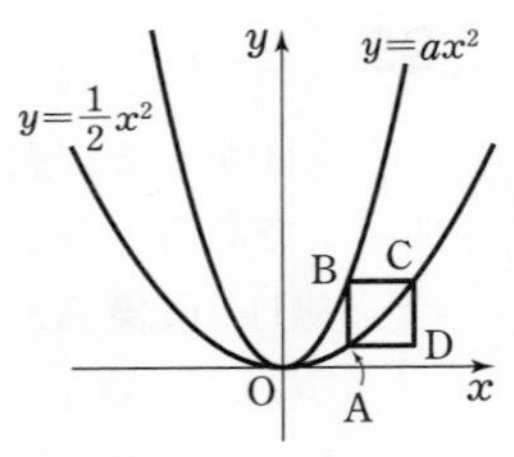

(1) 定数 a の値を求めなさい。

(2) 点Dの x 座標を求めなさい。

(3) 点 $(0,\ 1)$ を通る直線の傾きを m とする。この直線が上の正方形ABCDと共有点をもつとき，m の値の範囲を求めなさい。

98 (3) まず m が最大になる場合と，最小になる場合を調べる。

放物線の平行な弦の中点

放物線と直線が2点で交わるとき，2つの交点を結んだ線分を放物線の **弦** といいます。

放物線 $y=x^2$ 上の4点 $A(-1,\ 1)$，$B(2,\ 4)$，$C(-2,\ 4)$，$D(3,\ 9)$ について，弦AB，CDの傾きはどちらも1で等しいので，2つの弦AB，CDは平行となります。

ここで，2つの弦の中点の座標を求めると，弦ABの中点は $\left(\frac{1}{2},\ \frac{5}{2}\right)$，弦CDの中点は $\left(\frac{1}{2},\ \frac{13}{2}\right)$ であり，中点の x 座標はともに $\frac{1}{2}$ となります。

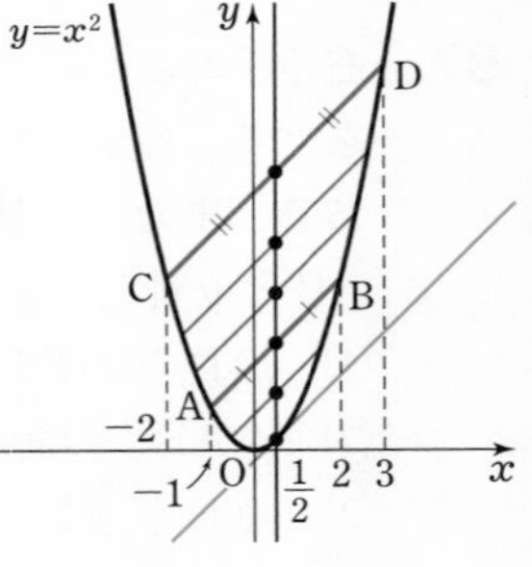

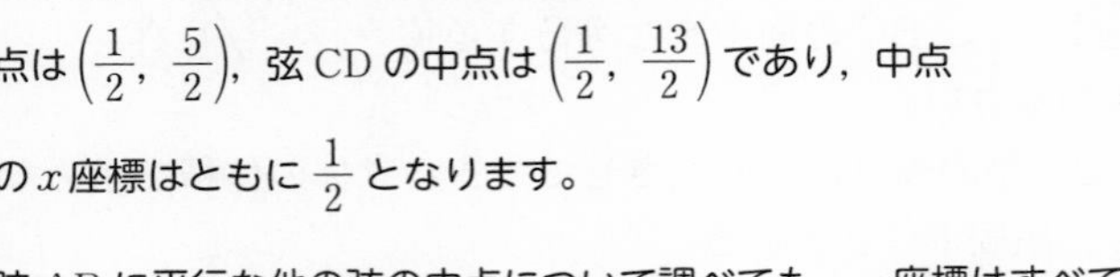

弦ABに平行な他の弦の中点について調べても，x 座標はすべて $\frac{1}{2}$ になります。

したがって，弦ABに平行な直線を下へ移動すると，放物線 $y=x^2$ によって切り取られてできる弦は次第に短くなり，放物線上の1点 $\left(\frac{1}{2},\ \frac{1}{4}\right)$ に近づきます。この点において放物線に接する傾き1の直線が引けます。

5 いろいろな関数

例題 85 いろいろな関数

右の表は，ある鉄道会社の，片道 15 km までの電車運賃を示したものである。たとえば，運賃を計算するときの距離が 3 km より大きく，7 km 以下のとき，運賃は 260 円である。運賃を計算するときの距離を x km，運賃を y 円として，$0<x\leqq 15$ のときの x と y の関係をグラフに表しなさい。

距離 x (km)	～3	～7	～11	～15
運賃 y (円)	220	260	290	330

x の範囲に注意して，定義域をいくつかの部分に分けてグラフをかく。グラフが線の端を含むか含まないかに注意する。

解答

表から，x と y の関係は

$0<x\leqq 3$ のとき　$y=220$

$3<x\leqq 7$ のとき　$y=260$

$7<x\leqq 11$ のとき　$y=290$

$11<x\leqq 15$ のとき　$y=330$

これをグラフに表すと，**右の図** のようになる。 答

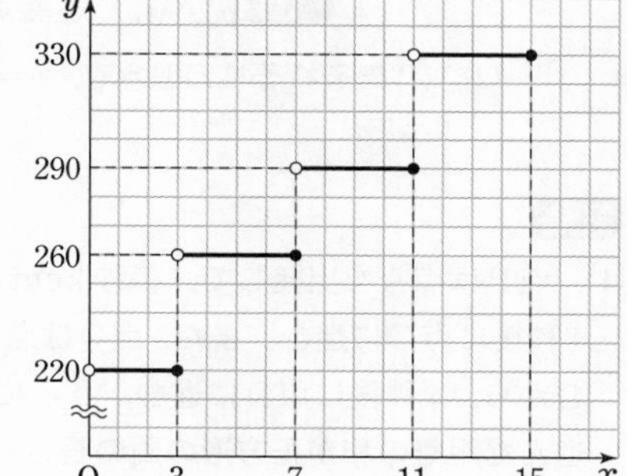

図の中の○はグラフが線の端を含まないことを表し，●はグラフが線の端を含むことを表している。
また，≈はグラフの目もりの途中を省略していることを表す。

練習 85A 下の表は，規格内の定形外郵便物の普通料金を 500 g まで示している。重量を x g，料金を y 円として，x と y の関係をグラフに表しなさい。

重量 x (g)	～50	～100	～150	～250	～500
料金 y (円)	120	140	210	250	390

練習 85B 次の関数のグラフをかきなさい。

(1) $y=\begin{cases} x^2 & (x<2) \\ -x+6 & (2\leqq x) \end{cases}$

(2) $y=\begin{cases} -4 & (x<-2) \\ -x^2 & (-2\leqq x<3) \\ 3x-18 & (3\leqq x) \end{cases}$

例題 86 いろいろな関数（正方形の辺上を動く点）

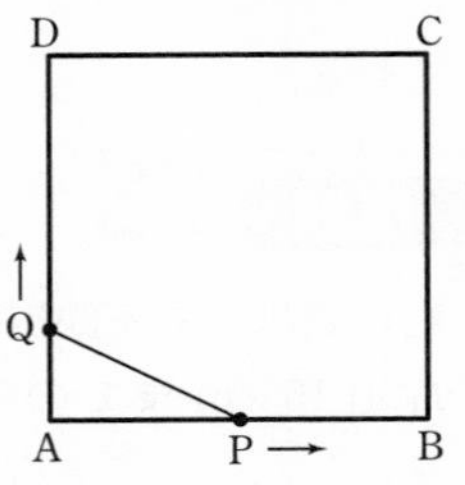

1 辺の長さが 4 cm の正方形 ABCD の辺上を動く 2 点 P，Q がある。点 P は点 A を出発し，毎秒 2 cm の速さで辺上を反時計回りに進む。また，点 Q は点 P と同時に点 A を出発し，毎秒 1 cm の速さで辺上を時計回りに進む。2 点 P，Q が点 A を出発してから x 秒後の △APQ の面積を y cm^2 とする。2 点 P，Q が初めて同じ地点に到達するまで進むものとする。

(1)　y を x の式で表し，そのグラフをかきなさい。

(2)　△APQ の面積が 3 cm^2 になるのは，2 点 P，Q が出発してから何秒後か答えなさい。

考え方　2 点 P，Q が初めて同じ地点に到達するのは，進んだ距離の和が正方形の周の長さと等しくなるときである。このことから，x のとりうる値の範囲が決まる。点 P が辺 AB，BC，CD 上にある場合に分けて，y を x の式で表す。

CHART　定義域で式が異なる関数　場合分け

(2)　(1)のそれぞれの場合で，$y=3$ となる x の値を求める。解の検討を忘れないように。

解答

(1)　点 P は点 A を出発して，毎秒 2cm の速さで反時計回りに進むから，2 秒後に点 B，4 秒後に点 C に進む。また，点 Q は点 A を出発して，毎秒 1 cm の速さで時計回りに進むから，4 秒後に点 D に進む。さらに，2 点 P，Q が初めて同じ地点に到達するとき，進んだ距離の和が正方形の周の長さと等しいから

$2x+x=4\times4$　　よって　$x=\dfrac{16}{3}$ (秒後)　　◀辺 CD 上で出会う。

[1]　点 P が辺 AB 上にあるとき，すなわち $0\leqq x\leqq2$ のとき

$$y=\frac{1}{2}\times\mathrm{AP}\times\mathrm{AQ}=\frac{1}{2}\times2x\times x$$

よって　$y=x^2$

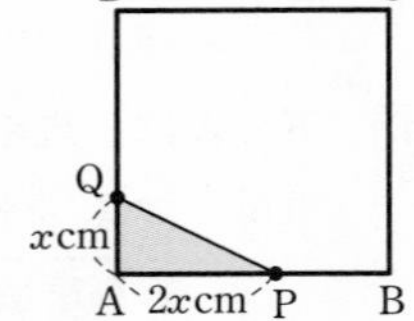

[2]　点 P が辺 BC 上にあるとき，すなわち $2\leqq x\leqq4$ のとき

$$y=\frac{1}{2}\times\mathrm{AQ}\times\mathrm{AB}=\frac{1}{2}\times x\times4$$

よって　$y=2x$

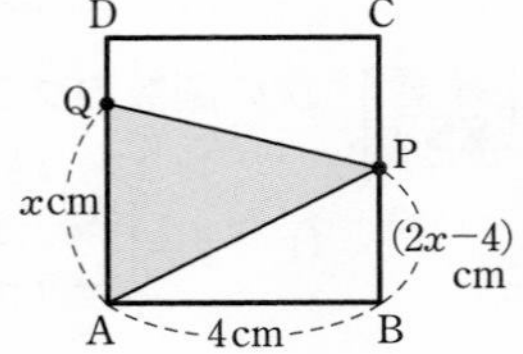

[3]　点P，Qがともに辺CD上にあるとき，

すなわち $4 \leqq x \leqq \frac{16}{3}$ のとき

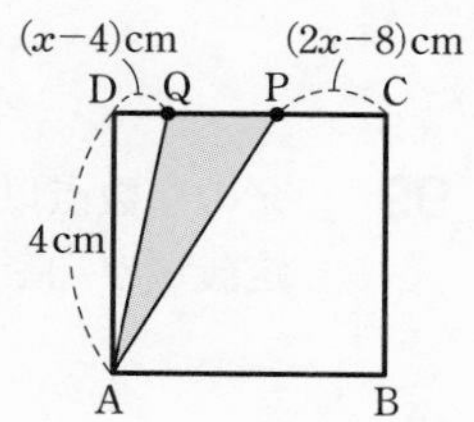

$$y=\frac{1}{2}\times PQ\times AD$$

$$=\frac{1}{2}\times\underline{\{4-(x-4)-(2x-8)\}}\times 4$$

よって　　$y=32-6x$　　　PQ$=4\times4-(x+2x)$ としてもよい。

[1]～[3] から

$$\boldsymbol{y=\begin{cases} x^2 & (0\leqq x\leqq 2) \\ 2x & (2\leqq x\leqq 4) \\ 32-6x & \left(4\leqq x\leqq \frac{16}{3}\right) \end{cases}}$$ 答

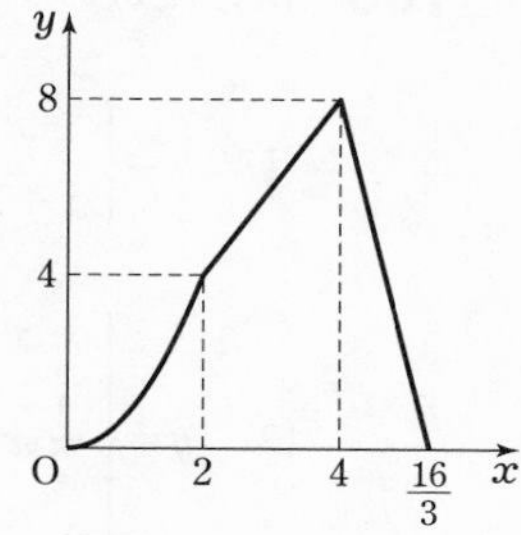

グラフは，**右の図** のようになる。 答

(2)　[1]　$0\leqq x\leqq 2$ のとき，$y=3$ とすると　　$3=x^2$

よって　　$x=\pm\sqrt{3}$

$0\leqq x\leqq 2$ であるから　　$x=\sqrt{3}$

[2]　$2\leqq x\leqq 4$ のとき，(1)のグラフから $y=3$ とならない。

[3]　$4\leqq x\leqq \frac{16}{3}$ のとき，$y=3$ とすると　　$3=32-6x$

よって　　$x=\frac{29}{6}$

$4\leqq x\leqq \frac{16}{3}$ であるから，これは問題に適している。

答　$\boldsymbol{\sqrt{3}}$ **秒後と** $\boldsymbol{\frac{29}{6}}$ **秒後**

練習 86　下の図のように，直角をはさむ 2 辺の長さが 4 cm である直角二等辺三角形を 2 つ合わせた図形 ABCDECA がある。いま，斜辺の長さが 8 cm である直角二等辺三角形 PQR を直線 ℓ にそって，矢印の方向に毎秒 1 cm の速さで動かしていく。点Rが点Bに重なってから x 秒後の △PQR と図形 ABCDECA の重なった部分の面積を y cm² とする。

(1)　y を x の式で表しなさい。

(2)　$y=5$ のとき，x の値を求めなさい。

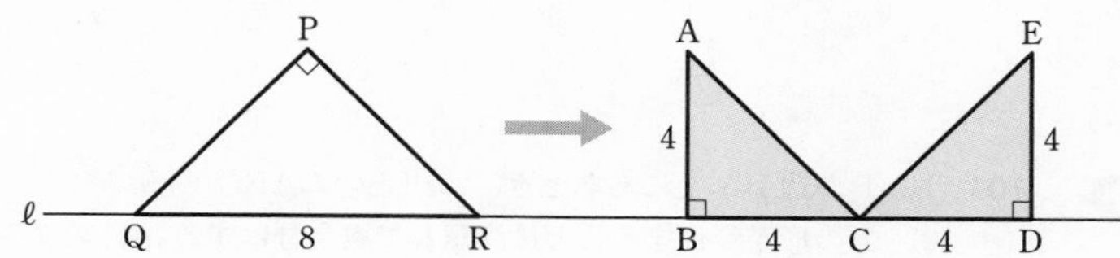

4章 5 いろいろな関数

演習問題

□**99**　x の小数点以下を切り捨てた値を y とするとき，y は x の関数である。定義域が $0 \leqq x < 6$ のとき，この関数のグラフをかきなさい。 ➔ 85

□**100**　次の関数のグラフをかきなさい。

(1) $y=\begin{cases} -x+1 & (x \leqq -1) \\ x+3 & (-1 < x) \end{cases}$

(2) $y=\begin{cases} -\dfrac{1}{3}x^2 & (x<3) \\ -\dfrac{2}{3}x-1 & (3 \leqq x) \end{cases}$

(3) $y=\begin{cases} -x^2 & (x \leqq 0) \\ \dfrac{1}{2}x^2 & (0 < x \leqq 2) \\ 2x-2 & (2<x) \end{cases}$

(4) $y=\begin{cases} x+2 & (x<-1) \\ x^2 & (-1 \leqq x < 2) \\ -\dfrac{1}{2}x+6 & (2 \leqq x) \end{cases}$

□**101**　図 1 のような，$\angle C=90°$，AB＝15 cm，AC＝9 cm，BC＝12 cm の直角三角形 ABC と高さ 3 cm，幅 15 cm の長方形 PQRS とが重なる部分の図形を F とする。BS＝x cm として，次の問いに答えなさい。

図 1

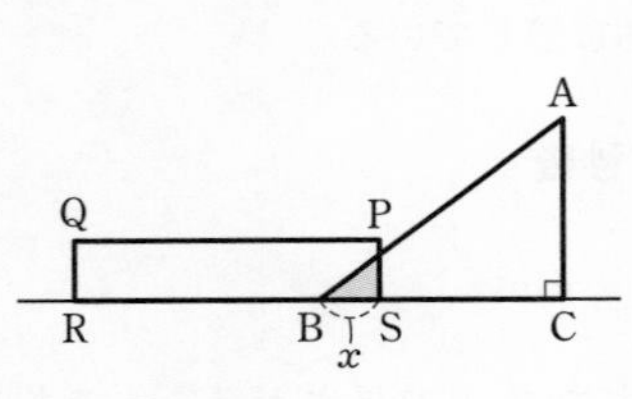

図 2

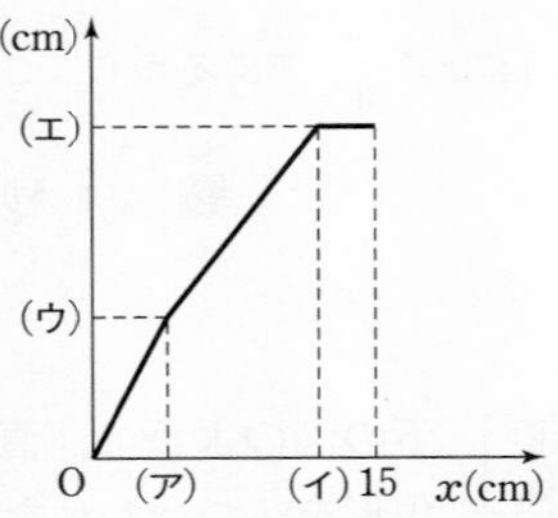

(1)　図形 F の周の長さを ℓ とする。ℓ を x を用いて表すとき，ℓ と x の関係のグラフが図 2 のようになった。(ア), (イ), (ウ), (エ) にあてはまる数値を求めなさい。

(2)　図形 F の面積を S とするとき，S と x の関係をグラフで表しなさい。ただし，$0 \leqq x \leqq 14$ とする。 ➔ 86

ヒント

101 (1)　P が辺 BA 上にあるとき　△PBS∽△ABC

(2)　F の形が変化することに注意して場合分けする。(1) のグラフを利用。

□**102** AB＝BC＝6 cm の直角二等辺三角形がある。いま，動点PはAを出発し，毎秒 3 cm の速さで辺上を，A → B → C の順に進み，Cに到着後停止する。また，動点Qは点Pと同時にBを出発し，毎秒 2 cm の速さで辺上を B → C に向かって進み，Cに到着後停止する。2 点 P，Q が出発して x 秒後の △APQ の面積を y cm^2 とする。

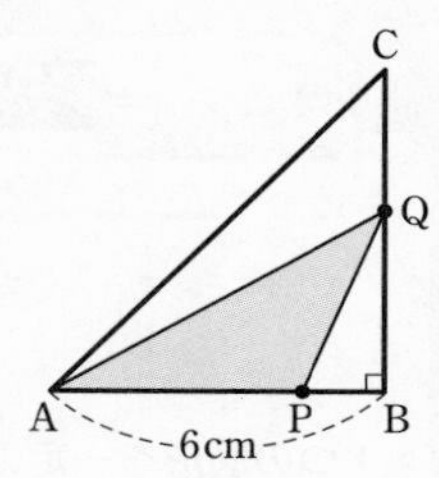

(1) 辺 AC と辺 PQ が平行になるのは，2 点 P，Q が出発してから何秒後か答えなさい。また，そのときの △APQ の面積を求めなさい。

(2) 点Pが出発してから停止するまでの，x と y の関係を表すグラフをかきなさい。

(3) △APQ の面積が △ABC の面積の $\frac{1}{3}$ になるのは，出発してから何秒後か答えなさい。

➔ 86

□**103** 図 1 のような，AB＝16 cm，BC＝a cm（a は定数）で，辺 BC は辺 AB より短い長方形 ABCD がある。点Pは辺 AB 上を毎秒 2 cm の速さで，点Aから点Bまで動き，点Bに到着したあとは動かない。点Qは辺 BC 上を毎秒 3 cm の速さで，点Bから点Cまで動き，点Cに到着したあとは動かない。2 点 P，Q は同時に出発するものとし，出発してから x 秒後の △APQ の面積を y cm^2 とする。ただし，$x=0$ のときは $y=0$ とする。図 2 のグラフは，x と y の関係を表したものである。

図 1

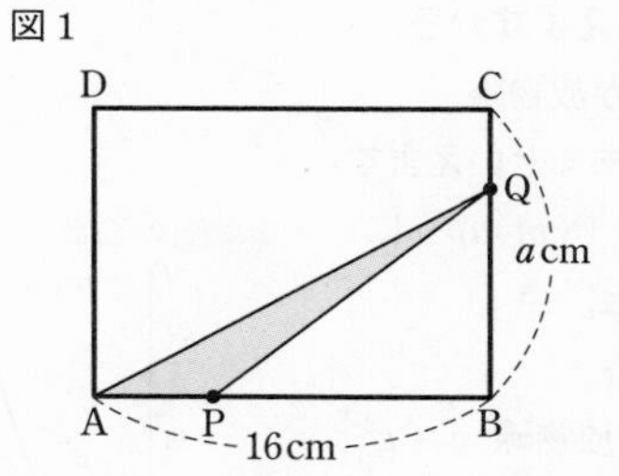

図 2

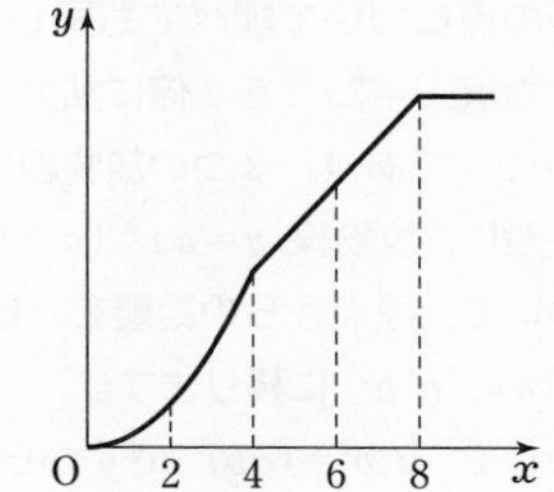

(1) $0 \leqq x \leqq 4$ のとき，y を x の式で表しなさい。

(2) 定数 a の値を求めなさい。

(3) △APQ の面積が 54 cm^2 になるのは，出発してから何秒後か答えなさい。

➔ 86

102 (1) AB＝BC であるから AC∥PQ ⟶ BP＝BQ

103 (2) 4 秒後からグラフが曲線から直線に変わっていることに注目する。

放物線はすべて相似

1つの図形を一定の割合に拡大または縮小して得られる図形は，もとの図形と **相似** であるといいます。たとえば，1辺の長さが1 cm の正方形 A を2倍に拡大した正方形を B とすると，A と B は相似です。しかし，A を縦方向にだけ2倍に拡大した図形 C は，A と相似ではありません。

1cm　1cm　A
2倍に拡大　縦方向にだけ2倍に拡大
2cm　2cm　B
1cm　2cm　C

さて，放物線 $y=2x^2$ は放物線 $y=x^2$ を y 軸方向に2倍に拡大したものでした。正方形の例を考えると，放物線 $y=2x^2$ は，もとの放物線 $y=x^2$ とは相似にならないように思えます。実際はどうなのでしょうか。

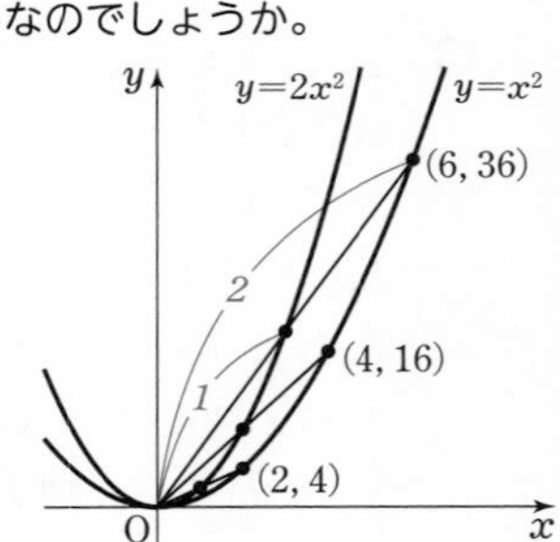

放物線 $y=2x^2$ 上の点

$(1,\ 2),\ (2,\ 8),\ (3,\ 18),\ \cdots\cdots$

について，原点からの距離を2倍にすると

$(2,\ 4),\ (4,\ 16),\ (6,\ 36),\ \cdots\cdots$

となります。これらは

$(2,\ 2^2),\ (4,\ 4^2),\ (6,\ 6^2),\ \cdots\cdots$

であり，放物線 $y=x^2$ 上にあります。
他の点について調べても同じことがいえますから，放物線 $y=2x^2$ を2倍に拡大したものが放物線 $y=x^2$ であり，2つの放物線は相似であるといえます。

$a>1$ の場合

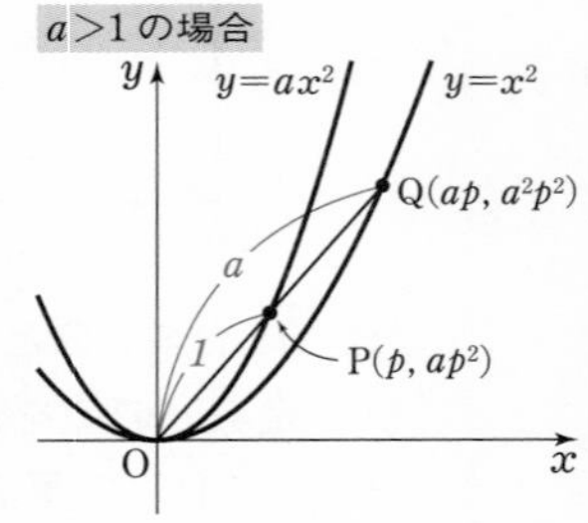

一般に，放物線 $y=ax^2$ $(a>1)$ 上の点 $\mathrm{P}(p,\ ap^2)$ について，原点からの距離を a 倍にすると，点 $\mathrm{Q}(ap,\ a^2p^2)$ に移ります。
そして，$a^2p^2=(ap)^2$ ですから，点Qは放物線 $y=x^2$ 上にあります。
したがって，放物線 $y=ax^2$ を a 倍に拡大したものが放物線 $y=x^2$ ですから，2つの放物線は相似であるといえます。
$0<a<1$ の場合は，放物線 $y=ax^2$ を a 倍に縮小すると，放物線 $y=x^2$ になります。

図形の相似は『チャート式 体系数学2幾何編』第1章で学習する。

第5章 データの活用

この章の学習のポイント

膨(ぼう)大なデータをどのように整理するかは現代の社会や経済において大変重要です。度数分布表・ヒストグラム・度数折れ線・箱ひげ図などのグラフや図，平均値・中央値・四分位数などの有用性や特徴を理解し，正しい比較や分析ができるようにしましょう。

1 データの整理

基本事項

1 度数分布とヒストグラム

(1) **分布**

データを整理するとき，集めた個々のデータがどのような状態に散らばっているかを調べなければならない。この散らばりのようすを **分布** という。

(2) **階級**

データを整理するとき，データをいくつかの等しい幅に分けた区間を **階級** という。
また，区間の幅を **階級の幅**，各階級の中央の値をそれぞれの階級の **階級値** という。

(3) **度数**

各階級に含まれるデータの個数を，その階級の **度数** という。

(4) **度数分布表**

調査しようとするデータを，いくつかの階級に分け，各階級の度数を調べて表にしたものを **度数分布表** という。

(5) **ヒストグラム（柱状グラフ）**

度数分布表を柱状のグラフで表したもの。
各長方形の横の長さは階級の幅を表し，高さは各階級の度数を表している。

(6) **度数折れ線**

ヒストグラムの各長方形の上の辺の中点を結んでできる折れ線グラフ。度数折れ線のことを，**度数分布多角形** ともいう。

度数折れ線をつくるときは，ヒストグラムの左右の両端に度数 0 の階級があるものと考える。

通学時間の度数分布表 (1)

階級（分）	度数（人）
10 以上 20 未満	8
20 ～ 30	10
30 ～ 40	13
40 ～ 50	6
50 ～ 60	3
計	40

ヒストグラム

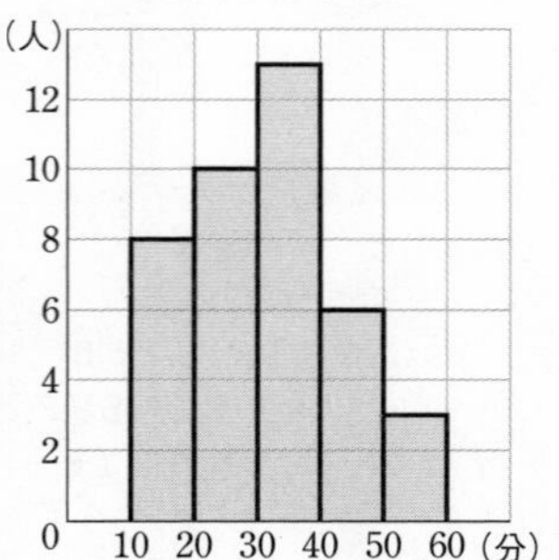

度数折れ線

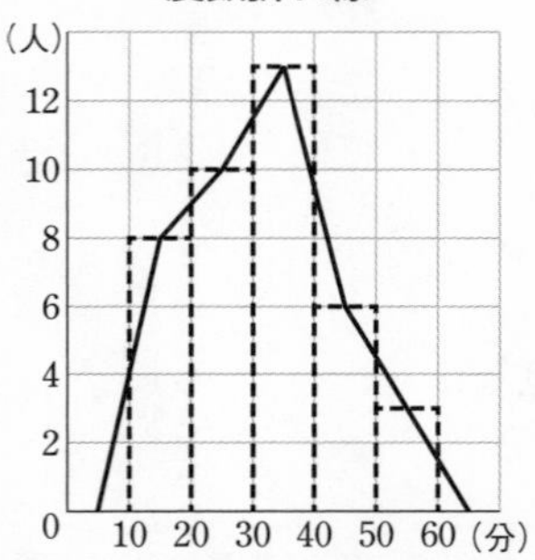

② 相対度数

(1) **相対度数**

度数の合計に対する各階級の度数の割合を，その階級の **相対度数** という。

重要 $(相対度数)=\dfrac{(その階級の度数)}{(度数の合計)}$

度数の合計が異なる複数のデータの分布のようすを比べるには，相対度数が有効である。

通学時間の度数分布表 (2)

階級 (分)	度数 (人)	相対度数
10 以上 20 未満	8	0.20
20 ～ 30	10	0.25
30 ～ 40	13	0.33
40 ～ 50	6	0.15
50 ～ 60	3	0.07
計	40	1.00

相対度数は，四捨五入して適当な桁数にそろえる。そのとき，その総和が 1 にならない場合は，総和が 1 になるように修正する。

(2) **相対度数折れ線**

相対度数の分布表を折れ線グラフで表したものを **相対度数折れ線** という。

③ 累積度数

(1) **累積度数**

度数分布表において，各階級以下または各階級以上の階級の度数をたし合わせたものを **累積度数** という。

(2) **累積度数分布表**

累積度数を表にまとめたものを **累積度数分布表** という。累積度数分布表をヒストグラムの形に表すと，右下の図のようになる。累積度数を折れ線グラフで表すときは，ヒストグラムの各長方形の右上の頂点を結ぶとよい。

通学時間の累積度数分布表

階級 (分)	累積度数 (人)
20 未満	8
30	18
40	31
50	37
60	40

ヒストグラムと折れ線グラフ

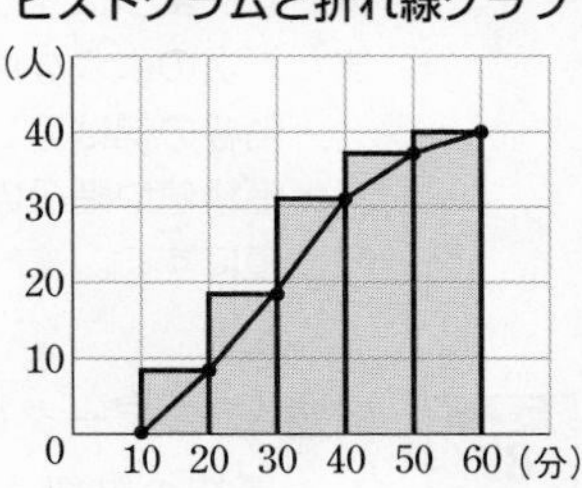

ヒストグラムの左端に度数 0 の階級があるものと考える。また，度数折れ線とかき方が異なることに注意する。

(3) **累積相対度数**

相対度数と同様に累積度数についても，各階級の累積度数の，度数の合計に対する割合を考えることがある。この割合を **累積相対度数** という。

例題 87 データの整理

次のデータは，45 名の生徒に実施したテストの成績である。このデータについて，次の問いに答えなさい。

33 21 35 46 66 56 79 46 27 63 39 54 74 69 67 63
57 51 25 59 51 15 36 43 60 33 45 57 67 68 80 82
47 59 67 40 52 76 44 98 47 50 68 58 37 (単位は 点)

(1) 最初の階級を 10点以上 20 点未満として，どの階級の幅も 10 点である度数分布表をつくりなさい。

(2) (1) の度数分布表で，度数が最も大きい階級の階級値を求めなさい。

データの整理のポイントは，

●CHART もれなく 重複なく 数えること である。

それには，数えた数字を／でチェックしたり，度数分布表の各階級の度数を，正の字を書いて数えたりするとよい。全部数え終わったら，度数を合計し，データの個数と等しくなることを確認する。また，階級の境界にあたる数値に注意する。たとえば，40 以上 50 未満の階級には，40 は含まれるが 50 は含まれない。

以上，以下は
その数を含み，
未満，より大きい，
より小さいは
その数を含まないよ。

解答

(1) 度数分布表は **右の表** のようになる。 答

(2) 度数が最も大きい階級は

50 点以上 60 点未満の階級であるから，その階級値は

$\frac{50+60}{2}=\mathbf{55}$ **(点)** 答

階級 (点)	度数 (人)
10 以上 20 未満	1
20 ～ 30	3
30 ～ 40	6
40 ～ 50	8
50 ～ 60	11
60 ～ 70	10
70 ～ 80	3
80 ～ 90	2
90 ～ 100	1
計	45

度数分布表の階級の幅は，データの傾向がつかみやすいようにすることが大切である。
また，次のような点にも気を配るようにしよう。

- 階級の幅は等しくとるようにする。
- 階級値や階級の幅は，5 や 10 などの簡単な値にする。

練習 87 例題 87 のデータについて，次の問いに答えなさい。

(1) 最初の階級を 0 点以上 20 点未満として，どの階級の幅も 20 点である度数分布表をつくりなさい。

(2) (1) の度数分布表で，度数が最も大きい階級の階級値を求めなさい。

例題 88 度数分布のグラフ

例題 87 でつくった度数分布表から

(1) ヒストグラムをつくりなさい。　(2) 度数折れ線をつくりなさい。

考え方

(1) ヒストグラムをつくるときは，度数分布表の各階級の境界の値を横軸にとり，各階級の度数を縦軸にとる。

重要　ヒストグラムの横軸の目もりは　階級の境界の数値

(2) 階級の中央の値（階級値）と度数を組にした点 (5, 0), (15, 1), (25, 3), (35, 6), (45, 8), (55, 11), (65, 10), (75, 3), (85, 2), (95, 1) をとり，最終は (105, 0) と考えて，これらの点を折れ線で結ぶ。

解答

(1) **下の図** 答

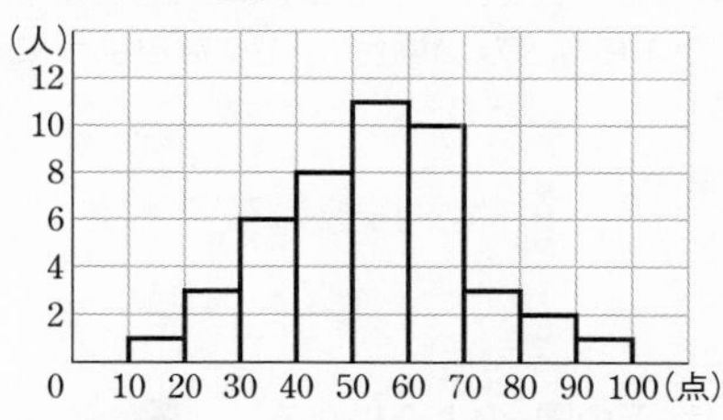

(2) **下の図** 答

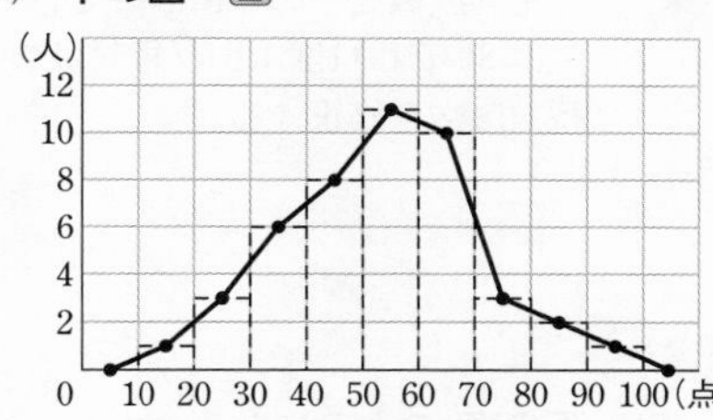

▲ヒストグラムから，度数折れ線をつくるときは，両端にもう1つずつ階級を考え，その階級値を示す点に折れ線をのばす。

解説

データを1つずつ並べてみても全体のようすをつかむことは難しいが，度数分布表にまとめてみると全体像がはっきりする。さらに，これをヒストグラムや度数折れ線に表すと視覚的にはっきりする。

練習 88　右の表は，J中学校の2年生男子50人の身長測定結果について，Aらんにはある年のもの，Bらんにはその5年前のものを整理した度数分布表である。次の度数分布のグラフをつくりなさい。

(1) A，Bそれぞれのヒストグラム

(2) A，Bそれぞれの度数折れ線

階級 (cm)	度数（人） A	度数（人） B
140.0 以上 145.0 未満	0	3
145.0 ～ 150.0	2	5
150.0 ～ 155.0	4	11
155.0 ～ 160.0	9	15
160.0 ～ 165.0	17	9
165.0 ～ 170.0	10	4
170.0 ～ 175.0	5	2
175.0 ～ 180.0	3	1
計	50	50

例題 89 相対度数とその利用

右の表は，F 中学校の 2 年生と 3 年生の 1 週間の読書時間の度数分布表である。

(1) 各階級の相対度数を求め，1 つの表にまとめなさい。また，相対度数折れ線をかきなさい。ただし，相対度数は小数第 3 位を四捨五入して，小数第 2 位まで求めなさい。

(2) 読書時間が長い人はどちらの学年に多いといえるか答えなさい。

階級（時間）	度数（人）	
	2 年生	3 年生
0 以上 2 未満	7	9
2 ～ 4	12	14
4 ～ 6	20	22
6 ～ 8	27	17
8 ～ 10	10	9
10 ～ 12	9	7
12 ～ 14	5	2
計	90	80

(1) 相対度数を求めるには，それぞれの階級の人数を，2 年生は 90 でわり，3 年生は 80 でわればよい。相対度数の総和が 1 にならない場合は，1 になるように相対度数を修正する。

重要 $(\text{相対度数})=\dfrac{(\text{その階級の度数})}{(\text{度数の合計})}$ $(\text{相対度数の和})=1.00$

解答

(1) 表は **下の表** のようになる。また，折れ線は **下の図** のようになる。 答

階級（時間）	相対度数	
	2 年生	3 年生
0 以上 2 未満	0.08	0.11
2 ～ 4	0.13	0.18
4 ～ 6	0.22	0.28
6 ～ 8	0.30	0.21
8 ～ 10	0.11	0.11
10 ～ 12	0.10	0.09
12 ～ 14	0.06	0.02
計	1.00	1.00

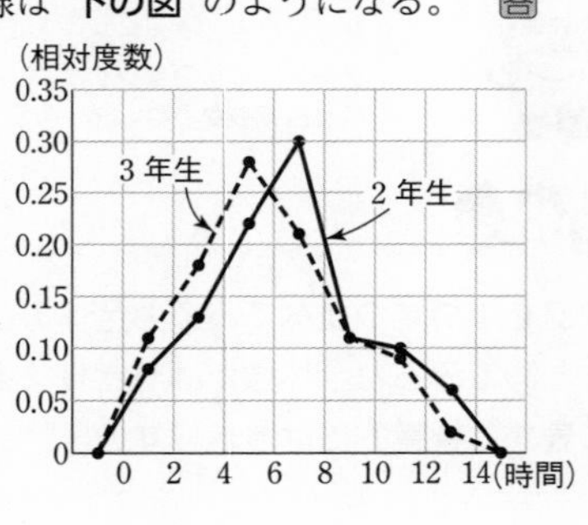

▲0.3，0.1 は桁数をそろえるため，0.30，0.10 と書く。

(2) (1) から，**2 年生** に多いといえる。 答

参考 相対度数の分布表は，度数の異なる 2 種類以上の資料を比べるのに有効である。

練習 89 練習 87 でつくった度数分布表について，相対度数の分布表をつくりなさい。ただし，相対度数は小数第 3 位を四捨五入して，小数第 2 位まで求めなさい。

例題 90　ヒストグラムから読みとる

右の図は，ある男子クラスのハンドボール投げの記録をヒストグラムに表したものである。

(1)　累積度数分布表をつくりなさい。

(2)　記録の高い方から数えて 16 番目の記録が含まれる階級とその人数を求めなさい。

(3)　記録が 21 m 未満の人数は全体の何％か答えなさい。

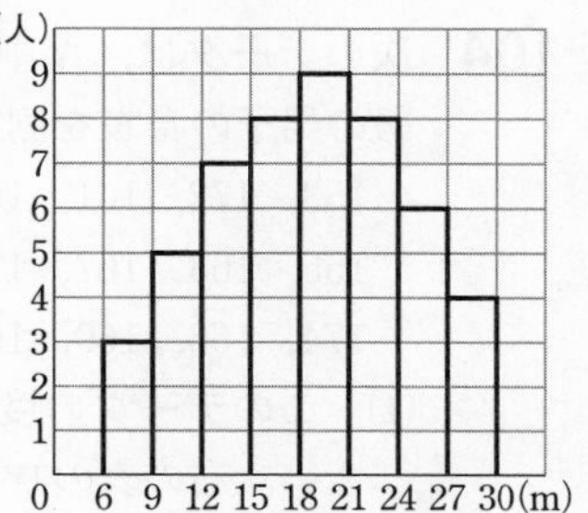

(1)　各階級はヒストグラムに合わせてつくり，それぞれ階級の度数を読む。各階級までの合計を計算し，表にしていく。

(2)　低い方から数えて何番目の記録なのか考える。

(3)　21 m 未満の階級の累積度数を用いて，全体に対する割合を考える。

解答

(1)　各階級の人数は

3，5，7，8，9，8，6，4（人）

であるから，累積度数分布表は

右の表 のようになる。 答

階級（m）	累積度数（人）
9 未満	3
12	8
15	15
18	23
21	32
24	40
27	46
30	50

◀累積度数は，はじめの階級からその階級までの度数を加えたもので，たとえば記録が 18 m 未満の累積度数は，
$3+5+7+8=23$

(2)　全体の人数は 50 人であるから，高い方から数えて 16 番目の記録は，低い方から数えて

$50-16+1=35$（番目）

になる。よって，この記録が含まれる階級は **21 m 以上 24 m 未満** で，その人数は **8 人**。 答

◀ヒストグラムからわかる。

(3)　記録が 21 m 未満の人数は　　32 人

したがって，全体の 50 人に対する百分率は　　$32\div50\times100=64$　　答　**64％**

練習 90　右の図は，あるグループの試験の成績のヒストグラムである。

(1)　累積度数分布表をつくりなさい。

(2)　点数の高い方から数えて 20 番目の点数が含まれる階級とその人数を求めなさい。

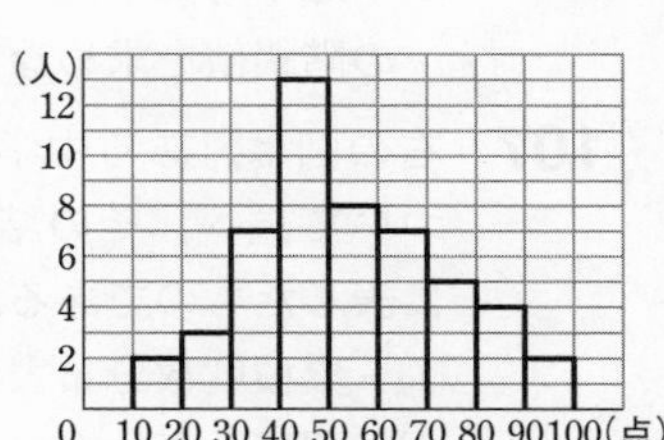

(3)　40 点未満の人数は全体の何％か答えなさい。ただし，百分率で表した数の小数第 2 位を四捨五入して求めなさい。

演習問題

□**104** 次のデータは，A 中学校 3 年のある学級の男子の身長を測定した結果である。

153，172，161，163，167，152，162，155，163，167，170，158，162，164，174，166，169，168，156，161

階級 (cm)	度数 (人)
150 以上 155 未満	(ア)
155 ～ 160	(イ)
160 ～ 165	(ウ)
165 ～ 170	(エ)
170 ～ 175	(オ)
計	20

(1) このデータの度数分布表をつくりたい。右の表の (ア)～(オ) を求めなさい。

(2) 160 cm 以上 165 cm 未満の階級の人数は，全体の何％か答えなさい。

➔ 87, 90

□**105** 右の図は，ある中学校の 2 年男子 40 人のハンドボール投げの記録をヒストグラムに表したものであるが，25～28 と 28～31 の階級については記入されていない。

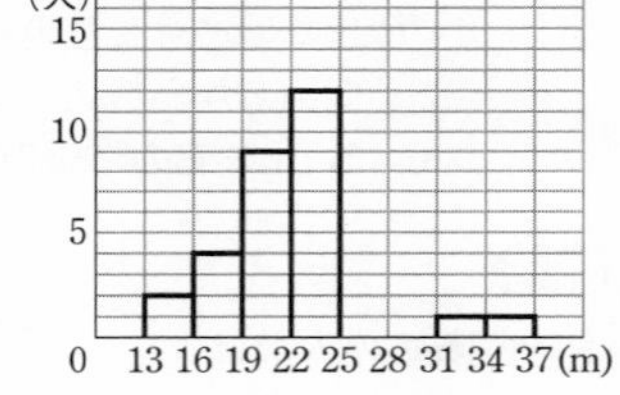

(1) 16～19 の階級と 25～28 の階級の度数の比は 1：2 である。右のヒストグラムを完成させなさい。

(2) (1) のヒストグラムの図に度数折れ線をかき加えなさい。

(3) 22～25 の階級の相対度数を求めなさい。

➔ 88, 89

□**106** 右の表は，ある中学校の 3 年生 80 人の通学時間について調べた結果を，相対度数で表したものである。

階級 (分)	相対度数
0 以上 10 未満	0.20
10 ～ 20	0.35
20 ～ 30	0.30
30 ～ 40	0.10
40 ～ 50	0.05
計	1.00

(1) 通学時間が 20 分以上 30 分未満の生徒の人数を求めなさい。

(2) 通学時間が 30 分以上の生徒の人数は，全体の人数の何％か答えなさい。

(3) 通学時間の短い方から数えて，40 番目の通学時間が含まれる階級の階級値を求めなさい。

➔ 89, 90

□**107** 右の図は，ある中学校の生徒の握力について調べ，その結果をヒストグラムに表したものである。

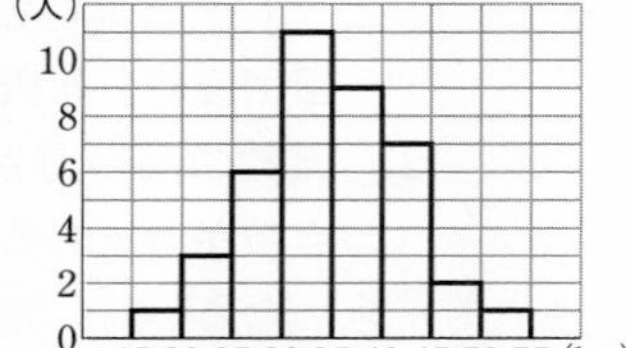

(1) 累積度数分布表をつくりなさい。

(2) 記録の高い方から 12 番目が含まれる階級とその人数を求めなさい。

(3) 40 kg 未満の生徒は全体の何％か答えなさい。

➔ 90

2 データの代表値

基本事項

1 代表値

いくつかの値が集まったデータがあるとき，そのデータ全体の特徴を表す数値をデータの **代表値** という。

(1) **平均値**

[1] **データの値から求める平均値**

n 個の値が集まったデータがあるとき，n 個の値の合計を個数 n でわった値を，このデータの **平均値** という。

$$(\text{平均値})=\frac{(\text{データの値の合計})}{(\text{データの個数})}$$

◀平均値は，代表値としてよく用いられる。

[2] **度数分布表を利用した平均値**

データが度数分布表にまとめられていて，個々のデータの値がわからないとき，ある階級に含まれるデータはすべてその階級の階級値をとるものと考えて，平均値を求める。

$$(\text{平均値})=\frac{\{(\text{階級値})\times(\text{度数})\}\text{ の合計}}{(\text{度数の合計})}$$

参考 データの値から求める平均値と，度数分布表を利用した平均値は一致するとは限らないが，一致しない場合でもその差は大きくない。

(2) **中央値（メジアン）**

データを大きさの順に並べたとき，その中央の順位にくる値を **中央値** または **メジアン** という。ただし，データの個数が偶数のとき，中央に 2 つの値が並ぶから，その 2 つの値の平均値を中央値とする。

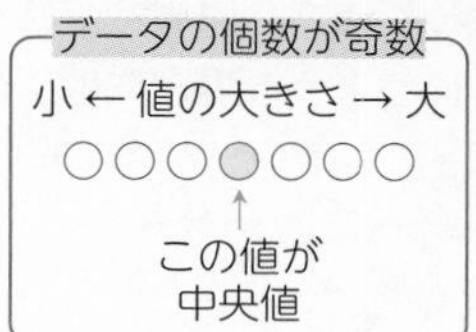

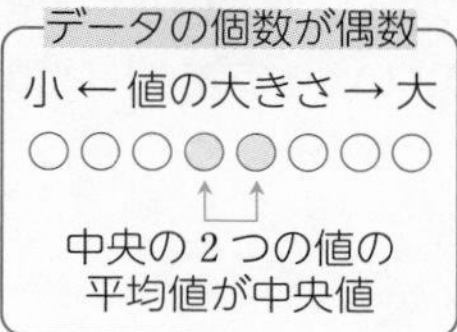

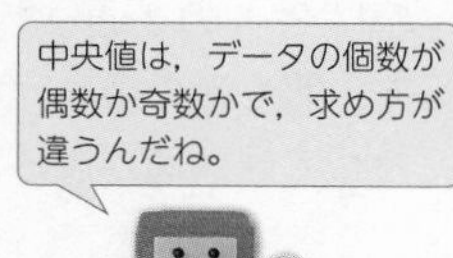

(3) **最頻値（モード）**

データにおいて，最も個数の多い値を，そのデータの **最頻値** または **モード** という。データが度数分布表に整理されているときは，度数が最も大きい階級の階級値を最頻値とする。

例題 91 平均値・最頻値（モード）

右のデータは，ある中学校の生徒 20 人が，バスケットボールのフリースローを行ったときのボールの入った回数を記録したものである。このデータについて，平均値，最頻値を求めなさい。

3	4	3	8	4
6	5	5	2	2
4	3	4	4	7
3	2	3	2	4

回数のとる値は，2，3，4，5，6，7，8 の 7 通り。平均値は，これらのままの数値で度数分布表をつくってから求める。

重要 $(平均値)=\dfrac{(データの値の合計)}{(データの個数)}=\dfrac{\{(階級値)\times(度数)\}の合計}{(度数の合計)}$

最頻値は，度数分布表に整理したとき，度数が最も大きい階級の階級値。

解答

ボールの入った回数の度数分布表は，右の表のようになる。

階級値（回）	度数（人）
2	4
3	5
4	6
5	2
6	1
7	1
8	1
計	20

このとき，平均値は

$$\frac{2\times4+3\times5+4\times6+5\times2+6\times1+7\times1+8\times1}{20}=\frac{78}{20}=3.9\ (回)$$

答 **3.9 回**

また，最頻値は度数が最も大きい階級の階級値で 4 回である。

答 **4 回**

注意　最頻値を 6 人と答えるミスが多い。最頻値は度数が最も大きい階級の階級値であり，度数ではないことに注意する。

解説

最頻値は 1 通りに定まらないこともある。たとえば，データ 1，2，2，3，3 の最頻値は 2，3 の 2 通りある。そのため，最頻値が代表値として適さない場合がある。一方，服や靴の最も売れ行きのよいサイズを知りたいというような場合には，代表値として最頻値が適していることが多い。

練習 91　右の表は，生徒数 30 人の学級で行ったテストの得点（50 点満点）の度数分布表である。

階級値（点）	50	40	30	20	10
度数（人）	5	9	12	3	1

この 30 人の生徒の得点の平均値，最頻値を求めなさい。ただし，平均値は小数第 2 位を四捨五入して小数第 1 位までを求めなさい。

例題 92　中央値（メジアン）

次のデータ ① は，生徒 9 人の身長を調べた結果である。

①：172，155，187，169，163，150，167，159，177 （cm）

(1) データ ① の中央値を求めなさい。

(2) データ ① に身長 160 cm の生徒 1 人分の値が加わったデータを ② とするとき，データ ② の中央値を求めなさい。

データの値を大きさの順（小 ⟶ 大の順）に並べ替えて，中央の順位にくる値を中央値とする。
このとき，次のように，データの個数が奇数か偶数かに分けて考える。

(1) データの個数は 9 個で奇数 ⟶ 小さい方から 5 番目の値が中央値

(2) データの個数は 10 個で偶数 ⟶ 小さい方から 5 番目と 6 番目の値の平均値が中央値

解答

(1) データ ① を値の大きさの順に並べると

150，155，159，163，167，169，172，177，187　◀小さい方から 5 番目の値。

よって，データ ① の中央値は　**167 cm**　答

(2) データ ② を値の大きさの順に並べると

150，155，159，160，163，167，169，172，177，187　◀小さい方から 5 番目と 6 番目の値の平均値。

よって，データ ② の中央値は　$\frac{163+167}{2}=$**165 (cm)**　答

解説

データの中に極端に飛び離れた値（これを **外れ値**（はずれち）という。*p*.159 参照）があると，平均値はその影響を大きく受けるが，中央値は直接その影響を受けない。よって，データの中に外れ値があるときは，代表値としては平均値よりも中央値の方が有効であるといえる。たとえば，ある 5 つの市の人口のデータ 10 万，24 万，26 万，40 万，370 万（人）については，平均値 94 万人よりも中央値 26 万人の方が，このデータの代表値として適切であると考えられる。

練習 92　次のデータ ① は，生徒 7 人のある日曜日の睡眠時間である。

①：410，360，440，420，390，450，400 （分）

(1) データ ① の中央値を求めなさい。

(2) データ ① に，次の 3 人分の睡眠時間の値を加えたデータを ② とするとき，データ ② の中央値を求めなさい。

420，360，430 （分）

例題 93 度数分布表から平均値を求める

右の表は，あるクラスの生徒の通学時間を度数分布表にまとめたものである。この表において，次のものを求めなさい。

(1) 表の ① の値

(2) 平均値

(3) 最頻値

階級 (分)	度数 (人)
10 以上 20 未満	8
20 ～ 30	10
30 ～ 40	13
40 ～ 50	①
50 ～ 60	3
計	40

(2) 度数分布表から平均値を求めるときは，各階級に入るデータはすべて階級値をとるものと考える。

重要 $(平均値)=\dfrac{\{(階級値)\times(度数)\}\text{ の合計}}{(度数の合計)}$

解答

(1) $40-(8+10+13+3)=6$

答 **6**

(2) $\dfrac{15\times8+25\times10+35\times13+45\times6+55\times3}{40}$

$=\dfrac{1260}{40}=31.5$

答 **31.5 分**

(3) 度数が最大である階級値は 35 分 である。

答 **35 分**　◀最大の度数は 13 (人)

階級 (分)	階級値 (分)	度数 (人)
10 以上 20 未満	15	8
20 ～ 30	25	10
30 ～ 40	35	13
40 ～ 50	45	6
50 ～ 60	55	3
計		40

練習 93 右の表は，あるクラスの生徒の 1 日の家庭での学習時間を度数分布表にまとめたものである。この表において，次のものを求めなさい。

(1) 平均値

(2) 最頻値

階級 (分)	度数 (人)
0 以上 30 未満	3
30 ～ 60	5
60 ～ 90	11
90 ～ 120	15
120 ～ 150	4
150 ～ 180	2
計	40

例題 94 仮の平均の利用

右の表は，中学 2 年生 30 人のある日の学習時間の度数分布表である。仮の平均を 70 分として学習時間の平均値を求めなさい。

階級(分)	度数(人)
0 以上 20 未満	1
20 ～ 40	2
40 ～ 60	4
60 ～ 80	6
80 ～ 100	8
100 ～ 120	6
120 ～ 140	3
計	30

度数分布表から平均値を求めるには，

$$(\text{平均値})=\frac{\{(\text{階級値})\times(\text{度数})\}\text{の合計}}{(\text{度数の合計})}$$

を利用すればよいが，ここでは仮の平均を利用して，次の手順で平均値を求めてみよう。

階級値が大きいときの平均値の計算は仮の平均の利用が有効

仮の平均を利用する平均値の求め方 (度数分布表から)

① 階級値で，平均値に近そうなものを **仮の平均** とする。
② (階級値)−(仮の平均) を計算する。
③ ②×(度数) を，それぞれ計算し合計を求める。
④ $(\text{平均値})=(\text{仮の平均})+\frac{(③\text{で求めた合計})}{(\text{度数の合計})}$

◀本問では，70 分とするように指定されている。

解答

右の表から，求める平均値は

$$70+\frac{1}{30}\{(-60)\times1+(-40)\times2+(-20)\times4+0\times6+20\times8+40\times6+60\times3\}$$

$$=70+\frac{360}{30}=82$$

答 **82 分**

階級(分)	階級値(分)	(階級値)−(仮の平均)	度数(人)
0 以上 20 未満	10	−60	1
20 ～ 40	30	−40	2
40 ～ 60	50	−20	4
60 ～ 80	70	0	6
80 ～ 100	90	20	8
100 ～ 120	110	40	6
120 ～ 140	130	60	3
計			30

練習 94 次の表は，6 人の生徒 A，B，C，D，E，F のボール投げの記録から 20 m をひいた差を表したものである。このとき，6 人のボール投げの記録の平均値と中央値を求めなさい。

生徒	A	B	C	D	E	F
(ボール投げの記録)−20 (m)	+6	−2	+9	0	−4	+3

例題 95　データの修正による代表値の変化

右のヒストグラムは，あるクラスの生徒が読書週間に読んだ本について調べたものである。

(1)　読んだ冊数の平均値と中央値を求めなさい。

(2)　集計に誤りがあり，6 冊と集計した生徒の 1 人は正しくは 5 冊であり，3 冊と集計した生徒の 1 人は正しくは 4 冊であった。修正後のデータの平均値と中央値は修正前に比べて，「大きくなる」「変わらない」「小さくなる」のいずれになるか答えなさい。

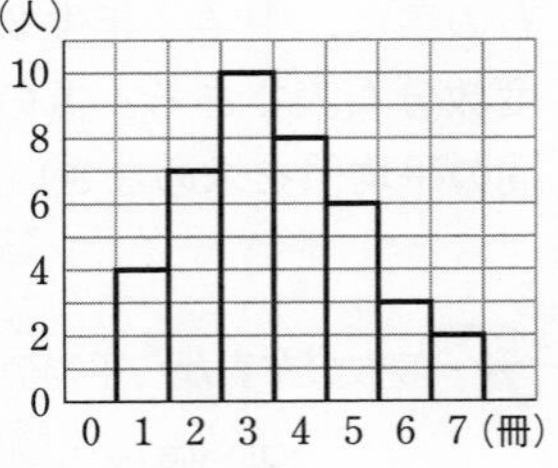

(2)　修正前と修正後で，データの個数 (人数) は変わらない。

修正後の平均値を求めるより　**(平均値)** $=\dfrac{\textbf{(データの値の合計)}}{\textbf{(データの個数)}}$　であるから，

修正前と修正後でデータの値の合計がどう変化するかに注目する。

中央値については，データの個数が 40 であるから，修正前と修正後それぞれで，値を大きさの順に並べたときの，20 番目と 21 番目の値の変化に注目する。

(1)　読んだ冊数と人数をまとめると，右の表のようになる。

冊数 (冊)	1	2	3	4	5	6	7	計
人数 (人)	4	7	10	8	6	3	2	40

よって，平均値は

$$\frac{1\times4+2\times7+3\times10+4\times8+5\times6+6\times3+7\times2}{40}=\frac{142}{40}=\mathbf{3.55}\ \textbf{(冊)}$$ 答

データの個数は 40 で，その中央値は 20 番目と 21 番目の値の平均値である。

この 2 人の冊数はともに 3 冊であるから，中央値は　$\dfrac{3+3}{2}=\mathbf{3}$ **(冊)** 答

(2)　$5-6=-1$，$4-3=1$ で　$-1+1=0$　　よって，修正後もデータの値の合計は変わらないから，修正後の **平均値は** 修正前と **変わらない。** 答

また，修正後は 21 番目の生徒の冊数が 3 冊から 4 冊に変わるから，修正後の **中央値は** 修正前より **大きくなる。** 答

◀ $\dfrac{3+4}{2}=3.5$ (冊)

練習 95　次のデータは，ある遊園地の迷路に挑戦した 8 人の生徒について，何分で抜け出すことができたかを調べたものである。

7，16，11，8，12，15，10，9　(分)

(1)　このデータの平均値を求めなさい。

(2)　記録にミスがあり，正しくは 16 分が 15 分，11 分が 8 分，9 分が 13 分であった。修正後のデータの平均値と中央値は修正前から「大きくなる」「変わらない」「小さくなる」のいずれになるか答えなさい。

演習問題

□**108** 右のヒストグラムは，ある学校の生徒 25 人について，この 1 週間における路線バスの利用日数を調査した結果である。このヒストグラムにおいて，次のものを求めなさい。

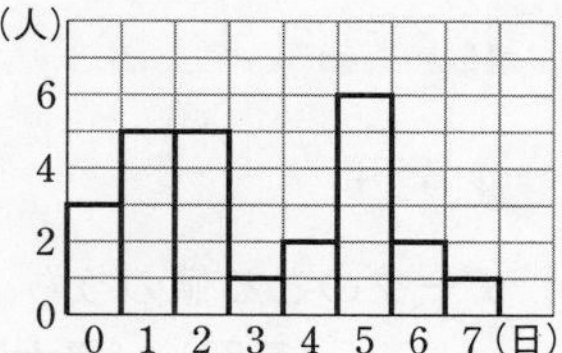

(1) 最頻値，中央値

(2) 平均値 ➔ 91, 92

□**109** 次のデータは，5 人の生徒の試験の結果である。

75, 85, 77, 71, 78 （単位は 点）

(1) 中央値と平均値を求めなさい。

(2) 5 個のデータの値のうち 1 個が誤りであることがわかった。正しい値にもとづく中央値と平均値は，それぞれ 75 点と 76.8 点であるという。誤っている値を選び，正しい値を求めなさい。 ➔ 95

□**110** 30 人のクラスで 10 点満点のテストを行い，その結果は次の表の通りである。

得点（点）	0	1	2	3	4	5	6	7	8	9	10	計
人数（人）	0	0	2	4	5	a	b	2	3	4	3	30

(1) $a+b$ の値を求めなさい。

(2) 得点の平均値が 6 点のとき，a，b の値を求めなさい。

(3) 得点の中央値が 5.5 点のとき，a，b の値を求めなさい。

(4) 得点の中央値が 6 点のとき，a，b の値を求めなさい。

(5) 得点の最頻値が 6 点のみのとき，a，b の値を求めなさい。

□**111** 次のデータは，ある店舗で 1 日あたりに売れた缶コーヒーの本数である。ただし，a の値は 0 以上の整数である。

103, 96, 85, 91, 83, 111, 99, 105, 94, a （単位は 本）

(1) 1 日あたりの本数の平均値が 97 本のとき，a の値を求めなさい。

(2) a の値がわからないとき，1 日あたりの本数の中央値として何通りの値が考えられるか答えなさい。

□**112** A，B，C，D，E の 5 人の生徒の身長を測定し，それぞれの身長から 170 cm をひくと，次の表のようになった。5 人の身長の平均値と中央値を求めなさい。 ➔ 94

生徒	A	B	C	D	E
身長−170 (cm)	2.5	−0.7	−5.8	3.1	7.4

3 データの散らばりと四分位範囲

基本事項

1 範囲

データのとる値のうち，最大のものから最小のものをひいた値を **範囲** という。

(範囲)＝(最大値)－(最小値)

範囲はデータの散らばりの程度を表す。

参考　A班の5人のテストの得点が 30，40，50，60，70，B班の5人のテストの得点が 10，30，50，70，90 であるとき，A班とB班の平均は等しいが，得点のばらつきはB班の方が大きい。このばらつきの傾向を示すものが範囲である。

2 四分位数

データを値の大きさの順に並べたとき，4等分する位置にくる値を **四分位数** という。四分位数は，小さい方から順に，**第1四分位数**，**第2四分位数**，**第3四分位数** という。第2四分位数は中央値のことである。

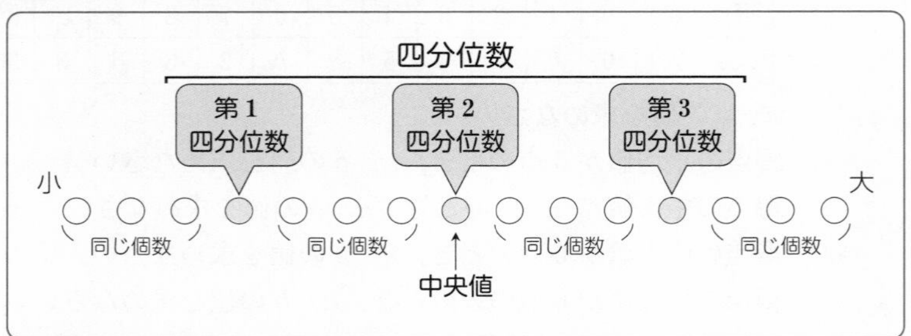

第1四分位数と第3四分位数は，次のように求める。

[1]　値の大きさの順に並べたデータを，個数が同じになるように半分に分ける。ただし，データの個数が奇数のときは，中央値を除いて2つに分ける。

[2]　半分にしたデータのうち，小さい方のデータの中央値が第1四分位数，大きい方のデータの中央値が第3四分位数となる。

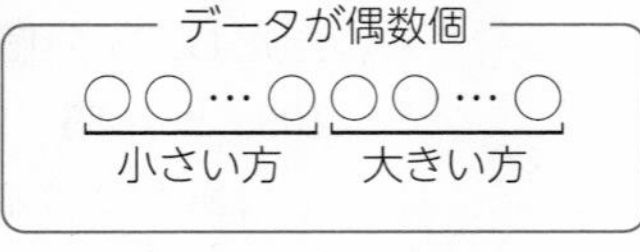

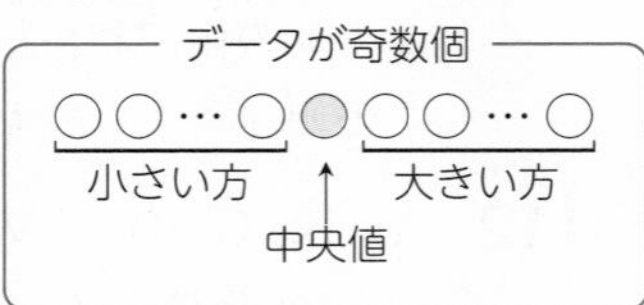

例　データ 2，4，8，11，13，18，22，25，30 について　(第2四分位数)＝13，

(第1四分位数)$=\dfrac{4+8}{2}=6$，(第3四分位数)$=\dfrac{22+25}{2}=23.5$

3 四分位範囲

(1) **四分位範囲**　第 3 四分位数から第 1 四分位数をひいた差を **四分位範囲** という。　**(四分位範囲)＝(第 3 四分位数)−(第 1 四分位数)**

(2) **四分位偏差**　四分位範囲を 2 でわった値を **四分位偏差** という。

$$\textbf{(四分位偏差)}=\frac{\textbf{(四分位範囲)}}{\mathbf{2}}=\frac{\textbf{(第 3 四分位数)}-\textbf{(第 1 四分位数)}}{\mathbf{2}}$$

参考　第 1 四分位数と第 3 四分位数の間の区間には，データ全体のほぼ半分が入っており，データの中に極端に大きな値や小さな値があっても，影響を受けにくい。
一般に，データが中央値付近に集中しているほど，四分位範囲は小さくなり，データの散らばりの程度は小さいといえる。

4 箱ひげ図

データの散らばりのようすを表した次の図を **箱ひげ図** という。箱ひげ図は，データの最小値，第 1 四分位数，中央値 (第 2 四分位数)，第 3 四分位数，最大値を，箱とひげで表している。箱の横の長さは，四分位範囲を表す。

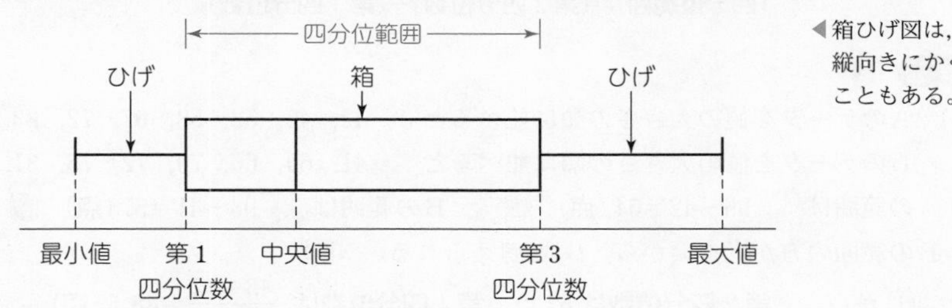

◀箱ひげ図は，縦向きにかくこともある。

箱ひげ図は，次の手順でかくとよい。

[1]　横軸にデータの目もりをとる。

[2]　第 1 四分位数を左端，第 3 四分位数を右端とする長方形 (箱) をかく。

[3]　箱の中に中央値を示す縦線を引く。

[4]　最小値，最大値を表す縦線を引き，箱の左端から最小値までと，箱の右端から最大値まで，線分 (ひげ) を引く。

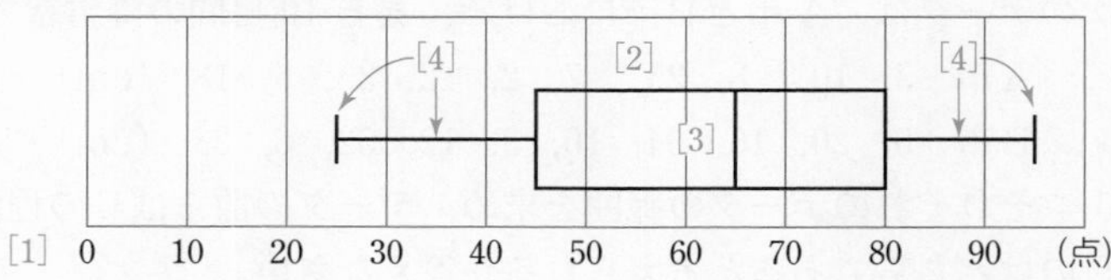

参考　箱ひげ図では，ヒストグラムほどにはデータの散らばりのようすが表現されないが，大まかなようすを知ることはできる。また，ヒストグラムほど複雑な形ではなく，複数のデータについての箱ひげ図を並べてかくことも比較的容易である。
そのため，**箱ひげ図は複数のデータの分布を比較するのに利用されることが多い。**

例題 96 データの散らばり（四分位数と四分位範囲）

次のデータは，A，B 2 人の，ある定期テストにおける各科目の得点である。

A　67，52，89，72，96，45，58，42，83　（点）

B　81，98，41，75，60，82，70，66，72　（点）

(1)　それぞれのデータの範囲を求め，データの散らばりの程度が大きいのはどちらであると考えられるか答えなさい。

(2)　A のデータの第 1 四分位数，第 2 四分位数，第 3 四分位数，四分位範囲を求めなさい。

(3)　四分位範囲から，データの散らばりの程度が大きいのはどちらであると考えられるか答えなさい。

(1)　データの範囲を求めて，比較する。　**(範囲)＝(最大値)−(最小値)**

(2)　まず，データを値の大きさの順に並べ替えてから，第 2 四分位数（中央値），続いて第 1 四分位数，第 3 四分位数の順に求める。

(四分位範囲)＝(第 3 四分位数)−(第 1 四分位数)

解答

(1)　A のデータを値の大きさの順に並べると　42，45，52，58，67，72，83，89，96

B のデータを値の大きさの順に並べると　41，60，66，70，72，75，81，82，98

A の範囲は　96−42＝**54（点）** 答　　B の範囲は　98−41＝**57（点）** 答

B の範囲の方が大きいから，**B** と考えられる。 答

(2)　(1) から　**第 2 四分位数は 67 点，第 1 四分位数は** $\dfrac{45+52}{2}$＝**48.5（点）**

第 3 四分位数は $\dfrac{83+89}{2}$＝**86（点），四分位範囲は** 86−48.5＝**37.5（点）** 答

(3)　B のデータの第 1 四分位数は $\dfrac{60+66}{2}$＝63（点），第 3 四分位数は $\dfrac{81+82}{2}$＝81.5（点）

四分位範囲は　81.5−63＝18.5（点）

A のデータの四分位範囲の方が大きいから，**A** と考えられる。 答

練習 96　次のデータは，A 市と B 市における，ある 10 日間の降雪量である。

A 市　3，10，8，25，7，2，12，35，5，18　(cm)

B 市　5，20，16，34，10，3，12，52，6，23　(cm)

(1)　それぞれのデータの範囲を求め，データの散らばりの程度が大きいのはどちらであると考えられるか答えなさい。

(2)　A 市のデータの第 1 四分位数，第 2 四分位数，第 3 四分位数，四分位範囲，四分位偏差を求めなさい。

(3)　四分位範囲から，データの散らばりの程度が大きいのはどちらであると考えられるか答えなさい。

例題 97 箱ひげ図

次のデータは，ある店における2つの商品A，Bの10日間の販売数を大きさの順に並べたものである。

A　5，6，7，7，8，9，10，12，12，13　(個)

B　8，10，11，12，13，15，16，17，20，22　(個)

(1)　それぞれのデータの箱ひげ図を並べてかきなさい。

(2)　(1)から，販売数が多い方に分布しているのはどちらの商品であると考えられるか答えなさい。

箱ひげ図をかくには，まず，データの最小値，最大値，中央値(第2四分位数)，第1四分位数，第3四分位数を求める必要がある。

解答

(1)　2つのデータについて，最大値，最小値，四分位数は次の表のようになる。

	最小値	第1四分位数	中央値	第3四分位数	最大値
A	5	7	8.5	12	13
B	8	11	14	17	22

(単位は 個)

よって，箱ひげ図は **右の図** のようになる。 答

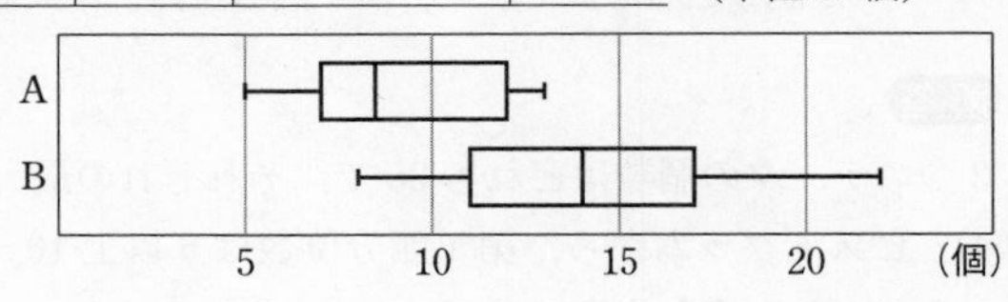

(2)　箱ひげ図では，Bの方が右の方に分布しているから，**B** と考えられる。 答

解説

箱ひげ図ではデータの大まかなようすを知ることができるため，複数のデータの分布を比較するのに利用されることが多い。また，箱ひげ図は縦向きにかくこともある。例題の箱ひげ図を縦向きにかくと右のようになる。

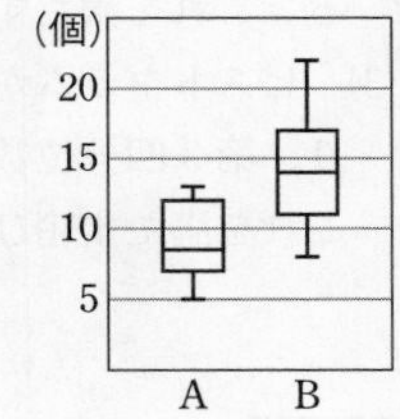

練習 97　次のデータは，ある書店の月刊誌A，Bの12か月間の販売冊数である。

A　12，14，11，20，9，17，10，12，17，20，15，16　(冊)

B　19，16，12，19，13，20，18，15，10，19，14，15　(冊)

(1)　それぞれのデータの箱ひげ図を並べてかきなさい。

(2)　(1)から，販売冊数が多い方に分布しているのはどちらの月刊誌であると考えられるか答えなさい。

例題 98 ヒストグラムと箱ひげ図

次の (1)～(3) のヒストグラムに対応している箱ひげ図を，①～③ から 1 つずつ選びなさい。

(1)

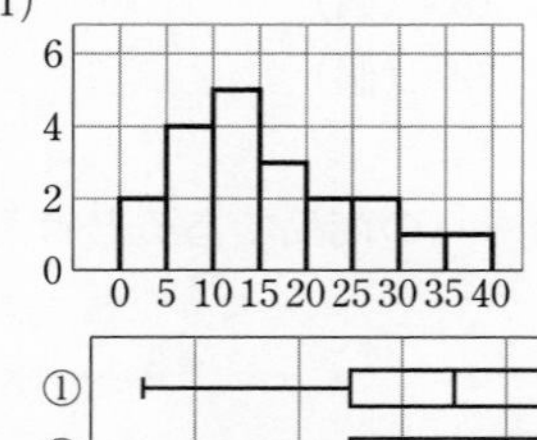

(2)

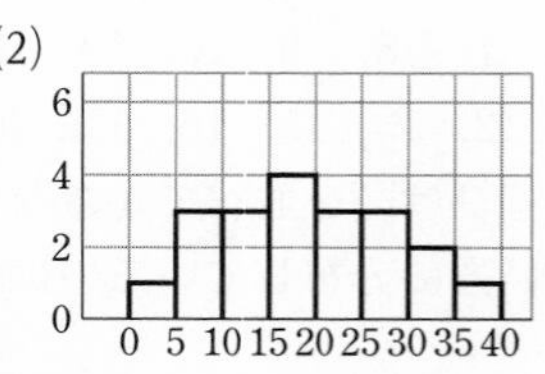

(3)

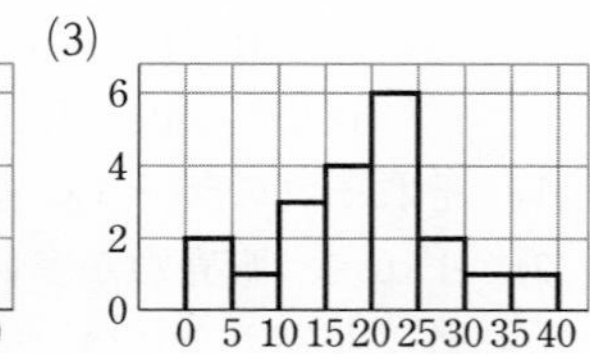

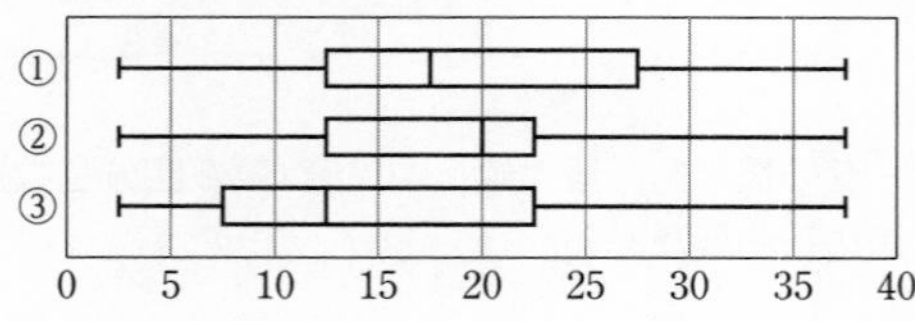

（ヒストグラムで，階級は 0 以上 5 未満，5 以上 10 未満，…… のようにとっている。）

最小値，第 1 四分位数，中央値 (第 2 四分位数)，第 3 四分位数，最大値を読みとる

①～③ の箱ひげ図から，3 つのデータのそれぞれの最小値と最大値は等しいことが読みとれる。そこで，第 1 四分位数，中央値，第 3 四分位数を比較する。

解答

3 つのデータの個数はどれも 20 で，それぞれの最大値と最小値は一致する。

(1) ヒストグラムから，第 1 四分位数は 5 以上 10 未満の階級にある。これを満たす箱ひげ図は ③ 答

◀第 1 四分位数：下から 5 番目と 6 番目の値の平均値。

(2) ヒストグラムから，第 3 四分位数は 25 以上 30 未満の階級にある。これを満たす箱ひげ図は ① 答

◀第 3 四分位数：上から 5 番目と 6 番目の値の平均値。

(3) ヒストグラムから，第 1 四分位数は 10 以上 15 未満の階級にあり，第 3 四分位数は 20 以上 25 未満の階級にある。
これを満たす箱ひげ図は ② 答

練習 98 右のヒストグラムに対応している箱ひげ図を，下の ①～③ から選びなさい。

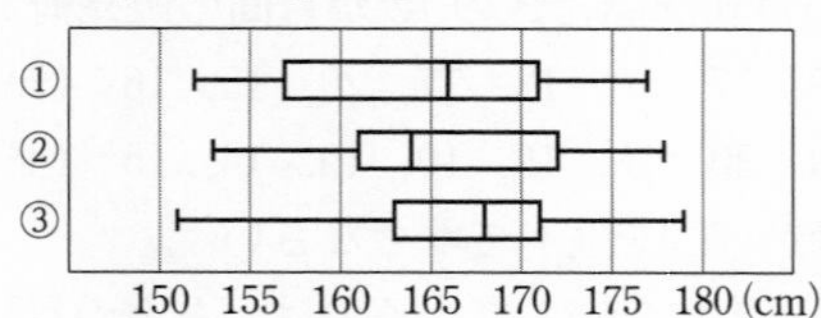

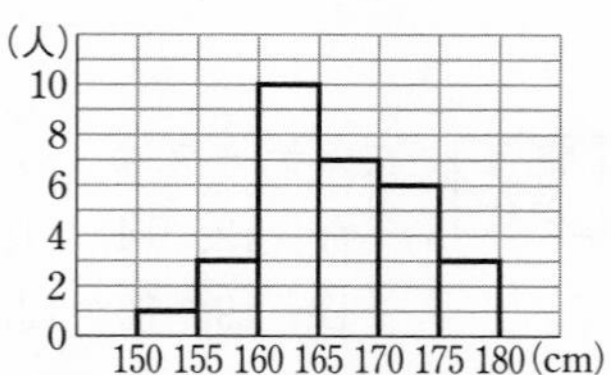

（階級は 150 cm 以上 155 cm 未満，155 cm 以上 160 cm 未満，…… のようにとっている。）

例題 99　箱ひげ図からデータの傾向を読みとる

右の図は，30 人の生徒についての，テスト A，B の得点のデータの箱ひげ図である。この箱ひげ図から読みとれることとして適切なものを，次の ①～③ からすべて選びなさい。

① 得点の四分位範囲はBよりAの方が大きい。

② Aでは，60 点以上の生徒が 15 人以上いる。

③ A，Bともに 30 点台の生徒がいる。

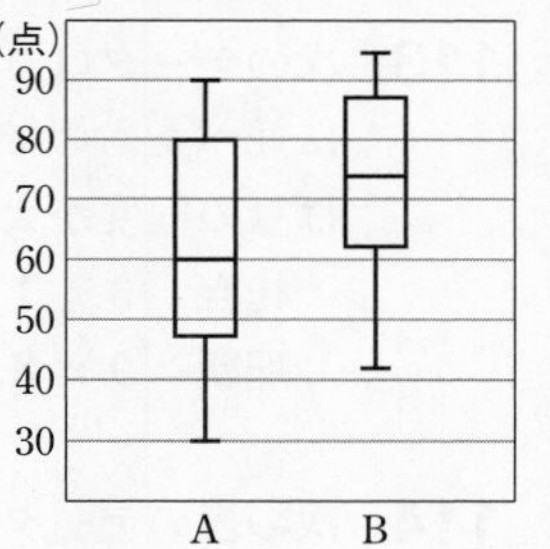

CHART　箱ひげ図からデータを読みとる問題
最大値・最小値，四分位数（四分位範囲）に注目

① 四分位範囲は，与えられた箱ひげ図の場合，箱の長さに相当する。

② 「15 人」＝「30 人の半分」であるから，中央値（第 2 四分位数）に注目。

③ 最小値に注目。

解答

① 箱の長さについて，BよりAの方が大きいから，四分位範囲はBよりAの方が大きい。
よって，① は正しい。

◀①（Aの四分位範囲）＞30，（Bの四分位範囲）＜30

② Aのデータの中央値は 60 点であるから，全体の半数以上が 60 点以上である。
よって，② は正しい。

◀② 中央値は小さい方から 15 番目と 16 番目の得点の平均である。中央値が 60 点であるから，小さい方から 16 番目の得点は 60 点以上である。

③ Aのデータの最小値は 30 点，Bのデータの最小値は 40 点台である。よって，30 点台の生徒はAにはいるが，Bにはいないから，③ は正しくない。

以上から，正しいものは　①，②　答

練習 99　右の図は，ある商店における，商品 A，B の 30 日間にわたる販売数のデータの箱ひげ図である。この箱ひげ図から読みとれることとして適切なものを，次の ①～③ からすべて選びなさい。

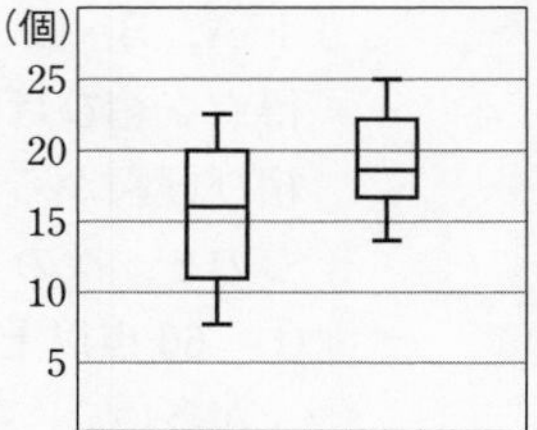

① Aの販売数の第 3 四分位数は，B の販売数の中央値よりも小さい。

② 30 日間すべてにおいて，A は 5 個以上，B は 15 個以上売れた。

③ A，Bともに，20 個以上売れた日が 7 日以上ある。

演習問題

□113 次のデータは，ある年の札幌と那覇の降雨（雪）がなかった日数を月別に並べたものである。それぞれのデータの範囲を求め，データの散らばりの程度が大きいのはどちらであると考えられるか答えなさい。

札幌	3	1	3	13	17	8	4	11	11	13	6	2	（日）
那覇	9	8	6	7	12	10	8	7	5	5	3	8	（日）

→ 96

□114 次の表のデータは，テスト A，B の得点をまとめたものである。

A（点）	2	3	4	7	8	8	9	9	10	10
B（点）	5	5	5	7	7	7	7	8	9	10

(1) A，B のデータの四分位範囲と四分位偏差を求めなさい。

(2) A，B について，四分位範囲によってデータの散らばりの程度を比較しなさい。

→ 96

□115 右の図は，30 人の生徒に対して理科のテストを行った結果の得点を箱ひげ図に表したものである。この箱ひげ図に対応しているヒストグラムを次の ①～③ から選びなさい。

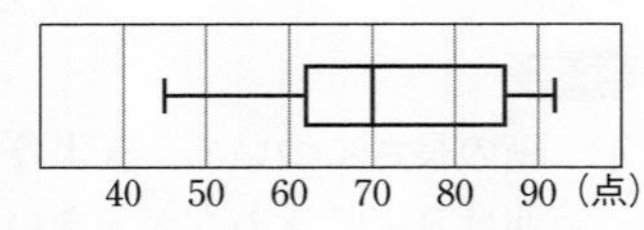

① 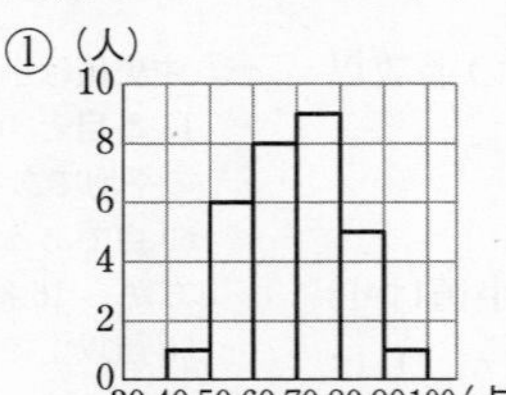

② 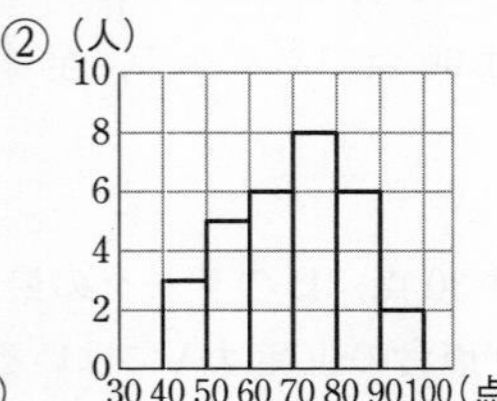

③ 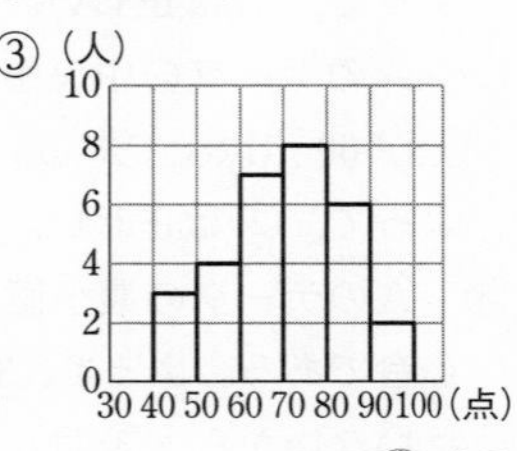

→ 98

□116 右の図は，ある学校で行った 4 種類のテスト A，B，C，D についての，生徒 200 人の得点を箱ひげ図に表したものである。この箱ひげ図から読みとれることとして適切なものを，次の ①～④ からすべて選びなさい。

① 60 点以上の生徒の数は，A よりDの方が多い。

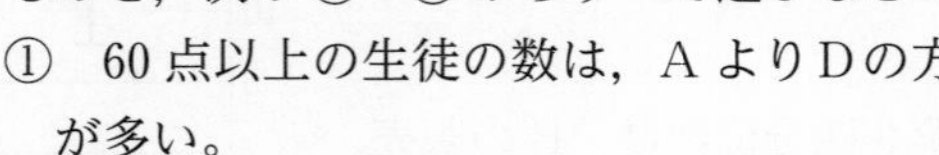

② 40 点以下の生徒は，B では 50 人以上，C では 50 人以下である。

③ 20 点台の生徒は，B にはいるが，A にはいない。

④ 40 点以上の生徒が最も多いのはDである。

→ 99

平均値・中央値・外れ値

たいちさんとけいこさんは，同じクラスの友人5人のおこづかいの金額を調べ，自分たちのおこづかいを含めて下のような表をつくりました。

たいち	けいこ	A	B	C	D	E
2400円	2100円	2500円	3000円	3200円	13400円	4200円

たいちさん

おこづかいの平均値は，$\dfrac{2400+2100+2500+3000+3200+13400+4200}{7}$ を計算して4400円だね。おこづかいの額をもっと上げてほしいよ。

けいこさん

Dさんの家は特別よ。
Dさんを除いた6人の平均値は2900円になるわ。

先　生

けいこさんが指摘した通り，Dさんのおこづかいの額は他の6人からかけ離れた額です。このような値を **外れ値** といいます。
Dさんはおこづかいの中から昼食代や散髪代を負担していますが，他の6人はこれらのお金をおこづかいとは別にもらっています。
おこづかいの定義自体があいまいで外れ値が生じたわけです。
では，7人のおこづかいを額が少ない順に並べて中央値を求めてみましょう。

2100円，2400円，2500円，3000円，3200円，4200円，13400円
となるので，3000円が中央値となります。

日常生活の中で平均という言葉はよく耳にしますが，
平均値はあくまでデータを分析する際の指標の1つです。
平均値はデータの中にかけ離れた値があると影響を受けやすい一方で，
中央値は影響を受けにくいという特徴をもっています。
したがって，外れ値がなければ平均値，外れ値があるならば中央値を用いてデータを分析するとよいでしょう。

統計のグラフの種類と特徴

統計をグラフで表すとき，グラフの特徴や欠点を理解した上で適切なものを選ぶことが大切です。統計で用いる代表的なグラフとその特徴を紹介します。

(1)　**ヒストグラム**

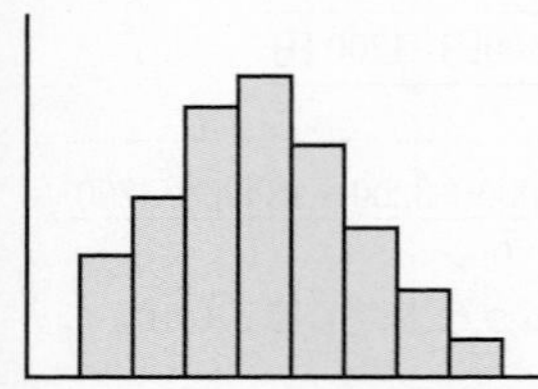

○　データの散らばり具合が一目でつかめる。
×　縦軸と横軸の幅の取り方によって異なった印象を与えてしまう。

(2)　**折れ線グラフ**

○　時系列によるデータの増減変化の様子がわかりやすい。
×　複数のデータを表示すると，線が重なって見づらくなる。

(3)　**円グラフ**

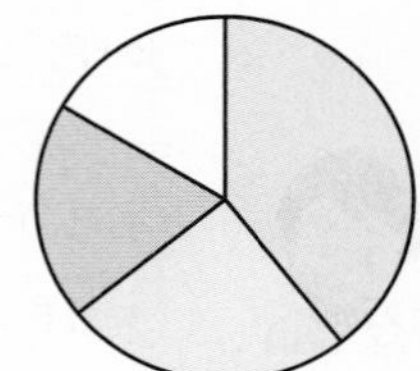

○　各項目のデータ数が扇形の面積で表され，構成比の大小がわかりやすい。
×　要素が多くなると，扇形が小さくなり，見づらくなる。

(4)　**箱ひげ図**

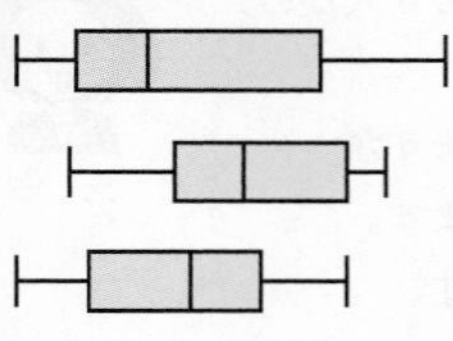

○　複数のデータの散らばり具合が比較しやすい。
×　データの大きさや階級の度数の違いを判断することができない。

(5)　**散布図**＊

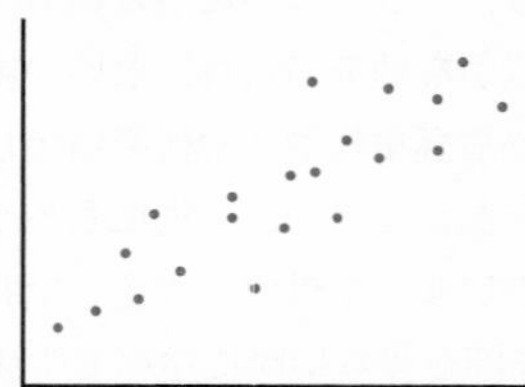

○　2 つのデータ間にどのような関係があるかが一目でつかむことができる。
×　3 つ以上のデータ間の関係は示すことができない。

(6)　**レーダーチャート**＊

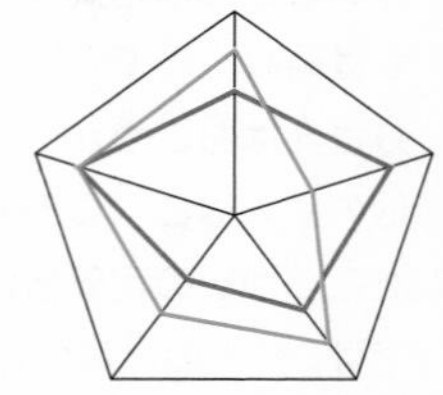

○　複数のデータが 1 つのグラフで表されるので，傾向の違いがつかみやすい。
×　項目が多くなると判別しにくい。

（＊… (5)，(6) は現段階では未習ですが紹介します。）

(1)〜(6) のグラフの適用例を示すと，次のようになります。

・生徒 30 人の身長の散らばり具合を調べる …… **ヒストグラム**
・過去 20 年間の就業者人口の変化を調べる …… **折れ線グラフ**
・食品の栄養成分の割合を比較する …… **円グラフ**
・あるクラスの 3 科目のテストの得点の散らばり具合を調べる …… **箱ひげ図**
・数学と理科のテスト結果の関係を調べる …… **散布図**
・個人の複数の種目の体力テストの結果と平均を比較する …… **レーダーチャート**

第6章 確率と標本調査

この章の学習のポイント

❶ すべての場合をもれなく重複なく数えるうえで，図や表の活用，積の法則や順列・組合せの考え方は特に重要です。さらに，その知識を活かして，事柄の起こりやすさ（確率）を求める方法を学びます。

❷ 大きな集団の一部を調べて全体の状況を推定する考え方を身につけましょう。

1 場合の数

基本事項

1 場合の数の数え方

(1) **場合の数**　ある事柄の起こり方が全部で n 通りあるとする。このときの n をその事柄の起こる **場合の数** という。

(2) **場合の整理**　場合の数を知るには，起こりうるすべての場合をもれなく重複なく数える必要がある。そのための方法には，次のようなものがある。

① **樹形図をかく。**　② **表をつくる。**

例　3個の数字1，2，3を123のように重複なしに1個ずつすべて並べてできる3桁の数は何個あるかを，樹形図と表を利用して調べてみよう。

① 樹形図を利用。

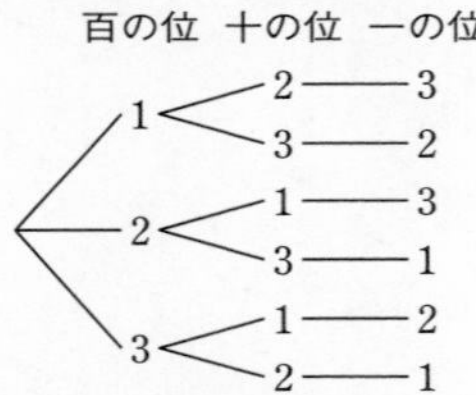

② 表を利用。

百の位	1	1	2	2	3	3
十の位	2	3	1	3	1	2
一の位	3	2	3	1	2	1

樹形図と表のどちらを利用しても，3桁の数は6個であることがわかる。

樹形図や表は，「小さいものから順に書き出す」，「アルファベット順に書き出す」というように，わかりやすいルールを設け，それに従うとよい。辞書の単語の配列法は，**一定の法則で順序よく** 並べられているよい例である。

> **CHART**
> **場合の数**　もれなく　重複なく
> 1　樹形図をかく　2　表をつくる　←基本は辞書式

(3) **積の法則**　事柄Aの起こり方が a 通りあり，そのおのおのの場合についても，事柄Bの起こり方が b 通りずつあるとき，AとBがともに起こる場合は **ab 通り** ある。これを **積の法則** という。このことは，3つ以上の事柄についても成り立つ。

例　(2)の例を，積の法則を使って考える。

百の位は，1，2，3のどれでもよいから　3通り
十の位は，百の位で使った数字以外の　2通り
一の位は，百の位，十の位で使った数字以外の　1通り
よって，できる3桁の数は　$3\times2\times1=6$（個）

2 順 列

(1) **順列**　いくつかのものを，順序をつけて1列に並べるとき，その並びの1つ1つを **順列** という。　◀A，B，C を並べた ABC と ACB は区別する。

(2) **順列の総数**　異なるn個のものから異なるr個を取り出して並べる順列を **n個からr個取る順列** といい，その総数を記号 ${}_n\mathbf{P}_r$ で表す。

n個からr個取る順列の総数 ${}_n\mathrm{P}_r$ を求めてみよう。

1番目，2番目，3番目，……と順に取っていくとき，

1番目のものの取り方　n個のどれを取ってもよいから　n通り

2番目のものの取り方　残り$(n-1)$個から1個を取るから　$(n-1)$通り

3番目のものの取り方　残り$(n-2)$個から1個を取るから　$(n-2)$通り

⋮　　⋮

r番目のものの取り方　残り$\{n-(r-1)\}$個から1個を取るから

$\{n-(r-1)\}$通り すなわち $(n-r+1)$通り

したがって，${}_n\mathrm{P}_r$ は積の法則により

$${}_n\mathbf{P}_r=n(n-1)(n-2)\times\cdots\cdots\times(n-r+1)$$

◀nから始まるr個の積。

この式で，特に $r=n$ のときは

$${}_n\mathrm{P}_n=n(n-1)(n-2)\times\cdots\cdots\times3\times2\times1$$

◀1からnまでの積。

これを **nの階乗** といい，$n!$ で表す。すなわち

$${}_n\mathbf{P}_n=n!=n(n-1)(n-2)\times\cdots\cdots\times3\times2\times1$$

例　5人の生徒から3人を選んで1列に並べるとき，並べ方の総数は

$${}_5\mathrm{P}_3=5\times4\times3=60\ (\text{通り})$$

${}_n\mathrm{P}_r$ のPは，「順列」を意味する permutation の頭文字である。

3 組合せ

(1) **組合せ**　ものを取り出す順序を無視した組をつくるとき，これらの組の1つ1つを **組合せ** という。

(2) **組合せの総数**　異なるn個のものから異なるr個を取り出してつくる組合せを **n個からr個取る組合せ** といい，その総数を記号 ${}_n\mathbf{C}_r$ で表す。

この1つの組について，r個の順列は$r!$通りできる。他の組についても同様で，それらの全体が順列の総数 ${}_n\mathrm{P}_r$ となるから　${}_n\mathrm{C}_r\times r!={}_n\mathrm{P}_r$

したがって　$${}_n\mathbf{C}_r=\frac{{}_n\mathbf{P}_r}{r!}=\frac{n(n-1)(n-2)\times\cdots\cdots\times(n-r+1)}{r(r-1)(r-2)\times\cdots\cdots\times3\times2\times1}\left(=\frac{{}_n\mathrm{P}_r}{{}_r\mathrm{P}_r}\right)$$

例　5人の生徒から3人を選ぶとき，選び方の総数は

$${}_5\mathrm{C}_3=\frac{5\times4\times3}{3\times2\times1}=10\ (\text{通り})$$

注意　${}_n\mathrm{C}_r$ のCは，「組合せ」を意味する combination の頭文字である。

例題 100 樹形図の利用

3 桁の自然数のうち，各桁の数の和が 6 であるものは何個あるか答えなさい。

CHART **場合の数**　もれなく重複なく　樹形図をかく

樹形図は，一定の方針で順序よくかく。本問では，次の方針でかくとよい。

[1]　百の位が 1，2，3，4 の各場合について，十の位を小さい順にかき上げる。

[2]　百，十の位が定まれば，一の位は 6−(百の位)−(十の位) により決まる。

なお，百の位が 5 以上になることはない。

解答

百の位の数，十の位の数，一の位の数の和が 6 になるように，百の位，十の位，一の位を並べる樹形図をかくと，右の図のようになる。

よって，3 桁の自然数は　**10 個**　答

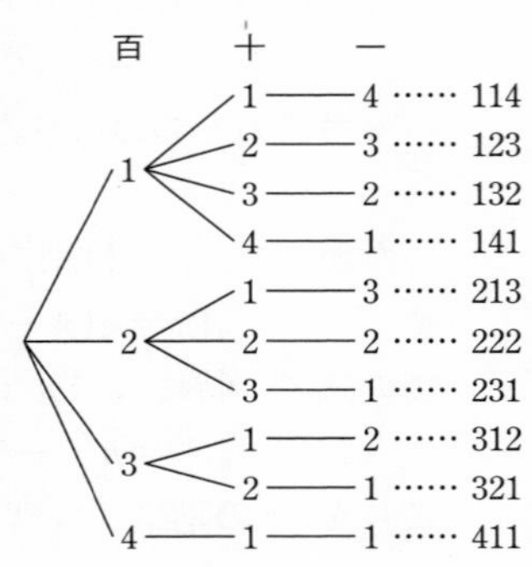

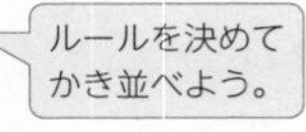

参考　上の例題を，樹形図をかかずに，次の手順で考えてもよい。

別解　[1]　和が 6 となる 3 つの自然数の組を調べると

{1, 1, 4}，{1, 2, 3}，{2, 2, 2}

[2]　各組について，選んだ 3 数を並べて 3 桁の整数をつくると，次のようになる。

{1, 1, 4} → 114，141，411

{1, 2, 3} → 123，132，213，231，312，321

{2, 2, 2} → 222

したがって　**10 個**　答

練習 100A　3 個のさいころ A，B，C を同時に投げて，その目の和が 5 となる場合は何通りあるか答えなさい。

練習 100B　10 円，50 円，100 円の 3 種類の硬貨がそれぞれ 1 枚ずつある。この中から何枚かを選ぶ方法は，1 枚も選ばない場合も含めて何通りあるか答えなさい。また，そのときの金額はそれぞれいくらになるか答えなさい。

例題 101 表の利用

大小 2 個のさいころを同時に投げるとき，次の場合は何通りあるか答えなさい。

(1) 出る目の和が 9　　(2) 出る目の差が 2

2 個のさいころの目の和や差などを考えるには，表をつくるとわかりやすい。

CHART 場合の数　もれなく重複なく　表をつくる

解答

2 個のさいころの目の出方とそれらの和，差を表にまとめると，次のようになる。

(1) 和

小＼大	1	2	3	4	5	6
1	2	3	4	5	6	7
2	3	4	5	6	7	8
3	4	5	6	7	8	⑨
4	5	6	7	8	⑨	10
5	6	7	8	⑨	10	11
6	7	8	⑨	10	11	12

よって，目の和が 9 になる場合は

4 通り 答

(2) 差

小＼大	1	2	3	4	5	6
1	0	1	②	3	4	5
2	1	0	1	②	3	4
3	②	1	0	1	②	3
4	3	②	1	0	1	②
5	4	3	②	1	0	1
6	5	4	3	②	1	0

よって，目の差が 2 になる場合は

8 通り 答

解説

大小 2 個のさいころを同時に投げるとき，大の目が 3，小の目が 5 となるような出方を (3, 5) と表すと，目の出方は右の表のように 36 通りある。

小＼大	1	2	3	4	5	6
1	(1, 1)	(2, 1)	(3, 1)	(4, 1)	(5, 1)	(6, 1)
2	(1, 2)	(2, 2)	(3, 2)	(4, 2)	(5, 2)	(6, 2)
3	(1, 3)	(2, 3)	(3, 3)	(4, 3)	(5, 3)	(6, 3)
4	(1, 4)	(2, 4)	(3, 4)	(4, 4)	(5, 4)	(6, 4)
5	(1, 5)	(2, 5)	(3, 5)	(4, 5)	(5, 5)	(6, 5)
6	(1, 6)	(2, 6)	(3, 6)	(4, 6)	(5, 6)	(6, 6)

表における位置が異なれば，目の出方も異なるから，異なる 2 個のさいころを同時に投げるときは，表をつくると便利である。

練習 101 大小 2 個のさいころを同時に投げるとき，次の場合は何通りあるか答えなさい。

(1) 出る目の和が 5 の倍数　　(2) 出る目の和が 9 以上

(3) 出る目の積が 6 の倍数　　(4) 出る目の積が 12 の約数

例題 102 積の法則

T山への登山道について，P駅から頂上に登る道が4本，頂上からQ駅へ下る道が5本ある。P駅から頂上へ登り，Q駅に下る道の選び方は何通りあるか答えなさい。

道に名前をつけて考えてみると，次のようになる。

① P駅から頂上までの道の選び方は a, b, c, d から1つを選ぶから　4通り

② 道を a に決めて，頂上へ登る。

③ 頂上からQ駅へ下る道の選び方は e, f, g, h, i から1つを選ぶから　5通り

④ ②で，道を b, c, d に決めても，③の選び方の数は変わらない。

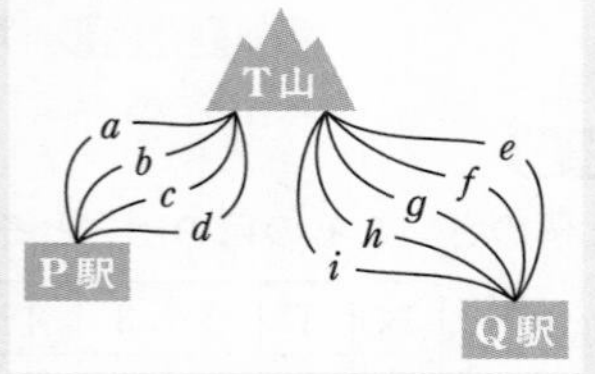

したがって，全体では　4×5 通り　←── **積の法則を利用**

解答

P駅から頂上までの道の選び方は　4通り

そのおのおのについて，頂上からQ駅へ下る道の選び方は　5通り

よって，積の法則により，求める道の選び方は

$4\times5=$**20（通り）** 答

解説

樹形図をかいたとき，まず，m 通りに分かれ，それぞれが n 通り，p 通り，q 通り，…… の枝に分かれるとき，場合の数は　$\underbrace{n+p+q+\cdots\cdots}_{m\text{ 個の和}}$（通り）

このとき，$p=n$, $q=n$, …… ならば，場合の数は

$\boldsymbol{m\times n}$ 通り

となる。これが **積の法則** である。

また，積の法則は3つ以上の事柄についても同じように成り立つ。

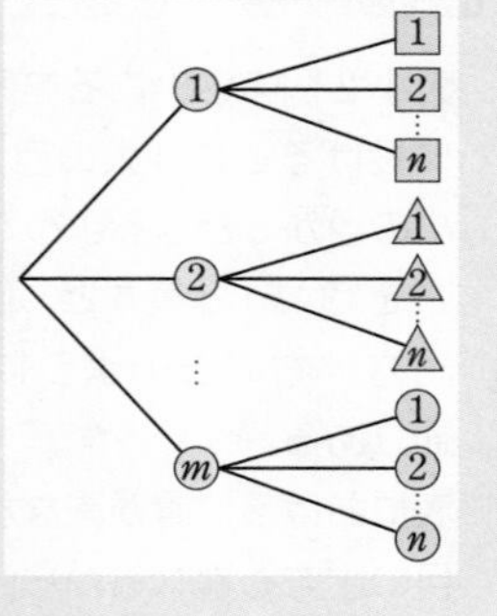

練習 102A　6種類の数学の参考書と5種類の英語の参考書から，それぞれ1種類ずつ選んで，計2冊の組をつくる方法は全部で何通りあるか答えなさい。

練習 102B　500円硬貨が1枚，100円硬貨が2枚，10円硬貨が3枚ある。これらを使って支払うことのできる金額は全部で何通りあるか答えなさい。ただし，どの硬貨も1枚以上使うものとする。

例題 103 順列の基本

次のものの総数を求めなさい。

(1) 1から9までの自然数から異なる3個を選んでつくる3桁の数

(2) 5人から班長，副班長を1人ずつ選ぶ方法（兼任はできない）

(3) 赤，青，白，緑の4本の旗を1列に並べる方法

異なる n 個から r 個取る順列　${}_nP_r=n(n-1)(n-2)\times\cdots\cdots\times(n-r+1)$

(1) 異なる9個の数字から3個を選んで，百の位，十の位，一の位の順に並べる順列と考える。

(2) 5人から2人を選んで，班長，副班長の順に並べる順列と考える。

(3) 異なる色の4本の旗を，すべて並べる順列と考える。

解答

(1) 異なる9個から3個取って並べる順列の総数であるから　${}_9P_3=9\times8\times7=$ **504（個）** 答

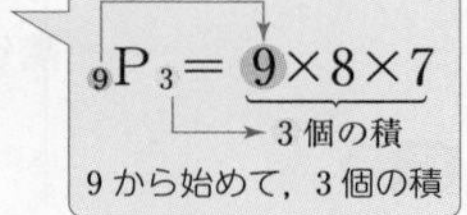

(2) 5人から2人を選んで並べる順列の総数であるから　${}_5P_2=5\times4=$ **20（通り）** 答

(3) 異なる4本の旗を1列に並べる順列の総数であるから

${}_4P_4=4!=4\times3\times2\times1=$ **24（通り）** 答

解説

次の 1～4 は，見かけは違っていても，いずれも異なる5個から3個取って3個の位置に並べる順列の総数として「${}_5P_3$」で求められる。

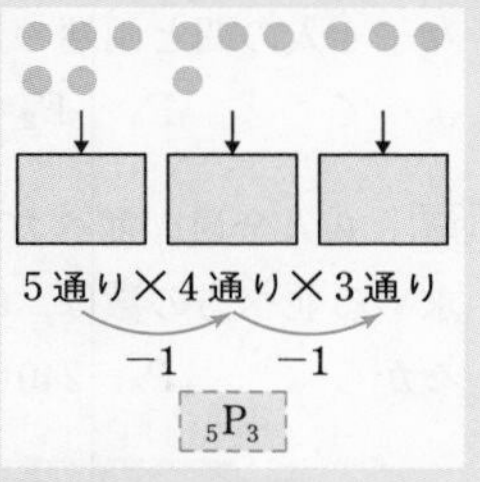

1 1, 2, 3, 4, 5 の5個の数字から異なる3個を選んでつくる3桁の数

2 5人から3人を選んで1列に並べる方法

3 番号のついた5脚のいすに3人が座る方法

4 5人から委員長，書記，会計各1人を選ぶ方法（兼任はできない）

練習 103A 次の値を求めなさい。

(1) ${}_7P_4$　(2) ${}_9P_1$　(3) ${}_6P_6$　(4) $8!$　(5) $\dfrac{{}_9P_9}{7!}$

練習 103B (1) 8枚の異なるカードのうち4枚を，A，B，C，Dの4人に1枚ずつ配るとき，配り方は何通りあるか答えなさい。

(2) CHARTの5文字すべてを1列に並べる文字列は何通りあるか答えなさい。

例題 104 隣り合う順列

男子 2 人，女子 4 人をすべて 1 列に並べる。次のような並べ方は何通りあるか答えなさい。

(1) 男子 2 人が隣り合う。　　(2) 男子 2 人が隣り合わない。

(1) 男子 2 人が隣り合うために，男子 2 人を「1 組」にまとめる。そして，男子 2 人の順を考える。

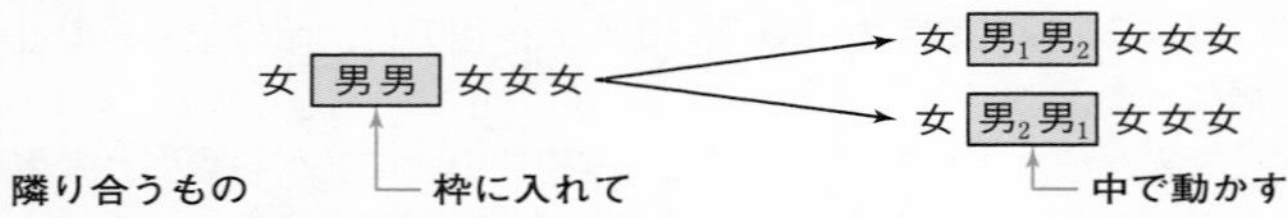

(2) 男子 2 人が隣り合わないようにするには，まず，女子 4 人を並べて，その間または両端に男子 2 人を入れる。

⟶ **隣り合わないもの　あとから 間または両端に入れる**

解答

(1) 男子 2 人をまとめて 1 組と考えると，この 1 組と女子 4 人の並べ方は

$${}_5P_5 \text{ 通り}$$

そのおのおのについて，隣り合う男子 2 人の並べ方は　${}_2P_2$ 通り

よって　${}_5P_5 \times {}_2P_2 = 5! \times 2! = 120 \times 2 = \mathbf{240}$ **(通り)** 答

(2) 女子 4 人の並べ方は　${}_4P_4$ 通り

女子 4 人の間と両端の 5 か所に男子 2 人を入れる方法は　${}_5P_2$ 通り　◀ $p.167$ 解説 3 のタイプ。

よって　${}_4P_4 \times {}_5P_2 = 4! \times (5 \times 4) = 24 \times 20 = \mathbf{480}$ **(通り)** 答

別解　6 人全員の並べ方は　${}_6P_6$ 通り

求める並べ方の数は，6 人全員の並べ方の数から，(1) の並べ方の数をひいたものであるから　${}_6P_6 - 240 = 720 - 240 = \mathbf{480}$ **(通り)** 答　◀ (A でない)=(全体)−(A である)

CHART

隣り合う順列

隣り合うもの　　枠に入れて中で動かす

隣り合わないもの　　あとから間または両端に入れる

練習 104　男子 5 人，女子 4 人をすべて 1 列に並べる。次のような並べ方は何通りあるか答えなさい。

(1) 男子 5 人が続く。　　(2) 女子が隣り合わない。

(3) 左端が男子である。　　(4) 両端が女子である。

例題 105　0を含む順列

6個の数字0，1，2，3，4，5から異なる3個の数字を選んで3桁の整数をつくるとき，次のような数は何個できるか答えなさい。

(1)　3桁の整数　　　(2)　偶数

百の位は0ではないことに注意する。012や035は3桁の整数ではない。

(1)　百の位は1から5までの5個から1個取る。
十，一の位は，他の5個（0も含む）から2個取る順列。

(2)　偶数 …… 一の位は0，2，4
一の位の数が [1] 0の場合，[2] 0でない場合 に分ける。

解答

(1)　百の位は1から5までの5個から1個取るから

5通り

百の位　十の位　一の位
1か2か3か4か5

そのおのおのについて，十の位，一の位は0を含めた残りの5個から2個取る順列で

$_5P_2=5\times4=20$（通り）

よって，求める個数は　$5\times20=$**100（個）** 答　◀積の法則

別解　3個の数の順列（012なども含む）から，百の位が0になる0□□の形の数を除くと考えて　$_6P_3-{}_5P_2=6\times5\times4-5\times4=$**100（個）** 答

(2)　偶数であるから，一の位は0，2，4のどれかである。

[1]　一の位が0のとき

[1] 百の位　十の位　一の位（0）

百，十の位は0以外の5個から2個取る順列で

$_5P_2=5\times4=20$（通り）

[2]　一の位が2，4のとき

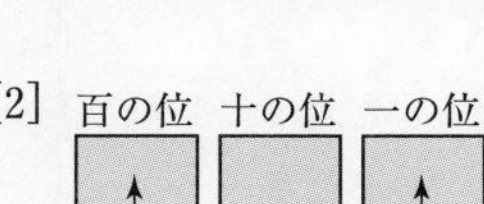

百の位は0以外の4個から1個取るから

4通り

十の位は残りの4個から1個取るから

4通り

よって　$(4\times4)\times2=32$（通り）

したがって，求める個数は　$20+32=$**52（個）** 答

CHART
0を含む数字の順列　最高位の数は0でないことに注意

練習 105　5個の数字0，1，2，3，4から異なる3個を選んで3桁の整数をつくるとき，次のような数は何個できるか答えなさい。

(1)　3桁の整数　　　(2)　奇数　　　(3)　偶数

例題 106 組合せの基本

男子 8 人，女子 7 人について，次のような選び方の総数を求めなさい。

(1) 15 人から 3 人を選ぶ。　　(2) 男子 3 人，女子 2 人を選ぶ。

異なる n 個から r 個取る組合せ

$${}_nC_r=\frac{{}_nP_r}{r!}=\frac{n(n-1)(n-2)\times\cdots\cdots\times(n-r+1)}{r(r-1)(r-2)\times\cdots\cdots\times3\times2\times1}\ \left(=\frac{{}_nP_r}{{}_rP_r}\right)$$

(1) 15 人から 3 人を選ぶ ⟶ 順序を問題にしないから，組合せ ${}_{15}C_3$

(2) まず，男子 3 人を選ぶ。そのおのおのについて，女子 2 人を選ぶと考える。
⟶ **積の法則**

解答

(1) ${}_{15}C_3=\dfrac{15\times14\times13}{3\times2\times1}=$ **455（通り）** 答　◀ $\dfrac{{}_{15}P_3}{3!}$

15 人 ⟶ 3 人

(2) 男子 8 人から 3 人を選ぶ方法は　${}_8C_3$ 通り

そのおのおのについて，女子 7 人から 2 人を選ぶ方法は　${}_7C_2$ 通り

よって　${}_8C_3\times{}_7C_2=\dfrac{8\times7\times6}{3\times2\times1}\times\dfrac{7\times6}{2\times1}$　◀積の法則

$=56\times21=$ **1176（通り）** 答

男 8 人 → 3 人　女 7 人 → 2 人

解説

順列と組合せの違いは，選ぶときに

順　列 ⟶ 選んだものの **順序まで考える。**

組合せ ⟶ 選んだものの **順序は考えない。**

（どれとどれを選ぶかのみに注目）

たとえば，4 個の玉 ①，②，③，④ から 3 個を選ぶとき

数字の並びまで考える ⟶ 方法は ${}_4P_3$ 通り

数字の並びは考えない ⟶ 方法は ${}_4C_3$ 通り

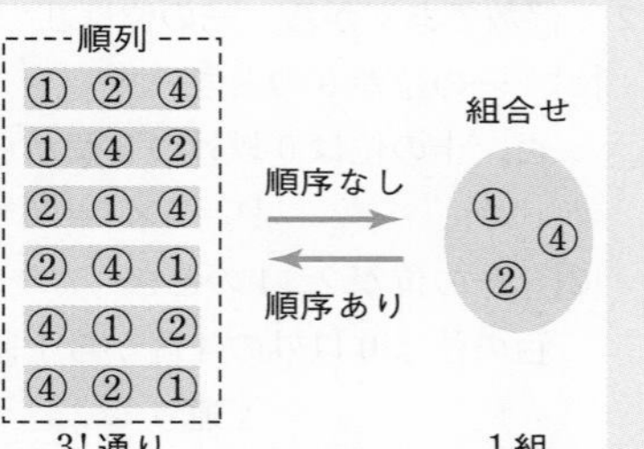

練習 106A 次の値を求めなさい。

(1) ${}_6C_2$　(2) ${}_7C_4$　(3) ${}_8C_6$　(4) ${}_{12}C_1$　(5) ${}_9C_9$

練習 106B Aを含む男子 5 人，Bを含む女子 5 人について，次のような選び方の総数を求めなさい。

(1) 10 人から 5 人を選ぶ。　(2) 男子 3 人，女子 2 人を選ぶ。

(3) 男子からAを含む 3 人，女子からBを含む 2 人を選ぶ。

ヒント **106B** (3) 特定の 2 人は必ず選ばれるから，残りは男子 4 人，女子 4 人から選ぶ。

例題 107 遠回りしない道順の総数

ある街には，右の図のように東西に5本，南北に6本の道がある。次の場合に，図のA地点からB地点まで遠回りしないで行く道順は，何通りあるか答えなさい。

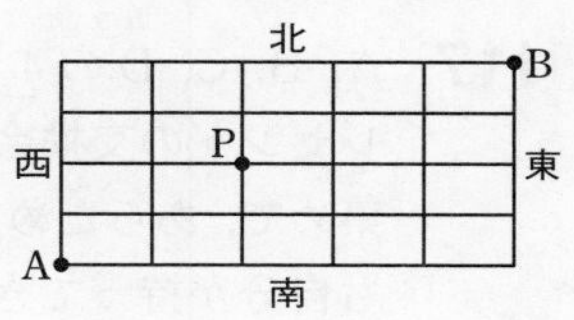

(1) 全部の道順。　(2) P地点を通る。

南から北へ1区画動くことを↑，西から東へ1区画動くことを→で表すと，たとえば，右の図で

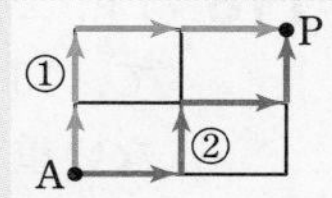

①の経路は　↑↑→→　②の経路は　→↑→↑

で表される。すなわち，AからPへ遠回りしないで行く道順は，2つの↑と2つの→の組合せで表され，その総数は，4回の動きのうちどの2つが↑であるかを選ぶ方法の総数である。⟶ ${}_4C_2$ 通り

(2) AからP，PからBと分けて考える。

解答

南から北へ1区画動くことを↑，西から東へ1区画動くことを→で表す。

(1) A地点からB地点まで遠回りしないで行く道順は，4つの↑と5つの→の組合せで表される。

この組合せの総数は，9回の動きのうちどの4つが↑であるかを選ぶ方法の総数であるから　${}_9C_4=\dfrac{9\times8\times7\times6}{4\times3\times2\times1}=\mathbf{126}$ **(通り)** 答

(2) A地点からP地点へ遠回りしないで行く道順の総数は

${}_4C_2$ 通り　◀4回の動きのうち2回が↑

そのおのおのについて，P地点からB地点へ遠回りしないで行く道順の総数は

${}_5C_2$ 通り　◀5回の動きのうち2回が↑

よって，A地点からB地点へ，P地点を通って遠回りしないで行く道順の総数は

$${}_4C_2\times{}_5C_2=\frac{4\times3}{2\times1}\times\frac{5\times4}{2\times1}=6\times10=\mathbf{60}\ \textbf{(通り)}$$ 答　◀積の法則

練習 107 ある街には，右の図のように東西に7本，南北に8本の道がある。次の場合に，図のA地点からB地点まで遠回りしないで行く道順は，何通りあるか答えなさい。

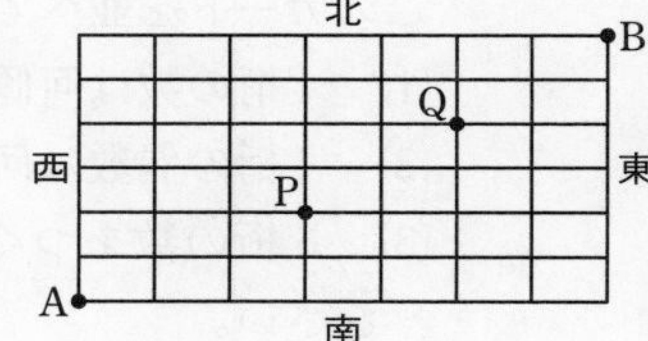

(1) P地点とQ地点を通る。

(2) P地点を通らない。

107 (2) すべての道順から，P地点を通るものを除く。

6章 1 場合の数

演習問題

□**117** A, B, C, Dの4人がそれぞれ1つずつプレゼントを持って集まり，プレゼントの交換会を開くことになった。4人のプレゼントをいったん集めて，あらためて4人に1つずつ配ることにする。このとき，4人とも自分が持ってきたプレゼントを自分で受け取ることがないような配り方は何通りあるか答えなさい。 → 100

□**118** 1g，2g，3gの重さのおもりがたくさんある。これらのおもりを使って，10gの重さをつくる方法は何通りあるか答えなさい。なお，使わない重さのおもりがあってもよいものとする。 → 101

□**119** 4つの地点A, B, C, Dが図のように道で結ばれている(たとえば，A，B間の道は3本ある)。A地点からD地点への行き方は何通りあるか答えなさい。ただし，通らない地点があってもよい。また，同じ地点を2度は通らないものとする。 → 102

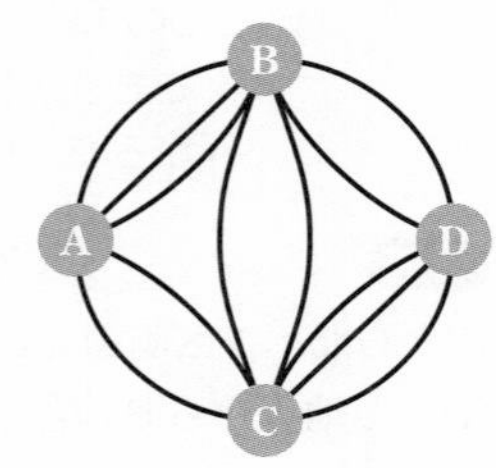

□**120** 大，中，小3個のさいころを同時に投げるとき，出る目の和が奇数になる場合は何通りあるか答えなさい。

□**121** 男子5人と女子5人の10人が1列に並ぶとき，次のような並び方は何通りあるか答えなさい。

(1) 男子5人が続いて並ぶ。　　(2) 両端が女子である。

(3) 男女が交互に並ぶ。 → 104

□**122** 0，1，2，3，4，5の数字が書かれたカードが1枚ずつ全部で6枚ある。このカードを並べて数をつくるとき，次の問いに答えなさい。

(1) 4桁の数は何個できるか答えなさい。

(2) 4桁の偶数は何個できるか答えなさい。

(3) 6桁の数をつくるとき，小さい方から数えて150番目の数を答えなさい。 → 105

120 3個とも奇数の目が出る場合と，1個だけ奇数の目が出る場合がある。

□**123** A，B，C，D，E，F，Gの7文字から4文字を選んで1列に並べるとき，AかEを少なくとも1つ含む並べ方は何通りあるか答えなさい。

□**124** A，B，C，D，Eの5人が1列に並ぶとき，Dが左から3番目になる場合は何通りあるか答えなさい。ただし，AはいつもDの向かって右側にいるものとする。

□**125** 座席が4つずつあるボート2そうに6人を分乗させるとき，次のような場合の乗り方は何通りあるか答えなさい。

(1) 人もボートも区別するが，どの人がどの座席に着くかは区別しない。

(2) 人は区別するが，ボートも座席も区別しない。

(3) 人もボートも区別し，どの人がどの座席に着くかも区別する。

□**126** 右の図のように，5本の平行線と，それらに交わる6本の平行線がある。これらの平行線によって作られる平行四辺形は何個あるか答えなさい。

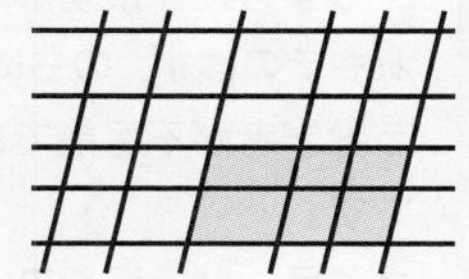

□**127** 円に内接する八角形の3個の頂点を結んで三角形を作る。

(1) 八角形と1辺だけを共有する三角形は何個あるか答えなさい。

(2) 八角形と辺を共有しない三角形は何個あるか答えなさい。

□**128** 5色の色鉛筆から何色かを使って，右の図のような5つの円をかく。ただし，互いに交わる円は異なる色でかくものとする。次の場合のかき方は何通りあるか答えなさい。

(1) 2色を使う。　　(2) 3色を使う。

(3) 4色を使う。　　(4) 5色すべてを使う。

□**129** 庭の中に右の図のような道がある。すべての道を1回だけ通る方法は何通りあるか答えなさい。ただし，道が交わる地点は何回通ってもかまわない。また，どの地点から出発してもかまわない。

123 AかEを少なくとも1つ含む……Aだけ含む，Eだけ含む，両方含む

(少なくとも1つ含む)＝(全体)－(1つも含まない)

129 図の輪の部分から出発すると，すべての道を通ることはできない。

ひと筆がきを数学的に考えてみよう

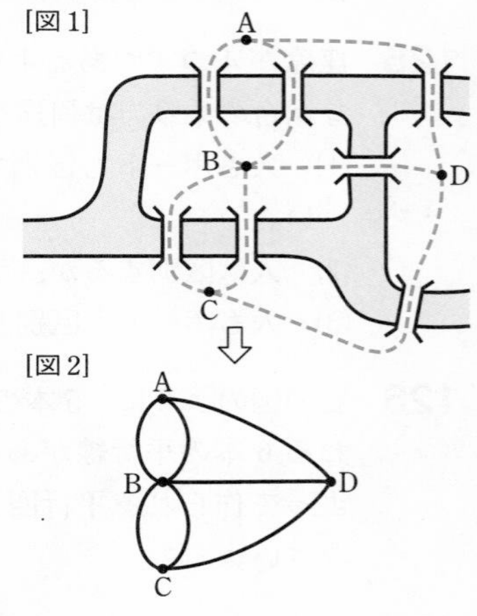

昔，ケーニヒスベルグという町で，[図 1] のように，町を流れる川にかけられた 7 つの橋をそれぞれ 1 回だけ渡って，7 つ全部を渡り，もとの地点に戻れるだろうかという

「7 つの橋の問題」

がもちあがりました。

町中がわきかえり，我こそはと大勢の人がトライしましたが成功した人はいませんでした。それもそのはず，のちにオイラー (1707-1783) という数学者が不可能であることを証明しているのです。

オイラーは，歩くコースを [図 2] のように単純化して，この問題をいわゆる「ひと筆がき」の問題におきかえて解決しました。「ひと筆がき」とは「一度も紙から鉛筆を離さず，しかもすべての線を一度だけ通って図形をかく」ことです。そこで，ある図形が「ひと筆がき」できるかできないかを，オイラーは次のように考えました。

はじめに，図形の中で，交点や角や線の端の点について，線が何本集まっているかに注目し，

偶数の本数の線が集まっている点 (偶点)
奇数の本数の線が集まっている点 (奇点)

に分けました。

偶点 は出入りの数が同数なので **通過点** であり，いくつあってもよく，**奇点** は偶数の本数の線で通過点となり，残り 1 本で **始点** か **終点** になります。そこで，次のように整理できることから，上の「7 つの橋の問題」は解けないと結論づけたのです。

まず，図形の **奇点の個数** N を数えます。N は必ず偶数になります。

① $N=0$ **ならばできる**。どこからかき始めてもよい。

② $N=2$ **ならばできる**。**奇点** からかき始めて，もう 1 つの **奇点** で終わる。

③ $N \geqq 4$ **ならばできない**。奇点と奇点を結ぶ線が残る。

「7 つの橋の問題」では，A，B，C，D のすべてが奇点で $N=4$ となり，ひと筆がきはできないことになります。

2 事柄の起こりやすさと確率 3 確率の計算

基本事項

1 確 率

(1) **確率** ある事柄の起こりやすさの程度を表す数を，その事柄の起こる **確率** という。

あるさいころを投げることを多数回くり返すと，1の目が出る相対度数は 0.166 に近くなる。

$$\text{相対度数}=\frac{\text{1の目が出た回数}}{\text{さいころを投げた回数}} \longrightarrow 0.166$$

これより，1の目が出るという事柄の起こりやすさの程度を表す数，すなわち1の目が出る確率は $\frac{1}{6}$ と考えることができる。

(2) **同様に確からしい** どの場合が起こることも同じ程度に期待できるとき，各場合の起こることは **同様に確からしい** という。

例 2枚の硬貨の表，裏の出方は

表表，表裏，裏表，裏裏

の4通りであり，これらはすべて同様に確からしい。これを「2枚とも表」，「1枚は表，1枚は裏」，「2枚とも裏」の3通りのそれぞれが同様に確からしいとするのは誤りである。2枚の硬貨を区別して，A，Bとしたとき，「1枚は表，1枚は裏」には，「Aが表，Bが裏」と「Bが表，Aが裏」の2通りがあると考える。

A	B
表	表
	裏
裏	表
	裏

(3) **確率の求め方** 各場合の起こることが同様に確からしい実験や観察において，起こりうるすべての場合が n 通りあるとする。

そのうち，事柄Aの起こる場合が a 通りあるとする。

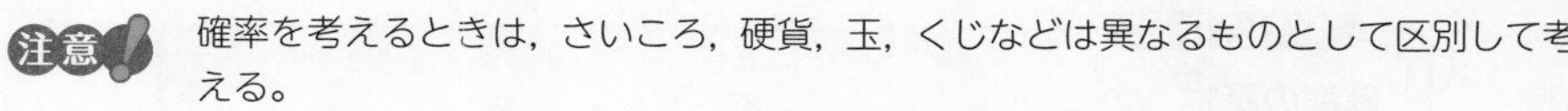

Aの起こる確率 p は $p=\frac{a}{n}$

注意 確率を考えるときは，さいころ，硬貨，玉，くじなどは異なるものとして区別して考える。

2 確率の性質

(1) [1] 事柄Aの起こる確率 p の値の範囲は $0 \leqq p \leqq 1$

[2] 絶対に起こらない事柄の確率は 0

[3] 絶対に起こる事柄の確率は 1

(2) **(事柄 A の起こらない確率)=1−(事柄 A の起こる確率)**

例題 108 確率の基本

(1)　2本があたりくじである5本のくじの中から1本を引くとき，それがあたりくじである確率を求めなさい。

(2)　3枚の硬貨を同時に投げるとき，表が1枚，裏が2枚出る確率を求めなさい。

考え方　ある事柄Aが起こる確率を求めるには，起こりうるすべての場合の数nと，事柄Aが起こる場合の数aを求めて，$\frac{a}{n}$を計算する。

解答

(1)　5本のくじの中から1本を引く方法は　5通り　◀n

これらは同様に確からしい。

このうち，あたりくじを引く方法は　2通り　◀a

よって，求める確率は　$\frac{2}{5}$　答　◀$\frac{a}{n}$

(2)　3枚の硬貨の表，裏の出方は　$2\times2\times2=8$（通り）　◀n

これらは同様に確からしい。

このうち，表が1枚，裏が2枚出るのは，表裏裏，裏表裏，裏裏表の　3通り　◀a

よって，求める確率は　$\frac{3}{8}$　答　◀$\frac{a}{n}$

3枚の硬貨の表，裏の出方をすべて書き上げると次の通り。
表表表，表表裏，
表裏表，表裏裏，
裏表表，裏表裏，
裏裏表，裏裏裏
場合の数は積の法則で求めると早い。

解説

上の例題(1)において，「あたり」か「はずれ」の2通りのどちらかが起こるから，あたりくじを引く確率は$\frac{1}{2}$であると考えるのは **誤り** である。このように考えるなら，あたりくじが何本であっても，あたりくじを引く確率は$\frac{1}{2}$になってしまう。

このような確率の計算では，起こりうるすべての場合について，**同様に確からしい**ことが前提になる。そのためには，くじ1本1本を **区別しなくてはならない。**

CHART

確率の基本

nとaを求めて　$\frac{a}{n}\left(=\frac{\text{事柄Aの起こる場合の数}}{\text{起こりうるすべての場合の数}}\right)$

さいころ，硬貨，玉，くじなどは　異なるものと考える

練習 108　3枚の硬貨を同時に投げるとき，次の場合の確率を求めなさい。

(1)　すべて裏が出る。　　(2)　表が2枚，裏が1枚出る。

例題 109 さいころの目と確率

2個のさいころを同時に投げるとき，次の場合の確率を求めなさい。

(1) 出る目の和が9になる。　(2) 出る目の差が1になる。

(3) 2個の目がともに偶数になる。

確率を求めるとき，指定のない限り，さいころは正しく作られている（1〜6の目の出方にかたよりがない）ものとして，どの目が出ることも同様に確からしいと考える。2個のさいころは区別して考える。

CHART 確率の基本　n と a を求めて $\dfrac{a}{n}$

解答

2個のさいころの目の出方は

$6\times6=36$（通り）

これらは同様に確からしい。

(1) 目の和が9になる場合は，表(1)の○印をつけた4通りある。

よって，求める確率は　$\dfrac{4}{36}=\dfrac{1}{9}$ 答

(2) 目の差が1になる場合は，表(2)の○印をつけた10通りある。

よって，求める確率は　$\dfrac{10}{36}=\dfrac{5}{18}$ 答

(3) 2個の目がともに偶数になる場合は，表(3)の○印をつけた9通りある。

よって，求める確率は　$\dfrac{9}{36}=\dfrac{1}{4}$ 答

別解　1個のさいころの目が偶数になるのは，

2, 4, 6の　3通り

よって，2個の目がともに偶数になる場合は

$3\times3=9$（通り）　◀積の法則

したがって，求める確率は　$\dfrac{9}{36}=\dfrac{1}{4}$ 答

(1)

＼	1	2	3	4	5	6
1	2	3	4	5	6	7
2	3	4	5	6	7	8
3	4	5	6	7	8	⑨
4	5	6	7	8	⑨	10
5	6	7	8	⑨	10	11
6	7	8	⑨	10	11	12

(2)

＼	1	2	3	4	5	6
1	0	①	2	3	4	5
2	①	0	①	2	3	4
3	2	①	0	①	2	3
4	3	2	①	0	①	2
5	4	3	2	①	0	①
6	5	4	3	2	①	0

(3)

＼	1	2	3	4	5	6
1						
2		○		○		○
3						
4		○		○		○
5						
6		○		○		○

練習 109　2個のさいころA, Bを同時に投げるとき，Aの出る目の数を a，Bの出る目の数を b とする。次の場合の確率を求めなさい。

(1) $a+b$ が素数になる。　(2) ab が10以上15以下になる。

(3) $(a+1)(b+2)$ が3の倍数でない。　(4) $\dfrac{b}{a}$ が整数になる。

例題 110 順列と確率

男子2人と女子5人の7人全員がくじ引きで順番を決めて1列に並ぶとき，次の場合の確率を求めなさい。

(1) 男子のAが左端に並ぶ。　　(2) 男子2人が隣り合う。

7人全員が1列に並ぶ方法の総数 ⟶ ${}_7P_7$ とわかる。

(1) Aの並ぶ位置は決まっているから，A以外の6人の並び方を考える。

(2) **隣り合う順列 ⟶ 枠に入れて，中で動かす**

まず，男子2人を1組にまとめて並べ，次に男子2人の並びを考える。

解答

7人全員が1列に並ぶ方法の総数は　${}_7P_7=7!$（通り）

(1) 男子のAが左端に並んだとき，他の6人が並ぶ方法の総数は　${}_6P_6=6!$（通り）

よって，求める確率は　$\dfrac{6!}{7!}=\mathbf{\dfrac{1}{7}}$　答

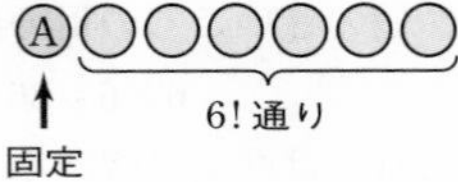

(2) 男子2人をまとめて1組と考えると，この1組と女子5人の並び方の総数は　${}_6P_6=6!$（通り）

そのおのおのについて，隣り合う男子2人の並び方の総数は　${}_2P_2=2!$（通り）

したがって，男子2人が隣り合う並び方の総数は

$6!\times2!$（通り）

◀確率を求めるときに約分するので，積の形のまま残しておく。

よって，求める確率は　$\dfrac{6!\times2!}{7!}=\mathbf{\dfrac{2}{7}}$　答

解説

例題の問題文にある「くじ引きで順番を決めて1列に並ぶ」ということは，7人のそれぞれが7か所のどの位置に並ぶかが同様に確からしいことを意味している。

実際，例題110(1)の結果から，Aが左端に並ぶ確率は $\dfrac{1}{7}$ であり，同様に考えると，Aが他の6か所のどの位置に並ぶ確率も $\dfrac{1}{7}$ であることが求められる。

確率の問題では，問題文に「くじ引きで決めて」，「無作為に」，「でたらめに」などの言葉が出てくることがあるが，これらは起こりうる場合のどれが起こることも**同様に確からしい** ことを意味している。

練習 110　D，R，E，A，Mの5文字を1列に並べるとき，次の場合の確率を求めなさい。

(1) 右端がEである。　　(2) AとDが隣り合う。

例題 111 組合せと確率

赤玉 6 個，白玉 4 個が入った袋から，同時に 3 個の玉を取り出すとき，次の場合の確率を求めなさい。

(1) 3 個とも赤玉が出る。　　(2) 赤玉が 2 個，白玉が 1 個出る。

n は 10 個の玉から 3 個取る組合せの数 ${}_{10}C_3$ である。a は

(1) 赤玉 6 個から 3 個取る組合せの数 ${}_6C_3$

(2) 赤玉 6 個から 2 個，白玉 4 個から 1 個を取り出す方法の数 ${}_6C_2 \times {}_4C_1$

解答

赤玉 6 個と白玉 4 個の計 10 個から 3 個取る組合せは ${}_{10}C_3$ 通り

◀同じ色の玉も区別して考える。

①②③④⑤⑥
①②③④

(1) 赤玉 6 個から 3 個取る組合せは ${}_6C_3$ 通り

よって，求める確率は $\dfrac{{}_6C_3}{{}_{10}C_3}=\dfrac{20}{120}=\mathbf{\dfrac{1}{6}}$ 答

(2) 赤玉 6 個から 2 個取る組合せは ${}_6C_2$ 通り

白玉 4 個から 1 個取る組合せは ${}_4C_1$ 通り

よって，赤玉が 2 個，白玉が 1 個出る取り出し方の総数は

$${}_6C_2 \times {}_4C_1=15\times4=60 \text{（通り）}$$

したがって，求める確率は $\dfrac{60}{{}_{10}C_3}=\dfrac{60}{120}=\mathbf{\dfrac{1}{2}}$ 答

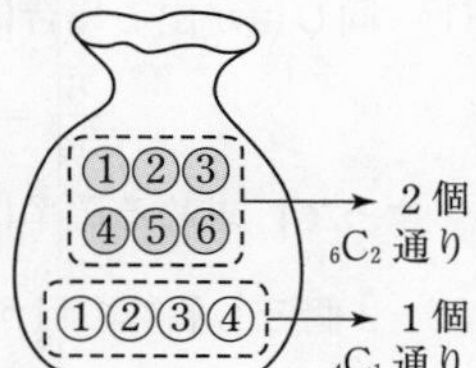

解説

上の例題では，**玉を続けて 1 個ずつ取り出す** としても，3 個取り出すことには変わりがない。こう考えると，取り出す順序も問題になるので，起こりうるそれぞれの場合は組合せではなく **順列** になる。よって，n と a は次のようになる。

$n={}_{10}P_3$　　(1) $a={}_6C_3\times{}_3P_3$　　(2) $a={}_6C_2\times{}_4C_1\times{}_3P_3$

〰〰は取り出した 3 個の玉の順列の総数。

$\dfrac{a}{n}$ の値は解答と同じになる。

このように，取り出すものに順番をつけて確率を求めることもできる。

赤玉 4 個，白玉 3 個，青玉 2 個が入った袋から，同時に 4 個の玉を取り出すとき，次の場合の確率を求めなさい。

(1) 赤玉が 2 個，白玉が 1 個，青玉が 1 個出る。

(2) 赤玉が 2 個出る。

練習 111B

1 から 9 までの番号札の中から無作為に同時に 2 枚取り出すとき，次の場合の確率を求めなさい。

(1) 2 枚とも奇数である。　　(2) 2 枚の数字の積が 3 の倍数である。

例題 112 事柄Aの起こらない確率

大小2個のさいころを同時に投げるとき，次の場合の確率を求めなさい。

(1) 同じ目が出ない。 (2) 奇数の目が少なくとも1つ出る。

考え方

(1) 大きいさいころの目が1のとき，小さいさいころの目の出方は，1以外の5通りある。大きいさいころの目が2～6の場合も，同じように5通りずつあるから $a=6\times5=30$ ◀$a={}_6P_2$ としてもよい。

一方，同じ目が出る場合なら6通りとすぐにわかる。このような場合，与えられた事柄が起こる確率を直接求めるよりも，次のことを使ったほうが早い。

(事柄Aの起こらない確率)$=1-$(事柄Aの起こる確率)

(2) まず，2個とも偶数の目が出る確率を求めると簡単に計算できる。

解答

大小2個のさいころの目の出方の総数は $6\times6=36$（通り）

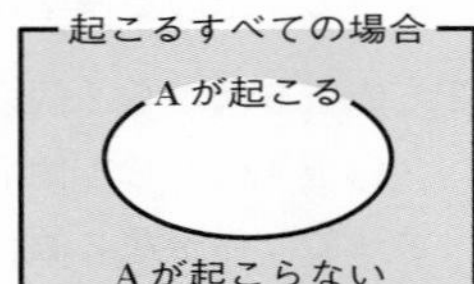

(1) 同じ目が出る場合は6通りあるから，その確率は

$$\frac{6}{36}=\frac{1}{6}$$

よって，求める確率は $1-\frac{1}{6}=\boldsymbol{\frac{5}{6}}$ 答

(2) 2個とも偶数の目が出る場合は $3\times3=9$（通り）あるから，

その確率は $\frac{9}{36}=\frac{1}{4}$ よって，求める確率は $1-\frac{1}{4}=\boldsymbol{\frac{3}{4}}$ 答

解説

上の例題(2)を［1］2個とも偶数，［2］1つが偶数，1つが奇数 と場合に分けて

［1］ $\underset{偶\ 偶}{3\times3}=9$（通り） ［2］ $\underset{偶\ 奇\ 奇\ 偶}{3\times3+3\times3}=18$（通り） よって $\frac{9+18}{36}=\frac{3}{4}$

としてもよいが，上の解答の方が計算がらくである。このように，確率の問題では，**「少なくとも」**というキーワードが出てきたら，起こらない確率を利用することを考えると計算がらくになる場合が多い。

CHART **Aでない確率** (Aでない確率)$=1-$(Aの確率)

…でない，少なくとも1つに有効

練習 112A 1組52枚のトランプから1枚を抜き出すとき，次の確率を求めなさい。

(1) ハートでない。 (2) 札の番号が5の倍数でない。

練習 112B あたりくじ3本，はずれくじ5本が入った8本のくじから同時に2本引くとき，少なくとも1本があたりくじである確率を求めなさい。

例題 113　じゃんけんの確率

4人がじゃんけんを1回するとき，次の場合の確率を求めなさい。

(1)　1人だけが勝つ。　　(2)　2人が勝つ。　　(3)　あいこになる。

じゃんけんの確率は，**誰がどの手で勝つか** に注目して考える。

たとえば，(1) では　**誰が勝つか**　⟶ 4人いるから　4通り

どの手で勝つか ⟶ グー，チョキ，パーの　3通り

よって，1人だけが勝つ場合は　4×3 通り

(3)　4人があいこ ⟶「全員が同じ手」と「出る手が3種類」の場合がある。

よって，手の出し方の総数は，これらの場合の数の和になる。

解答

4人の手の出し方は，1人につき，グー，チョキ，パーの3通りの出し方があるから，

全部で　$3\times3\times3\times3=3^4$ (通り)

(1)　1人だけが勝つ場合は，

誰が勝つかで4通り，そのおのおのについて，どの手で勝つかで3通りあるから，

全部で　4×3 通り

よって，求める確率は　$\dfrac{4\times3}{3^4}=\dfrac{4}{27}$ 答

(2)　2人が勝つ場合は，

誰が勝つかで ${}_4C_2$ 通り，そのおのおのについて，どの手で勝つかで3通りあるから，

全部で　${}_4C_2\times3$ 通り

よって，求める確率は　$\dfrac{{}_4C_2\times3}{3^4}=\dfrac{6\times3}{3^4}=\dfrac{2}{9}$ 答

(3)　あいこになる場合は，次の [1]，[2] のどちらかである。

[1]　全員が同じ手を出すとき　グー，チョキ，パーの3通り

[2]　特定の1人をAとする。Aがグーのとき，残りの3人の手について

3人ともちがう手を出す　……　$3\times2\times1=6$ (通り)

チョキが2人，パーが1人 ……　誰がパーかで3通り

チョキが1人，パーが2人 ……　誰がチョキかで3通り

Aが他の手を出すときも同様であるから　$(6+3+3)\times3=36$ (通り)

[1] と [2] には重複がないから，あいこになる場合は　$3+36=39$ (通り)

したがって，求める確率は　$\dfrac{39}{3^4}=\dfrac{13}{27}$ 答

練習 113　A，B，Cの3人がじゃんけんを1回するとき，次の場合の確率を求めなさい。

(1)　あいこになる。　(2)　Cだけが勝つ。　(3)　1人だけが勝つ。

例題 114 動点と確率

右の図のように，1辺の長さが1の正八角形 ABCDEFGH がある。点Pは初め点Aの上にある。

1個のさいころを3回投げ，出た目の数の和と同じ長さだけ，正八角形の辺にそって矢印の向きに進み，頂点の上で止まる。点Pが点Hの上で止まる確率を求めなさい。

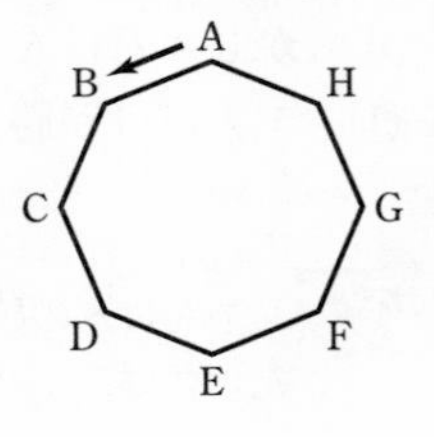

点Pが点Hの上で止まるのは，さいころを3回投げたときの出た目の数の和が 7，7+8=15 のときである。それぞれの場合の数を調べる。

解答

さいころを3回投げるとき，目の出方は全部で　$6\times6\times6=216$（通り）

点Pが点Hの上で止まるのは，点Aから進んだ長さが 7，15，23，…… のときである。

このうち，3回投げたさいころの目の和として考えられるものは　7，15

[1]　和が7になる場合，3回のさいころの目の出方は，次の場合がある。

1回目	1	1	5	1	1	2	2	4	4	1	3	3	2	2	3
2回目	1	5	1	2	4	1	4	1	2	3	1	3	2	3	2
3回目	5	1	1	4	2	4	1	2	1	3	3	1	3	2	2

よって　15通り

[2]　和が15になる場合，3回のさいころの目の出方は，次の場合がある。

1回目	3	6	6	4	4	5	5	6	6	5
2回目	6	3	6	5	6	4	6	4	5	5
3回目	6	6	3	6	5	6	4	5	4	5

よって　10通り

[1] と [2] に重複はないから，点Pが点Hの上で止まる場合は全部で

$$15+10=25 \text{（通り）}$$

したがって，求める確率は　$\dfrac{25}{216}$　答

さいころの出た目の組合せを {1，2，3} のように表すと，目の和が15となる場合の組合せは　{3，6，6}，{4，5，6}，{5，5，5}　と表される。目の出る順番を考えると，{3，6，6} の場合は3通り，{4，5，6} の場合は $3!=6$（通り），{5，5，5} の場合は1通りとなるから，目の和が15となる場合は全部で

$$3+6+1=10 \text{（通り）}$$

例題114において，さいころを3回投げて，点Pが点Cの上で止まる確率を求めなさい。

演習問題

□**130** 赤，青，黄，緑の箱が1個ずつ，赤，青，黄，緑のボールが1個ずつある。この4個のボールが1個ずつ4個の箱に入っている。
(1) どの箱にも箱と同じ色のボールが入っている確率を求めなさい。
(2) どの箱にも箱と異なる色のボールが入っている確率を求めなさい。
➔ 108

□**131** 袋Aの中には白玉2個と赤玉4個が，袋Bの中には白玉3個と赤玉2個が，それぞれ入っている。袋A，袋Bからそれぞれ1個ずつ玉を取り出して入れかえるとき，袋A，袋Bの中の白玉と赤玉の個数が，入れかえる前と同じである確率を求めなさい。

□**132** ジョーカーを除いた1組52枚のトランプをよく混ぜて1枚を取り出すとき，ダイヤの札または絵札が出る確率を求めなさい。

□**133** 1の目が1つ，2の目が2つ，3の目が3つある正六面体のさいころが2個ある。この2個のさいころを同時に投げるとき，出る目の数の和が3の倍数となる確率を求めなさい。
➔ 109

□**134** A，B，C，D，Eの5文字を1列に並べるとき，AがCとDよりも左側に並ぶ確率を求めなさい。
➔ 110

□**135** あたりくじを3本含む10本のくじがある。このくじをA，B，Cの3人がこの順に1本ずつ引く。ただし，引いたくじはもとに戻さない。
(1) Bがあたる確率を求めなさい。 (2) Cがあたる確率を求めなさい。

□**136** 2つの袋A，Bがあり，どちらの袋にもあたりくじが2本とはずれくじが4本入っている。このとき，次の確率を求めなさい。
(1) 袋Aの中から同時にくじを2本引くとき，あたりくじとはずれくじが1本ずつ出る。
(2) 2つの袋A，Bのそれぞれの中から同時にくじを1本ずつ引くとき，あたりくじとはずれくじが1本ずつ出る。
➔ 111

130 (2) 樹形図を利用する。
135 3本のくじを取り出して，A，B，Cの前に並べると考える。

□137 2, 3, 4, 5, 6 の数字を 1 つずつ書いた 5 枚のカードがある。この 5 枚のカードをよく混ぜて，4 枚を続けて取り出す。取り出した順に左から右に並べて 4 桁の整数をつくる。このようにしてつくった整数が次のようになる確率を求めなさい。

(1) 偶数となる。　(2) 3 の倍数となる。　(3) 6 の倍数となる。

□138 1000 から 9999 の 4 桁の数から，1 つを無作為に選び出すとき，同じ数字が 2 つ以上含まれている確率を求めなさい。 ➔ 112

□139 A，B，C の 3 人がじゃんけんをして，負けた者から順に抜けていき，最後に残った 1 人を優勝者とする。このとき，次の場合の確率を求めなさい。

(1) 1 回目で A が抜ける。　(2) 1 回目で 1 人だけ抜ける。

(3) 3 回目が終わった時点で 3 人とも残っている。 ➔ 113

□140 大中小 3 個のさいころを同時に投げて，出る目の数をそれぞれ a，b，c とする。

(1) $a<b<c$ となる確率を求めなさい。

(2) $a+b+c=6$ となる確率を求めなさい。

(3) $a+b+c \leqq 6$ となる確率を求めなさい。

□141 さいころを 2 回投げ，1 回目に出た目の数を a，2 回目に出た目の数を b とするとき，次の場合の確率を求めなさい。

(1) 2 次方程式 $x^2-ax+b=0$ が異なる 2 つの整数の解をもつ。

(2) 3 本の直線 $y=\dfrac{b}{a}x$，$y=\dfrac{a}{b}x$，$y=2x-1$ が三角形を作る。

➔ 114

□142 右の図のように，正方形 ABCD において，各辺を 3 等分する点と頂点を合わせた 12 個の点がある。いま，大小 2 個のさいころを同時に 1 回投げて，それぞれ出た目の数だけ点の上を移動する 2 点 P，Q を考える。P，Q は初めに正方形の頂点 A の位置にあり，点 P は反時計回り，点 Q は時計回りに各点を進むものとする。2 個のさいころを同時に 1 回投げるとき，3 点 A，P，Q を線分で結んでできる図形が直角三角形になる確率を求めなさい。

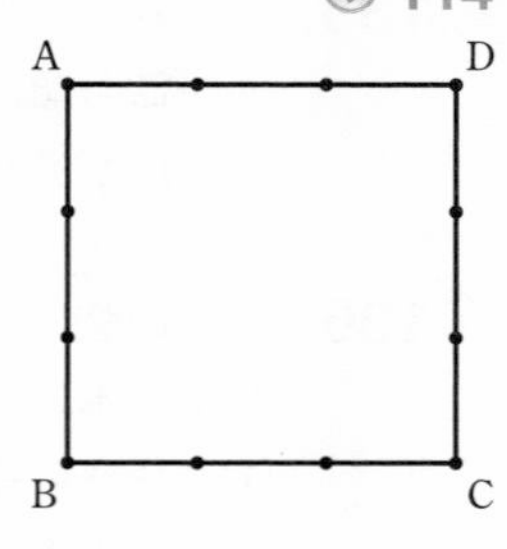

137 (2) 3 の倍数 ⟶ 各位の和が 3 の倍数

(3) (2) の場合の 4 枚のカードを，一の位が偶数となるように並べる。

141 (2) 三角形を作らない ⟶ 3 直線が 1 点で交わるか 2 直線が平行

モンティ・ホール問題

次の問題を考えてみましょう。(『体系数学 2 代数編』 $p.155$ 参照)

3つあるドア A, B, C の1つに景品が隠されていて, 残り2つははずれです。司会者は景品が入っているドアを知っています。あなたは, 1つのドアを開けて, 景品があればもらうことができます。あなたがドアを1つ選択した後, 司会者が残った2つのうち, はずれのドアを1つ開けて見せてくれました。ここで, 司会者が「ドアを変更しますか?」とあなたに尋ねました。あなたはどうしますか?

まず, 最初の段階であなたが選んだドアに景品が隠されている確率は $\frac{1}{3}$ です。

司会者がはずれのドアを1つ開けて見せてくれた段階で, 景品が隠されているのは, あなたの選んだドアか, 残りのもう1つのドアのどちらかです。

よって, **「確率は $\frac{1}{2}$ だ!」** と考えてしまいがちですが,

この考え方は **間違っています**。

A　B　C

選択中 ➡ Bに変更する?
変更しない?

表をつくるとわかりやすいでしょう。あなたはドアAを選択したとして, 各場合をまとめたものが右下の表です。

この表を見ると, 景品があたる確率は

変更しない場合　$\frac{1}{3}$

変更した場合　$\frac{2}{3}$

となります。これは, 他のB, Cのドアを選択した場合も同様です。

○ … あたり, × … はずれ

景品があるドア	司会者が開けるドア	変更しない場合	変更した場合
A	BかC	○	×
B	C	×	○
C	B	×	○

よって, **ドアは変更した方がよい** ということになります。

納得できない人は, ドアの数を100個にして考えてみましょう。あなたがドアを1つ選んだ後, 司会者がはずれのドア98個を開けます。

◀最初の段階であたる確率は $\frac{1}{100}$

このとき, あなたが選んだドアに景品が隠されている確率は $\frac{1}{2}$ に上がるでしょうか?

いいえ, あなたの選んだドアに景品が隠されている確率は $\frac{1}{100}$ です。

残りのドアに景品が隠されている確率は $\frac{99}{100}$ で, このうち, はずれの98個を司会者が開けるわけです。残りのドアに景品が隠されている確率の方が高いですね。

4 標本調査

基本事項

1 全数調査と標本調査

(1) **全数調査**　対象とする集団に含まれるすべてのものについて行う調査を **全数調査** という。

例　国勢調査(日本の総人口や人口の分布について調べる)

(2) **標本調査**　対象とする集団の一部を調べ，その結果から，集団全体の状況を推定する調査を **標本調査** という。

2 母集団と標本

(1) **母集団**　標本調査において，調査対象全体を **母集団** という。

(2) **標本**　調査のために母集団から取り出されたものの集まりを **標本** という。

(3) **母集団の大きさ**　母集団に含まれるものの個数を **母集団の大きさ** という。

(4) **標本の大きさ**　標本に含まれるものの個数を **標本の大きさ** という。

(5) **抽出**　母集団から標本を取り出すことを標本の **抽出** という。

(6) **無作為に抽出する**　母集団からかたよりなく標本を抽出することを，標本を **無作為に抽出する** という。

(7) **標本の選び方**

標本調査の目的は，抽出した標本から母集団の状況を推定することである。そのため，標本を抽出するときには，母集団の状況をよく表すような方法をとる必要がある。標本を無作為に抽出するには，次のような方法がある。

まず，母集団に含まれるデータに番号をつけておく。その上で

① 番号を書いたくじを作り，それでくじ引きを行う。

② 正二十面体の各面に 0 から 9 までの数字が 2 回ずつ書かれたさいころ(乱数さい)を使う。

③ 0 から 9 までの数字を不規則に並べた表(乱数表)を使う。

④ コンピュータを利用する。

3 標本調査の利用

(1) **母集団の平均値の推定**　母集団から抽出した標本の平均値を **標本平均** という。標本平均から母集団の平均値を推定することができる。

◀(標本平均)≒(母集団の平均値)

(2) **母集団の比率の推定**　たとえば，袋の中の大きさが等しい白玉と黒玉の比率を，抽出した標本における白玉と黒玉の比率から推定することができる。

◀(標本の比率)≒(母集団の比率)を利用する。

例題 115 全数調査と標本調査

次のそれぞれの調査は，全数調査と標本調査のどちらが適当であるか答えなさい。

(1) 日本の中学生の1か月のこづかいの平均の調査

(2) ある中学校の3年1組の生徒の身長と体重の平均の調査

(3) ある工場の電球の製品 20000 個の寿命の調査

最も正確なのは全数調査の結果であるが，全数を調べつくすことが不可能であったり，全数調査ができてもその効果がまったく意味のないものになったりすることもある。また，全数調査でもできるが，労力・時間・費用などがかかりすぎる場合は，標本調査を行う方が適当であると考える。

全数調査
対象の全部を調査
標本調査
対象の一部を調査

解答

(1) 日本の中学生の1か月のこづかいの全数調査を行うとすると，労力・時間・費用がかかりすぎる。

答 **標本調査**

(2) ある中学校の3年1組の生徒の人数は40人前後であると考えられるから，その全員の身長と体重を測定し平均を求めることは，あまり大きな労力・時間・費用はかからない。

答 **全数調査**

(3) 全数調査を行うと，その調査が終わったときには，未使用の製品が残らない。

◀売るべき製品が残らないので意味がない。

答 **標本調査**

参考 全数調査で得られた結果を母集団とする標本調査が行われることもある。たとえば，「労働力調査」などは，全数調査で得られる「国勢調査」の結果を利用して，標本調査を行っている。

練習 115 次のそれぞれの調査は，全数調査と標本調査のどちらが適当であるか答えなさい。

(1) ある中学校の3年生の健康診断の調査

(2) あるテレビ番組の視聴率の調査

(3) ある貯水池の水質調査

例題 116 標本の抽出法

各組の人数が 30 人の，ある中学校の 3 年 1 組から 7 組までの生徒 210 人の数学の成績を調べるのに，大きさ 21 の標本を抽出（21 人を選ぶこと）して調べることにした。標本の選び方として適当なものを，次の ①～③ からすべて選びなさい。

① ある組の，出席番号 1 から 21 までの人を選ぶ。

② 乱数さいを投げて，出た数字が出席番号の一の位である人を各組から選ぶ。

③ 全員に 210 本中あたりくじが 21 本のくじを引かせて，あたりくじを引いた人を選ぶ。

標本抽出で，最も大切なことは，**かたよりなく公平に** 標本を選ぶことである。
たとえば，ある中学校の生徒 100 人から 10 人を選んでハンドボール投げの記録の平均値を推定するとき，ハンドボール部の部員の中から 10 人を選ぶのでは，生徒 100 人の状況をよく表しているとはいえない。

解答

① 1つの組だけから標本を選ぶことは，公平ではなくかたよりがある。

② 全員の中から公平に選ばれており，かたよりがない。

③ 全員の中から公平に選ばれており，かたよりがない。

答 ②，③

標本調査を行うとき，抽出した標本の性質などがある方向にかたよるのはよくない。
標本は，**もとの母集団の縮図であること** が大切である。
なお，世論調査などでは，よりきめ細かに性別，職業別，年齢別，地域別など，母集団をいくつかの層に分けて，それぞれの層から公平に標本を選ぶことがふつうである。

練習 116 200 人が受けたあるテストの成績を，大きさ 20 の標本を抽出して調べることにした。標本の選び方として最も適当なものを，次の ①～③ から選びなさい。

① 早く試験場を出た方から 10 人と，遅く試験場を出た方から 10 人の 20 人を選ぶ。

② 前回のテストで成績の良かった方から 20 人を選ぶ。

③ 全員に 200 本のうち，あたりくじが 20 本のくじを引かせて，あたりくじを引いた人を選ぶ。

例題 117 標本調査の利用

ある英和辞典のAからZまでのページ数は1950ページある。いま，この辞典に，どれくらいの項目がのっているかを調べるため，でたらめに30ページ分を選んで項目の数を数えた。
これを3回行ったところ，右の表のようになった。

	1回目	2回目	3回目	合計
項目の数	1145	1093	1182	3420

この表の合計から，英和辞典の項目の総数を推定しなさい。

英和辞典の項目の数を推定するには，標本の比率がほぼ母集団の比率に近いことを利用する。英和辞典の1950ページが母集団で，そのうちの90ページが標本ということになり，標本の項目の数3420から，母集団の項目の数を求める。

解答

英和辞典の総項目数をおよそxとする。

抽出した標本における項目の数の割合は　$\dfrac{3420}{90}$　◀$\dfrac{3420}{30\times3}$

英和辞典は1950ページであるから　$\dfrac{x}{1950}=\dfrac{3420}{90}$　◀標本の比率で母集団の比率を推定する。

したがって　$x=\dfrac{1950\times3420}{90}=74100$

答　**およそ74100項目**

解説

上の解答において，$\dfrac{3420}{90}$は標本における1ページあたりの項目の数の平均であり，$\dfrac{x}{1950}$は母集団における1ページあたりの項目の数の平均である。よって，
標本調査した1ページあたりの項目の数の平均が，　◀標本平均
母集団の項目の数の平均に一致すると考えて，　◀(母集団の平均値)≒(標本平均)
母集団の大きさを求めた ことにもなる。

練習 117　本文が192ページの数学の教科書から，でたらめに10ページを選び出し，それぞれのページに使われている「数」という文字の個数を数えたところ，次のようであった。

2，6，6，6，8，0，2，4，4，7

このとき，この教科書の本文には，およそ何個の「数」という文字が使われているといえるかを推定しなさい。

演習問題

□**143** ある高校の3年生400人の身長を測定したものを母集団と考えて，それから10個の標本を無作為に抽出したところ，次のものを得た。

162.5　157.2　151.3　156.2　161.1
154.7　150.3　152.4　163.5　166.8　(単位は cm)

これから，母集団の平均値を推定しなさい。 ➔ 117

□**144** X市のすべての中学生8500人のうち，無作為に抽出した500人について通学時間を調査した。その結果を，右のように度数分布表に表した。この調査結果を使って，通学時間が40分以上50分未満の生徒の人数は，X市全体で何人いるか推定しなさい。

階級（分）	度数（人）
0 以上 10 未満	118
10 ～ 20	131
20 ～ 30	125
30 ～ 40	106
40 ～ 50	20
計	500

□**145** 池にいる魚の総数を推定するために，次のような調査を行った。

[1]　池のあちこちから全部で100匹の魚を捕えて，それらに印をつけて，池にもどした。

[2]　2週間後に，同じようにして池から全部で300匹の魚を捕えたところ，そのうちの20匹に印がついていた。

この結果から，池にいる魚の総数を推定しなさい。 ➔ 117

□**146** 赤，青，白の球が，合わせて400個入った箱がある。この箱の中から無作為に20個抽出し，白球の個数を調べ，抽出した球を箱にもどす。この作業を8回くり返して，次の表を得た。この箱の中の白球の個数を推定しなさい。

回	1	2	3	4	5	6	7	8
白球の個数	6	6	8	7	7	7	5	6

➔ 117

143 標本平均で母集団の平均値を推定する。
144～146 標本の比率を利用する。

総合問題 1　思考力・判断力・表現力を身につけよう!

さいころを3回投げて，1回目に出る目を一の位の数，2回目に出る目を十の位の数，3回目に出る目を百の位の数として3桁の整数 N をつくる。
このとき，次の確率を求めなさい。

(1)　N が偶数となる確率　　(2)　$\sqrt{N}$ が整数となる確率

(1)　偶数かどうかは一の位の数で決まるから，1回目に出る目で決まる。
よって，2回目，3回目に出る目によらない。

(2)　$\sqrt{N}$ が整数となるのは N が自然数の2乗の形になるときである。
また，さいころの目には7，8，9，0がないことに注意する。

解答

(1)　N の一の位の数が偶数ならば N は偶数である。
よって，1回目に出る目が偶数であれば，2回目，3回目の目の出方には関係なく N は偶数となる。
したがって，求める確率は，さいころを1回投げて偶数の目が出る確率と同じであるから　$\frac{3}{6}=\mathbf{\frac{1}{2}}$ 答

(2)　N が自然数の2乗の形になる確率を求めればよい。
N のとりうる値の範囲は，条件より111以上666以下である。
$111>100=10^2$，$666<676=26^2$ であり

$11^2=121$，$12^2=144$，$13^2=169$，$14^2=196$，$15^2=225$，
$16^2=256$，$17^2=289$，$18^2=324$，$19^2=361$，$20^2=400$，
$21^2=441$，$22^2=484$，$23^2=529$，$24^2=576$，$25^2=625$　◀全部で15通りある。

さいころの目は1～6であるから，N が自然数の2乗の形となる場合は

$N=121$，144，225，256，324，361，441，625

の8通り。　◀問題に適するのは8通り。

さいころを3回投げるときの目の出方は，全部で $6\times6\times6$ 通り。

よって，求める確率は　$\frac{8}{6\times6\times6}=\mathbf{\frac{1}{27}}$ 答

総合問題 2

思考力・判断力・表現力を身につけよう！

斜線模様と無地の同じ大きさの正方形のタイルがたくさんある。これらのタイルを使って，下の図のように，斜線模様のタイルを1個おいて1番目の正方形とし，2番目以降は，正方形の四隅のうち左下隅に斜線模様のタイルをおいて，斜線模様のタイルと無地のタイルが縦横いずれも交互になるようにすき間なく並べて大きな正方形を作っていく。できあがった正方形の1辺にそって並んだタイルの個数が1個，2個，3個，…… のとき，それぞれできあがった正方形を，1番目，2番目，3番目，…… とする。

具体例を見て，タイルの並べ方の規則をきちんと把握しよう。

1番目

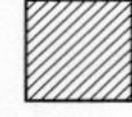

2番目

3番目

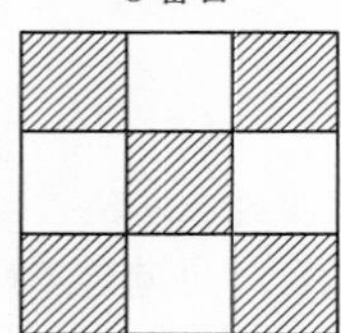

・・・

(1)　4番目と5番目の正方形には，斜線模様のタイルと無地のタイルがそれぞれ何個使われているか答えなさい。

(2)　次の問いに k を用いて答えなさい。ただし，k は自然数とする。

　(ア)　$(2k-1)$ 番目（奇数番目）の正方形には，斜線模様のタイルと無地のタイルがそれぞれ何個使われているか答えなさい。

　(イ)　$2k$ 番目（偶数番目）の正方形には，斜線模様のタイルと無地のタイルがそれぞれ何個使われているか答えなさい。

(3)　斜線模様のタイルを221個使ってできる正方形は，何番目の正方形か答えなさい。

(2)　まず，使われるタイルの総数に着目する。

(3)　規則に従ってタイルを並べても求めることはできるが，数が大きくなると大変。(2)で求めた偶数番目と奇数番目の特徴や式を利用して考えよう。

解答

(1)　4番目と5番目の正方形は次の図のようになる。

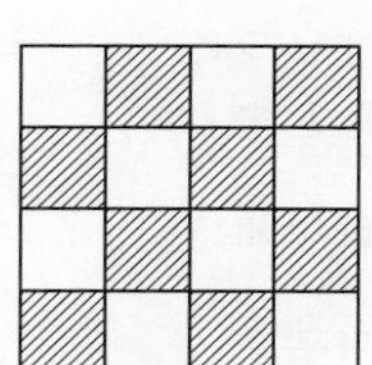

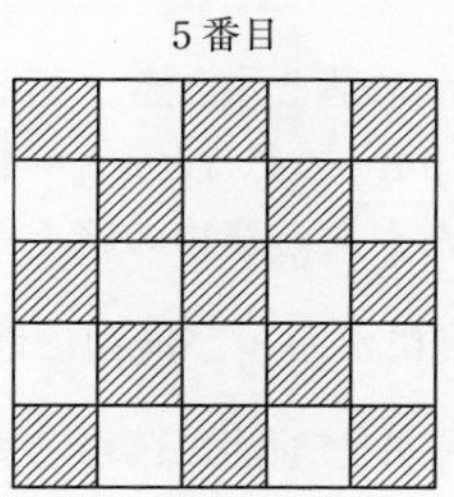

したがって，4番目の正方形に使われているタイルは

斜線模様のタイルは　8個，　無地のタイルは　8個 答

また，5番目の正方形に使われているタイルは

斜線模様のタイルは　13個，　無地のタイルは　12個 答

(2)　(ア)　$(2k-1)$番目の正方形に使われるタイルの総数は

$(2k-1)^2=4k^2-4k+1$（個）

$(2k-1)$番目の正方形は，$2(k-1)$番目の正方形に$2(k-1)$枚ずつ斜線模様のタイルと無地のタイルを加え，さらに斜線模様のタイルを1枚たしてできるから

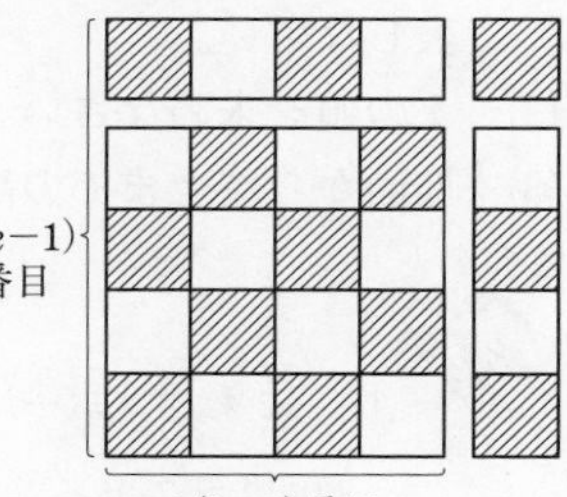

斜線模様のタイルは

$(4k^2-4k+1+1)\div 2=\boldsymbol{2k^2-2k+1}$（**個**）

無地のタイルは　$\boldsymbol{2k^2-2k}$（**個**） 答

(イ)　$2k$番目の正方形に使われるタイルの総数は　$(2k)^2=4k^2$（個）

偶数番目の正方形において，斜線模様のタイルと無地のタイルの個数は等しいから

斜線模様のタイルは　$4k^2\div 2=\boldsymbol{2k^2}$（**個**）

無地のタイルは　$\boldsymbol{2k^2}$**個** 答

(3)　(2)から，斜線模様のタイルが奇数個になるのは，奇数番目の正方形である。

$(2k-1)$番目の正方形に使われる斜線模様のタイルの個数が221個のとき

$2k^2-2k+1=221$

$k^2-k-110=0$

$(k+10)(k-11)=0$

$k\geqq 1$ であるから　$k=11$

よって　$2\times 11-1=$**21（番目）** 答

別解　(2)から，斜線模様のタイルが奇数個になるのは，奇数番目の正方形である。

$(2k-1)$番目の正方形に使われる斜線模様のタイルの個数が221個のとき

無地のタイルは　$221-1=220$（個）

よって，このとき使われるタイルの総数は　$221+220=441$（個）

$441=21^2$ であるから，この正方形は　**21番目** 答

総合問題 3

思考力・判断力・表現力を身につけよう!

ボールを静かに落とすとき，落とし始めてから t 秒間に落ちる距離を y m とすると，$y=4.9t^2$ の関係式が成り立つ。いま，A さんがある建物の屋上からボールを静かに落とすと，$\dfrac{72}{35}$ 秒後にボールが最初に地面に落ちたときの音が聞こえた。ボールが地面に落ちるまでの時間を x 秒，音速を毎秒 343 m とするとき，次の問いに答えなさい。ただし，A さんの身長は考えないものとする。

(1) 4.9：343 を最も簡単な整数の比で表しなさい。また，音が地面から屋上まで伝わる時間を，x を用いて 2 通りで表しなさい。

(2) x の値を求めなさい。ただし，$x>0$ とする。

(3) 地面から屋上までの高さを求めなさい。

(1) $\dfrac{72}{35}$ 秒は，ボールが地面に落ちるまでの時間と音が地面から屋上まで伝わる時間の和である。また，建物の屋上の高さを h m とすると，音が屋上まで伝わる時間は $\dfrac{h}{343}$ 秒である。

(2) (1) で 2 通りに表した時間が等しいことから x の値を求める。

解答

(1) 4.9：343＝49：3430

3430÷49＝70 であるから　　4.9：343＝**1：70** 答

$$x\,(\text{秒})+(\text{音が地面から屋上に伝わる時間})=\frac{72}{35}\,(\text{秒})$$

であるから，音が地面から屋上に伝わる時間は

$$\left(\frac{72}{35}-x\right)\text{秒}$$

一方，地面から屋上までの高さは $4.9x^2$ m であり，音速は毎秒 343 m であるから，音が地面から屋上に伝わる時間は

$$\frac{4.9x^2}{343}=\frac{x^2}{70}$$

◀(時間)＝(距離)÷(速さ)

よって，音が地面から屋上まで伝わる時間を 2 通りで表すと

$$\left(\frac{72}{35}-x\right)\text{秒},\quad \frac{x^2}{70}\text{秒}$$ 答

(2) (1)から　$\frac{72}{35}-x=\frac{x^2}{70}$　◀(1)で2通りに表した時間は等しい。

$x^2+70x-144=0$

$(x-2)(x+72)=0$

$x>0$ であるから　$\boldsymbol{x=2}$ 答

(3) $y=4.9x^2$ に $x=2$ を代入して

$y=4.9\times2^2=19.6$

よって，地面から屋上までの高さは　**19.6 m** 答

別解 音速は毎秒 343 m，音が地面から屋上に伝わる時間は $\left(\frac{72}{35}-x\right)$ 秒であるから，

地面から屋上までの高さは

$343\times\left(\frac{72}{35}-2\right)=343\times\frac{2}{35}=\mathbf{19.6\,(m)}$ 答　◀(距離)=(速さ)×(時間)

x を正の整数としたとき，x^2 の形で表される数を「平方数」という。次の問いに答えなさい。

(1) 等式 $6^2+8^2+17^2+x^2=5^2+9^2+18^2+y^2$ ……(＊) について

[1] x^2-y^2 の値を求めなさい。

[2] 等式(＊)を満たす正の整数 x，y の値を求めなさい。

左辺と右辺の数に注目してみよう。計算のくふうをできることはないだろうか？

(2) 等式(＊)のように，左辺と右辺のそれぞれが 4 つの平方数の和で表される等式を考える。$a+b=c+d$ のとき，次の ア ， イ に a，b，n を用いた最も適切な式を入れなさい。

$$a^2+b^2+(c+n)^2+(d+n)^2=(\boxed{ア})^2+(\boxed{イ})^2+c^2+d^2$$

(3) (2) を利用することにより，

等式 $24^2+27^2+29^2+30^2=p^2+q^2+r^2+s^2$

を満たす正の整数 p，q，r，s の値の組 (p, q, r, s) を 1 組求めなさい。

ただし，$p>24$，$p \leqq q \leqq r \leqq s$ とする。

(1) [2] $A^2-B^2=(A+B)(A-B)$ を利用して式を変形する。

(3) (2) を利用すると，$a=24$，$b=27$，$c+n=29$，$d+n=30$ とおける。

解答

(1) [1] 等式(＊)を変形すると

$$\begin{aligned} x^2-y^2 &= 5^2+9^2+18^2-6^2-8^2-17^2 \\ &= (5^2-6^2)+(9^2-8^2)+(18^2-17^2) \\ &= (5+6)(5-6)+(9+8)(9-8)+(18+17)(18-17) \\ &= -11+17+35 \\ &= \mathbf{41} \end{aligned}$$ 答

◀組み合わせをくふうすると計算がらく。

[2] $x^2-y^2=(x+y)(x-y)$

よって　$(x+y)(x-y)=41$ ……①

◀[1] から $x^2-y^2=41$

x，y は正の整数であるから，$x+y$ は正の整数，$x-y$ は整数で

$x+y>x-y$ ……②

41 を素因数分解すると，$41=1\times41$ であるから，①，② より

$x+y=41$，$x-y=1$

これを解いて　$\boldsymbol{x=21}$，$\boldsymbol{y=20}$ 答

(2) $a^2+b^2+(c+n)^2+(d+n)^2=a^2+b^2+c^2+2cn+n^2+d^2+2dn+n^2$

$=a^2+b^2+c^2+d^2+2n(c+d)+2n^2$

$=a^2+b^2+c^2+d^2+2n(a+b)+2n^2$ ◀$a+b=c+d$ から。

$=a^2+b^2+c^2+d^2+2an+2bn+2n^2$

$=(a^2+2an+n^2)+(b^2+2bn+n^2)+c^2+d^2$ ◀$2n^2=n^2+n^2$

$=(a+n)^2+(b+n)^2+c^2+d^2$

このように式変形を行うことができる。

答 (ア) $\boldsymbol{a+n}$ (イ) $\boldsymbol{b+n}$ または (ア) $\boldsymbol{b+n}$ (イ) $\boldsymbol{a+n}$

(3) (2)の問題の式において

$a+b=c+d$, $a=24$, $b=27$, $c+n=29$, $d+n=30$

とすると

$c+d=a+b=24+27=51$,

$c-d=(c+n)-(d+n)=29-30=-1$

よって　$c=25$, $d=26$, $n=4$

このとき　$a+n=24+4=28$, $b+n=27+4=31$

ゆえに，(2)で求めた等式より

$24^2+27^2+29^2+30^2=28^2+31^2+25^2+26^2$

$p>24$, $p\leqq q\leqq r\leqq s$ であるから

$p=25$, $q=26$, $r=28$, $s=31$

よって　$\boldsymbol{(p,\ q,\ r,\ s)=(25,\ 26,\ 28,\ 31)}$ 答

総合問題 5

思考力・判断力・表現力を身につけよう！

歩希（あゆき）さんとゆりさんは，次の問題について話し合っている。

> ある街には，右の図のような道がある。A 地点から B地点まで遠回りしないで行く道順が何通りあるか答えなさい。

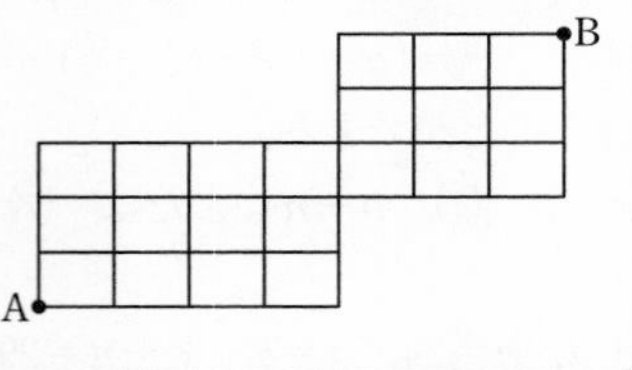

どこかで似たような問題を見たことがないだろうか？

下の会話文を読み，あとの問いに答えなさい。

歩希：171 ページにある例題 107 に似てるよね。

ゆり：そうだね。例題 107 (2) を考えてみようよ。

> ある街には，右の図のように東西に 5 本，南北に 6 本の道がある。次の場合に，図のA地点からB地点まで遠回りしないで行く道順は，何通りあるか答えなさい。
>
> (1)　全部の道順　　　(2)　P地点を通る。

歩希：(2) の答えは ${}_4C_2\times{}_5C_2$ で 60 通りだったね。
　　でも，${}_4C_2$ や ${}_5C_2$ って何のことだっけ？

積の法則
p.162 基本事項 ① (3) をふり返ろう！

ゆり：遠回りしないで行く道順って最短経路のことよね。
　　${}_4C_2$ はA地点からP地点までの最短経路の総数で，
　　${}_5C_2$ はP地点からB地点までの最短経路の総数のことよ。

歩希：P地点を経由するから分けて求めるんだったね。
　　じゃあ，最初の問題も，次の図のように，経由する地点P，Qを 2 つの区画の境界にとって，少なくともどちらかを通ればいいと考えればいいのかな……。

[1]　P地点を通る

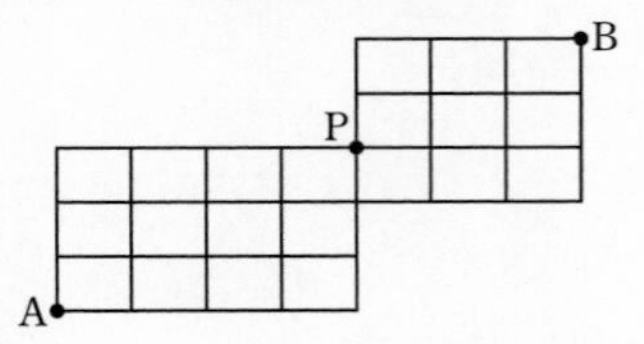

[2]　Q地点を通る

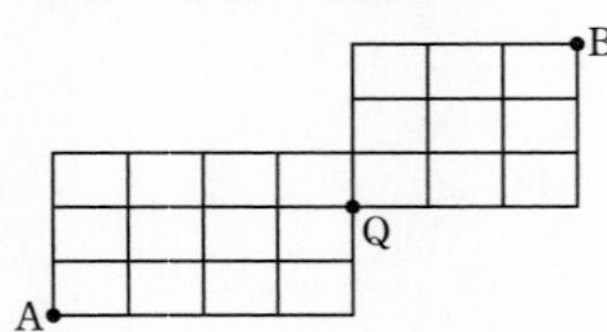

ゆり：そうね，その方法で求めてみようよ。
[1] のＰ地点を通るときは ${}_7C_3\times{}_5C_2$ 通りで，
[2] のＱ地点を通るときが ${}_6C_2\times{}_6C_3$ 通りだね。

歩希：${}_7C_3\times{}_5C_2+{}_6C_2\times{}_6C_3=650$ だから，問題の答えは
650 通りと求められたよ。

2 人の方法には間違いがあることがわかっている。
どこが間違っているか指摘し，正しい答えを求めなさい。

[1] の道順 A→P→B と [2] の道順 A→Q→B には，どちらにも道順 A→Q→P→B が含まれている。この重複に気づけるかどうかがポイント。
正しい答えは，この重複する場合の数を 650 通りからひけばよい。

解答

「${}_7C_3\times{}_5C_2+{}_6C_2\times{}_6C_3$」では，道順 A→Q→P→B の最短経路の総数を重複して数えている。 答

よって，${}_7C_3\times{}_5C_2+{}_6C_2\times{}_6C_3$ から道順 A→Q→P→B の最短経路の総数をひく必要がある。

Ａ地点からＱ地点までの最短経路の総数は　${}_6C_2$ 通り
Ｑ地点からＰ地点までの最短経路の総数は　1 通り
Ｐ地点からＢ地点までの最短経路の総数は　${}_5C_2$ 通り

よって，道順 A→Q→P→B の最短経路の総数は　${}_6C_2\times1\times{}_5C_2$ 通り

したがって　${}_7C_3\times{}_5C_2+{}_6C_2\times{}_6C_3-{}_6C_2\times1\times{}_5C_2=650-150=$ **500（通り）** 答

参考　下の図において，[1] ではＰ地点またはＱ′地点，[2] ではＰ′地点またはＱ地点を通る最短経路の総数を求めると，重複なく求めることができる。

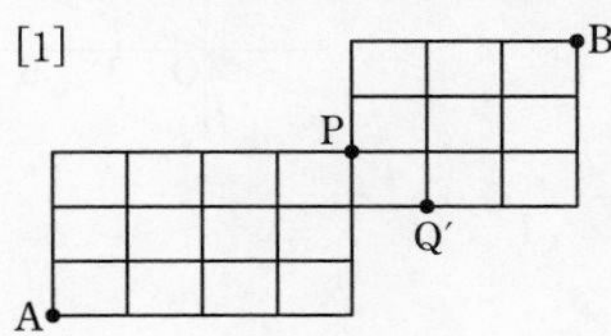

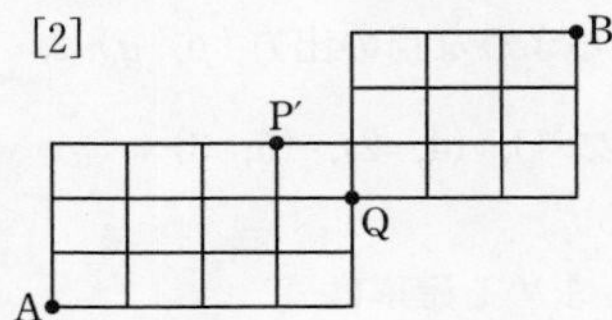

総合問題 6　思考力・判断力・表現力を身につけよう！

3 点 A(3, 7), B(8, 4), C(6, 9) を頂点とする △ABC がある。また，2 個のさいころ P，Q を同時に投げるときの出る目をそれぞれ p，q として，直線 ℓ：$y=\dfrac{q}{p}x$ を考える。このとき，次の確率を求めなさい。

直線 ℓ の傾きを動かして考えよう。

(1)　直線 ℓ が点Bを通る確率

(2)　直線 ℓ が辺 BC (両端を含む) と共有点をもつ確率

(3)　直線 ℓ が △ABC の周および内部と共有点をもたない確率

p，q のとる値は，それぞれ 1，2，3，4，5，6 のいずれかであることに注意する。また，図をかいて，直線 ℓ が点 A，B，C を通るときの傾きをそれぞれ考える。

(2)　共有点をもつ場合の数を求めてもよいが，共有点をもたない場合の数を求めた方が少し簡単になる。よって，次のチャートを利用。

CHART　(A でない確率)＝1−(A の確率)

(3)　図から，直線 ℓ が辺 AB と共有点をもたない確率であることがわかる。

解答

2 個のさいころを投げるとき，目の出方は全部で

$6\times6=36$ (通り)

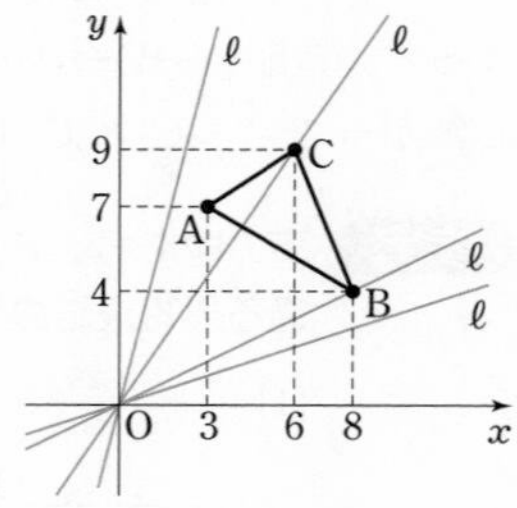

(1)　直線 ℓ が点Bを通るのは，傾きが $\dfrac{4}{8}=\dfrac{1}{2}$ のときである。

$\dfrac{q}{p}=\dfrac{1}{2}$ となるような目の出方 $(p,\ q)$ は

$(2,\ 1)$，$(4,\ 2)$，$(6,\ 3)$

の 3 通りある。

したがって，求める確率は

$\dfrac{3}{36}=\mathbf{\dfrac{1}{12}}$　答

(2) 直線 ℓ が点Cを通るのは，傾きが $\dfrac{9}{6}=\dfrac{3}{2}$ のときである。

図から，直線 ℓ が辺BCと共有点をもつのは，$\dfrac{1}{2}\leqq\dfrac{q}{p}\leqq\dfrac{3}{2}$ のときである。

したがって，直線 ℓ が辺BCと共有点をもたないのは，

$$\frac{q}{p}<\frac{1}{2} \text{ または } \frac{q}{p}>\frac{3}{2}$$

のときである。

$\dfrac{q}{p}<\dfrac{1}{2}$ となるような目の出方 $(p,\ q)$ は，

(3, 1), (4, 1), (5, 1), (6, 1), (5, 2), (6, 2)

の6通りある。

$\dfrac{q}{p}>\dfrac{3}{2}$ となるような目の出方 $(p,\ q)$ は，

(1, 2), (1, 3), (1, 4), (1, 5), (1, 6),
(2, 4), (2, 5), (2, 6), (3, 5), (3, 6)

の10通りある。

よって，直線 ℓ が辺BCと共有点をもたない確率は $\dfrac{16}{36}=\dfrac{4}{9}$

したがって，求める確率は $1-\dfrac{4}{9}=\boldsymbol{\dfrac{5}{9}}$ 答

(3) 図から，直線 ℓ が △ABC の周および内部と共有点をもたないのは，直線 ℓ が辺ABと共有点をもたないときである。

直線 ℓ が点Aを通るのは，傾きが $\dfrac{7}{3}$ のときである。

よって，直線 ℓ が辺ABと共有点をもたないのは，

$$\frac{q}{p}<\frac{1}{2} \text{ または } \frac{q}{p}>\frac{7}{3}$$

のときである。

$\dfrac{q}{p}<\dfrac{1}{2}$ となるような目の出方 $(p,\ q)$ は，(2)より6通りある。

$\dfrac{q}{p}>\dfrac{7}{3}$ となるような目の出方 $(p,\ q)$ は，

(1, 3), (1, 4), (1, 5), (1, 6), (2, 5), (2, 6)

の6通りある。

したがって，求める確率は $\dfrac{6+6}{36}=\boldsymbol{\dfrac{1}{3}}$ 答

答と略解

問題の要求している答の数値，図を示した。[　] 内は略解やヒントである。

第1章　式の計算

練習の解答

1 (1) $-ab+5a$　(2) $-2x^2+6x$
(3) $-2x^2+3xy$　(4) $2a^3b^2-2a^2b^3$
(5) $20px-12qx-28rx$
(6) $-\frac{1}{2}x^3y+\frac{2}{3}x^2y^2-3xy^3$
(7) $-3m^2-2mn-6n^2$
(8) $a^2-6ab+2b^2$

2 (1) $6a-2$　(2) $-3a+\frac{2ay}{x}$
(3) $a-8b$　(4) $-2x^2+5x-1$
(5) $4ab^2-6b^3-2b^2$　(6) $-6x+3$
(7) $4a^2-7ab$　(8) $-\frac{8}{15}x^2+\frac{1}{2}y$

3 (1) $xy+3x+2y+6$
(2) $x^2+5x-14$
(3) $ab+8a-4b-32$
(4) $k\ell-7k-11\ell+77$
(5) $ac+3ad-2bc-6bd$
(6) $px-13py+5qx-65qy$
(7) $2x^2+7x+3$
(8) $56n^2-19n-15$
(9) $20x^2+3xy-2y^2$

4 (1) x^3-2x^2-x+2
(2) $-2x^4+3x^3+3x^2-x+6$
(3) $3a^2-ab-4b^2+2a+2b$
(4) $8x^2-6xy+y^2+4x-2y$
(5) $15a^2-2ab-8b^2-9a-6b$
(6) $28p^2+51pq-27q^2-22p+63q-30$
(7) $3m^2-4mn-4n^2+5m+14n-12$
(8) $3x^3-10x^2y+6xy^2-y^3$
(9) $2a^3-9a^2b+17ab^2-12b^3$
(10) $2x^4-3x^3y-23x^2y^2-3xy^3+20y^4$

5A (1) x^2+4x+3　(2) $x^2-2x-15$
(3) $x^2-5x-36$　(4) $y^2-12y+35$
(5) $a^2+4ab+3b^2$
(6) $a^2-5ab+6b^2$
(7) $x^2-2xy-8y^2$
(8) $9a^2-18ab+8b^2$
(9) $t^2-\frac{43}{30}t+\frac{1}{2}$

5B (1) ア□$=3$，イ□$=7$
(2) ア□$=2$，イ□$=6$
(3) ア□$=5$，イ□$=3$
(4) ア□$=5$，イ□$=10$

6 (1) $x^2+16x+64$
(2) $x^2-18x+81$
(3) $25y^2+20y+4$
(4) $4a^2-28a+49$
(5) $x^2-6xy+9y^2$
(6) $\frac{1}{36}a^2+3ab+81b^2$
(7) a^2-4a+4
(8) $9m^2-12mn+4n^2$
(9) $4p^2+4pq+q^2$

7 (1) x^2-1　(2) $49x^2-4y^2$
(3) $9-25x^2$　(4) $9n^2-4m^2$
(5) a^2-25　(6) $\frac{1}{4}-\frac{4}{25}a^2$

8 (1) $3x^2+19x+20$
(2) $8a^2+10a-3$
(3) $12x^2+x-6$
(4) $6x^2+47xy+35y^2$
(5) $6a^2-11ab-10b^2$
(6) $20p^2-47pq+24q^2$

9 (1) $a^2-2ab+b^2+4a-4b+4$
(2) $4a^2+b^2+c^2-4ab+2bc-4ca$
(3) $a^2+4b^2+9c^2+4ab-12bc-6ca$
(4) $9x^2+25y^2+16z^2+30xy+40yz$
$+24zx$
(5) $81x^2+64y^2+36z^2+144xy-96yz$
$-108zx$
(6) $49x^2+25y^2+9z^2-70xy-30yz$
$+42zx$

10 (1) $x^2+2xy+y^2-x-y-6$
(2) $a^2-2ab+b^2+2a-2b-35$
(3) $x^2-y^2+z^2-2zx$
(4) $4a^2-9b^2-c^2+6bc$
(5) $x^4-8x^3+13x^2+12x-54$

(6) $x^4-10x^3y+25x^2y^2-9y^4$

(7) $-4x^4+12x^3-9x^2+16$

(8) $a^2-b^2+c^2-d^2-2ac+2bd$

11 (1) $2x^2-7$ (2) $3x+27$

(3) $8x^2-9x+8$ (4) $8m^2+18n^2$

(5) $-8x^2+7xy-3y^2$

(6) $3a^2+4a-7$ (7) $3x-27$

(8) $20a^2+30ab-50b^2$

12 (1) $256a^4-288a^2b^2+81b^4$

(2) $16x^4-y^4$ (3) x^4-13x^2+36

(4) $x^4+4x^3-19x^2-46x+120$

13 (1) $\dfrac{2x^2+3x+15}{6}$

(2) $\dfrac{10a^2-15b^2}{12}$

(3) $\dfrac{2a^2-ab+10b^2}{6}$ (4) $\dfrac{x^2-y^2}{6}$

14 (1) $-12a^3+8a^2b^2$

(2) x^2-8xy (3) x^3+2x^2

(4) $6xy$ (5) a^2-12a

(6) $7x^2-5xy$

(7) $-36p^2+6pq-4q^2$

(8) $137x^2-90x$

15 (1) 5 (2) -7 (3) 8

16 (1) $x(x+3)$ (2) $ab(b+2)$

(3) $3ab(b-9)$ (4) $a(x-y+z)$

(5) $x(3x^2-x+5)$

(6) $(a+b)(x+y)$

(7) $(5a+2b)(x-y)$

(8) $\dfrac{1}{2}mn(m-3n)$

(9) $\dfrac{x}{6}(18x^2-6x+1)$

17 (1) $(x+1)(x+3)$

(2) $(a+2)(a+4)$

(3) $(x+5)(x-2)$

(4) $(y-4)(y+7)$

(5) $(x-1)(x-9)$

(6) $(x+6y)(x+8y)$

(7) $(x+3y)(x-12y)$

(8) $(a-4b)(a-12b)$

(9) $(p+7q)(p-5q)$

18 (1) $(x+2)^2$ (2) $(x-4)^2$

(3) $(6x+5)^2$ (4) $(9a-1)^2$

(5) $(4x+7y)^2$ (6) $(a-2)^2$

(7) $(8m-1)^2$ (8) $(5p+11)^2$

(9) $(13x-2y)^2$

19 (1) $(x+9)(x-9)$

(2) $(3a+10)(3a-10)$

(3) $(9p+7q)(9p-7q)$

(4) $\left(\dfrac{a}{5}+\dfrac{b}{6}\right)\left(\dfrac{a}{5}-\dfrac{b}{6}\right)$

(5) $(8t+11)(8t-11)$

(6) $(14a+15b)(14a-15b)$

20 (1) $2(a-2)(a-4)$

(2) $2y(x-5)^2$

(3) $a^2b(a+b)(a-4b)$

(4) $(x+2)(x-2)(5y-3)$

21 (1) $(x-2)(3x+1)$

(2) $(2x+3)(3x+2)$

(3) $(a+3)(4a-1)$

(4) $(x-7y)(3x-5y)$

(5) $(2x+3y)(2x+5y)$

(6) $(3x+y)(3x-2y)$

22 (1) $(x+2y+3)(x+2y-3)$

(2) $(a+b-c)(a-b+c)$

(3) $(2x+1)(2y+1)$

(4) $(x+5)(x-1)$

(5) $(x+2)(x-2)$

(6) $(x^2-2x-1)(x+1)(x-3)$

(7) $(x-2)(x-4)(x+1)(x-7)$

(8) $(x+2)^2(x+6)(x-2)$

23 (1) $(x+2)(y-3)$

(2) $(a+b-3)(c+2)$

(3) $(x-y)(x+y-1)$

(4) $(x-y)(-xy+1)$

(5) $(a+b-1)(a-b-1)$

(6) $(x+y+1)(-x-y+1)$

(7) $(x+1)(x-1)^2$

(8) $(a-b)(a-b-6)$

24 (1) $(4x^2+1)(2x+1)(2x-1)$

(2) $(x+1)(x-1)(x+2)(x-2)$

(3) $(x^2+4)(x^2-3)$

(4) $(x^2+3)(x+4)(x-4)$

(5) $(x^2+x+2)(x^2-x+2)$

(6) $(x^2+4xy-y^2)(x^2-4xy-y^2)$

25A (1) 63.8401 (2) 1599

(3) 8.9996 (4) 10506 (5) 31.4

(6) 22500

25B (1) $P=a+4$ (2) $P=2025$

[(1) $P=(2021+1)^2-3\times2021^2$

$+2\times(2021+1)\times2021$
$+3\times2021\times(2021-1)$
$-3\times(2021-1)\times(2021+1)]$

26 (1) -39 (2) 10

27 (1) -18 (2) 21

28 (2) 1 [(1) 連続する 2 つの整数を n, $n+1$ (n は整数) とすると
$(n+1)^2-n^2=2n+1=n+(n+1)$
(2) $a=3m+2$, $b=6n+3$ (m, n は 0 以上の整数) とすると a^2+b^2
$=3(3m^2+4m+12n^2+12n+4)+1$]

29 $a:b=3:2$ $\left[T=\frac{1}{2}\pi b^2,\right.$
$\left.S=\frac{1}{2}\pi(a+b)^2-\frac{1}{2}\pi a^2-\frac{1}{2}\pi b^2\right]$

演習問題の解答

1 (1) $-15a^2+5ab$
(2) $10a^2-6ab+2a$
(3) $9x^2-6x^2y+3xy$
(4) $-\frac{1}{3}a^3b-\frac{2}{3}a^2b^2+ab^3$
(5) $\frac{3}{2}x^2-5xy-\frac{2}{3}y^2$

2 (1) $-4a+3b$ (2) $5xy-3z$
(3) $3qr-7r-21$ (4) $2a-3b+1$

3 (1) $\frac{x^2}{2}-\frac{x}{2}+\frac{1}{9}$
(2) $0.8x^2+3.4xy-3y^2$
(3) x^3-7x-6
(4) $2x^3-5x^2y-xy^2+6y^3$
(5) $a^2-b^2-4a-2b+3$
(6) $10x^5-7x^4-16x^3+11x^2+4x-2$

4 (1) x^2-5x+6 (2) $x^2-5x-24$
(3) $p^2-4pq-21q^2$
(4) $x^2+4xy+4y^2$
(5) $9x^2-12xy+4y^2$
(6) $25p^2-30pq+9q^2$
(7) $9m^2+24mn+16n^2$
(8) $4x^2-169$ (9) $9x^2-25y^2$

5 (1) $5x^2+22x+21$
(2) $6x^2-5x-6$ (3) $6x^2-11x+4$
(4) $9x^2+76xy+32y^2$
(5) $14a^2+9ab-18b^2$
(6) $6x^2-13xy-5y^2$

6 (1) $x^4+x^3+\frac{9}{4}x^2+x+1$
(2) $x^6+2x^3y+y^2-2x^3z-2yz+z^2$
(3) $x^4+2x^3+5x^2+4x+3$
(4) x^4-5x^2+4
(5) $a^2-4b^2-12bc-9c^2$
(6) $a^4-a^2b^2+2ab^3-b^4$

7 (1) $-3x^2+10x+29$
(2) $5x^2-11x$ (3) $2x^2-33$
(4) $-8x+24$ (5) $2x^2+2y^2$

8 (1) $x^4-\frac{1}{2}x^2y^2+\frac{1}{16}y^4$
(2) x^4-34x^2+225 (3) x^8-1
(4) $4x^4-17x^2+4$

9 (1) $4ab-4ac$ (2) $2x^4+2y^4$
(3) a^2 (4) z^2
(5) $x^8+x^4y^4+y^8$
(6) $x^6-16x^4y^2+64x^2y^4-9y^6$
(7) $4bc$ (8) $2ca$

10 (1) x^2+y^2 (2) $\frac{18x^2-11x-55}{6}$
(3) $\frac{42x^2-55x+8}{15}$

11 (1) $10ab^3$ (2) $3a^2b^4-7b^5$
(3) $-x^2+\frac{1}{4}y^2$

12 x^5 の係数 -19, x^3 の係数 -23

13 (1) $(2a+7b)(2a-7b)$
(2) $(3x+7)^2$ (3) $(x-3)(x-6)$
(4) $(a-1)(b-c)$
(5) $(t-3)(t-27)$
(6) $(5x-y)(7x-y)$
(7) $3b(a+1)(a-3)$ (8) $4(x+2)^2$
(9) $4(3a+1)(3a-1)$
(10) $\frac{1}{3}(x-3)^2$
(11) $(a-c)(a-b+c)$
(12) $5a^2xy(x+3y)^2$

14 (1) $(x+5)(3x+2)$
(2) $(2x+3)(3x-4)$
(3) $(3a-7b)(6a+b)$
(4) $(2p-3q)(5p-2q)$

15 (1) $(x+1)(x-4)$
(2) $(x+1)(x-3)$
(3) $(x-2)(x-3)$
(4) $(a+6)(a-5)$

16 (1) $(x+3)(x-1)(x^2-2x+3)$
(2) $4(a+2b)(2a-3b)$
(3) $(a-1)(a-11)$
(4) $(a+b+c)(a+b-c)(a-b+c)(a-b-c)$
(5) $(x+2)(x-3)(x+3)(x-4)$

17 (1) $(3x-2y)(3x+2y-6)$
(2) $(x+2y+1)(x-2y-1)$
(3) $(x+y+3)(x-y+3)$
(4) $(a-2)(a-b-2)$
(5) $z(x-z)(x-y+z)$
(6) $(a-b)(a+2b)(a-2b)$

18 (1) $(x^2+900)(x+30)(x-30)$
(2) $(4a^2+25b^2)(2a+5b)(2a-5b)$
(3) $(x+2)(x-2)(x+4)(x-4)$
(4) $(x+y)(x-y)(x+3y)(x-3y)$
(5) $(x^2+x+3)(x^2-x+3)$
(6) $(2x^2+xy+3y^2)(2x^2-xy+3y^2)$
(7) $(2x^2+2x+1)(2x^2-2x+1)$
[(7) $(4x^4+4x^2+1)-4x^2$
$=(2x^2+1)^2-(2x)^2$]

19 (1) 10001 (2) 80
(3) 200000 (4) $\frac{31}{21}$

20 $\frac{51}{100}$

21 (1) $\frac{1}{2}$ (2) 4

22 (1) 5 (2) 9 (3) 3

23 (1) 21 (2) -12

24 1 [$a=5m+3$, $b=5n+2$ (m, n は0以上の整数) とすると
a^2+b^2+3ab
$=5(5m^2+5n^2+15mn+12m+13n+6)$
$+1$]

25 [道の面積は，3つの長方形と3つの扇形の面積の和である。また，3つの扇形を合わせると，半径 a m の円になる。
$S=ab+ac+ad+\pi a^2$
$\ell=b+c+d+2\pi\times\frac{a}{2}$]

26 (1) 7 (2) 6 (3) 4

27 -33 [(与式)$=(2x-7y)(3x+5y)$]

28 20 [$A=10a+b$, $B=10b+a$ とおくと $A^2-B^2=(A+B)(A-B)$
$=(11a+11b)(9a-9b)=99(a^2-b^2)$]

29 [(1) $(n-1)\times n\times(n+1)$
$=n\times(n^2-1)=n^3-n$
(2) どの連続する3つの整数にも，3の倍数が1つ含まれている。
(3) (1)から $n^3-n=(n-1)n(n+1)$
これは連続する3つの整数の積であるから，(2)により3の倍数である。
また，同様にして，n^3-n は2の倍数である]

30 [(1) AM=MB=a, MP=x とする。2つの正方形の面積の平均は
$\frac{(a+x)^2+(a-x)^2}{2}$ また，AM, MP を1辺とする正方形の面積の和は
a^2+x^2
(2) AM, MP を1辺とする正方形の面積の差は a^2-x^2
AP, PB を2辺とする長方形の面積は $(a+x)\times(a-x)$]

第2章　平方根
練習の解答

30 (1) 6 と -6 (± 6)
(2) 100 と -100 (± 100)
(3) 11 と -11 (± 11)
(4) 70 と -70 (± 70)
(5) 0.3 と -0.3 (± 0.3)
(6) 0.4 と -0.4 (± 0.4)
(7) $\frac{6}{13}$ と $-\frac{6}{13}$ $\left(\pm\frac{6}{13}\right)$
(8) $\frac{12}{19}$ と $-\frac{12}{19}$ $\left(\pm\frac{12}{19}\right)$

31 (1) $\pm\sqrt{5}$　(2) $\pm\sqrt{231}$
(3) $\pm\sqrt{1.41}$　(4) $\pm\sqrt{\frac{7}{3}}$

32A (1) 1　(2) 9　(3) -7
(4) 18　(5) 6　(6) -9
(7) 0.7　(8) -80

32B (1) $\frac{3}{2}$　(2) $-\frac{3}{8}$　(3) $\frac{4}{3}$
(4) $\frac{2}{3}$

33 (1) 7　(2) 6　(3) -3
(4) -10　(5) 13　(6) $\frac{3}{4}$
(7) $\frac{1}{2}$　(8) $-\frac{3}{2}$

34 (1) $6>\sqrt{35}$　(2) $-9<-\sqrt{80}$
(3) $-\frac{1}{2}<\frac{1}{3}<\sqrt{\frac{1}{2}}$

35 (1) 4.037　(2) 3.225
(3) -3.873　(4) -4.254

36 (1) $\sqrt{30}$　(2) $\sqrt{42}$
(3) $\sqrt{\frac{2}{7}}$　(4) $\sqrt{\frac{1}{3}}$

37 (1) $\sqrt{75}$　(2) $\sqrt{\frac{7}{2}}$
(3) $\sqrt{\frac{9}{20}}$　(4) $\sqrt{5}$

38 (1) $2\sqrt{10}$　(2) $11\sqrt{2}$
(3) $4\sqrt{6}$　(4) $50\sqrt{2}$
(5) $\frac{\sqrt{5}}{3}$　(6) $\frac{\sqrt{11}}{6}$
(7) $\frac{\sqrt{7}}{5}$　(8) $\frac{\sqrt{5}}{20}$

39 (1) 9　(2) $6\sqrt{2}$　(3) 2
(4) 2　(5) $\frac{\sqrt{14}}{3}$

40A (1) $\frac{\sqrt{2}}{2}$　(2) $\frac{5\sqrt{3}}{3}$
(3) $\frac{5\sqrt{2}}{7}$　(4) $\frac{\sqrt{14}}{2}$　(5) $\frac{2\sqrt{6}}{9}$

40B (1) $\frac{\sqrt{14}}{2}$　(2) $\frac{2\sqrt{30}}{5}$　(3) $\frac{\sqrt{6}}{2}$

41 (1) $17\sqrt{7}$　(2) $\sqrt{2}$
(3) $\sqrt{2}$　(4) $3\sqrt{3}$　(5) 0
(6) $\frac{5\sqrt{3}}{7}$　(7) $\sqrt{2}$　(8) $\sqrt{2}$
(9) 0　(10) $-\sqrt{5}$　(11) $\sqrt{2}-\sqrt{3}$

42 (1) $3\sqrt{2}$　(2) $\sqrt{2}$
(3) $5-\sqrt{10}+\sqrt{15}-\sqrt{6}$
(4) $3+2\sqrt{2}$　(5) $13-4\sqrt{10}$
(6) $-5\sqrt{6}$　(7) $21-11\sqrt{6}$
(8) 5　(9) $3\sqrt{2}$　(10) 5
(11) $-8-\sqrt{6}$

43 (1) $-2-10\sqrt{2}$　(2) $\sqrt{2}$
(3) 6　(4) $10+2\sqrt{6}-2\sqrt{10}-2\sqrt{15}$
(5) $4\sqrt{2}+4\sqrt{6}$　(6) $\sqrt{5}+\sqrt{7}$

44A (1) $3-\sqrt{5}$　(2) $\frac{\sqrt{5}+\sqrt{2}}{3}$
(3) $6+\sqrt{35}$　(4) $4-\sqrt{15}$
(5) $\frac{13-5\sqrt{5}}{11}$　(6) $\frac{7+2\sqrt{6}}{5}$

44B (1) $2\sqrt{6}$
(2) $\frac{2\sqrt{3}+3\sqrt{2}-\sqrt{30}}{12}$

45A (1) 5　(2) 24　(3) 54

45B -6

46 (1) 23　(2) $a=105$
(3) $x=26$

47 (1) $19+2\sqrt{3}$　(2) 4
(3) $\frac{4}{7}$

48 (1) $0.\dot{4}\dot{5}$　(2) $0.\dot{7}0\dot{3}$
(3) $0.3\dot{0}\dot{6}$　(4) $0.\dot{4}2857\dot{1}$

49 (1) $\frac{7}{9}$　(2) $\frac{41}{333}$
(3) $\frac{8}{55}$　(4) $\frac{5231}{1665}$

50 (1) 22.36　(2) 7.07
(3) 0.0707　(4) 0.707　(5) 0.274

51 (1) $43.8\,\text{kg} \leqq x < 43.9\,\text{kg}$

(2) $43.7\,\text{kg} < x \leqq 43.8\,\text{kg}$
(3) $43.75\,\text{kg} \leqq x < 43.85\,\text{kg}$

52 (1) 5.18×10^4 (2) 5.180×10^4
(3) $7.8 \times \dfrac{1}{10^3}$

53 (1) 100 kg の位 (2) 10 m^2 の位
(3) 1 cm の位

演習問題の解答

31 (1) 1 と -1 (2) -1 (3) 13
(4) -0.3 (5) $\dfrac{5}{13}$ (6) -0.4

32 $\sqrt{3}$, 1.7, $(-0.4)^2$, 0, $-\sqrt{2}$, $-1\dfrac{1}{2}$
[$1.7=\sqrt{2.89}$, $(-0.4)^2=\sqrt{0.0256}$
$0.0256<2.89<3$ であるから
$\sqrt{0.0256}<\sqrt{2.89}<\sqrt{3}$
また $1\dfrac{1}{2}=\sqrt{\dfrac{9}{4}}$
$2<\dfrac{9}{4}$ であるから $\sqrt{2}<\sqrt{\dfrac{9}{4}}$]

33 (1) 1.876 (2) 2.782
(3) 6.935 (4) 9.518
(5) -2.383 (6) -8.044

34 (1) A : $-\sqrt{6}$, B : $-\sqrt{\dfrac{1}{3}}$,
C : $\dfrac{\sqrt{10}}{2}$, D : $\sqrt{5}$, E : $\sqrt{14}$
(2) $\dfrac{\sqrt{n}}{3}<\sqrt{\dfrac{n}{3}}<\dfrac{\sqrt{3n^2}}{3}$
[(1) $0^2<\dfrac{1}{3}<1^2$ であるから
$0<\sqrt{\dfrac{1}{3}}<1$
よって $-1<-\sqrt{\dfrac{1}{3}}<0$
他の数についても，同じように，どの連続する整数の間にあるかを調べる。
(2) 3つの数をそれぞれ2乗して，それらの大きさを調べる]

35 (1) 2 (2) $-6\sqrt{3}$ (3) 4
(4) $\dfrac{2}{3}$ (5) $-\dfrac{3}{4}$ (6) $4\sqrt{3}$
(7) $\sqrt{3}$ (8) $-7\sqrt{2}$
(9) $\sqrt{2}-2\sqrt{3}$

36 (1) $3\sqrt{6}$ (2) $4\sqrt{6}$ (3) 2
(4) $8\sqrt{2}+2$ (5) $2+\sqrt{2}$
(6) $4\sqrt{3}$

37 (1) 5 (2) 25 (3) $2+5\sqrt{7}$
(4) 3 (5) $\dfrac{14}{3}$ (6) $2-2\sqrt{3}$
(7) $15\sqrt{2}-7\sqrt{3}$ (8) $\sqrt{2}-\dfrac{4\sqrt{6}}{3}$
(9) 4

38 (1) $2-\sqrt{3}$ (2) $2\sqrt{3}$
(3) $-\dfrac{\sqrt{3}}{2}$

39 $a=28$

40 (1) -3 (2) $\dfrac{29}{3}$
(3) $12\sqrt{2}-6\sqrt{3}$

41 $13-4\sqrt{5}$ [$3.1^2=9.61$, $3.2^2=10.24$ であるから $3.1<\sqrt{10}<3.2$
$1.4^2=1.96$, $1.5^2=2.25$ であるから
$1.4<\sqrt{2}<1.5$
よって $1.6<\sqrt{10}-\sqrt{2}<1.8$]

42 $\sqrt{2}-1$

43 $a=44$, $b=41$
[$44^2=1936$, $45^2=2025$ であるから
$44<\sqrt{2020}<45$ また, $\{n\}=20$ を満たす自然数 n について $20\leqq\sqrt{n}<21$]

44 (1) $a=1$, 16 (2) $x=245$

45 (1) $x=\sqrt{6}$ (2) $x<\dfrac{\sqrt{3}+\sqrt{6}}{3}$
(3) $x=4\sqrt{2}-2\sqrt{3}$, $y=3\sqrt{2}-3\sqrt{3}$

46 (1) -4 (2) 80
[(2) (与式)$=4\left\{\left(a-\dfrac{2}{a}\right)^2+4\right\}$]

47 $\dfrac{1}{2}$, $\dfrac{3}{4}$, $\dfrac{12}{15}$, $\dfrac{15}{32}$

48 7 [$\dfrac{1}{13}=0.\dot{0}7692\dot{3}$]

49 (1) $-\dfrac{11}{5}$ (2) $\dfrac{5}{99}$

50 (1) 成り立つ
(2) 成り立たない,
例 $\sqrt{2}+(-\sqrt{2})=0$
(3) 成り立たない，例 $\sqrt{2}\times 0=0$
(4) 成り立たない，例 $\sqrt{2}\times\sqrt{2}=2$

51 (1) 1.58 (2) 0.0597 (3) 0.0189

52 18.97 cm

53 (1) 0.005 (2) -0.04

54 (1) $18.095 \leqq x < 18.105$

(2) $680 \leqq x < 690$

55 (1) 2.9542×10^3 (2) $1.49 \times \dfrac{1}{10^3}$

56 (1) 8.315×10^5 (2) $4.0 \times \dfrac{1}{10^2}$

57 有効数字は 1, 6, 0

$a \times 10^n$ の形は 1.60×10^3 m

第3章 2次方程式

練習の解答

54A (ア), (イ), (エ)

54B (イ), (ウ)

55 (1) $x=0,\ -4$

(2) $x=-3,\ -5$ (3) $x=1,\ 5$

(4) $x=-12,\ 3$ (5) $x=-2,\ 10$

(6) $x=-7$ (7) $x=\dfrac{3}{2}$

(8) $x=-\dfrac{3}{2},\ \dfrac{2}{3}$

(9) $x=-\dfrac{2}{3},\ \dfrac{5}{4}$

56 (1) $x=\pm 13$ (2) $x=\pm 3\sqrt{2}$

(3) $x=\pm\dfrac{5\sqrt{3}}{3}$ (4) $x=\pm\dfrac{3\sqrt{6}}{4}$

(5) $x=8,\ 2$

(6) $x=-2+\sqrt{5},\ -2-\sqrt{5}$

(7) $x=-1+\sqrt{3},\ -1-\sqrt{3}$

(8) $x=\dfrac{5}{2},\ -\dfrac{3}{2}$

(9) $x=\dfrac{-15\pm\sqrt{6}}{6}$

57 (1) $x=-3\pm\sqrt{2}$ (2) $x=4\pm 2\sqrt{5}$

(3) $x=\dfrac{-3\pm\sqrt{5}}{2}$

(4) $x=\dfrac{5\pm\sqrt{37}}{2}$

(5) $x=\dfrac{-7\pm\sqrt{37}}{6}$

(6) $x=\dfrac{3\pm\sqrt{19}}{5}$

58 (1) $x=\dfrac{5\pm\sqrt{17}}{4}$

(2) $x=\dfrac{-7\pm\sqrt{53}}{2}$

(3) $x=\dfrac{9\pm\sqrt{141}}{6}$

(4) $x=\dfrac{-5\pm\sqrt{17}}{2}$

(5) $x=\dfrac{3\pm 3\sqrt{5}}{2}$ (6) $x=8,\ -3$

(7) $x=\dfrac{1}{3},\ -\dfrac{3}{2}$ (8) $x=\dfrac{9\pm\sqrt{61}}{2}$

(9) $x=\dfrac{-7\pm\sqrt{89}}{10}$

59 (1) $x=\frac{5\pm\sqrt{3}}{11}$

(2) $x=\frac{-1\pm\sqrt{13}}{3}$

(3) $x=\frac{2\pm\sqrt{19}}{3}$

(4) $x=\frac{-2\pm\sqrt{2}}{3}$

(5) $x=3\pm\sqrt{5}$ (6) $x=1,\ -\frac{5}{3}$

60 (1) $x=\frac{3\pm\sqrt{6}}{3}$

(2) $x=-4\pm\sqrt{14}$ (3) $x=-1,\ 7$

(4) $x=\frac{3\pm\sqrt{17}}{12}$ (5) $x=1,\ -\frac{3}{4}$

61 (1) $x=-1,\ 3$ (2) $x=\frac{16\pm\sqrt{10}}{2}$

(3) $x=-\frac{5}{2},\ \frac{7}{2}$

(4) $x=\frac{-1\pm\sqrt{41}}{30}$

62A (1) $a=3$，もう 1 つの解 $x=4$

(2) $a=-1$，もう 1 つの解 $x=1$

(3) $a=-2$，もう 1 つの解 $x=1$

(4) $a=-4$，もう 1 つの解 $x=1+\sqrt{5}$

(5) $a=6$，もう 1 つの解 $x=-3-\sqrt{5}$

62B $a=-4$

62C $x=0$ $[a(3-1)(3-2)+b=0]$

63A (1) $a=1,\ b=-30$

(2) $a=-4,\ b=-48$

63B $a=2,\ b=-15$

64 (1) (ア) 2 個 (イ) 1 個 (ウ) 0 個

(2) $m<6$

[(2) $D>0$ のときであるから

$48-8m>0$]

65A (1) $x=-10,\ 12$ (2) $x=-2$

65B (1) 3，4，5 (2) 51

66A 縦の長さ 5 cm，横の長さ 13 cm

66B 2 m

67 $a=1$

$\left[1500\left(1+\frac{2a}{10}\right)\left(1-\frac{a}{10}\right)=1620\right]$

68 (1) $45x+xy=90,\ y=135x$

(2) 時速 90 km

69 (1) $y=2x+1$ (2) $\frac{7}{2}$

演習問題の解答

58 (1) $x=\frac{3\sqrt{5}\pm\sqrt{13}}{4}$

(2) $x=\frac{-1\pm\sqrt{13}}{2}$ (3) $x=0,\ -2$

(4) $x=\frac{1\pm\sqrt{5}}{2}$ (5) $x=\frac{2\pm\sqrt{7}}{3}$

(6) $x=-\frac{26}{3},\ \frac{4}{3}$

(7) $x=\frac{-4\pm\sqrt{7}}{2}$ (8) $x=1,\ 7$

(9) $x=1,\ -\frac{1}{2}$ (10) $x=-24,\ 4$

59 (1) $x=-1$

(2) $a=-2$，もう 1 つの解 $x=1+\sqrt{2}$

[(1) $a(1+1)(1-1)+b(1+2)(1-2)=3$]

60 (1) $a=-20,\ b=64$

(2) $a=\frac{7}{3},\ b=\frac{2}{3}$

61 (1) 1 (2) 3

62 $a=1$

63 (1) $a<25$ (2) $a=25$

64 $a=2$ のとき $x=-1$，

$a=\frac{2}{3}$ のとき $x=-\frac{1}{3}$

[$D=0$ のときであるから

$-3a^2+8a-4=0$]

65 (1) $x=\pm\sqrt{3},\ \pm2$

(2) $x=1,\ 2,\ 3,\ 4$

66 (1) $x=-3,\ y=\frac{5}{4}$

(2) $(x,\ y)=\left(\frac{6}{5},\ \frac{4}{5}\right),\ \left(\frac{1}{5},\ \frac{9}{5}\right)$

67 $(p,\ q,\ r)=(-1,\ -3,\ -28),$

$(-1,\ -10,\ 21)$

68 $x=2\pm\sqrt{19}$

69 $x=2$

70 (1) 36 (2) $\frac{10}{15}$

71 $x=17$ [x のすぐ真上の数は

$x-7$ であり，x の右どなりの数は

$x+1$ である。条件から

$(x-7)(x+1)=9(x+3)$]

72 (1) 2 と 13 (2) -5 と 7

(3) -9 と 5 (4) $2-\sqrt{3}$ と $2+\sqrt{3}$

73 30 cm [もとの厚紙の縦の長さを x cm

とすると　$5(x^2-15x+50)=2500$]

74　$x=20$

$\left[(200+2x)\times\frac{17.5}{100}=\frac{23}{10}x-\frac{x^2}{100}\right]$

75　$x=2$　[定価を a 円，通常の売上個数を b 個とすると

$a\left(1-\frac{x}{10}\right)\times b\left(1+\frac{x+1}{10}\right)=ab\left(1+\frac{4}{100}\right)$]

76　28 本　[縦の 1 辺に植えた本数を x 本とすると，横の 1 辺に植えた本数は $(2x-5)$ 本である。

$10(x-1)\times 20(x-3)=4800$]

77　(1)　$(3-a,\ 9-2a)$

(2)　$S=\frac{1}{2}(a-3)^2$　　(3)　$a=1$

[(2)　点 C を通り x 軸に平行に引いた直線と y 軸の交点を H とすると

$S=\frac{1}{2}\times\mathrm{AB}\times\mathrm{CH}$]

78　(1)　$\triangle\mathrm{CPQ}=-x^2+9x\ (\mathrm{cm}^2)$

(2)　$x=2,\ \frac{11}{3}$

[(1)　△CPQ=(正方形 ABCD の面積) −△APQ−△BCP−△CDQ

(2)　点 Q が辺 AD 上，辺 DC 上にあるときに分けて考える]

79　(1)　2 : 1 または 3 : 1

(2)　8 または 9

[線分 BE，EC の長さをそれぞれ a，b とする。

(1)　$a^2+ab=6(ab-b^2)$

(2)　$\frac{1}{2}(a^2+ab)=6,\ \frac{1}{2}(ab-b^2)=1$]

第 4 章　関数 $y=ax^2$

練習の解答

70　(1)　$y=8x$，y は x^2 に比例しない

(2)　$y=3\pi x^2$，y は x^2 に比例する

(3)　$y=15x^2$，y は x^2 に比例する

(4)　$y=3\pi x^2+4\pi x+\pi$，y は x^2 に比例しない

71　(1)　$y=6x^2$　　(2)　$y=\frac{3}{8}x^2$

(3)　$y=-\frac{5}{2}$　　(4)　$x=\pm 3$

72

(1)

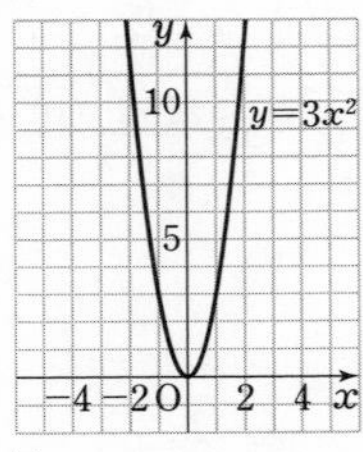

(2)

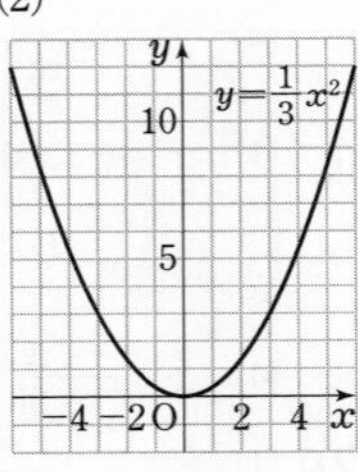

(3)

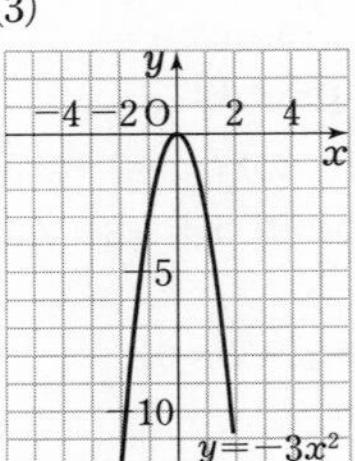

(4)

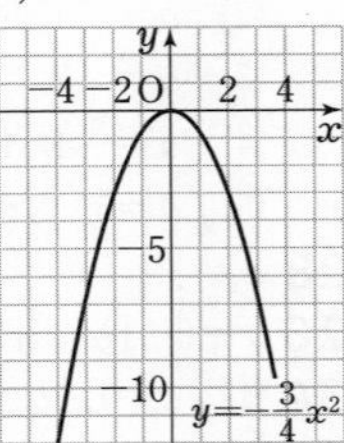

73　(1)　①　$y=\frac{2}{5}x^2$　　②　$y=x^2$

③　$y=-\frac{1}{3}x^2$　　(2)　$y=\frac{72}{5}$

(3)　$y=\frac{25}{4}$　　(4)　$y=-\frac{25}{3}$

74　$a=\frac{3}{2}$

75　(1)　$0\leqq y\leqq 18$，最大値 18，最小値 0

(2)　$-18\leqq y\leqq 0$，最大値 0，最小値 -18

(3)　$0\leqq y\leqq\frac{16}{9}$，最大値 $\frac{16}{9}$，最小値 0

(4)　$-3\leqq y\leqq-\frac{1}{3}$，最大値 $-\frac{1}{3}$，最小値 -3

76A　(1)　$a=2$　　(2)　$a=-\frac{2}{5}$

76B (1) $a=-3,\ b=0$

(2) $a=\dfrac{3}{4},\ b=0$

(3) $a=-8,\ b=16$

77A (1) 6　(2) $-\dfrac{4}{3}$　(3) 0

77B (1) $k=5$　(2) $a=\dfrac{3}{5}$

(3) $p=2$

78 (1) $a=\dfrac{3}{2}$　(2) $p=\dfrac{3}{8}$

79 (1) $y=\dfrac{1}{160}x^2$　(2) 40 m

(3) 時速 $20\sqrt{2}$ km

80A (1) $\left(-\dfrac{\sqrt{10}}{2},\ -5\right),\ \left(\dfrac{\sqrt{10}}{2},\ -5\right)$

(2) $(-3,\ 6)$

80B (1) $(-3,\ 9),\ (4,\ 16)$

(2) $(1,\ 2),\ \left(-\dfrac{3}{2},\ \dfrac{9}{2}\right)$

(3) $(1+\sqrt{5},\ -12-4\sqrt{5}),$
$(1-\sqrt{5},\ -12+4\sqrt{5})$

(4) $\left(\dfrac{1}{2},\ 1\right)$

81 (1) $a=2$　(2) $y=2x+4$

(3) 6　(4) $y=x+3$　(5) $(3,\ 18)$

82 (1) $a=2$　(2) $y=-2x+4$

(3) $(3,\ 18)$　(4) $(0,\ 24)$

83 (1) $\dfrac{1}{3}\leqq a\leqq 5$

(2) $-\dfrac{1}{8}\leqq a<0,\ 0<a\leqq\dfrac{1}{2}$

(3) $\dfrac{1}{3}\leqq a\leqq\dfrac{1}{2}$

(4) $a<-\dfrac{1}{8},\ 5<a$

84 $s=\dfrac{12}{5}$

85A

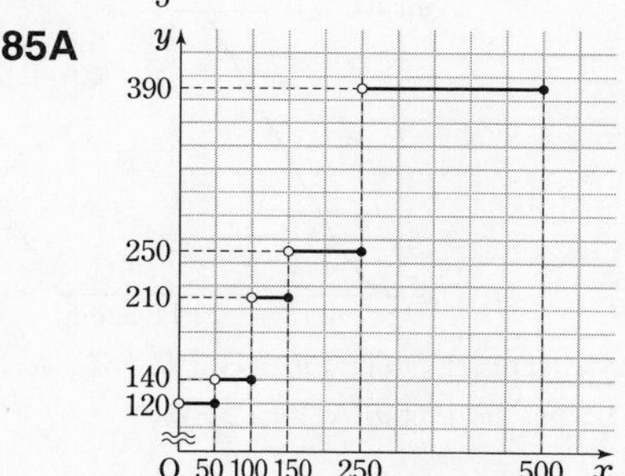

85B

(1)　(2)

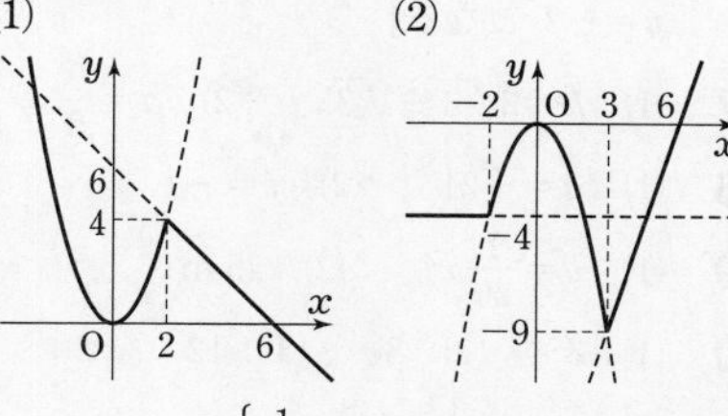

86 (1) $y=\begin{cases}\dfrac{1}{2}x^2 & (0\leqq x\leqq 4)\\ 8 & (4\leqq x\leqq 12)\\ \dfrac{1}{2}(16-x)^2 & (12\leqq x\leqq 16)\\ 0 & (16\leqq x)\end{cases}$

(2) $x=\sqrt{10},\ 16-\sqrt{10}$

[(1) 次の [1]~[4] の場合に分ける。
[1] Rが辺BC上
[2] Rが辺CD上
[3] Qが辺BC上
[4] Qが辺CD上]

演習問題の解答

80 (ア) $-\dfrac{8}{3}$　(イ) $-\dfrac{3}{2}$　(ウ) 6

81 (1) ②, ④, ⑤　(2) ①, ③, ⑥

(3) ⑤　(4) ①　(5) ③と④

82 ① (オ)　② (ウ)　③ (イ)

83 (1) $y=-3$　(2) $a=\dfrac{2}{3}$

[(2) $(9a+3):6=3:2$]

84 (1) 最小値 12, 最大値 108

(2) $0\leqq a\leqq 2$　(3) $a=\sqrt{3}$

[(3) x の定義域に 0 を含む場合と含まない場合に分ける]

85 $a=\dfrac{10}{9},\ b=6$ または

$a=-\dfrac{10}{9},\ b=-4$

[$y=-2x+b\ (-2\leqq x\leqq 3)$ の値域は
$-6+b\leqq y\leqq 4+b$
$y=ax^2\ (-2\leqq x\leqq 3)$ の値域は
$a>0$ のとき　$0\leqq y\leqq 9a$
$a<0$ のとき　$9a\leqq y\leqq 0$]

86 $a=-2,\ -1$

[値域に 0 を含むから，定義域も 0 を含む。また，値域が $-2\leqq y\leqq 0$ であ

るから，$x=a$ か $x=a+3$ で $y=-2$ となる]

87 (1) $k=2\sqrt{2}+\sqrt{3}$ (2) $a=\dfrac{9}{5}$

88 (1) $a=-21$ (2) $t=-1$

89 (1) $y=\dfrac{1}{20}x^2$ (2) 45 m

90 (1) 8 (2) 8 (3) 12

91 (1) $y=-\dfrac{3}{5}x+\dfrac{8}{5}$

(2) 12：13：3

[(2) △OPQ：△OQR：△ORS ＝PQ：QR：RS]

92 (1) $y=2x+3$ (2) $a=\dfrac{5}{2}$

(3) 12 [(3) 四角形OABCの面積を S とすると $S=2$△OAC]

93 $\left(\dfrac{3}{5},\ \dfrac{3}{25}\right)$

94 (1) $a=\dfrac{1}{4}$ (2) -2, $-1\pm\sqrt{17}$

[(1) $\dfrac{1}{2}\times8a\times2+\dfrac{1}{2}\times8a\times4=6$

(2) 直線ABの式は $y=-\dfrac{1}{2}x+2$]

95 (1) $y=-x+4$ (2) $(0,\ 12)$

(3) $(-6,\ 18)$, $(4,\ 8)$

[(2) y 軸上に CD＝2OD を満たすように点Cをとる。(3) △ABP＝△ABC となる点Pは，点Cを通り直線ABに平行な直線上にある]

96 (1) A$(-2,\ 4)$, B$(4,\ 16)$

(2) $(0,\ 16)$ (3) 平行四辺形の面積は48，直線の式は $y=x+9$

[(3) 平行四辺形は，対角線の交点を通る直線によって面積を2等分される]

97 (1) $(0,\ 4)$ (2) 9

(3) $y=11x+4$ (4) 2π

[(3) $\dfrac{1}{2}$△ABC＝$\dfrac{9}{2}$，△ADC＝3 より，直線BC上に △CDE＝$\dfrac{9}{2}-3=\dfrac{3}{2}$ となる点Eをとれば，直線DEは△ABCの面積を2等分する。

(4) できる立体は，底面の半径が1，高さが $10-2=8$ の円錐から，底面の半径が1，高さが $4-2=2$ の円錐を取り除いたものである]

98 (1) $a=2$ (2) $\dfrac{4}{3}$

(3) $-\dfrac{7}{6}\leqq m\leqq-\dfrac{1}{12}$

[(2) 点Dの x 座標を t とする。

BC＝BA から $\dfrac{1}{2}t=\dfrac{3}{8}t^2$

(3) 点$(0,\ 1)$を通る直線が正方形と共有点をもつとき，m が最大・最小になるのは，直線がそれぞれ点C，Aを通る場合]

99

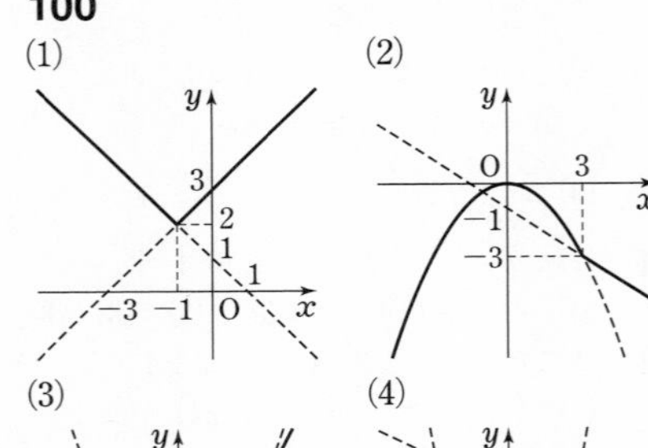

100

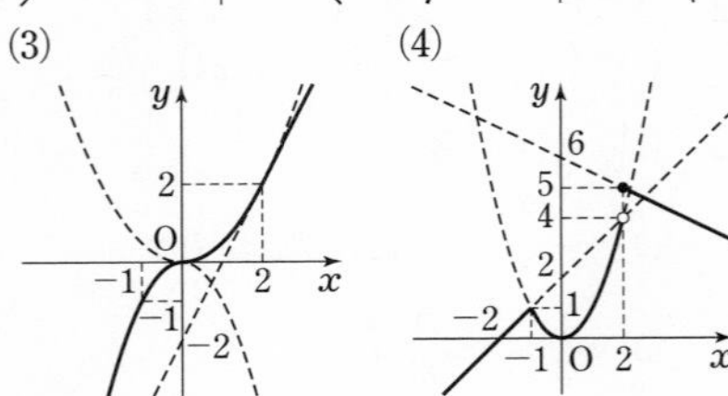

101 (1) (ア) 4 (イ) 12

(ウ) 12 (エ) 28

(2)

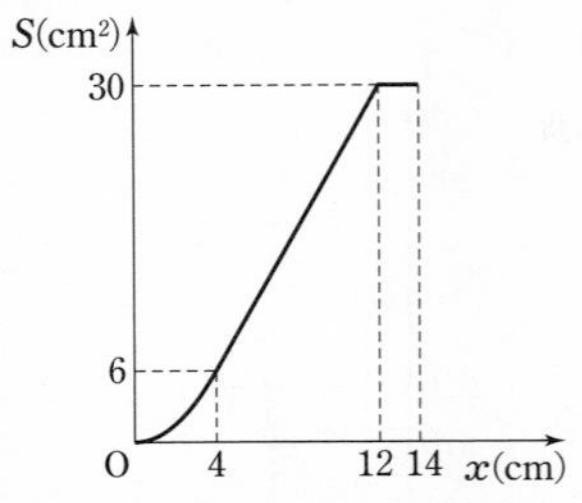

[(1) (ア) 点Pは辺AB上にある。

(イ) 点Pは辺AC上にある。

(2) Fの形が変化することに注意して，場合分けする。図2がヒント]

102 (1) $\frac{6}{5}$ 秒後，$\frac{108}{25}$ cm^2

(2)

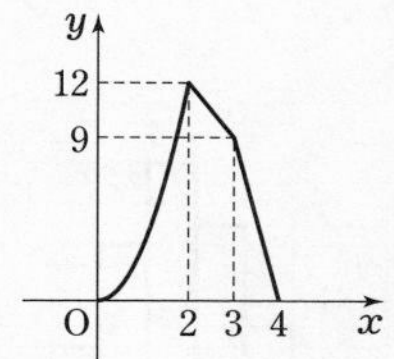

(3) $\sqrt{2}$ 秒後と $\frac{10}{3}$ 秒後

[(1) AC∥PQ になるのは，Pが辺 AB 上にあり，BP=BQ となるとき。

(2) $0 \leqq x \leqq 2$，$2 \leqq x \leqq 3$，$3 \leqq x \leqq 4$ で場合分けする]

103 (1) $y=3x^2$ (2) $a=12$

(3) $\frac{9}{2}$ 秒後 [(2) 点Qは出発してから4秒後に点Cに到着する。

(3) $4 \leqq x \leqq 8$ のとき，AP$=2x$ (cm)，BQ$=12$ (cm) であるから

$y=\frac{1}{2}\times$AP$\times$BQ$=12x$]

第5章 データの活用

練習の解答

87 (1)

階級 (点)	度数 (人)
0以上 20未満	1
20 〜 40	9
40 〜 60	19
60 〜 80	13
80 〜 100	3
計	45

(2) 50点

88 (1)

A

(人)
18
16
14
12
10
8
6
4
2
0
140 150 160 170 180(cm)

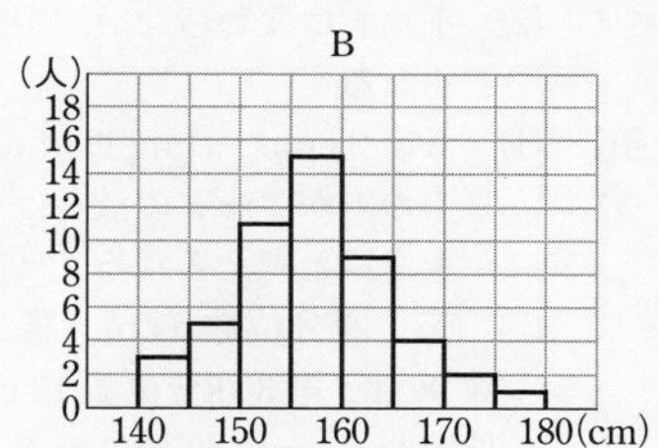

(2)

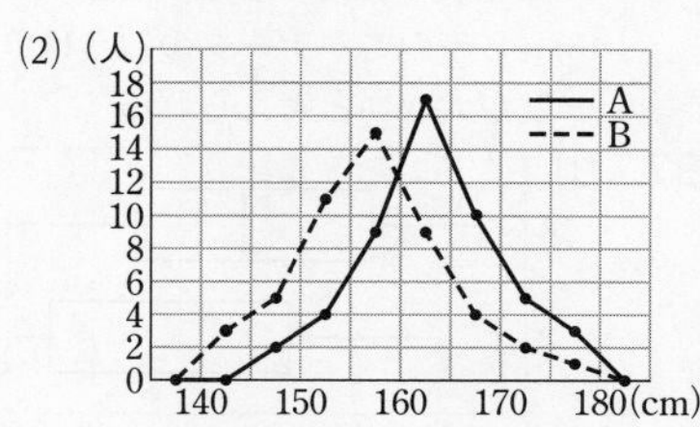

89

階級 (点)	相対度数
0以上 20未満	0.02
20 〜 40	0.20
40 〜 60	0.42
60 〜 80	0.29
80 〜 100	0.07
計	1.00

90 (1)

階級 (点)	累積度数 (人)
20 未満	2
30	5
40	12
50	25
60	33
70	40
80	45
90	49
100	51

(2) 50 点以上 60 点未満の階級,
人数は 8 人

(3) 23.5%

91 平均値 34.7 点, 最頻値 30 点

92 (1) 410 分 (2) 415 分

93 (1) 88.5 分 (2) 105 分

94 平均値 22 m, 中央値 21.5 m

95 (1) 11 分

(2) 平均値は変わらない, 中央値は大きくなる

96 (1) A市 33 cm, B市 49 cm
B市の方がデータの散らばりの程度が大きいと考えられる

(2) 第 1 四分位数 5 cm, 第 2 四分位数 9 cm, 第 3 四分位数 18 cm, 四分位範囲 13 cm, 四分位偏差 6.5 cm

(3) B市の方がデータの散らばりの程度が大きいと考えられる

97 (1)

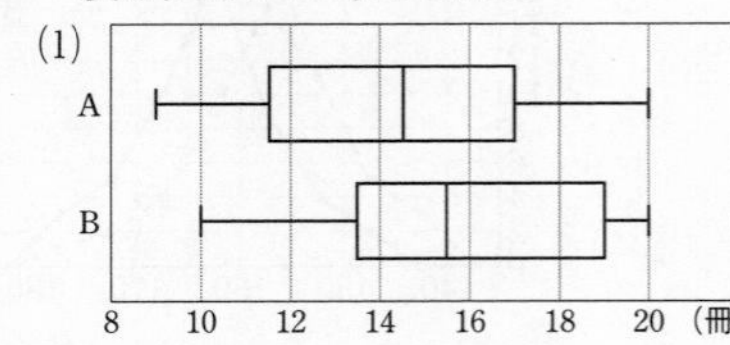

(2) B

98 ③

99 ③

演習問題の解答

104 (1) (ア) 2 (イ) 3 (ウ) 7
(エ) 5 (オ) 3

(2) 35%

105 (1)

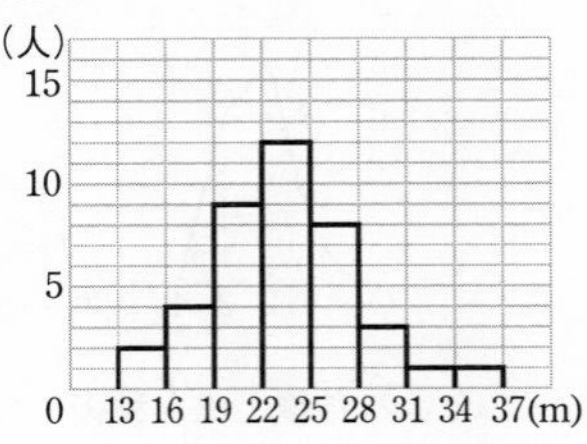

(2)

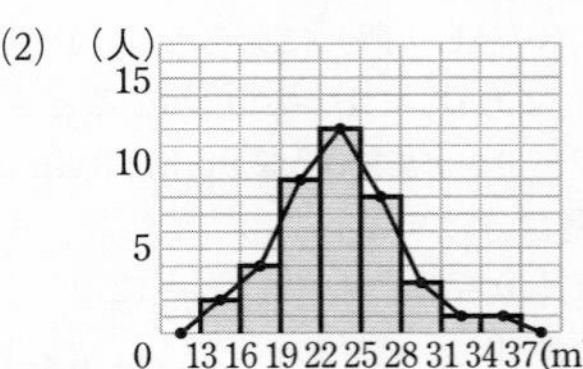

(3) 0.3

106 (1) 24 人 (2) 15% (3) 15 分

107 (1)

階級 (kg)	累積度数 (人)
20 未満	1
25	4
30	10
35	21
40	30
45	37
50	39
55	40

(2) 35 kg 以上 40 kg 未満の階級,
人数は 9 人

(3) 75%

108 (1) 最頻値 5 日, 中央値 2 日

(2) 3 日

109 (1) 中央値 77 点, 平均値 77.2 点

(2) 誤っている数値は 77 点, 正しい数値は 75 点

110 (1) $a+b=7$ (2) $a=2$, $b=5$

(3) $a=4$, $b=3$

(4) $a=3$, $b=4$ または $a=2$, $b=5$ または $a=1$, $b=6$ または $a=0$, $b=7$

(5) $a=1$, $b=6$ または $a=0$, $b=7$

111 (1) $a=103$ (2) 6 通り

112 平均値 171.3 cm, 中央値 172.5 cm

113 札幌16日，那覇9日
札幌の方がデータの散らばりの程度が大きいと考えられる

114 (1) Aのデータの四分位範囲5点，四分位偏差2.5点
Bのデータの四分位範囲3点，四分位偏差1.5点
(2) Aのデータの方が散らばりの程度が大きいと考えられる

115 ③

116 ①，②，④

第6章　確率と標本調査

練習の解答

100A 6通り

100B 8通り，160円，60円，110円，10円，150円，50円，100円，0円

101 (1) 7通り　(2) 10通り
(3) 15通り　(4) 16通り

102A 30通り

102B 6通り

103A (1) 840　(2) 9　(3) 720
(4) 40320　(5) 72

103B (1) 1680通り　(2) 120通り

104 (1) 14400通り　(2) 43200通り
(3) 201600通り　(4) 60480通り

105 (1) 48個　(2) 18個
(3) 30個

106A (1) 15　(2) 35　(3) 28
(4) 12　(5) 1

106B (1) 252通り　(2) 100通り
(3) 24通り

107 (1) 360通り　(2) 1016通り
[(2) (全体)−(P地点を通る)]

108 (1) $\frac{1}{8}$　(2) $\frac{3}{8}$

109 (1) $\frac{5}{12}$　(2) $\frac{2}{9}$　(3) $\frac{4}{9}$
(4) $\frac{7}{18}$　[(4) a が b の約数になる]

110 (1) $\frac{1}{5}$　(2) $\frac{2}{5}$

111A (1) $\frac{2}{7}$　(2) $\frac{10}{21}$

111B (1) $\frac{5}{18}$　(2) $\frac{7}{12}$
$\left[(1)\ \frac{{}_5C_2}{{}_9C_2}\right.$　(2) 2枚のうち少なくとも一方が3の倍数]

112A (1) $\frac{3}{4}$　(2) $\frac{11}{13}$
$\left[(1)\ 1-\frac{1}{4}\quad (2)\ 1-\frac{2}{13}\right]$

112B $\frac{9}{14}$　$\left[1-\frac{{}_5C_2}{{}_8C_2}\right]$

113 (1) $\frac{1}{3}$　(2) $\frac{1}{9}$　(3) $\frac{1}{3}$
[(2) グー，チョキ，パーのどの手を出して勝つかで3通りある。

(3) (2) と同じように，Aだけが勝つ場合，Bだけが勝つ場合も，それぞれ3通りずつある]

114 $\frac{7}{54}$

115 (1) 全数調査　(2) 標本調査
(3) 標本調査

116 ③

117 およそ 864 個
[「数」の文字の総数をおよそ x とすると　$\frac{x}{192}=\frac{45}{10}$]

演習問題の解答

117 9 通り

118 14 通り

119 38 通り　[4 つの地点の回り方は
A → B → D，A → B → C → D，
A → C → D，A → C → B → D がある]

120 108 通り

121 (1) 86400 通り
(2) 806400 通り　(3) 28800 通り
[(3) 男女が交互に並ぶとき，左端が女子か男子かで場合を分けて考える]

122 (1) 300 個　(2) 156 個
(3) 210543
[(3) 小さい方から数えて 150 番目の数は 21□□□□ の形の数のうち，小さい方から数えて 6 番目]

123 720 通り　[${}_7P_4-{}_5P_4$]

124 12 通り
[Dの並ぶ位置を先に決めておく。
Aが並ぶ位置は，Dの右側の 2 か所のうちのどちらかである。B，C，Eの 3 人は残りの 3 か所に並べばよい]

125 (1) 50 通り　(2) 25 通り
(3) 20160 通り
[(3) ${}_8P_6$]

126 150 個　[${}_5C_2\times{}_6C_2$]

127 (1) 32 個　(2) 16 個
[(1) 共有する 1 辺に対して，残りの頂点の選び方は　4 通り
(2) 八角形の 3 つの頂点を結んでできる三角形の個数から，八角形と辺を共有する三角形の個数をひく]

128 (1) 20 通り　(2) 420 通り
(3) 720 通り　(4) 120 通り
[各円を左から順に ①～⑤ とする。
まず，選ぶ色の組合せを考える。
(1) ① をかく色を決めると，残りの円は，交互に異なる色でかけばよい。
(2) ② は ① で選んだ色以外の 2 色から選ぶ。③～⑤ についても 1 つ前の番号で使った色以外の 2 色を選んでかくと，この中には，2 色しか使わない場合も含まれているから，それを除く。
(3) 4 色のうちのどの色を 2 回使うか，どの 2 つの円を同じ色にするかを決める]

129 96 通り
[出発点の選び方は　2 通り
3 つの輪の部分を通る順序は　${}_3P_3$ 通り
それぞれの輪の通り方は右回りまたは左回りの 2 通りずつある]

130 (1) $\frac{1}{24}$　(2) $\frac{3}{8}$
[(1) $\frac{1}{{}_4P_4}$　(2) $\frac{9}{{}_4P_4}$]

131 $\frac{7}{15}$
[Aから白玉，Bから白玉を取り出す場合と，Aから赤玉，Bから赤玉を取り出す場合に分けて考える]

132 $\frac{11}{26}$
[ダイヤの札は全部で 13 枚ある。
また，ダイヤ以外の絵札は 9 枚ある]

133 $\frac{13}{36}$

134 $\frac{1}{3}$
[Aが並ぶ位置で場合分けする。AはCとDよりも左側にあるから，左から 4，5 番目に並ぶことはない]

135 (1) $\frac{3}{10}$　(2) $\frac{3}{10}$
[3 本のくじを取り出して並べ，並べたくじを，この順に A，B，C が引くものと考える。

(1)　2番目があたりで，1番目と3番目は，あたりでもはずれでもよい。
(2)　3番目があたりで，1番目と2番目は，あたりでもはずれでもよい]

136 (1)　$\frac{8}{15}$　(2)　$\frac{4}{9}$

[(1)　$\frac{{}_2C_1 \times {}_4C_1}{{}_6C_2}$　(2)　あたりくじ，はずれくじが袋A，Bのどちらから取り出されたかで場合分けする]

137 (1)　$\frac{3}{5}$　(2)　$\frac{2}{5}$　(3)　$\frac{1}{4}$

[(2)　数字の和が3の倍数になる組み合わせは
(2, 3, 4, 6)と(3, 4, 5, 6)
(3)　(2)の4枚のカードの順列のうち，一の位が偶数になる場合である]

138 $\frac{62}{125}$

[1−(同じ数字が現れない確率)]

139 (1)　$\frac{1}{3}$　(2)　$\frac{1}{3}$　(3)　$\frac{1}{27}$

[(1)　Aだけが負ける場合と，Aともう1人が負ける場合がある。
(2)　Aだけが抜ける場合は3通りある。同じように，Bだけ，Cだけが抜けるような場合も3通りずつある。
(3)　3人とも残っているのは3回ともあいこになる場合である]

140 (1)　$\frac{5}{54}$　(2)　$\frac{5}{108}$　(3)　$\frac{5}{54}$

[(2)　a，b，c の組み合わせは
1，1，4と1，2，3と2，2，2
それぞれの順列を考える
(3)　$a+b+c=3$，4，5，6 の場合の数を考える]

141 (1)　$\frac{5}{36}$　(2)　$\frac{2}{3}$

[(2)　3本の直線が三角形を作らないのは，①と②が一致，①と③が平行，②と③が平行のとき]

142 $\frac{5}{12}$

[∠PAQ＝90°，∠APQ＝90°，∠AQP＝90° で場合を分ける]

143 およそ157.6 cm

[162.5＋157.2＋151.3＋156.2＋161.1＋154.7＋150.3＋152.4＋163.5＋166.8＝1576
よって，標本平均は
$\frac{1576}{10}=157.6$ (cm)]

144 およそ340人

[X市のすべての中学生のうち，通学時間が40分以上50分未満の生徒の人数をおよそ x 人とすると
$\frac{x}{8500}=\frac{20}{500}$]

145 およそ1500匹

[池にいる魚の数をおよそ x 匹とすると　$x\times\frac{20}{300}=100$]

146 およそ130個

[箱の中にある白球の数をおよそ x 個とする。抽出した白球の合計は52個。
よって　$\frac{x}{400}=\frac{52}{20\times8}$]

答と略解

さくいん

わ行

記号

平 方 根 表 (1)

数	0	1	2	3	4	5	6	7	8	9
1.0	1.000	1.005	1.010	1.015	1.020	1.025	1.030	1.034	1.039	1.044
1.1	1.049	1.054	1.058	1.063	1.068	1.072	1.077	1.082	1.086	1.091
1.2	1.095	1.100	1.105	1.109	1.114	1.118	1.122	1.127	1.131	1.136
1.3	1.140	1.145	1.149	1.153	1.158	1.162	1.166	1.170	1.175	1.179
1.4	1.183	1.187	1.192	1.196	1.200	1.204	1.208	1.212	1.217	1.221
1.5	1.225	1.229	1.233	1.237	1.241	1.245	1.249	1.253	1.257	1.261
1.6	1.265	1.269	1.273	1.277	1.281	1.285	1.288	1.292	1.296	1.300
1.7	1.304	1.308	1.311	1.315	1.319	1.323	1.327	1.330	1.334	1.338
1.8	1.342	1.345	1.349	1.353	1.356	1.360	1.364	1.367	1.371	1.375
1.9	1.378	1.382	1.386	1.389	1.393	1.396	1.400	1.404	1.407	1.411
2.0	1.414	1.418	1.421	1.425	1.428	1.432	1.435	1.439	1.442	1.446
2.1	1.449	1.453	1.456	1.459	1.463	1.466	1.470	1.473	1.476	1.480
2.2	1.483	1.487	1.490	1.493	1.497	1.500	1.503	1.507	1.510	1.513
2.3	1.517	1.520	1.523	1.526	1.530	1.533	1.536	1.539	1.543	1.546
2.4	1.549	1.552	1.556	1.559	1.562	1.565	1.568	1.572	1.575	1.578
2.5	1.581	1.584	1.587	1.591	1.594	1.597	1.600	1.603	1.606	1.609
2.6	1.612	1.616	1.619	1.622	1.625	1.628	1.631	1.634	1.637	1.640
2.7	1.643	1.646	1.649	1.652	1.655	1.658	1.661	1.664	1.667	1.670
2.8	1.673	1.676	1.679	1.682	1.685	1.688	1.691	1.694	1.697	1.700
2.9	1.703	1.706	1.709	1.712	1.715	1.718	1.720	1.723	1.726	1.729
3.0	1.732	1.735	1.738	1.741	1.744	1.746	1.749	1.752	1.755	1.758
3.1	1.761	1.764	1.766	1.769	1.772	1.775	1.778	1.780	1.783	1.786
3.2	1.789	1.792	1.794	1.797	1.800	1.803	1.806	1.808	1.811	1.814
3.3	1.817	1.819	1.822	1.825	1.828	1.830	1.833	1.836	1.838	1.841
3.4	1.844	1.847	1.849	1.852	1.855	1.857	1.860	1.863	1.865	1.868
3.5	1.871	1.873	1.876	1.879	1.881	1.884	1.887	1.889	1.892	1.895
3.6	1.897	1.900	1.903	1.905	1.908	1.910	1.913	1.916	1.918	1.921
3.7	1.924	1.926	1.929	1.931	1.934	1.936	1.939	1.942	1.944	1.947
3.8	1.949	1.952	1.954	1.957	1.960	1.962	1.965	1.967	1.970	1.972
3.9	1.975	1.977	1.980	1.982	1.985	1.987	1.990	1.992	1.995	1.997
4.0	2.000	2.002	2.005	2.007	2.010	2.012	2.015	2.017	2.020	2.022
4.1	2.025	2.027	2.030	2.032	2.035	2.037	2.040	2.042	2.045	2.047
4.2	2.049	2.052	2.054	2.057	2.059	2.062	2.064	2.066	2.069	2.071
4.3	2.074	2.076	2.078	2.081	2.083	2.086	2.088	2.090	2.093	2.095
4.4	2.098	2.100	2.102	2.105	2.107	2.110	2.112	2.114	2.117	2.119
4.5	2.121	2.124	2.126	2.128	2.131	2.133	2.135	2.138	2.140	2.142
4.6	2.145	2.147	2.149	2.152	2.154	2.156	2.159	2.161	2.163	2.166
4.7	2.168	2.170	2.173	2.175	2.177	2.179	2.182	2.184	2.186	2.189
4.8	2.191	2.193	2.195	2.198	2.200	2.202	2.205	2.207	2.209	2.211
4.9	2.214	2.216	2.218	2.220	2.223	2.225	2.227	2.229	2.232	2.234
5.0	2.236	2.238	2.241	2.243	2.245	2.247	2.249	2.252	2.254	2.256
5.1	2.258	2.261	2.263	2.265	2.267	2.269	2.272	2.274	2.276	2.278
5.2	2.280	2.283	2.285	2.287	2.289	2.291	2.293	2.296	2.298	2.300
5.3	2.302	2.304	2.307	2.309	2.311	2.313	2.315	2.317	2.319	2.322
5.4	2.324	2.326	2.328	2.330	2.332	2.335	2.337	2.339	2.341	2.343

平 方 根 表（2）

数	0	1	2	3	4	5	6	7	8	9
5.5	2.345	2.347	2.349	2.352	2.354	2.356	2.358	2.360	2.362	2.364
5.6	2.366	2.369	2.371	2.373	2.375	2.377	2.379	2.381	2.383	2.385
5.7	2.387	2.390	2.392	2.394	2.396	2.398	2.400	2.402	2.404	2.406
5.8	2.408	2.410	2.412	2.415	2.417	2.419	2.421	2.423	2.425	2.427
5.9	2.429	2.431	2.433	2.435	2.437	2.439	2.441	2.443	2.445	2.447
6.0	2.449	2.452	2.454	2.456	2.458	2.460	2.462	2.464	2.466	2.468
6.1	2.470	2.472	2.474	2.476	2.478	2.480	2.482	2.484	2.486	2.488
6.2	2.490	2.492	2.494	2.496	2.498	2.500	2.502	2.504	2.506	2.508
6.3	2.510	2.512	2.514	2.516	2.518	2.520	2.522	2.524	2.526	2.528
6.4	2.530	2.532	2.534	2.536	2.538	2.540	2.542	2.544	2.546	2.548
6.5	2.550	2.551	2.553	2.555	2.557	2.559	2.561	2.563	2.565	2.567
6.6	2.569	2.571	2.573	2.575	2.577	2.579	2.581	2.583	2.585	2.587
6.7	2.588	2.590	2.592	2.594	2.596	2.598	2.600	2.602	2.604	2.606
6.8	2.608	2.610	2.612	2.613	2.615	2.617	2.619	2.621	2.623	2.625
6.9	2.627	2.629	2.631	2.632	2.634	2.636	2.638	2.640	2.642	2.644
7.0	2.646	2.648	2.650	2.651	2.653	2.655	2.657	2.659	2.661	2.663
7.1	2.665	2.666	2.668	2.670	2.672	2.674	2.676	2.678	2.680	2.681
7.2	2.683	2.685	2.687	2.689	2.691	2.693	2.694	2.696	2.698	2.700
7.3	2.702	2.704	2.706	2.707	2.709	2.711	2.713	2.715	2.717	2.718
7.4	2.720	2.722	2.724	2.726	2.728	2.729	2.731	2.733	2.735	2.737
7.5	2.739	2.740	2.742	2.744	2.746	2.748	2.750	2.751	2.753	2.755
7.6	2.757	2.759	2.760	2.762	2.764	2.766	2.768	2.769	2.771	2.773
7.7	2.775	2.777	2.778	2.780	2.782	2.784	2.786	2.787	2.789	2.791
7.8	2.793	2.795	2.796	2.798	2.800	2.802	2.804	2.805	2.807	2.809
7.9	2.811	2.812	2.814	2.816	2.818	2.820	2.821	2.823	2.825	2.827
8.0	2.828	2.830	2.832	2.834	2.835	2.837	2.839	2.841	2.843	2.844
8.1	2.846	2.848	2.850	2.851	2.853	2.855	2.857	2.858	2.860	2.862
8.2	2.864	2.865	2.867	2.869	2.871	2.872	2.874	2.876	2.877	2.879
8.3	2.881	2.883	2.884	2.886	2.888	2.890	2.891	2.893	2.895	2.897
8.4	2.898	2.900	2.902	2.903	2.905	2.907	2.909	2.910	2.912	2.914
8.5	2.915	2.917	2.919	2.921	2.922	2.924	2.926	2.927	2.929	2.931
8.6	2.933	2.934	2.936	2.938	2.939	2.941	2.943	2.944	2.946	2.948
8.7	2.950	2.951	2.953	2.955	2.956	2.958	2.960	2.961	2.963	2.965
8.8	2.966	2.968	2.970	2.972	2.973	2.975	2.977	2.978	2.980	2.982
8.9	2.983	2.985	2.987	2.988	2.990	2.992	2.993	2.995	2.997	2.998
9.0	3.000	3.002	3.003	3.005	3.007	3.008	3.010	3.012	3.013	3.015
9.1	3.017	3.018	3.020	3.022	3.023	3.025	3.027	3.028	3.030	3.032
9.2	3.033	3.035	3.036	3.038	3.040	3.041	3.043	3.045	3.046	3.048
9.3	3.050	3.051	3.053	3.055	3.056	3.058	3.059	3.061	3.063	3.064
9.4	3.066	3.068	3.069	3.071	3.072	3.074	3.076	3.077	3.079	3.081
9.5	3.082	3.084	3.085	3.087	3.089	3.090	3.092	3.094	3.095	3.097
9.6	3.098	3.100	3.102	3.103	3.105	3.106	3.108	3.110	3.111	3.113
9.7	3.114	3.116	3.118	3.119	3.121	3.122	3.124	3.126	3.127	3.129
9.8	3.130	3.132	3.134	3.135	3.137	3.138	3.140	3.142	3.143	3.145
9.9	3.146	3.148	3.150	3.151	3.153	3.154	3.156	3.158	3.159	3.161

平 方 根 表 （3）

数	0	1	2	3	4	5	6	7	8	9
10	3.162	3.178	3.194	3.209	3.225	3.240	3.256	3.271	3.286	3.302
11	3.317	3.332	3.347	3.362	3.376	3.391	3.406	3.421	3.435	3.450
12	3.464	3.479	3.493	3.507	3.521	3.536	3.550	3.564	3.578	3.592
13	3.606	3.619	3.633	3.647	3.661	3.674	3.688	3.701	3.715	3.728
14	3.742	3.755	3.768	3.782	3.795	3.808	3.821	3.834	3.847	3.860
15	3.873	3.886	3.899	3.912	3.924	3.937	3.950	3.962	3.975	3.987
16	4.000	4.012	4.025	4.037	4.050	4.062	4.074	4.087	4.099	4.111
17	4.123	4.135	4.147	4.159	4.171	4.183	4.195	4.207	4.219	4.231
18	4.243	4.254	4.266	4.278	4.290	4.301	4.313	4.324	4.336	4.347
19	4.359	4.370	4.382	4.393	4.405	4.416	4.427	4.438	4.450	4.461
20	4.472	4.483	4.494	4.506	4.517	4.528	4.539	4.550	4.561	4.572
21	4.583	4.593	4.604	4.615	4.626	4.637	4.648	4.658	4.669	4.680
22	4.690	4.701	4.712	4.722	4.733	4.743	4.754	4.764	4.775	4.785
23	4.796	4.806	4.817	4.827	4.837	4.848	4.858	4.868	4.879	4.889
24	4.899	4.909	4.919	4.930	4.940	4.950	4.960	4.970	4.980	4.990
25	5.000	5.010	5.020	5.030	5.040	5.050	5.060	5.070	5.079	5.089
26	5.099	5.109	5.119	5.128	5.138	5.148	5.158	5.167	5.177	5.187
27	5.196	5.206	5.215	5.225	5.235	5.244	5.254	5.263	5.273	5.282
28	5.292	5.301	5.310	5.320	5.329	5.339	5.348	5.357	5.367	5.376
29	5.385	5.394	5.404	5.413	5.422	5.431	5.441	5.450	5.459	5.468
30	5.477	5.486	5.495	5.505	5.514	5.523	5.532	5.541	5.550	5.559
31	5.568	5.577	5.586	5.595	5.604	5.612	5.621	5.630	5.639	5.648
32	5.657	5.666	5.675	5.683	5.692	5.701	5.710	5.718	5.727	5.736
33	5.745	5.753	5.762	5.771	5.779	5.788	5.797	5.805	5.814	5.822
34	5.831	5.840	5.848	5.857	5.865	5.874	5.882	5.891	5.899	5.908
35	5.916	5.925	5.933	5.941	5.950	5.958	5.967	5.975	5.983	5.992
36	6.000	6.008	6.017	6.025	6.033	6.042	6.050	6.058	6.066	6.075
37	6.083	6.091	6.099	6.107	6.116	6.124	6.132	6.140	6.148	6.156
38	6.164	6.173	6.181	6.189	6.197	6.205	6.213	6.221	6.229	6.237
39	6.245	6.253	6.261	6.269	6.277	6.285	6.293	6.301	6.309	6.317
40	6.325	6.332	6.340	6.348	6.356	6.364	6.372	6.380	6.387	6.395
41	6.403	6.411	6.419	6.427	6.434	6.442	6.450	6.458	6.465	6.473
42	6.481	6.488	6.496	6.504	6.512	6.519	6.527	6.535	6.542	6.550
43	6.557	6.565	6.573	6.580	6.588	6.595	6.603	6.611	6.618	6.626
44	6.633	6.641	6.648	6.656	6.663	6.671	6.678	6.686	6.693	6.701
45	6.708	6.716	6.723	6.731	6.738	6.745	6.753	6.760	6.768	6.775
46	6.782	6.790	6.797	6.804	6.812	6.819	6.826	6.834	6.841	6.848
47	6.856	6.863	6.870	6.877	6.885	6.892	6.899	6.907	6.914	6.921
48	6.928	6.935	6.943	6.950	6.957	6.964	6.971	6.979	6.986	6.993
49	7.000	7.007	7.014	7.021	7.029	7.036	7.043	7.050	7.057	7.064
50	7.071	7.078	7.085	7.092	7.099	7.106	7.113	7.120	7.127	7.134
51	7.141	7.148	7.155	7.162	7.169	7.176	7.183	7.190	7.197	7.204
52	7.211	7.218	7.225	7.232	7.239	7.246	7.253	7.259	7.266	7.273
53	7.280	7.287	7.294	7.301	7.308	7.314	7.321	7.328	7.335	7.342
54	7.348	7.355	7.362	7.369	7.376	7.382	7.389	7.396	7.403	7.409

平 方 根 表 （4）

数	0	1	2	3	4	5	6	7	8	9
55	7.416	7.423	7.430	7.436	7.443	7.450	7.457	7.463	7.470	7.477
56	7.483	7.490	7.497	7.503	7.510	7.517	7.523	7.530	7.537	7.543
57	7.550	7.556	7.563	7.570	7.576	7.583	7.589	7.596	7.603	7.609
58	7.616	7.622	7.629	7.635	7.642	7.649	7.655	7.662	7.668	7.675
59	7.681	7.688	7.694	7.701	7.707	7.714	7.720	7.727	7.733	7.740
60	7.746	7.752	7.759	7.765	7.772	7.778	7.785	7.791	7.797	7.804
61	7.810	7.817	7.823	7.829	7.836	7.842	7.849	7.855	7.861	7.868
62	7.874	7.880	7.887	7.893	7.899	7.906	7.912	7.918	7.925	7.931
63	7.937	7.944	7.950	7.956	7.962	7.969	7.975	7.981	7.987	7.994
64	8.000	8.006	8.012	8.019	8.025	8.031	8.037	8.044	8.050	8.056
65	8.062	8.068	8.075	8.081	8.087	8.093	8.099	8.106	8.112	8.118
66	8.124	8.130	8.136	8.142	8.149	8.155	8.161	8.167	8.173	8.179
67	8.185	8.191	8.198	8.204	8.210	8.216	8.222	8.228	8.234	8.240
68	8.246	8.252	8.258	8.264	8.270	8.276	8.283	8.289	8.295	8.301
69	8.307	8.313	8.319	8.325	8.331	8.337	8.343	8.349	8.355	8.361
70	8.367	8.373	8.379	8.385	8.390	8.396	8.402	8.408	8.414	8.420
71	8.426	8.432	8.438	8.444	8.450	8.456	8.462	8.468	8.473	8.479
72	8.485	8.491	8.497	8.503	8.509	8.515	8.521	8.526	8.532	8.538
73	8.544	8.550	8.556	8.562	8.567	8.573	8.579	8.585	8.591	8.597
74	8.602	8.608	8.614	8.620	8.626	8.631	8.637	8.643	8.649	8.654
75	8.660	8.666	8.672	8.678	8.683	8.689	8.695	8.701	8.706	8.712
76	8.718	8.724	8.729	8.735	8.741	8.746	8.752	8.758	8.764	8.769
77	8.775	8.781	8.786	8.792	8.798	8.803	8.809	8.815	8.820	8.826
78	8.832	8.837	8.843	8.849	8.854	8.860	8.866	8.871	8.877	8.883
79	8.888	8.894	8.899	8.905	8.911	8.916	8.922	8.927	8.933	8.939
80	8.944	8.950	8.955	8.961	8.967	8.972	8.978	8.983	8.989	8.994
81	9.000	9.006	9.011	9.017	9.022	9.028	9.033	9.039	9.044	9.050
82	9.055	9.061	9.066	9.072	9.077	9.083	9.088	9.094	9.099	9.105
83	9.110	9.116	9.121	9.127	9.132	9.138	9.143	9.149	9.154	9.160
84	9.165	9.171	9.176	9.182	9.187	9.192	9.198	9.203	9.209	9.214
85	9.220	9.225	9.230	9.236	9.241	9.247	9.252	9.257	9.263	9.268
86	9.274	9.279	9.284	9.290	9.295	9.301	9.306	9.311	9.317	9.322
87	9.327	9.333	9.338	9.343	9.349	9.354	9.359	9.365	9.370	9.375
88	9.381	9.386	9.391	9.397	9.402	9.407	9.413	9.418	9.423	9.429
89	9.434	9.439	9.445	9.450	9.455	9.460	9.466	9.471	9.476	9.482
90	9.487	9.492	9.497	9.503	9.508	9.513	9.518	9.524	9.529	9.534
91	9.539	9.545	9.550	9.555	9.560	9.566	9.571	9.576	9.581	9.586
92	9.592	9.597	9.602	9.607	9.612	9.618	9.623	9.628	9.633	9.638
93	9.644	9.649	9.654	9.659	9.664	9.670	9.675	9.680	9.685	9.690
94	9.695	9.701	9.706	9.711	9.716	9.721	9.726	9.731	9.737	9.742
95	9.747	9.752	9.757	9.762	9.767	9.772	9.778	9.783	9.788	9.793
96	9.798	9.803	9.808	9.813	9.818	9.823	9.829	9.834	9.839	9.844
97	9.849	9.854	9.859	9.864	9.869	9.874	9.879	9.884	9.889	9.894
98	9.899	9.905	9.910	9.915	9.920	9.925	9.930	9.935	9.940	9.945
99	9.950	9.955	9.960	9.965	9.970	9.975	9.980	9.985	9.990	9.995

●編著者
岡部 恒治　　埼玉大学名誉教授
チャート研究所

●表紙デザイン
有限会社アーク・ビジュアル・ワークス

●本文デザイン
デザイン・プラス・プロフ株式会社

●イラスト
たなかきなこ

初　版
第１刷　2006年５月１日　発行
三訂版対応
第１刷　2010年９月１日　発行
四訂版対応
第１刷　2015年11月１日　発行
新課程
第１刷　2021年２月１日　発行

編集･制作　チャート研究所
発行者　星野 泰也

ISBN978-4-410-10974-4

※解答・解説は数研出版株式会社が作成したものです。

中高一貫教育をサポートする
新課程　チャート式® 体系数学２　代数編
[中学２，３年生用]

発行所
数研出版株式会社

〒101-0052 東京都千代田区神田小川町２丁目３番地３
〔振替〕00140-4-118431
〒604-0861 京都市中京区烏丸通竹屋町上る大倉町205番地
〔電話〕代表（075)231-0161
ホームページ　https://www.chart.co.jp
印刷　寿印刷株式会社
乱丁本・落丁本はお取り替えします。　201201

関数 $y=ax^2$ (2)

2 1次関数 $y=ax+b$ と関数 $y=ax^2$

<table>
<tr><th rowspan="2" colspan="2">関数</th><th colspan="2">グラフ</th><th rowspan="2">変化の割合</th></tr>
<tr><th>$a>0$</th><th>$a<0$</th></tr>
<tr><td>1次関数
$y=ax+b$</td><td>傾きが a で切片が b の直線</td><td>増加
常に増加</td><td>減少
常に減少</td><td>常に一定で a に等しい</td></tr>
<tr><td>関数
$y=ax^2$</td><td>原点を頂点とし，y 軸について対称な放物線</td><td>減少 増加
$x<0$ の範囲で減少
$x>0$ の範囲で増加</td><td>増加 減少
$x<0$ の範囲で増加
$x>0$ の範囲で減少</td><td>一定ではない</td></tr>
</table>

3 放物線と直線の共有点

放物線 $y=ax^2$ と直線 $y=mx+n$ の共有点の x 座標は，2次方程式 $ax^2=mx+n$ の解である。

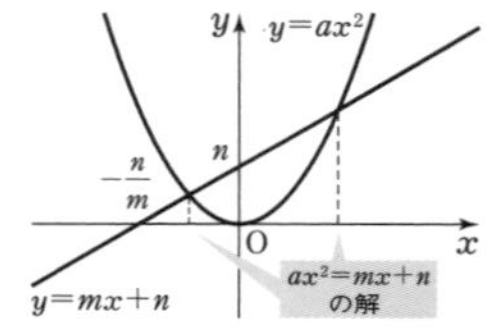

データの活用

1 度数分布

① **度数分布表**

階級（分）	度数（人）
10以上20未満	8
20 ～ 30	10
30 ～ 40	13
40 ～ 50	6
50 ～ 60	3
計	40

② **ヒストグラム**

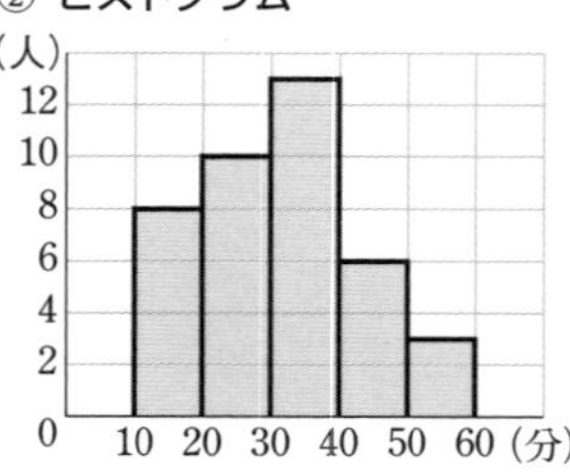

③ **度数折れ線**

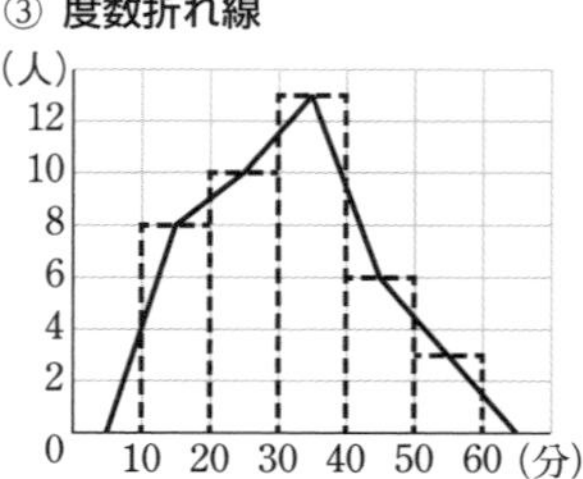

2 平均値

① 個々の資料から求めるとき　$(\text{平均値})=\dfrac{\text{資料の値の合計}}{\text{資料の個数}}$

② 度数分布表から求めるとき　$(\text{平均値})=\dfrac{\{(\text{階級値})\times(\text{度数})\}\text{ の合計}}{\text{度数の合計}}$

3 データの散らばりと四分位数

① **範囲**　データの最大値から最小値を引いた差

② **四分位数**　データを大きさの順に並べたとき，4等分する位置の値。小さい方から順に，第1四分位数，第2四分位数，第3四分位数という。

③ **四分位範囲**　第3四分位数と第1四分位数の差

④ **四分位偏差**　四分位範囲の半分の値

⑤ **箱ひげ図**　データの最小値，第1四分位数，中央値，第3四分位数，最大値を，箱と線（ひげ）で表現した図

中高一貫教育をサポートする

チャート式®

新課程

体系数学2

代数編

<解答編>

問題文+解答

中学
2,3
年生用

数研出版
https://www.chart.co.jp

練習，演習問題の解答

・練習と演習問題の全問題について，問題文と解答例を掲載した。
また，答えの数値などを太字で示した。解説 として，補足事項や注意事項を示したところもある。
・必要に応じて，副文に HINT として，問題の解法の手がかりや方針を示した。

練習 1 次の計算をしなさい。

(1) $-a(b-5)$　(2) $(3-x)\times 2x$

(3) $(4x-6y)\times\left(-\frac{1}{2}x\right)$　(4) $2ab(a^2b-ab^2)$

(5) $(5p-3q-7r)\times 4x$　(6) $\left(\frac{3}{4}x^2-xy+\frac{9}{2}y^2\right)\times\left(-\frac{2}{3}xy\right)$

(7) $-3m(m+n)+n(m-6n)$　(8) $\frac{1}{4}a(4a-12b)-\frac{1}{3}b(9a-6b)$

HINT
(単項式)×(多項式)
の計算は，分配法則を使ってかっこをはずす。
$a(b+c)=ab+ac$
$(a+b)c=ac+bc$

(1) $-a(b-5)=-a\times b-a\times(-5)=\boldsymbol{-ab+5a}$

(2) $(3-x)\times 2x=3\times 2x-x\times 2x$
$=6x-2x^2=\boldsymbol{-2x^2+6x}$

(1)
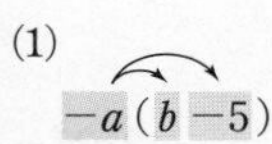

(2)
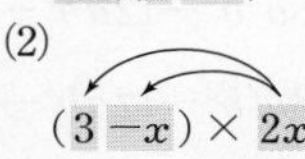

(3) $(4x-6y)\times\left(-\frac{1}{2}x\right)=4x\times\left(-\frac{1}{2}x\right)-6y\times\left(-\frac{1}{2}x\right)$
$=\boldsymbol{-2x^2+3xy}$

(4) $2ab(a^2b-ab^2)=2ab\times a^2b+2ab\times(-ab^2)$
$=\boldsymbol{2a^3b^2-2a^2b^3}$

(5) $(5p-3q-7r)\times 4x=5p\times 4x-3q\times 4x-7r\times 4x$
$=\boldsymbol{20px-12qx-28rx}$

(6) $\left(\frac{3}{4}x^2-xy+\frac{9}{2}y^2\right)\times\left(-\frac{2}{3}xy\right)$
$=\frac{3}{4}x^2\times\left(-\frac{2}{3}xy\right)-xy\times\left(-\frac{2}{3}xy\right)+\frac{9}{2}y^2\times\left(-\frac{2}{3}xy\right)$
$=\boldsymbol{-\frac{1}{2}x^3y+\frac{2}{3}x^2y^2-3xy^3}$

(7) $-3m(m+n)+n(m-6n)=-3m^2-3mn+mn-6n^2$
$=\boldsymbol{-3m^2-2mn-6n^2}$

◯同類項はまとめる。

(8) $\frac{1}{4}a(4a-12b)-\frac{1}{3}b(9a-6b)=a^2-3ab-3ab+2b^2$
$=\boldsymbol{a^2-6ab+2b^2}$

◯同類項はまとめる。

練習 2 次の計算をしなさい。

(1) $(12a^2-4a)\div 2a$　(2) $(15ax-10ay)\div(-5x)$

(3) $(a^3b-8a^2b^2)\div a^2b$　(4) $(6x^3-15x^2+3x)\div(-3x)$

(5) $(8a^2b^3-12ab^4-4ab^3)\div 2ab$　(6) $(-8x^2+4x)\div\frac{4}{3}x$

(7) $\left(\frac{a^3b}{7}-\frac{a^2b^2}{4}\right)\div\frac{ab}{28}$　(8) $\left(\frac{4}{5}x^3y-\frac{3}{4}xy^2\right)\div\left(-\frac{3}{2}xy\right)$

HINT
(多項式)÷(単項式)
の計算は，除法を乗法に直して行う。
⟶ わる式の逆数をかける。

(1) $(12a^2-4a)\div 2a=(12a^2-4a)\times\dfrac{1}{2a}$

$=\dfrac{12a^2}{2a}-\dfrac{4a}{2a}=\boldsymbol{6a-2}$

◯ $2a$ の逆数は $\dfrac{1}{2a}$

(2) $(15ax-10ay)\div(-5x)=(15ax-10ay)\times\left(-\dfrac{1}{5x}\right)$

$=-\dfrac{15ax}{5x}+\dfrac{10ay}{5x}=\boldsymbol{-3a+\dfrac{2ay}{x}}$

◯ $-5x$ の逆数は $-\dfrac{1}{5x}$

(3) $(a^3b-8a^2b^2)\div a^2b=(a^3b-8a^2b^2)\times\dfrac{1}{a^2b}$

$=\dfrac{a^3b}{a^2b}-\dfrac{8a^2b^2}{a^2b}=\boldsymbol{a-8b}$

(4) $(6x^3-15x^2+3x)\div(-3x)=(6x^3-15x^2+3x)\times\left(-\dfrac{1}{3x}\right)$

$=-\dfrac{6x^3}{3x}+\dfrac{15x^2}{3x}-\dfrac{3x}{3x}$

$=\boldsymbol{-2x^2+5x-1}$

(5) $(8a^2b^3-12ab^4-4ab^3)\div 2ab$

$=(8a^2b^3-12ab^4-4ab^3)\times\dfrac{1}{2ab}$

$=\dfrac{8a^2b^3}{2ab}-\dfrac{12ab^4}{2ab}-\dfrac{4ab^3}{2ab}=\boldsymbol{4ab^2-6b^3-2b^2}$

(6) $(-8x^2+4x)\div\dfrac{4}{3}x=(-8x^2+4x)\times\dfrac{3}{4x}$

$=-\dfrac{8x^2\times 3}{4x}+\dfrac{4x\times 3}{4x}=\boldsymbol{-6x+3}$

◯ $\dfrac{4}{3}x=\dfrac{4x}{3}$ であるから，$\dfrac{4}{3}x$ の逆数は $\dfrac{3}{4x}$

(7) $\left(\dfrac{a^3b}{7}-\dfrac{a^2b^2}{4}\right)\div\dfrac{ab}{28}=\left(\dfrac{a^3b}{7}-\dfrac{a^2b^2}{4}\right)\times\dfrac{28}{ab}$

$=\dfrac{28a^3b}{7ab}-\dfrac{28a^2b^2}{4ab}=\boldsymbol{4a^2-7ab}$

(8) $\left(\dfrac{4}{5}x^3y-\dfrac{3}{4}xy^2\right)\div\left(-\dfrac{3}{2}xy\right)=\left(\dfrac{4}{5}x^3y-\dfrac{3}{4}xy^2\right)\times\left(-\dfrac{2}{3xy}\right)$

$=-\dfrac{4x^3y\times 2}{5\times 3xy}+\dfrac{3xy^2\times 2}{4\times 3xy}$

$=\boldsymbol{-\dfrac{8}{15}x^2+\dfrac{1}{2}y}$

◯ $-\dfrac{3}{2}xy=-\dfrac{3xy}{2}$ であるから，$-\dfrac{3}{2}xy$ の逆数は $-\dfrac{2}{3xy}$

練習 3 次の式を展開しなさい。

(1) $(x+2)(y+3)$ (2) $(x+7)(x-2)$ (3) $(a-4)(b+8)$
(4) $(k-11)(\ell-7)$ (5) $(a-2b)(c+3d)$ (6) $(p+5q)(x-13y)$
(7) $(2x+1)(x+3)$ (8) $(8n+3)(7n-5)$ (9) $(4x-y)(5x+2y)$

CHART 式は整理
同類項はまとめる
展開した式が同類項を含むときは，同類項をまとめる。

(1) $(x+2)(y+3)=\boldsymbol{xy+3x+2y+6}$

(2) $(x+7)(x-2)=x^2-2x+7x-14=\boldsymbol{x^2+5x-14}$

◯同類項はまとめる。

(3) $(a-4)(b+8)=\boldsymbol{ab+8a-4b-32}$

(4) $(k-11)(\ell-7)=\boldsymbol{k\ell-7k-11\ell+77}$

(5) $(a-2b)(c+3d)=\boldsymbol{ac+3ad-2bc-6bd}$

(6) $(p+5q)(x-13y)=\boldsymbol{px-13py+5qx-65qy}$

(7) $(2x+1)(x+3)=2x^2+6x+x+3=\boldsymbol{2x^2+7x+3}$

(8) $(8n+3)(7n-5)=56n^2-40n+21n-15$

$=\boldsymbol{56n^2-19n-15}$

(9) $(4x-y)(5x+2y)=20x^2+8xy-5xy-2y^2$

$=\boldsymbol{20x^2+3xy-2y^2}$

⊂(7)～(9) 同類項はまとめる。

練習 4 次の式を展開しなさい。

(1) $(x+1)(x^2-3x+2)$　(2) $(2-x+2x^2)(3+x-x^2)$

(3) $(a+b)(3a-4b+2)$　(4) $(4x-y+2)(2x-y)$

(5) $(3a+2b)(5a-4b-3)$　(6) $(7p-3q+5)(4p+9q-6)$

(7) $(3m+2n-4)(m-2n+3)$　(8) $(x^2-3xy+y^2)(3x-y)$

(9) $(2a-3b)(a^2-3ab+4b^2)$　(10) $(3xy+2x^2-4y^2)(x^2-5y^2-3xy)$

HINT 分配法則を繰り返し利用する。展開した式が同類項を含むときは，同類項をまとめる。

(1) $(x+1)(x^2-3x+2)=x(x^2-3x+2)+(x^2-3x+2)$

$=x^3-3x^2+2x+x^2-3x+2$

$=\boldsymbol{x^3-2x^2-x+2}$

⊂分配法則

$(x+1)(x^2-3x+2)$ ① ②

(2) $(2-x+2x^2)(3+x-x^2)$

$=(2x^2-x+2)(-x^2+x+3)$

$=2x^2(-x^2+x+3)-x(-x^2+x+3)+2(-x^2+x+3)$

$=-2x^4+2x^3+6x^2+x^3-x^2-3x-2x^2+2x+6$

$=\boldsymbol{-2x^4+3x^3+3x^2-x+6}$

⊂xについて降べきの順に整理。

(3) $(a+b)(3a-4b+2)=a(3a-4b+2)+b(3a-4b+2)$

$=3a^2-4ab+2a+3ab-4b^2+2b$

$=\boldsymbol{3a^2-ab-4b^2+2a+2b}$

(4) $(4x-y+2)(2x-y)=4x(2x-y)-y(2x-y)+2(2x-y)$

$=8x^2-4xy-2xy+y^2+4x-2y$

$=\boldsymbol{8x^2-6xy+y^2+4x-2y}$

(5) $(3a+2b)(5a-4b-3)=3a(5a-4b-3)+2b(5a-4b-3)$

$=15a^2-12ab-9a+10ab-8b^2-6b$

$=\boldsymbol{15a^2-2ab-8b^2-9a-6b}$

(6) $(7p-3q+5)(4p+9q-6)$

$=7p(4p+9q-6)-3q(4p+9q-6)+5(4p+9q-6)$

$=28p^2+63pq-42p-12pq-27q^2+18q+20p+45q-30$

$=\boldsymbol{28p^2+51pq-27q^2-22p+63q-30}$

(7) $(3m+2n-4)(m-2n+3)$

$=3m(m-2n+3)+2n(m-2n+3)-4(m-2n+3)$

$=3m^2-6mn+9m+2mn-4n^2+6n-4m+8n-12$

$=\boldsymbol{3m^2-4mn-4n^2+5m+14n-12}$

(8) $(x^2-3xy+y^2)(3x-y)$

$=x^2(3x-y)-3xy(3x-y)+y^2(3x-y)$

$=3x^3-x^2y-9x^2y+3xy^2+3xy^2-y^3$

$=\boldsymbol{3x^3-10x^2y+6xy^2-y^3}$

(9) $(2a-3b)(a^2-3ab+4b^2)$

$=2a(a^2-3ab+4b^2)-3b(a^2-3ab+4b^2)$

$=2a^3-6a^2b+8ab^2-3a^2b+9ab^2-12b^3$

$=\boldsymbol{2a^3-9a^2b+17ab^2-12b^3}$

(10) $(3xy+2x^2-4y^2)(x^2-5y^2-3xy)$

$=(2x^2+3xy-4y^2)(x^2-3xy-5y^2)$

$=2x^2(x^2-3xy-5y^2)+3xy(x^2-3xy-5y^2)$
$\quad-4y^2(x^2-3xy-5y^2)$

$=2x^4-6x^3y-10x^2y^2+3x^3y-9x^2y^2-15xy^3$
$\quad-4x^2y^2+12xy^3+20y^4$

$=\boldsymbol{2x^4-3x^3y-23x^2y^2-3xy^3+20y^4}$

⊂ x について降べきの順に整理。

練習 5A 次の式を展開しなさい。

(1) $(x+1)(x+3)$　(2) $(x+3)(x-5)$　(3) $(x-9)(x+4)$
(4) $(y-5)(y-7)$　(5) $(a+b)(a+3b)$　(6) $(a-2b)(a-3b)$
(7) $(x+2y)(x-4y)$　(8) $(3a-2b)(3a-4b)$　(9) $\left(t-\frac{3}{5}\right)\left(t-\frac{5}{6}\right)$

HINT $(x+a)(x+b)=x^2+(a+b)x+ab$

(1) $(x+1)(x+3)=x^2+(1+3)x+1\times3$
$=\boldsymbol{x^2+4x+3}$

(2) $(x+3)(x-5)=x^2+(3-5)x+3\times(-5)$
$=\boldsymbol{x^2-2x-15}$

(3) $(x-9)(x+4)=x^2+(-9+4)x+(-9)\times4$
$=\boldsymbol{x^2-5x-36}$

(4) $(y-5)(y-7)=y^2+(-5-7)y+(-5)\times(-7)$
$=\boldsymbol{y^2-12y+35}$

(5) $(a+b)(a+3b)=a^2+(b+3b)a+b\times3b$
$=\boldsymbol{a^2+4ab+3b^2}$

(6) $(a-2b)(a-3b)=a^2+(-2b-3b)a+(-2b)\times(-3b)$
$=\boldsymbol{a^2-5ab+6b^2}$

(7) $(x+2y)(x-4y)=x^2+(2y-4y)x+2y\times(-4y)$
$=\boldsymbol{x^2-2xy-8y^2}$

(8) $(3a-2b)(3a-4b)=(3a)^2+(-2b-4b)\times3a$
$+(-2b)\times(-4b)$
$=\boldsymbol{9a^2-18ab+8b^2}$

⊂共通の式 $3a$ を x とみなす。

(9) $\left(t-\frac{3}{5}\right)\left(t-\frac{5}{6}\right)=t^2+\left(-\frac{3}{5}-\frac{5}{6}\right)t+\left(-\frac{3}{5}\right)\times\left(-\frac{5}{6}\right)$
$=\boldsymbol{t^2-\frac{43}{30}t+\frac{1}{2}}$

⊂ $-\frac{3}{5}-\frac{5}{6}=-\frac{18}{30}-\frac{25}{30}$

練習 5B 次の式の ア□, イ□ にあてはまる数を求めなさい。

(1) $(x+$ ア□$)(x+4)=x^2+$ イ□$x+12$
(2) $(x-3)(x-$ ア□$)=x^2-5x+$ イ□
(3) $(x+$ ア□$)(x-8)=x^2-$ イ□$x-40$
(4) $(x-2)(x+$ ア□$)=x^2+3x-$ イ□

HINT 公式
$(x+a)(x+b)$
$=x^2+(a+b)x+ab$
と照らし合わせる。

(1) ア□$+4=$イ□，ア□$\times 4=12$

よって　ア□$=\mathbf{3}$，イ□$=3+4=\mathbf{7}$

(2) $-3-$ア□$=-5$，$-3\times(-$ア□$)=$イ□

よって　ア□$=\mathbf{2}$，イ□$=(-3)\times(-2)=\mathbf{6}$

(3) ア□$-8=-$イ□，ア□$\times(-8)=-40$

よって　ア□$=\mathbf{5}$，イ□$=-(5-8)=\mathbf{3}$

(4) $-2+$ア□$=3$，$-2\times$ア□$=-$イ□

よって　ア□$=\mathbf{5}$，イ□$=-(-2)\times 5=\mathbf{10}$

◯ア□と4をたすとイ□になり，ア□と4をかけると12になる。

練習 6 次の式を展開しなさい。

(1) $(x+8)^2$　(2) $(x-9)^2$　(3) $(5y+2)^2$

(4) $(2a-7)^2$　(5) $(x-3y)^2$　(6) $\left(\frac{1}{6}a+9b\right)^2$

(7) $(-a+2)^2$　(8) $(-3m+2n)^2$　(9) $(-2p-q)^2$

HINT $(●+■)^2$
$=●^2+2\times●\times■+■^2$
$(●-■)^2$
$=●^2-2\times●\times■+■^2$

(1) $(x+8)^2=x^2+2\times 8\times x+8^2=\boldsymbol{x^2+16x+64}$

(2) $(x-9)^2=x^2-2\times 9\times x+9^2=\boldsymbol{x^2-18x+81}$

(3) $(5y+2)^2=(5y)^2+2\times 5y\times 2+2^2=\boldsymbol{25y^2+20y+4}$

(4) $(2a-7)^2=(2a)^2-2\times 2a\times 7+7^2=\boldsymbol{4a^2-28a+49}$

(5) $(x-3y)^2=x^2-2\times x\times 3y+(3y)^2=\boldsymbol{x^2-6xy+9y^2}$

(6) $\left(\frac{1}{6}a+9b\right)^2=\left(\frac{1}{6}a\right)^2+2\times\frac{1}{6}a\times 9b+(9b)^2$

$=\boldsymbol{\frac{1}{36}a^2+3ab+81b^2}$

(7) $(-a+2)^2=(-a)^2+2\times(-a)\times 2+2^2$

$=\boldsymbol{a^2-4a+4}$

別解 $(-a+2)^2=\{-(a-2)\}^2=(a-2)^2$

$=a^2-2\times 2\times a+2^2$

$=\boldsymbol{a^2-4a+4}$

◯$(-a+2)^2$
$=\{(-a)+2\}^2$

(8) $(-3m+2n)^2=(-3m)^2+2\times(-3m)\times 2n+(2n)^2$

$=\boldsymbol{9m^2-12mn+4n^2}$

別解 $(-3m+2n)^2=\{-(3m-2n)\}^2=(3m-2n)^2$

$=(3m)^2-2\times 3m\times 2n+(2n)^2$

$=\boldsymbol{9m^2-12mn+4n^2}$

◯$(-3m+2n)^2$
$=\{(-3m)+2n\}^2$

(9) $(-2p-q)^2=(-2p)^2-2\times(-2p)\times q+q^2$

$=\boldsymbol{4p^2+4pq+q^2}$

別解 $(-2p-q)^2=\{-(2p+q)\}^2=(2p+q)^2$

$=(2p)^2+2\times 2p\times q+q^2$

$=\boldsymbol{4p^2+4pq+q^2}$

◯$(-2p-q)^2$
$=\{(-2p)-q\}^2$

練習 7 次の式を展開しなさい。

(1) $(x+1)(x-1)$　(2) $(7x-2y)(7x+2y)$

(3) $(3-5x)(5x+3)$　(4) $(-2m+3n)(3n+2m)$

(5) $(-5-a)(5-a)$　(6) $\left(-\frac{2}{5}a+\frac{1}{2}\right)\left(\frac{1}{2}+\frac{2}{5}a\right)$

HINT $(●+■)(●-■)$
$=●^2-■^2$

(3)～(6)　公式が使える形にするために，項を並べかえる。

(1) $(x+1)(x-1)=x^2-1^2=\boldsymbol{x^2-1}$

(2) $(7x-2y)(7x+2y)=(7x)^2-(2y)^2=\boldsymbol{49x^2-4y^2}$

(3) $(3-5x)(5x+3)=(3-5x)(3+5x)=3^2-(5x)^2$

$=\boldsymbol{9-25x^2}$

◯$-25x^2+9$ でもよい。

(4) $(-2m+3n)(3n+2m)=(3n-2m)(3n+2m)=(3n)^2-(2m)^2$

$=\boldsymbol{9n^2-4m^2}$

◯$-4m^2+9n^2$ でもよい。

(5) $(-5-a)(5-a)=(-a-5)(-a+5)=(-a)^2-5^2$

$=\boldsymbol{a^2-25}$

(6) $\left(-\frac{2}{5}a+\frac{1}{2}\right)\left(\frac{1}{2}+\frac{2}{5}a\right)=\left(\frac{1}{2}-\frac{2}{5}a\right)\left(\frac{1}{2}+\frac{2}{5}a\right)$

$=\left(\frac{1}{2}\right)^2-\left(\frac{2}{5}a\right)^2=\boldsymbol{\frac{1}{4}-\frac{4}{25}a^2}$

◯$-\frac{4}{25}a^2+\frac{1}{4}$ でもよい。

練習 8 次の式を展開しなさい。

(1) $(x+5)(3x+4)$　(2) $(2a+3)(4a-1)$

(3) $(3x-2)(4x+3)$　(4) $(x+7y)(6x+5y)$

(5) $(2a-5b)(3a+2b)$　(6) $(5p-8q)(4p-3q)$

HINT $\boldsymbol{(ax+b)(cx+d)}$
$\boldsymbol{=acx^2+(ad+bc)x+bd}$

(1) $(x+5)(3x+4)=1\times3\times x^2+(1\times4+5\times3)x+5\times4$

$=\boldsymbol{3x^2+19x+20}$

(2) $(2a+3)(4a-1)=2\times4\times a^2+\{2\times(-1)+3\times4\}a+3\times(-1)$

$=\boldsymbol{8a^2+10a-3}$

(3) $(3x-2)(4x+3)=3\times4\times x^2+\{3\times3+(-2)\times4\}x+(-2)\times3$

$=\boldsymbol{12x^2+x-6}$

(4) $(x+7y)(6x+5y)=1\times6\times x^2+(1\times5y+7y\times6)x+7y\times5y$

$=\boldsymbol{6x^2+47xy+35y^2}$

(5) $(2a-5b)(3a+2b)$

$=2\times3\times a^2+\{2\times2b+(-5b)\times3\}a+(-5b)\times2b$

$=\boldsymbol{6a^2-11ab-10b^2}$

◯$\{2a+(-5b)\}(3a+2b)$ と考える。

(6) $(5p-8q)(4p-3q)$

$=5\times4\times p^2+\{5\times(-3q)+(-8q)\times4\}p+(-8q)\times(-3q)$

$=\boldsymbol{20p^2-47pq+24q^2}$

◯$\{5p+(-8q)\}\times\{4p+(-3q)\}$ と考える。

練習 9 次の式を展開しなさい。

(1) $(a-b+2)^2$　(2) $(2a-b-c)^2$　(3) $(a+2b-3c)^2$

(4) $(3x+5y+4z)^2$　(5) $(9x+8y-6z)^2$　(6) $(-7x+5y-3z)^2$

HINT (1) 平方の展開の公式が使えるよう，$a-b$ をまとめて扱う。
(2)～(6)も同様。

(1) $(a-b+2)^2=\{(a-b)+2\}^2$

$=(a-b)^2+2(a-b)\times2+2^2$

$=\boldsymbol{a^2-2ab+b^2+4a-4b+4}$

(2) $(2a-b-c)^2=\{(2a-b)-c\}^2$

$=(2a-b)^2-2(2a-b)c+c^2$

$=4a^2-4ab+b^2-4ac+2bc+c^2$

$=\boldsymbol{4a^2+b^2+c^2-4ab+2bc-4ca}$

◯$2a-b$ をまとめる。

(3) $(a+2b-3c)^2=\{(a+2b)-3c\}^2$

$=(a+2b)^2-2(a+2b)\times3c+(3c)^2$

◯$a+2b$ をまとめる。

$=a^2+4ab+4b^2-6ac-12bc+9c^2$

$=\boldsymbol{a^2+4b^2+9c^2+4ab-12bc-6ca}$

(4) $(3x+5y+4z)^2=\{(3x+5y)+4z\}^2$ ◀$3x+5y$ をまとめる。

$=(3x+5y)^2+2(3x+5y)\times4z+(4z)^2$

$=9x^2+30xy+25y^2+24xz+40yz+16z^2$

$=\boldsymbol{9x^2+25y^2+16z^2+30xy+40yz+24zx}$

(5) $(9x+8y-6z)^2=\{(9x+8y)-6z\}^2$ ◀$9x+8y$ をまとめる。

$=(9x+8y)^2-2(9x+8y)\times6z+(6z)^2$

$=81x^2+144xy+64y^2-108xz-96yz+36z^2$

$=\boldsymbol{81x^2+64y^2+36z^2+144xy-96yz-108zx}$

(6) $(-7x+5y-3z)^2=\{(-7x+5y)-3z\}^2$ ◀$-7x+5y$ をまとめる。

$=(-7x+5y)^2-2(-7x+5y)\times3z+(3z)^2$

$=49x^2-70xy+25y^2+42xz-30yz+9z^2$

$=\boldsymbol{49x^2+25y^2+9z^2-70xy-30yz+42zx}$

別解 公式 $(a+b+c)^2=a^2+b^2+c^2+2ab+2bc+2ca$ を使って展開すると，(1)，(2) は次のようになる。

(1) $(a-b+2)^2=a^2+(-b)^2+2^2+2\times a\times(-b)+2\times(-b)\times2+2\times2\times a$

$=\boldsymbol{a^2-2ab+b^2+4a-4b+4}$

(2) $(2a-b-c)^2=(2a)^2+(-b)^2+(-c)^2+2\times2a\times(-b)+2\times(-b)\times(-c)+2\times(-c)\times2a$

$=\boldsymbol{4a^2+b^2+c^2-4ab+2bc-4ca}$

(3)～(6)も同様に公式を使って展開できる。

練習 10 次の式を展開しなさい。

(1) $(x+y+2)(x+y-3)$　(2) $(a-b-5)(a-b+7)$

(3) $(x+y-z)(x-y-z)$　(4) $(2a-3b+c)(2a+3b-c)$

(5) $(x^2-4x+6)(x^2-4x-9)$　(6) $(x^2-5xy+3y^2)(x^2-5xy-3y^2)$

(7) $(2x^2-3x+4)(4+3x-2x^2)$　(8) $(a+b-c-d)(a-b-c+d)$

CHART 共通な式は まとめる

(1) $(x+y+2)(x+y-3)=\{(x+y)+2\}\{(x+y)-3\}$

$=(x+y)^2-(x+y)-6$

$=\boldsymbol{x^2+2xy+y^2-x-y-6}$

◀$x+y=M$ とおくと $(M+2)(M-3)=M^2-M-6$

(2) $(a-b-5)(a-b+7)=\{(a-b)-5\}\{(a-b)+7\}$

$=(a-b)^2+2(a-b)-35$

$=\boldsymbol{a^2-2ab+b^2+2a-2b-35}$

◀$a-b=M$ とおくと $(M-5)(M+7)=M^2+2M-35$

(3) $(x+y-z)(x-y-z)=\{(x-z)+y\}\{(x-z)-y\}$

$=(x-z)^2-y^2$

$=x^2-2xz+z^2-y^2$

$=\boldsymbol{x^2-y^2+z^2-2zx}$

◀$x-z=M$ とおくと $(M+y)(M-y)=M^2-y^2$

(4) $(2a-3b+c)(2a+3b-c)=\{2a-(3b-c)\}\{2a+(3b-c)\}$

$=(2a)^2-(3b-c)^2$

$=4a^2-(9b^2-6bc+c^2)$

$=4a^2-9b^2+6bc-c^2$

$=\boldsymbol{4a^2-9b^2-c^2+6bc}$

◀$3b-c=M$ とおくと $(2a-M)(2a+M)=(2a)^2-M^2$

(5) $(x^2-4x+6)(x^2-4x-9)=\{(x^2-4x)+6\}\{(x^2-4x)-9\}$
$=(x^2-4x)^2-3(x^2-4x)-54$
$=x^4-8x^3+16x^2-3x^2+12x-54$
$=\boldsymbol{x^4-8x^3+13x^2+12x-54}$

◯$x^2-4x=M$ とおくと
$(M+6)(M-9)$
$=M^2-3M-54$

(6) $(x^2-5xy+3y^2)(x^2-5xy-3y^2)$
$=\{(x^2-5xy)+3y^2\}\{(x^2-5xy)-3y^2\}$
$=(x^2-5xy)^2-(3y^2)^2$
$=\boldsymbol{x^4-10x^3y+25x^2y^2-9y^4}$

◯$x^2-5xy=M$ とおくと
$(M+3y^2)(M-3y^2)$
$=M^2-(3y^2)^2$

(7) $(2x^2-3x+4)(4+3x-2x^2)=\{4+(2x^2-3x)\}\{4-(2x^2-3x)\}$
$=4^2-(2x^2-3x)^2$
$=16-(4x^4-12x^3+9x^2)$
$=\boldsymbol{-4x^4+12x^3-9x^2+16}$

◯$2x^2-3x=M$ とおくと
$(4+M)(4-M)$
$=16-M^2$

(8) $(a+b-c-d)(a-b-c+d)$
$=\{(a-c)+(b-d)\}\{(a-c)-(b-d)\}$
$=(a-c)^2-(b-d)^2$
$=a^2-2ac+c^2-(b^2-2bd+d^2)$
$=\boldsymbol{a^2-b^2+c^2-d^2-2ac+2bd}$

◯$a-c=M$, $b-d=N$ とおくと
$(M+N)(M-N)$
$=M^2-N^2$

練習 11 次の計算をしなさい。

(1) $(x+2)(x-8)+(x+3)^2$　(2) $(x-3)(x+5)-(x+6)(x-7)$
(3) $(3x-2)^2-(x+1)(x-4)$　(4) $(2m+3n)^2+(2m-3n)^2$
(5) $(x+2y)(x-y)-(3x-y)^2$　(6) $(-a+3)(-a-3)+2(a+1)^2$
(7) $(x+3)(x-7)+(x-3)^2-(2x-3)(x-5)$
(8) $(5a+3b)(5a-3b)-(2a-7b)^2-(a-4b)(a+2b)$

HINT 加法・減法と乗法が混じった計算
⟶乗法を先に計算する。

(1) $(x+2)(x-8)+(x+3)^2=(x^2-6x-16)+(x^2+6x+9)$
$=x^2-6x-16+x^2+6x+9$
$=\boldsymbol{2x^2-7}$

◯+(　)はそのままはずす。

(2) $(x-3)(x+5)-(x+6)(x-7)=(x^2+2x-15)-(x^2-x-42)$
$=x^2+2x-15-x^2+x+42$
$=\boldsymbol{3x+27}$

◯−(　)は符号を変えてはずす。

(3) $(3x-2)^2-(x+1)(x-4)=(9x^2-12x+4)-(x^2-3x-4)$
$=9x^2-12x+4-x^2+3x+4$
$=\boldsymbol{8x^2-9x+8}$

◯−(　)は符号が変わる。

(4) $(2m+3n)^2+(2m-3n)^2$
$=(4m^2+12mn+9n^2)+(4m^2-12mn+9n^2)$
$=4m^2+12mn+9n^2+4m^2-12mn+9n^2$
$=\boldsymbol{8m^2+18n^2}$

◯+(　)はそのまま。

(5) $(x+2y)(x-y)-(3x-y)^2$
$=(x^2+xy-2y^2)-(9x^2-6xy+y^2)$
$=x^2+xy-2y^2-9x^2+6xy-y^2$
$=\boldsymbol{-8x^2+7xy-3y^2}$

◯−(　)は符号が変わる。

(6) $(-a+3)(-a-3)+2(a+1)^2$
$=(a^2-9)+2(a^2+2a+1)$

$=a^2-9+2a^2+4a+2$
$=\mathbf{3a^2+4a-7}$

◯+(　)はそのまま。分配法則を使う。

(7) (与式)$=(x^2-4x-21)+(x^2-6x+9)-(2x^2-13x+15)$
$=x^2-4x-21+x^2-6x+9-2x^2+13x-15$
$=\mathbf{3x-27}$

◯+(　)はそのまま。
−(　)は符号が変わる。

(8) (与式)$=(25a^2-9b^2)-(4a^2-28ab+49b^2)-(a^2-2ab-8b^2)$
$=25a^2-9b^2-4a^2+28ab-49b^2-a^2+2ab+8b^2$
$=\mathbf{20a^2+30ab-50b^2}$

◯−(　)は符号が変わる。

練習 12 次の式を展開しなさい。

(1) $(4a+3b)^2(4a-3b)^2$　(2) $(4x^2+y^2)(2x+y)(2x-y)$
(3) $(x-2)(x+3)(x+2)(x-3)$　(4) $(x-2)(x-3)(x+4)(x+5)$

CHART 式の取り扱い 組み合わせをくふう

(1) $(4a+3b)^2(4a-3b)^2=\{(4a+3b)(4a-3b)\}^2$
$=(16a^2-9b^2)^2$
$=\mathbf{256a^4-288a^2b^2+81b^4}$

◯$A^2B^2=(AB)^2$

(2) $(4x^2+y^2)(2x+y)(2x-y)=(4x^2+y^2)(4x^2-y^2)$
$=\mathbf{16x^4-y^4}$

◯まず，$(2x+y)(2x-y)$ を計算。

(3) $(x-2)(x+3)(x+2)(x-3)=(x-2)(x+2)\times(x+3)(x-3)$
$=(x^2-4)(x^2-9)=\mathbf{x^4-13x^2+36}$

(4) $(x-2)(x-3)(x+4)(x+5)=(x-2)(x+4)\times(x-3)(x+5)$
$=(x^2+2x-8)(x^2+2x-15)$
$=\{(x^2+2x)-8\}\{(x^2+2x)-15\}$
$=(x^2+2x)^2-23(x^2+2x)+120$
$=x^4+4x^3+4x^2-23x^2-46x+120$
$=\mathbf{x^4+4x^3-19x^2-46x+120}$

◯$x-2$ と $x+4$ および $x-3$ と $x+5$ の組み合わせで，共通の式 x^2+2x が現れる。

練習 13 次の計算をしなさい。

(1) $\dfrac{(x+3)^2}{3}-\dfrac{3x+1}{2}$　(2) $\dfrac{(2a-b)^2}{4}-\dfrac{(a-3b)^2}{6}$

(3) $\dfrac{2a^2+3b^2}{4}-\dfrac{(a-2b)(a+3b)}{6}-\dfrac{b^2}{12}$

(4) $\dfrac{(x-y)^2}{2}-\dfrac{(x+y)(x-y)}{3}+(x-y)y$

HINT 分母が異なるから，まず通分し，分子を計算する。

(1) $\dfrac{(x+3)^2}{3}-\dfrac{3x+1}{2}=\dfrac{2(x+3)^2-3(3x+1)}{6}$
$=\dfrac{2(x^2+6x+9)-3(3x+1)}{6}$
$=\dfrac{2x^2+12x+18-9x-3}{6}=\mathbf{\dfrac{2x^2+3x+15}{6}}$

◯分母を 3 と 2 の最小公倍数 6 にそろえる。

◯$\dfrac{1}{3}x^2+\dfrac{1}{2}x+\dfrac{5}{2}$ でもよい。

(2) $\dfrac{(2a-b)^2}{4}-\dfrac{(a-3b)^2}{6}=\dfrac{3(2a-b)^2-2(a-3b)^2}{12}$
$=\dfrac{3(4a^2-4ab+b^2)-2(a^2-6ab+9b^2)}{12}$
$=\dfrac{12a^2-12ab+3b^2-2a^2+12ab-18b^2}{12}=\mathbf{\dfrac{10a^2-15b^2}{12}}$

◯分母を 4 と 6 の最小公倍数 12 にそろえる。

◯$\dfrac{5}{6}a^2-\dfrac{5}{4}b^2$ でもよい。

(3) $\dfrac{2a^2+3b^2}{4}-\dfrac{(a-2b)(a+3b)}{6}-\dfrac{b^2}{12}$

$=\dfrac{3(2a^2+3b^2)-2(a-2b)(a+3b)-b^2}{12}$

◯分母を 4, 6, 12 の最小公倍数 12 にそろえる。

$=\dfrac{3(2a^2+3b^2)-2(a^2+ab-6b^2)-b^2}{12}$

$=\dfrac{6a^2+9b^2-2a^2-2ab+12b^2-b^2}{12}$

$=\dfrac{4a^2-2ab+20b^2}{12}$

$=\dfrac{2(2a^2-ab+10b^2)}{12}$

◯約分する。

$=\boldsymbol{\dfrac{2a^2-ab+10b^2}{6}}$

◯$\dfrac{1}{3}a^2-\dfrac{1}{6}ab+\dfrac{5}{3}b^2$ でもよい。

(4) $\dfrac{(x-y)^2}{2}-\dfrac{(x+y)(x-y)}{3}+(x-y)y$

$=\dfrac{3(x-y)^2-2(x+y)(x-y)+6(x-y)y}{6}$

◯分母を 2 と 3 の最小公倍数 6 にそろえる。

$=\dfrac{3(x^2-2xy+y^2)-2(x^2-y^2)+6(xy-y^2)}{6}$

$=\dfrac{3x^2-6xy+3y^2-2x^2+2y^2+6xy-6y^2}{6}$

$=\boldsymbol{\dfrac{x^2-y^2}{6}}$

◯$\dfrac{1}{6}x^2-\dfrac{1}{6}y^2$ でもよい。

練習 14 次の計算をしなさい。

(1) $(9a^2b-6ab^3)\div\left(-\dfrac{3}{2}ab\right)\times 2a^2$

(2) $5x(x-y)-(4x^3y+3x^2y^2)\div xy$

(3) $\left(\dfrac{x^4}{2}-\dfrac{x^3}{3}\right)\div\dfrac{x}{6}+(4x^2-8x)\times\left(-\dfrac{x}{2}\right)$

(4) $(6x^2y+2x^2y^3)\div 2xy-x(3-y)^2+6x$

(5) $2a^2+3a-a\{4a-3(a-5)\}$

(6) $x^2-3xy-2x\{x+4y-(4x+3y)\}$

(7) $-2\{3p^2-5p(2q-3p)\}-2q(2q+7p)$

(8) $5x^2-3[6x-4\{2x^2-3x(2-3x)\}]$

CHART 計算の順序

1 まず乗除
加減はあと

2 かっこは内側から
はずす

(5)～(7) ( ), { }の順にかっこをはずす。

(8) ( ), { }, [ ]の順にかっこをはずす。

(1) $(9a^2b-6ab^3)\div\left(-\dfrac{3}{2}ab\right)\times 2a^2=(9a^2b-6ab^3)\times\left(-\dfrac{2}{3ab}\right)\times 2a^2$

$=(9a^2b-6ab^3)\times\left(-\dfrac{4a^2}{3ab}\right)$

$=-\dfrac{9a^2b\times 4a^2}{3ab}+\dfrac{6ab^3\times 4a^2}{3ab}=\boldsymbol{-12a^3+8a^2b^2}$

(2) $5x(x-y)-(4x^3y+3x^2y^2)\div xy=5x(x-y)-(4x^3y+3x^2y^2)\times\dfrac{1}{xy}$

$=5x^2-5xy-\dfrac{4x^3y}{xy}-\dfrac{3x^2y^2}{xy}$

$=5x^2-5xy-4x^2-3xy=\boldsymbol{x^2-8xy}$

(3) $\left(\dfrac{x^4}{2}-\dfrac{x^3}{3}\right)\div\dfrac{x}{6}+(4x^2-8x)\times\left(-\dfrac{x}{2}\right)=\left(\dfrac{x^4}{2}-\dfrac{x^3}{3}\right)\times\dfrac{6}{x}+(4x^2-8x)\times\left(-\dfrac{x}{2}\right)$

$$=\frac{6x^4}{2x}-\frac{6x^3}{3x}-\frac{4x^3}{2}+\frac{8x^2}{2}$$
$$=3x^3-2x^2-2x^3+4x^2$$
$$=\boldsymbol{x^3+2x^2}$$

(4) $(6x^2y+2x^2y^3)\div 2xy-x(3-y)^2+6x=(6x^2y+2x^2y^3)\times\dfrac{1}{2xy}-x(3-y)^2+6x$

$$=\frac{6x^2y}{2xy}+\frac{2x^2y^3}{2xy}-x(y^2-6y+9)+6x$$
$$=3x+xy^2-xy^2+6xy-9x+6x$$
$$=\boldsymbol{6xy}$$

(5) $2a^2+3a-a\{4a-3(a-5)\}=2a^2+3a-a(4a-3a+15)$
$$=2a^2+3a-a(a+15)$$
$$=2a^2+3a-a^2-15a=\boldsymbol{a^2-12a}$$

(6) $x^2-3xy-2x\{x+4y-(4x+3y)\}=x^2-3xy-2x(x+4y-4x-3y)$
$$=x^2-3xy-2x(-3x+y)$$
$$=x^2-3xy+6x^2-2xy=\boldsymbol{7x^2-5xy}$$

(7) $-2\{3p^2-5p(2q-3p)\}-2q(2q+7p)=-2(3p^2-10pq+15p^2)-4q^2-14pq$
$$=-2(18p^2-10pq)-4q^2-14pq$$
$$=-36p^2+20pq-4q^2-14pq$$
$$=\boldsymbol{-36p^2+6pq-4q^2}$$

(8) $5x^2-3[6x-4\{2x^2-3x(2-3x)\}]=5x^2-3\{6x-4(2x^2-6x+9x^2)\}$
$$=5x^2-3\{6x-4(11x^2-6x)\}$$
$$=5x^2-3(6x-44x^2+24x)$$
$$=5x^2-3(-44x^2+30x)$$
$$=5x^2+132x^2-90x=\boldsymbol{137x^2-90x}$$

練習 15 次の式を展開したときの，[ ]内の項の係数を求めなさい。

(1) $(1-2x+3x^2)(2+x-x^2)$ $[x^3]$

(2) $(a^2+3ab+b^2)(2a-3b)$ $[ab^2]$

(3) $(x^3-2x^2+3x+2)(x^2+4x+3)$ $[x^2]$

HINT 全部を展開しないで，[ ]内の項だけに注目する。

(1) 与えられた式を展開したとき，x^3 の項は

$$(-2x)\times(-x^2)+3x^2\times x=2x^3+3x^3=5x^3$$

よって，x^3 の係数は **5**

$(1-2x+3x^2)(2+x-x^2)$

(2) 与えられた式を展開したとき，ab^2 の項は

$$3ab\times(-3b)+b^2\times 2a=-9ab^2+2ab^2$$
$$=-7ab^2$$

よって，ab^2 の係数は **−7**

$(a^2+3ab+b^2)(2a-3b)$

(3) 与えられた式を展開したとき，x^2 の項は

$$(-2x^2)\times 3+3x\times 4x+2\times x^2$$
$$=-6x^2+12x^2+2x^2=8x^2$$

よって，x^2 の係数は **8**

$(x^3-2x^2+3x+2)(x^2+4x+3)$

練習 16 次の式を因数分解しなさい。

(1) x^2+3x　(2) ab^2+2ab　(3) $3ab^2-27ab$
(4) $ax-ay+az$　(5) $3x^3-x^2+5x$　(6) $x(a+b)+y(a+b)$
(7) $5a(x-y)-2b(y-x)$　(8) $\frac{1}{2}m^2n-\frac{3}{2}mn^2$　(9) $3x^3-x^2+\frac{1}{6}x$

HINT 各項の共通因数をくくり出す。

(1) $x^2+3x=x\times x+x\times 3=\boldsymbol{x(x+3)}$　◯共通因数は x

(2) $ab^2+2ab=ab\times b+ab\times 2=\boldsymbol{ab(b+2)}$　◯共通因数は ab

(3) $3ab^2-27ab=3ab\times b-3ab\times 9=\boldsymbol{3ab(b-9)}$　◯共通因数は $3ab$

(4) $ax-ay+az=\boldsymbol{a(x-y+z)}$

(5) $3x^3-x^2+5x=x\times 3x^2-x\times x+x\times 5$
$=\boldsymbol{x(3x^2-x+5)}$

(6) $x(a+b)+y(a+b)=\boldsymbol{(a+b)(x+y)}$　◯共通因数は $a+b$

(7) $5a(x-y)-2b(y-x)=5a(x-y)+2b(x-y)$
$=\boldsymbol{(5a+2b)(x-y)}$　◯$y-x=-(x-y)$ と考える。

(8) $\frac{1}{2}m^2n-\frac{3}{2}mn^2=\frac{1}{2}mn\times m-\frac{1}{2}mn\times 3n$
$=\boldsymbol{\frac{1}{2}mn(m-3n)}$　◯共通因数は $\frac{1}{2}mn$

(9) $3x^3-x^2+\frac{1}{6}x=\frac{x}{6}\times 18x^2-\frac{x}{6}\times 6x+\frac{x}{6}\times 1$
$=\boldsymbol{\frac{x}{6}(18x^2-6x+1)}$　◯共通因数は $\frac{x}{6}$

練習 17 次の式を因数分解しなさい。

(1) x^2+4x+3　(2) a^2+6a+8　(3) $x^2+3x-10$
(4) $y^2+3y-28$　(5) $x^2-10x+9$　(6) $x^2+14xy+48y^2$
(7) $x^2-9xy-36y^2$　(8) $a^2-16ab+48b^2$　(9) $p^2+2pq-35q^2$

HINT
x^2+px+q の因数分解
⟶ 積が q，和が p となる 2 数 a，b をみつけて
$(x+a)(x+b)$

(1) $x^2+4x+3=\boldsymbol{(x+1)(x+3)}$

(2) $a^2+6a+8=\boldsymbol{(a+2)(a+4)}$

(3) $x^2+3x-10=\boldsymbol{(x+5)(x-2)}$

(4) $y^2+3y-28=\boldsymbol{(y-4)(y+7)}$

(5) $x^2-10x+9=\boldsymbol{(x-1)(x-9)}$

(6) $x^2+14xy+48y^2=\boldsymbol{(x+6y)(x+8y)}$　◯$x^2+14x+48$
$=(x+6)(x+8)$
y を書き忘れないこと。

(7) $x^2-9xy-36y^2=\boldsymbol{(x+3y)(x-12y)}$

(8) $a^2-16ab+48b^2=\boldsymbol{(a-4b)(a-12b)}$

(9) $p^2+2pq-35q^2=\boldsymbol{(p+7q)(p-5q)}$

練習 18 次の式を因数分解しなさい。

(1) x^2+4x+4　(2) $x^2-8x+16$　(3) $36x^2+60x+25$
(4) $81a^2-18a+1$　(5) $16x^2+56xy+49y^2$　(6) $4+a^2-4a$
(7) $1-16m+64m^2$　(8) $25p^2+110p+121$　(9) $169x^2-52xy+4y^2$

HINT
●^{2}+2×●×■+■^{2}
=(●+■)^2
●^{2}−2×●×■+■^{2}
=(●−■)^2

(1) $x^2+4x+4=x^2+2\times 2\times x+2^2=\boldsymbol{(x+2)^2}$

(2) $x^2-8x+16=x^2-2\times 4\times x+4^2=\boldsymbol{(x-4)^2}$

(3) $36x^2+60x+25=(6x)^2+2\times 6x\times 5+5^2$
$=\boldsymbol{(6x+5)^2}$　◯$6x$ をひとかたまりと考える。

(4) $81a^2-18a+1=(9a)^2-2\times9a\times1+1^2$
$=\boldsymbol{(9a-1)^2}$

(5) $16x^2+56xy+49y^2=(4x)^2+2\times4x\times7y+(7y)^2$
$=\boldsymbol{(4x+7y)^2}$

(6) $4+a^2-4a=a^2-4a+4=a^2-2\times2\times a+2^2$
$=\boldsymbol{(a-2)^2}$

(7) $1-16m+64m^2=64m^2-16m+1=(8m)^2-2\times8m\times1+1^2$
$=\boldsymbol{(8m-1)^2}$

(8) $25p^2+110p+121=(5p)^2+2\times5p\times11+11^2$
$=\boldsymbol{(5p+11)^2}$

(9) $169x^2-52xy+4y^2=(13x)^2-2\times13x\times2y+(2y)^2$
$=\boldsymbol{(13x-2y)^2}$

◀$4x$, $7y$ をひとかたまりと考える。

◀公式が使えるよう，まず式を整理する。

◀$11^2=121$

◀$13^2=169$

練習 19 次の式を因数分解しなさい。

(1) x^2-81　(2) $9a^2-100$　(3) $-49q^2+81p^2$

(4) $\dfrac{a^2}{25}-\dfrac{b^2}{36}$　(5) $64t^2-121$　(6) $196a^2-225b^2$

HINT $●^2-■^2=(●+■)(●-■)$

(1) $x^2-81=x^2-9^2=\boldsymbol{(x+9)(x-9)}$

(2) $9a^2-100=(3a)^2-10^2=\boldsymbol{(3a+10)(3a-10)}$

(3) $-49q^2+81p^2=81p^2-49q^2=(9p)^2-(7q)^2$
$=\boldsymbol{(9p+7q)(9p-7q)}$

(4) $\dfrac{a^2}{25}-\dfrac{b^2}{36}=\left(\dfrac{a}{5}\right)^2-\left(\dfrac{b}{6}\right)^2=\boldsymbol{\left(\dfrac{a}{5}+\dfrac{b}{6}\right)\left(\dfrac{a}{5}-\dfrac{b}{6}\right)}$

(5) $64t^2-121=(8t)^2-11^2=\boldsymbol{(8t+11)(8t-11)}$

(6) $196a^2-225b^2=(14a)^2-(15b)^2=\boldsymbol{(14a+15b)(14a-15b)}$

◀公式が使えるよう，項の順序を逆にする。

◀$\dfrac{1}{900}(6a+5b)(6a-5b)$ でもよい。

◀$14^2=196$, $15^2=225$

練習 20 次の式を因数分解しなさい。

(1) $2a^2-12a+16$　(2) $2x^2y-20xy+50y$

(3) $a^4b-3a^3b^2-4a^2b^3$　(4) $x^2(5y-3)+4(3-5y)$

HINT まず，共通因数をくくり出す。

(1) $2a^2-12a+16=2(a^2-6a+8)$
$=\boldsymbol{2(a-2)(a-4)}$

(2) $2x^2y-20xy+50y=2y(x^2-10x+25)$
$=\boldsymbol{2y(x-5)^2}$

(3) $a^4b-3a^3b^2-4a^2b^3=a^2b(a^2-3ab-4b^2)$
$=\boldsymbol{a^2b(a+b)(a-4b)}$

(4) $x^2(5y-3)+4(3-5y)=x^2(5y-3)-4(5y-3)$
$=(x^2-4)(5y-3)$
$=\boldsymbol{(x+2)(x-2)(5y-3)}$

◀ここでやめてはいけない。

練習 21 次の式を因数分解しなさい。

(1) $3x^2-5x-2$　(2) $6x^2+13x+6$　(3) $4a^2+11a-3$

(4) $3x^2-26xy+35y^2$　(5) $4x^2+16xy+15y^2$　(6) $9x^2-3xy-2y^2$

HINT たすきがけを使う。
$acx^2+(ad+bc)x+bd$
$=(ax+b)(cx+d)$

a	╳	$b \longrightarrow$	bc
c		$d \longrightarrow$	ad
ac		bd	$ad+bc$

(1) $3x^2-5x-2$
$=\boldsymbol{(x-2)(3x+1)}$

(2) $6x^2+13x+6$
$=\boldsymbol{(2x+3)(3x+2)}$

$$\begin{array}{ccccc} 1 & \diagup\!\!\!\!\diagdown & -2 & \longrightarrow & -6 \\ 3 & & 1 & \longrightarrow & 1 \\ \hline 3 & & -2 & & -5 \end{array}$$

$$\begin{array}{ccccc} 2 & \diagup\!\!\!\!\diagdown & 3 & \longrightarrow & 9 \\ 3 & & 2 & \longrightarrow & 4 \\ \hline 6 & & 6 & & 13 \end{array}$$

(3) $4a^2+11a-3$
$=\boldsymbol{(a+3)(4a-1)}$

$$\begin{array}{ccccc} 1 & \diagup\!\!\!\!\diagdown & 3 & \longrightarrow & 12 \\ 4 & & -1 & \longrightarrow & -1 \\ \hline 4 & & -3 & & 11 \end{array}$$

(4) $3x^2-26xy+35y^2$
$=\boldsymbol{(x-7y)(3x-5y)}$

◯ y を書き忘れないこと。

$$\begin{array}{ccccc} 1 & \diagup\!\!\!\!\diagdown & -7 & \longrightarrow & -21 \\ 3 & & -5 & \longrightarrow & -5 \\ \hline 3 & & 35 & & -26 \end{array}$$

(5) $4x^2+16xy+15y^2$
$=\boldsymbol{(2x+3y)(2x+5y)}$

$$\begin{array}{ccccc} 2 & \diagup\!\!\!\!\diagdown & 3 & \longrightarrow & 6 \\ 2 & & 5 & \longrightarrow & 10 \\ \hline 4 & & 15 & & 16 \end{array}$$

(6) $9x^2-3xy-2y^2$
$=\boldsymbol{(3x+y)(3x-2y)}$

◯ y を書き忘れないこと。

$$\begin{array}{ccccc} 3 & \diagup\!\!\!\!\diagdown & 1 & \longrightarrow & 3 \\ 3 & & -2 & \longrightarrow & -6 \\ \hline 9 & & -2 & & -3 \end{array}$$

練習 22 次の式を因数分解しなさい。

(1) $(x+2y)^2-9$　(2) $a^2-(b-c)^2$
(3) $(x+y+1)^2-(x-y)^2$　(4) $(x+1)^2+2(x+1)-8$
(5) $(x+1)^2-2(x+1)-3$　(6) $(x^2-2x)^2-4(x^2-2x)+3$
(7) $(x^2-6x)^2+(x^2-6x)-56$　(8) $(x^2+4x)^2-8(x^2+4x)-48$

HINT (4)~(8) 共通な式をまとめておきかえる。

(1) $(x+2y)^2-9=\boldsymbol{(x+2y+3)(x+2y-3)}$

(2) $a^2-(b-c)^2=\{a+(b-c)\}\{a-(b-c)\}$
$=\boldsymbol{(a+b-c)(a-b+c)}$

◯ $(a+b-c)(a-b-c)$ としないように。

(3) $(x+y+1)^2-(x-y)^2$
$=\{(x+y+1)+(x-y)\}\{(x+y+1)-(x-y)\}$
$=\boldsymbol{(2x+1)(2y+1)}$

◯ $x+y+1=A$, $x-y=B$ とおくと $A^2-B^2=(A+B)(A-B)$

(4) $(x+1)^2+2(x+1)-8=\{(x+1)+4\}\{(x+1)-2\}$
$=\boldsymbol{(x+5)(x-1)}$

◯ $x+1=M$ とおくと M^2+2M-8 $=(M+4)(M-2)$

(5) $(x+1)^2-2(x+1)-3=\{(x+1)+1\}\{(x+1)-3\}$
$=\boldsymbol{(x+2)(x-2)}$

(6) $(x^2-2x)^2-4(x^2-2x)+3=\{(x^2-2x)-1\}\{(x^2-2x)-3\}$
$=(x^2-2x-1)(x^2-2x-3)$
$=\boldsymbol{(x^2-2x-1)(x+1)(x-3)}$

◯ $x^2-2x=M$ とおくと M^2-4M+3 $=(M-1)(M-3)$

(7) $(x^2-6x)^2+(x^2-6x)-56=\{(x^2-6x)+8\}\{(x^2-6x)-7\}$
$=(x^2-6x+8)(x^2-6x-7)$
$=\boldsymbol{(x-2)(x-4)(x+1)(x-7)}$

(8) $(x^2+4x)^2-8(x^2+4x)-48=\{(x^2+4x)+4\}\{(x^2+4x)-12\}$
$=(x^2+4x+4)(x^2+4x-12)$
$=\boldsymbol{(x+2)^2(x+6)(x-2)}$

練習 23 次の式を因数分解しなさい。

(1) $xy-3x+2y-6$　(2) $ac+bc+2a+2b-3c-6$
(3) x^2-y^2-x+y　(4) xy^2-y-x^2y+x
(5) a^2-b^2-2a+1　(6) $1-x^2-2xy-y^2$
(7) x^3-x^2-x+1　(8) $a^2-2ab+b^2-6a+6b$

HINT 項の組み合わせをくふうする。

(1) $xy-3x+2y-6=x(y-3)+2(y-3)$
$=\boldsymbol{(x+2)(y-3)}$

(2) $ac+bc+2a+2b-3c-6=(ac+bc-3c)+(2a+2b-6)$
$=c(a+b-3)+2(a+b-3)$
$=\boldsymbol{(a+b-3)(c+2)}$

◁ c について整理。

(3) $x^2-y^2-x+y=(x^2-y^2)-(x-y)=(x+y)(x-y)-(x-y)$
$=\boldsymbol{(x-y)(x+y-1)}$

(4) $xy^2-y-x^2y+x=(xy^2-x^2y)+(x-y)$
$=xy(y-x)+(x-y)$
$=-xy(x-y)+(x-y)$
$=\boldsymbol{(x-y)(-xy+1)}$

◁ $(x-y)(1-xy)$ でもよい。

(5) $a^2-b^2-2a+1=(a^2-2a+1)-b^2=(a-1)^2-b^2$
$=\{(a-1)+b\}\{(a-1)-b\}$
$=\boldsymbol{(a+b-1)(a-b-1)}$

◁ $a^2-b^2=(a+b)(a-b)$ の利用。

(6) $1-x^2-2xy-y^2=1-(x^2+2xy+y^2)=1-(x+y)^2$
$=\{1+(x+y)\}\{1-(x+y)\}$
$=\boldsymbol{(x+y+1)(-x-y+1)}$

◁ $a^2-b^2=(a+b)(a-b)$ の利用。

(7) $x^3-x^2-x+1=(x^3-x^2)-(x-1)$
$=x^2(x-1)-(x-1)=(x-1)(x^2-1)$
$=(x-1)(x+1)(x-1)=\boldsymbol{(x+1)(x-1)^2}$

◁ ここでやめてはいけない。

(8) $a^2-2ab+b^2-6a+6b=(a^2-2ab+b^2)-(6a-6b)$
$=(a-b)^2-6(a-b)$
$=(a-b)\{(a-b)-6\}$
$=\boldsymbol{(a-b)(a-b-6)}$

練習 24 次の式を因数分解しなさい。
(1) $16x^4-1$　(2) x^4-5x^2+4　(3) x^4+x^2-12
(4) x^4-13x^2-48　(5) x^4+3x^2+4　(6) $x^4-18x^2y^2+y^4$

CHART
複 2 次式の因数分解
1 $x^2=t$ とおく
2 項を加えてひいて平方の差へ

(1) $16x^4-1=(4x^2)^2-1$
$=(4x^2+1)(4x^2-1)$
$=\boldsymbol{(4x^2+1)(2x+1)(2x-1)}$

◁ $x^2=t$ とおくと $(4t)^2-1=(4t+1)(4t-1)$

(2) $x^4-5x^2+4=(x^2)^2-5x^2+4=(x^2-1)(x^2-4)$
$=\boldsymbol{(x+1)(x-1)(x+2)(x-2)}$

◁ $x^2=t$ とおくと t^2-5t+4 $=(t-1)(t-4)$

(3) $x^4+x^2-12=(x^2)^2+x^2-12=\boldsymbol{(x^2+4)(x^2-3)}$

(4) $x^4-13x^2-48=(x^2)^2-13x^2-48=(x^2+3)(x^2-16)$
$=\boldsymbol{(x^2+3)(x+4)(x-4)}$

(5) $x^4+3x^2+4=(x^4+4x^2+4)-x^2=(x^2+2)^2-x^2$
$=\{(x^2+2)+x\}\{(x^2+2)-x\}$
$=\boldsymbol{(x^2+x+2)(x^2-x+2)}$

◁(5), (6) 平方の差をつくる。

(6) $x^4-18x^2y^2+y^4=(x^4-2x^2y^2+y^4)-16x^2y^2$
$=(x^2-y^2)^2-(4xy)^2$
$=\{(x^2-y^2)+4xy\}\{(x^2-y^2)-4xy\}$
$=\boldsymbol{(x^2+4xy-y^2)(x^2-4xy-y^2)}$

練習 25A くふうして，次の計算をしなさい。
(1) 7.99^2　(2) 39×41　(3) 3.02×2.98
(4) 102×103　(5) $5.5^2\times3.14-4.5^2\times3.14$
(6) $153^2+147^2+156\times144-2\times153\times147$

HINT 展開の公式や因数分解の公式が使えるように，うまく変形する。

(1) $7.99^2=(8-0.01)^2=8^2-2\times8\times0.01+0.01^2$
$=64-0.16+0.0001=\mathbf{63.8401}$

⇐$(x-a)^2=x^2-2ax+a^2$

(2) $39\times41=(40-1)\times(40+1)=40^2-1^2$
$=1600-1=\mathbf{1599}$

⇐$(x+a)(x-a)=x^2-a^2$

(3) $3.02\times2.98=(3+0.02)\times(3-0.02)=3^2-0.02^2$
$=9-0.0004=\mathbf{8.9996}$

⇐$(x+a)(x-a)=x^2-a^2$

(4) $102\times103=(100+2)\times(100+3)=100^2+5\times100+6$
$=10000+500+6=\mathbf{10506}$

⇐$(x+a)(x+b)=x^2+(a+b)x+ab$

(5) $5.5^2\times3.14-4.5^2\times3.14=(5.5^2-4.5^2)\times3.14$
$=(5.5+4.5)\times(5.5-4.5)\times3.14$
$=10\times1\times3.14=\mathbf{31.4}$

⇐$x^2-a^2=(x+a)(x-a)$

(6) $153^2+147^2+156\times144-2\times153\times147$
$=(153^2-2\times153\times147+147^2)+156\times144$
$=(153-147)^2+(150+6)\times(150-6)$
$=6^2+150^2-6^2=150^2=\mathbf{22500}$

⇐$x^2-2ax+a^2=(x-a)^2$
$(x+a)(x-a)=x^2-a^2$

練習 25B $P=2022^2-3\times2021^2+2\times2022\times2021+3\times2021\times2020-3\times2020\times2022$ とする。
(1) $2021=a$ とおき，P を a を使ってできるだけ簡単な式で表しなさい。
(2) P の値を求めなさい。

HINT
(1) 各数を 2021 で表す。
(2) (1)の結果に $a=2021$ を代入する。

(1) $\boldsymbol{P}=2022^2-3\times2021^2+2\times2022\times2021$
$+3\times2021\times2020-3\times2020\times2022$
$=(2021+1)^2-3\times2021^2+2\times(2021+1)\times2021$
$+3\times2021\times(2021-1)-3\times(2021-1)\times(2021+1)$
$=(a+1)^2-3a^2+2(a+1)a+3a(a-1)-3(a-1)(a+1)$
$=a^2+2a+1-3a^2+2a^2+2a+3a^2-3a-3a^2+3$
$\boldsymbol{=a+4}$

(2) (1)から　$\boldsymbol{P}=2021+4=\mathbf{2025}$

練習 26 (1) $a=2$，$b=-3$ のとき，$(2a+b)^2-4a(a-b)$ の値を求めなさい。
(2) $a=3.76$，$b=0.38$ のとき，$a^2+4b^2-4ab+1$ の値を求めなさい。

CHART 式の値
式を簡単にしてから
数値を代入

(1) $(2a+b)^2-4a(a-b)=4a^2+4ab+b^2-4a^2+4ab$
$=8ab+b^2$
$=8\times2\times(-3)+(-3)^2$
$=-48+9=\mathbf{-39}$

⇐まず式を展開して整理。

⇐$(8a+b)b$ としてから代入してもよい。

(2) $a^2+4b^2-4ab+1=(a-2b)^2+1$
$=(3.76-2\times0.38)^2+1$
$=(3.76-0.76)^2+1$
$=3^2+1=\mathbf{10}$

⇐因数分解を利用。

練習 27 (1) $a+b=3$, $ab=-9$ のとき，$a^2+a^2b+2ab+ab^2+b^2$ の値を求めなさい。
(2) $a-b=-5$, $ab=-2$ のとき，a^2+b^2 の値を求めなさい。

(1) $a^2+a^2b+2ab+ab^2+b^2=(a^2+2ab+b^2)+a^2b+ab^2$
$=(a+b)^2+ab(a+b)$
$=3^2+(-9)\times 3=9-27=\mathbf{-18}$

(2) $a^2+b^2=(a-b)^2+2ab=(-5)^2+2\times(-2)=25-4=\mathbf{21}$

HINT 値を求める式を
(1)は $a+b$ と ab
(2)は $a-b$ と ab
で表すことを考える。

練習 28 (1) 連続する 2 つの整数の 2 乗の差は，この 2 つの整数の和である。このことを証明しなさい。
(2) 3 でわると余りが 2 である自然数 a と，6 でわると余りが 3 である自然数 b がある。a^2+b^2 を 3 でわったときの余りを求めなさい。

(1) n を整数とすると，連続する 2 つの整数は n, $n+1$ と表される。
その 2 乗の差は　$(n+1)^2-n^2=n^2+2n+1-n^2$
$=2n+1$
また，2 つの整数の和は　$n+(n+1)=2n+1$
よって，連続する 2 つの整数の 2 乗の差は，この 2 つの整数の和である。

(2) m, n を 0 以上の整数とすると，a, b は $a=3m+2$, $b=6n+3$ と表される。よって
$a^2+b^2=(3m+2)^2+(6n+3)^2$
$=9m^2+12m+4+36n^2+36n+9$
$=9m^2+12m+36n^2+36n+13$
$=3(3m^2+4m+12n^2+12n+4)+1$
m, n は整数であるから，$3m^2+4m+12n^2+12n+4$ も整数である。
よって，a^2+b^2 を 3 でわったときの余りは　**1**

HINT
(1) 連続する 2 つの整数 ⟶ n, $n+1$ (n は整数) と表される。
(2) 3 でわると余りが 2 の自然数 ⟶ $3m+2$,
6 でわると余りが 3 の自然数 ⟶ $6n+3$
と表される。ただし，m, n は 0 以上の整数。

⊂異なる文字を使う。

⊂$13=3\times 4+1$

練習 29 右の図のように，点Oを中心とする半円がある。斜線部分の面積を S，点 O_2 を中心とする半円の面積を T とする。また，半円 O_1, O_2 の半径を，それぞれ a, b とする。$S=3T$ のとき，$a:b$ を最も簡単な整数の比で表しなさい。

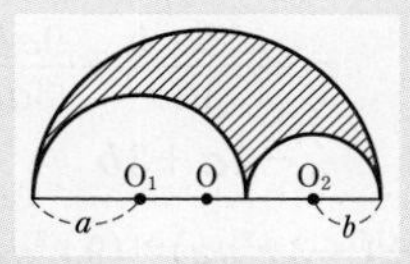

$T=\frac{1}{2}\pi b^2$

$S=\frac{1}{2}\pi(a+b)^2-\frac{1}{2}\pi a^2-\frac{1}{2}\pi b^2$
$=\frac{1}{2}\pi(a^2+2ab+b^2-a^2-b^2)=\pi ab$

$S=3T$ のとき　$\pi ab=\frac{3}{2}\pi b^2$　よって　$a=\frac{3}{2}b$

したがって　$a:b=\frac{3}{2}:1$　すなわち　$\mathbf{a:b=3:2}$

HINT S は半円Oの面積から，2 つの半円 O_1, O_2 の面積をひくと得られる。

⊂(円Oの半径)
$=(a+a+b+b)\div 2$
$=a+b$

⊂$a=\frac{3}{2}b$ から，a は b の $\frac{3}{2}$ 倍。

演習 1 次の計算をしなさい。

(1) $(3a-b)\times(-5a)$　(2) $-2a(-5a+3b-1)$

(3) $\frac{3}{4}x(12x-8xy+4y)$　(4) $(5a^2+10ab-15b^2)\times\left(-\frac{1}{15}ab\right)$

(5) $\frac{3}{2}x(x-2y)-\frac{2}{3}y(3x+y)$

HINT
(単項式)×(多項式)
の計算は，分配法則を使ってかっこをはずす。

(1) $(3a-b)\times(-5a)=3a\times(-5a)-b\times(-5a)=\mathbf{-15a^2+5ab}$

(2) $-2a(-5a+3b-1)=(-2a)\times(-5a)+(-2a)\times3b+(-2a)\times(-1)$

$=\mathbf{10a^2-6ab+2a}$

(3) $\frac{3}{4}x(12x-8xy+4y)=\frac{3}{4}x\times12x+\frac{3}{4}x\times(-8xy)+\frac{3}{4}x\times4y$

$=\mathbf{9x^2-6x^2y+3xy}$

(4) $(5a^2+10ab-15b^2)\times\left(-\frac{1}{15}ab\right)$

$=5a^2\times\left(-\frac{1}{15}ab\right)+10ab\times\left(-\frac{1}{15}ab\right)-15b^2\times\left(-\frac{1}{15}ab\right)$

$=\mathbf{-\frac{1}{3}a^3b-\frac{2}{3}a^2b^2+ab^3}$

(5) $\frac{3}{2}x(x-2y)-\frac{2}{3}y(3x+y)=\frac{3}{2}x^2-3xy-2xy-\frac{2}{3}y^2$

$=\mathbf{\frac{3}{2}x^2-5xy-\frac{2}{3}y^2}$

⊂同類項はまとめる。

演習 2 次の計算をしなさい。

(1) $(-12a^2b+9ab^2)\div3ab$　(2) $(9x^2yz^2-15x^3y^2z)\div(-3x^2yz)$

(3) $\left(\frac{1}{3}pqr-\frac{1}{7}pq^2r+pq\right)\div\left(-\frac{1}{21}pq\right)$

(4) $(8a^5b^2-12a^4b^3+4a^4b^2)\div(-2a^2b)^2$

HINT
(多項式)÷(単項式)
の計算は，除法を乗法に直して行う。
⟶ わる式の逆数をかける。

(1) $(-12a^2b+9ab^2)\div3ab=(-12a^2b+9ab^2)\times\frac{1}{3ab}$

$=-\frac{12a^2b}{3ab}+\frac{9ab^2}{3ab}$

$=\mathbf{-4a+3b}$

(2) $(9x^2yz^2-15x^3y^2z)\div(-3x^2yz)=(9x^2yz^2-15x^3y^2z)\times\left(-\frac{1}{3x^2yz}\right)$

$=-\frac{9x^2yz^2}{3x^2yz}+\frac{15x^3y^2z}{3x^2yz}$

$=-3z+5xy$

$=\mathbf{5xy-3z}$

(3) $\left(\frac{1}{3}pqr-\frac{1}{7}pq^2r+pq\right)\div\left(-\frac{1}{21}pq\right)=\left(\frac{1}{3}pqr-\frac{1}{7}pq^2r+pq\right)\times\left(-\frac{21}{pq}\right)$

$=-\frac{21pqr}{3pq}+\frac{21pq^2r}{7pq}-\frac{21pq}{pq}$

$=-7r+3qr-21$

$=\mathbf{3qr-7r-21}$

(4) $(8a^5b^2-12a^4b^3+4a^4b^2)\div(-2a^2b)^2=(8a^5b^2-12a^4b^3+4a^4b^2)\div 4a^4b^2$

$$=(8a^5b^2-12a^4b^3+4a^4b^2)\times\frac{1}{4a^4b^2}$$

$$=\frac{8a^5b^2}{4a^4b^2}-\frac{12a^4b^3}{4a^4b^2}+\frac{4a^4b^2}{4a^4b^2}$$

$$=\boldsymbol{2a-3b+1}$$

演習 3 次の式を展開しなさい。

(1) $\left(\frac{x}{4}-\frac{1}{6}\right)\left(2x-\frac{2}{3}\right)$　(2) $(y+0.2x)(4x-3y)$

(3) $(x^2+3x+2)(x-3)$　(4) $(x^2-xy-2y^2)(2x-3y)$

(5) $(a+b-1)(a-b-3)$　(6) $(2x^3-3x^2+1)(5x^2+4x-2)$

CHART 式は整理 同類項はまとめる

(1) $\left(\frac{x}{4}-\frac{1}{6}\right)\left(2x-\frac{2}{3}\right)=\frac{x}{4}\times 2x+\frac{x}{4}\times\left(-\frac{2}{3}\right)-\frac{1}{6}\times 2x-\frac{1}{6}\times\left(-\frac{2}{3}\right)$

$$=\frac{x^2}{2}-\frac{x}{6}-\frac{x}{3}+\frac{1}{9}=\frac{x^2}{2}+\left(-\frac{1}{6}-\frac{1}{3}\right)x+\frac{1}{9}$$

$$=\boldsymbol{\frac{x^2}{2}-\frac{x}{2}+\frac{1}{9}}$$

別解 $\left(\frac{x}{4}-\frac{1}{6}\right)\left(2x-\frac{2}{3}\right)=\frac{3x-2}{12}\times\frac{2(3x-1)}{3}=\frac{(3x-2)(3x-1)}{18}$

$$=\frac{(3x)^2+(-1-2)\times 3x+(-2)\times(-1)}{18}$$

$$=\boldsymbol{\frac{9x^2-9x+2}{18}}$$

◯まず，通分してから，展開の公式を利用。

(2) $(y+0.2x)(4x-3y)=4xy-3y^2+0.8x^2-0.6xy$

$$=\boldsymbol{0.8x^2+3.4xy-3y^2}$$

別解 $(y+0.2x)(4x-3y)=(0.2x+y)(4x-3y)$

$=0.2\times 4\times x^2+\{0.2\times(-3y)+y\times 4\}x+y\times(-3y)$

$=\boldsymbol{0.8x^2+3.4xy-3y^2}$

◯展開の公式 $(ax+b)(cx+d)$ $=acx^2+(ad+bc)x$ $+bd$ を利用。

(3) $(x^2+3x+2)(x-3)=x^2(x-3)+3x(x-3)+2(x-3)$

$$=x^3-3x^2+3x^2-9x+2x-6$$

$$=\boldsymbol{x^3-7x-6}$$

(4) $(x^2-xy-2y^2)(2x-3y)$

$=x^2(2x-3y)-xy(2x-3y)-2y^2(2x-3y)$

$=2x^3-3x^2y-2x^2y+3xy^2-4xy^2+6y^3$

$=\boldsymbol{2x^3-5x^2y-xy^2+6y^3}$

(5) $(a+b-1)(a-b-3)$

$=a(a-b-3)+b(a-b-3)-(a-b-3)$

$=a^2-ab-3a+ab-b^2-3b-a+b+3$

$=\boldsymbol{a^2-b^2-4a-2b+3}$

(6) $(2x^3-3x^2+1)(5x^2+4x-2)$

$=2x^3(5x^2+4x-2)-3x^2(5x^2+4x-2)+(5x^2+4x-2)$

$=10x^5+8x^4-4x^3-15x^4-12x^3+6x^2+5x^2+4x-2$

$=\boldsymbol{10x^5-7x^4-16x^3+11x^2+4x-2}$

演習 4 次の式を展開しなさい。

(1) $(x-3)(x-2)$ (2) $(x+3)(x-8)$ (3) $(p+3q)(p-7q)$
(4) $(x+2y)^2$ (5) $(3x-2y)^2$ (6) $(-5p+3q)^2$
(7) $(-3m-4n)^2$ (8) $(2x+13)(2x-13)$ (9) $(3x-5y)(5y+3x)$

(1) $(x-3)(x-2)=x^2+(-3-2)x+(-3)\times(-2)$
$=\boldsymbol{x^2-5x+6}$

(2) $(x+3)(x-8)=x^2+(3-8)x+3\times(-8)$
$=\boldsymbol{x^2-5x-24}$

(3) $(p+3q)(p-7q)=p^2+(3q-7q)p+3q\times(-7q)$
$=\boldsymbol{p^2-4pq-21q^2}$

(4) $(x+2y)^2=x^2+2\times x\times 2y+(2y)^2=\boldsymbol{x^2+4xy+4y^2}$

(5) $(3x-2y)^2=(3x)^2-2\times 3x\times 2y+(2y)^2=\boldsymbol{9x^2-12xy+4y^2}$

(6) $(-5p+3q)^2=(-5p)^2+2\times(-5p)\times 3q+(3q)^2$
$=\boldsymbol{25p^2-30pq+9q^2}$

(7) $(-3m-4n)^2=(-3m)^2-2\times(-3m)\times 4n+(4n)^2$
$=\boldsymbol{9m^2+24mn+16n^2}$

別解 $(-3m-4n)^2=\{-(3m+4n)\}^2=(3m+4n)^2$
$=(3m)^2+2\times 3m\times 4n+(4n)^2$
$=\boldsymbol{9m^2+24mn+16n^2}$

(8) $(2x+13)(2x-13)=(2x)^2-13^2=\boldsymbol{4x^2-169}$

(9) $(3x-5y)(5y+3x)=(3x-5y)(3x+5y)=(3x)^2-(5y)^2$
$=\boldsymbol{9x^2-25y^2}$

⊃(1)～(3)
$(x+a)(x+b)$
$=x^2+(a+b)x+ab$

⊃(4)～(7)
$(●+■)^2$
$=●^2+2\times●\times■+■^2$
$(●-■)^2$
$=●^2-2\times●\times■+■^2$

⊃(8), (9)
$(●+■)(●-■)$
$=●^2-■^2$

演習 5 次の式を展開しなさい。

(1) $(5x+7)(x+3)$ (2) $(3x+2)(2x-3)$ (3) $(2x-1)(3x-4)$
(4) $(9x+4y)(x+8y)$ (5) $(7a-6b)(2a+3b)$ (6) $(3x+y)(2x-5y)$

(1) $(5x+7)(x+3)=5\times 1\times x^2+(5\times 3+7\times 1)x+7\times 3$
$=\boldsymbol{5x^2+22x+21}$

(2) $(3x+2)(2x-3)=3\times 2\times x^2+\{3\times(-3)+2\times 2\}x+2\times(-3)$
$=\boldsymbol{6x^2-5x-6}$

(3) $(2x-1)(3x-4)$
$=2\times 3\times x^2+\{2\times(-4)+(-1)\times 3\}x+(-1)\times(-4)$
$=\boldsymbol{6x^2-11x+4}$

(4) $(9x+4y)(x+8y)=9\times 1\times x^2+(9\times 8y+4y\times 1)x+4y\times 8y$
$=\boldsymbol{9x^2+76xy+32y^2}$

(5) $(7a-6b)(2a+3b)$
$=7\times 2\times a^2+\{7\times 3b+(-6b)\times 2\}a+(-6b)\times 3b$
$=\boldsymbol{14a^2+9ab-18b^2}$

(6) $(3x+y)(2x-5y)$
$=3\times 2\times x^2+\{3\times(-5y)+y\times 2\}x+y\times(-5y)$
$=\boldsymbol{6x^2-13xy-5y^2}$

HINT $\boldsymbol{(ax+b)(cx+d)}$
$\boldsymbol{=acx^2+(ad+bc)x+bd}$

演習 6 次の式を展開しなさい。

(1) $\left(x^2+\dfrac{x}{2}+1\right)^2$　(2) $\{(-x)^3-y+z\}^2$

(3) $(x^2+x+1)(x^2+x+3)$　(4) $(x^2+3x+2)(x^2-3x+2)$

(5) $(a+2b+3c)(a-2b-3c)$　(6) $(a^2+ab-b^2)(a^2-ab+b^2)$

CHART 共通な式は まとめる

(1) $\left(x^2+\dfrac{x}{2}+1\right)^2=\left\{\left(x^2+\dfrac{x}{2}\right)+1\right\}^2$

$=\left(x^2+\dfrac{x}{2}\right)^2+2\left(x^2+\dfrac{x}{2}\right)\times1+1^2$

$=x^4+x^3+\dfrac{x^2}{4}+2x^2+x+1$

$=\boldsymbol{x^4+x^3+\dfrac{9}{4}x^2+x+1}$

◀(1), (2) は，公式 $(a+b+c)^2=a^2+b^2+c^2+2ab+2bc+2ca$ を使って展開してもよい。

(2) $\{(-x)^3-y+z\}^2=(-x^3-y+z)^2=\{(-x^3-y)+z\}^2$

$=(-x^3-y)^2+2(-x^3-y)z+z^2$

$=\boldsymbol{x^6+2x^3y+y^2-2x^3z-2yz+z^2}$

◀$(-x)^3=(-1)^3x^3=-1\times x^3=-x^3$

(3) $(x^2+x+1)(x^2+x+3)=\{(x^2+x)+1\}\{(x^2+x)+3\}$

$=(x^2+x)^2+4(x^2+x)+3$

$=x^4+2x^3+x^2+4x^2+4x+3$

$=\boldsymbol{x^4+2x^3+5x^2+4x+3}$

(4) $(x^2+3x+2)(x^2-3x+2)=\{(x^2+2)+3x\}\{(x^2+2)-3x\}$

$=(x^2+2)^2-(3x)^2$

$=x^4+4x^2+4-9x^2$

$=\boldsymbol{x^4-5x^2+4}$

(5) $(a+2b+3c)(a-2b-3c)=\{a+(2b+3c)\}\{a-(2b+3c)\}$

$=a^2-(2b+3c)^2$

$=a^2-(4b^2+12bc+9c^2)$

$=\boldsymbol{a^2-4b^2-12bc-9c^2}$

(6) $(a^2+ab-b^2)(a^2-ab+b^2)$

$=\{a^2+(ab-b^2)\}\{a^2-(ab-b^2)\}$

$=a^4-(ab-b^2)^2$

$=a^4-(a^2b^2-2ab^3+b^4)$

$=\boldsymbol{a^4-a^2b^2+2ab^3-b^4}$

演習 7 次の計算をしなさい。

(1) $(x-3)^2-4(x+1)(x-5)$　(2) $3(x-1)^2+(2x+1)(x-3)$

(3) $(x-4)(3x+2)-(x-5)^2$　(4) $(2x-3)^2-(2x+3)(2x-5)$

(5) $(x-2y)^2+(2x+y)(2x-y)-(x-y)(3x-y)$

CHART 計算の順序 まず乗除 加減はあと

(1) $(x-3)^2-4(x+1)(x-5)=(x^2-6x+9)-4(x^2-4x-5)$

$=x^2-6x+9-4x^2+16x+20$

$=\boldsymbol{-3x^2+10x+29}$

◀$-(\quad)$ は符号が変わる。

(2) $3(x-1)^2+(2x+1)(x-3)=3(x^2-2x+1)+(2x^2-5x-3)$

$=3x^2-6x+3+2x^2-5x-3$

$=\boldsymbol{5x^2-11x}$

◀$+(\quad)$ はそのまま。

(3) $(x-4)(3x+2)-(x-5)^2=(3x^2-10x-8)-(x^2-10x+25)$
$=3x^2-10x-8-x^2+10x-25$
$=\boldsymbol{2x^2-33}$

(4) $(2x-3)^2-(2x+3)(2x-5)=(4x^2-12x+9)-(4x^2-4x-15)$
$=4x^2-12x+9-4x^2+4x+15$
$=\boldsymbol{-8x+24}$

(5) $(x-2y)^2+(2x+y)(2x-y)-(x-y)(3x-y)$
$=(x^2-4xy+4y^2)+(4x^2-y^2)-(3x^2-4xy+y^2)$
$=x^2-4xy+4y^2+4x^2-y^2-3x^2+4xy-y^2=\boldsymbol{2x^2+2y^2}$

演習 8 次の計算をしなさい。

(1) $\left(x+\frac{y}{2}\right)^2\left(x-\frac{y}{2}\right)^2$ (2) $(x+3)(x-5)(x+5)(x-3)$

(3) $(x-1)(x+1)(x^2+1)(x^4+1)$ (4) $(2x+1)(x+2)(2x-1)(x-2)$

CHART
組み合わせをくふう

(1) $\left(x+\frac{y}{2}\right)^2\left(x-\frac{y}{2}\right)^2=\left\{\left(x+\frac{y}{2}\right)\left(x-\frac{y}{2}\right)\right\}^2$
$=\left\{x^2-\left(\frac{y}{2}\right)^2\right\}^2$
$=\left(x^2-\frac{y^2}{4}\right)^2$
$=\boldsymbol{x^4-\frac{1}{2}x^2y^2+\frac{1}{16}y^4}$

(2) $(x+3)(x-5)(x+5)(x-3)=(x+3)(x-3)\times(x-5)(x+5)$
$=(x^2-9)(x^2-25)$
$=\boldsymbol{x^4-34x^2+225}$

(3) $(x-1)(x+1)(x^2+1)(x^4+1)=(x^2-1)(x^2+1)(x^4+1)$
$=(x^4-1)(x^4+1)=\boldsymbol{x^8-1}$

⇦$(a-b)(a+b)$
$=a^2-b^2$ を 3 回使う。

(4) $(2x+1)(x+2)(2x-1)(x-2)$
$=(2x+1)(2x-1)\times(x+2)(x-2)$
$=(4x^2-1)(x^2-4)=\boldsymbol{4x^4-17x^2+4}$

演習 9 次の計算をしなさい。

(1) $(a+b-c)^2-(a-b+c)^2$ (2) $(x^2+y^2)^2+(x+y)^2(x-y)^2$

(3) $(a+b-c)(a-b+c)+(b-c)^2$

(4) $(3x+y-z)^2-(3x+y)(3x+y-2z)$

(5) $(x^2+xy+y^2)(x^2-xy+y^2)(x^4-x^2y^2+y^4)$

(6) $(x-3y)(x+3y)(x^2+3xy+y^2)(x^2-3xy+y^2)$

(7) $(a+b+c)(-a+b+c)+(a-b+c)(a+b-c)$

(8) $(a+b+c)^2-(a-b-c)(a+b-c)-2(b+c)(a+b)$

CHART 式の取り扱い
1 式は整理
2 共通な式はまとめる
3 組み合わせをくふう

(1) $(a+b-c)^2-(a-b+c)^2$
$=\{a+(b-c)\}^2-\{a-(b-c)\}^2$
$=a^2+2a(b-c)+(b-c)^2-\{a^2-2a(b-c)+(b-c)^2\}$
$=a^2+2a(b-c)+(b-c)^2-a^2+2a(b-c)-(b-c)^2$
$=4a(b-c)=\boldsymbol{4ab-4ac}$

⇦$b-c$ をまとめる。

(2) $(x^2+y^2)^2+(x+y)^2(x-y)^2$
$=(x^2+y^2)^2+\{(x+y)(x-y)\}^2$
$=(x^2+y^2)^2+(x^2-y^2)^2$
$=x^4+2x^2y^2+y^4+x^4-2x^2y^2+y^4=\boldsymbol{2x^4+2y^4}$

◯$A^2B^2=(AB)^2$

(3) $(a+b-c)(a-b+c)+(b-c)^2$
$=\{a+(b-c)\}\{a-(b-c)\}+(b-c)^2$
$=a^2-(b-c)^2+(b-c)^2=\boldsymbol{a^2}$

◯$b-c$ をまとめる。

(4) $(3x+y-z)^2-(3x+y)(3x+y-2z)$
$=\{(3x+y)-z\}^2-(3x+y)\{(3x+y)-2z\}$
$=(3x+y)^2-2(3x+y)z+z^2-(3x+y)^2+2(3x+y)z$
$=\boldsymbol{z^2}$

◯$3x+y$ をまとめる。

(5) $(x^2+xy+y^2)(x^2-xy+y^2)(x^4-x^2y^2+y^4)$
$=\{(x^2+y^2)+xy\}\{(x^2+y^2)-xy\}(x^4-x^2y^2+y^4)$
$=\{(x^2+y^2)^2-(xy)^2\}(x^4-x^2y^2+y^4)$
$=(x^4+2x^2y^2+y^4-x^2y^2)(x^4-x^2y^2+y^4)$
$=(x^4+x^2y^2+y^4)(x^4-x^2y^2+y^4)$
$=\{(x^4+y^4)+x^2y^2\}\{(x^4+y^4)-x^2y^2\}$
$=(x^4+y^4)^2-(x^2y^2)^2$
$=x^8+2x^4y^4+y^8-x^4y^4$
$=\boldsymbol{x^8+x^4y^4+y^8}$

◯x^2+y^2 をまとめる。

◯x^4+y^4 をまとめる。

(6) $(x-3y)(x+3y)(x^2+3xy+y^2)(x^2-3xy+y^2)$
$=(x^2-9y^2)\{(x^2+y^2)+3xy\}\{(x^2+y^2)-3xy\}$
$=(x^2-9y^2)\{(x^2+y^2)^2-(3xy)^2\}$
$=(x^2-9y^2)(x^4+2x^2y^2+y^4-9x^2y^2)$
$=(x^2-9y^2)(x^4-7x^2y^2+y^4)$
$=x^2(x^4-7x^2y^2+y^4)-9y^2(x^4-7x^2y^2+y^4)$
$=x^6-7x^4y^2+x^2y^4-9x^4y^2+63x^2y^4-9y^6$
$=\boldsymbol{x^6-16x^4y^2+64x^2y^4-9y^6}$

◯x^2+y^2 をまとめる。

◯分配法則を使う。

(7) $(a+b+c)(-a+b+c)+(a-b+c)(a+b-c)$
$=-\{a+(b+c)\}\{a-(b+c)\}+\{a-(b-c)\}\{a+(b-c)\}$
$=-\{a^2-(b+c)^2\}+\{a^2-(b-c)^2\}$
$=-a^2+(b+c)^2+a^2-(b-c)^2$
$=(b+c)^2-(b-c)^2$
$=b^2+2bc+c^2-(b^2-2bc+c^2)$
$=\boldsymbol{4bc}$

◯$(-a+b+c)$
$=-\{a-(b+c)\}$
$(a-b+c)$
$=\{a-(b-c)\}$

(8) $(a+b+c)^2-(a-b-c)(a+b-c)-2(b+c)(a+b)$
$=\{(a+b)+c\}^2-\{(a-c)-b\}\{(a-c)+b\}-2(b+c)(b+a)$
$=(a+b)^2+2(a+b)c+c^2$
$\quad-\{(a-c)^2-b^2\}-2\{b^2+(c+a)b+ca\}$
$=a^2+2ab+b^2+2ac+2bc+c^2$
$\quad-(a^2-2ac+c^2-b^2)-2(b^2+bc+ab+ca)$
$=\boldsymbol{2ca}$

1章

演習【式の計算】

演習 10 次の計算をしなさい。

(1) $\left(\dfrac{3x+4y}{5}\right)^2+\left(\dfrac{4x-3y}{5}\right)^2$ (2) $\dfrac{(2x-5)(x+3)}{2}-\dfrac{(5-3x)(1+2x)}{3}$

(3) $\dfrac{(3x-2)^2}{4}-\dfrac{(3-2x)(3+2x)}{5}-\dfrac{(3x-4)(x+4)}{12}$

HINT (2), (3) 分母が異なるから，まず通分し，分子を計算する。

(1) $\left(\dfrac{3x+4y}{5}\right)^2+\left(\dfrac{4x-3y}{5}\right)^2$

$=\dfrac{(3x+4y)^2}{25}+\dfrac{(4x-3y)^2}{25}=\dfrac{(3x+4y)^2+(4x-3y)^2}{25}$

$=\dfrac{9x^2+24xy+16y^2+16x^2-24xy+9y^2}{25}$

$=\dfrac{25x^2+25y^2}{25}=\boldsymbol{x^2+y^2}$

(2) $\dfrac{(2x-5)(x+3)}{2}-\dfrac{(5-3x)(1+2x)}{3}$

$=\dfrac{3(2x-5)(x+3)-2(5-3x)(1+2x)}{6}$

$=\dfrac{3(2x^2+x-15)-2(-6x^2+7x+5)}{6}$

$=\dfrac{6x^2+3x-45+12x^2-14x-10}{6}=\boldsymbol{\dfrac{18x^2-11x-55}{6}}$

⇦$(5-3x)(1+2x)$
$=5+10x-3x-6x^2$
$=-6x^2+7x+5$

(3) $\dfrac{(3x-2)^2}{4}-\dfrac{(3-2x)(3+2x)}{5}-\dfrac{(3x-4)(x+4)}{12}$

$=\dfrac{15(3x-2)^2-12(3-2x)(3+2x)-5(3x-4)(x+4)}{60}$

$=\dfrac{15(9x^2-12x+4)-12(9-4x^2)-5(3x^2+8x-16)}{60}$

$=\dfrac{135x^2-180x+60-108+48x^2-15x^2-40x+80}{60}$

$=\dfrac{168x^2-220x+32}{60}=\boldsymbol{\dfrac{42x^2-55x+8}{15}}$

⇦60 は 4 と 5 と 12 の最小公倍数。

⇦約分を忘れないように。

演習 11 次の計算をしなさい。

(1) $2ab^2(3a+5b)-6a^4b^3\div a^2b$

(2) $(9a^3b^2-21ab^3)\div 3a^3b^4\times(-ab^3)^2$

(3) $(12x^3y^2-8x^2y^3+2xy^4)\div 4xy^2-\left(x-\dfrac{1}{4}y\right)(4x-y)$

CHART 計算の順序
まず乗除　加減はあと

(1) $2ab^2(3a+5b)-6a^4b^3\div a^2b=6a^2b^2+10ab^3-\dfrac{6a^4b^3}{a^2b}$

$=6a^2b^2+10ab^3-6a^2b^2$

$=\boldsymbol{10ab^3}$

(2) $(9a^3b^2-21ab^3)\div 3a^3b^4\times(-ab^3)^2$

$=(9a^3b^2-21ab^3)\div 3a^3b^4\times a^2b^6$

$=(9a^3b^2-21ab^3)\times\dfrac{a^2b^6}{3a^3b^4}=(9a^3b^2-21ab^3)\times\dfrac{b^2}{3a}$

$=\boldsymbol{3a^2b^4-7b^5}$

(3) $(12x^3y^2-8x^2y^3+2xy^4)\div 4xy^2-\left(x-\frac{1}{4}y\right)(4x-y)$

$=(12x^3y^2-8x^2y^3+2xy^4)\times\frac{1}{4xy^2}-\left(4x^2-2xy+\frac{1}{4}y^2\right)$

$=3x^2-2xy+\frac{1}{2}y^2-4x^2+2xy-\frac{1}{4}y^2=\boldsymbol{-x^2+\frac{1}{4}y^2}$

◯$\left(x-\frac{1}{4}y\right)(4x-y)$
$=\frac{1}{4}(4x-y)^2$ として計算してもよい。

演習 12 $(x^5-3x^4+4x^3-2x+5)(x^3+2x^2+7x-6)$ を展開したとき，x^5 の係数，x^3 の係数をそれぞれ求めなさい。

HINT 全部を展開しないで，x^5，x^3 の項にだけ注目する。

与えられた式を展開したとき，x^5 の項は

$x^5\times(-6)+(-3x^4)\times 7x+4x^3\times 2x^2=-6x^5-21x^5+8x^5$
$=-19x^5$

よって，x^5 の係数は　**−19**

また，x^3 の項は

$4x^3\times(-6)+(-2x)\times 2x^2+5\times x^3=-24x^3-4x^3+5x^3$
$=-23x^3$

よって，x^3 の係数は　**−23**

演習 13 次の式を因数分解しなさい。

(1) $4a^2-49b^2$　(2) $9x^2+42x+49$　(3) $x^2-9x+18$
(4) $a(b-c)-b+c$　(5) $81-30t+t^2$　(6) $35x^2-12xy+y^2$
(7) $3a^2b-6ab-9b$　(8) $4x^2+16x+16$　(9) $36a^2-4$
(10) $\frac{1}{3}x^2-2x+3$　(11) $a(a-b+c)+c(b-a-c)$
(12) $5a^2x^3y+30a^2x^2y^2+45a^2xy^3$

HINT 共通因数があれば，まずそれをくくり出す。次に，公式が使えないか考える。

(1) $4a^2-49b^2=(2a)^2-(7b)^2=\boldsymbol{(2a+7b)(2a-7b)}$

(2) $9x^2+42x+49=(3x)^2+2\times 3x\times 7+7^2=\boldsymbol{(3x+7)^2}$

(3) $x^2-9x+18=\boldsymbol{(x-3)(x-6)}$

(4) $a(b-c)-b+c=a(b-c)-(b-c)=\boldsymbol{(a-1)(b-c)}$

◯$b-c$ が共通因数。

(5) $81-30t+t^2=t^2-30t+81=\boldsymbol{(t-3)(t-27)}$

(6) $35x^2-12xy+y^2=y^2-12xy+35x^2=(y-5x)(y-7x)$
$=\boldsymbol{(5x-y)(7x-y)}$

◯もとの式にたすきがけを使ってもよい。

5	╲╱	−1 ⟶	−7
7	╱╲	−1 ⟶	−5
35		1	−12

(7) $3a^2b-6ab-9b=3b(a^2-2a-3)=\boldsymbol{3b(a+1)(a-3)}$

(8) $4x^2+16x+16=4(x^2+4x+4)=\boldsymbol{4(x+2)^2}$

(9) $36a^2-4=4(9a^2-1)=\boldsymbol{4(3a+1)(3a-1)}$

(10) $\frac{1}{3}x^2-2x+3=\frac{1}{3}(x^2-6x+9)=\boldsymbol{\frac{1}{3}(x-3)^2}$

(11) $a(a-b+c)+c(b-a-c)=a(a-b+c)-c(a-b+c)$
$=\boldsymbol{(a-c)(a-b+c)}$

(12) $5a^2x^3y+30a^2x^2y^2+45a^2xy^3=5a^2xy(x^2+6xy+9y^2)$
$=\boldsymbol{5a^2xy(x+3y)^2}$

演習 14 次の式を因数分解しなさい。

(1) $3x^2+17x+10$　(2) $6x^2+x-12$
(3) $18a^2-39ab-7b^2$　(4) $10p^2-19pq+6q^2$

HINT たすきがけを使う。

(1) $3x^2+17x+10$
$=\boldsymbol{(x+5)(3x+2)}$

1	╳	5	⟶	15
3		2	⟶	2
3		10		17

(2) $6x^2+x-12$
$=\boldsymbol{(2x+3)(3x-4)}$

2	╳	3	⟶	9
3		-4	⟶	-8
6		-12		1

(3) $18a^2-39ab-7b^2$
$=\boldsymbol{(3a-7b)(6a+b)}$

3	╳	-7	⟶	-42
6		1	⟶	3
18		-7		-39

(4) $10p^2-19pq+6q^2$
$=\boldsymbol{(2p-3q)(5p-2q)}$

2	╳	-3	⟶	-15
5		-2	⟶	-4
10		6		-19

演習 15 次の式を因数分解しなさい。
(1) $(x-1)(x-2)-6$　(2) $(x+3)(2x-1)-x(x+7)$
(3) $(2x-3)^2-(3x-1)(x-2)-1$　(4) $(a+5)(2a-3)-(a+3)^2-6$

HINT まず，式を展開して整理する。

(1) $(x-1)(x-2)-6=(x^2-3x+2)-6=x^2-3x-4$
$=\boldsymbol{(x+1)(x-4)}$

(2) $(x+3)(2x-1)-x(x+7)=(2x^2+5x-3)-x^2-7x$
$=x^2-2x-3=\boldsymbol{(x+1)(x-3)}$

(3) $(2x-3)^2-(3x-1)(x-2)-1$
$=(4x^2-12x+9)-(3x^2-7x+2)-1$
$=x^2-5x+6=\boldsymbol{(x-2)(x-3)}$

(4) $(a+5)(2a-3)-(a+3)^2-6$
$=(2a^2+7a-15)-(a^2+6a+9)-6$
$=a^2+a-30=\boldsymbol{(a+6)(a-5)}$

演習 16 次の式を因数分解しなさい。
(1) $x^4-(4x^2-12x+9)$　(2) $(3a-b)^2-(5b-a)^2$
(3) $(a-5)^2-2(a-5)-24$　(4) $(a^2+b^2-c^2)^2-4a^2b^2$
(5) $(x+1)^2(x-2)^2-14(x+1)(x-2)+40$

HINT おきかえを利用。

(1) $x^4-(4x^2-12x+9)=(x^2)^2-(2x-3)^2$
$=\{x^2+(2x-3)\}\{x^2-(2x-3)\}$
$=(x^2+2x-3)(x^2-2x+3)$
$=\boldsymbol{(x+3)(x-1)(x^2-2x+3)}$

(2) $(3a-b)^2-(5b-a)^2$
$=\{(3a-b)+(5b-a)\}\{(3a-b)-(5b-a)\}$
$=(2a+4b)(4a-6b)=\boldsymbol{4(a+2b)(2a-3b)}$

◯ $2a+4b=2(a+2b)$, $4a-6b=2(2a-3b)$

(3) $(a-5)^2-2(a-5)-24=\{(a-5)+4\}\{(a-5)-6\}$
$=\boldsymbol{(a-1)(a-11)}$

(4) $(a^2+b^2-c^2)^2-4a^2b^2$
$=(a^2+b^2-c^2)^2-(2ab)^2$
$=\{(a^2+b^2-c^2)+2ab\}\{(a^2+b^2-c^2)-2ab\}$
$=\{(a^2+2ab+b^2)-c^2\}\{(a^2-2ab+b^2)-c^2\}$
$=\{(a+b)^2-c^2\}\{(a-b)^2-c^2\}$
$=\boldsymbol{(a+b+c)(a+b-c)(a-b+c)(a-b-c)}$

◯(平方の差)×(平方の差)

(5) $(x+1)^2(x-2)^2-14(x+1)(x-2)+40$
$=\{(x+1)(x-2)\}^2-14(x+1)(x-2)+40$
$=\{(x+1)(x-2)-4\}\{(x+1)(x-2)-10\}$
$=\{(x^2-x-2)-4\}\{(x^2-x-2)-10\}$
$=(x^2-x-6)(x^2-x-12)$
$=\boldsymbol{(x+2)(x-3)(x+3)(x-4)}$

◯$(x+1)(x-2)=M$ とおくと $M^2-14M+40$
$=(M-4)(M-10)$

演習 17 次の式を因数分解しなさい。

(1) $9x(x-2)-4y(y-3)$ (2) $(x+2y)(x-2y)-4y-1$
(3) $(x+y-3)(x-y-3)+12x$ (4) $a^2-ab-4a+2b+4$
(5) $x^2z-z^3-xyz+yz^2$ (6) $2(a-b)^2(a+b)-(a-b)(a^2+2b^2)$

HINT 式は整理。共通因数でくくる。

(1) $9x(x-2)-4y(y-3)=9x^2-18x-4y^2+12y$
$=(9x^2-4y^2)-(18x-12y)$
$=(3x+2y)(3x-2y)-6(3x-2y)$
$=\boldsymbol{(3x-2y)(3x+2y-6)}$

◯まず，式を展開して整理。

(2) $(x+2y)(x-2y)-4y-1=x^2-4y^2-4y-1$
$=x^2-(4y^2+4y+1)$
$=x^2-(2y+1)^2$
$=\{x+(2y+1)\}\{x-(2y+1)\}$
$=\boldsymbol{(x+2y+1)(x-2y-1)}$

◯まず，式を展開して整理。

◯平方の差の形。

(3) $(x+y-3)(x-y-3)+12x=\{(x-3)+y\}\{(x-3)-y\}+12x$
$=(x-3)^2-y^2+12x$
$=x^2-6x+9+12x-y^2$
$=x^2+6x+9-y^2$
$=(x+3)^2-y^2$
$=\{(x+3)+y\}\{(x+3)-y\}$
$=\boldsymbol{(x+y+3)(x-y+3)}$

◯平方の差の形。

(4) $a^2-ab-4a+2b+4=(-ab+2b)+(a^2-4a+4)$
$=-b(a-2)+(a-2)^2$
$=(a-2)(-b+a-2)=\boldsymbol{(a-2)(a-b-2)}$

◯次数の低い b について整理。

(5) $x^2z-z^3-xyz+yz^2=z(x^2-z^2-xy+yz)$
$=z\{(x+z)(x-z)-y(x-z)\}$
$=z(x-z)\{(x+z)-y\}$
$=\boldsymbol{z(x-z)(x-y+z)}$

◯まず，共通因数 z をくくり出す。

(6) $2(a-b)^2(a+b)-(a-b)(a^2+2b^2)$
$=(a-b)\{2(a-b)(a+b)-(a^2+2b^2)\}$
$=(a-b)\{2(a^2-b^2)-a^2-2b^2\}$
$=(a-b)(a^2-4b^2)=\boldsymbol{(a-b)(a+2b)(a-2b)}$

◯まず，共通因数 $a-b$ をくくり出す。

演習 18 次の式を因数分解しなさい。

(1) $x^4-810000$ (2) $16a^4-625b^4$ (3) x^4-20x^2+64
(4) $x^4-10x^2y^2+9y^4$ (5) x^4+5x^2+9 (6) $4x^4+11x^2y^2+9y^4$
(7) $4x^4+1$

(1) $x^4-810000=(x^2)^2-900^2=(x^2+900)(x^2-900)$
$=\boldsymbol{(x^2+900)(x+30)(x-30)}$

(2) $16a^4-625b^4=(4a^2)^2-(25b^2)^2=(4a^2+25b^2)(4a^2-25b^2)$
$=\boldsymbol{(4a^2+25b^2)(2a+5b)(2a-5b)}$

(3) $x^4-20x^2+64=(x^2)^2-20x^2+64=(x^2-4)(x^2-16)$
$=\boldsymbol{(x+2)(x-2)(x+4)(x-4)}$

(4) $x^4-10x^2y^2+9y^4=(x^2)^2-10x^2y^2+9(y^2)^2$
$=(x^2-y^2)(x^2-9y^2)$
$=\boldsymbol{(x+y)(x-y)(x+3y)(x-3y)}$

(5) $x^4+5x^2+9=(x^4+6x^2+9)-x^2=(x^2+3)^2-x^2$
$=\{(x^2+3)+x\}\{(x^2+3)-x\}$
$=\boldsymbol{(x^2+x+3)(x^2-x+3)}$

(6) $4x^4+11x^2y^2+9y^4=(4x^4+12x^2y^2+9y^4)-x^2y^2$
$=(2x^2+3y^2)^2-(xy)^2$
$=\{(2x^2+3y^2)+xy\}\{(2x^2+3y^2)-xy\}$
$=\boldsymbol{(2x^2+xy+3y^2)(2x^2-xy+3y^2)}$

(7) $4x^4+1=(4x^4+4x^2+1)-4x^2=(2x^2+1)^2-(2x)^2$
$=\{(2x^2+1)+2x\}\{(2x^2+1)-2x\}$
$=\boldsymbol{(2x^2+2x+1)(2x^2-2x+1)}$

◯$x^2=t$ とおくと
$t^2-810000$
$=(t+900)(t-900)$

◯平方の差をつくる。

◯平方の差をつくる。

◯平方の差をつくる。

演習 19 くふうして，次の計算をしなさい。

(1) $99^2+51^2-49^2$　(2) $87\times87+88\times86-88\times89-85\times85$

(3) $1115\times985-885\times1015$　(4) $\dfrac{120^2-97^2}{91^2-70^2}$

HINT 展開の公式や因数分解の公式が使えるように，うまく変形する。

(1) $99^2+51^2-49^2=(100-1)^2+(51+49)\times(51-49)$
$=100^2-2\times100\times1+1^2+100\times2$
$=10000-200+1+200$
$=\mathbf{10001}$

(2) $87\times87+88\times86-88\times89-85\times85$
$=87\times87+(87+1)\times(87-1)-(87+1)\times(87+2)$
$-(87-2)\times(87-2)$
$=87^2+(87^2-1^2)-(87^2+3\times87+2)-(87^2-4\times87+4)$
$=87^2+87^2-1-87^2-3\times87-2-87^2+4\times87-4$
$=87-7=\mathbf{80}$

◯各数を 87 で表す。

(3) $1115\times985-885\times1015$
$=(1015+100)\times(885+100)-885\times1015$
$=1015\times885+1015\times100+100\times885+100\times100-885\times1015$
$=100\times(1015+885+100)=100\times2000$
$=\mathbf{200000}$

(4) $\dfrac{120^2-97^2}{91^2-70^2}=\dfrac{(120+97)\times(120-97)}{(91+70)\times(91-70)}=\dfrac{217\times23}{161\times21}$
$=\dfrac{7\times31\times23}{7\times23\times21}=\boldsymbol{\dfrac{31}{21}}$

◯$217=7\times31$
$161=7\times23$

演習 20 くふうして，次の計算をしなさい。

$$\left(1-\frac{1}{2^2}\right)\left(1-\frac{1}{3^2}\right)\left(1-\frac{1}{4^2}\right)\left(1-\frac{1}{5^2}\right)\times\cdots\cdots\times\left(1-\frac{1}{50^2}\right)$$

$$\left(1-\frac{1}{2^2}\right)\left(1-\frac{1}{3^2}\right)\left(1-\frac{1}{4^2}\right)\left(1-\frac{1}{5^2}\right)\times\cdots\cdots\times\left(1-\frac{1}{50^2}\right)$$

$$=\left(1-\frac{1}{2}\right)\left(1+\frac{1}{2}\right)\left(1-\frac{1}{3}\right)\left(1+\frac{1}{3}\right)\left(1-\frac{1}{4}\right)\left(1+\frac{1}{4}\right)\left(1-\frac{1}{5}\right)\left(1+\frac{1}{5}\right)$$

$$\times\cdots\cdots\times\left(1-\frac{1}{50}\right)\left(1+\frac{1}{50}\right)$$

$$=\frac{1}{2}\times\frac{3}{2}\times\frac{2}{3}\times\frac{4}{3}\times\frac{3}{4}\times\frac{5}{4}\times\frac{4}{5}\times\frac{6}{5}\times\cdots\cdots\times\frac{49}{50}\times\frac{51}{50}$$

⇐約分する。

$$=\frac{1}{2}\times\frac{51}{50}=\mathbf{\frac{51}{100}}$$

演習 21 次の式の値を求めなさい。

(1) $a=\frac{2}{3}$，$b=\frac{3}{2}$ のとき，$(2a-b)(a-b)-(2a-b)(a+b)$ の値

(2) $a=5.6$，$b=1.2$ のとき，a^2+9b^2-6ab の値

CHART 式の値
式を簡単にしてから
数値を代入

(1) $(2a-b)(a-b)-(2a-b)(a+b)$

$=(2a-b)\{(a-b)-(a+b)\}$

⇐共通因数 $2a-b$ をくくり出す。

$=(2a-b)(-2b)=-4ab+2b^2$

$=-4\times\frac{2}{3}\times\frac{3}{2}+2\times\left(\frac{3}{2}\right)^2$

$=-4+\frac{9}{2}=\mathbf{\frac{1}{2}}$

(2) $a^2+9b^2-6ab=(a-3b)^2=(5.6-3\times1.2)^2$

$=(5.6-3.6)^2=2^2=\mathbf{4}$

演習 22 次の式の値を求めなさい。

(1) $x+y=3$，$xy=1$ のとき，$(x-y)^2$ の値

(2) $2a-b=2$，$ab=1$ のとき，$4a^2+ab+b^2$ の値

(3) $x+y=2$ のとき，$x^2+y^2+xy+(x-1)(y-1)$ の値

HINT 値を求める式を，条件の式で表すことを考える。

(1) $(x-y)^2=x^2-2xy+y^2$

$=(x^2+2xy+y^2)-4xy$

$=(x+y)^2-4xy$

$=3^2-4\times1=\mathbf{5}$

(2) $4a^2+ab+b^2=(4a^2-4ab+b^2)+5ab$

$=(2a-b)^2+5ab$

$=2^2+5\times1=\mathbf{9}$

(3) $x^2+y^2+xy+(x-1)(y-1)=x^2+y^2+xy+xy-x-y+1$

$=(x^2+2xy+y^2)-(x+y)+1$

$=(x+y)^2-(x+y)+1$

$=2^2-2+1=\mathbf{3}$

演習 23　$a-b=3,\ b=\dfrac{6}{a}$ のとき，次の式の値を求めなさい。

(1)　a^2+b^2 の値　　　(2)　$(a+3)(b-3)$ の値

HINT　$b=\dfrac{6}{a}$ から $ab=6$
与式を $a-b$，ab で表すことを考える。

$b=\dfrac{6}{a}$ から　　$ab=6$

(1)　$a^2+b^2=(a-b)^2+2ab=3^2+2\times6=\mathbf{21}$

(2)　$(a+3)(b-3)=ab-3a+3b-9=ab-3(a-b)-9$
$=6-3\times3-9=\mathbf{-12}$

演習 24　a は 5 でわると 3 余る自然数で，b は 5 でわると 2 余る自然数である。このとき，a^2+b^2+3ab を 5 でわったときの余りを求めなさい。

HINT　$a=5m+3$，$b=5n+2$（m，n は 0 以上の整数）とおく。

m，n を 0 以上の整数とすると，a，b は $a=5m+3$，$b=5n+2$ と表される。よって

$$\begin{aligned}a^2+b^2+3ab&=(5m+3)^2+(5n+2)^2+3(5m+3)(5n+2)\\&=25m^2+30m+9+25n^2+20n+4\\&\qquad+3(25mn+10m+15n+6)\\&=25m^2+25n^2+75mn+60m+65n+31\\&=5(5m^2+5n^2+15mn+12m+13n+6)+1\end{aligned}$$

m，n は整数であるから，$5m^2+5n^2+15mn+12m+13n+6$ も整数である。

よって，a^2+b^2+3ab を 5 でわったときの余りは　**1**

演習 25　右の図のように，三角形の土地の周りに幅 a m の道がある。道の中央を通る線の長さを ℓ m，道の面積を S m² とするとき，$S=a\ell$ となることを証明しなさい。

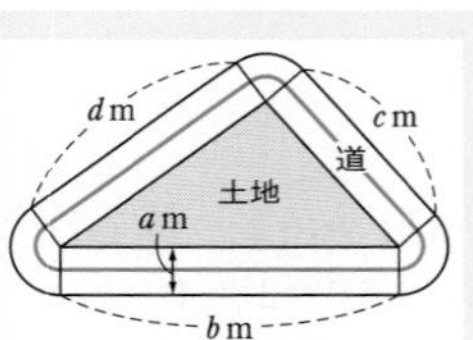

HINT　道の面積は，3 つの長方形と 3 つの扇形に分割して求める。

道の面積は，3 つの長方形と 3 つの扇形の面積の和である。

また，3 つの扇形を合わせると，半径 a m の円になる。

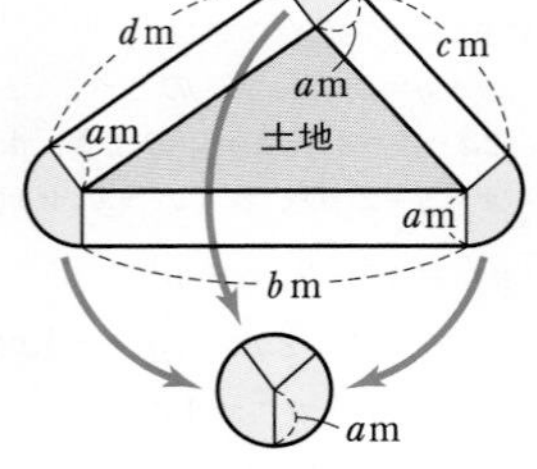

よって　　$S=ab+ac+ad+\pi a^2$
$=a(b+c+d+\pi a)$

また　　$\ell=b+c+d+2\pi\times\dfrac{a}{2}$
$=b+c+d+\pi a$

したがって，$S=a\ell$ となる。

演習 26

(1)　$x+\dfrac{1}{x}=3$ のとき，$x^2+\dfrac{1}{x^2}$ の値を求めなさい。

(2)　$x-\dfrac{1}{x}=2$ のとき，$x^2+\dfrac{1}{x^2}$ の値を求めなさい。

(3)　$x-\dfrac{1}{x}=3$ のとき，$x^2-3x+2+\dfrac{3}{x}+\dfrac{1}{x^2}$ の値を求めなさい。

HINT　条件の式の両辺を 2 乗する。

(1) $x+\dfrac{1}{x}=3$ の両辺を 2 乗すると $\left(x+\dfrac{1}{x}\right)^2=3^2$

よって $x^2+2\times x\times\dfrac{1}{x}+\left(\dfrac{1}{x}\right)^2=9$

すなわち $x^2+2+\dfrac{1}{x^2}=9$ したがって $\boldsymbol{x^2+\dfrac{1}{x^2}=7}$

⊂ $x\times\dfrac{1}{x}=1$

(2) $x-\dfrac{1}{x}=2$ の両辺を 2 乗すると $\left(x-\dfrac{1}{x}\right)^2=2^2$

よって $x^2-2\times x\times\dfrac{1}{x}+\left(\dfrac{1}{x}\right)^2=4$

すなわち $x^2-2+\dfrac{1}{x^2}=4$ したがって $\boldsymbol{x^2+\dfrac{1}{x^2}=6}$

(3) $x-\dfrac{1}{x}=3$ の両辺を 2 乗すると $\left(x-\dfrac{1}{x}\right)^2=3^2$

よって $x^2-2\times x\times\dfrac{1}{x}+\left(\dfrac{1}{x}\right)^2=9$

すなわち $x^2+\dfrac{1}{x^2}=11$

したがって $x^2-3x+2+\dfrac{3}{x}+\dfrac{1}{x^2}=x^2+\dfrac{1}{x^2}-3\left(x-\dfrac{1}{x}\right)+2$

$=11-3\times3+2=\boldsymbol{4}$

演習 27 x, y が連立方程式 $\begin{cases}3x+5y=11\\2x-7y=-3\end{cases}$ の解であるとき，$6x^2-11xy-35y^2$ の値を求めなさい。

HINT 連立方程式を解く前に，$6x^2-11xy-35y^2$ を因数分解してみる。

$6x^2-11xy-35y^2=(2x-7y)(3x+5y)$

$=(-3)\times11$

$=\boldsymbol{-33}$

⊂ 2 ╳ -7 → -21
3 　 5 → 10
6 　 -35 　 -11

演習 28 十の位の数が a，一の位の数が b である 2 桁の自然数 A と，その十の位の数と一の位の数を入れかえてできた自然数 B がある。
$A^2-B^2=1980$ であるとき，a^2-b^2 の値を求めなさい。

HINT $A=10a+b$ とおけるから，$B=10b+a$ となる。

$A=10a+b$，$B=10b+a$ とおける。

よって $A^2-B^2=(A+B)(A-B)$

$=(11a+11b)(9a-9b)$

$=99(a+b)(a-b)$

$=99(a^2-b^2)$

⊂ A^2-B^2 は 99 の倍数であることがわかる。

$A^2-B^2=1980$ であるから

$99(a^2-b^2)=1980$

したがって $\boldsymbol{a^2-b^2=20}$

演習 29 次のことを証明しなさい。

(1) 連続する 3 つの整数の中で最小のものを $n-1$ で表すと，この 3 つの整数の積は n^3-n である。

(2) 連続する 3 つの整数の積は 3 の倍数である。

(3) 整数 n について，n^3-n は 6 の倍数である。

HINT
(3) 6 の倍数 ⟶ 2 の倍数であり，3 の倍数であることを示す。
(1)，(2) は (3) のヒント。

1章 演習［式の計算］

(1) この3つの整数は $n-1$, n, $n+1$ と表される。
3つの整数の積は

$$(n-1)\times n\times(n+1)=n\times(n^2-1)=n^3-n$$

(2) どの連続する3つの整数にも，3の倍数が必ず1つ含まれている。
よって，連続する3つの整数の積は3の倍数である。

(3) (1)から　$n^3-n=(n-1)n(n+1)$
$(n-1)n(n+1)$ は連続する3つの整数の積であるから，(2)により3の倍数である。
すなわち，n^3-n は3の倍数である。
また，$(n-1)n$ は連続する2つの整数の積で，$n-1$, n のどちらかは偶数であるから，$(n-1)n$ は2の倍数である。
すなわち，n^3-n は2の倍数である。
したがって，n^3-n は3の倍数であり，2の倍数でもあるから6の倍数である。

➡たとえば，5, 6, 7 なら 6 が 3 の倍数，19, 20, 21 なら 21 が 3 の倍数。

演習 30 右の図において，点Mは線分ABの中点である。次のことを証明しなさい。

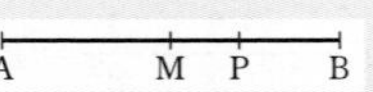

(1) AP, PB を1辺とする2つの正方形の面積の平均は，AM, MP を1辺とする正方形の面積の和に等しい。
(2) AM, MP を1辺とする正方形の面積の差は，AP, PB を2辺とする長方形の面積に等しい。

HINT AM=MB=a, MP=x として，各面積を a, x で表す。

(1) AM=MB=a, MP=x とする。
AP を1辺とする正方形の面積は　$(a+x)^2$
PB を1辺とする正方形の面積は　$(a-x)^2$
これらの平均は

$$\frac{(a+x)^2+(a-x)^2}{2}=\frac{(a^2+2ax+x^2)+(a^2-2ax+x^2)}{2}$$
$$=a^2+x^2$$

また，AM, MP を1辺とする正方形の面積の和は

$$a^2+x^2$$

よって，AP, PB を1辺とする2つの正方形の面積の平均は，AM, MP を1辺とする正方形の面積の和に等しい。

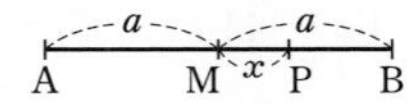

➡p と q の平均は $\frac{p+q}{2}$

(2) AM, MP を1辺とする正方形の面積の差は　a^2-x^2
AP, PB を2辺とする長方形の面積は

$$(a+x)\times(a-x)=a^2-x^2$$

よって，AM, MP を1辺とする正方形の面積の差は，AP, PB を2辺とする長方形の面積に等しい。

練習 30 次の数の平方根を求めなさい。

(1) 36　(2) 10000　(3) 121　(4) 4900

(5) 0.09　(6) 0.16　(7) $\frac{36}{169}$　(8) $\frac{144}{361}$

HINT a の平方根の定義は，2乗して a になる数。

(1) **6 と −6**　(2) **100 と −100**

(3) **11 と −11**　(4) **70 と −70**

(5) **0.3 と −0.3**　(6) **0.4 と −0.4**

(7) $\mathbf{\frac{6}{13}}$ **と** $\mathbf{-\frac{6}{13}}$　(8) $\mathbf{\frac{12}{19}}$ **と** $\mathbf{-\frac{12}{19}}$

上の答えは，複号 ± を使って次のように書いてもよい。

(1) **±6**　(2) **±100**　(3) **±11**　(4) **±70**

(5) **±0.3**　(6) **±0.4**　(7) $\mathbf{\pm\frac{6}{13}}$　(8) $\mathbf{\pm\frac{12}{19}}$

⇦正の数には平方根が2つある。

(1) $6^2=(-6)^2=36$

練習 31 次の数の平方根を，根号を使って表しなさい。

(1) 5　(2) 231　(3) 1.41　(4) $\frac{7}{3}$

(1) $\mathbf{\pm\sqrt{5}}$　(2) $\mathbf{\pm\sqrt{231}}$　(3) $\mathbf{\pm\sqrt{1.41}}$　(4) $\mathbf{\pm\sqrt{\frac{7}{3}}}$

練習 32A 次の数を，根号を使わずに表しなさい。

(1) $\sqrt{1}$　(2) $\sqrt{81}$　(3) $-\sqrt{49}$　(4) $\sqrt{18^2}$

(5) $\sqrt{(-6)^2}$　(6) $-\sqrt{(-9)^2}$　(7) $\sqrt{0.49}$　(8) $-\sqrt{6400}$

HINT a が正の数のとき
$\sqrt{a^2}=a$，$\sqrt{(-a)^2}=a$

(1) $\sqrt{1}=\sqrt{1^2}=\mathbf{1}$　(2) $\sqrt{81}=\sqrt{9^2}=\mathbf{9}$

(3) $-\sqrt{49}=-\sqrt{7^2}=\mathbf{-7}$　(4) $\sqrt{18^2}=\mathbf{18}$

(5) $\sqrt{(-6)^2}=\sqrt{6^2}=\mathbf{6}$　(6) $-\sqrt{(-9)^2}=-\sqrt{9^2}=\mathbf{-9}$

(7) $\sqrt{0.49}=\sqrt{0.7^2}=\mathbf{0.7}$　(8) $-\sqrt{6400}=-\sqrt{80^2}=\mathbf{-80}$

⇦(5) 誤って $\sqrt{(-6)^2}=-6$ としないように。

練習 32B 次の数を，根号を使わずに表しなさい。

(1) $\sqrt{\frac{81}{36}}$　(2) $-\sqrt{\frac{9}{64}}$　(3) $\sqrt{\left(\frac{4}{3}\right)^2}$　(4) $\sqrt{\left(-\frac{2}{3}\right)^2}$

(1) $\sqrt{\frac{81}{36}}=\sqrt{\frac{9}{4}}=\sqrt{\left(\frac{3}{2}\right)^2}=\mathbf{\frac{3}{2}}$

⇦まず，根号内を約分する。

(2) $-\sqrt{\frac{9}{64}}=-\sqrt{\left(\frac{3}{8}\right)^2}=\mathbf{-\frac{3}{8}}$

(3) $\sqrt{\left(\frac{4}{3}\right)^2}=\mathbf{\frac{4}{3}}$

(4) $\sqrt{\left(-\frac{2}{3}\right)^2}=\sqrt{\left(\frac{2}{3}\right)^2}=\mathbf{\frac{2}{3}}$

練習 33 次の値を求めなさい。

(1) $(\sqrt{7})^2$　(2) $(-\sqrt{6})^2$　(3) $-(\sqrt{3})^2$

(4) $-(-\sqrt{10})^2$　(5) $\{-(-\sqrt{13})\}^2$　(6) $\left(\sqrt{\frac{3}{4}}\right)^2$

(7) $\left(-\sqrt{\frac{1}{2}}\right)^2$　(8) $-\left(-\sqrt{\frac{3}{2}}\right)^2$

CHART　平方根と $\sqrt{a}$　定義を忘れずに

a が正の数のとき
$(\sqrt{a})^2=a$, $(-\sqrt{a})^2=a$

(1) $(\sqrt{7})^2=\mathbf{7}$　(2) $(-\sqrt{6})^2=\mathbf{6}$

(3) $-(\sqrt{3})^2=\mathbf{-3}$　(4) $-(-\sqrt{10})^2=\mathbf{-10}$

(5) $\{-(-\sqrt{13})\}^2=(\sqrt{13})^2=\mathbf{13}$　(6) $\left(\sqrt{\frac{3}{4}}\right)^2=\mathbf{\frac{3}{4}}$

(7) $\left(-\sqrt{\frac{1}{2}}\right)^2=\mathbf{\frac{1}{2}}$　(8) $-\left(-\sqrt{\frac{3}{2}}\right)^2=\mathbf{-\frac{3}{2}}$

◀(4) $(-\sqrt{10})^2=10$

練習 34 次の数の大小を，不等号を使って表しなさい。

(1) 6, $\sqrt{35}$　(2) -9, $-\sqrt{80}$　(3) $\sqrt{\frac{1}{2}}$, $-\frac{1}{2}$, $\frac{1}{3}$

HINT
a, b が正の数のとき
$a<b$ ならば $\sqrt{a}<\sqrt{b}$

(1) $6=\sqrt{6^2}=\sqrt{36}$, $36>35$ であるから

$\sqrt{36}>\sqrt{35}$　すなわち　$\mathbf{6>\sqrt{35}}$

◀6 を根号を使って表す。

(2) $9=\sqrt{9^2}=\sqrt{81}$, $81>80$ であるから

$\sqrt{81}>\sqrt{80}$　すなわち　$9>\sqrt{80}$

よって　$\mathbf{-9<-\sqrt{80}}$

◀まず，9 と $\sqrt{80}$ の大小を調べる。

◀不等号の向きが変わる。

(3) $-\frac{1}{2}$ は負の数，$\sqrt{\frac{1}{2}}$, $\frac{1}{3}$ は正の数であるから，3 つの数の中で $-\frac{1}{2}$ が最も小さい。

$\frac{1}{3}=\sqrt{\left(\frac{1}{3}\right)^2}=\sqrt{\frac{1}{9}}$, $\frac{1}{9}<\frac{1}{2}$ であるから

$\sqrt{\frac{1}{9}}<\sqrt{\frac{1}{2}}$　すなわち　$\frac{1}{3}<\sqrt{\frac{1}{2}}$

よって　$\mathbf{-\frac{1}{2}<\frac{1}{3}<\sqrt{\frac{1}{2}}}$

◀$\frac{1}{3}$ を根号を使って表す。

別解 (1) $6^2=36$, $(\sqrt{35})^2=35$ であるから

$6^2>(\sqrt{35})^2$　よって　$\mathbf{6>\sqrt{35}}$

(2) $9^2=81$, $(\sqrt{80})^2=80$ であるから

$9^2>(\sqrt{80})^2$　よって　$9>\sqrt{80}$

したがって　$\mathbf{-9<-\sqrt{80}}$

◀正の数 a, b の大小と $\sqrt{a}$, $\sqrt{b}$ の大小は一致する。

(3) $\left(\frac{1}{3}\right)^2=\frac{1}{9}$, $\left(\sqrt{\frac{1}{2}}\right)^2=\frac{1}{2}$, $\frac{1}{9}<\frac{1}{2}$ であるから

$\left(\frac{1}{3}\right)^2<\left(\sqrt{\frac{1}{2}}\right)^2$　よって　$\frac{1}{3}<\sqrt{\frac{1}{2}}$

したがって　$\mathbf{-\frac{1}{2}<\frac{1}{3}<\sqrt{\frac{1}{2}}}$

練習 35 右の図は，平方根表の一部である。
この表を用いて，次の数の近似値を求めなさい。
(1) $\sqrt{16.3}$
(2) $\sqrt{10.4}$
(3) $-\sqrt{15}$
(4) $-\sqrt{18.1}$

数	0	1	2	3	4
10	3.162	3.178	3.194	3.209	3.225
11	3.317	3.332	3.347	3.362	3.376
12	3.464	3.479	3.493	3.507	3.521
13	3.606	3.619	3.633	3.647	3.661
14	3.742	3.755	3.768	3.782	3.795
15	3.873	3.886	3.899	3.912	3.924
16	4.000	4.012	4.025	4.037	4.050
17	4.123	4.135	4.147	4.159	4.171
18	4.243	4.254	4.266	4.278	4.290
19	4.359	4.370	4.382	4.393	4.405

(1) 平方根表の 16 の行と 3 の列の交点の値は 4.037
よって　$\sqrt{16.3}=\mathbf{4.037}$

←$\sqrt{16.3}\fallingdotseq 4.037$ でもよい。

(2) 平方根表の 10 の行と 4 の列の交点の値は 3.225
よって　$\sqrt{10.4}=\mathbf{3.225}$
(3) 平方根表の 15 の行と 0 の列の交点の値は 3.873
よって　$\sqrt{15}=3.873$
したがって　$-\sqrt{15}=\mathbf{-3.873}$

←$\sqrt{15.0}$

(4) 平方根表の 18 の行と 1 の列の交点の値は 4.254
よって　$\sqrt{18.1}=4.254$
したがって　$-\sqrt{18.1}=\mathbf{-4.254}$

練習 36 次の計算をしなさい。
(1) $\sqrt{6}\times\sqrt{5}$　(2) $\sqrt{3}\sqrt{14}$　(3) $\dfrac{\sqrt{2}}{\sqrt{7}}$　(4) $\sqrt{14}\div\sqrt{42}$

HINT
a, b が正の数のとき
$\sqrt{a}\times\sqrt{b}=\sqrt{ab}$
$\dfrac{\sqrt{a}}{\sqrt{b}}=\sqrt{\dfrac{a}{b}}$

(1) $\sqrt{6}\times\sqrt{5}=\sqrt{6\times5}=\mathbf{\sqrt{30}}$
(2) $\sqrt{3}\sqrt{14}=\sqrt{3\times14}=\mathbf{\sqrt{42}}$
(3) $\dfrac{\sqrt{2}}{\sqrt{7}}=\mathbf{\sqrt{\dfrac{2}{7}}}$
(4) $\sqrt{14}\div\sqrt{42}=\dfrac{\sqrt{14}}{\sqrt{42}}=\sqrt{\dfrac{14}{42}}=\mathbf{\sqrt{\dfrac{1}{3}}}$

練習 37 次の数を $\sqrt{a}$ の形に表しなさい。
(1) $5\sqrt{3}$　(2) $\dfrac{\sqrt{14}}{2}$　(3) $\dfrac{3\sqrt{5}}{10}$　(4) $\dfrac{\sqrt{8}\times\sqrt{15}}{2\sqrt{6}}$

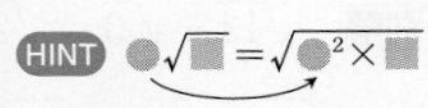
2 乗にして中に入れる。

(1) $5\sqrt{3}=\sqrt{5^2}\times\sqrt{3}=\sqrt{5^2\times3}=\mathbf{\sqrt{75}}$
(2) $\dfrac{\sqrt{14}}{2}=\dfrac{\sqrt{14}}{\sqrt{2^2}}=\sqrt{\dfrac{14}{2^2}}=\mathbf{\sqrt{\dfrac{7}{2}}}$
(3) $\dfrac{3\sqrt{5}}{10}=\dfrac{\sqrt{3^2}\times\sqrt{5}}{\sqrt{10^2}}=\sqrt{\dfrac{3^2\times5}{10^2}}=\mathbf{\sqrt{\dfrac{9}{20}}}$
(4) $\dfrac{\sqrt{8}\times\sqrt{15}}{2\sqrt{6}}=\dfrac{\sqrt{8}\times\sqrt{15}}{\sqrt{2^2}\times\sqrt{6}}=\dfrac{\sqrt{8\times15}}{\sqrt{2^2\times6}}=\sqrt{\dfrac{8\times15}{2^2\times6}}=\mathbf{\sqrt{5}}$

練習 38 次の数を $a\sqrt{b}$ の形に変形しなさい。ただし，b はできるだけ小さい自然数とすること。

(1) $\sqrt{40}$　(2) $\sqrt{242}$　(3) $\sqrt{96}$　(4) $\sqrt{5000}$

(5) $\sqrt{\dfrac{5}{9}}$　(6) $\sqrt{\dfrac{11}{36}}$　(7) $\sqrt{0.28}$　(8) $\sqrt{0.0125}$

HINT $\sqrt{●^2\times■}=●\sqrt{■}$
2乗をとって外に出す。

(1) $\sqrt{40}=\sqrt{2^2\times10}=\sqrt{2^2}\times\sqrt{10}=\mathbf{2\sqrt{10}}$

(2) $\sqrt{242}=\sqrt{11^2\times2}=\sqrt{11^2}\times\sqrt{2}=\mathbf{11\sqrt{2}}$

(3) $\sqrt{96}=\sqrt{4^2\times6}=\sqrt{4^2}\times\sqrt{6}=\mathbf{4\sqrt{6}}$

(4) $\sqrt{5000}=\sqrt{50^2\times2}=\sqrt{50^2}\times\sqrt{2}=\mathbf{50\sqrt{2}}$

◯ $50^2=2500$

(5) $\sqrt{\dfrac{5}{9}}=\sqrt{\dfrac{5}{3^2}}=\dfrac{\sqrt{5}}{\sqrt{3^2}}=\mathbf{\dfrac{\sqrt{5}}{3}}$

(6) $\sqrt{\dfrac{11}{36}}=\sqrt{\dfrac{11}{6^2}}=\dfrac{\sqrt{11}}{\sqrt{6^2}}=\mathbf{\dfrac{\sqrt{11}}{6}}$

(7) $\sqrt{0.28}=\sqrt{\dfrac{28}{100}}=\sqrt{\dfrac{7}{25}}=\sqrt{\dfrac{7}{5^2}}$

$=\dfrac{\sqrt{7}}{\sqrt{5^2}}=\mathbf{\dfrac{\sqrt{7}}{5}}$

◯まず，根号内を分数に直す。

(8) $\sqrt{0.0125}=\sqrt{\dfrac{125}{10000}}=\sqrt{\dfrac{5^2\times5}{100^2}}=\sqrt{\dfrac{5}{20^2}}$

$=\dfrac{\sqrt{5}}{\sqrt{20^2}}=\mathbf{\dfrac{\sqrt{5}}{20}}$

◯まず，根号内を分数に直す。

練習 39 次の計算をしなさい。

(1) $\sqrt{3}\times\sqrt{27}$　(2) $2\sqrt{3}\times\sqrt{6}$　(3) $\sqrt{12}\div\sqrt{3}$

(4) $\sqrt{2}\div\sqrt{3}\times\sqrt{6}$　(5) $3\sqrt{5}\times\sqrt{\dfrac{7}{12}}\div3\sqrt{\dfrac{15}{8}}$

CHART
√ のある計算
√ に入れたり出したり

(1) $\sqrt{3}\times\sqrt{27}=\sqrt{3\times27}=\sqrt{81}=\sqrt{9^2}=\mathbf{9}$

別解 $\sqrt{3}\times\sqrt{27}=\sqrt{3}\times\sqrt{3^2\times3}=\sqrt{3}\times3\sqrt{3}$

$=3\times(\sqrt{3})^2=\mathbf{9}$

◯まず，27 を素因数分解して，平方因数をさがす。

(2) $2\sqrt{3}\times\sqrt{6}=2\sqrt{3\times6}=2\sqrt{3^2\times2}=\mathbf{6\sqrt{2}}$

(3) $\sqrt{12}\div\sqrt{3}=\dfrac{\sqrt{12}}{\sqrt{3}}=\sqrt{\dfrac{12}{3}}=\sqrt{4}=\mathbf{2}$

◯(3)～(5)
$\div\square$ は $\times\dfrac{1}{\square}$ にする。

別解 $\sqrt{12}\div\sqrt{3}=\sqrt{2^2\times3}\div\sqrt{3}=2\sqrt{3}\div\sqrt{3}=\mathbf{2}$

(4) $\sqrt{2}\div\sqrt{3}\times\sqrt{6}=\dfrac{\sqrt{2}\times\sqrt{6}}{\sqrt{3}}$

$=\sqrt{\dfrac{2\times6}{3}}=\sqrt{4}=\mathbf{2}$

(5) $3\sqrt{5}\times\sqrt{\dfrac{7}{12}}\div3\sqrt{\dfrac{15}{8}}=3\sqrt{5}\times\sqrt{\dfrac{7}{12}}\times\dfrac{1}{3}\sqrt{\dfrac{8}{15}}$

$=\sqrt{\dfrac{5\times7\times8}{12\times15}}=\sqrt{\dfrac{14}{9}}$

$=\mathbf{\dfrac{\sqrt{14}}{3}}$

◯ $\div3\sqrt{\dfrac{15}{8}}\to\div\dfrac{3\sqrt{15}}{\sqrt{8}}$
$\to\times\dfrac{\sqrt{8}}{3\sqrt{15}}\to\times\dfrac{1}{3}\sqrt{\dfrac{8}{15}}$

練習 40A 次の数の分母を有理化しなさい。

(1) $\dfrac{1}{\sqrt{2}}$　(2) $\dfrac{5}{\sqrt{3}}$　(3) $\dfrac{10}{7\sqrt{2}}$　(4) $\dfrac{\sqrt{21}}{\sqrt{6}}$　(5) $\dfrac{\sqrt{8}}{\sqrt{27}}$

(1) $\dfrac{1}{\sqrt{2}}=\dfrac{1\times\sqrt{2}}{\sqrt{2}\times\sqrt{2}}=\boldsymbol{\dfrac{\sqrt{2}}{2}}$

(2) $\dfrac{5}{\sqrt{3}}=\dfrac{5\times\sqrt{3}}{\sqrt{3}\times\sqrt{3}}=\boldsymbol{\dfrac{5\sqrt{3}}{3}}$

(3) $\dfrac{10}{7\sqrt{2}}=\dfrac{10\times\sqrt{2}}{7\sqrt{2}\times\sqrt{2}}=\dfrac{10\sqrt{2}}{7\times2}=\boldsymbol{\dfrac{5\sqrt{2}}{7}}$

(4) $\dfrac{\sqrt{21}}{\sqrt{6}}=\dfrac{\sqrt{21}\times\sqrt{6}}{\sqrt{6}\times\sqrt{6}}=\dfrac{\sqrt{126}}{6}=\dfrac{3\sqrt{14}}{6}=\boldsymbol{\dfrac{\sqrt{14}}{2}}$

(5) $\dfrac{\sqrt{8}}{\sqrt{27}}=\dfrac{2\sqrt{2}}{3\sqrt{3}}=\dfrac{2\sqrt{2}\times\sqrt{3}}{3\sqrt{3}\times\sqrt{3}}=\boldsymbol{\dfrac{2\sqrt{6}}{9}}$

HINT 分母の有理化
分母の$\sqrt{\ }$のついた数を分母と分子にかける。

⇐分母と分子に$\sqrt{2}$をかける。

⇐分母と分子に$\sqrt{2}$をかける。

⇐$\sqrt{126}=\sqrt{3^2\times14}$

練習 40B 次の計算をしなさい。

(1) $\sqrt{7}\div\sqrt{2}$　(2) $\sqrt{24}\div\sqrt{5}$　(3) $3\sqrt{2}\div2\sqrt{3}$

(1) $\sqrt{7}\div\sqrt{2}=\dfrac{\sqrt{7}}{\sqrt{2}}=\dfrac{\sqrt{7}\times\sqrt{2}}{\sqrt{2}\times\sqrt{2}}=\boldsymbol{\dfrac{\sqrt{14}}{2}}$

(2) $\sqrt{24}\div\sqrt{5}=\dfrac{\sqrt{24}}{\sqrt{5}}=\dfrac{2\sqrt{6}}{\sqrt{5}}=\dfrac{2\sqrt{6}\times\sqrt{5}}{\sqrt{5}\times\sqrt{5}}=\boldsymbol{\dfrac{2\sqrt{30}}{5}}$

(3) $3\sqrt{2}\div2\sqrt{3}=\dfrac{3\sqrt{2}}{2\sqrt{3}}=\dfrac{3\sqrt{2}\times\sqrt{3}}{2\sqrt{3}\times\sqrt{3}}=\dfrac{3\sqrt{6}}{2\times3}=\boldsymbol{\dfrac{\sqrt{6}}{2}}$

HINT 除法の計算結果は，普通，分母を有理化して，分母に根号を含まない形にしておく。

⇐$\sqrt{24}=2\sqrt{6}$

練習 41 次の計算をしなさい。

(1) $4\sqrt{7}+13\sqrt{7}$　(2) $\sqrt{50}-\sqrt{32}$　(3) $\sqrt{32}-\sqrt{72}+3\sqrt{2}$

(4) $2\sqrt{75}-\sqrt{48}-3\sqrt{3}$　(5) $2\sqrt{5}+3\sqrt{80}-\sqrt{20}-2\sqrt{180}$

(6) $\sqrt{\dfrac{3}{49}}+\dfrac{4\sqrt{3}}{7}$　(7) $\dfrac{1}{\sqrt{2}}+\sqrt{10}\times\dfrac{1}{2\sqrt{5}}$

(8) $\sqrt{18}-\dfrac{\sqrt{24}}{\sqrt{3}}$　(9) $4\sqrt{2}-\sqrt{50}+\dfrac{\sqrt{8}}{2}$

(10) $3\sqrt{20}-\dfrac{15}{\sqrt{5}}-\sqrt{80}$　(11) $\dfrac{15\sqrt{2}}{\sqrt{6}}-\dfrac{4}{\sqrt{2}}-\dfrac{18}{\sqrt{3}}+\sqrt{18}$

(1) $4\sqrt{7}+13\sqrt{7}=(4+13)\sqrt{7}=\boldsymbol{17\sqrt{7}}$

(2) $\sqrt{50}-\sqrt{32}=5\sqrt{2}-4\sqrt{2}=(5-4)\sqrt{2}=\boldsymbol{\sqrt{2}}$

(3) $\sqrt{32}-\sqrt{72}+3\sqrt{2}=4\sqrt{2}-6\sqrt{2}+3\sqrt{2}=\boldsymbol{\sqrt{2}}$

(4) $2\sqrt{75}-\sqrt{48}-3\sqrt{3}=10\sqrt{3}-4\sqrt{3}-3\sqrt{3}=\boldsymbol{3\sqrt{3}}$

(5) $2\sqrt{5}+3\sqrt{80}-\sqrt{20}-2\sqrt{180}$
$=2\sqrt{5}+12\sqrt{5}-2\sqrt{5}-12\sqrt{5}=\boldsymbol{0}$

(6) $\sqrt{\dfrac{3}{49}}+\dfrac{4\sqrt{3}}{7}=\dfrac{\sqrt{3}}{7}+\dfrac{4\sqrt{3}}{7}=\boldsymbol{\dfrac{5\sqrt{3}}{7}}$

CHART
$\sqrt{\ }$のある計算
1 $\sqrt{\ }$に入れたり出したり
2 $\sqrt{\ }$を文字とみる
3 まず分母を有理化

⇐$\sqrt{7}$を文字とみる。

⇐平方因数を外に出す。
$\sqrt{50}=\sqrt{5^2\times2}=5\sqrt{2}$
$\sqrt{32}=\sqrt{4^2\times2}=4\sqrt{2}$

2章 練習［平方根］

(7) $\dfrac{1}{\sqrt{2}}+\sqrt{10}\times\dfrac{1}{2\sqrt{5}}=\dfrac{1}{\sqrt{2}}+\dfrac{\sqrt{2}}{2}$

$=\dfrac{1\times\sqrt{2}}{\sqrt{2}\times\sqrt{2}}+\dfrac{\sqrt{2}}{2}$

$=\dfrac{\sqrt{2}}{2}+\dfrac{\sqrt{2}}{2}=\boldsymbol{\sqrt{2}}$

◯ $\dfrac{\sqrt{10}}{2\sqrt{5}}=\dfrac{\sqrt{5}\times\sqrt{2}}{2\sqrt{5}}=\dfrac{\sqrt{2}}{2}$

◯分母の有理化。

(8) $\sqrt{18}-\dfrac{\sqrt{24}}{\sqrt{3}}=3\sqrt{2}-\sqrt{8}=3\sqrt{2}-2\sqrt{2}=\boldsymbol{\sqrt{2}}$

(9) $4\sqrt{2}-\sqrt{50}+\dfrac{\sqrt{8}}{2}=4\sqrt{2}-5\sqrt{2}+\dfrac{2\sqrt{2}}{2}=\mathbf{0}$

(10) $3\sqrt{20}-\dfrac{15}{\sqrt{5}}-\sqrt{80}=3\sqrt{20}-\dfrac{15\times\sqrt{5}}{\sqrt{5}\times\sqrt{5}}-\sqrt{80}$

$=6\sqrt{5}-3\sqrt{5}-4\sqrt{5}=\boldsymbol{-\sqrt{5}}$

◯分母の有理化。

(11) $\dfrac{15\sqrt{2}}{\sqrt{6}}-\dfrac{4}{\sqrt{2}}-\dfrac{18}{\sqrt{3}}+\sqrt{18}$

$=\dfrac{15}{\sqrt{3}}-\dfrac{4}{\sqrt{2}}-\dfrac{18}{\sqrt{3}}+3\sqrt{2}$

$=\dfrac{15\times\sqrt{3}}{\sqrt{3}\times\sqrt{3}}-\dfrac{4\times\sqrt{2}}{\sqrt{2}\times\sqrt{2}}-\dfrac{18\times\sqrt{3}}{\sqrt{3}\times\sqrt{3}}+3\sqrt{2}$

$=5\sqrt{3}-2\sqrt{2}-6\sqrt{3}+3\sqrt{2}=\boldsymbol{\sqrt{2}-\sqrt{3}}$

◯ $\dfrac{\sqrt{2}}{\sqrt{6}}=\dfrac{\sqrt{2}}{\sqrt{3}\times\sqrt{2}}$ $=\dfrac{1}{\sqrt{3}}$

◯分母の有理化。

練習 42 次の計算をしなさい。

(1) $\sqrt{3}(\sqrt{24}-\sqrt{6})$　(2) $(\sqrt{2}+2)(\sqrt{2}-1)$

(3) $(\sqrt{5}-\sqrt{2})(\sqrt{5}+\sqrt{3})$　(4) $(\sqrt{2}+1)^2$

(5) $(\sqrt{8}-\sqrt{5})^2$　(6) $(\sqrt{2}-2\sqrt{3})(3\sqrt{2}+\sqrt{3})$

(7) $(\sqrt{3}-3\sqrt{2})(\sqrt{27}-\sqrt{8})$　(8) $(\sqrt{7}+\sqrt{2})(\sqrt{7}-\sqrt{2})$

(9) $\sqrt{6}(\sqrt{3}-\sqrt{2})+2\sqrt{3}$　(10) $(\sqrt{6}-\sqrt{2})^2+\sqrt{3}(4-\sqrt{3})$

(11) $\sqrt{3}(\sqrt{12}+\sqrt{18})-(2\sqrt{3}+\sqrt{2})^2$

CHART
$\sqrt{\ }$ のある計算
$\sqrt{\ }$ を文字とみる

(1) $\sqrt{3}(\sqrt{24}-\sqrt{6})=\sqrt{3}(2\sqrt{6}-\sqrt{6})=\sqrt{3}\times\sqrt{6}=\boldsymbol{3\sqrt{2}}$

(2) $(\sqrt{2}+2)(\sqrt{2}-1)=(\sqrt{2})^2+(2-1)\sqrt{2}+2\times(-1)$

$=2+\sqrt{2}-2=\boldsymbol{\sqrt{2}}$

◯ $\sqrt{2}=x$ とおくと $(x+2)(x-1)$

(3) $(\sqrt{5}-\sqrt{2})(\sqrt{5}+\sqrt{3})$

$=(\sqrt{5})^2+(-\sqrt{2}+\sqrt{3})\sqrt{5}-\sqrt{2}\times\sqrt{3}$

$=\boldsymbol{5-\sqrt{10}+\sqrt{15}-\sqrt{6}}$

◯ $\sqrt{5}=x$ とおくと $(x-\sqrt{2})(x+\sqrt{3})$

(4) $(\sqrt{2}+1)^2=(\sqrt{2})^2+2\times\sqrt{2}\times1+1^2$

$=2+2\sqrt{2}+1=\boldsymbol{3+2\sqrt{2}}$

◯ $\sqrt{2}=x$ とおくと $(x+1)^2$

(5) $(\sqrt{8}-\sqrt{5})^2=(2\sqrt{2}-\sqrt{5})^2$

$=(2\sqrt{2})^2-2\times2\sqrt{2}\times\sqrt{5}+(\sqrt{5})^2$

$=8-4\sqrt{10}+5=\boldsymbol{13-4\sqrt{10}}$

◯ $2\sqrt{2}=x$, $\sqrt{5}=a$ とおくと $(x-a)^2$

(6) $(\sqrt{2}-2\sqrt{3})(3\sqrt{2}+\sqrt{3})$

$=3(\sqrt{2})^2+\{1\times\sqrt{3}+(-2\sqrt{3})\times3\}\sqrt{2}+(-2\sqrt{3})\times\sqrt{3}$

$=6-5\sqrt{6}-6=\boldsymbol{-5\sqrt{6}}$

◯ $\sqrt{2}=x$, $\sqrt{3}=y$ とおくと $(x-2y)(3x+y)$

(7) $(\sqrt{3}-3\sqrt{2})(\sqrt{27}-\sqrt{8})$

$=(\sqrt{3}-3\sqrt{2})(3\sqrt{3}-2\sqrt{2})$

$=3(\sqrt{3})^2+\{1\times(-2\sqrt{2})+(-3\sqrt{2})\times 3\}\sqrt{3}$

$\quad+(-3\sqrt{2})\times(-2\sqrt{2})$

$=9-11\sqrt{6}+12=\mathbf{21-11\sqrt{6}}$

◀$\sqrt{3}=x$, $\sqrt{2}=y$ とおくと $(x-3y)(3x-2y)$

(8) $(\sqrt{7}+\sqrt{2})(\sqrt{7}-\sqrt{2})=(\sqrt{7})^2-(\sqrt{2})^2$

$=7-2=\mathbf{5}$

◀$\sqrt{7}=x$, $\sqrt{2}=a$ とおくと $(x+a)(x-a)$

(9) $\sqrt{6}(\sqrt{3}-\sqrt{2})+2\sqrt{3}=3\sqrt{2}-2\sqrt{3}+2\sqrt{3}=\mathbf{3\sqrt{2}}$

(10) $(\sqrt{6}-\sqrt{2})^2+\sqrt{3}(4-\sqrt{3})$

$=(\sqrt{6})^2-2\times\sqrt{6}\times\sqrt{2}+(\sqrt{2})^2+4\sqrt{3}-(\sqrt{3})^2$

$=6-4\sqrt{3}+2+4\sqrt{3}-3=\mathbf{5}$

(11) $\sqrt{3}(\sqrt{12}+\sqrt{18})-(2\sqrt{3}+\sqrt{2})^2$

$=\sqrt{3}(2\sqrt{3}+3\sqrt{2})-\{(2\sqrt{3})^2+2\times 2\sqrt{3}\times\sqrt{2}+(\sqrt{2})^2\}$

$=6+3\sqrt{6}-(12+4\sqrt{6}+2)=\mathbf{-8-\sqrt{6}}$

練習 43 次の計算をしなさい。

(1) $(2\sqrt{2}-1)^2-(\sqrt{2}+3)^2$　(2) $\left(\dfrac{\sqrt{2}+1}{2}\right)^2-\left(\dfrac{\sqrt{2}-1}{2}\right)^2$

(3) $(5-2\sqrt{6})(3\sqrt{2}+2\sqrt{3})^2$　(4) $(\sqrt{2}+\sqrt{3}-\sqrt{5})^2$

(5) $(1+\sqrt{2}-\sqrt{3})(1-\sqrt{2}+\sqrt{3})(1+\sqrt{2}+\sqrt{3})^2$

(6) $\dfrac{1}{12}\{(\sqrt{3}+\sqrt{15}+\sqrt{21})^2-(\sqrt{3}-\sqrt{15}-\sqrt{21})^2\}$

CHART 式の取り扱い
共通な式はまとめる
組み合わせをくふう

(1) $(2\sqrt{2}-1)^2-(\sqrt{2}+3)^2$

$=(2\sqrt{2})^2-2\times 2\sqrt{2}\times 1+1^2-\{(\sqrt{2})^2+2\times\sqrt{2}\times 3+3^2\}$

$=8-4\sqrt{2}+1-(2+6\sqrt{2}+9)$

$=\mathbf{-2-10\sqrt{2}}$

(2) $\left(\dfrac{\sqrt{2}+1}{2}\right)^2-\left(\dfrac{\sqrt{2}-1}{2}\right)^2=\dfrac{(\sqrt{2}+1)^2}{4}-\dfrac{(\sqrt{2}-1)^2}{4}$

$=\dfrac{(\sqrt{2})^2+2\times\sqrt{2}\times 1+1^2}{4}-\dfrac{(\sqrt{2})^2-2\times\sqrt{2}\times 1+1^2}{4}$

$=\dfrac{4\sqrt{2}}{4}=\mathbf{\sqrt{2}}$

別解 $\left(\dfrac{\sqrt{2}+1}{2}\right)^2-\left(\dfrac{\sqrt{2}-1}{2}\right)^2$

$=\left(\dfrac{\sqrt{2}+1}{2}+\dfrac{\sqrt{2}-1}{2}\right)\left(\dfrac{\sqrt{2}+1}{2}-\dfrac{\sqrt{2}-1}{2}\right)$

$=\sqrt{2}\times 1=\mathbf{\sqrt{2}}$

◀$x^2-a^2=(x+a)(x-a)$ を利用。

(3) $(3\sqrt{2}+2\sqrt{3})^2=(3\sqrt{2})^2+2\times 3\sqrt{2}\times 2\sqrt{3}+(2\sqrt{3})^2$

$=18+12\sqrt{6}+12=6(5+2\sqrt{6})$

よって　$(5-2\sqrt{6})(3\sqrt{2}+2\sqrt{3})^2=(5-2\sqrt{6})\times 6(5+2\sqrt{6})$

$=6\{5^2-(2\sqrt{6})^2\}$

$=6(25-24)=\mathbf{6}$

◀$(x+a)(x-a)=x^2-a^2$

(4) $(\sqrt{2}+\sqrt{3}-\sqrt{5})^2=\{(\sqrt{2}+\sqrt{3})-\sqrt{5}\}^2$
$=(\sqrt{2}+\sqrt{3})^2-2(\sqrt{2}+\sqrt{3})\sqrt{5}+(\sqrt{5})^2$
$=2+2\sqrt{6}+3-2\sqrt{10}-2\sqrt{15}+5$
$=\mathbf{10+2\sqrt{6}-2\sqrt{10}-2\sqrt{15}}$

◯$\sqrt{2}+\sqrt{3}$ をまとめておきかえる。

別解 $(\sqrt{2}+\sqrt{3}-\sqrt{5})^2$
$=(\sqrt{2})^2+(\sqrt{3})^2+(-\sqrt{5})^2$
$+2\sqrt{2}\times\sqrt{3}+2\sqrt{3}\times(-\sqrt{5})+2(-\sqrt{5})\times\sqrt{2}$
$=2+3+5+2\sqrt{6}-2\sqrt{15}-2\sqrt{10}$
$=\mathbf{10+2\sqrt{6}-2\sqrt{10}-2\sqrt{15}}$

◯公式 $(a+b+c)^2$
$=a^2+b^2+c^2$
$+2ab+2bc+2ca$
を利用。

(5) $(1+\sqrt{2}-\sqrt{3})(1-\sqrt{2}+\sqrt{3})(1+\sqrt{2}+\sqrt{3})^2$
$=\{(1+\sqrt{2})-\sqrt{3}\}\{(1+\sqrt{2})+\sqrt{3}\}$
$\times\{(1+\sqrt{3})-\sqrt{2}\}\{(1+\sqrt{3})+\sqrt{2}\}$
$=\{(1+\sqrt{2})^2-(\sqrt{3})^2\}\{(1+\sqrt{3})^2-(\sqrt{2})^2\}$
$=(1+2\sqrt{2}+2-3)(1+2\sqrt{3}+3-2)$
$=2\sqrt{2}(2+2\sqrt{3})$
$=\mathbf{4\sqrt{2}+4\sqrt{6}}$

◯かける組み合わせをくふうする。

(6) $\frac{1}{12}\{(\sqrt{3}+\sqrt{15}+\sqrt{21})^2-(\sqrt{3}-\sqrt{15}-\sqrt{21})^2\}$
$=\frac{1}{12}[\{(\sqrt{3}+\sqrt{15}+\sqrt{21})+(\sqrt{3}-\sqrt{15}-\sqrt{21})\}$
$\times\{(\sqrt{3}+\sqrt{15}+\sqrt{21})-(\sqrt{3}-\sqrt{15}-\sqrt{21})\}]$
$=\frac{1}{12}\times2\sqrt{3}\times2(\sqrt{15}+\sqrt{21})$
$=\frac{1}{3}(3\sqrt{5}+3\sqrt{7})$
$=\mathbf{\sqrt{5}+\sqrt{7}}$

◯x^2-a^2
$=(x+a)(x-a)$ を利用。

練習 44A 次の数の分母を有理化しなさい。

(1) $\frac{4}{3+\sqrt{5}}$　(2) $\frac{1}{\sqrt{5}-\sqrt{2}}$　(3) $\frac{\sqrt{7}+\sqrt{5}}{\sqrt{7}-\sqrt{5}}$

(4) $\frac{\sqrt{5}-\sqrt{3}}{\sqrt{5}+\sqrt{3}}$　(5) $\frac{\sqrt{5}-1}{2\sqrt{5}+3}$　(6) $\frac{3\sqrt{2}+\sqrt{3}}{3\sqrt{2}-\sqrt{3}}$

HINT 分母の有理化
分母が $\sqrt{a}+\sqrt{b}$
⟶ 分母と分子に
$\sqrt{a}-\sqrt{b}$ をかける。
分母が $\sqrt{a}-\sqrt{b}$
⟶ 分母と分子に
$\sqrt{a}+\sqrt{b}$ をかける。

(1) $\frac{4}{3+\sqrt{5}}=\frac{4(3-\sqrt{5})}{(3+\sqrt{5})(3-\sqrt{5})}=\frac{4(3-\sqrt{5})}{3^2-(\sqrt{5})^2}$
$=\frac{4(3-\sqrt{5})}{9-5}=\frac{4(3-\sqrt{5})}{4}$
$=\mathbf{3-\sqrt{5}}$

(2) $\frac{1}{\sqrt{5}-\sqrt{2}}=\frac{\sqrt{5}+\sqrt{2}}{(\sqrt{5}-\sqrt{2})(\sqrt{5}+\sqrt{2})}=\frac{\sqrt{5}+\sqrt{2}}{(\sqrt{5})^2-(\sqrt{2})^2}$
$=\frac{\sqrt{5}+\sqrt{2}}{5-2}=\mathbf{\frac{\sqrt{5}+\sqrt{2}}{3}}$

(3) $\dfrac{\sqrt{7}+\sqrt{5}}{\sqrt{7}-\sqrt{5}}=\dfrac{(\sqrt{7}+\sqrt{5})(\sqrt{7}+\sqrt{5})}{(\sqrt{7}-\sqrt{5})(\sqrt{7}+\sqrt{5})}=\dfrac{(\sqrt{7}+\sqrt{5})^2}{(\sqrt{7})^2-(\sqrt{5})^2}$

$=\dfrac{7+2\sqrt{35}+5}{7-5}=\dfrac{12+2\sqrt{35}}{2}$

$=\dfrac{2(6+\sqrt{35})}{2}=\mathbf{6+\sqrt{35}}$

⬅ 2 で約分。

(4) $\dfrac{\sqrt{5}-\sqrt{3}}{\sqrt{5}+\sqrt{3}}=\dfrac{(\sqrt{5}-\sqrt{3})(\sqrt{5}-\sqrt{3})}{(\sqrt{5}+\sqrt{3})(\sqrt{5}-\sqrt{3})}=\dfrac{(\sqrt{5}-\sqrt{3})^2}{(\sqrt{5})^2-(\sqrt{3})^2}$

$=\dfrac{5-2\sqrt{15}+3}{5-3}=\dfrac{8-2\sqrt{15}}{2}$

$=\dfrac{2(4-\sqrt{15})}{2}=\mathbf{4-\sqrt{15}}$

⬅ 2 で約分。

(5) $\dfrac{\sqrt{5}-1}{2\sqrt{5}+3}=\dfrac{(\sqrt{5}-1)(2\sqrt{5}-3)}{(2\sqrt{5}+3)(2\sqrt{5}-3)}$

$=\dfrac{2(\sqrt{5})^2+(-3-2)\sqrt{5}+(-1)\times(-3)}{(2\sqrt{5})^2-3^2}$

$=\dfrac{10-5\sqrt{5}+3}{20-9}=\mathbf{\dfrac{13-5\sqrt{5}}{11}}$

(6) $\dfrac{3\sqrt{2}+\sqrt{3}}{3\sqrt{2}-\sqrt{3}}=\dfrac{(3\sqrt{2}+\sqrt{3})(3\sqrt{2}+\sqrt{3})}{(3\sqrt{2}-\sqrt{3})(3\sqrt{2}+\sqrt{3})}$

$=\dfrac{(3\sqrt{2}+\sqrt{3})^2}{(3\sqrt{2})^2-(\sqrt{3})^2}=\dfrac{18+6\sqrt{6}+3}{18-3}$

$=\dfrac{21+6\sqrt{6}}{15}=\dfrac{3(7+2\sqrt{6})}{15}$

$=\mathbf{\dfrac{7+2\sqrt{6}}{5}}$

⬅ 3 で約分。

練習 44B (1) $(\sqrt{2}+\sqrt{3}+\sqrt{5})(\sqrt{2}+\sqrt{3}-\sqrt{5})$ を計算しなさい。
(2) $\dfrac{1}{\sqrt{2}+\sqrt{3}+\sqrt{5}}$ の分母を有理化しなさい。

HINT
(2) 分母と分子に $\sqrt{2}+\sqrt{3}-\sqrt{5}$ をかけると，(1)の結果が利用できる。

(1) $(\sqrt{2}+\sqrt{3}+\sqrt{5})(\sqrt{2}+\sqrt{3}-\sqrt{5})$
$=\{(\sqrt{2}+\sqrt{3})+\sqrt{5}\}\{(\sqrt{2}+\sqrt{3})-\sqrt{5}\}$
$=(\sqrt{2}+\sqrt{3})^2-(\sqrt{5})^2$
$=2+2\sqrt{6}+3-5$
$=\mathbf{2\sqrt{6}}$

(2) $\dfrac{1}{\sqrt{2}+\sqrt{3}+\sqrt{5}}=\dfrac{\sqrt{2}+\sqrt{3}-\sqrt{5}}{(\sqrt{2}+\sqrt{3}+\sqrt{5})(\sqrt{2}+\sqrt{3}-\sqrt{5})}$

$=\dfrac{\sqrt{2}+\sqrt{3}-\sqrt{5}}{2\sqrt{6}}$

⬅(1)の結果から。

$=\dfrac{(\sqrt{2}+\sqrt{3}-\sqrt{5})\times\sqrt{6}}{2\sqrt{6}\times\sqrt{6}}$

⬅分母と分子に $\sqrt{6}$ をかけると，有理化完了。

$=\mathbf{\dfrac{2\sqrt{3}+3\sqrt{2}-\sqrt{30}}{12}}$

2章

練習【平方根】

練習 45A 次の式の値を求めなさい。

(1) $x=\sqrt{3}-2$ のとき，x^2+4x+6 の値

(2) $x=2\sqrt{7}+3$ のとき，x^2-6x+5 の値

(3) $x=3+\sqrt{3}$，$y=3-\sqrt{3}$ のとき，$x^2+5xy+y^2$ の値

HINT

(1)，(2) 式を変形してから数値を代入する。

(3) $x^2+5xy+y^2$ を $x+y$ と xy で表す。

(1) $x^2+4x+6=x(x+4)+6$

$x(x+4)+6$ に $x=\sqrt{3}-2$ を代入して

$x(x+4)+6=(\sqrt{3}-2)\{(\sqrt{3}-2)+4\}+6$

$=(\sqrt{3}-2)(\sqrt{3}+2)+6=(\sqrt{3})^2-2^2+6$

$=3-4+6=\mathbf{5}$

⊂$(x+a)(x-a)=x^2-a^2$

別解 1　$x^2+4x+6=(x+2)^2+2$

⊂$(x+2)^2=x^2+4x+4$

$(x+2)^2+2$ に $x=\sqrt{3}-2$ を代入して

$(x+2)^2+2=(\sqrt{3}-2+2)^2+2$

$=(\sqrt{3})^2+2=\mathbf{5}$

別解 2　$x=\sqrt{3}-2$ から　$x+2=\sqrt{3}$

両辺を 2 乗すると　$(x+2)^2=(\sqrt{3})^2$

すなわち　$x^2+4x+4=3$

両辺に 2 をたして　$x^2+4x+4+2=3+2$

したがって　$x^2+4x+6=\mathbf{5}$

(2) $x^2-6x+5=(x-1)(x-5)$

$(x-1)(x-5)$ に $x=2\sqrt{7}+3$ を代入して

$(x-1)(x-5)=(2\sqrt{7}+3-1)(2\sqrt{7}+3-5)$

$=(2\sqrt{7}+2)(2\sqrt{7}-2)=(2\sqrt{7})^2-2^2$

$=28-4=\mathbf{24}$

⊂$(x+a)(x-a)=x^2-a^2$

別解 1　$x^2-6x+5=(x-3)^2-4$

⊂$(x-3)^2=x^2-6x+9$

$(x-3)^2-4$ に $x=2\sqrt{7}+3$ を代入して

$(x-3)^2-4=(2\sqrt{7}+3-3)^2-4$

$=(2\sqrt{7})^2-4=28-4=\mathbf{24}$

別解 2　$x=2\sqrt{7}+3$ から　$x-3=2\sqrt{7}$

両辺を 2 乗すると　$(x-3)^2=(2\sqrt{7})^2$

すなわち　$x^2-6x+9=28$

両辺から 4 をひいて　$x^2-6x+9-4=28-4$

したがって　$x^2-6x+5=\mathbf{24}$

(3) $x^2+5xy+y^2=(x+y)^2-2xy+5xy=(x+y)^2+3xy$

⊂$x^2+y^2=(x+y)^2-2xy$

$x+y=(3+\sqrt{3})+(3-\sqrt{3})=6$,

$xy=(3+\sqrt{3})(3-\sqrt{3})=9-3=6$

よって，$(x+y)^2+3xy$ に $x+y=6$，$xy=6$ を代入して

$(x+y)^2+3xy=6^2+3\times6=36+18=\mathbf{54}$

練習 45B $a=3\sqrt{5}+7$，$b=3\sqrt{5}-7$ のとき，次の式の値を求めなさい。

$$(a+b)(a-b)-\frac{(2a+b)(a-2b)}{2}$$

HINT 展開して整理してから，a，b の値を代入する。

$$(a+b)(a-b)-\frac{(2a+b)(a-2b)}{2}=a^2-b^2-\frac{2a^2-3ab-2b^2}{2}$$
$$=\frac{3ab}{2}$$

$\frac{3ab}{2}$ に $a=3\sqrt{5}+7$, $b=3\sqrt{5}-7$ を代入して

$$\frac{3ab}{2}=\frac{3(3\sqrt{5}+7)(3\sqrt{5}-7)}{2}=\frac{3\{(3\sqrt{5})^2-7^2\}}{2}$$
$$=\frac{3(45-49)}{2}=\frac{3\times(-4)}{2}$$
$$=\mathbf{-6}$$

練習 46
(1) $11\leqq\sqrt{a}<12$ を満たすような自然数 a の個数を求めなさい。
(2) $\sqrt{2^3\times3^4\times5\times6^3\times7^3\times a}$ が自然数となるような自然数 a のうち，最も小さいものを求めなさい。
(3) $\sqrt{\frac{936}{x}}$ が自然数となるような自然数 x のうち，最も小さいものを求めなさい。

HINT
(1) $\sqrt{121}\leqq\sqrt{a}<\sqrt{144}$
(2) $\sqrt{■}$ が自然数
⟶ ■が自然数の 2 乗

(1) $11=\sqrt{121}$, $12=\sqrt{144}$ であるから
$$\sqrt{121}\leqq\sqrt{a}<\sqrt{144}$$
よって　　$121\leqq a<144$
a は自然数であるから　　$121\leqq a\leqq143$
よって，求める自然数 a の個数は
$$143-121+1=\mathbf{23}$$

◯$11=\sqrt{11^2}$, $12=\sqrt{12^2}$

◯121 以上 143 以下の自然数の個数。

(2) $\sqrt{2^3\times3^4\times5\times6^3\times7^3\times a}=\sqrt{2^6\times3^7\times5\times7^3\times a}$ である。
$\sqrt{2^6\times3^7\times5\times7^3\times a}$ が自然数となるのは，$2^6\times3^7\times5\times7^3\times a$ が自然数の 2 乗の形になるときである。
よって，条件を満たす自然数 a のうち，最も小さいものは
$$a=3\times5\times7=\mathbf{105}$$

◯$6^3=(2\times3)^3$
$=2^3\times3^3$

◯すべての指数が偶数になればよい。

(3) $\sqrt{\frac{936}{x}}=\sqrt{\frac{2^3\times3^2\times13}{x}}$ である。
$\sqrt{\frac{2^3\times3^2\times13}{x}}$ が自然数となるのは，$\frac{2^3\times3^2\times13}{x}$ が自然数の 2 乗の形になるときである。
よって，条件を満たす自然数 x のうち，最も小さいものは
$$x=2\times13=\mathbf{26}$$

◯すべての指数が偶数になればよい。

練習 47
(1) $7-2\sqrt{3}$ の整数部分を a，小数部分を b とするとき，$3a^2-3ab+b^2$ の値を求めなさい。
(2) $4-\sqrt{3}$ の整数部分を a，小数部分を b とするとき，$\frac{1}{b}+\frac{1}{2a-b}$ の値を求めなさい。
(3) $\frac{7}{3-\sqrt{2}}$ の整数部分を a，小数部分を b とするとき，$\frac{1}{a+b+1}+\frac{1}{a-b-1}$ の値を求めなさい。

HINT 数 x の整数部分
…… x を超えない最大の整数
数 x の小数部分
…… $x-$(x の整数部分)

(1) $2\sqrt{3}=\sqrt{12}$, $\sqrt{9}<\sqrt{12}<\sqrt{16}$ であるから

$$3<2\sqrt{3}<4$$

各辺に -1 をかけて　$-4<-2\sqrt{3}<-3$

◯不等号の向きが変わる。

各辺に 7 をたして　$3<7-2\sqrt{3}<4$

よって　$a=3$, $b=7-2\sqrt{3}-3=4-2\sqrt{3}$

◯(小数部分 b)
=(もとの数)−(整数部分 a)

したがって

$$\begin{aligned}3a^2-3ab+b^2&=3\times3^2-3\times3(4-2\sqrt{3})+(4-2\sqrt{3})^2\\&=27-(36-18\sqrt{3})+(16-16\sqrt{3}+12)\\&=\mathbf{19+2\sqrt{3}}\end{aligned}$$

(2) $\sqrt{1}<\sqrt{3}<\sqrt{4}$ であるから　$1<\sqrt{3}<2$

各辺に -1 をかけて　$-2<-\sqrt{3}<-1$

◯不等号の向きが変わる。

各辺に 4 をたして　$2<4-\sqrt{3}<3$

よって　$a=2$, $b=4-\sqrt{3}-2=2-\sqrt{3}$

◯(小数部分 b)
=(もとの数)−(整数部分 a)

したがって

$$\begin{aligned}\frac{1}{b}+\frac{1}{2a-b}&=\frac{1}{2-\sqrt{3}}+\frac{1}{2\times2-(2-\sqrt{3})}\\&=\frac{1}{2-\sqrt{3}}+\frac{1}{2+\sqrt{3}}\qquad\cdots\cdots(*)\\&=\frac{(2+\sqrt{3})+(2-\sqrt{3})}{(2-\sqrt{3})(2+\sqrt{3})}=\frac{4}{2^2-(\sqrt{3})^2}=\mathbf{4}\end{aligned}$$

◯通分する。

別解　$(*)=\dfrac{2+\sqrt{3}}{(2-\sqrt{3})(2+\sqrt{3})}+\dfrac{2-\sqrt{3}}{(2+\sqrt{3})(2-\sqrt{3})}$

◯それぞれ分母を有理化する。

$$=\frac{2+\sqrt{3}}{2^2-(\sqrt{3})^2}+\frac{2-\sqrt{3}}{2^2-(\sqrt{3})^2}=\frac{2+\sqrt{3}}{4-3}+\frac{2-\sqrt{3}}{4-3}$$

$$=(2+\sqrt{3})+(2-\sqrt{3})=\mathbf{4}$$

(3) $$\frac{7}{3-\sqrt{2}}=\frac{7(3+\sqrt{2})}{(3-\sqrt{2})(3+\sqrt{2})}=\frac{7(3+\sqrt{2})}{3^2-(\sqrt{2})^2}=\frac{7(3+\sqrt{2})}{9-2}=3+\sqrt{2}$$

◯まず，$\dfrac{7}{3-\sqrt{2}}$ の分母を有理化する。

$\sqrt{1}<\sqrt{2}<\sqrt{4}$ であるから　$1<\sqrt{2}<2$

各辺に 3 をたして　$4<3+\sqrt{2}<5$

よって　$a=4$, $b=3+\sqrt{2}-4=\sqrt{2}-1$

◯(小数部分 b)
=(もとの数)−(整数部分 a)

したがって

$$\begin{aligned}\frac{1}{a+b+1}+\frac{1}{a-b-1}&=\frac{1}{4+(\sqrt{2}-1)+1}+\frac{1}{4-(\sqrt{2}-1)-1}\\&=\frac{1}{4+\sqrt{2}}+\frac{1}{4-\sqrt{2}}\qquad\cdots\cdots(*)\\&=\frac{(4-\sqrt{2})+(4+\sqrt{2})}{(4+\sqrt{2})(4-\sqrt{2})}=\frac{8}{4^2-(\sqrt{2})^2}\\&=\frac{8}{14}=\mathbf{\frac{4}{7}}\end{aligned}$$

◯通分する。

別解 $(*)=\dfrac{4-\sqrt{2}}{(4+\sqrt{2})(4-\sqrt{2})}+\dfrac{4+\sqrt{2}}{(4-\sqrt{2})(4+\sqrt{2})}$

$=\dfrac{4-\sqrt{2}}{4^2-(\sqrt{2})^2}+\dfrac{4+\sqrt{2}}{4^2-(\sqrt{2})^2}$

$=\dfrac{4-\sqrt{2}}{16-2}+\dfrac{4+\sqrt{2}}{16-2}=\dfrac{4-\sqrt{2}}{14}+\dfrac{4+\sqrt{2}}{14}$

$=\dfrac{8}{14}=\boldsymbol{\dfrac{4}{7}}$

◯それぞれ分母を有理化する。

練習 48 次の分数を小数に直し，$0.\dot{6}$ のような表し方で書きなさい。
(1) $\dfrac{5}{11}$ (2) $\dfrac{19}{27}$ (3) $\dfrac{34}{111}$ (4) $\dfrac{3}{7}$

(1) $\dfrac{5}{11}=0.454545\cdots\cdots=\boldsymbol{0.\dot{4}\dot{5}}$

◯「45」のくり返し。

(2) $\dfrac{19}{27}=0.703703703\cdots\cdots=\boldsymbol{0.\dot{7}0\dot{3}}$

◯「703」のくり返し。

(3) $\dfrac{34}{111}=0.306306306\cdots\cdots=\boldsymbol{0.\dot{3}0\dot{6}}$

◯「306」のくり返し。

(4) $\dfrac{3}{7}=0.4285714285714\cdots\cdots=\boldsymbol{0.\dot{4}2857\dot{1}}$

◯「428571」のくり返し。

練習 49 次の循環小数を分数で表しなさい。
(1) $0.\dot{7}$ (2) $0.\dot{1}2\dot{3}$ (3) $0.1\dot{4}\dot{5}$ (4) $3.1\dot{4}1\dot{7}$

CHART
循環小数から分数へ
かけて ずらして ひく

(1) $0.\dot{7}=x$ とおくと
$9x=7$
よって $x=\boldsymbol{\dfrac{7}{9}}$

$$\begin{array}{rr} 10x= & 7.777\cdots\cdots \\ -)\quad x= & 0.777\cdots\cdots \\ \hline 9x= & 7 \end{array}$$

◯$10x$ から x をひくと，循環する部分が消える。

(2) $0.\dot{1}2\dot{3}=x$ とおくと
$999x=123$
よって $x=\dfrac{123}{999}=\boldsymbol{\dfrac{41}{333}}$

$$\begin{array}{rr} 1000x= & 123.123123\cdots\cdots \\ -)\quad x= & 0.123123\cdots\cdots \\ \hline 999x= & 123 \end{array}$$

(3) $0.1\dot{4}\dot{5}=x$ とおくと
$99x=14.4$
よって $x=\dfrac{14.4}{99}=\dfrac{144}{990}$
$=\boldsymbol{\dfrac{8}{55}}$

$$\begin{array}{rr} 100x= & 14.54545\cdots\cdots \\ -)\quad x= & 0.14545\cdots\cdots \\ \hline 99x= & 14.4 \end{array}$$

(4) $3.1\dot{4}1\dot{7}=x$ とおくと
$999x=3138.6$
よって $x=\dfrac{3138.6}{999}$
$=\dfrac{31386}{9990}=\boldsymbol{\dfrac{5231}{1665}}$

$$\begin{array}{rr} 1000x= & 3141.7417417\cdots\cdots \\ -)\quad x= & 3.1417417\cdots\cdots \\ \hline 999x= & 3138.6 \end{array}$$

練習 50 $\sqrt{2}=1.414$，$\sqrt{5}=2.236$ とするとき，次の値を求めなさい。

(1) $\sqrt{500}$　(2) $\sqrt{50}$　(3) $\sqrt{0.005}$

(4) $\dfrac{1}{\sqrt{2}}$　(5) $\dfrac{1}{\sqrt{5}+\sqrt{2}}$

(1) $\sqrt{500}=\sqrt{5\times100}=10\sqrt{5}=10\times2.236$
$=\mathbf{22.36}$

(2) $\sqrt{50}=\sqrt{5^2\times2}=5\sqrt{2}=5\times1.414$
$=\mathbf{7.07}$

(3) $\sqrt{0.005}=\sqrt{\dfrac{50}{10000}}=\dfrac{\sqrt{50}}{100}=\dfrac{7.07}{100}=\mathbf{0.0707}$

◯(2)の結果を使う。

(4) $\dfrac{1}{\sqrt{2}}=\dfrac{\sqrt{2}}{2}=\dfrac{1.414}{2}=\mathbf{0.707}$

(5) $\dfrac{1}{\sqrt{5}+\sqrt{2}}=\dfrac{\sqrt{5}-\sqrt{2}}{(\sqrt{5}+\sqrt{2})(\sqrt{5}-\sqrt{2})}$
$=\dfrac{\sqrt{5}-\sqrt{2}}{3}=\dfrac{2.236-1.414}{3}$
$=\dfrac{0.822}{3}=\mathbf{0.274}$

◯分母・分子に $\sqrt{5}-\sqrt{2}$ をかけて分母を有理化する。

練習 51 体重を測り，次のようにして 43.8 kg という近似値を得た。この体重の真の値 x の範囲を不等式で表しなさい。

(1) 0.1 kg 未満を切り捨てたとき
(2) 0.1 kg 未満を切り上げたとき
(3) 0.1 kg 未満を四捨五入したとき

(1) 体重の真の値は，0.1 kg 未満，すなわち小数第 2 位以下を切り捨てて 43.8 kg になる重さであるから

43.8 kg$\leqq x<$43.9 kg

(2) 体重の真の値は，0.1 kg 未満，すなわち小数第 2 位以下を切り上げて 43.8 kg になる重さであるから

43.7 kg$<x\leqq$43.8 kg

(3) 体重の真の値は，0.1 kg 未満，すなわち小数第 2 位を四捨五入して 43.8 kg になる重さであるから

43.75 kg$\leqq x<$43.85 kg

練習 52 次の近似値を，$a\times10^n$ または $a\times\dfrac{1}{10^n}$ (a は 1 以上 10 未満の数，n は自然数) の形で表しなさい。(1), (2)の [ ] 内の数は有効数字を表す。

(1) 51800 [5，1，8]　(2) 51800 [5，1，8，0]　(3) 0.0078

(1) 51800 の有効数字が 5，1，8 であるから
51800$=\mathbf{5.18\times10^4}$

(2) 51800 の有効数字が 5，1，8，0 であるから
51800$=\mathbf{5.180\times10^4}$

(3)　$0.0078=\mathbf{7.8\times\frac{1}{10^3}}$

練習 53　次の測定値は近似値である。何の位まで測定したものか答えなさい。

(1)　8.64×10^4 kg　　(2)　2.30×10^3 m^2　　(3)　$4.000\times\frac{1}{10^2}$ km

HINT 有効数字を考え，一番小さい位の数に着目する。

(1)　$8.64\times10^4=86400$

8.64 は，有効数字が 8，6，4 であることを表しているから，86400 kg は 100 kg の位まで測定したものである。

答　100 kg の位

(2)　$2.30\times10^3=2300$

2.30 は，有効数字が 2，3，0 であることを表しているから，2300 m^2 は 10 m^2 の位まで測定したものである。

答　10 m^2 の位

(3)　$4.000\times\frac{1}{10^2}=0.04000$

4.000 は，有効数字が 4，0，0，0 であることを表しているから，0.04000 km は 0.00001 km，すなわち 1 cm の位まで測定したものである。

答　1 cm の位

0.00001 km の位としてもよい。

演習 31 次の □ にあてはまる数を入れなさい。

(1) 1の平方根は □　　(2) $-\sqrt{1}=$ □

(3) $\sqrt{(-13)^2}=$ □　　(4) $-\sqrt{0.3^2}=$ □

(5) $\sqrt{\dfrac{25}{169}}=$ □　　(6) $-(-\sqrt{0.4})^2=$ □

CHART　平方根と $\sqrt{a}$ 定義を忘れずに

(1) 1の平方根は　**1 と −1**　　(2) $-\sqrt{1}=\mathbf{-1}$

(3) $\sqrt{(-13)^2}=\sqrt{13^2}=\mathbf{13}$　　(4) $-\sqrt{0.3^2}=\mathbf{-0.3}$

(5) $\sqrt{\dfrac{25}{169}}=\sqrt{\left(\dfrac{5}{13}\right)^2}=\mathbf{\dfrac{5}{13}}$　　(6) $-(-\sqrt{0.4})^2=\mathbf{-0.4}$

演習 32 次の数を，大きい方から順に並べなさい。

$1.7,\ \sqrt{3},\ -\sqrt{2},\ 0,\ -1\frac{1}{2},\ (-0.4)^2$

HINT　6つの数を正の数，0，負の数に分類し，正の数の大小と負の数の大小を別々に調べる。

$1.7,\ \sqrt{3},\ (-0.4)^2$ は正の数，$-\sqrt{2},\ -1\frac{1}{2}$ は負の数である。

$1.7=\sqrt{1.7^2}=\sqrt{2.89}$,

$(-0.4)^2=0.16=\sqrt{0.16^2}=\sqrt{0.0256}$

◯1.7, $(-0.4)^2$ を根号を使って表す。

$0.0256<2.89<3$ であるから　　$\sqrt{0.0256}<\sqrt{2.89}<\sqrt{3}$

すなわち　　$(-0.4)^2<1.7<\sqrt{3}$

また　　$1\frac{1}{2}=\frac{3}{2}=\sqrt{\left(\frac{3}{2}\right)^2}=\sqrt{\frac{9}{4}}$

◯$1\frac{1}{2}$ を根号を使って表す。

$2<\frac{9}{4}$ であるから　　$\sqrt{2}<\sqrt{\frac{9}{4}}$　　すなわち　$\sqrt{2}<\frac{3}{2}$

よって　　$-\sqrt{2}>-1\frac{1}{2}$

◯不等号の向きが変わる。

したがって，6つの数を大きい方から順に並べると

$$\mathbf{\sqrt{3},\ 1.7,\ (-0.4)^2,\ 0,\ -\sqrt{2},\ -1\frac{1}{2}}$$

演習 33 本冊の巻末にある平方根表を用いて，次の数の近似値を求めなさい。

(1) $\sqrt{3.52}$　　(2) $\sqrt{7.74}$　　(3) $\sqrt{48.1}$

(4) $\sqrt{90.6}$　　(5) $-\sqrt{5.68}$　　(6) $-\sqrt{64.7}$

(1) $\sqrt{3.52}=\mathbf{1.876}$　　(2) $\sqrt{7.74}=\mathbf{2.782}$

(3) $\sqrt{48.1}=\mathbf{6.935}$　　(4) $\sqrt{90.6}=\mathbf{9.518}$

(5) 平方根表から　　$\sqrt{5.68}=2.383$

よって　　$-\sqrt{5.68}=\mathbf{-2.383}$

(6) 平方根表から　　$\sqrt{64.7}=8.044$

よって　　$-\sqrt{64.7}=\mathbf{-8.044}$

演習 34

(1) 下の数直線上の点 A, B, C, D, E は, $-\sqrt{\dfrac{1}{3}}$, $\sqrt{5}$, $\sqrt{14}$, $\dfrac{\sqrt{10}}{2}$, $-\sqrt{6}$ のいずれかに対応している。A, B, C, D, E に対応する数を, それぞれ求めなさい。

(2) n を 1 より大きい整数とする。次の 3 つの数の大小関係を, 不等号を使って表しなさい。

$$\frac{\sqrt{3n^2}}{3},\quad \frac{\sqrt{n}}{3},\quad \sqrt{\frac{n}{3}}$$

HINT (1) たとえば, D に対応する数を d とすると, D は 2 と 3 の間にあるから, $2<d<3$ が成り立つ。

(1) $0^2<\dfrac{1}{3}<1^2$ であるから　$0<\sqrt{\dfrac{1}{3}}<1$

よって　$-1<-\sqrt{\dfrac{1}{3}}<0$　　← −1 と 0 の間にある。

$2^2<5<3^2$ であるから　$2<\sqrt{5}<3$　　← 2 と 3 の間にある。

$3^2<14<4^2$ であるから　$3<\sqrt{14}<4$　　← 3 と 4 の間にある。

$2^2<6<3^2$ であるから　$2<\sqrt{6}<3$

よって　$-3<-\sqrt{6}<-2$　　← −3 と −2 の間にある。

$\left(\dfrac{\sqrt{10}}{2}\right)^2=\dfrac{10}{4}=\dfrac{5}{2}$ より, $1^2<\left(\dfrac{\sqrt{10}}{2}\right)^2<2^2$ であるから　　← $\dfrac{5}{2}=2.5$

$$1<\frac{\sqrt{10}}{2}<2$$　　← 1 と 2 の間にある。

したがって　**A : $-\sqrt{6}$, B : $-\sqrt{\dfrac{1}{3}}$, C : $\dfrac{\sqrt{10}}{2}$**

D : $\sqrt{5}$, E : $\sqrt{14}$

(2) $\left(\dfrac{\sqrt{3n^2}}{3}\right)^2=\dfrac{3n^2}{9}=\dfrac{n^2}{3}$, $\left(\sqrt{\dfrac{n}{3}}\right)^2=\dfrac{n}{3}$

n は 1 より大きい整数であるから　$n^2>n$　　← $n^2-n=n(n-1)$ $n>1$, $n-1>0$ から $n(n-1)>0$

よって　$\dfrac{n^2}{3}>\dfrac{n}{3}$

したがって　$\dfrac{\sqrt{3n^2}}{3}>\sqrt{\dfrac{n}{3}}$　……①

また　$\left(\dfrac{\sqrt{n}}{3}\right)^2=\dfrac{n}{9}$

$\dfrac{n}{3}>\dfrac{n}{9}$ であるから　$\sqrt{\dfrac{n}{3}}>\dfrac{\sqrt{n}}{3}$　……②

①, ② から　$\boldsymbol{\dfrac{\sqrt{n}}{3}<\sqrt{\dfrac{n}{3}}<\dfrac{\sqrt{3n^2}}{3}}$

演習 35

次の計算をしなさい。

(1) $\sqrt{8}\times\sqrt{0.5}$　(2) $3\sqrt{2}\times(-\sqrt{6})$　(3) $2\sqrt{5}\times\sqrt{8}\div\sqrt{10}$

(4) $\sqrt{32}\div\sqrt{12}\div\sqrt{6}$　(5) $\left(-\dfrac{3\sqrt{2}}{4}\right)^3\times\sqrt{32}\times\dfrac{1}{9}$

(6) $3\sqrt{12}+2\sqrt{3}-\sqrt{48}$　(7) $\sqrt{12}+\sqrt{27}-4\sqrt{3}$

(8) $2\sqrt{32}+\sqrt{18}-3\sqrt{72}$　(9) $5\sqrt{3}+2\sqrt{8}-\sqrt{147}-3\sqrt{2}$

CHART

$\sqrt{\ }$ のある計算

$\sqrt{\ }$ に入れたり出したり

$\sqrt{\ }$ を文字とみる

(1) $\sqrt{8}\times\sqrt{0.5}=\sqrt{8\times0.5}=\sqrt{4}=\mathbf{2}$

(2) $3\sqrt{2}\times(-\sqrt{6})=-3\sqrt{2\times6}=-3\sqrt{12}=\mathbf{-6\sqrt{3}}$

(3) $2\sqrt{5}\times\sqrt{8}\div\sqrt{10}=\dfrac{2\sqrt{5}\times\sqrt{8}}{\sqrt{10}}=2\sqrt{\dfrac{5\times8}{10}}=2\sqrt{4}=\mathbf{4}$

(4) $\sqrt{32}\div\sqrt{12}\div\sqrt{6}=\sqrt{32}\times\dfrac{1}{\sqrt{12}}\times\dfrac{1}{\sqrt{6}}=\dfrac{\sqrt{32}}{\sqrt{12}\times\sqrt{6}}$

$=\sqrt{\dfrac{32}{12\times6}}=\sqrt{\dfrac{4}{9}}=\mathbf{\dfrac{2}{3}}$

(5) $\left(-\dfrac{3\sqrt{2}}{4}\right)^3\times\sqrt{32}\times\dfrac{1}{9}=-\dfrac{(3\sqrt{2})^3}{4^3}\times4\sqrt{2}\times\dfrac{1}{9}$

$=-\dfrac{3\times3\times3\times2\sqrt{2}\times4\sqrt{2}}{4\times4\times4\times9}=\mathbf{-\dfrac{3}{4}}$

(6) $3\sqrt{12}+2\sqrt{3}-\sqrt{48}=6\sqrt{3}+2\sqrt{3}-4\sqrt{3}=\mathbf{4\sqrt{3}}$

(7) $\sqrt{12}+\sqrt{27}-4\sqrt{3}=2\sqrt{3}+3\sqrt{3}-4\sqrt{3}=\mathbf{\sqrt{3}}$

(8) $2\sqrt{32}+\sqrt{18}-3\sqrt{72}=8\sqrt{2}+3\sqrt{2}-18\sqrt{2}=\mathbf{-7\sqrt{2}}$

(9) $5\sqrt{3}+2\sqrt{8}-\sqrt{147}-3\sqrt{2}=5\sqrt{3}+4\sqrt{2}-7\sqrt{3}-3\sqrt{2}$

$=\mathbf{\sqrt{2}-2\sqrt{3}}$

⊂(3), (4)
$\div\square$ は $\times\dfrac{1}{\square}$ にする。

⊂$(-1)^3=-1$

演習 36 次の計算をしなさい。

(1) $5\sqrt{3}\times\sqrt{2}-\sqrt{24}$　(2) $\sqrt{18}\div\sqrt{3}+\sqrt{54}$
(3) $(\sqrt{50}-\sqrt{18})\div\sqrt{2}$　(4) $2\sqrt{50}-2(\sqrt{2}-1)$
(5) $\sqrt{32}+(\sqrt{2}-3)\times\sqrt{2}$　(6) $\sqrt{3}(2+\sqrt{6})-\sqrt{2}(3-\sqrt{6})$

CHART
$\sqrt{\ }$ のある計算
$\sqrt{\ }$ に入れたり出したり
$\sqrt{\ }$ を文字とみる

(1) $5\sqrt{3}\times\sqrt{2}-\sqrt{24}=5\sqrt{6}-2\sqrt{6}=\mathbf{3\sqrt{6}}$

(2) $\sqrt{18}\div\sqrt{3}+\sqrt{54}=\dfrac{\sqrt{18}}{\sqrt{3}}+\sqrt{54}=\sqrt{\dfrac{18}{3}}+3\sqrt{6}$

$=\sqrt{6}+3\sqrt{6}=\mathbf{4\sqrt{6}}$

(3) $(\sqrt{50}-\sqrt{18})\div\sqrt{2}=(5\sqrt{2}-3\sqrt{2})\div\sqrt{2}=\dfrac{2\sqrt{2}}{\sqrt{2}}=\mathbf{2}$

(4) $2\sqrt{50}-2(\sqrt{2}-1)=10\sqrt{2}-2\sqrt{2}+2=\mathbf{8\sqrt{2}+2}$

(5) $\sqrt{32}+(\sqrt{2}-3)\times\sqrt{2}=4\sqrt{2}+2-3\sqrt{2}=\mathbf{2+\sqrt{2}}$

(6) $\sqrt{3}(2+\sqrt{6})-\sqrt{2}(3-\sqrt{6})=2\sqrt{3}+3\sqrt{2}-3\sqrt{2}+2\sqrt{3}$

$=\mathbf{4\sqrt{3}}$

演習 37 次の計算をしなさい。

(1) $(\sqrt{3}-\sqrt{2})^2+\sqrt{24}$　(2) $(3\sqrt{3}+\sqrt{2})(3\sqrt{3}-\sqrt{2})$
(3) $(\sqrt{7}+4)(2\sqrt{7}-3)$　(4) $(\sqrt{3}-2)^2+4(\sqrt{3}-1)$
(5) $\left(\dfrac{\sqrt{5}+3}{\sqrt{6}}\right)^2+\left(\dfrac{\sqrt{5}-3}{\sqrt{6}}\right)^2$　(6) $(\sqrt{3}+\sqrt{2}-1)(\sqrt{3}-\sqrt{2}-1)$
(7) $\sqrt{27}-6\left(\dfrac{5}{\sqrt{3}}-\dfrac{4}{\sqrt{2}}\right)+\dfrac{\sqrt{54}}{\sqrt{3}}$　(8) $\dfrac{\sqrt{8}+3\sqrt{6}}{\sqrt{3}}-\sqrt{54}-\dfrac{2\sqrt{2}}{4+\sqrt{12}}$
(9) $\{(3+\sqrt{10})^{100}+(3-\sqrt{10})^{100}\}^2-\{(3+\sqrt{10})^{100}-(3-\sqrt{10})^{100}\}^2$

HINT
(9) $(3+\sqrt{10})^{100}=a$, $(3-\sqrt{10})^{100}=b$ とおくと
$(a+b)^2-(a-b)^2=4ab$

(1) $(\sqrt{3}-\sqrt{2})^2+\sqrt{24}=(\sqrt{3})^2-2\times\sqrt{3}\times\sqrt{2}+(\sqrt{2})^2+2\sqrt{6}$

$=3-2\sqrt{6}+2+2\sqrt{6}=\mathbf{5}$

(2) $(3\sqrt{3}+\sqrt{2})(3\sqrt{3}-\sqrt{2})=(3\sqrt{3})^2-(\sqrt{2})^2=27-2=\mathbf{25}$

(3) $(\sqrt{7}+4)(2\sqrt{7}-3)=2(\sqrt{7})^2+(-3+4\times2)\sqrt{7}-4\times3$

$=14+5\sqrt{7}-12=\mathbf{2+5\sqrt{7}}$

◯$\sqrt{7}=x$ とおくと $(x+4)(2x-3)$

(4) $(\sqrt{3}-2)^2+4(\sqrt{3}-1)=(\sqrt{3})^2-2\times\sqrt{3}\times2+2^2+4\sqrt{3}-4$

$=3-4\sqrt{3}+4+4\sqrt{3}-4=\mathbf{3}$

(5) $\left(\dfrac{\sqrt{5}+3}{\sqrt{6}}\right)^2+\left(\dfrac{\sqrt{5}-3}{\sqrt{6}}\right)^2=\dfrac{(\sqrt{5}+3)^2}{(\sqrt{6})^2}+\dfrac{(\sqrt{5}-3)^2}{(\sqrt{6})^2}$

$=\dfrac{(\sqrt{5})^2+2\times\sqrt{5}\times3+3^2}{6}+\dfrac{(\sqrt{5})^2-2\times\sqrt{5}\times3+3^2}{6}$

$=\dfrac{5+6\sqrt{5}+9}{6}+\dfrac{5-6\sqrt{5}+9}{6}=\mathbf{\dfrac{14}{3}}$

(6) $(\sqrt{3}+\sqrt{2}-1)(\sqrt{3}-\sqrt{2}-1)$

$=\{(\sqrt{3}-1)+\sqrt{2}\}\{(\sqrt{3}-1)-\sqrt{2}\}$

$=(\sqrt{3}-1)^2-(\sqrt{2})^2=3-2\sqrt{3}+1-2$

$=\mathbf{2-2\sqrt{3}}$

◯$\sqrt{3}-1$ をまとめておきかえる。

(7) $\sqrt{27}-6\left(\dfrac{5}{\sqrt{3}}-\dfrac{4}{\sqrt{2}}\right)+\dfrac{\sqrt{54}}{\sqrt{3}}$

$=3\sqrt{3}-6\left(\dfrac{5\times\sqrt{3}}{\sqrt{3}\times\sqrt{3}}-\dfrac{4\times\sqrt{2}}{\sqrt{2}\times\sqrt{2}}\right)+\sqrt{\dfrac{54}{3}}$

$=3\sqrt{3}-6\left(\dfrac{5\sqrt{3}}{3}-2\sqrt{2}\right)+\sqrt{18}$

$=3\sqrt{3}-10\sqrt{3}+12\sqrt{2}+3\sqrt{2}=\mathbf{15\sqrt{2}-7\sqrt{3}}$

CHART
まず分母を有理化

(8) $\dfrac{\sqrt{8}+3\sqrt{6}}{\sqrt{3}}-\sqrt{54}-\dfrac{2\sqrt{2}}{4+\sqrt{12}}$

$=\dfrac{2\sqrt{2}+3\sqrt{6}}{\sqrt{3}}-3\sqrt{6}-\dfrac{2\sqrt{2}}{2(2+\sqrt{3})}$

◯$\sqrt{12}=2\sqrt{3}$

$=\dfrac{(2\sqrt{2}+3\sqrt{6})\times\sqrt{3}}{\sqrt{3}\times\sqrt{3}}-3\sqrt{6}-\dfrac{\sqrt{2}(2-\sqrt{3})}{(2+\sqrt{3})(2-\sqrt{3})}$

◯分母の有理化。

$=\dfrac{2\sqrt{6}+9\sqrt{2}}{3}-3\sqrt{6}-(2\sqrt{2}-\sqrt{6})$

$=\dfrac{2\sqrt{6}}{3}+3\sqrt{2}-3\sqrt{6}-2\sqrt{2}+\sqrt{6}=\mathbf{\sqrt{2}-\dfrac{4\sqrt{6}}{3}}$

(9) $(3+\sqrt{10})^{100}=a$, $(3-\sqrt{10})^{100}=b$ とおくと

$\{(3+\sqrt{10})^{100}+(3-\sqrt{10})^{100}\}^2-\{(3+\sqrt{10})^{100}-(3-\sqrt{10})^{100}\}^2$

$=(a+b)^2-(a-b)^2=a^2+2ab+b^2-(a^2-2ab+b^2)$

$=4ab$

したがって

$\{(3+\sqrt{10})^{100}+(3-\sqrt{10})^{100}\}^2-\{(3+\sqrt{10})^{100}-(3-\sqrt{10})^{100}\}^2$

$=4\times(3+\sqrt{10})^{100}\times(3-\sqrt{10})^{100}=4\{(3+\sqrt{10})(3-\sqrt{10})\}^{100}$

◯$A^{100}B^{100}=(AB)^{100}$

$=4\{3^2-(\sqrt{10})^2\}^{100}=4(-1)^{100}=\mathbf{4}$

◯n が偶数のとき $(-1)^n=1$

演習 38 次の計算をしなさい。

(1) $\dfrac{\sqrt{6}-\sqrt{2}}{\sqrt{6}+\sqrt{2}}$ (2) $\dfrac{\sqrt{6}+\sqrt{2}}{\sqrt{6}-\sqrt{2}}-\dfrac{\sqrt{6}-\sqrt{2}}{\sqrt{6}+\sqrt{2}}$

(3) $\dfrac{1}{\sqrt{6}+\sqrt{2}+2}+\dfrac{1}{\sqrt{6}-\sqrt{2}-2}$

CHART $\sqrt{\quad}$ のある計算 まず分母を有理化

(1) $\dfrac{\sqrt{6}-\sqrt{2}}{\sqrt{6}+\sqrt{2}}=\dfrac{(\sqrt{6}-\sqrt{2})^2}{(\sqrt{6}+\sqrt{2})(\sqrt{6}-\sqrt{2})}$

$=\dfrac{(\sqrt{6})^2-2\times\sqrt{6}\times\sqrt{2}+(\sqrt{2})^2}{(\sqrt{6})^2-(\sqrt{2})^2}$

$=\dfrac{6-4\sqrt{3}+2}{6-2}=\dfrac{8-4\sqrt{3}}{4}=\mathbf{2-\sqrt{3}}$

◀分母と分子に $\sqrt{6}-\sqrt{2}$ をかける。

(2) $\dfrac{\sqrt{6}+\sqrt{2}}{\sqrt{6}-\sqrt{2}}-\dfrac{\sqrt{6}-\sqrt{2}}{\sqrt{6}+\sqrt{2}}=\dfrac{(\sqrt{6}+\sqrt{2})^2-(\sqrt{6}-\sqrt{2})^2}{(\sqrt{6}-\sqrt{2})(\sqrt{6}+\sqrt{2})}$

$=\dfrac{(6+4\sqrt{3}+2)-(6-4\sqrt{3}+2)}{6-2}$

$=\dfrac{(8+4\sqrt{3})-(8-4\sqrt{3})}{4}$

$=\dfrac{8\sqrt{3}}{4}=\mathbf{2\sqrt{3}}$

◀通分する。

(3) $\dfrac{1}{\sqrt{6}+\sqrt{2}+2}+\dfrac{1}{\sqrt{6}-\sqrt{2}-2}$

$=\dfrac{1}{\sqrt{6}+(\sqrt{2}+2)}+\dfrac{1}{\sqrt{6}-(\sqrt{2}+2)}$

$=\dfrac{(\sqrt{6}-\sqrt{2}-2)+(\sqrt{6}+\sqrt{2}+2)}{\{\sqrt{6}+(\sqrt{2}+2)\}\{\sqrt{6}-(\sqrt{2}+2)\}}$

$=\dfrac{2\sqrt{6}}{(\sqrt{6})^2-(\sqrt{2}+2)^2}=\dfrac{2\sqrt{6}}{6-(2+4\sqrt{2}+4)}$

$=\dfrac{2\sqrt{6}}{-4\sqrt{2}}=-\dfrac{\sqrt{6}}{2\sqrt{2}}=-\dfrac{\sqrt{6}\times\sqrt{2}}{2\sqrt{2}\times\sqrt{2}}=-\dfrac{2\sqrt{3}}{4}=\mathbf{-\dfrac{\sqrt{3}}{2}}$

◀$\sqrt{2}+2$ をまとめておきかえる。

◀通分する。

演習 39 $a-1<\sqrt{x}<a+1$ を満たす自然数 x の個数が 111 個のとき，自然数 a の値を求めなさい。

HINT a は自然数であるから $a-1\geqq 0$ よって $a-1<\sqrt{x}<a+1$ から $\sqrt{(a-1)^2}<\sqrt{x}<\sqrt{(a+1)^2}$

$a-1=\sqrt{(a-1)^2}$，$a+1=\sqrt{(a+1)^2}$ であるから

$\sqrt{(a-1)^2}<\sqrt{x}<\sqrt{(a+1)^2}$

よって $(a-1)^2<x<(a+1)^2$

a は自然数であるから

$(a-1)^2+1\leqq x\leqq(a+1)^2-1$

したがって，自然数 x が 111 個あるとき

$\{(a+1)^2-1\}-\{(a-1)^2+1\}+1=111$

$(a^2+2a)-(a^2-2a+2)+1=111$

$4a=112$

これを解くと $\mathbf{a=28}$

◀a は自然数であるから適する。

演習 40 次の式の値を求めなさい。

(1) $x=\frac{5-\sqrt{13}}{2}$ のとき，x^2-5x の値

(2) $a=\frac{\sqrt{5}+\sqrt{2}}{\sqrt{3}}$，$b=\frac{\sqrt{5}-\sqrt{2}}{\sqrt{3}}$ のとき，$a^2+5ab+b^2$ の値

(3) $a+b=2\sqrt{3}+\sqrt{2}$，$a-b=\sqrt{6}-2$ のとき，$(2a-b)^2-(a-2b)^2$ の値

HINT (2) $a^2+5ab+b^2$ を $a+b$ と ab で表す。

(1) $x^2-5x=x(x-5)=\frac{5-\sqrt{13}}{2}\times\left(\frac{5-\sqrt{13}}{2}-5\right)$

$=\frac{5-\sqrt{13}}{2}\times\frac{-5-\sqrt{13}}{2}=-\frac{(5-\sqrt{13})(5+\sqrt{13})}{4}$

$=-\frac{5^2-(\sqrt{13})^2}{4}=-\frac{25-13}{4}=\mathbf{-3}$

別解 $x=\frac{5-\sqrt{13}}{2}$ から $2x=5-\sqrt{13}$

よって $2x-5=-\sqrt{13}$

両辺を2乗すると $(2x-5)^2=(-\sqrt{13})^2$

すなわち $4x^2-20x+25=13$

よって $4(x^2-5x)=-12$

したがって $x^2-5x=\mathbf{-3}$

←分数を含まない形にして計算する方法。

(2) $a^2+5ab+b^2=(a+b)^2-2ab+5ab=(a+b)^2+3ab$

$a+b=\frac{\sqrt{5}+\sqrt{2}}{\sqrt{3}}+\frac{\sqrt{5}-\sqrt{2}}{\sqrt{3}}$

$=\frac{\sqrt{15}+\sqrt{6}}{3}+\frac{\sqrt{15}-\sqrt{6}}{3}=\frac{2\sqrt{15}}{3}$，

$ab=\frac{\sqrt{5}+\sqrt{2}}{\sqrt{3}}\times\frac{\sqrt{5}-\sqrt{2}}{\sqrt{3}}=\frac{(\sqrt{5})^2-(\sqrt{2})^2}{3}=1$

←$\frac{\sqrt{3}(\sqrt{5}+\sqrt{2})}{\sqrt{3}\times\sqrt{3}}+\frac{\sqrt{3}(\sqrt{5}-\sqrt{2})}{\sqrt{3}\times\sqrt{3}}=\frac{\sqrt{15}+\sqrt{6}}{3}+\frac{\sqrt{15}-\sqrt{6}}{3}$

よって，$(a+b)^2+3ab$ に $a+b=\frac{2\sqrt{15}}{3}$，$ab=1$ を代入して

$(a+b)^2+3ab=\left(\frac{2\sqrt{15}}{3}\right)^2+3\times1$

$=\frac{60}{9}+3=\mathbf{\frac{29}{3}}$

(3) $(2a-b)^2-(a-2b)^2=\{(2a-b)+(a-2b)\}\{(2a-b)-(a-2b)\}$

$=(3a-3b)(a+b)$

$=3(a+b)(a-b)$

←$A^2-B^2=(A+B)(A-B)$

$3(a+b)(a-b)$ に $a+b=2\sqrt{3}+\sqrt{2}$，$a-b=\sqrt{6}-2$ を代入して

$3(a+b)(a-b)=3(2\sqrt{3}+\sqrt{2})(\sqrt{6}-2)$

$=3(2\sqrt{18}-4\sqrt{3}+\sqrt{12}-2\sqrt{2})$

$=3(6\sqrt{2}-4\sqrt{3}+2\sqrt{3}-2\sqrt{2})$

$=3(4\sqrt{2}-2\sqrt{3})=\mathbf{12\sqrt{2}-6\sqrt{3}}$

演習 41 $\sqrt{10}-\sqrt{2}$ の整数部分を a，小数部分を b とするとき，$2a^2+2ab+b^2$ の値を求めなさい。

$3.1^2=9.61$，$3.2^2=10.24$ であるから　$3.1^2<10<3.2^2$

よって　$3.1<\sqrt{10}<3.2$ ……①

$1.4^2=1.96$，$1.5^2=2.25$ であるから　$1.4^2<2<1.5^2$

よって　$1.4<\sqrt{2}<1.5$

各辺に -1 をかけて　$-1.5<-\sqrt{2}<-1.4$ ……②

①，② の各辺をたして　$1.6<\sqrt{10}-\sqrt{2}<1.8$

したがって　$a=1$，$b=\sqrt{10}-\sqrt{2}-1$

よって　$2a^2+2ab+b^2=a^2+(a+b)^2$

$=1^2+(\sqrt{10}-\sqrt{2})^2$

$=1+(\sqrt{10})^2-2\sqrt{10}\times\sqrt{2}+(\sqrt{2})^2$

$=\mathbf{13-4\sqrt{5}}$

HINT $3.1^2<10<3.2^2$，$1.4^2<2<1.5^2$ から　$3.1<\sqrt{10}<3.2$，$1.4<\sqrt{2}<1.5$

◀不等号の向きが変わる。

◀$3.1+(-1.5)=1.6$，$3.2+(-1.4)=1.8$

◀$a+b$ =(整数部分)+(小数部分) =(もとの数)

演習 42 $x=\sqrt{6}+\sqrt{3}$，$y=\sqrt{6}-\sqrt{3}$ のとき，$\dfrac{\sqrt{x}-\sqrt{y}}{\sqrt{x}+\sqrt{y}}$ の値を求めなさい。

$$\frac{\sqrt{x}-\sqrt{y}}{\sqrt{x}+\sqrt{y}}=\frac{(\sqrt{x}-\sqrt{y})^2}{(\sqrt{x}+\sqrt{y})(\sqrt{x}-\sqrt{y})}=\frac{(x+y)-2\sqrt{xy}}{x-y}$$

$x+y=(\sqrt{6}+\sqrt{3})+(\sqrt{6}-\sqrt{3})=2\sqrt{6}$，

$x-y=(\sqrt{6}+\sqrt{3})-(\sqrt{6}-\sqrt{3})=2\sqrt{3}$，

$xy=(\sqrt{6}+\sqrt{3})(\sqrt{6}-\sqrt{3})=6-3=3$

よって，$\dfrac{(x+y)-2\sqrt{xy}}{x-y}$ にこれらを代入して

$$\frac{(x+y)-2\sqrt{xy}}{x-y}=\frac{2\sqrt{6}-2\sqrt{3}}{2\sqrt{3}}=\frac{2\sqrt{3}(\sqrt{2}-1)}{2\sqrt{3}}$$

$=\mathbf{\sqrt{2}-1}$

HINT $\dfrac{\sqrt{x}-\sqrt{y}}{\sqrt{x}+\sqrt{y}}$ の分母を有理化して，$x+y$，$x-y$，xy で表す。

◀$\sqrt{6}=\sqrt{3}\times\sqrt{2}$

◀$2\sqrt{3}$ で約分。

演習 43 自然数 n に対して $\{n\}$ を $\sqrt{n}$ の整数部分とする。たとえば，$\{2\}=1$，$\{3\}=1$，$\{4\}=2$ である。このとき，$\{2020\}=a$ とし，$\{n\}=20$ を満たす自然数 n の個数を b として，a，b の値を求めなさい。

$44^2=1936$，$45^2=2025$ であるから　$44^2<2020<45^2$

よって　$44<\sqrt{2020}<45$　　したがって　$a=44$

また，$\{n\}=20$ を満たす自然数 n について

$20\leqq\sqrt{n}<21$

が成り立つ。

$20=\sqrt{400}$，$21=\sqrt{441}$ であるから

$\sqrt{400}\leqq\sqrt{n}<\sqrt{441}$

よって　$400\leqq n<441$

n は自然数であるから　$400\leqq n\leqq 440$

したがって　$b=440-400+1=41$

答　$\boldsymbol{a=44}$，$\boldsymbol{b=41}$

HINT

$\{2020\}=a$ ⟶ $a\leqq\sqrt{2020}<a+1$

$\{n\}=20$ ⟶ $20\leqq\sqrt{n}<21$

演習44
(1) $\sqrt{105-5a}$ が自然数となるような自然数 a の値を求めなさい。
(2) $\sqrt{\dfrac{2205}{x}}$ が自然数となるような 3 桁の自然数 x の値を求めなさい。

(1) $\sqrt{105-5a}=\sqrt{5(21-a)}$ である。
$\sqrt{105-5a}$ が自然数となるのは，$5(21-a)$ が自然数の 2 乗の形になるときである。
よって，条件を満たす自然数 $21-a$ の値は

$$5\times1^2 \quad \text{または} \quad 5\times2^2$$

[1] $21-a=5\times1^2$ のとき　$a=21-5=16$
[2] $21-a=5\times2^2$ のとき　$a=21-20=1$
[1]，[2] から　$\boldsymbol{a=1,\ 16}$

(2) $\sqrt{\dfrac{2205}{x}}=\sqrt{\dfrac{3^2\times5\times7^2}{x}}$ である。
$\sqrt{\dfrac{3^2\times5\times7^2}{x}}$ が自然数となるのは，$\dfrac{3^2\times5\times7^2}{x}$ が自然数の 2 乗の形になるときである。
よって，条件を満たす自然数 x をすべて書き出すと

$$5,\ 3^2\times5,\ 5\times7^2,\ 3^2\times5\times7^2$$

すなわち　5，45，245，2205
x は 3 桁の自然数であるから　$\boldsymbol{x=245}$

HINT $\sqrt{■}$ が自然数 ⟶ ■が自然数の 2 乗
(1) $105-5a=5(21-a)$ より，$21-a$ は 5 の倍数になる。

◎$0<21-a<21$ であることに注意。5×3^2 は 21 より大きくなるから，適さない。

◎すべての指数が偶数になればよい。

◎5，45，2205 は適さない。

演習45
(1) 方程式 $\sqrt{2}\,x-\sqrt{12}=\sqrt{48}-\sqrt{8}\,x$ を解きなさい。
(2) 不等式 $\dfrac{4\sqrt{3}}{3}x-\sqrt{2}<\dfrac{x+\sqrt{3}}{\sqrt{3}}$ を解きなさい。
(3) 連立方程式 $\begin{cases}\dfrac{1}{2}x-\dfrac{1}{3}y=\sqrt{2}\\ 3x-4y=6\sqrt{3}\end{cases}$ を解きなさい。

(1)

$$\begin{aligned}\sqrt{2}\,x-\sqrt{12}&=\sqrt{48}-\sqrt{8}\,x\\(\sqrt{2}+\sqrt{8})x&=\sqrt{48}+\sqrt{12}\\(\sqrt{2}+2\sqrt{2})x&=4\sqrt{3}+2\sqrt{3}\\3\sqrt{2}\,x&=6\sqrt{3}\\x&=\frac{2\sqrt{3}}{\sqrt{2}}\end{aligned}$$

$\dfrac{2\sqrt{3}}{\sqrt{2}}=\dfrac{2\sqrt{3}\times\sqrt{2}}{\sqrt{2}\times\sqrt{2}}=\sqrt{6}$ であるから　$\boldsymbol{x=\sqrt{6}}$

(2)

$$\frac{4\sqrt{3}}{3}x-\sqrt{2}<\frac{x+\sqrt{3}}{\sqrt{3}}$$

両辺に $\sqrt{3}$ をかけると　$\dfrac{4(\sqrt{3})^2}{3}x-\sqrt{2}\times\sqrt{3}<x+\sqrt{3}$

$$\begin{aligned}4x-\sqrt{6}&<x+\sqrt{3}\\3x&<\sqrt{3}+\sqrt{6}\\\boldsymbol{x}&\boldsymbol{<\frac{\sqrt{3}+\sqrt{6}}{3}}\end{aligned}$$

HINT
係数に $\sqrt{\ }$ を含む 1 次方程式，不等式，連立方程式 ⟶ 解く要領は係数が整数の場合と同じ。
(1) 移項して $ax=b$ の形を導く。
(2) 移項して $ax<b$ の形を導く。

◎$ax=b$ の形。

◎分母の有理化。

◎分数を含まない形にする。

◎$ax<b$ の形。

(3) $\begin{cases} \dfrac{1}{2}x-\dfrac{1}{3}y=\sqrt{2} & \cdots\cdots① \\ 3x-4y=6\sqrt{3} & \cdots\cdots② \end{cases}$

①×12−② から　$6x-3x=12\sqrt{2}-6\sqrt{3}$

よって　$x=4\sqrt{2}-2\sqrt{3}$

② に代入すると　$3(4\sqrt{2}-2\sqrt{3})-4y=6\sqrt{3}$

よって　$4y=12\sqrt{2}-12\sqrt{3}$

したがって　$y=3\sqrt{2}-3\sqrt{3}$

答　$\boldsymbol{x=4\sqrt{2}-2\sqrt{3},\ y=3\sqrt{2}-3\sqrt{3}}$

⇨ y を消去。

演習 46　$a=\dfrac{2}{\sqrt{6}+2}$ のとき，次の式の値を求めなさい。

(1)　$a-\dfrac{2}{a}$　　(2)　$\left(a+\dfrac{8}{a}\right)\left(2a+\dfrac{1}{a}\right)+\left(a-\dfrac{8}{a}\right)\left(2a-\dfrac{1}{a}\right)$

HINT
(2)　まず，展開して整理する。(1)の結果を利用。

(1)　$a-\dfrac{2}{a}=a-2\times\dfrac{1}{a}$

$=\dfrac{2}{\sqrt{6}+2}-2\times\dfrac{\sqrt{6}+2}{2}$

$=\dfrac{2(\sqrt{6}-2)}{(\sqrt{6}+2)(\sqrt{6}-2)}-(\sqrt{6}+2)$

$=\dfrac{2(\sqrt{6}-2)}{6-4}-(\sqrt{6}+2)$

$=\sqrt{6}-2-\sqrt{6}-2$

$=\boldsymbol{-4}$

⇨分母の有理化。

(2)　$\left(a+\dfrac{8}{a}\right)\left(2a+\dfrac{1}{a}\right)+\left(a-\dfrac{8}{a}\right)\left(2a-\dfrac{1}{a}\right)$

$=2a^2+a\times\dfrac{1}{a}+\dfrac{8}{a}\times2a+\dfrac{8}{a^2}$

$\quad+2a^2+a\times\left(-\dfrac{1}{a}\right)-\dfrac{8}{a}\times2a+\dfrac{8}{a^2}$

$=2a^2+1+16+\dfrac{8}{a^2}+2a^2-1-16+\dfrac{8}{a^2}$

$=4a^2+\dfrac{16}{a^2}=4\left(a^2+\dfrac{4}{a^2}\right)$

$=4\left\{\left(a-\dfrac{2}{a}\right)^2+2\times a\times\dfrac{2}{a}\right\}=4\left\{\left(a-\dfrac{2}{a}\right)^2+4\right\}$

⇨(1)の結果が使えるように変形。

$4\left\{\left(a-\dfrac{2}{a}\right)^2+4\right\}$ に $a-\dfrac{2}{a}=-4$ を代入して

⇨(1) の結果を代入。

$4\left\{\left(a-\dfrac{2}{a}\right)^2+4\right\}=4\{(-4)^2+4\}=\boldsymbol{80}$

演習 47 次の分数を小数に直したとき，有限小数になるものを答えなさい。

$\frac{1}{2}$，$\frac{2}{3}$，$\frac{3}{4}$，$\frac{12}{15}$，$\frac{5}{6}$，$\frac{4}{33}$，$\frac{3}{14}$，$\frac{8}{65}$，$\frac{15}{32}$，$\frac{59}{495}$

HINT 実際に小数に直してみる。

$\frac{1}{2}=0.5$，$\frac{2}{3}=0.666\cdots\cdots=0.\dot{6}$，$\frac{3}{4}=0.75$，$\frac{12}{15}=0.8$

$\frac{5}{6}=0.8333\cdots\cdots=0.8\dot{3}$，$\frac{4}{33}=0.121212\cdots\cdots=0.\dot{1}\dot{2}$

$\frac{3}{14}=0.21428571\cdots\cdots=0.2\dot{1}4285\dot{7}$

$\frac{8}{65}=0.12307692\cdots\cdots=0.1\dot{2}3076\dot{9}$

$\frac{15}{32}=0.46875$，$\frac{59}{495}=0.1191919\cdots\cdots=0.1\dot{1}\dot{9}$

よって，有限小数になるものは　$\boldsymbol{\frac{1}{2}}$，$\boldsymbol{\frac{3}{4}}$，$\boldsymbol{\frac{12}{15}}$，$\boldsymbol{\frac{15}{32}}$

◯他の分数は循環小数。

演習 48 $\frac{1}{13}$ を小数に直したとき，小数第 20 位の数字を求めなさい。

$\frac{1}{13}=0.0769230769230\cdots\cdots=0.\dot{0}7692\dot{3}$

これは，「076923」の 6 つの数がくり返される。

20＝6×3＋2 であるから，小数第 20 位の数は，「076923」の 2 番目の数である。

よって　**7**

演習 49 次の計算をし，結果を分数で表しなさい。

(1)　$1-(6.\dot{5}\dot{4}-3.3\dot{4}\dot{5})$　　(2)　$0.\dot{1}\dot{5}\times0.\dot{3}$

HINT まず，循環小数を分数で表す。

(1)　$6.\dot{5}\dot{4}=x$ とおくと　$99x=648$

よって　$x=\frac{648}{99}=\frac{72}{11}$

$$\begin{array}{rr} 100x= & 654.5454\cdots\cdots \\ -)\quad x= & 6.5454\cdots\cdots \\ \hline 99x= & 648 \end{array}$$

$3.3\dot{4}\dot{5}=y$ とおくと　$99y=331.2$

よって　$y=\frac{331.2}{99}=\frac{3312}{990}=\frac{184}{55}$

$$\begin{array}{rr} 100y= & 334.54545\cdots\cdots \\ -)\quad y= & 3.34545\cdots\cdots \\ \hline 99y= & 331.2 \end{array}$$

したがって　$1-(6.\dot{5}\dot{4}-3.3\dot{4}\dot{5})=1-\left(\frac{72}{11}-\frac{184}{55}\right)$

$=1-\frac{360-184}{55}=1-\frac{176}{55}$

$=-\frac{121}{55}=\boldsymbol{-\frac{11}{5}}$

(2)　$0.\dot{1}\dot{5}=x$ とおくと　$99x=15$

よって　$x=\frac{15}{99}=\frac{5}{33}$

$$\begin{array}{rr} 100x= & 15.1515\cdots\cdots \\ -)\quad x= & 0.1515\cdots\cdots \\ \hline 99x= & 15 \end{array}$$

$0.\dot{3}=y$ とおくと　$9y=3$

よって　$y=\frac{3}{9}=\frac{1}{3}$

$$\begin{array}{rr} 10y= & 3.333\cdots\cdots \\ -)\quad y= & 0.333\cdots\cdots \\ \hline 9y= & 3 \end{array}$$

したがって　$0.\dot{1}\dot{5}\times0.\dot{3}=\frac{5}{33}\times\frac{1}{3}=\boldsymbol{\frac{5}{99}}$

演習 50

次の事柄はつねに成り立つかどうかを答えなさい。成り立たない場合があれば，その例を1つ示しなさい。

(1) (無理数)+(有理数)=(無理数)　(2) (無理数)+(無理数)=(無理数)
(3) (無理数)×(有理数)=(無理数)　(4) (無理数)×(無理数)=(無理数)

(1) **成り立つ。**

(2) **成り立たない。**　**例**　$\boldsymbol{\sqrt{2}+(-\sqrt{2})=0}$

(3) **成り立たない。**　**例**　$\boldsymbol{\sqrt{2}\times 0=0}$

(4) **成り立たない。**　**例**　$\boldsymbol{\sqrt{2}\times\sqrt{2}=2}$

演習 51

(1) $\sqrt{10}=3.16$ とする。$\sqrt{30}\div\sqrt{12}$ の値を求めなさい。

(2) $\sqrt{3.56}=1.89$，$\sqrt{35.6}=5.97$ とする。$\sqrt{0.00356}$，$\sqrt{0.000356}$ の値をそれぞれ求めなさい。

HINT (1) $\sqrt{30}\div\sqrt{12}$ を $\sqrt{10}$ を使って表す。

(1) $$\sqrt{30}\div\sqrt{12}=\frac{\sqrt{30}}{\sqrt{12}}=\sqrt{\frac{30}{12}}=\sqrt{\frac{10}{4}}=\frac{\sqrt{10}}{2}$$
$$=\frac{3.16}{2}=\mathbf{1.58}$$

(2) $$\boldsymbol{\sqrt{0.00356}}=\sqrt{35.6\times\frac{1}{10^4}}=\sqrt{35.6}\times\frac{1}{10^2}$$
$$=5.97\times\frac{1}{10^2}=\mathbf{0.0597}$$

$$\boldsymbol{\sqrt{0.000356}}=\sqrt{3.56\times\frac{1}{10^4}}=\sqrt{3.56}\times\frac{1}{10^2}$$
$$=1.89\times\frac{1}{10^2}=\mathbf{0.0189}$$

$\frac{1}{10^4}=0.0001$

演習 52

面積が 360 cm^2 の正方形の1辺の長さを四捨五入により小数第2位まで求めなさい。必要があれば本冊の巻末にある平方根表を用いてよい。

HINT　面積 a cm^2 の正方形の1辺の長さは $\sqrt{a}$ cm

面積が 360 cm^2 の正方形の1辺の長さは

$$\sqrt{360}=6\sqrt{10}\ (\text{cm})$$

ここで，平方根表から　$\sqrt{10}=3.162$

よって　$6\sqrt{10}=6\times 3.162=18.972$

小数第3位を四捨五入すると　18.97　　答　**18.97 cm**

演習 53

次のおのおのの場合の誤差を求めなさい。

(1) $\frac{3}{8}$ の近似値を 0.38 とする。

(2) $\frac{21}{25}$ の近似値を 0.8 とする。

HINT (誤差)=(近似値)−(真の値)

(1) $\frac{3}{8}=0.375$　よって，誤差は　$0.38-0.375=\mathbf{0.005}$

(2) $\frac{21}{25}=0.84$　よって，誤差は　$0.8-0.84=\mathbf{-0.04}$

演習 54 次の各場合について，真の値 x の範囲を不等式で表しなさい。
(1) 小数第 2 位未満を四捨五入して，18.10 を得たとき
(2) 1 の位以下を切り捨てて 680 を得たとき

(1) 真の値は，小数第 3 位を四捨五入して 18.10 になる数であるから
$18.095 \leqq x < 18.105$

(近似値)
18.095　18.10　18.105
真の値の範囲

(2) 真の値は，1 の位を切り捨てて 680 になる数であるから
$680 \leqq x < 690$

(近似値)
680　690
真の値の範囲

演習 55 次の数の近似値を［　］内の条件で四捨五入して求め，それを $a \times 10^n$ または $a \times \dfrac{1}{10^n}$ (a は 1 以上 10 未満の数，n は自然数) の形で表しなさい。
(1) $\dfrac{38405}{13}$ [小数第 2 位]　(2) $\dfrac{3}{2009}$ [小数第 6 位]

(1) 小数第 2 位を四捨五入して得られる $\dfrac{38405}{13}$ の近似値は
2954.2
これを，$a \times 10^n$ (a は 1 以上 10 未満の数，n は自然数) の形で表すと　**2.9542×10^3**

(2) 小数第 6 位を四捨五入して得られる $\dfrac{3}{2009}$ の近似値は
0.00149
これを，$a \times \dfrac{1}{10^n}$ (a は 1 以上 10 未満の数，n は自然数) の形で表すと　**$1.49 \times \dfrac{1}{10^3}$**

演習 56 次の近似値を，$a \times 10^n$ または $a \times \dfrac{1}{10^n}$ (a は 1 以上 10 未満の数，n は自然数) の形で表しなさい。ただし，(1)の［　］内の数は有効数字を表す。
(1) 831500 [8，3，1，5]　(2) 0.040

(1) 831500 の有効数字が 8，3，1，5 であるから
$831500 = \mathbf{8.315 \times 10^5}$

(2) $0.040 = \mathbf{4.0 \times \dfrac{1}{10^2}}$

演習 57 家から学校までの距離を測り，10 m 未満を四捨五入して 1600 m を得た。この測定値の有効数字を答えなさい。また，この測定値を，$a \times 10^n$ または $a \times \dfrac{1}{10^n}$ (a は 1 以上 10 未満の数，n は自然数) の形で表しなさい。

1 の位を四捨五入して 1600 m を得たのであるから，10 の位までが有効数字である。　答 **1，6，0**
また　$1600 = 1.60 \times 10^3$　答 **1.60×10^3 m**

練習 54A 次の方程式のうち，2 次方程式をすべて選びなさい。
(ア) $x^2=6x$ (イ) $x-x^2=-6$
(ウ) $x(x+2)=(x-1)(x-3)$ (エ) $(2x-1)(3x+5)=(2-x)^2+x^2$

HINT 方程式
$ax^2+bx+c=0$
は $a\neq0$ のとき
2 次方程式。

(ア)～(エ) の方程式を整理すると，次のようになる。
(ア) $x^2-6x=0$ (イ) $-x^2+x+6=0$
(ウ) $6x-3=0$ (エ) $4x^2+11x-9=0$
よって，2 次方程式であるものは **(ア)，(イ)，(エ)**

⇦ (ウ) は 1 次方程式。

練習 54B 次の 2 次方程式のうち，$x=-2$ が解であるものをすべて選びなさい。
(ア) $x^2=2$ (イ) $x^2-2x=8$
(ウ) $(2x+1)(x-2)=x+14$ (エ) $(x+1)^2+(x-2)^2=5$

HINT $x=-2$ を代入して等式が成り立てば解。

(ア) $x=-2$ のとき $x^2=(-2)^2=4$
よって，$x^2=2$ は成り立たない。
(イ) $x=-2$ のとき $x^2-2x=(-2)^2-2\times(-2)=8$
よって，$x^2-2x=8$ が成り立つ。
(ウ) $x=-2$ のとき
$(2x+1)(x-2)=\{2\times(-2)+1\}(-2-2)=12$
$x+14=-2+14=12$
よって，$(2x+1)(x-2)=x+14$ が成り立つ。

⇦展開しないで代入するとよい。

(エ) $x=-2$ のとき
$(x+1)^2+(x-2)^2=(-2+1)^2+(-2-2)^2$
$=(-1)^2+(-4)^2=17$
よって，$(x+1)^2+(x-2)^2=5$ は成り立たない。
したがって，$x=-2$ が解であるものは **(イ)，(ウ)**

⇦展開しないで代入するとよい。

練習 55 次の 2 次方程式を解きなさい。
(1) $x^2+4x=0$ (2) $x^2+8x+15=0$ (3) $x^2-6x=-5$
(4) $x^2+9x-36=0$ (5) $x^2-8x-20=0$ (6) $x^2+14x+49=0$
(7) $4x^2-12x+9=0$ (8) $6x^2+5x=6$ (9) $12x^2-7x-10=0$

HINT $AB=0$ ならば
$A=0$ または $B=0$
特に $A^2=0$ ならば
$A=0$

(1) 左辺を因数分解すると $x(x+4)=0$
よって $x=0$ または $x+4=0$
したがって $x=0$ または $x=-4$
答 $\boldsymbol{x=0,\ -4}$
(2) 左辺を因数分解すると $(x+3)(x+5)=0$
よって $x+3=0$ または $x+5=0$
したがって $x=-3$ または $x=-5$
答 $\boldsymbol{x=-3,\ -5}$
(3) $x^2-6x=-5$ -5 を移項すると $x^2-6x+5=0$
左辺を因数分解すると $(x-1)(x-5)=0$
よって $x-1=0$ または $x-5=0$
したがって $x=1$ または $x=5$
答 $\boldsymbol{x=1,\ 5}$

(4) 左辺を因数分解すると　$(x+12)(x-3)=0$
よって　$x+12=0$ または $x-3=0$
したがって　$x=-12$ または $x=3$
答 $\boldsymbol{x=-12,\ 3}$

(5) 左辺を因数分解すると　$(x+2)(x-10)=0$
よって　$x+2=0$ または $x-10=0$
したがって　$x=-2$ または $x=10$
答 $\boldsymbol{x=-2,\ 10}$

(6) 左辺を因数分解すると　$(x+7)^2=0$
よって　$x+7=0$　したがって　$\boldsymbol{x=-7}$

(7) 左辺を因数分解すると　$(2x-3)^2=0$
よって　$2x-3=0$　したがって　$\boldsymbol{x=\frac{3}{2}}$

(8) $6x^2+5x=6$　6 を移項すると　$6x^2+5x-6=0$
左辺を因数分解すると　$(2x+3)(3x-2)=0$
よって　$2x+3=0$ または $3x-2=0$
したがって　$x=-\frac{3}{2}$ または $x=\frac{2}{3}$
答 $\boldsymbol{x=-\frac{3}{2},\ \frac{2}{3}}$

(9) 左辺を因数分解すると　$(3x+2)(4x-5)=0$
よって　$3x+2=0$ または $4x-5=0$
したがって　$x=-\frac{2}{3}$ または $x=\frac{5}{4}$
答 $\boldsymbol{x=-\frac{2}{3},\ \frac{5}{4}}$

⇦ $A^2=0$ の形。
⇦ $x=-7$ は重解。
⇦ $A^2=0$ の形。
⇦ $x=\frac{3}{2}$ は重解。

⇦
2	3	→ 9
3	−2	→ −4
6	−6	5

⇦
3	2	→ 8
4	−5	→ −15
12	−10	−7

3章 練習【2次方程式】

練習 56 次の 2 次方程式を解きなさい。
(1) $x^2=169$　(2) $x^2-18=0$　(3) $3x^2-25=0$
(4) $24x^2=81$　(5) $(x-5)^2=9$　(6) $(x+2)^2=5$
(7) $(x+1)^2-3=0$　(8) $(2x-1)^2=16$　(9) $2-3(2x+5)^2=0$

HINT $n>0$ のとき，方程式 $M^2=n$ の解は $M=\pm\sqrt{n}$

(1) $x=\pm\sqrt{169}$　よって　$\boldsymbol{x=\pm 13}$

(2) $x^2-18=0$　-18 を移項して　$x^2=18$
よって　$x=\pm\sqrt{18}$　したがって　$\boldsymbol{x=\pm 3\sqrt{2}}$

(3) $3x^2-25=0$　-25 を移項して　$3x^2=25$
両辺を 3 でわって　$x^2=\frac{25}{3}$
よって　$x=\pm\sqrt{\frac{25}{3}}$　したがって　$\boldsymbol{x=\pm\frac{5\sqrt{3}}{3}}$

(4) $24x^2=81$
両辺を 24 でわって　$x^2=\frac{81}{24}$　すなわち　$x^2=\frac{27}{8}$
よって　$x=\pm\sqrt{\frac{27}{8}}$　したがって　$\boldsymbol{x=\pm\frac{3\sqrt{6}}{4}}$

⇦ $x^2=k$ の形。
⇦ $x^2=k$ の形。
⇦ $x^2=k$ の形。

(5) $(x-5)^2=9$
$x-5=\pm 3$
$x=5\pm 3$
よって **$x=8,\ 2$**

◯$x-5=M$ とおくと $M^2=9$
◯-5 を移項する。

(6) $(x+2)^2=5$
$x+2=\pm\sqrt{5}$
よって $x=-2\pm\sqrt{5}$
したがって **$x=-2+\sqrt{5},\ -2-\sqrt{5}$**

◯$x+2=M$ とおくと $M^2=5$
◯2 を移項する。

(7) $(x+1)^2-3=0$
-3 を移項して $(x+1)^2=3$
$x+1=\pm\sqrt{3}$
よって $x=-1\pm\sqrt{3}$
したがって **$x=-1+\sqrt{3},\ -1-\sqrt{3}$**

◯$x+1=M$ とおくと $M^2-3=0 \longrightarrow M^2=3$

(8) $(2x-1)^2=16$
$2x-1=\pm 4$
$2x=1\pm 4$
$2x=5$ または $2x=-3$
よって **$x=\dfrac{5}{2},\ -\dfrac{3}{2}$**

◯$2x-1=M$ とおくと $M^2=16$

(9) $2-3(2x+5)^2=0$
2 を移項して $-3(2x+5)^2=-2$
両辺を -3 でわって $(2x+5)^2=\dfrac{2}{3}$
$2x+5=\pm\sqrt{\dfrac{2}{3}}$
$2x=-5\pm\dfrac{\sqrt{6}}{3}$
よって $2x=\dfrac{-15\pm\sqrt{6}}{3}$
したがって **$x=\dfrac{-15\pm\sqrt{6}}{6}$**

◯$2x+5=M$ とおくと $2-3M^2=0 \longrightarrow M^2=\dfrac{2}{3}$
◯$\sqrt{\dfrac{2}{3}}=\dfrac{\sqrt{2}}{\sqrt{3}}=\dfrac{\sqrt{2}\times\sqrt{3}}{\sqrt{3}\times\sqrt{3}}=\dfrac{\sqrt{6}}{3}$

練習 57 次の 2 次方程式を $(x+m)^2=n$ の形に変形して解きなさい。
(1) $x^2+6x+7=0$ (2) $x^2-8x-4=0$ (3) $x^2+3x+1=0$
(4) $x^2-5x-3=0$ (5) $3x^2+7x+1=0$ (6) $5x^2-6x-2=0$

(1) $x^2+6x+7=0$
$x^2+6x=-7$
$x^2+6x+3^2=-7+3^2$
$(x+3)^2=2$
$x+3=\pm\sqrt{2}$
よって **$x=-3\pm\sqrt{2}$**

(2) $x^2-8x-4=0$
$x^2-8x=4$
$x^2-8x+4^2=4+4^2$
$(x-4)^2=20$
$x-4=\pm 2\sqrt{5}$
よって **$x=4\pm 2\sqrt{5}$**

◯定数項を移項。
◯両辺に x の係数の半分の 2 乗をたす。

(3) $x^2+3x+1=0$
$x^2+3x=-1$

◯定数項を移項。

$$x^2+3x+\left(\frac{3}{2}\right)^2=-1+\left(\frac{3}{2}\right)^2$$

$$\left(x+\frac{3}{2}\right)^2=\frac{5}{4}$$

$$x+\frac{3}{2}=\pm\frac{\sqrt{5}}{2}$$

$$x=-\frac{3}{2}\pm\frac{\sqrt{5}}{2}$$

よって $\boldsymbol{x=\dfrac{-3\pm\sqrt{5}}{2}}$

◯両辺に 3 の半分 $\frac{3}{2}$ の 2 乗をたす。

(4)

$$x^2-5x-3=0$$

$$x^2-5x=3$$

$$x^2-5x+\left(\frac{5}{2}\right)^2=3+\left(\frac{5}{2}\right)^2$$

$$\left(x-\frac{5}{2}\right)^2=\frac{37}{4}$$

$$x-\frac{5}{2}=\pm\frac{\sqrt{37}}{2}$$

$$x=\frac{5}{2}\pm\frac{\sqrt{37}}{2}$$

よって $\boldsymbol{x=\dfrac{5\pm\sqrt{37}}{2}}$

◯定数項を移項。

◯両辺に 5 の半分 $\frac{5}{2}$ の 2 乗をたす。

(5)

$$3x^2+7x+1=0$$

$$x^2+\frac{7}{3}x+\frac{1}{3}=0$$

$$x^2+\frac{7}{3}x=-\frac{1}{3}$$

$$x^2+\frac{7}{3}x+\left(\frac{7}{6}\right)^2=-\frac{1}{3}+\left(\frac{7}{6}\right)^2$$

$$\left(x+\frac{7}{6}\right)^2=\frac{37}{36}$$

$$x+\frac{7}{6}=\pm\frac{\sqrt{37}}{6}$$

$$x=-\frac{7}{6}\pm\frac{\sqrt{37}}{6}$$

よって $\boldsymbol{x=\dfrac{-7\pm\sqrt{37}}{6}}$

◯x^2 の係数を 1 に。

◯定数項を移項。

◯両辺に $\frac{7}{3}$ の半分 $\frac{7}{6}$ の 2 乗をたす。

(6)

$$5x^2-6x-2=0$$

$$x^2-\frac{6}{5}x-\frac{2}{5}=0$$

$$x^2-\frac{6}{5}x=\frac{2}{5}$$

$$x^2-\frac{6}{5}x+\left(\frac{3}{5}\right)^2=\frac{2}{5}+\left(\frac{3}{5}\right)^2$$

◯x^2 の係数を 1 に。

◯定数項を移項。

◯両辺に $\frac{6}{5}$ の半分 $\frac{3}{5}$ の 2 乗をたす。

$$\left(x-\frac{3}{5}\right)^2=\frac{19}{25}$$

$$x-\frac{3}{5}=\pm\frac{\sqrt{19}}{5}$$

$$x=\frac{3}{5}\pm\frac{\sqrt{19}}{5}$$

よって $\boldsymbol{x=\frac{3\pm\sqrt{19}}{5}}$

練習 58 解の公式を利用して，次の 2 次方程式を解きなさい。

(1) $2x^2-5x+1=0$　(2) $x^2+7x-1=0$　(3) $3x^2-9x-5=0$
(4) $x^2+5x+2=0$　(5) $x^2-3x-9=0$　(6) $x^2-5x-24=0$
(7) $6x^2+7x-3=0$　(8) $x^2=9x-5$　(9) $5x^2=-7x+2$

HINT
2 次方程式の解の公式
$ax^2+bx+c=0$ の解は
$$\boldsymbol{x=\frac{-b\pm\sqrt{b^2-4ac}}{2a}}$$

(1) $x=\frac{-(-5)\pm\sqrt{(-5)^2-4\times2\times1}}{2\times2}$

$=\frac{5\pm\sqrt{25-8}}{4}=\boldsymbol{\frac{5\pm\sqrt{17}}{4}}$

◯$a=2$，$b=-5$，$c=1$

(2) $x=\frac{-7\pm\sqrt{7^2-4\times1\times(-1)}}{2\times1}$

$=\frac{-7\pm\sqrt{49+4}}{2}=\boldsymbol{\frac{-7\pm\sqrt{53}}{2}}$

◯$a=1$，$b=7$，$c=-1$

(3) $x=\frac{-(-9)\pm\sqrt{(-9)^2-4\times3\times(-5)}}{2\times3}$

$=\frac{9\pm\sqrt{81+60}}{6}=\boldsymbol{\frac{9\pm\sqrt{141}}{6}}$

◯$a=3$，$b=-9$，$c=-5$

(4) $x=\frac{-5\pm\sqrt{5^2-4\times1\times2}}{2\times1}$

$=\frac{-5\pm\sqrt{25-8}}{2}=\boldsymbol{\frac{-5\pm\sqrt{17}}{2}}$

◯$a=1$，$b=5$，$c=2$

(5) $x=\frac{-(-3)\pm\sqrt{(-3)^2-4\times1\times(-9)}}{2\times1}$

$=\frac{3\pm\sqrt{9+36}}{2}=\frac{3\pm\sqrt{45}}{2}=\boldsymbol{\frac{3\pm3\sqrt{5}}{2}}$

◯$a=1$，$b=-3$，$c=-9$

(6) $x=\frac{-(-5)\pm\sqrt{(-5)^2-4\times1\times(-24)}}{2\times1}$

$=\frac{5\pm\sqrt{25+96}}{2}=\frac{5\pm\sqrt{121}}{2}=\frac{5\pm11}{2}$

◯$a=1$，$b=-5$，$c=-24$

よって　$x=\frac{5+11}{2}$，$\frac{5-11}{2}$

すなわち　$\boldsymbol{x=8,\ -3}$

(7) $x=\frac{-7\pm\sqrt{7^2-4\times6\times(-3)}}{2\times6}$

$=\frac{-7\pm\sqrt{49+72}}{12}=\frac{-7\pm\sqrt{121}}{12}=\frac{-7\pm11}{12}$

◯$a=6$，$b=7$，$c=-3$

よって　$x=\dfrac{-7+11}{12},\ \dfrac{-7-11}{12}$

すなわち　$\boldsymbol{x=\dfrac{1}{3},\ -\dfrac{3}{2}}$

(8)　$x^2=9x-5$ から　$x^2-9x+5=0$

よって　$x=\dfrac{-(-9)\pm\sqrt{(-9)^2-4\times1\times5}}{2\times1}$

$=\dfrac{9\pm\sqrt{81-20}}{2}=\boldsymbol{\dfrac{9\pm\sqrt{61}}{2}}$

◯公式が使えるように，右辺を移項する。

(9)　$5x^2=-7x+2$ から　$5x^2+7x-2=0$

よって　$x=\dfrac{-7\pm\sqrt{7^2-4\times5\times(-2)}}{2\times5}$

$=\dfrac{-7\pm\sqrt{49+40}}{10}=\boldsymbol{\dfrac{-7\pm\sqrt{89}}{10}}$

◯公式が使えるように，右辺を移項する。

練習 59　次の 2 次方程式を解きなさい。

(1)　$11x^2-10x+2=0$　(2)　$3x^2+2x-4=0$　(3)　$3x^2-4x-5=0$

(4)　$9x^2+12x+2=0$　(5)　$x^2-6x+4=0$　(6)　$3x^2+2x-5=0$

HINT　2 次方程式 $ax^2+2b'x+c=0$ の解は $x=\dfrac{-b'\pm\sqrt{b'^2-ac}}{a}$

(1)　$11x^2+2\times(-5)x+2=0$ であるから

$x=\dfrac{-(-5)\pm\sqrt{(-5)^2-11\times2}}{11}=\dfrac{5\pm\sqrt{25-22}}{11}$

$=\boldsymbol{\dfrac{5\pm\sqrt{3}}{11}}$

◯$a=11,\ b'=-5,\ c=2$

(2)　$3x^2+2\times1\times x-4=0$ であるから

$x=\dfrac{-1\pm\sqrt{1^2-3\times(-4)}}{3}=\dfrac{-1\pm\sqrt{1+12}}{3}$

$=\boldsymbol{\dfrac{-1\pm\sqrt{13}}{3}}$

◯$a=3,\ b'=1,\ c=-4$

(3)　$3x^2+2\times(-2)x-5=0$ であるから

$x=\dfrac{-(-2)\pm\sqrt{(-2)^2-3\times(-5)}}{3}=\dfrac{2\pm\sqrt{4+15}}{3}$

$=\boldsymbol{\dfrac{2\pm\sqrt{19}}{3}}$

◯$a=3,\ b'=-2,\ c=-5$

(4)　$9x^2+2\times6x+2=0$ であるから

$x=\dfrac{-6\pm\sqrt{6^2-9\times2}}{9}=\dfrac{-6\pm\sqrt{36-18}}{9}$

$=\dfrac{-6\pm\sqrt{18}}{9}=\dfrac{-6\pm3\sqrt{2}}{9}=\boldsymbol{\dfrac{-2\pm\sqrt{2}}{3}}$

◯$a=9,\ b'=6,\ c=2$

◯3 で約分。

(5)　$x^2+2\times(-3)x+4=0$ であるから

$x=\dfrac{-(-3)\pm\sqrt{(-3)^2-1\times4}}{1}=3\pm\sqrt{9-4}$

$=\boldsymbol{3\pm\sqrt{5}}$

◯分母の 1 を省略して $x=-(-3)\pm\sqrt{(-3)^2-1\times4}$ と書いてもよい。

(6)　$3x^2+2\times1\times x-5=0$ であるから

$x=\dfrac{-1\pm\sqrt{1^2-3\times(-5)}}{3}=\dfrac{-1\pm\sqrt{1+15}}{3}=\dfrac{-1\pm4}{3}$

よって　　$x=\dfrac{-1+4}{3},\ \dfrac{-1-4}{3}$

すなわち　$\boldsymbol{x=1,\ -\dfrac{5}{3}}$

練習 60 次の 2 次方程式を解きなさい。

(1) $(x-2)(x-4)=(2x-3)^2$　　(2) $3x^2-(x-1)(x+5)=(2x+3)^2$

(3) $\left(\dfrac{x-2}{2}\right)^2-\dfrac{5}{4}=\dfrac{x+3}{2}$　　(4) $4.5x^2-2.25x-0.25=0$

(5) $(5x-1)(x+2)=(x+3)(x+7)-20$

HINT 式を整理して $ax^2+bx+c=0$ の形にする。
(3) 両辺に 4 をかけて，分母をはらう。
(4) 両辺に 4 をかけて，係数を整数にする。

(1)
$$(x-2)(x-4)=(2x-3)^2$$
$$x^2-6x+8=4x^2-12x+9$$
$$3x^2-6x+1=0$$

よって　$x=\dfrac{-(-3)\pm\sqrt{(-3)^2-3\times1}}{3}=\boldsymbol{\dfrac{3\pm\sqrt{6}}{3}}$

CHART
2 次方程式の解き方
まず因数分解
困ったら解の公式

(2)
$$3x^2-(x-1)(x+5)=(2x+3)^2$$
$$3x^2-(x^2+4x-5)=4x^2+12x+9$$
$$x^2+8x+2=0$$

よって　$x=\dfrac{-4\pm\sqrt{4^2-1\times2}}{1}=\boldsymbol{-4\pm\sqrt{14}}$

(3)
$$\left(\frac{x-2}{2}\right)^2-\frac{5}{4}=\frac{x+3}{2}$$
$$\frac{x^2-4x+4}{4}-\frac{5}{4}=\frac{x+3}{2}$$

両辺に 4 をかけて　　$x^2-4x+4-5=2(x+3)$

$$x^2-6x-7=0$$

◯分母をはらう。

左辺を因数分解すると　　$(x+1)(x-7)=0$

よって　$\boldsymbol{x=-1,\ 7}$

(4)
$$4.5x^2-2.25x-0.25=0$$

両辺に 4 をかけて　　$18x^2-9x-1=0$

◯係数を整数に。

よって　$x=\dfrac{-(-9)\pm\sqrt{(-9)^2-4\times18\times(-1)}}{2\times18}$

$$=\frac{9\pm\sqrt{153}}{36}=\frac{9\pm3\sqrt{17}}{36}=\boldsymbol{\frac{3\pm\sqrt{17}}{12}}$$

(5)
$$(5x-1)(x+2)=(x+3)(x+7)-20$$
$$5x^2+9x-2=x^2+10x+21-20$$
$$4x^2-x-3=0$$

◯ 1 ╲╱ −1 ⟶ −4
　 4 ╱╲ 3 ⟶ 3
　 4　　−3　　−1

左辺を因数分解すると　　$(x-1)(4x+3)=0$

よって　$\boldsymbol{x=1,\ -\dfrac{3}{4}}$

練習 61 次の 2 次方程式を解きなさい。

(1) $(2x-3)^2+2(2x-3)-15=0$　　(2) $2(x-7)^2=4(x-7)+3$

(3) $(2x+1)^2-32=4(2x+1)$　　(4) $5(3x+1)^2-9(3x+1)+2=0$

HINT 共通な式をまとめておきかえる。

(1)　$2x-3=t$ とおくと，方程式は次のようになる。

$$t^2+2t-15=0$$
$$(t+5)(t-3)=0$$

よって　$t=-5,\ 3$

すなわち　$2x-3=-5$　または　$2x-3=3$

したがって　$\boldsymbol{x=-1,\ 3}$

←まず，t の 2 次方程式を解く。

← x の式にもどす。

(2)　$x-7=t$ とおくと，方程式は次のようになる。

$$2t^2=4t+3$$
$$2t^2-4t-3=0$$

よって　$t=\dfrac{-(-2)\pm\sqrt{(-2)^2-2\times(-3)}}{2}=\dfrac{2\pm\sqrt{10}}{2}$

すなわち　$x-7=\dfrac{2\pm\sqrt{10}}{2}$

したがって　$\boldsymbol{x=\dfrac{16\pm\sqrt{10}}{2}}$

← x の式にもどす。

← $x=7+\dfrac{2\pm\sqrt{10}}{2}=\dfrac{14+2\pm\sqrt{10}}{2}$

(3)　$2x+1=t$ とおくと，方程式は次のようになる。

$$t^2-32=4t$$
$$t^2-4t-32=0$$
$$(t+4)(t-8)=0$$

よって　$t=-4,\ 8$

すなわち　$2x+1=-4$　または　$2x+1=8$

したがって　$\boldsymbol{x=-\dfrac{5}{2},\ \dfrac{7}{2}}$

← x の式にもどす。

(4)　$3x+1=t$ とおくと，方程式は次のようになる。

$$5t^2-9t+2=0$$

よって　$t=\dfrac{-(-9)\pm\sqrt{(-9)^2-4\times5\times2}}{2\times5}=\dfrac{9\pm\sqrt{41}}{10}$

すなわち　$3x+1=\dfrac{9\pm\sqrt{41}}{10}$

したがって　$\boldsymbol{x=\dfrac{-1\pm\sqrt{41}}{30}}$

← x の式にもどす。

← $3x=\dfrac{-1\pm\sqrt{41}}{10}$

練習 62A　次の x の 2 次方程式が（ ）内に与えられた解をもつとき，定数 a の値ともう 1 つの解を求めなさい。

(1)　$x^2-2ax+a+5=0$ $(x=2)$　　(2)　$x^2-ax+a^2-3=0$ $(x=-2)$

(3)　$2x^2-3ax-2(3a+10)=0$ $(x=2a)$　ただし，$a<0$ とする。

(4)　$x^2-2x+a=0$ $(x=1-\sqrt{5})$　　(5)　$x^2+ax+4=0$ $(x=-3+\sqrt{5})$

CHART　方程式の解　代入すると成り立つ

(1)　$x^2-2ax+a+5=0$ が $x=2$ を解にもつから

$$2^2-2a\times2+a+5=0$$

すなわち　$-3a+9=0$　　よって　$\boldsymbol{a=3}$

$a=3$ のとき，2 次方程式は次のようになる。

$$x^2-6x+8=0$$
$$(x-2)(x-4)=0$$

よって　$x=2,\ 4$

← $x=2$ を方程式に代入。

3章　練習［2次方程式］

したがって，**もう1つの解は**　　$\boldsymbol{x=4}$

(2)　$x^2-ax+a^2-3=0$ が $x=-2$ を解にもつから

$$(-2)^2-a\times(-2)+a^2-3=0$$

すなわち　　$a^2+2a+1=0$　　　よって　　$(a+1)^2=0$

したがって　$\boldsymbol{a=-1}$

$a=-1$ のとき，2次方程式は次のようになる。

$$x^2+x-2=0$$

$$(x+2)(x-1)=0$$

よって　　$x=-2,\ 1$

したがって，**もう1つの解は**　　$\boldsymbol{x=1}$

(3)　$2x^2-3ax-2(3a+10)=0$ が $x=2a$ を解にもつから

$$2\times(2a)^2-3a\times2a-2(3a+10)=0$$

すなわち　　$a^2-3a-10=0$　　　よって　　$(a+2)(a-5)=0$

したがって　$a=-2,\ 5$

$a<0$ であるから　　$\boldsymbol{a=-2}$

$a=-2$ のとき，2次方程式は次のようになる。

$$2x^2+6x-8=0$$

$$x^2+3x-4=0$$

$$(x+4)(x-1)=0$$

よって　　$x=-4,\ 1$

与えられた解は $x=2a=2\times(-2)=-4$ であるから，**もう1つの解は**　　$\boldsymbol{x=1}$

(4)　$x^2-2x+a=0$ が $x=1-\sqrt{5}$ を解にもつから

$$(1-\sqrt{5})^2-2\times(1-\sqrt{5})+a=0$$

すなわち　　$(1-2\sqrt{5}+5)-2+2\sqrt{5}+a=0$

よって　　$a+4=0$　　　したがって　　$\boldsymbol{a=-4}$

$a=-4$ のとき，2次方程式は次のようになる。

$$x^2-2x-4=0$$

よって　　$x=-(-1)\pm\sqrt{(-1)^2-1\times(-4)}=1\pm\sqrt{5}$

したがって，**もう1つの解は**　　$\boldsymbol{x=1+\sqrt{5}}$

(5)　$x^2+ax+4=0$ が $x=-3+\sqrt{5}$ を解にもつから

$$(-3+\sqrt{5})^2+a\times(-3+\sqrt{5})+4=0$$

すなわち　　$(9-6\sqrt{5}+5)+(-3+\sqrt{5})a+4=0$

よって　　$(3-\sqrt{5})a=18-6\sqrt{5}$

したがって　$\boldsymbol{a}=\dfrac{18-6\sqrt{5}}{3-\sqrt{5}}=\dfrac{6(3-\sqrt{5})}{3-\sqrt{5}}=\boldsymbol{6}$

$a=6$ のとき，2次方程式は次のようになる。

$$x^2+6x+4=0$$

よって　　$x=-3\pm\sqrt{3^2-1\times4}=-3\pm\sqrt{5}$

したがって，**もう1つの解は**　　$\boldsymbol{x=-3-\sqrt{5}}$

⊃$x=-2$ を方程式に代入。

⊃$x=2a$ を方程式に代入。

⊃$a=5$ は $a<0$ に適さない。

⊃$x=1-\sqrt{5}$ を方程式に代入。

⊃分母の1を省略した。

⊃$x=-3+\sqrt{5}$ を方程式に代入。

⊃$3-\sqrt{5}$ で約分。

練習 62B x の 2 次方程式 $x^2-4ax+a^2+12=0$ の解の 1 つは，2 次方程式 $x^2+4x-21=0$ の小さい方の解より 5 大きい。このとき，定数 a の値を求めなさい。

HINT まず，$x^2+4x-21=0$ の小さい方の解を求める。

$x^2+4x-21=0$ を解くと　$(x+7)(x-3)=0$

よって　$x=-7,\ 3$

したがって，$x^2-4ax+a^2+12=0$ の解の 1 つは $-7+5$，すなわち -2 であるから

CHART 方程式の解 代入すると成り立つ

$$(-2)^2-4a\times(-2)+a^2+12=0$$

すなわち　$a^2+8a+16=0$　よって　$(a+4)^2=0$

したがって　$\boldsymbol{a=-4}$

練習 62C x の 2 次方程式 $a(x-1)(x-2)+b=0$ の解の 1 つが 3 である。このとき，もう 1 つの解を求めなさい。

CHART 方程式の解 代入すると成り立つ

$a(x-1)(x-2)+b=0$ が $x=3$ を解にもつから

$$a(3-1)(3-2)+b=0$$

⇐$x=3$ を方程式に代入。

すなわち　$2a+b=0$　よって　$b=-2a$

$b=-2a$ のとき，2 次方程式は次のようになる。

$$a(x-1)(x-2)-2a=0$$
$$a(x^2-3x+2)-2a=0$$
$$ax(x-3)=0$$

⇐$b=-2a$ を方程式に代入。

a は 0 ではないから　$x(x-3)=0$

⇐2 次方程式であるから，2 次の係数 a は 0 でない。

これを解くと　$x=0,\ 3$

したがって，もう 1 つの解は　$\boldsymbol{x=0}$

練習 63A 次の x の 2 次方程式が(　)内に与えられた解をもつとき，定数 a，b の値を求めなさい。
(1) $x^2+ax+b=0$ $(x=-6,\ 5)$　(2) $2x^2+ax+b=0$ $(x=-4,\ 6)$

CHART 方程式の解 代入すると成り立つ

(1) 解が -6 と 5 であるから，$x^2+ax+b=0$ に $x=-6,\ 5$ をそれぞれ代入すると

$(-6)^2+a\times(-6)+b=0$

すなわち　$36-6a+b=0$　…… ①

$5^2+a\times5+b=0$　すなわち　$25+5a+b=0$　…… ②

①，② を解いて　$\boldsymbol{a=1,\ b=-30}$

別解　解が -6 と 5 である 2 次方程式は　$(x+6)(x-5)=0$

⇐x^2 の係数は 1

よって　$x^2+x-30=0$

これと $x^2+ax+b=0$ を比べて　$\boldsymbol{a=1,\ b=-30}$

(2) 解が -4 と 6 であるから，$2x^2+ax+b=0$ に $x=-4,\ 6$ をそれぞれ代入すると

$2\times(-4)^2+a\times(-4)+b=0$

すなわち　$32-4a+b=0$　…… ①

$2\times6^2+a\times6+b=0$　すなわち　$72+6a+b=0$　…… ②

①，② を解いて　$\boldsymbol{a=-4,\ b=-48}$

別解 解が -4 と 6 である 2 次方程式は　$2(x+4)(x-6)=0$

よって　$2x^2-4x-48=0$

これと $2x^2+ax+b=0$ を比べて　$\boldsymbol{a=-4,\ b=-48}$

> ◯x^2 の係数は 2

練習 63B x の 2 次方程式 $x^2+ax+b=0$ の 2 つの解に，それぞれ 2 を加えたものが 2 次方程式 $x^2-2x-15=0$ の解となる。このとき，定数 a，b の値を求めなさい。

> HINT
> まず，$x^2-2x-15=0$ を解く。

2 次方程式 $x^2-2x-15=0$ の 2 つの解から，それぞれ 2 をひいたものが，2 次方程式 $x^2+ax+b=0$ の 2 つの解となる。

2 次方程式 $x^2-2x-15=0$ を解くと

$(x+3)(x-5)=0$　よって　$x=-3,\ 5$

したがって，2 次方程式 $x^2+ax+b=0$ の 2 つの解は

-5 と 3

> ◯$-3-2=-5$，$5-2=3$

解が -5 と 3 であるから，$x^2+ax+b=0$ に $x=-5,\ 3$ をそれぞれ代入すると

$(-5)^2+a\times(-5)+b=0$

すなわち　$25-5a+b=0$　…… ①

$3^2+a\times3+b=0$　すなわち　$9+3a+b=0$　…… ②

①，② を解いて　$\boldsymbol{a=2,\ b=-15}$

練習 64

(1) 次の 2 次方程式の実数解の個数を求めなさい。

(ア) $x^2-5x+2=0$　(イ) $\frac{1}{4}x^2+x+1=0$　(ウ) $\sqrt{3}x^2-3x+2=0$

(2) x の 2 次方程式 $x^2+6x+2m-3=0$ が異なる 2 つの実数解をもつような，定数 m の値の範囲を求めなさい。

> HINT
> 判別式を利用する。
> $ax^2+bx+c=0$ の判別式 D は
> $D=b^2-4ac$

(1) 2 次方程式の判別式を D とする。

(ア) $D=(-5)^2-4\times1\times2=17>0$

よって，実数解の個数は **2 個** である。

(イ) $D=1^2-4\times\frac{1}{4}\times1=0$

よって，実数解の個数は **1 個** である。

(ウ) $D=(-3)^2-4\times\sqrt{3}\times2=9-8\sqrt{3}<0$

よって，実数解の個数は **0 個** である。

> ◯$9^2=81$，$(8\sqrt{3})^2=192$
> よって　$9^2<(8\sqrt{3})^2$
> ゆえに　$9<8\sqrt{3}$

(2) x の 2 次方程式 $x^2+6x+2m-3=0$ …… ① の判別式を D とすると　$D=6^2-4\times1\times(2m-3)=48-8m$

① が異なる 2 つの実数解をもつのは，$D>0$ のときである。

よって　$48-8m>0$

これを解くと　$\boldsymbol{m<6}$

練習 65A 次の各場合について，x を求めなさい。

(1) ある数 x を 2 乗するところを，誤って 2 倍したために，正しい答えより 120 だけ小さくなった。

(2) ある負の数 x を 2 乗して 5 をひくところを，誤って 2 倍して 5 をたしたために，正しい答えより 2 だけ大きくなった。

> **■応用問題の解き方**
> ① 文字を決める
> ② 方程式をつくる
> ③ 方程式を解く
> ④ 解を検討する

(1)　条件から　$x^2-120=2x$　　◯等しい数量を＝で結ぶ。

$x^2-2x-120=0$

$(x+10)(x-12)=0$

よって　$\boldsymbol{x=-10,\ 12}$

(2)　条件から　$(x^2-5)+2=2x+5$　　◯等しい数量を＝で結ぶ。

$x^2-2x-8=0$

$(x+2)(x-4)=0$

よって　$x=-2,\ 4$

xは負の数であるから，$x=4$ はこの問題には適さない。　◯解の検討。

したがって　$\boldsymbol{x=-2}$

練習 65B　(1)　連続する3つの自然数がある。最も小さい数を2乗したものが，他の2つの数の和に等しくなるとき，これら3つの自然数を求めなさい。
(2)　連続する3つの正の奇数がある。最も小さい数と最も大きい数の積が285であるとき，これら3つの奇数の和を求めなさい。

HINT (1)，(2)とも最も小さい数をxとして，方程式をつくる。

(1)　最も小さい数をxとすると，連続する3つの自然数はx，$x+1$，$x+2$と表される。　◯真ん中の数や最も大きい数をxとおいてもよい。

よって　$x^2=(x+1)+(x+2)$　　◯等しい数量を＝で結ぶ。

$x^2-2x-3=0$

$(x+1)(x-3)=0$

したがって　$x=-1,\ 3$

xは自然数であるから，$x=-1$ はこの問題には適さない。　◯解の検討。

$x=3$ のとき，3つの数は3，4，5となり，適している。

よって，求める3つの数は　**3，4，5**

(2)　最も小さい正の奇数をxとすると，連続する3つの正の奇数はx，$x+2$，$x+4$と表される。　◯真ん中の数や最も大きい数をxとおいてもよい。

よって　$x(x+4)=285$　　◯等しい数量を＝で結ぶ。

$x^2+4x-285=0$

$(x+19)(x-15)=0$

したがって　$x=-19,\ 15$

xは正の奇数であるから，$x=-19$ はこの問題には適さない。　◯解の検討。

$x=15$ のとき，3つの数は15，17，19となり，適している。

よって，求める3つの奇数の和は　$15+17+19=\boldsymbol{51}$

練習 66A　長さが36 cmのひもがある。このひもを使って長方形を作ったところ，面積が65 cm²になった。長方形の縦の長さと横の長さを求めなさい。ただし，横の長さは縦の長さより長いものとする。

長方形の縦の長さをx cmとする。　◯文字を決める。

横の長さは

$\dfrac{36}{2}-x=18-x$ (cm)

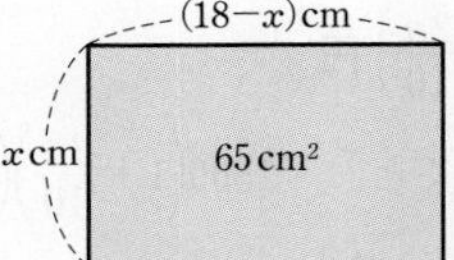

よって　$x(18-x)=65$　　◯長方形の面積をxを使って表し，65 cm²と＝で結ぶ。

$x^2-18x+65=0$

$(x-5)(x-13)=0$

これを解いて　$x=5,\ 13$

$x=5$ のとき　$18-x=18-5=13$

よって，縦の長さ 5 cm，横の長さ 13 cm となり，問題に適している。

$x=13$ のとき　$18-x=18-13=5$

よって，縦の長さ 13 cm，横の長さ 5 cm となり，横の長さは縦の長さより短いから，この問題には適さない。

答　**縦の長さ 5 cm，横の長さ 13 cm**

◯以下，解を検討。

◯(縦の長さ)<(横の長さ)

◯(縦の長さ)>(横の長さ)

練習 66B 縦 8 m，横 12 m の長方形の土地がある。右の図のように，道幅が同じで互いに垂直な道を縦に 2 本，横に 1 本作り，残りの土地を花だんにしたところ，花だんの面積と道の面積が同じになった。道幅を求めなさい。

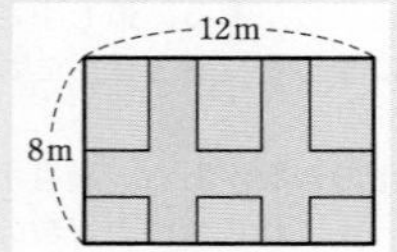

HINT 花だんの面積と道の面積が同じ。
⟶ 長方形の土地の面積は花だんの面積の 2 倍。

道幅を x m とすると　$0<x<8,\ 0<2x<12$

よって　$0<x<6$

花だんの面積と道の面積が同じになるとき，長方形の土地の面積は花だんの面積の 2 倍になる。右の図のように，道を端によせて考えても，花だんの面積は変わらない。

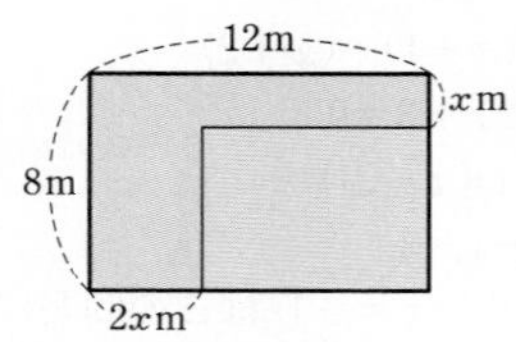

◯文字を決める。道幅は正の数であり，土地の縦の長さより小さい。また，2 本合わせた道幅は土地の横の長さより小さい。

よって，花だんの面積は　$(8-x)\times(12-2x)$ m^2

また，長方形の土地の面積は　$8\times12=96$ (m^2)

したがって　$2\times(8-x)(12-2x)=96$

$$4(8-x)(6-x)=96$$
$$48-14x+x^2=24$$
$$x^2-14x+24=0$$
$$(x-2)(x-12)=0$$

◯等しい数量を＝で結ぶ。

これを解いて　$x=2,\ 12$

$0<x<6$ であるから，$x=12$ はこの問題には適さない。

$x=2$ は問題に適している。

したがって，道幅は　**2 m**

◯解の検討。

練習 67 原価 1500 円の品物に，$2a$ 割の利益を見込んで定価をつけたが，その品物が売れ残ったので，その定価から a 割だけ引いて 1620 円で売った。a の値を求めなさい。ただし，a は 3 を超えないものとする。

HINT $2a$ 割の利益
⟶ 定価は原価の $\left(1+\dfrac{2a}{10}\right)$ 倍

定価は　$1500\left(1+\dfrac{2a}{10}\right)$ 円

定価から a 割だけ引くと　$1500\left(1+\dfrac{2a}{10}\right)\left(1-\dfrac{a}{10}\right)$ 円

これが 1620 円に等しいから

$$1500\left(1+\frac{2a}{10}\right)\left(1-\frac{a}{10}\right)=1620$$
$$15(10+2a)(10-a)=1620$$
$$30(5+a)(10-a)=1620$$
$$(5+a)(10-a)=54$$
$$a^2-5a+4=0$$
$$(a-1)(a-4)=0$$

これを解いて　$a=1,\ 4$

a は 3 を超えない数であるから，$a=4$ はこの問題には適さない。

$a=1$ は問題に適している。　**答**　$\boldsymbol{a=1}$

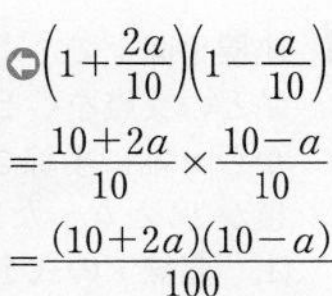

$\left(1+\frac{2a}{10}\right)\left(1-\frac{a}{10}\right)=\frac{10+2a}{10}\times\frac{10-a}{10}=\frac{(10+2a)(10-a)}{100}$

練習 68　90 km 離れたＰ駅とＱ駅がある。Ｐ駅から列車Ａが，Ｑ駅から列車Ｂがそれぞれ向かい合って同時に出発する。2 本の列車がすれ違ったあと，列車ＢがＰ駅に着くまでに 20 分かかった。列車Ａの速さを時速 45 km とする。ただし，列車の長さは考えないものとする。

(1)　列車が出発してからすれ違うまでにかかった時間を x 時間，列車Ｂの速さを時速 y km とし，x と y の関係を表す式を 2 つ答えなさい。

(2)　列車Ｂの速さを求めなさい。

HINT　(2)　(1)で求めた 2 つの関係式から y を消去して，x の 2 次方程式を導く。

(1)　すれ違うまでに進んだ距離は列車Ａは $45x$ km，列車Ｂは xy km である。

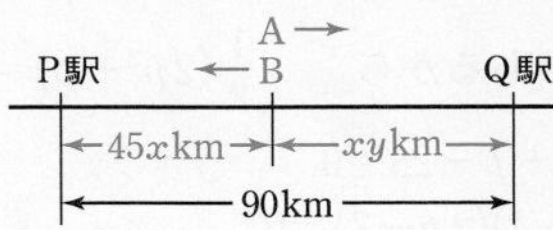

Ｐ駅とＱ駅の距離は 90 km であるから　$45x+xy=90$　…… ①

◯距離＝速さ×時間

また，すれ違ったあと，列車ＢがＰ駅に着くまでに進んだ距離は　$y\times\frac{20}{60}=\frac{y}{3}$ (km)

◯20 分は $\frac{1}{3}$ 時間。

これが列車Ａがすれ違うまでに進んだ距離と等しいから

$45x=\frac{y}{3}$　　よって　$y=135x$　…… ②

答　$\boldsymbol{45x+xy=90,\ y=135x}$

(2)　② を ① に代入すると　$45x+135x^2=90$

整理すると　$3x^2+x-2=0$

$(x+1)(3x-2)=0$

◯
1		1 →	3
3		−2 →	−2
3		−2	1

これを解いて　$x=-1,\ \frac{2}{3}$

$x>0$ であるから，$x=-1$ はこの問題には適さない。

$x=\frac{2}{3}$ を ② に代入すると　$y=135\times\frac{2}{3}=90$

$x=\frac{2}{3}$，$y=90$ は問題に適している。

したがって，列車Ｂの速さは　**時速 90 km**

練習 69 座標平面上で2点 A$(-1,\ -1)$, B$(2,\ 5)$ を通る直線を ℓ とし，ℓ と y 軸との交点をCとする。x 座標と y 座標がともに正である ℓ 上の点Pから x 軸に垂線を引き，x 軸との交点をQとするとき，△PCQ の面積が 14 となった。

(1) 直線 ℓ の式を求めなさい。　　(2) 点Pの x 座標を求めなさい。

(1) 直線 ℓ の式を $y=ax+b$ とおく。

この直線が

A$(-1,\ -1)$ を通るから　　$-1=-a+b$ ……①

B$(2,\ 5)$ を通るから　　$5=2a+b$ ……②

①，② を解くと　　$a=2,\ b=1$

よって，直線 ℓ の式は　　$\boldsymbol{y=2x+1}$

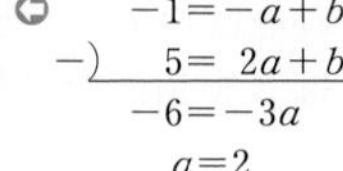

$$\begin{array}{r} -1=-a+b \\ -)\quad 5=\ 2a+b \\ \hline -6=-3a \\ a=2 \end{array}$$

(2) 点Pの x 座標を $p\ (p>0)$ とすると，P$(p,\ 2p+1)$，Q$(p,\ 0)$ と表される。また，(1) から C$(0,\ 1)$ である。

点Cから直線 PQ に垂線を引き，直線 PQ との交点をHとする。

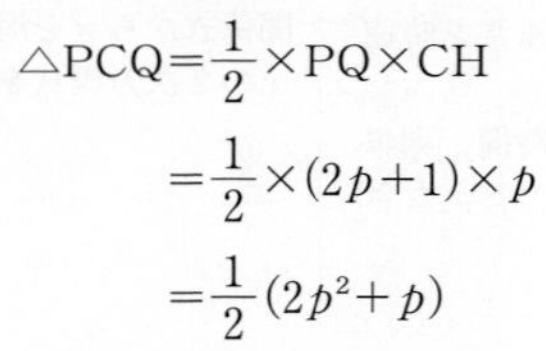

$$\triangle\mathrm{PCQ}=\frac{1}{2}\times\mathrm{PQ}\times\mathrm{CH}$$
$$=\frac{1}{2}\times(2p+1)\times p$$
$$=\frac{1}{2}(2p^2+p)$$

← △PCQ の底辺を PQ とみると，高さは CH

△PCQ の面積が 14 であるから　　$\frac{1}{2}(2p^2+p)=14$

整理すると　　$2p^2+p-28=0$

$(p+4)(2p-7)=0$

$$\begin{array}{ccccc} 1 & \diagdown\!\!\!\diagup & 4 & \to & 8 \\ 2 & & -7 & \to & -7 \\ \hline 2 & & -28 & & 1 \end{array}$$

これを解いて　　$p=-4,\ \frac{7}{2}$

$p>0$ であるから，$p=-4$ は適さない。$p=\frac{7}{2}$ は適している。

よって，点Pの x 座標は　　$\boldsymbol{\frac{7}{2}}$

演習 58 次の方程式を解きなさい。

(1) $2x^2-3\sqrt{5}x+4=0$　　(2) $-x^2-x+3=0$

(3) $(2x+3)^2=(x+3)^2$

(4) $2(x-1)^2=(x+3)(x-3)-3(x-4)$

(5) $(3x-5)^2+6(3x-7)=-14$

(6) $(3x+13)^2-4(3x+13)-221=0$

(7) $\frac{1}{3}x(x+5)+\frac{3}{4}=\frac{1}{3}x$　　(8) $\frac{x^2-1}{4}-\frac{2x-5}{3}=\frac{x^2+5}{6}$

(9) $0.5x(0.5-x)+0.25(2x+1)=0.5x$

(10) $(x+8)\left(\frac{1}{2}x-4\right)+\frac{1}{2}\{(x+5)^2-(x-5)^2\}-16=0$

CHART
2次方程式の解き方
まず因数分解
困ったら解の公式

(1) $\boldsymbol{x}=\frac{-(-3\sqrt{5})\pm\sqrt{(-3\sqrt{5})^2-4\times2\times4}}{2\times2}$

$=\frac{3\sqrt{5}\pm\sqrt{45-32}}{4}=\boldsymbol{\frac{3\sqrt{5}\pm\sqrt{13}}{4}}$

◯係数に $\sqrt{\ }$ を含む場合も解の公式が使える。

(2) $-x^2-x+3=0$

両辺に -1 をかけて　$x^2+x-3=0$

よって　$\boldsymbol{x}=\frac{-1\pm\sqrt{1^2-4\times1\times(-3)}}{2\times1}=\boldsymbol{\frac{-1\pm\sqrt{13}}{2}}$

◯2次の係数を正の数に。

(3) $(2x+3)^2=(x+3)^2$

$4x^2+12x+9=x^2+6x+9$

$3x^2+6x=0$

$x^2+2x=0$

左辺を因数分解すると　$x(x+2)=0$

よって　$\boldsymbol{x=0,\ -2}$

◯まず，$ax^2+bx+c=0$ の形に整理。

(4) $2(x-1)^2=(x+3)(x-3)-3(x-4)$

$2(x^2-2x+1)=x^2-9-3x+12$

$2x^2-4x+2=x^2-3x+3$

$x^2-x-1=0$

よって　$\boldsymbol{x}=\frac{-(-1)\pm\sqrt{(-1)^2-4\times1\times(-1)}}{2\times1}=\boldsymbol{\frac{1\pm\sqrt{5}}{2}}$

◯まず，$ax^2+bx+c=0$ の形に整理。

(5) $(3x-5)^2+6(3x-7)=-14$

$9x^2-30x+25+18x-42=-14$

$9x^2-12x-3=0$

$3x^2-4x-1=0$

よって　$\boldsymbol{x}=\frac{-(-2)\pm\sqrt{(-2)^2-3\times(-1)}}{3}=\boldsymbol{\frac{2\pm\sqrt{7}}{3}}$

◯まず，$ax^2+bx+c=0$ の形に整理。

(6) $3x+13=t$ とおくと，方程式は次のようになる。

$t^2-4t-221=0$

$(t+13)(t-17)=0$

よって　$t=-13,\ 17$

すなわち　$3x+13=-13$　または　$3x+13=17$

したがって　$\boldsymbol{x=-\frac{26}{3},\ \frac{4}{3}}$

◯2回現れる式 $3x+13$ をまとめておきかえる。

◯$221=13\times17$ に気がつかなかったら，解の公式を使えばよい。

(7) $\frac{1}{3}x(x+5)+\frac{3}{4}=\frac{1}{3}x$

両辺に 12 をかけて $4x(x+5)+9=4x$

$4x^2+20x+9=4x$

$4x^2+16x+9=0$

よって $x=\frac{-8\pm\sqrt{8^2-4\times 9}}{4}=\frac{-8\pm\sqrt{28}}{4}$

$=\frac{-8\pm 2\sqrt{7}}{4}=\boldsymbol{\frac{-4\pm\sqrt{7}}{2}}$

◯分母をはらう。

(8) $\frac{x^2-1}{4}-\frac{2x-5}{3}=\frac{x^2+5}{6}$

両辺に 12 をかけて $3(x^2-1)-4(2x-5)=2(x^2+5)$

$3x^2-3-8x+20=2x^2+10$

$x^2-8x+7=0$

$(x-1)(x-7)=0$

よって $\boldsymbol{x=1,\ 7}$

◯分母をはらう。

(9) $0.5x(0.5-x)+0.25(2x+1)=0.5x$

両辺に 4 をかけて $x(1-2x)+(2x+1)=2x$

$x-2x^2+2x+1=2x$

$-2x^2+x+1=0$

$2x^2-x-1=0$

$(x-1)(2x+1)=0$

よって $\boldsymbol{x=1,\ -\frac{1}{2}}$

◯係数を整数に。

$\underline{0.5x}\ \underline{(0.5-x)}$

↑ ↑

×2 ×2

◯ 1 ╳ −1 ⟶ −2

2 　 1 ⟶ 1

2 −1 −1

(10) $(x+8)\left(\frac{1}{2}x-4\right)+\frac{1}{2}\{(x+5)^2-(x-5)^2\}-16=0$

両辺に 2 をかけて

$(x+8)(x-8)+\{(x+5)^2-(x-5)^2\}-32=0$

$x^2-64+\{(x+5)+(x-5)\}\{(x+5)-(x-5)\}-32=0$

$x^2-64+20x-32=0$

$x^2+20x-96=0$

$(x+24)(x-4)=0$ よって $\boldsymbol{x=-24,\ 4}$

◯分母をはらう。

演習 59

(1) x の 2 次方程式 $a(x+1)(x-1)+b(x+2)(x-2)=3$ の解の 1 つが $x=1$ であるとき，もう 1 つの解を求めなさい。ただし，$a\neq 1$ とする。

(2) x についての 2 次方程式 $x^2+ax-1=0$ の解の 1 つが $x=1-\sqrt{2}$ のとき，a の値ともう 1 つの解を求めなさい。

CHART 方程式の解 代入すると成り立つ

(1) $a(x+1)(x-1)+b(x+2)(x-2)=3$ が $x=1$ を解にもつから

$a(1+1)(1-1)+b(1+2)(1-2)=3$

すなわち $-3b=3$ よって $b=-1$

$b=-1$ のとき，2 次方程式は次のようになる。

◯$x=1$ を方程式に代入。

$$a(x+1)(x-1)-(x+2)(x-2)=3$$
$$a(x^2-1)-(x^2-4)=3$$
$$(a-1)x^2-a+1=0$$
$$(a-1)(x^2-1)=0$$

$a \neq 1$ であるから　　$x^2-1=0$

これを解いて　　$x=\pm 1$

したがって，もう 1 つの解は　　$\boldsymbol{x=-1}$

(2)　$x^2+ax-1=0$ が $x=1-\sqrt{2}$ を解にもつから

$$(1-\sqrt{2})^2+a\times(1-\sqrt{2})-1=0$$
$$1-2\sqrt{2}+2+(1-\sqrt{2})a-1=0$$
$$(1-\sqrt{2})a=-2(1-\sqrt{2})$$

よって　　$\boldsymbol{a}=\dfrac{-2(1-\sqrt{2})}{1-\sqrt{2}}=\boldsymbol{-2}$

$a=-2$ のとき，2 次方程式は次のようになる。

$x^2-2x-1=0$　　これを解くと　　$x=1\pm\sqrt{2}$

したがって，もう 1 つの解は　　$\boldsymbol{x=1+\sqrt{2}}$

◯ $a-1\neq 0$

◯ $x=1-\sqrt{2}$ を方程式に代入。

演習 60　次の各場合について，定数 a，b の値を求めなさい。

(1)　2 次方程式 $x^2+2x-8=0$ の 2 つの解をそれぞれ 2 乗したものが，x の 2 次方程式 $x^2+ax+b=0$ の 2 つの解となる。

(2)　2 次方程式 $2x^2-7x+3=0$ の解のそれぞれの逆数が，ともに x の 2 次方程式 $x^2-ax+b=0$ の解となる。

HINT　まず (1) $x^2+2x-8=0$　(2) $2x^2-7x+3=0$ を解く。

(1)　$x^2+2x-8=0$ を解くと　　$(x+4)(x-2)=0$

よって　　$x=-4,\ 2$

したがって，$x^2+ax+b=0$ の 2 つの解は　　$x=16,\ 4$

16 が解であるから　　$16^2+a\times 16+b=0$

すなわち　　$256+16a+b=0$　……①

4 が解であるから　　$4^2+a\times 4+b=0$

すなわち　　$16+4a+b=0$　……②

①, ② を解いて　　$\boldsymbol{a=-20,\ b=64}$

◯ $(-4)^2=16,\ 2^2=4$

(2)　$2x^2-7x+3=0$ を解くと　　$(x-3)(2x-1)=0$

よって　　$x=3,\ \dfrac{1}{2}$

したがって，$x^2-ax+b=0$ の 2 つの解は　　$x=\dfrac{1}{3},\ 2$

$\dfrac{1}{3}$ が解であるから　　$\left(\dfrac{1}{3}\right)^2-a\times\dfrac{1}{3}+b=0$

すなわち　　$1-3a+9b=0$　……①

2 が解であるから　　$2^2-a\times 2+b=0$

すなわち　　$4-2a+b=0$　……②

①, ② を解いて　　$\boldsymbol{a=\dfrac{7}{3},\ b=\dfrac{2}{3}}$

◯ たすき掛け：1 ╳ −3 → −6，2 ╳ −1 → −1；2　3　−7

◯ 3 の逆数は $\dfrac{1}{3}$，$\dfrac{1}{2}$ の逆数は 2

演習 61

(1)　2 次方程式 $x^2-x-1=0$ の 2 つの解を a, b とするとき，a^2-a-b^2+b+1 の値を求めなさい。

(2)　2 次方程式 $x^2-8x+3=0$ の 2 つの解を a, b とするとき，$(a^2-8a)(b^2-8b+2)$ の値を求めなさい。

HINT (1)　a, b が $x^2-x-1=0$ の解 $\longrightarrow a^2-a-1=0$, $b^2-b-1=0$

(1)　a, b は $x^2-x-1=0$ の解であるから

$$a^2-a-1=0,\ b^2-b-1=0$$

←$x=a$ と $x=b$ を方程式に代入。

したがって　$a^2-a=1$, $b^2-b=1$

よって　$a^2-a-b^2+b+1=a^2-a-(b^2-b)+1$

$$=1-1+1=\mathbf{1}$$

(2)　a, b は $x^2-8x+3=0$ の解であるから

$$a^2-8a+3=0,\ b^2-8b+3=0$$

←$x=a$ と $x=b$ を方程式に代入。

したがって　$a^2-8a=-3$, $b^2-8b=-3$

よって　$(a^2-8a)(b^2-8b+2)=(a^2-8a)\{(b^2-8b)+2\}$

$$=(-3)\times\{(-3)+2\}$$
$$=(-3)\times(-1)=\mathbf{3}$$

演習 62

x の 2 次方程式 $x^2-4x+2a=0$ の 2 つの解の差が $2\sqrt{2}$ であるとき，a の値を求めなさい。

$x^2-4x+2a=0$ を解くと　$x=2\pm\sqrt{4-2a}$

この 2 つの解の差は

$$(2+\sqrt{4-2a})-(2-\sqrt{4-2a})=2\sqrt{4-2a}$$

←$2+\sqrt{4-2a} > 2-\sqrt{4-2a}$

2 つの解の差は $2\sqrt{2}$ であるから

$$2\sqrt{4-2a}=2\sqrt{2}$$

すなわち　$\sqrt{4-2a}=\sqrt{2}$

←$\sqrt{}$ の中が等しい。

よって　$4-2a=2$

したがって　$\boldsymbol{a=1}$

演習 63

x の 2 次方程式 $x^2-10x+a=0$ ……① について，次の問いに答えなさい。

(1)　① が異なる 2 つの実数解をもつような a の値の範囲を求めなさい。

(2)　① がただ 1 つの実数解をもつような a の値を求めなさい。

① の判別式を D とすると

$$D=(-10)^2-4\times1\times a=100-4a$$

(1)　① が異なる 2 つの実数解をもつのは，$D>0$ のときである。

よって　$100-4a>0$

したがって　$\boldsymbol{a<25}$

(2)　① がただ 1 つの実数解をもつのは，$D=0$ のときである。

よって　$100-4a=0$

したがって　$\boldsymbol{a=25}$

演習 64 xの2次方程式 $x^2+ax+a^2-2a+1=0$ の実数解の個数が1個となるような，定数aの値とそのときの実数解を求めなさい。

xの2次方程式 $x^2+ax+a^2-2a+1=0$ ……① の判別式をDとすると

$$D=a^2-4\times1\times(a^2-2a+1)=-3a^2+8a-4$$

①の実数解の個数が1個となるのは，$D=0$ のときである。

よって　$-3a^2+8a-4=0$

すなわち　$3a^2-8a+4=0$

左辺を因数分解すると　$(a-2)(3a-2)=0$

したがって　$a=2$　または　$a=\frac{2}{3}$

$a=2$ のとき，2次方程式は　$x^2+2x+1=0$

すなわち　$(x+1)^2=0$　よって　$x=-1$

$a=\frac{2}{3}$ のとき，2次方程式は　$x^2+\frac{2}{3}x+\frac{1}{9}=0$

すなわち　$\left(x+\frac{1}{3}\right)^2=0$　よって　$x=-\frac{1}{3}$

答　$a=2$ のとき $x=-1$，$a=\frac{2}{3}$ のとき $x=-\frac{1}{3}$

◯ 1 ╳ −2 → −6
　 3 　 −2 → −2
　 3 　 4 　 −8

◯ $x=-1$ は重解である。

◯ $x=-\frac{1}{3}$ は重解である。

演習 65 [ ]内のおきかえを利用して，次の方程式を解きなさい。

(1) $x^4-7x^2+12=0$　[$x^2=t$ とおく]

(2) $(x^2-5x)^2+10(x^2-5x)+24=0$　[$x^2-5x=t$ とおく]

(1) $x^2=t$ とおくと，方程式は次のようになる。

$$t^2-7t+12=0$$
$$(t-3)(t-4)=0$$

よって　$t=3,\ 4$

すなわち　$x^2=3$　または　$x^2=4$

したがって　$\boldsymbol{x=\pm\sqrt{3},\ \pm2}$

◯ $x^4=(x^2)^2=t^2$

◯ xの式にもどす。

◯ 解は4個。

(2) $x^2-5x=t$ とおくと，方程式は次のようになる。

$$t^2+10t+24=0$$
$$(t+4)(t+6)=0$$

よって　$t=-4,\ -6$

すなわち　$x^2-5x=-4$　または　$x^2-5x=-6$

$x^2-5x=-4$ から　$x^2-5x+4=0$

$(x-1)(x-4)=0$

したがって　$x=1,\ 4$　……①

$x^2-5x=-6$ から　$x^2-5x+6=0$

$(x-2)(x-3)=0$

したがって　$x=2,\ 3$　……②

①，②から　$\boldsymbol{x=1,\ 2,\ 3,\ 4}$

◯ xの式にもどす。

◯ 解は4個。

演習 66 次の連立方程式を解きなさい。

(1) $\begin{cases} x^2+7x+4y+7=0 \\ x+4y=2 \end{cases}$　　(2) $\begin{cases} (x+y)^2-4(x+y)+4=0 \\ (3x-2y)^2+(3x-2y)=6 \end{cases}$

CHART
連立方程式の解き方
文字を減らす方針でやる

(1) $\begin{cases} x^2+7x+4y+7=0 & \cdots\cdots ① \\ x+4y=2 & \cdots\cdots ② \end{cases}$

② から　$4y=2-x$　……③

③ を ① に代入すると

$$x^2+7x+(2-x)+7=0$$
$$x^2+6x+9=0$$
$$(x+3)^2=0$$

これを解くと　$x=-3$

これを ③ に代入すると　$4y=2-(-3)$

すなわち　$4y=5$　　よって　$y=\frac{5}{4}$

したがって　$\boldsymbol{x=-3,\ y=\frac{5}{4}}$

(2) $\begin{cases} (x+y)^2-4(x+y)+4=0 & \cdots\cdots ① \\ (3x-2y)^2+(3x-2y)=6 & \cdots\cdots ② \end{cases}$

① において，$x+y=a$ とおくと

$$a^2-4a+4=0$$
$$(a-2)^2=0$$

これを解くと　$a=2$　　よって　$x+y=2$　……③

② において，$3x-2y=b$ とおくと　$b^2+b=6$

すなわち　$b^2+b-6=0$

$$(b-2)(b+3)=0$$

これを解くと　$b=2,\ -3$

よって　$3x-2y=2$　……④　または $3x-2y=-3$　……⑤

③，④ より　$\begin{cases} x+y=2 \\ 3x-2y=2 \end{cases}$

これを解くと　$x=\frac{6}{5},\ y=\frac{4}{5}$

③，⑤ より　$\begin{cases} x+y=2 \\ 3x-2y=-3 \end{cases}$

これを解くと　$x=\frac{1}{5},\ y=\frac{9}{5}$

したがって　$\boldsymbol{(x,\ y)=\left(\frac{6}{5},\ \frac{4}{5}\right),\ \left(\frac{1}{5},\ \frac{9}{5}\right)}$

演習 67 2 次方程式 $x^2-px-12=0$ は -4 を解にもち，$x^2+qx+r=0$ は 7 を解にもつ。さらに，この 2 つの方程式が共通の解をもつとき，p，q，r の値の組をすべて求めなさい。

HINT $x^2-px-12=0$ が -4 を解にもつことから，まず p の値を求める。この方程式のもう 1 つの解を a とすると，共通の解は　-4 または a

$x^2-px-12=0$　……①，$x^2+qx+r=0$　……② とする。

① が -4 を解にもつから　$(-4)^2-p\times(-4)-12=0$

これを解くと　$p=-1$

$p=-1$ を①に代入すると　$x^2+x-12=0$
これを解くと　$(x+4)(x-3)=0$　よって　$x=-4,\ 3$
したがって，①，②の共通の解は　-4 または 3
②が 7 を解にもつから　$7^2+q\times7+r=0$
すなわち　$49+7q+r=0$　……③
[1]　共通の解が -4 となるとき
　$x=-4$ を②に代入して　$(-4)^2+q\times(-4)+r=0$
　すなわち　$16-4q+r=0$　……④
　③，④を解いて　$q=-3,\ r=-28$
[2]　共通の解が 3 となるとき
　$x=3$ を②に代入して　$3^2+q\times3+r=0$
　すなわち　$9+3q+r=0$　……⑤
　③，⑤を解いて　$q=-10,\ r=21$
よって　$(\boldsymbol{p},\ \boldsymbol{q},\ \boldsymbol{r})=(\mathbf{-1},\ \mathbf{-3},\ \mathbf{-28}),\ (\mathbf{-1},\ \mathbf{-10},\ \mathbf{21})$

⊂②が -4 を解にもつ。

⊂②が 3 を解にもつ。

演習 68

AさんとBさんが同じ x についての，x^2 の係数が1の2次方程式を解いた。Aさんは1次の項の係数を読み間違えて解いたので解が -3 と 5 になった。また，Bさんは定数項を読み間違えて解いたので解が $2+\sqrt{3}$ と $2-\sqrt{3}$ になった。もとの2次方程式の正しい解を求めなさい。

HINT まず，AさんとBさんが解いた2次方程式をそれぞれ求める。Aさんが解いた方程式の定数項は正しく，Bさんが解いた方程式の x の係数は正しい。

-3 と 5 が解となる2次方程式は
$(x+3)(x-5)=0$　すなわち　$x^2-2x-15=0$
$2+\sqrt{3}$ と $2-\sqrt{3}$ が解となる2次方程式は
$\{x-(2+\sqrt{3})\}\{x-(2-\sqrt{3})\}=0$
すなわち　$x^2-4x+1=0$
よって，もとの2次方程式は　$x^2-4x-15=0$
これを解くと　$x=2\pm\sqrt{19}$
したがって，正しい解は　$\boldsymbol{x=2\pm\sqrt{19}}$

⊂$ax^2+2b'x+c=0$ $(a\neq0)$ の解は $x=\dfrac{-b'\pm\sqrt{b'^2-ac}}{a}$

演習 69

2つの数 a，b に対して，演算◎を $a◎b=(a-b)^2-2ab$ と定めるとき，$(2x+1)◎(x-2)=25$ を満たす x の値を求めなさい。

HINT $(2x+1)◎(x-2)$ は，$a◎b=(a-b)^2-2ab$ において，$a=2x+1$，$b=x-2$ とおいたものである。

$$
\begin{aligned}
(2x+1)◎(x-2)&=25\\
\{(2x+1)-(x-2)\}^2-2\times(2x+1)(x-2)&=25\\
(x+3)^2-2(2x+1)(x-2)&=25\\
x^2+6x+9-2(2x^2-3x-2)&=25\\
x^2+6x+9-4x^2+6x+4&=25\\
-3x^2+12x+13&=25\\
-3x^2+12x-12&=0\\
x^2-4x+4&=0\\
(x-2)^2&=0
\end{aligned}
$$

よって　$\boldsymbol{x=2}$

演習 70

(1) 一の位の数が十の位の数よりも 3 だけ大きい 2 桁の整数がある。この整数の一の位の数と十の位の数を入れかえてできる整数と，もとの整数との積が 2268 に等しいとき，もとの整数を求めなさい。

(2) 約分すると $\frac{2}{3}$ になる分数で，分母と分子がともに正で，その積が 150 となるもとの分数を求めなさい。

HINT
(1) 十の位の数を x とし，x の方程式を導く。x の値の範囲に注意。
(2) もとの分数は $\frac{2x}{3x}$ $(x>0)$ と表される。

(1) 十の位の数を x とすると，一の位の数は　$x+3$

よって，もとの整数は　$10x+(x+3)=11x+3$

また，一の位の数と十の位の数を入れかえてできる整数は

$10(x+3)+x=11x+30$

よって，条件から　$(11x+3)(11x+30)=2268$

$121x^2+363x-2178=0$

$x^2+3x-18=0$

$(x+6)(x-3)=0$

したがって　$x=-6,\ 3$

x は 1 以上 6 以下の整数であるから　$x=3$

$x=-6$ は，この問題には適さない。

よって，$x=3$ のとき，もとの整数は　$11\times3+3=\mathbf{36}$

⇦十の位の数が $x+3$，一の位の数が x

⇦両辺を 121 でわる。

⇦ 2 桁の整数であるから，十の位の数 x は 0 でない。また，さらに一の位の数は 2 桁にはならないから
$1\leqq x\leqq6$

(2) 約分すると $\frac{2}{3}$ になるから，もとの分数は $\frac{2x}{3x}$ $(x>0)$ と表される。

分母と分子の積が 150 になるから　$3x\times2x=150$

よって　$x^2=25$　　これを解いて　$x=\pm5$

$x>0$ であるから　$x=5$

$x=-5$ は，この問題には適さない。

したがって，$x=5$ のとき，もとの分数は　$\frac{2\times5}{3\times5}=\mathbf{\frac{10}{15}}$

演習 71

右の図は，ある月のカレンダーである。この中のある数を x とする。x のすぐ真上の数と x の右どなりの数をかけたものは，x に 3 を加えた数を 9 倍したものに等しい。
このとき，x の値を求めなさい。

日	月	火	水	木	金	土
						1
2	3	4	5	6	7	8
9	10	11	12	13	14	15
16	17	18	19	20	21	22
23	24	25	26	27	28	29
30	31					

HINT すぐ真上の数は 7 だけ小さい。

x のすぐ真上の数は $x-7$ であり，x の右どなりの数は $x+1$ である。条件から

$(x-7)(x+1)=9(x+3)$

$x^2-6x-7=9x+27$

$x^2-15x-34=0$

$(x+2)(x-17)=0$

よって　$x=-2,\ 17$

$x>0$ であるから　$x=17$

$x=-2$ は，この問題には適さない。　答　$\mathbf{x=17}$

参考　カレンダーから，17 はすぐ真上の数と右どなりの数がきちんと存在する。

演習 72 2数のうちの一方をxとおいて，次のような2つの数を求めなさい。
(1) 和が15，積が26　(2) 和が2，積が-35
(3) 和が-4，積が-45　(4) 和が4，積が1

HINT
(1) 和が15 ⟶ もう一方の数は$15-x$

(1) 和が15であるから，もう一方の数は$15-x$と表される。
2つの数の積が26であるから　$x(15-x)=26$
整理すると　$x^2-15x+26=0$
$(x-2)(x-13)=0$
したがって　$x=2,\ 13$
$x=2$ のとき　$15-x=15-2=13$
$x=13$ のとき　$15-x=15-13=2$
よって，求める2つの数は　**2と13**

⇦$x=2$のときも$x=13$のときも，2つの数は2と13になる。

(2) 和が2であるから，もう一方の数は$2-x$と表される。
2つの数の積が-35であるから　$x(2-x)=-35$
整理すると　$x^2-2x-35=0$
$(x+5)(x-7)=0$
したがって　$x=-5,\ 7$
$x=-5$ のとき　$2-x=2-(-5)=7$
$x=7$ のとき　$2-x=2-7=-5$
よって，求める2つの数は　**−5と7**

(3) 和が-4であるから，もう一方の数は$-4-x$と表される。
2つの数の積が-45であるから　$x(-4-x)=-45$
整理すると　$x^2+4x-45=0$
$(x+9)(x-5)=0$
したがって　$x=-9,\ 5$
$x=-9$ のとき　$-4-x=-4-(-9)=5$
$x=5$ のとき　$-4-x=-4-5=-9$
よって，求める2つの数は　**−9と5**

(4) 和が4であるから，もう一方の数は$4-x$と表される。
2つの数の積が1であるから　$x(4-x)=1$
整理すると　$x^2-4x+1=0$
これを解いて　$x=-(-2)\pm\sqrt{(-2)^2-1\times1}=2\pm\sqrt{3}$
$x=2+\sqrt{3}$ のとき　$4-x=4-(2+\sqrt{3})=2-\sqrt{3}$
$x=2-\sqrt{3}$ のとき　$4-x=4-(2-\sqrt{3})=2+\sqrt{3}$
よって，求める2つの数は　**$2-\sqrt{3}$ と $2+\sqrt{3}$**

参考　和がm，積がnである2つの数を解にもつ2次方程式は
$x^2-mx+n=0$
となる。

演習 73 横の長さが縦の長さより5 cm長い長方形の厚紙がある。この長方形の4隅から1辺5 cmの正方形を切り取って折り曲げ，図のようなふたのない箱を作ると，容積が2.5 Lになった。もとの厚紙の縦の長さを求めなさい。

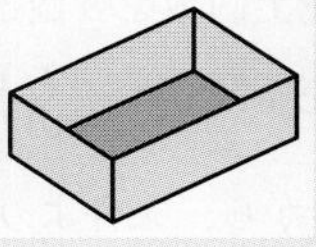

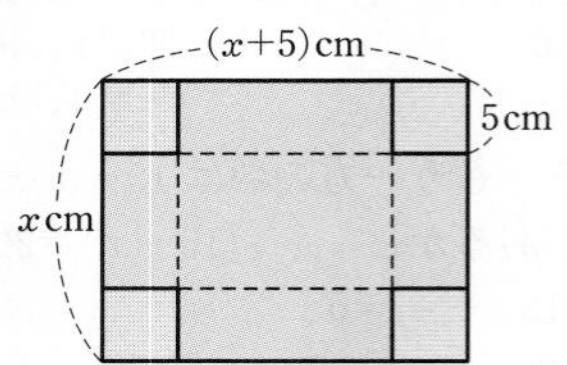

もとの厚紙の縦の長さを x cm とすると，横の長さは $(x+5)$ cm である。
よって，箱の容積は

$(x-5\times2)(x+5-5\times2)\times5$
$=5(x-10)(x-5)$
$=5(x^2-15x+50)$ (cm³)

◯底面積×高さ

箱の容積が 2.5 L すなわち 2500 cm³ になるから

◯1 L＝1000 cm³

$$5(x^2-15x+50)=2500$$
$$x^2-15x-450=0$$
$$(x+15)(x-30)=0$$

よって　$x=-15,\ 30$

$x>10$ であるから　$x=30$

$x=-15$ は，この問題には適さない。　答　**30 cm**

◯底面の辺の長さは正
⟶ $x-10>0$, $x-5>0$
⟶ $x>10$

演習 74　濃度 x % の食塩水 200 g を入れた容器から x g の食塩水をくみ出し，この容器に同量の水を加えた。さらにこの容器に，濃度 15 % の食塩水 $2x$ g を加えてよくかき混ぜたら，濃度 17.5 % の食塩水になった。このとき，x の値を求めなさい。

HINT 食塩の量に注目。

はじめの操作を行ったあと，食塩水 200 g に含まれる食塩の量は　$(200-x)\times\dfrac{x}{100}=2x-\dfrac{x^2}{100}$ (g)

◯x % の食塩水 y g に含まれる食塩の量は $y\times\dfrac{x}{100}$ g

この容器に濃度 15 % の食塩水 $2x$ g を加えると，食塩水は $(200+2x)$ g となり，その中に含まれる食塩の量は

$$\left(2x-\frac{x^2}{100}\right)+2x\times\frac{15}{100}=\frac{23}{10}x-\frac{x^2}{100}\ \text{(g)}$$

この食塩水が濃度 17.5 % になるから

$$(200+2x)\times\frac{17.5}{100}=\frac{23}{10}x-\frac{x^2}{100}$$
$$3500+35x=230x-x^2$$
$$x^2-195x+3500=0$$
$$(x-20)(x-175)=0$$

◯両辺に 100 をかけて，分母をはらう。

よって　$x=20,\ 175$

$0<x<100$ であるから　$x=20$

◯濃度は 100 % 未満。

$x=175$ は，この問題には適さない。　答　$\boldsymbol{x=20}$

演習 75　バーゲンセールで，ある商品を定価の x 割引きで売ったら，通常よりも売上個数が $(x+1)$ 割増え，売上高も通常より 4 % 増えたという。x の値を求めなさい。

HINT 定価を a 円，通常の売上個数を b 個とし，売値と売上個数を文字で表してみる。

定価を a 円，通常の売上個数を b 個とする。

バーゲンセールでの売値は $a\left(1-\dfrac{x}{10}\right)$ 円，売上個数は $b\left(1+\dfrac{x+1}{10}\right)$ 個であるから，条件より

◯x 割引き ⟶ $\left(1-\dfrac{x}{10}\right)$ 倍

$$a\left(1-\frac{x}{10}\right)\times b\left(1+\frac{x+1}{10}\right)=ab\left(1+\frac{4}{100}\right)$$

すなわち　$\frac{ab}{100}(10-x)(x+11)=\frac{104}{100}ab$

$a>0$，$b>0$ であるから　$(10-x)(x+11)=104$

整理すると　$x^2+x-6=0$

$(x+3)(x-2)=0$

よって　$x=-3$，2

$x>0$ であるから　$x=2$

$x=-3$ は，この問題には適さない。　答　$x=2$

◯4％増えた $\longrightarrow\left(1+\frac{4}{100}\right)$ 倍

◯両辺を ab でわり，100 をかける。

演習 76　面積が 4800 m² である長方形の土地の周囲に木を植えた。4 隅に 1 本ずつ植えたあと，縦，横ともそれぞれちょうど 10 m 間隔で植えることができ，横の 1 辺に植えた本数が，縦の 1 辺に植えた本数の 2 倍より 5 本少なかった。この土地に植えた木の総数を求めなさい。

HINT　ある辺に植えた木の本数が a 本 $\longrightarrow$ その辺の長さは $10(a-1)$ m

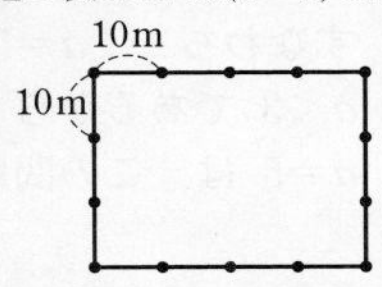

縦の 1 辺に植えた本数を x 本とすると，横の 1 辺に植えた本数は $(2x-5)$ 本である。

よって，長方形の土地について，

縦の長さは　$10(x-1)$ m，

横の長さは　$10(2x-5-1)=20(x-3)$ m

この土地の面積が 4800 m² であるから

$10(x-1)\times20(x-3)=4800$

$x^2-4x-21=0$

$(x+3)(x-7)=0$

よって　$x=-3$，7

$x>\frac{5}{2}$ であるから　$x=7$

$x=-3$ は，この問題には適さない。

したがって，植えた木の総数は

$7\times2+(2\times7-5)\times2-\underline{4}=\mathbf{28}$ **(本)**

◯両辺を 200 でわって整理する。

◯木の本数は正 $\longrightarrow x>0$，$2x-5>0$ $\longrightarrow x>\frac{5}{2}$

◯4 隅の木の本数を余分にたしているから -4

演習 77　2 直線 $y=2x+3$，$y=3x+a$ $(a<3)$ がある。これらの直線と y 軸との交点および 2 直線の交点を図のように A，B，C とする。

(1)　交点 C の座標を a を用いて表しなさい。

(2)　△ABC の面積を S としたとき，S を a を使って表しなさい。

(3)　△ABC の面積が 2 となるとき，a の値を求めなさい。

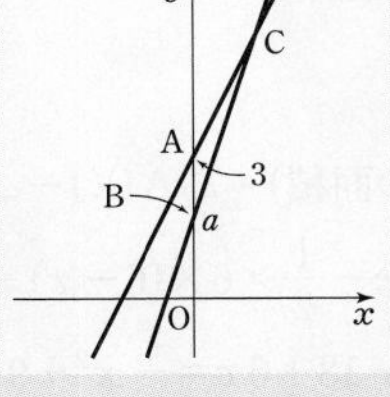

(1)　$2x+3=3x+a$ とすると

$x=3-a$

これを $y=2x+3$ に代入すると

$y=2(3-a)+3=9-2a$

よって，C の座標は　$(\mathbf{3-a},\ \mathbf{9-2a})$

◯連立方程式 $\begin{cases}y=2x+3\\y=3x+a\end{cases}$ を解く。

(2)　点Cを通り x 軸に平行に引いた直線と y 軸の交点をHとすると

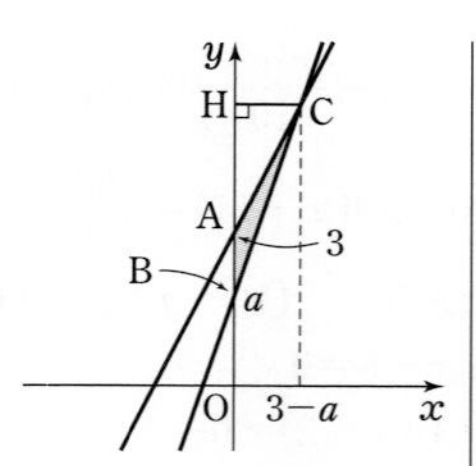

$$S=\frac{1}{2}\times \mathrm{AB}\times \mathrm{CH}$$
$$=\frac{1}{2}\times(3-a)\times(3-a)$$
$$=\boldsymbol{\frac{1}{2}(a-3)^2}$$

◯△ABC の底辺を AB とみると，高さは CH

◯$a<3$ であるから A の y 座標＞B の y 座標　よって　$\mathrm{AB}=3-a$

(3)　$S=2$ のとき　$\frac{1}{2}(a-3)^2=2$

$(a-3)^2=4$

$a-3=\pm 2$

よって　$a-3=2$　または　$a-3=-2$

すなわち　$a=5,\ 1$

$a<3$ であるから　$a=1$

$a=5$ は，この問題には適さない。　答　$\boldsymbol{a=1}$

演習 78　右の図は，1 辺 6 cm の正方形 ABCD である。点Pは頂点Aを出発し毎秒 1 cm の速さで反時計回りに，点Qは頂点Aを出発し毎秒 2 cm の速さで時計回りに，ともに辺上を動く。2 点 P，Q が点Aを同時に出発してから x 秒後について，次の問いに答えなさい。ただし，x の変域は $0\leqq x\leqq 6$ とする。

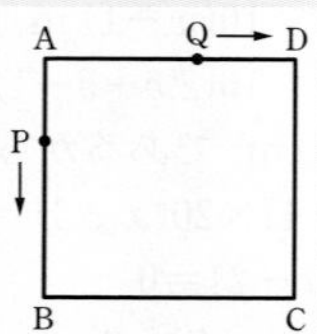

(1)　点Qが辺 AD 上にあるとき，△CPQ の面積を x を使って表しなさい。

(2)　△CPQ の面積が 14 cm² となる x の値を求めなさい。

HINT
(2)　点Qが辺 AD 上にあるときと辺 DC 上にあるときで場合を分ける。

(1)　点Qが辺 AD 上にあるとき

$\mathrm{AQ}=2x$ (cm)

また　$\mathrm{AP}=x$ (cm)

よって　$\mathrm{DQ}=6-2x$ (cm)

$\mathrm{BP}=6-x$ (cm)

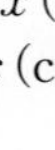

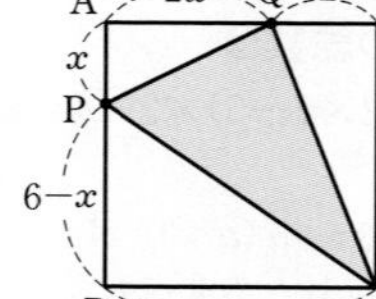

したがって

△CPQ

＝(正方形 ABCD の面積)−△APQ−△BCP−△CDQ

$=6\times 6-\frac{1}{2}\times x\times 2x-\frac{1}{2}\times 6\times(6-x)-\frac{1}{2}\times 6\times(6-2x)$

$=36-x^2-18+3x-18+6x=\boldsymbol{-x^2+9x}$ **(cm²)**

◯正方形の面積から 3 つの直角三角形の面積をひく。

(2)　[1]　点Qが辺 AD 上にあるとき

$0\leqq 2x\leqq 6$　すなわち　$0\leqq x\leqq 3$

△CPQ の面積が 14 cm² となるとき

$-x^2+9x=14$

$x^2-9x+14=0$

$(x-2)(x-7)=0$　　よって　$x=2,\ 7$

◯(1) の結果を利用。

$0 \leqq x \leqq 3$ であるから，$x=7$ はこの問題には適さない。

$x=2$ は問題に適している。

[2]　点Qが辺 DC 上にあるとき

$$6 \leqq 2x \leqq 12$$

すなわち　$3 \leqq x \leqq 6$

このとき，$\mathrm{DQ}=2x-6\ (\mathrm{cm})$

であるから

$$\mathrm{CQ}=6-(2x-6)$$
$$=12-2x\ (\mathrm{cm})$$

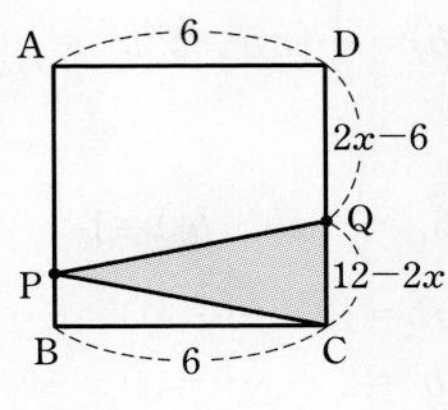

◯AD＋DQ＝$2x$ (cm)

◯AD＋DC＝12 (cm) から，すぐに CQ＝$12-2x$ (cm) としてもよい。

よって　　$\triangle \mathrm{CPQ}=\dfrac{1}{2}\times\mathrm{CQ}\times\mathrm{BC}=\dfrac{1}{2}\times(12-2x)\times 6$

$$=36-6x\ (\mathrm{cm}^2)$$

$\triangle \mathrm{CPQ}$ の面積が $14\ \mathrm{cm}^2$ となるとき

$$36-6x=14 \qquad \text{よって} \qquad x=\frac{11}{3}$$

これは $3 \leqq x \leqq 6$ に適している。

◯$\dfrac{11}{3}=3.6\cdots\cdots$

[1]，[2] から　　$\boldsymbol{x=2,\ \dfrac{11}{3}}$

演習 79　長方形 ABCD の辺 BC，CD，DA 上にそれぞれ点 E，F，G をとり，線分 EG 上に点Hをとると右の図のようになり，四角形 ABEG，HECF はともに正方形となった。長方形 ABCD の面積が長方形 GHFD の面積の 6 倍であるとき，次の問いに答えなさい。なお，答えが複数ある場合はすべて求めなさい。

(1)　BE：EC をできるだけ簡単な整数の比で表しなさい。

(2)　$\triangle$ABC の面積が 6，$\triangle$FDG の面積が 1 であるとき，正方形 ABEG の面積を求めなさい。

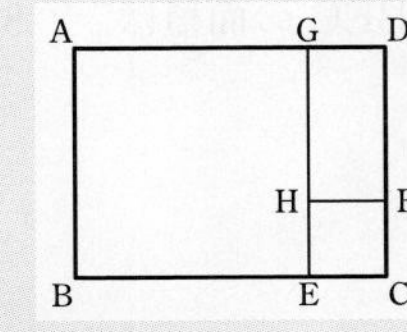

HINT　線分 BE の長さを a，線分 EC の長さを b とすると，線分 GH の長さは $a-b$ で表される。
(1)　面積の条件から a，b の関係式を求める。

線分 BE の長さを a，線分 EC の長さを b とする。

(1)　長方形 ABCD の面積は

$$a(a+b)=a^2+ab$$

長方形 GHFD の面積は

$$(a-b)b=ab-b^2$$

と表される。

条件から　　$a^2+ab=6(ab-b^2)$

$$a^2-5ab+6b^2=0$$
$$(a-2b)(a-3b)=0$$

よって　　$a=2b$　または　$a=3b$

$a=2b$ のとき　　BE：EC＝a：b＝$2b$：b＝2：1

$a=3b$ のとき　　BE：EC＝a：b＝$3b$：b＝3：1

すなわち　　**BE：EC＝2：1 または BE：EC＝3：1**

(2) $\triangle \mathrm{ABC}=\frac{1}{2}(a+b)a=\frac{1}{2}(a^2+ab)$,

$\triangle \mathrm{FDG}=\frac{1}{2}b(a-b)=\frac{1}{2}(ab-b^2)$

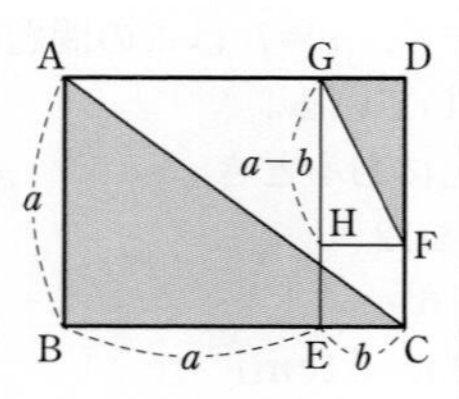

であるから

$$\frac{1}{2}(a^2+ab)=6,\ \frac{1}{2}(ab-b^2)=1$$

すなわち　$a^2+ab=12$ ……①

$ab-b^2=2$ ……②

よって，(1)から　$a=2b$ または $a=3b$

$a=2b$ のとき

①より　$(2b)^2+2b\times b=12$

②より　$2b\times b-b^2=2$

どちらも変形すると　$b^2=2$

正方形 ABEG の面積は a^2 であるから　$a^2=4b^2=8$

$a=3b$ のとき

①より　$(3b)^2+3b\times b=12$

②より　$3b\times b-b^2=2$

どちらも変形すると　$b^2=1$

正方形 ABEG の面積は a^2 であるから　$a^2=9b^2=9$

したがって，正方形 ABEG の面積は　**8 または 9**

←①，② から $a^2+ab=6(ab-b^2)$

← $b=\frac{a}{2}$ として，b を消去してもよい。

← $b=\frac{a}{3}$ として，b を消去してもよい。

練習 70 次の(1)~(4)について，y を x の式で表しなさい。また，y は x^2 に比例するかどうかを答えなさい。ただし，円周率は π とする。

(1) 縦の長さが x cm，横の長さが $3x$ cm の長方形の周の長さを y cm とする。

(2) 底面の半径が x cm，高さが 9 cm の円錐の体積を y cm^3 とする。

(3) 上底が $2x$ cm，下底が $3x$ cm，高さが $6x$ cm の台形の面積を y cm^2 とする。

(4) 中心が同じで，半径がそれぞれ x m，$(2x+1)$ m の 2 つの円の間にあるドーナツ状の部分の面積を y m^2 とする。

HINT y を x の式で表したとき，$y=ax^2$ の形なら，y は x^2 に比例している。

(1) $y=(x+3x)\times 2$

すなわち　**$y=8x$**

y は x^2 に比例しない。

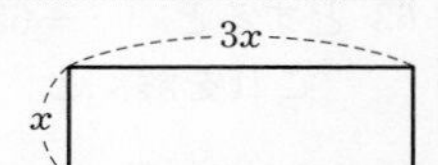

⊃$y=ax^2$ の形ではない。

(2) $y=\frac{1}{3}\times\pi\times x^2\times 9$　すなわち　**$y=3\pi x^2$**

y は x^2 に比例する。

⊃$y=ax^2$ $(a=3\pi)$ の形。

(3) $y=\frac{1}{2}\times(2x+3x)\times 6x$　すなわち　**$y=15x^2$**

y は x^2 に比例する。

⊃$y=ax^2$ $(a=15)$ の形。

(4) $y=\pi(2x+1)^2-\pi x^2$

すなわち　**$y=3\pi x^2+4\pi x+\pi$**

y は x^2 に比例しない。

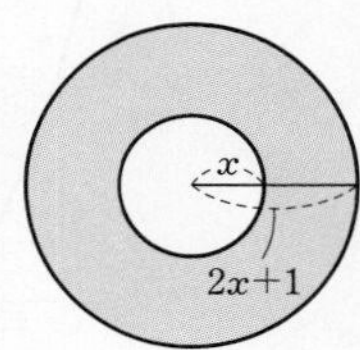

⊃$y=ax^2$ の形ではない。

練習 71

(1) y は x^2 に比例し，$x=-3$ のとき $y=54$ である。このとき，y を x の式で表しなさい。

(2) y は x^2 に比例し，$x=4$ のとき $y=6$ である。このとき，y を x の式で表しなさい。

(3) y は x^2 に比例し，$x=\sqrt{5}$ のとき $y=-2$ である。このとき，$x=\frac{5}{2}$ のときの y の値を求めなさい。

(4) y は x^2 に比例し，$x=-2$ のとき $y=-28$ である。このとき，$y=-63$ となる x の値をすべて求めなさい。

HINT y は x^2 に比例 ⟶ $y=ax^2$ と表すことができる。
与えられた x，y の値を $y=ax^2$ に代入して，a の値を定める。

(1) y は x^2 に比例するから，比例定数を a とすると，$y=ax^2$ と表すことができる。

$x=-3$ のとき $y=54$ であるから　$54=a\times(-3)^2$

よって　$a=6$　したがって　**$y=6x^2$**

⊃$y=ax^2$ に $x=-3$，$y=54$ を代入。

(2) y は x^2 に比例するから，比例定数を a とすると，$y=ax^2$ と表すことができる。

$x=4$ のとき $y=6$ であるから　$6=a\times 4^2$

よって　$a=\frac{3}{8}$　したがって　**$y=\frac{3}{8}x^2$**

⊃$y=ax^2$ に $x=4$，$y=6$ を代入。

(3) y は x^2 に比例するから，比例定数を a とすると，$y=ax^2$ と表すことができる。

$x=\sqrt{5}$ のとき $y=-2$ であるから　$-2=a\times(\sqrt{5})^2$

⊃$y=ax^2$ に $x=\sqrt{5}$，$y=-2$ を代入。

よって　$a=-\frac{2}{5}$　したがって　$y=-\frac{2}{5}x^2$

$y=-\frac{2}{5}x^2$ で，$x=\frac{5}{2}$ とすると　$\boldsymbol{y=-\frac{2}{5}\times\left(\frac{5}{2}\right)^2=-\frac{5}{2}}$

(4)　y は x^2 に比例するから，比例定数を a とすると，$y=ax^2$ と表すことができる。

$x=-2$ のとき $y=-28$ であるから　$-28=a\times(-2)^2$

よって　$a=-7$　したがって　$y=-7x^2$

$y=-7x^2$ で，$y=-63$ とすると　$-63=-7x^2$

よって　$x^2=9$　これを解くと　$\boldsymbol{x=\pm 3}$

←$y=ax^2$ に $x=-2$, $y=-28$ を代入。

←x の値は 2 つある。

練習 72　次の関数のグラフをかきなさい。

(1)　$y=3x^2$　(2)　$y=\frac{1}{3}x^2$　(3)　$y=-3x^2$　(4)　$y=-\frac{3}{4}x^2$

CHART
$y=ax^2$ のグラフ
放物線で，y 軸対称，頂点は原点
$a>0$ なら　上に開く
$a<0$ なら　下に開く

(1)～(4)　**下の図** のようになる。

(1)
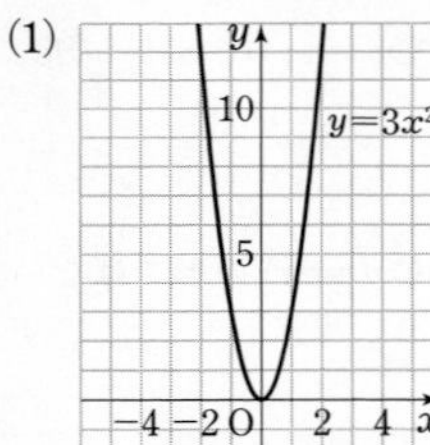

(2)
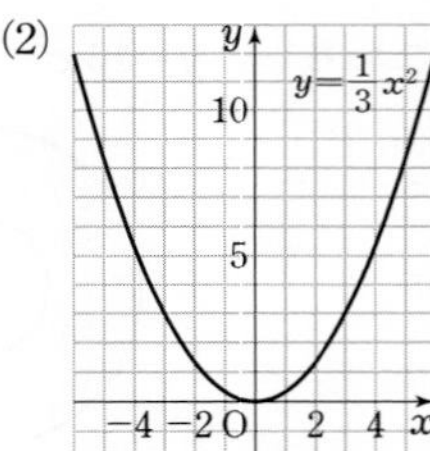

(3)
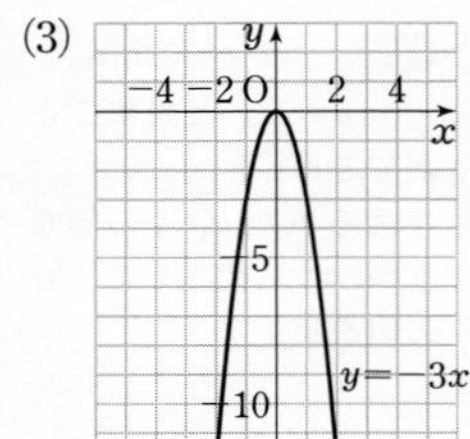

(4)
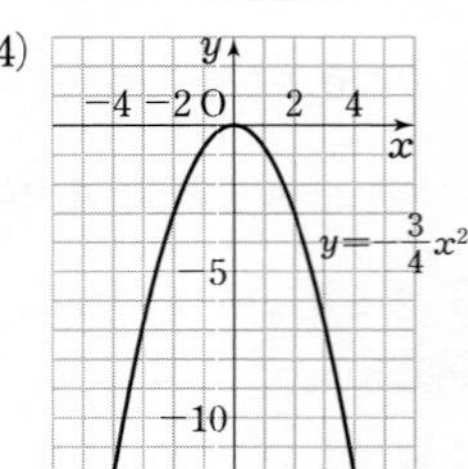

参考　(1) と (3) のグラフは x 軸に関して対称である。

練習 73　右の図の ①～③ の曲線は，いずれも放物線である。次のものを求めなさい。

(1)　①～③ のグラフの式
(2)　① について，$x=-6$ のときの y の値
(3)　② について，$x=\frac{5}{2}$ のときの y の値
(4)　③ について，$x=5$ のときの y の値

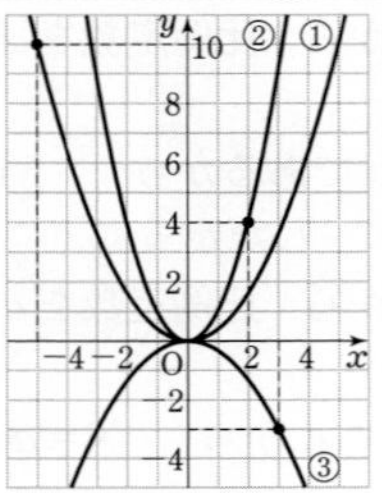

HINT
①～③ の曲線は原点を頂点とする放物線
⟶ $y=ax^2$ と表すことができる。

(1)　求める式は $y=ax^2$ と表すことができる。

①　グラフが点 $(-5,\ 10)$ を通るから，$y=ax^2$ に $x=-5$, $y=10$ を代入すると

$10=a\times(-5)^2$　よって　$a=\frac{2}{5}$

CHART　式の決定 (a)
1 点の座標を代入する

したがって　　$\boldsymbol{y=\frac{2}{5}x^2}$

② グラフが点 $(2,\ 4)$ を通るから，$y=ax^2$ に $x=2,\ y=4$ を代入すると

$$4=a\times 2^2 \qquad \text{よって} \qquad a=1$$

したがって　　$\boldsymbol{y=x^2}$

③ グラフが点 $(3,\ -3)$ を通るから，$y=ax^2$ に $x=3,\ y=-3$ を代入すると

$$-3=a\times 3^2 \qquad \text{よって} \qquad a=-\frac{1}{3}$$

したがって　　$\boldsymbol{y=-\frac{1}{3}x^2}$

(2) $y=\frac{2}{5}x^2$ に $x=-6$ を代入すると

$$\boldsymbol{y}=\frac{2}{5}\times(-6)^2=\boldsymbol{\frac{72}{5}}$$

(3) $y=x^2$ に $x=\frac{5}{2}$ を代入すると　　$\boldsymbol{y}=\left(\frac{5}{2}\right)^2=\boldsymbol{\frac{25}{4}}$

(4) $y=-\frac{1}{3}x^2$ に $x=5$ を代入すると

$$\boldsymbol{y}=-\frac{1}{3}\times 5^2=\boldsymbol{-\frac{25}{3}}$$

練習 74　右の図において，曲線 ①，② は，それぞれ関数 $y=ax^2$，$y=\frac{1}{2}x^2$ のグラフである。
いま，x 軸上の点Pを通り，y 軸に平行な直線を引き，曲線 ①，② との交点をそれぞれ A，B とする。AB=2BP であるとき，a の値を求めなさい。

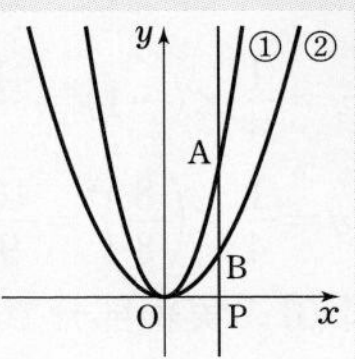

HINT　Pの x 座標を p とし，A，B の y 座標に注目して AB，2BP を p で表す。

P$(p,\ 0)$ とすると，

$$A(p,\ ap^2),\ B\left(p,\ \frac{1}{2}p^2\right)$$

と表される。
したがって

$$AB=ap^2-\frac{1}{2}p^2=\left(a-\frac{1}{2}\right)p^2$$

$$BP=\frac{1}{2}p^2$$

よって，AB=2BP から　　$\left(a-\frac{1}{2}\right)p^2=2\times\frac{1}{2}p^2$

$p\neq 0$ であるから，両辺を p^2 でわると　　$a-\frac{1}{2}=1$

したがって　　$\boldsymbol{a=\frac{3}{2}}$

⇦ Aは $y=ax^2$ のグラフ上の点，Bは $y=\frac{1}{2}x^2$ のグラフ上の点。

⇦ Aの y 座標とBの y 座標との差が AB の長さ。

⇦ Bの y 座標が BP の長さ。

練習 75 次の関数の値域と最大値，最小値を求めなさい。

(1) $y=2x^2 \quad (-3 \leqq x \leqq 2)$ (2) $y=-2x^2 \quad (-2 \leqq x \leqq 3)$

(3) $y=\dfrac{1}{4}x^2 \quad \left(-1 \leqq x \leqq \dfrac{8}{3}\right)$ (4) $y=-\dfrac{1}{3}x^2 \quad (-3 \leqq x \leqq -1)$

CHART 関数 $y=ax^2$ の値域，最大・最小
1 グラフ利用
2 定義域の両端と頂点に着目

(1) $x=-3$ のとき $y=2\times(-3)^2=18$
$x=2$ のとき $y=2\times2^2=8$
よって，グラフは，図(1)の実線部分である。
したがって，求める値域は **$0 \leqq y \leqq 18$**
また，
$x=-3$ のとき **最大値 18**，$x=0$ のとき **最小値 0**

(2) $x=-2$ のとき $y=-2\times(-2)^2=-8$
$x=3$ のとき $y=-2\times3^2=-18$
よって，グラフは，図(2)の実線部分である。
したがって，求める値域は **$-18 \leqq y \leqq 0$**
また，
$x=0$ のとき **最大値 0**，$x=3$ のとき **最小値 −18**

(1)

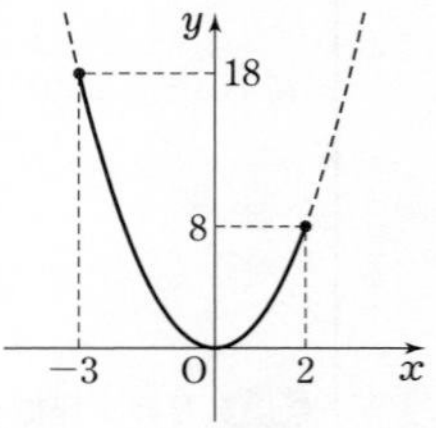

(2)

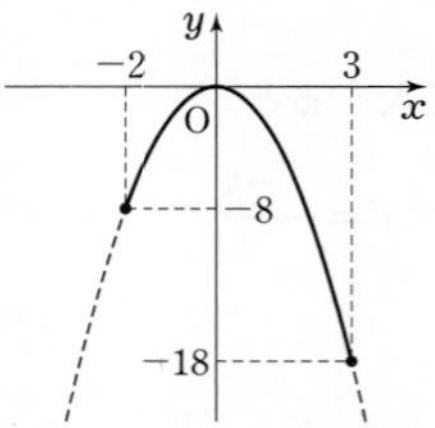

◀(1) 定義域の左端で最大，頂点で最小。
(2) 頂点で最大，定義域の右端で最小。

(3) $x=-1$ のとき $y=\dfrac{1}{4}\times(-1)^2=\dfrac{1}{4}$
$x=\dfrac{8}{3}$ のとき $y=\dfrac{1}{4}\times\left(\dfrac{8}{3}\right)^2=\dfrac{16}{9}$
よって，グラフは，図(3)の実線部分である。
したがって，求める値域は **$0 \leqq y \leqq \dfrac{16}{9}$**
また，
$x=\dfrac{8}{3}$ のとき **最大値 $\dfrac{16}{9}$**，$x=0$ のとき **最小値 0**

(4) $x=-3$ のとき $y=-\dfrac{1}{3}\times(-3)^2=-3$
$x=-1$ のとき $y=-\dfrac{1}{3}\times(-1)^2=-\dfrac{1}{3}$
よって，グラフは，図(4)の実線部分である。
したがって，求める値域は **$-3 \leqq y \leqq -\dfrac{1}{3}$**
また，
$x=-1$ のとき **最大値 $-\dfrac{1}{3}$**，$x=-3$ のとき **最小値 −3**

(3)

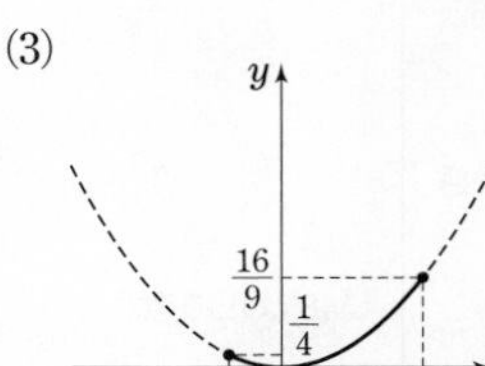

(4)

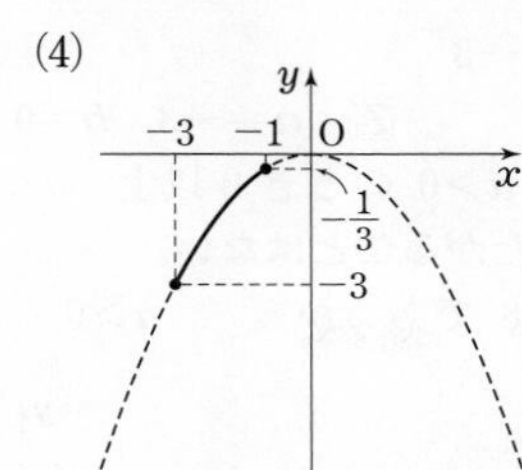

◯(3) 定義域の右端で最大，頂点で最小。
(4) 定義域の右端で最大，左端で最小。

練習 76A 関数 $y=ax^2$ について，定義域と値域が次のようになるときの定数 a の値を求めなさい。
(1) 定義域が $-2 \leqq x \leqq 1$，　値域が $0 \leqq y \leqq 8$
(2) 定義域が $-3 \leqq x \leqq 5$，　値域が $-10 \leqq y \leqq 0$

HINT 関数の値域の問題 ⟶ グラフを利用する。

(1) y の値の範囲が 0 以上であるから

$a>0$

$y=ax^2$ について

$x=-2$ のとき　$y=4a$

$x=1$ 　のとき　$y=a$

グラフから，値域は　　$0 \leqq y \leqq 4a$

これが $0 \leqq y \leqq 8$ と等しいから

$4a=8$ 　　　よって　　$\boldsymbol{a=2}$

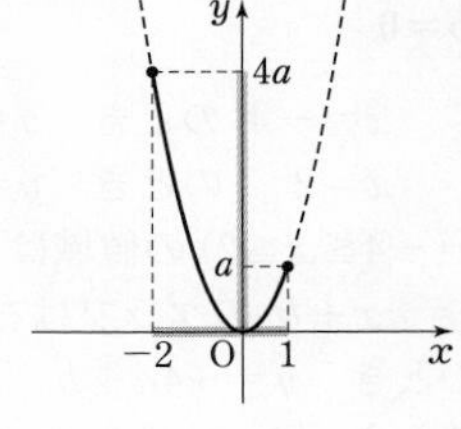

◯値域から a の符号がわかる。

◯$a>0$ であるから $4a>a$

(2) y の値の範囲が 0 以下であるから

$a<0$

$y=ax^2$ について

$x=-3$ のとき　$y=9a$

$x=5$ 　のとき　$y=25a$

グラフから，値域は　　$25a \leqq y \leqq 0$

これが $-10 \leqq y \leqq 0$ と等しいから

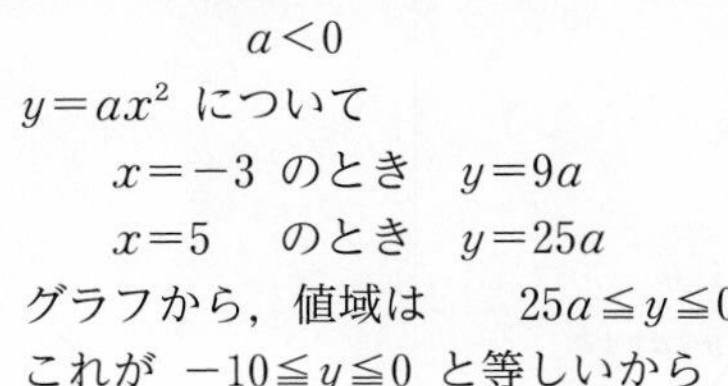

$25a=-10$ 　　　よって　　$\boldsymbol{a=-\frac{2}{5}}$

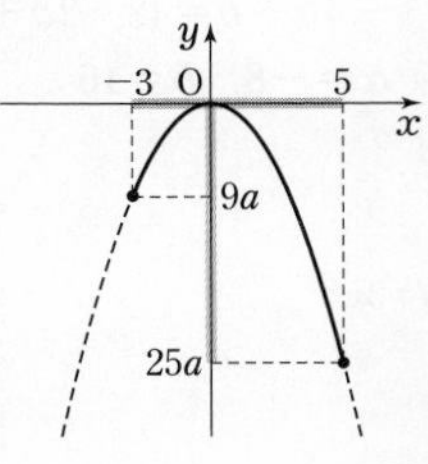

◯値域から a の符号がわかる。

◯$a<0$ であるから $9a>25a$

練習 76B
(1) 関数 $y=-4x^2$ について，定義域が $a \leqq x \leqq 2$ のとき，値域が $-36 \leqq y \leqq b$ となる。定数 a，b の値を求めなさい。
(2) 関数 $y=ax^2$ について，定義域が $-3 \leqq x \leqq 8$ のとき，値域が $b \leqq y \leqq 48$ となる。定数 a，b の値を求めなさい。
(3) 定義域が $-4 \leqq x \leqq 2$ である 2 つの関数 $y=3x^2$，$y=ax+b$ $(a<0)$ の値域が一致するような定数 a，b の値を求めなさい。

HINT (1)，(2) 関数の値域の問題 ⟶ グラフを利用する。
(3) まず，関数 $y=3x^2$ $(-4 \leqq x \leqq 2)$ の値域を求める。

(1) $y=-4x^2$ について

$x=a$ のとき　$y=-4a^2$

$x=2$ のとき　$y=-16$

$-16 \neq -36$ であるから，右のグラフより $a<-2$ で $x=a$ のとき $y=-36$ となる。

よって　　$-4a^2=-36$

したがって　　$a^2=9$

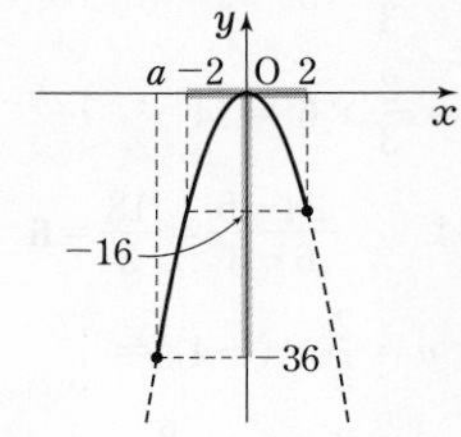

◯放物線 $y=-4x^2$ は y 軸に関して対称であるから，$x=-2$ のとき $y=-16$ となる。よって，$a<-2$ である。

$a<-2$ であるから　　$a=-3$

また，グラフから　　$b=0$　　　答　$\boldsymbol{a=-3,\ b=0}$

(2)　関数 $y=ax^2$ の値域は，$a>0$ のとき 0 以上，$a<0$ のとき 0 以下となり，正と負にまたがることはない。

この関数の値域は $b \leqq y \leqq 48$ であるから　　$a>0$

◀48 は正の数。

$y=ax^2$ について

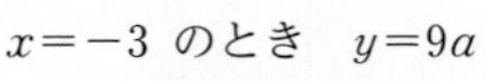

　　$x=-3$ のとき　$y=9a$

　　$x=8$　 のとき　$y=64a$

グラフから，値域は　　$0 \leqq y \leqq 64a$

◀$a>0$ であるから $9a<64a$

これが $b \leqq y \leqq 48$ と等しいから

　　$0=b,\ 64a=48$

よって　　$\boldsymbol{a=\dfrac{3}{4},\ b=0}$

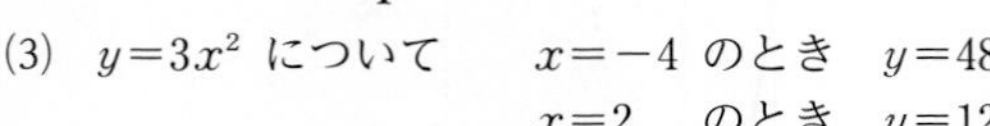

(3)　$y=3x^2$ について　　$x=-4$ のとき　$y=48$

　　　　　　　　　　　　$x=2$　 のとき　$y=12$

グラフから，$y=3x^2\ (-4 \leqq x \leqq 2)$ の値域は　　$0 \leqq y \leqq 48$

$a<0$ であるから，$y=ax+b$ のグラフは右下がりの直線で

　　　$x=-4$ のとき　$y=-4a+b$　　◀最大値

　　　$x=2$　 のとき　$y=2a+b$　　◀最小値

よって，条件から　　$-4a+b=48,\ 2a+b=0$

これを解いて　　　$\boldsymbol{a=-8,\ b=16}$

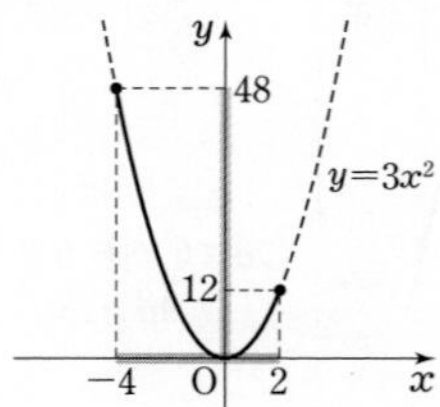

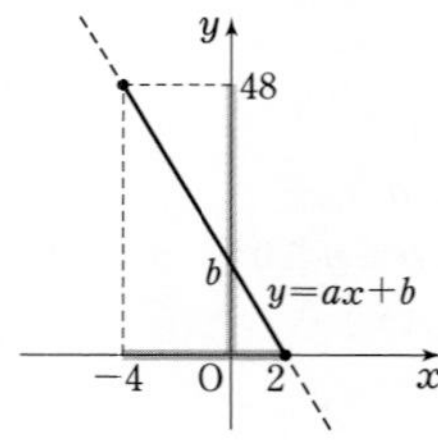

練習 77A　関数 $y=\dfrac{2}{3}x^2$ について，x の値が次のように増加するときの変化の割合を求めなさい。

(1)　3 から 6 まで　　(2)　−4 から 2 まで　　(3)　−3 から 3 まで

HINT（変化の割合）$=\dfrac{y\text{ の増加量}}{x\text{ の増加量}}$

(1)　$x=3$ のとき　　$y=\dfrac{2}{3}\times 3^2=6$

　　$x=6$ のとき　　$y=\dfrac{2}{3}\times 6^2=24$

よって，変化の割合は　　$\dfrac{24-6}{6-3}=\dfrac{18}{3}=\boldsymbol{6}$

(2)　$x=-4$ のとき　　$y=\dfrac{2}{3}\times(-4)^2=\dfrac{32}{3}$

　　$x=2$　 のとき　　$y=\dfrac{2}{3}\times 2^2=\dfrac{8}{3}$

よって，変化の割合は　$\dfrac{\frac{8}{3}-\frac{32}{3}}{4-(-2)}=-\dfrac{8}{6}=-\mathbf{\dfrac{4}{3}}$

◯$\frac{8}{3}-\frac{32}{3}=-\frac{24}{3}=-8$

(3)　$x=-3$ のとき　$y=\dfrac{2}{3}\times(-3)^2=6$

　$x=3$ 　のとき　$y=6$

よって，変化の割合は　$\dfrac{6-6}{3-(-3)}=\mathbf{0}$

練習 77B
(1)　関数 $y=-2x^2$ について，xの値が -3 からkまで増加するときの変化の割合は -4 である。このとき，定数kの値を求めなさい。ただし，$k>-3$ とする。
(2)　関数 $y=ax^2$ について，xの値が 1 から 4 まで増加するときの変化の割合は 3 である。このとき，定数aの値を求めなさい。
(3)　関数 $y=6x^2$ について，xの値が $p-2$ から $p+4$ まで増加するときの変化の割合は 36 である。このとき，定数pの値を求めなさい。

HINT
(1)　変化の割合をkで表し，それが -4 となるようなkの値を求める。

(1)　$x=-3$ のとき　$y=-2\times(-3)^2=-18$

　$x=k$ 　のとき　$y=-2k^2$

よって，xの値が -3 からkまで増加するときの変化の割合は

$$\frac{-2k^2-(-18)}{k-(-3)}=\frac{-2(k^2-9)}{k+3}=\frac{-2(k+3)(k-3)}{k+3}$$
$$=-2(k-3)$$

◯$k+3$ で約分。

これが -4 に等しいから　$-2(k-3)=-4$

これを解いて　$k=5$

$k>-3$ であるから，これは問題に適している。　答　$\boldsymbol{k=5}$

(2)　$x=1$ のとき　$y=a\times1^2=a$

　$x=4$ のとき　$y=a\times4^2=16a$

よって，xの値が 1 から 4 まで増加するときの変化の割合は

$$\frac{16a-a}{4-1}=\frac{15a}{3}=5a$$

これが 3 に等しいから　$5a=3$

これを解いて　$\boldsymbol{a=\frac{3}{5}}$

(3)　$x=p-2$ のとき　$y=6(p-2)^2$

　$x=p+4$ のとき　$y=6(p+4)^2$

よって，xの値が $p-2$ から $p+4$ まで増加するときの変化の割合は

$$\frac{6(p+4)^2-6(p-2)^2}{(p+4)-(p-2)}=\frac{6\{(p+4)^2-(p-2)^2\}}{6}$$
$$=(p^2+8p+16)-(p^2-4p+4)$$
$$=12p+12$$

これが 36 に等しいから　$12p+12=36$

これを解いて　$\boldsymbol{p=2}$

練習 78

(1) 関数 $y=ax^2$ と1次関数 $y=-3x+2$ について，x の値が -3 から1まで増加するときの変化の割合が一致する。このとき，定数 a の値を求めなさい。

(2) 関数 $y=4x^2$ と1次関数 $y=3x-1$ について，x の値が $p-2$ から $p+2$ まで増加するときの変化の割合が一致する。このとき，定数 p の値を求めなさい。

HINT
1次関数 $y=px+q$ の変化の割合は p（一定）
(1) $y=ax^2$ の変化の割合を a で表し，それが -3 となるような a の値を求める。

(1) $y=ax^2$ について

$x=-3$ のとき　$y=a\times(-3)^2=9a$

$x=1$ のとき　$y=a\times1^2=a$

よって，x の値が -3 から1まで増加するときの変化の割合は

$$\frac{a-9a}{1-(-3)}=\frac{-8a}{4}=-2a$$

$y=-3x+2$ の変化の割合は，常に -3 である。

したがって　$-2a=-3$　よって　$\boldsymbol{a=\frac{3}{2}}$

(2) $y=4x^2$ について

$x=p-2$ のとき　$y=4(p-2)^2$

$x=p+2$ のとき　$y=4(p+2)^2$

よって，x の値が $p-2$ から $p+2$ まで増加するときの変化の割合は

$$\frac{4(p+2)^2-4(p-2)^2}{(p+2)-(p-2)}=\frac{32p}{4}=8p$$

◀ $(p+2)^2-(p-2)^2=2\times4p=8p$

$y=3x-1$ の変化の割合は，常に3である。

したがって　$8p=3$　よって　$\boldsymbol{p=\frac{3}{8}}$

練習 79

走っている自動車にブレーキをかけるとき，ブレーキがきき始めてから停止するまでに進む距離を制動距離という。ある自動車では，時速 x km で走っているときの制動距離を y m とすると，y は x^2 に比例する。この自動車が時速 40 km で走っているときの制動距離は 10 m であった。

(1) y を x の式で表しなさい。

(2) 時速 80 km で走っているときの制動距離を求めなさい。

(3) 制動距離が 5 m のとき，自動車の速さを求めなさい。

HINT
(1) y は x^2 に比例 ⟶ $y=ax^2$ と表すことができる。
条件から，$x=40$ のとき $y=10$

(1) y は x^2 に比例するから，比例定数を a とすると，$y=ax^2$ と表すことができる。

$x=40$ のとき $y=10$ であるから　$10=a\times40^2$

◀ $y=ax^2$ に $x=40$，$y=10$ を代入。

よって　$a=\frac{1}{160}$　したがって　$\boldsymbol{y=\frac{1}{160}x^2}$

(2) $y=\frac{1}{160}x^2$ に $x=80$ を代入すると

$$y=\frac{1}{160}\times80^2=40$$

答　**40 m**

(3) $y=5$ となる x を求める。

$5=\frac{1}{160}x^2$　よって　$x^2=800$

$x \geqq 0$ であるから　　$x=\sqrt{800}=20\sqrt{2}$

　　　答　**時速 $20\sqrt{2}$ km**

> x は自動車の速さであるから　$x \geqq 0$

練習 80A　次の放物線と直線について，共有点の座標を求めなさい。
(1)　放物線 $y=-2x^2$，直線 $y=-5$
(2)　放物線 $y=\frac{2}{3}x^2$，直線 $x=-3$

(1)　共有点は 2 つあり，その y 座標はともに -5 である。

共有点の x 座標は，$-2x^2=-5$ を解いて　　$x=\pm\frac{\sqrt{10}}{2}$

よって，共有点の座標は　　$\left(-\frac{\sqrt{10}}{2},\ -5\right)$，$\left(\frac{\sqrt{10}}{2},\ -5\right)$

> $\sqrt{\frac{5}{2}}=\frac{\sqrt{5}}{\sqrt{2}}=\frac{\sqrt{5}\times\sqrt{2}}{\sqrt{2}\times\sqrt{2}}=\frac{\sqrt{10}}{2}$

(2)　共有点の x 座標は -3 である。

共有点の y 座標は　　$y=\frac{2}{3}\times(-3)^2=6$

よって，共有点の座標は　　$(-3,\ 6)$

(1)
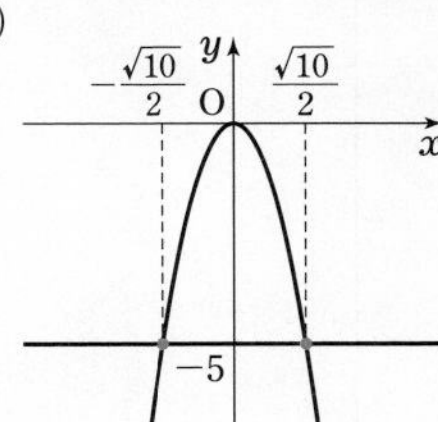

(2)
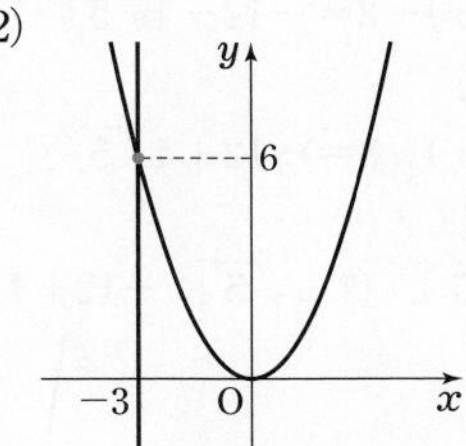

練習 80B　次の 2 つの関数のグラフについて，共有点の座標を求めなさい。
(1)　$y=x^2$，$y=x+12$　　(2)　$y=2x^2$，$y=-x+3$
(3)　$y=-2x^2$，$y=-4x-8$　　(4)　$y=4x^2$，$y=4x-1$

> **CHART**
> グラフと方程式
> 共有点
> ⟷ 連立方程式の解

(1)　$\begin{cases} y=x^2 & \cdots\cdots ① \\ y=x+12 & \cdots\cdots ② \end{cases}$

①，② から y を消去すると

$x^2=x+12$

$x^2-x-12=0$

$(x+3)(x-4)=0$

よって　　$x=-3,\ 4$

② から，$x=-3$ のとき　　$y=9$

　　　　$x=4$　のとき　　$y=16$

したがって，共有点の座標は　　$(-3,\ 9)$，$(4,\ 16)$

> $x=-3$ と $x=4$ を ① に代入して y の値を求めてもよい。

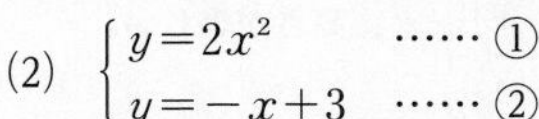

(2)　$\begin{cases} y=2x^2 & \cdots\cdots ① \\ y=-x+3 & \cdots\cdots ② \end{cases}$

①，② から y を消去すると

$2x^2=-x+3$

$2x^2+x-3=0$

$(x-1)(2x+3)=0$

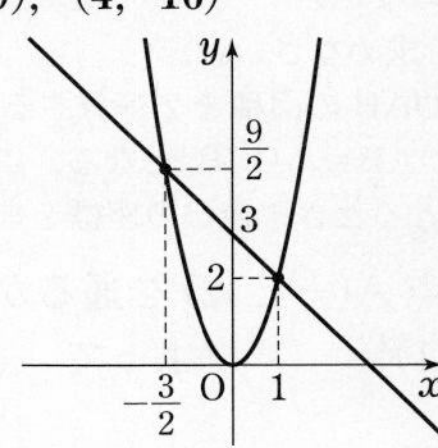

> 1 ╲╱ −1 ⟶ −2
> 2 ╱╲ 3 ⟶ 3
> 2　−3　1

よって　　$x=1,\ -\dfrac{3}{2}$

② から，$x=1$　　のとき　　$y=2$

$x=-\dfrac{3}{2}$ のとき　　$y=\dfrac{9}{2}$

したがって，共有点の座標は　　$\mathbf{(1,\ 2)},\ \left(-\dfrac{3}{2},\ \dfrac{9}{2}\right)$

(3)　$\begin{cases} y=-2x^2 & \cdots\cdots ① \\ y=-4x-8 & \cdots\cdots ② \end{cases}$

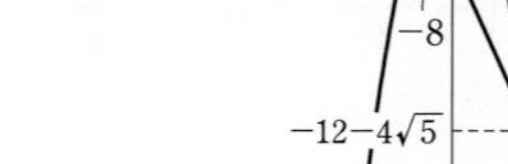

①，② から y を消去すると

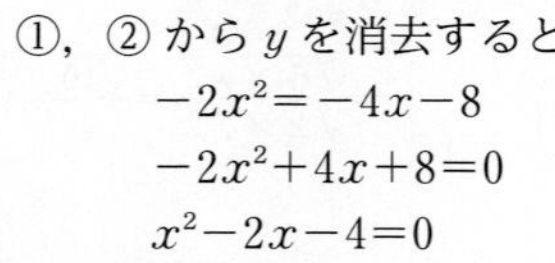

$-2x^2=-4x-8$

$-2x^2+4x+8=0$

$x^2-2x-4=0$

これを解くと　　$x=1\pm\sqrt{5}$

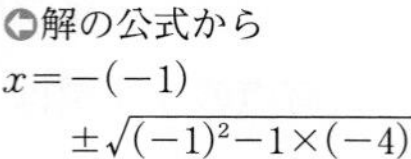

⊃解の公式から
$x=-(-1)\pm\sqrt{(-1)^2-1\times(-4)}$

② から，$x=1+\sqrt{5}$ のとき

$y=-4(1+\sqrt{5})-8=-12-4\sqrt{5}$

$x=1-\sqrt{5}$ のとき

$y=-4(1-\sqrt{5})-8=-12+4\sqrt{5}$

したがって，共有点の座標は

$\mathbf{(1+\sqrt{5},\ -12-4\sqrt{5}),\ (1-\sqrt{5},\ -12+4\sqrt{5})}$

(4)　$\begin{cases} y=4x^2 & \cdots\cdots ① \\ y=4x-1 & \cdots\cdots ② \end{cases}$

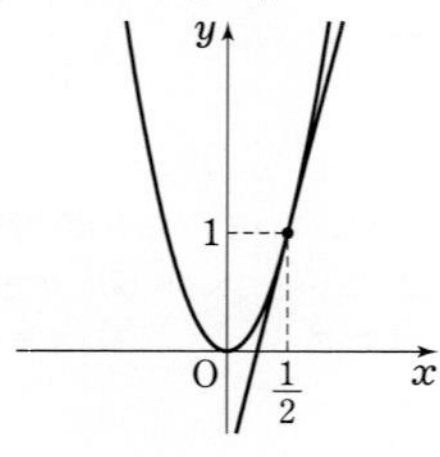

①，② から y を消去すると

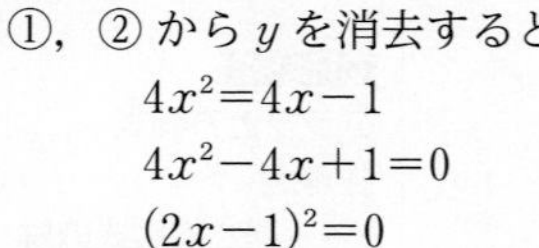

$4x^2=4x-1$

$4x^2-4x+1=0$

$(2x-1)^2=0$

よって　　$x=\dfrac{1}{2}$

⊃$x=\dfrac{1}{2}$ は重解。

② から，$x=\dfrac{1}{2}$ のとき　　$y=1$

したがって，共有点の座標は　　$\left(\dfrac{1}{2},\ 1\right)$

⊃放物線と直線は点 $\left(\dfrac{1}{2},\ 1\right)$ で接する。

練習 81　放物線 $y=ax^2$ は 2 点 A，B を通り，点Aの座標は $(-1,\ 2)$ であり，点Bの x 座標は 2 である。

(1)　定数 a の値を求めなさい。　　(2)　直線 AB の式を求めなさい。

(3)　△OAB の面積を求めなさい。

(4)　点Aを通り，△OAB の面積を 2 等分する直線の式を求めなさい。

(5)　放物線上に，△OAB＝△OCB となる，点Aと異なる点Cを，直線 OB より上側にとるとき，点Cの座標を求めなさい。

HINT
(5) △OAB＝△OCB
⟶ OB を底辺とみると，高さが等しい。

(1)　放物線 $y=ax^2$ は点 $A(-1,\ 2)$ を通るから

$2=a\times(-1)^2$　　　　よって　　$\boldsymbol{a=2}$

⊃$y=ax^2$ に $x=-1$，$y=2$ を代入。

(2)　$y=2x^2$ について

$x=2$ のとき　　$y=2\times 2^2=8$

よって，点Bの座標は　　$(2,\ 8)$

直線ABの式を $y=bx+c$ とおくと，2点 $(-1,\ 2)$，$(2,\ 8)$ を通るから　　$2=-b+c$，$8=2b+c$

←A，Bの座標を代入。

これを解くと　　$b=2$，$c=4$

したがって，直線ABの式は　　$\boldsymbol{y=2x+4}$

(3)　直線ABと y 軸の交点をDとする。直線ABの切片は4であるから，点Dの座標は　　$(0,\ 4)$

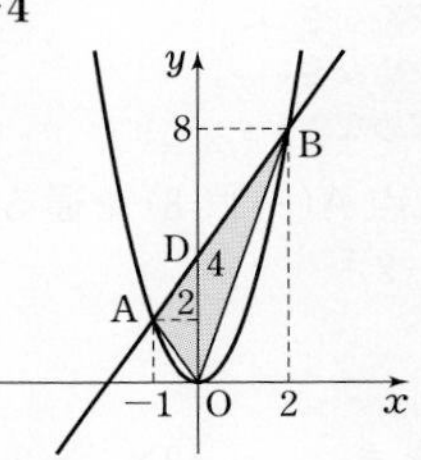

したがって

$$\boldsymbol{\triangle OAB}=\triangle OAD+\triangle OBD$$
$$=\frac{1}{2}\times 4\times 1+\frac{1}{2}\times 4\times 2$$
$$=2+4=\boldsymbol{6}$$

←△OADについて，底辺をODとみて，面積を計算する。△OBDも同様。

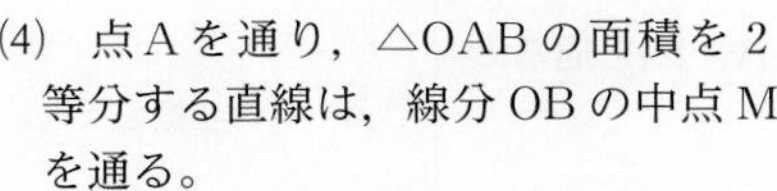

(4)　点Aを通り，△OABの面積を2等分する直線は，線分OBの中点Mを通る。

←OM=MB より △OAM=△BAM

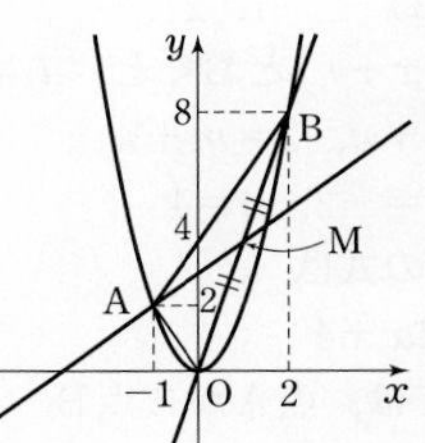

点Mの座標は $\left(\dfrac{0+2}{2},\ \dfrac{0+8}{2}\right)$ から

$(1,\ 4)$

ここで，求める直線の式を $y=dx+e$ とおくと，2点 $(-1,\ 2)$，$(1,\ 4)$ を通るから

$$2=-d+e,\quad 4=d+e$$

←A，Mの座標を代入。

これを解いて　　$d=1$，$e=3$

よって，求める直線の式は　　$\boldsymbol{y=x+3}$

(5)　△OAB=△OCB となるのは，底辺OBに対する高さが等しいときである。

←△OAB=△OCB のとき　OB∥AC

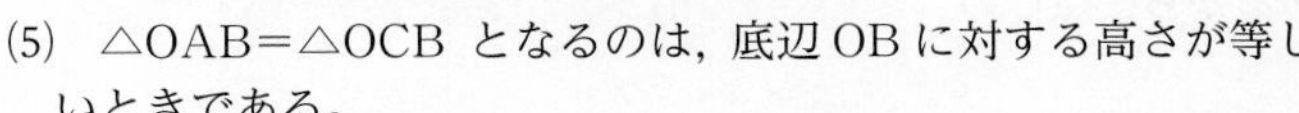

したがって，点Cは，点Aを通り直線OBに平行な直線 ℓ と放物線の交点である。

直線OBの傾きは $\dfrac{8-0}{2-0}=4$ であるから，直線 ℓ の式は $y=4x+k$ と表される。これが点Aを通るから

$2=4\times(-1)+k$　　よって　$k=6$

直線 ℓ の式は　　$y=4x+6$

したがって，点Cの x 座標は

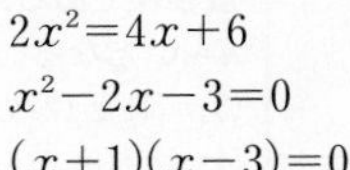

$$2x^2=4x+6$$
$$x^2-2x-3=0$$
$$(x+1)(x-3)=0\qquad よって\qquad x=-1,\ 3$$

←$x=-1$ は点Aの x 座標。

点Cは点Aと異なる点であるから　　$x=3$

点Cの y 座標は　　$y=2\times 3^2=18$

したがって，点Cの座標は　　$\boldsymbol{(3,\ 18)}$

練習 82 右の図のように，放物線 $y=ax^2$ と直線 ℓ が 2 点 A，B で交わっている。この放物線上に点Cを，y 軸上に点Dをとり，▱ABCD を作る。点Aの座標は $(-2,\ 8)$，点Bの x 座標は 1 である。

(1) 定数 a の値を求めなさい。
(2) 直線 ℓ の式を求めなさい。
(3) 点Cの座標を求めなさい。
(4) 点Dの座標を求めなさい。

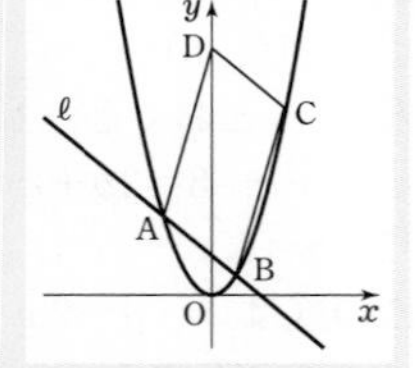

HINT
平行四辺形 ABCD
⟶ 点Aから点Bへの移動と，点Dから点Cへの移動は，同じ移動。

(1) 放物線 $y=ax^2$ は点 $A(-2,\ 8)$ を通るから

$$8=a\times(-2)^2$$

よって　**$a=2$**

◯ $y=ax^2$ に $x=-2$，$y=8$ を代入。

(2) $y=2x^2$ について

$x=1$ のとき　$y=2\times1^2=2$

よって，点Bの座標は　$(1,\ 2)$

直線 ℓ の式を $y=mx+n$ とおくと，ℓ は 2 点 A，B を通るから　$8=-2m+n$，$2=m+n$

これを解くと　$m=-2$，$n=4$

したがって，直線 ℓ の式は

$$\boldsymbol{y=-2x+4}$$

◯ A，B の座標を代入。

(3) ▱ABCD においては，点Aから点Bへの移動と，点Dから点Cへの移動は同じ移動である。
点Aから点Bへの移動は，右に 3，下に 6 の移動である。
点Dの x 座標は 0 であるから，点Cの x 座標は 3 になる。

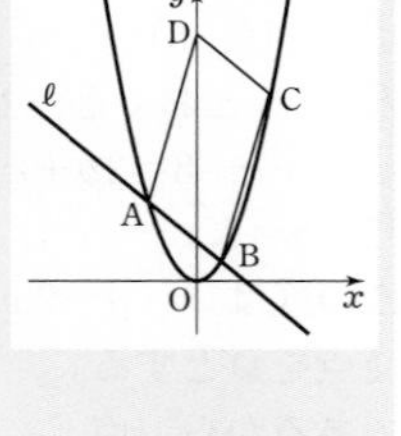

よって，点Cの y 座標は　$2\times3^2=18$

したがって，点Cの座標は　**$(3,\ 18)$**

◯ Cは放物線 $y=2x^2$ 上の点。

(4) 点Dの y 座標は，点Cの y 座標より 6 だけ大きいから

$$18+6=24$$

よって，点Dの座標は　**$(0,\ 24)$**

練習 83 右の図のように，4 点 $A(-1,\ 5)$，$B(-3,\ 3)$，$C(2,\ 2)$，$D(4,\ -2)$ がある。放物線 $y=ax^2$ が次の条件を満たすように，定数 a の値の範囲を定めなさい。

(1) 線分 AB と共有点をもつ。
(2) 線分 CD と共有点をもつ。
(3) 線分 AB とも，線分 CD とも共有点をもつ。
(4) 線分 AB とも，線分 CD とも共有点をもたない。

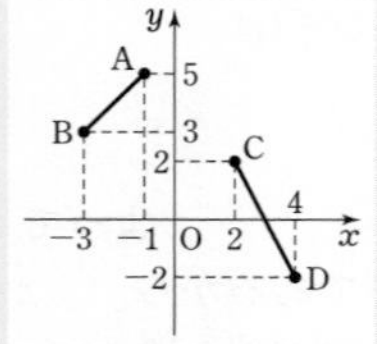

HINT
放物線であるから，$a\neq0$ となる。
(3) (1) と (2) の共通範囲。
(4) $a\neq0$ から (1) の範囲と (2) の範囲を除く。

放物線 $y=ax^2$ について　　$a \neq 0$

(1) 放物線 $y=ax^2$ が点A$(-1,\ 5)$を通るとき　　$5=a\times(-1)^2$

よって　　$a=5$

放物線 $y=ax^2$ が点B$(-3,\ 3)$を通るとき　　$3=a\times(-3)^2$

よって　　$a=\frac{1}{3}$

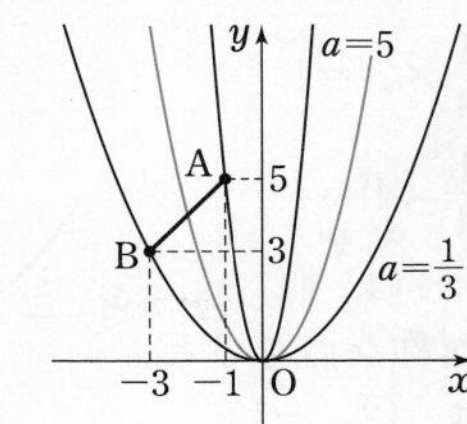

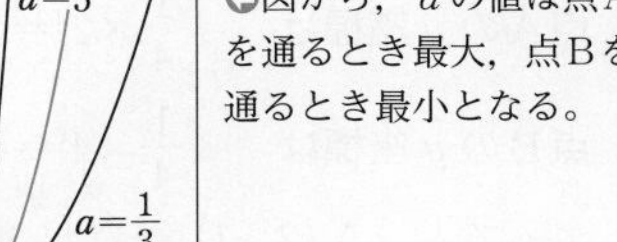

◀図から，aの値は点Aを通るとき最大，点Bを通るとき最小となる。

したがって，求めるaの値の範囲は

$$\boldsymbol{\frac{1}{3} \leqq a \leqq 5}$$

(2) 放物線 $y=ax^2$ が点C$(2,\ 2)$を通るとき　　$2=a\times 2^2$

よって　　$a=\frac{1}{2}$

放物線 $y=ax^2$ が点D$(4,\ -2)$を通るとき　　$-2=a\times 4^2$

よって　　$a=-\frac{1}{8}$

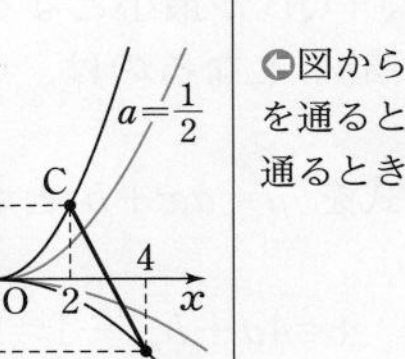

◀図から，aの値は点Cを通るとき最大，点Dを通るとき最小となる。

したがって，求めるaの値の範囲は

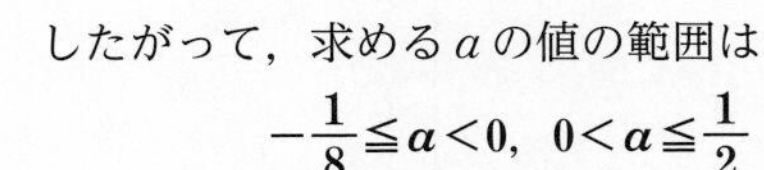

$$\boldsymbol{-\frac{1}{8} \leqq a < 0,\ 0 < a \leqq \frac{1}{2}}$$

◀$a \neq 0$ に注意。

(3) (1)，(2)より，求めるaの値の範囲は

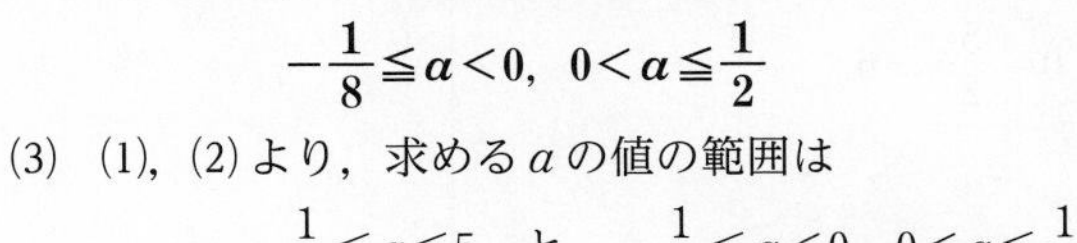

$\frac{1}{3} \leqq a \leqq 5$　と　$-\frac{1}{8} \leqq a < 0,\ 0 < a \leqq \frac{1}{2}$

の共通範囲である。

よって　　$\boldsymbol{\frac{1}{3} \leqq a \leqq \frac{1}{2}}$

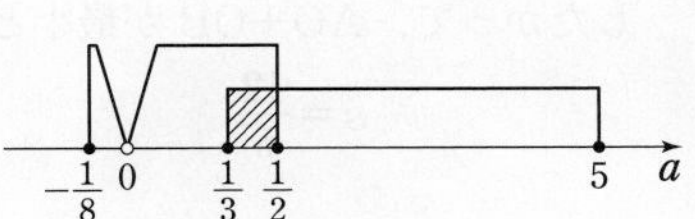

(4) (1)，(2)より，求めるaの値の範囲は，$a \neq 0$ から

$\frac{1}{3} \leqq a \leqq 5$　と　$-\frac{1}{8} \leqq a < 0,\ 0 < a \leqq \frac{1}{2}$

を除いた範囲である。

よって　　$\boldsymbol{a < -\frac{1}{8},\ 5 < a}$

◀「≦」ではない。

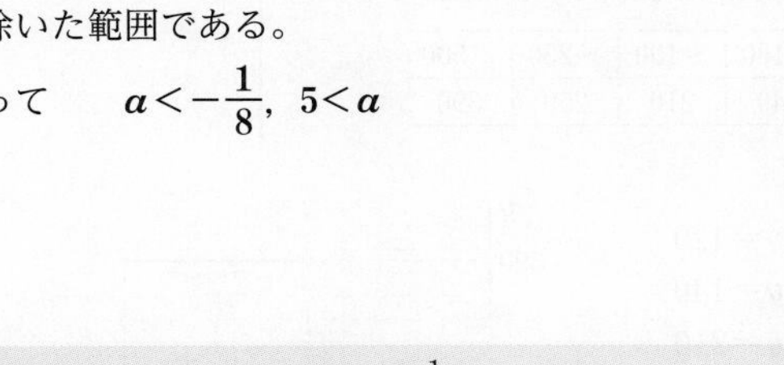

練習 84　右の図のように，放物線 $y=\frac{1}{4}x^2$　……①上にx座標がそれぞれ2，4の2点A，Bがある。また，x軸上を動く点をQとし，そのx座標をsとする。2つの線分の長さの和AQ+QBが最小となるときのsの値を求めなさい。

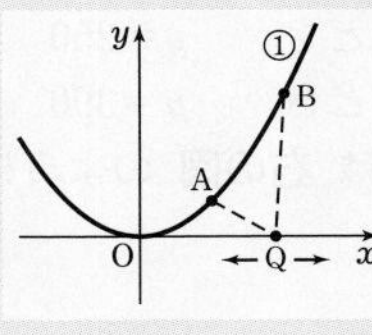

2点A，Bは，放物線①上の点であるから

点Aのy座標は　$\frac{1}{4}\times 2^2=1$

点Bのy座標は　$\frac{1}{4}\times 4^2=4$

よって　A$(2,\ 1)$，B$(4,\ 4)$

点Aとx軸に関して対称な点をCとすると，点Cの座標は　$(2,\ -1)$

AQ＝CQ であるから

$$\mathrm{AQ}+\mathrm{QB}=\mathrm{CQ}+\mathrm{QB}$$

よって，CQ＋QB が最小となるとき，AQ＋QB も最小となる。

CQ＋QB が最小となるのは，点Qが直線BC上にあるときである。

直線BCの式を $y=ax+b$ とおくと，2点$(4,\ 4)$，$(2,\ -1)$を通るから

$$4=4a+b,\ -1=2a+b$$

B，Cの座標を代入。

これを解いて　$a=\frac{5}{2}$，$b=-6$

したがって，直線BCの式は　$y=\frac{5}{2}x-6$

これが，Q$(s,\ 0)$を通るとき　$0=\frac{5}{2}s-6$

よって　$s=\frac{12}{5}$

したがって，AQ＋QB が最小となるときのsの値は

$$\boldsymbol{s=\frac{12}{5}}$$

練習 85A　下の表は，規格内の定形外郵便物の普通料金を500gまで示している。重量をxg，料金をy円として，xとyの関係をグラフに表しなさい。

重量x(g)	～50	～100	～150	～250	～500
料金y(円)	120	140	210	250	390

表から，xとyの関係は

$0<x\leqq 50$　のとき　$y=120$

$50<x\leqq 100$　のとき　$y=140$

$100<x\leqq 150$　のとき　$y=210$

$150<x\leqq 250$　のとき　$y=250$

$250<x\leqq 500$　のとき　$y=390$

よって，求めるグラフは **右の図** のようになる。

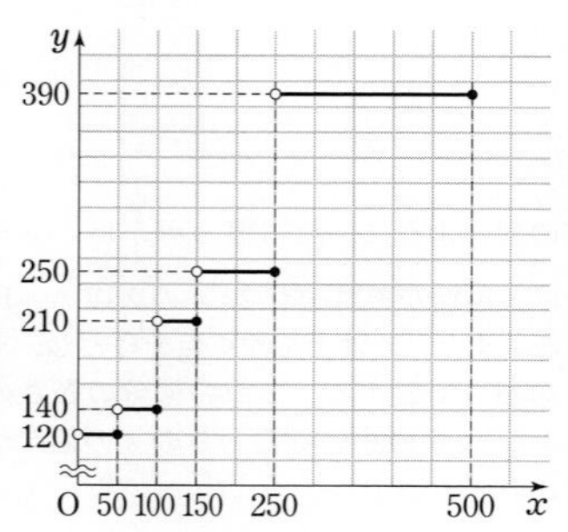

練習 85B 次の関数のグラフをかきなさい。

(1) $y=\begin{cases} x^2 & (x<2) \\ -x+6 & (2 \leqq x) \end{cases}$　　(2) $y=\begin{cases} -4 & (x<-2) \\ -x^2 & (-2 \leqq x<3) \\ 3x-18 & (3 \leqq x) \end{cases}$

HINT　x の変域によって式が異なる関数 y のグラフは，それぞれのグラフを別々にかき，それらを合わせる。

(1) 求めるグラフは，放物線 $y=x^2$ のうち $x<2$ の部分，直線 $y=-x+6$ のうち $2 \leqq x$ の部分を 1 つの図にかいたもので，**右の図の実線部分** である。

(1)

(2) 求めるグラフは，直線 $y=-4$ のうち $x<-2$ の部分，放物線 $y=-x^2$ のうち $-2 \leqq x<3$ の部分，直線 $y=3x-18$ のうち $3 \leqq x$ の部分を 1 つの図にかいたもので，**右の図の実線部分** である。

(2)

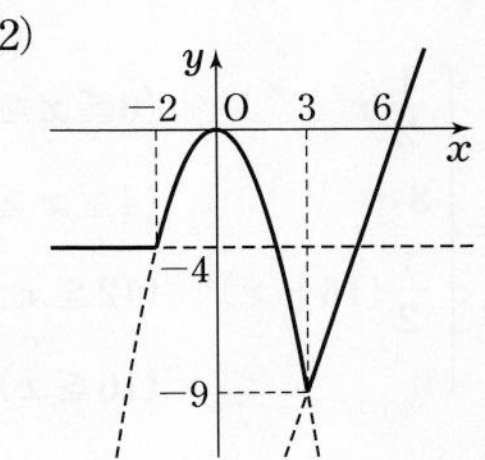

練習 86 下の図のように，直角をはさむ 2 辺の長さが 4 cm である直角二等辺三角形を 2 つ合わせた図形 ABCDECA がある。いま，斜辺の長さが 8 cm である直角二等辺三角形 PQR を直線 ℓ にそって，矢印の方向に毎秒 1 cm の速さで動かしていく。点Rが点Bに重なってから x 秒後の △PQR と図形 ABCDECA の重なった部分の面積を y cm² とする。
(1) y を x の式で表しなさい。
(2) $y=5$ のとき，x の値を求めなさい。

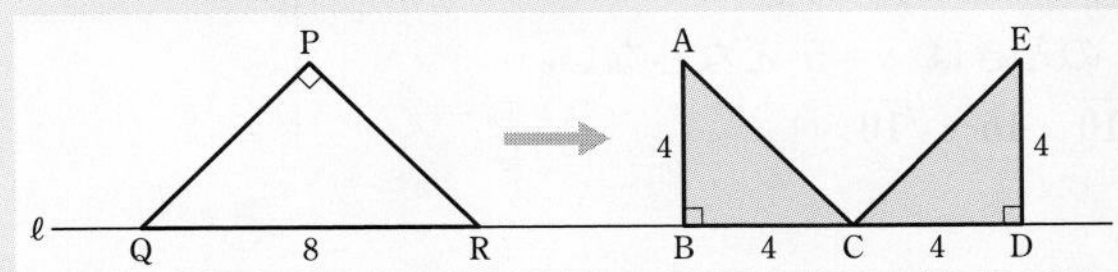

HINT
(1) 次の[1]～[4]の場合に分けて考える。
[1] Rが辺 BC 上にある。
[2] Rが辺 CD 上にある。
[3] Qが辺 BC 上にある。
[4] Qが辺 CD 上にある。
(2) (1)の結果を利用。

(1) [1] 点Rが辺 BC 上にあるとき，重なった部分は等辺が x cm の直角二等辺三角形になる。
よって，$0 \leqq x \leqq 4$ のとき

$$y=\frac{1}{2}\times x\times x=\frac{1}{2}x^2$$

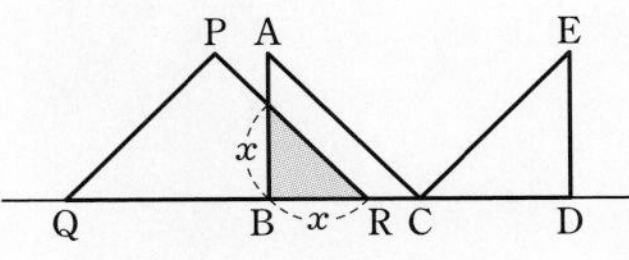

[2] 点Rが辺 CD 上にあるとき，右の図のように点 F, G, H をとると，△FCR≡△GAH となるから，重なった部分の面積は △ABC の面積に等しい。
よって，$4 \leqq x \leqq 8$ のとき

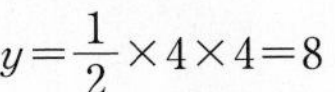

$$y=\frac{1}{2}\times 4\times 4=8$$

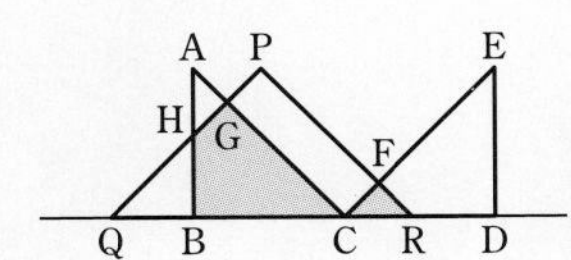

[3]　点Qが辺 BC 上にあるとき，右の図のように点 I，J，K をとると，$\triangle IQC \equiv \triangle JKE$ であるから，重なった部分の面積は $\triangle CDE$ の面積に等しい。
よって，$8 \leqq x \leqq 12$ のとき

$$y=\frac{1}{2}\times4\times4=8$$

[4]　点Qが辺 CD 上にあるとき，重なった部分は等辺の長さが $(16-x)$ cm の直角二等辺三角形になる。

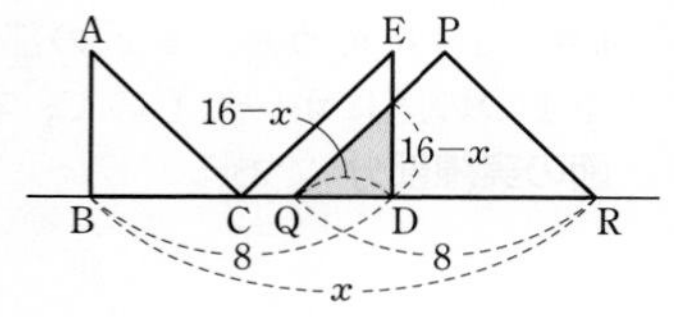

よって，$12 \leqq x \leqq 16$ のとき

$$y=\frac{1}{2}\times(16-x)\times(16-x)=\frac{1}{2}(16-x)^2$$

[1]～[4] から　　$\boldsymbol{y=\begin{cases}\frac{1}{2}x^2 & (0 \leqq x \leqq 4)\\ 8 & (4 \leqq x \leqq 12)\\ \frac{1}{2}(16-x)^2 & (12 \leqq x \leqq 16)\\ 0 & (16 \leqq x)\end{cases}}$

参考　この関数のグラフは次のようになる。

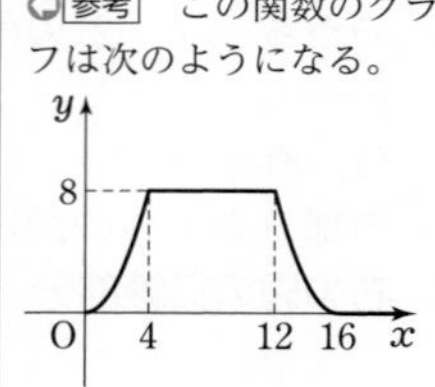

(2)　[1]　$0 \leqq x \leqq 4$ のとき，$y=5$ とすると　　$5=\frac{1}{2}x^2$

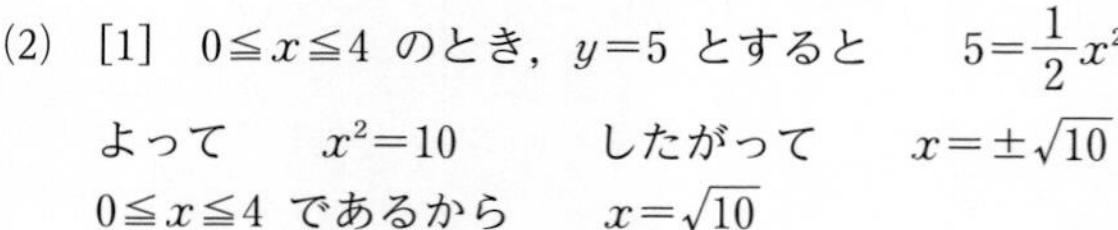

よって　　$x^2=10$　　　したがって　　$x=\pm\sqrt{10}$
$0 \leqq x \leqq 4$ であるから　　$x=\sqrt{10}$

[2]　$12 \leqq x \leqq 16$ のとき，$y=5$ とすると　　$5=\frac{1}{2}(16-x)^2$

これを解くと　　$(16-x)^2=10$
$16-x=\pm\sqrt{10}$
よって　　$x=16\pm\sqrt{10}$
$12 \leqq x \leqq 16$ であるから　　$x=16-\sqrt{10}$

[3]　$4 \leqq x \leqq 12$，$16 \leqq x$ のときは $y=5$ とならない。

[1]～[3] から　　$\boldsymbol{x=\sqrt{10},\ 16-\sqrt{10}}$

演習 80 y は x^2 に比例する関数であり，下の表は，対応する x，y の値の一部を表したものである。(ア)～(ウ) にあてはまる数をそれぞれ求めなさい。ただし，(ウ) にあてはまる数は正であるものとする。

x	-3	-2	0	$\frac{3}{2}$	(ウ)
y	-6	(ア)	0	(イ)	-24

HINT y は x^2 に比例 ⟶ $y=ax^2$ と表すことができる。

y は x^2 に比例するから，比例定数を a とすると，$y=ax^2$ と表すことができる。

$x=-3$ のとき $y=-6$ であるから

$$-6=a\times(-3)^2 \qquad \text{よって} \qquad a=-\frac{2}{3}$$

したがって，関数は　$y=-\dfrac{2}{3}x^2$　…… ①

(ア) $x=-2$ を ① に代入すると

$$y=-\frac{2}{3}\times(-2)^2=-\boldsymbol{\frac{8}{3}}$$

(イ) $x=\dfrac{3}{2}$ を ① に代入すると

$$y=-\frac{2}{3}\times\left(\frac{3}{2}\right)^2=-\boldsymbol{\frac{3}{2}}$$

(ウ) $y=-24$ を ① に代入すると

$$-24=-\frac{2}{3}x^2 \qquad \text{よって} \qquad x^2=36$$

(ウ) にあてはまる数は正の数であるから　$\boldsymbol{x=6}$

演習 81 次の ①～⑥ の関数のグラフについて，下の問いに答えなさい。

① $y=3x^2$　② $y=-x^2$　③ $y=\dfrac{1}{2}x^2$

④ $y=-0.5x^2$　⑤ $y=-\dfrac{2}{5}x^2$　⑥ $y=0.7x^2$

(1) グラフが上に凸となるものを選びなさい。
(2) グラフが下に凸となるものを選びなさい。
(3) グラフの開きぐあいが最も大きいものを選びなさい。
(4) グラフの開きぐあいが最も小さいものを選びなさい。
(5) x 軸に関して互いに対称となるものは，どれとどれであるか答えなさい。

HINT $y=ax^2$ のグラフについて
(1) $a<0$ のとき上に凸
(2) $a>0$ のとき下に凸
(3) 開きぐあいが最も大きいものは，a の絶対値が最も小さいものである。
(4) 開きぐあいが最も小さいものは，a の絶対値が最も大きいものである。

(1) グラフが上に凸となるものは　**②，④，⑤**

(2) グラフが下に凸となるものは　**①，③，⑥**

(3) $|3|=3$，$|-1|=1$，$\left|\dfrac{1}{2}\right|=|-0.5|=0.5$，

$\left|-\dfrac{2}{5}\right|=0.4$，$|0.7|=0.7$

よって　**⑤**

◯絶対値が最も小さい。

(4) (3) から　**①**

◯絶対値が最も大きい。

(5) x 軸に関して対称となるものは，$y=ax^2$ の a の絶対値が等しく，符号が異なるものである。

よって　**③ と ④**

演習 82

右の図は，(ア)～(カ)の関数のいずれかをグラフにかいたものである。グラフ①と②，①と③の交点がそれぞれ A(2, 1)，B(−1, −2) であるとき，①～③の関数は次のどれか答えなさい。

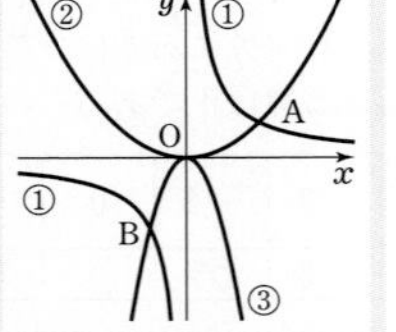

(ア) $y=2x^2$　(イ) $y=-2x^2$　(ウ) $y=\frac{1}{4}x^2$

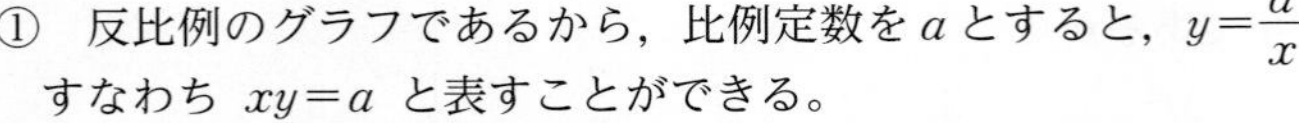
(エ) $y=-\frac{1}{4}x^2$　(オ) $y=\frac{2}{x}$　(カ) $y=-\frac{2}{x}$

HINT グラフの形から，①は反比例のグラフ，②と③は放物線であることがわかる。

① 反比例のグラフであるから，比例定数を a とすると，$y=\frac{a}{x}$ すなわち $xy=a$ と表すことができる。
グラフが点 A(2, 1) を通るから　$a=2$
したがって　$y=\frac{2}{x}$
この関数のグラフは確かに点 B(−1, −2) を通る。

答 (オ)

← $xy=a$ に $x=2$，$y=1$ を代入。

← $x=-1$，$y=-2$ は $y=\frac{2}{x}$ を満たす。

② 放物線であるから，比例定数を a とすると，$y=ax^2$ と表すことができる。
グラフが点 A(2, 1) を通るから　$1=a\times2^2$
よって　$a=\frac{1}{4}$　したがって　$y=\frac{1}{4}x^2$

答 (ウ)

← $y=ax^2$ に $x=2$，$y=1$ を代入。

③ 放物線であるから，比例定数を a とすると，$y=ax^2$ と表すことができる。
グラフが点 B(−1, −2) を通るから　$-2=a\times(-1)^2$
よって　$a=-2$　したがって　$y=-2x^2$

答 (イ)

← $y=ax^2$ に $x=-1$，$y=-2$ を代入。

演習 83

右の図のように，関数 $y=-\frac{1}{3}x^2$ のグラフ上に点Aがあり，関数 $y=ax^2$ $(a>0)$ のグラフ上に2点B, Cがある。AとBの x 座標はどちらも3で，BとCの y 座標は等しくなっている。
(1) 点Aの y 座標を求めなさい。
(2) AB : BC＝3 : 2 のとき，関数 $y=ax^2$ の a の値を求めなさい。

HINT (2) まず，点Bの y 座標，点Cの x 座標を求める。

(1) 点Aの x 座標は3であるから，y 座標は

$$\boldsymbol{y=-\frac{1}{3}\times3^2=-3}$$

(2) 点Bの x 座標は3であるから，y 座標は

$$y=a\times3^2=9a$$

よって　$\mathrm{AB}=9a-(-3)=9a+3$
また，BとCは y 軸について対称であるから，点Cの x 座標は −3 である。

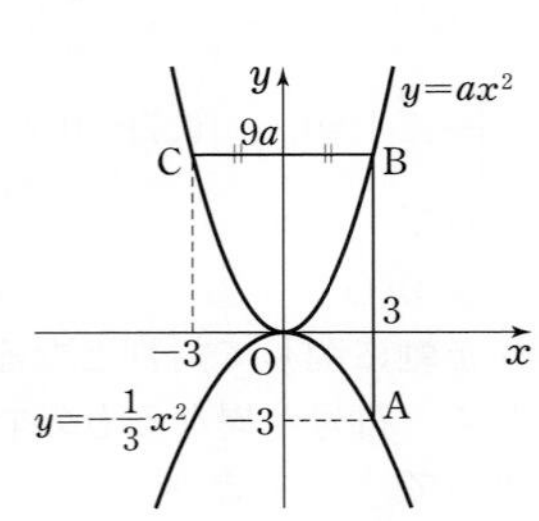

よって　BC$=3-(-3)=6$
AB：BC$=3:2$ のとき　$(9a+3):6=3:2$
したがって　$2(9a+3)=18$
これを解いて　$\boldsymbol{a=\frac{2}{3}}$

演習 84　2次関数 $y=12x^2$ について，x の定義域を $a-2 \leqq x \leqq a$ とする。ただし，a は定数とする。このとき，次の問いに答えなさい。
(1)　$a=-1$ のとき，y の最小値と最大値を求めなさい。
(2)　y の最小値が 0 になるとき，a の値の範囲を求めなさい。
(3)　$a \geqq 1$ とする。y の最大値と最小値の差が 36 となるとき，a の値を求めなさい。

HINT (3)　関数 $y=12x^2$ の定義域が $a-2 \leqq x \leqq a$ であるから，最大値・最小値は $x=0$ か定義域の端のどれかでとる。

(1)　$a=-1$ のとき，x の定義域は
$-3 \leqq x \leqq -1$
$x=-1$ のとき　$y=12\times(-1)^2=12$
$x=-3$ のとき　$y=12\times(-3)^2=108$
よって，グラフは，右の図の実線部分である。
したがって，
$x=-1$ のとき **最小値 12**,
$x=-3$ のとき **最大値 108**

(2)　y の最小値が 0 になるのは，x の定義域に 0 を含むときで，右の図のように，$a-2$ が 0 以下で，a が 0 以上であればよい。
すなわち　$a-2 \leqq 0$, $a \geqq 0$
よって　$\boldsymbol{0 \leqq a \leqq 2}$

(3)　$a \geqq 1$ であるから　$a-2 \geqq -1$　◀ $a-2 \geqq 1-2$
x の定義域に 0 を含む場合と含まない場合に分けて考える。
[1]　$a-2>0$ すなわち $a>2$ のとき　◀定義域に 0 を含まない。
$y=12x^2$ $(a-2 \leqq x \leqq a)$ のグラフは，右の図の実線部分である。

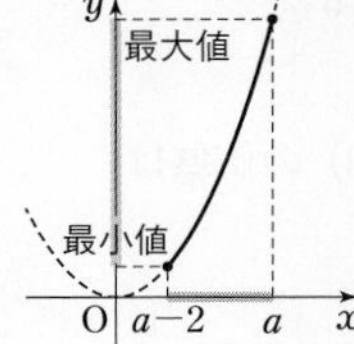

よって，$x=a$ で最大値 $12a^2$,
$x=a-2$ で最小値 $12(a-2)^2$
をとる。
$12a^2-12(a-2)^2=36$ とおくと
$12a^2-12a^2+48a-48=36$
$48a=84$
$a=\frac{7}{4}$
$a>2$ であるから，これは問題に適さない。

[2]　$-1 \leqq a-2 \leqq 0$ すなわち $1 \leqq a \leqq 2$ のとき

$y=12x^2$ $(a-2 \leqq x \leqq a)$ のグラフは，右の図の実線部分である。

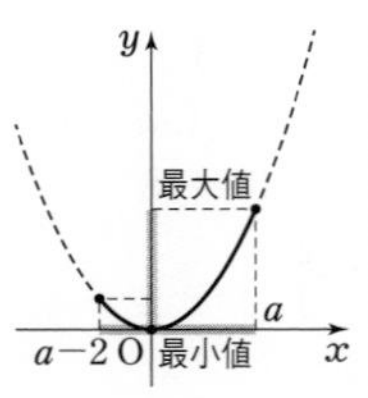

○定義域に 0 を含む。

よって，最小値は 0 である。

また，$x=a$ で最大値 $12a^2$ をとる。

○$12a^2-12(a-2)^2 = 48(a-1)$　よって，$1 \leqq a \leqq 2$ のとき $x=a$ で最大値をとる。

$12a^2-0=36$ とおくと

$$a^2=3$$

$$a=\pm\sqrt{3}$$

$1 \leqq a \leqq 2$ であるから　　$a=\sqrt{3}$

[1]，[2] から，求める a の値は　　$\boldsymbol{a=\sqrt{3}}$

演習 85　定義域が $-2 \leqq x \leqq 3$ である 2 つの関数 $y=ax^2$，$y=-2x+b$ の値域が一致するような，定数 a，b の値を求めなさい。

HINT　$a>0$ のときと $a<0$ のときで場合を分けて考える。

$y=-2x+b$ のグラフは右下がりの直線で

$x=-2$ のとき　　$y=4+b$　　○最大値

$x=3$　のとき　　$y=-6+b$　　○最小値

よって，$y=-2x+b$ $(-2 \leqq x \leqq 3)$ の値域は

$$-6+b \leqq y \leqq 4+b$$

$y=ax^2$ について

$x=-2$ のとき　　$y=4a$

$x=3$　のとき　　$y=9a$

[1]　$a>0$ のとき

○$y=ax^2$ のグラフは下に凸。

$y=ax^2$ $(-2 \leqq x \leqq 3)$ の値域は

$$0 \leqq y \leqq 9a$$

よって，条件から

$$-6+b=0,\ 4+b=9a$$

○ 2 つの関数の値域を比べる。

これを解いて

$$a=\frac{10}{9},\ b=6$$

[2]　$a<0$ のとき

○$y=ax^2$ のグラフは上に凸。

$y=ax^2$ $(-2 \leqq x \leqq 3)$ の値域は

$$9a \leqq y \leqq 0$$

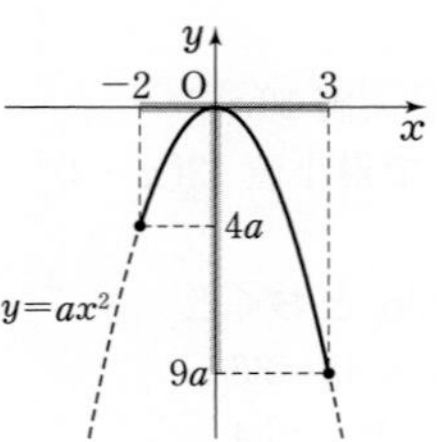

よって，条件から

$$-6+b=9a,\ 4+b=0$$

○ 2 つの関数の値域を比べる。

これを解いて

$$a=-\frac{10}{9},\ b=-4$$

[1]，[2] から

$$\boldsymbol{a=\frac{10}{9},\ b=6 \text{ または } a=-\frac{10}{9},\ b=-4}$$

演習 86 関数 $y=-\frac{1}{2}x^2$ において，定義域が $a\leqq x\leqq a+3$ のとき，値域が $-2\leqq y\leqq 0$ となった。このとき，定数 a の値を求めなさい。

HINT 定義域が $a\leqq x\leqq a+3$，値域が $-2\leqq y\leqq 0$
$\longrightarrow$ $x=a$ か $x=a+3$ で $y=-2$ となる。

値域に 0 を含むから，定義域も 0 を含む。
また，値域が $-2\leqq y\leqq 0$ であるから，$x=a$ か $x=a+3$ のどちらかで $y=-2$ となる。

[1]　$x=a$ で $y=-2$ となる場合

$$-2=-\frac{1}{2}a^2$$

よって　　$a^2=4$

したがって　　$a=\pm 2$

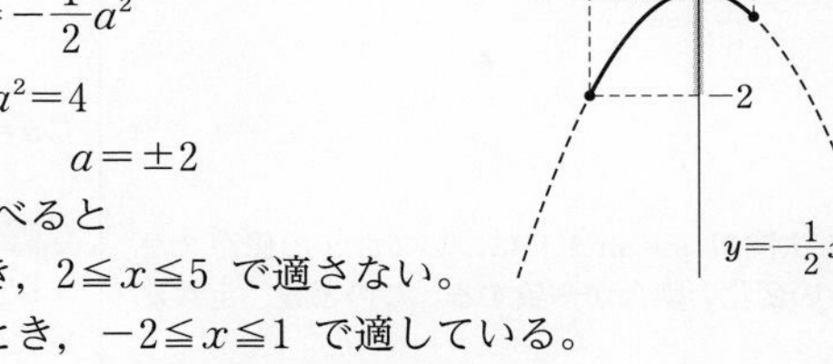

定義域を調べると

$a=2$ のとき，$2\leqq x\leqq 5$ で適さない。　◁ 0 を含まない。

$a=-2$ のとき，$-2\leqq x\leqq 1$ で適している。　◁ 0 を含む。

[2]　$x=a+3$ で $y=-2$ となる場合

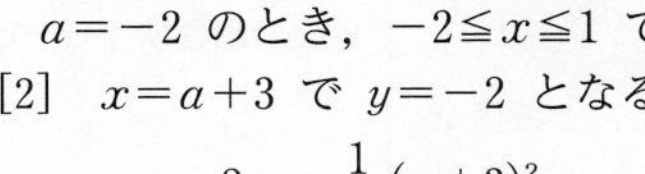

$$-2=-\frac{1}{2}(a+3)^2$$

$$(a+3)^2=4$$

$$a+3=\pm 2$$

よって　　$a=-1,\ -5$

定義域を調べると

$a=-1$ のとき，$-1\leqq x\leqq 2$ で適している。　◁ 0 を含む。

$a=-5$ のとき，$-5\leqq x\leqq -2$ で適さない。　◁ 0 を含まない。

[1]，[2] から，求める a の値は　　$\boldsymbol{a=-2,\ -1}$

演習 87 (1) 関数 $y=\sqrt{5}\,x^2$ について，x の値が $-\sqrt{3}$ から k まで増加するときの変化の割合は $2\sqrt{10}$ である。このとき，定数 k の値を求めなさい。ただし，$k>-\sqrt{3}$ とする。

(2) 関数 $y=ax^2$ について，x の値が $\frac{1}{3}$ から $\frac{1}{2}$ まで増加するときの変化の割合は $\frac{3}{2}$ である。このとき，定数 a の値を求めなさい。

(1)　$x=-\sqrt{3}$ のとき　　$y=\sqrt{5}\times(-\sqrt{3})^2=3\sqrt{5}$

$x=k$　　のとき　　$y=\sqrt{5}\,k^2$

よって，x の値が $-\sqrt{3}$ から k まで増加するときの変化の割合は

$$\frac{\sqrt{5}\,k^2-3\sqrt{5}}{k-(-\sqrt{3})}=\frac{\sqrt{5}\,(k^2-3)}{k+\sqrt{3}}=\frac{\sqrt{5}\,(k+\sqrt{3})(k-\sqrt{3})}{k+\sqrt{3}}$$

$$=\sqrt{5}\,(k-\sqrt{3})$$

◁ $k+\sqrt{3}$ で約分。

これが $2\sqrt{10}$ に等しいから　　$\sqrt{5}\,(k-\sqrt{3})=2\sqrt{10}$

◁ 両辺を $\sqrt{5}$ でわる。
$\frac{2\sqrt{10}}{\sqrt{5}}=\frac{2\sqrt{2}\times\sqrt{5}}{\sqrt{5}}$
$=2\sqrt{2}$

したがって　　$k-\sqrt{3}=2\sqrt{2}$　　　よって　　$k=2\sqrt{2}+\sqrt{3}$

$k>-\sqrt{3}$ であるから，これは問題に適している。

答　$\boldsymbol{k=2\sqrt{2}+\sqrt{3}}$

(2)　$x=\frac{1}{3}$ のとき　　$y=a\times\left(\frac{1}{3}\right)^2=\frac{1}{9}a$

$x=\dfrac{1}{2}$ のとき　　$y=a\times\left(\dfrac{1}{2}\right)^2=\dfrac{1}{4}a$

よって，x の値が $\dfrac{1}{3}$ から $\dfrac{1}{2}$ まで増加するときの変化の割合は

$$\frac{\frac{1}{4}a-\frac{1}{9}a}{\frac{1}{2}-\frac{1}{3}}=\frac{\frac{5}{36}a}{\frac{1}{6}}=\frac{5}{36}a\times6=\frac{5}{6}a$$

これが $\dfrac{3}{2}$ に等しいから　　$\dfrac{5}{6}a=\dfrac{3}{2}$

これを解いて　　$\boldsymbol{a=\dfrac{9}{5}}$

$a=\dfrac{3}{2}\times\dfrac{6}{5}=\dfrac{9}{5}$

演習 88

(1) 関数 $y=-3x^2$ と1次関数 $y=ax+4$ について，x の値が2から5まで増加するときの変化の割合が一致する。このとき，定数 a の値を求めなさい。

(2) 関数 $y=-\dfrac{3}{4}x^2$ と1次関数 $y=-\dfrac{3}{2}x+5$ について，x の値が $t-1$ から $t+5$ まで増加するときの変化の割合が一致する。このとき，定数 t の値を求めなさい。

HINT
1次関数 $y=px+q$ の変化の割合は p（一定）

(1) $y=-3x^2$ について

$x=2$ のとき　　$y=-3\times2^2=-12$

$x=5$ のとき　　$y=-3\times5^2=-75$

よって，x の値が2から5まで増加するときの変化の割合は

$$\frac{-75-(-12)}{5-2}=\frac{-63}{3}=-21$$

$y=ax+4$ の変化の割合は，常に a である。

したがって　　$\boldsymbol{a=-21}$

(2) $y=-\dfrac{3}{4}x^2$ について

$x=t-1$ のとき　　$y=-\dfrac{3}{4}(t-1)^2$

$x=t+5$ のとき　　$y=-\dfrac{3}{4}(t+5)^2$

よって，x の値が $t-1$ から $t+5$ まで増加するときの変化の割合は

$$\frac{-\frac{3}{4}(t+5)^2-\left\{-\frac{3}{4}(t-1)^2\right\}}{(t+5)-(t-1)}$$

$$=\frac{-\frac{3}{4}\{(t+5)^2-(t-1)^2\}}{6}$$

$$=-\frac{(t^2+10t+25)-(t^2-2t+1)}{8}$$

$$=-\frac{12t+24}{8}=-\frac{3t+6}{2}$$

$\dfrac{\frac{3}{4}}{6}=\dfrac{3}{4}\times\dfrac{1}{6}=\dfrac{1}{8}$

$y=-\dfrac{3}{2}x+5$ の変化の割合は，常に $-\dfrac{3}{2}$ である。

したがって　$-\dfrac{3t+6}{2}=-\dfrac{3}{2}$　よって　$\boldsymbol{t=-1}$

◀両辺の分子が等しいから　$3t+6=3$

演習 89　真上にボールを秒速 x m の速さで投げ上げたとき，ボールの到達する高さを y m とすると，y は x^2 に比例する。いま，真上に秒速 10 m の速さで投げたボールが高さ 5 m まで達した。
(1)　y を x の式で表しなさい。
(2)　毎秒 30 m の速さで投げ上げたとき，ボールが到達する高さを求めなさい。

HINT
(1)　y は x^2 に比例
⟶ $y=ax^2$ と表すことができる。
条件から，$x=10$ のとき $y=5$

(1)　y は x^2 に比例するから，比例定数を a とすると，$y=ax^2$ と表すことができる。
$x=10$ のとき $y=5$ であるから　$5=a\times10^2$
よって　$a=\dfrac{1}{20}$　したがって　$\boldsymbol{y=\dfrac{1}{20}x^2}$

◀$y=ax^2$ に $x=10$，$y=5$ を代入。

(2)　$y=\dfrac{1}{20}x^2$ に $x=30$ を代入すると

$y=\dfrac{1}{20}\times30^2=45$　　答　**45 m**

演習 90　放物線 $y=\dfrac{1}{2}x^2$ と直線 $y=-x+4$ の共有点のうち，x 座標が小さい方の点をA，もう一方をBとする。直線 $y=-x+4$ と y 軸，x 軸との交点を，それぞれ C，D とする。このとき，次の三角形の面積を求めなさい。

(1)　△ODC　(2)　△OAC　(3)　△OAB

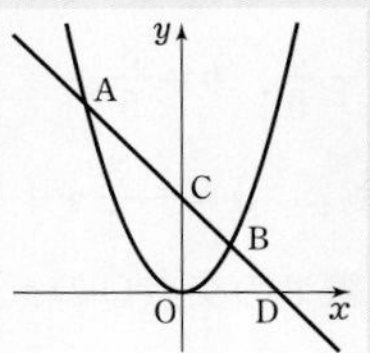

HINT
(2)　△OAC の底辺を OC とみると，高さはAの x 座標の絶対値。
(3)　△OAB
＝△OAC＋△OBC

放物線 $y=\dfrac{1}{2}x^2$ と直線 $y=-x+4$ の共有点の x 座標は，
2 次方程式 $\dfrac{1}{2}x^2=-x+4$ の解である。

◀まず，4 点 A，B，C，D の座標を求める。

これを解くと　$x^2+2x-8=0$
$(x+4)(x-2)=0$
よって　$x=-4,\ 2$
$x=-4$ のとき　$y=8$，　$x=2$ のとき　$y=2$

◀求めた x の値を $y=-x+4$ に代入する。

したがって，Aの座標は　$(-4,\ 8)$，　Bの座標は　$(2,\ 2)$
また，直線 $y=-x+4$ の切片は 4 であるから，Cの座標は
$(0,\ 4)$
Dの x 座標は，$0=-x+4$ を解いて　$x=4$
よって，Dの座標は　$(4,\ 0)$

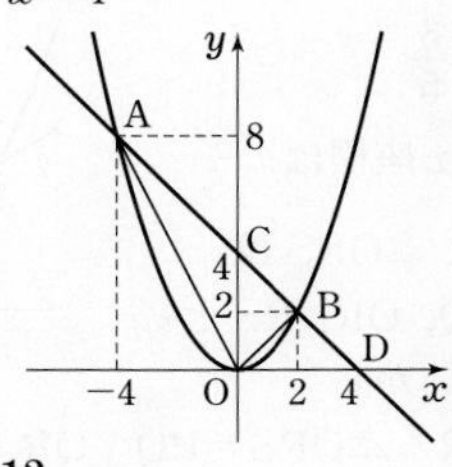

(1)　$\boldsymbol{\triangle ODC=\dfrac{1}{2}\times4\times4=8}$

(2)　$\boldsymbol{\triangle OAC=\dfrac{1}{2}\times4\times4=8}$

(3)　$\triangle OBC=\dfrac{1}{2}\times4\times2=4$ であるから

$\boldsymbol{\triangle OAB}=\triangle OAC+\triangle OBC=8+4=\boldsymbol{12}$

◀△OBC の底辺を OC とみると，高さはBの x 座標。

演習 91 右の図のように，直線 ℓ は放物線 $y=x^2$ と2点Q，Rで交わり，放物線 $y=\frac{1}{4}x^2$ と2点P，Sで交わっている。点P，Rの x 座標がそれぞれ -4，1のとき，次の問いに答えなさい。

(1) 直線 ℓ の式を求めなさい。

(2) 3つの三角形の面積比

△OPQ：△OQR：△ORS

を求めなさい。

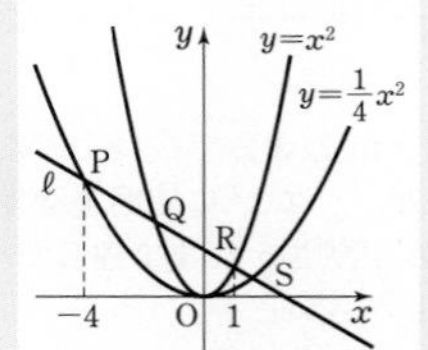

HINT (1) 直線 ℓ は2点P，Rを通る。
(2) 3つの三角形の底辺を，それぞれPQ，QR，RSとみると，高さが等しい ⟶ 面積比は底辺の長さの比に等しい。

(1) $y=\frac{1}{4}x^2$ について，

$x=-4$ のとき　　$y=\frac{1}{4}\times(-4)^2=4$

よって，点Pの座標は　　$(-4,\ 4)$

$y=x^2$ について，$x=1$ のとき　　$y=1$

よって，点Rの座標は　　$(1,\ 1)$

直線 ℓ の式を $y=ax+b$ とおくと，ℓ は2点P，Rを通るから

$4=-4a+b,\ 1=a+b$

◀P，Rの座標を代入。

これを解くと　　$a=-\frac{3}{5},\ b=\frac{8}{5}$

よって，直線 ℓ の式は　　$\boldsymbol{y=-\frac{3}{5}x+\frac{8}{5}}$

(2) 放物線 $y=x^2$ と直線 ℓ の交点Qの x 座標は，方程式

$x^2=-\frac{3}{5}x+\frac{8}{5}$ の1以外の解である。

◀1は点Rの x 座標。

これを解くと　　$5x^2+3x-8=0$

$(x-1)(5x+8)=0$

◀
1	−1 ⟶	−5
5	8 ⟶	8
5	−8	3

よって　　$x=-\frac{8}{5},\ 1$

したがって，点Qの x 座標は　　$-\frac{8}{5}$

放物線 $y=\frac{1}{4}x^2$ と直線 ℓ の交点Sの x 座標は，方程式

$\frac{1}{4}x^2=-\frac{3}{5}x+\frac{8}{5}$ の -4 以外の解である。

◀-4 は点Pの x 座標。

これを解くと　　$5x^2+12x-32=0$

$(x+4)(5x-8)=0$

◀
1	4 ⟶	20
5	−8 ⟶	−8
5	−32	12

よって　　$x=-4,\ \frac{8}{5}$

したがって，点Sの x 座標は　$\frac{8}{5}$

△OPQと△OQRと△ORSは，底辺を，それぞれPQ，QR，RSとみると，高さが等しいから

△OPQ：△OQR：△ORS＝PQ：QR：RS

CHART
三角形の面積比
等高なら底辺の比

ここで

$$PQ:QR:RS=\left\{-\frac{8}{5}-(-4)\right\}:\left\{1-\left(-\frac{8}{5}\right)\right\}:\left(\frac{8}{5}-1\right)$$
$$=\frac{12}{5}:\frac{13}{5}:\frac{3}{5}$$
$$=12:13:3$$

よって　**△OPQ：△OQR：△ORS＝12：13：3**

◯4点P，Q，R，Sからx軸に引いた垂線はどれも平行であるから，PQ：QR：RS はQとP，RとQ，SとRのx座標の差の比に等しい。

演習 92　右の図のように，放物線 $y=x^2$ 上に2点A，Cがあり，点A，Cのx座標はそれぞれ3，-1である。また，放物線 $y=ax^2$ 上に点Bがある。四角形OABCが平行四辺形になるとき，次の問いに答えなさい。
(1)　2点A，Cを通る直線の式を求めなさい。
(2)　定数aの値を求めなさい。
(3)　四角形OABCの面積を求めなさい。

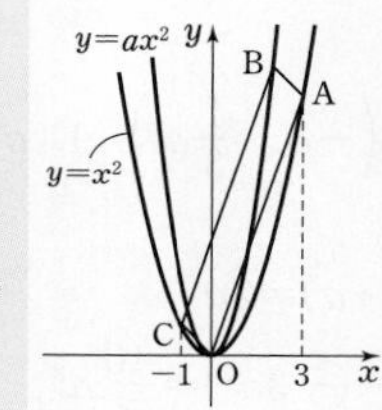

HINT (2)　▱OABC
⟶点Oから点Cへの移動と，点Aから点Bへの移動は，同じ移動。
このことから，まず点Bの座標を求める。
(3)　平行四辺形の面積は対角線で2等分される。

(1)　$y=x^2$ について
$x=3$ のとき $y=9$，　$x=-1$ のとき $y=1$
よって，点Aの座標は　(3, 9)，　点Cの座標は　$(-1, 1)$
2点A，Cを通る直線の式を $y=mx+n$ とおくと
$9=3m+n$，$1=-m+n$
これを解くと　$m=2$，$n=3$
よって，求める直線の式は　$\boldsymbol{y=2x+3}$

◯A，Cの座標を代入。

(2)　▱OABCにおいては，点Oから点Cへの移動と，点Aから点Bへの移動は同じ移動である。
点Oから点Cへの移動は，左に1，上に1の移動である。
よって，点Bの座標は
$(3-1, 9+1)$　すなわち　(2, 10)
放物線 $y=ax^2$ が点Bを通るから
$10=a\times2^2$
したがって　$\boldsymbol{a=\frac{5}{2}}$

◯平行四辺形の対角線がそれぞれの中点で交わることを利用して，点Bの座標を求めてもよい。
点Bの座標を(x, y)とすると，対角線OB，ACの中点の座標は，それぞれ$\left(\frac{x}{2}, \frac{y}{2}\right)$，
$\left(\frac{3+(-1)}{2}, \frac{9+1}{2}\right)$
これらが一致するから
$x=2$，$y=10$

(3)　四角形OABCは平行四辺形であるから，その面積をSとすると
$S=2$△OAC
直線ACとy軸との交点をDとする。
(1)より，直線ACの切片は3であるから　D(0, 3)
したがって
△OAC＝△OAD＋△OCD

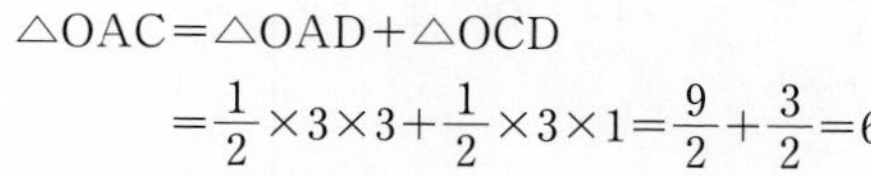

$$=\frac{1}{2}\times3\times3+\frac{1}{2}\times3\times1=\frac{9}{2}+\frac{3}{2}=6$$

よって　$S=2\times6=\boldsymbol{12}$

演習 93 右の図のように，2つの放物線 $y=\frac{1}{3}x^2$，$y=-3x^2$ がある。2点A，Bは放物線 $y=\frac{1}{3}x^2$ 上にあり，2点C，Dは放物線 $y=-3x^2$ 上にある。また，ABは x 軸に平行で，点Aの x 座標は正であるものとする。四角形ABCDが正方形となるとき，点Aの座標を求めなさい。

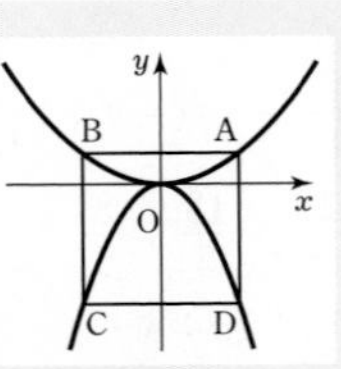

HINT 点Aの x 座標を a とし，点A，B，Dの座標を a で表す。

点Aの x 座標を a とすると，$a>0$ であり，3点A，B，Dの座標は，それぞれ

$$\mathrm{A}\left(a,\ \frac{1}{3}a^2\right),\ \mathrm{B}\left(-a,\ \frac{1}{3}a^2\right),\ \mathrm{D}(a,\ -3a^2)$$

となる。

⊂点A，Dの x 座標は a，点Bの x 座標は $-a$

よって　$\mathrm{AB}=a-(-a)=2a$

$$\mathrm{AD}=\frac{1}{3}a^2-(-3a^2)=\frac{10}{3}a^2$$

四角形ABCDが正方形となるとき，AB=AD であるから

$$2a=\frac{10}{3}a^2$$

$$a(5a-3)=0$$

$a>0$ であるから　$a=\frac{3}{5}$

このとき　$\frac{1}{3}a^2=\frac{1}{3}\times\left(\frac{3}{5}\right)^2=\frac{3}{25}$

⊂点Aの y 座標は $\frac{1}{3}a^2$

したがって，点Aの座標は　$\left(\frac{3}{5},\ \frac{3}{25}\right)$

演習 94 右の図のように，放物線 $y=ax^2$ のグラフ上で，x 座標が2の点をA，-4 の点をBとする。また，△OABの面積を6とする。ただし，$a>0$ とする。このとき，次の問いに答えなさい。

(1) 定数 a の値を求めなさい。

(2) 放物線上にOと異なる点Dをとり，△DABの面積が△OABの面積と等しくなるような点Dの x 座標をすべて求めなさい。

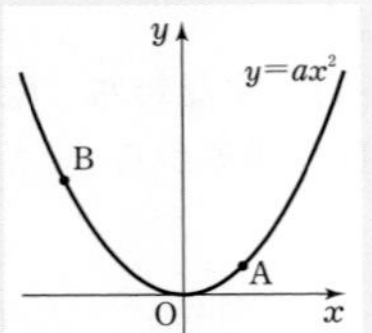

(1) 点A，Bはともに放物線 $y=ax^2$ 上にあるから，その座標は

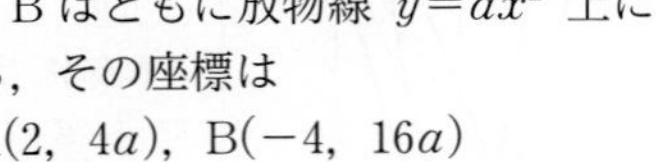

$$\mathrm{A}(2,\ 4a),\ \mathrm{B}(-4,\ 16a)$$

⊂$x=2$ のとき $y=4a$，$x=-4$ のとき $y=16a$

直線ABの傾きは

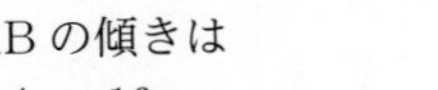

$$\frac{4a-16a}{2-(-4)}=-2a$$

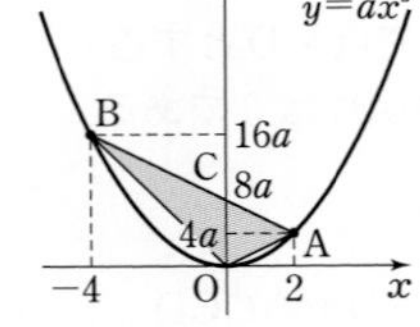

よって，直線ABの式を $y=-2ax+b$ とおくと，点Aを通るから

$$4a=-4a+b$$

⊂$4a=-2a\times2+b$

$b=8a$

よって，直線 AB と y 軸の交点をCとすると，点Cの y 座標は

$8a$

△OAB の面積について

$$\frac{1}{2}\times 8a\times 2+\frac{1}{2}\times 8a\times 4=6$$

よって　$24a=6$　　したがって　$\boldsymbol{a=\frac{1}{4}}$

⊂△OAB ＝△OAC＋△OBC

(2) (1)から，直線 AB の式は

$$y=-\frac{1}{2}x+2$$

点Oを通り，直線 AB に平行な直線

$y=-\frac{1}{2}x$ と，放物線 $y=\frac{1}{4}x^2$ の交点を

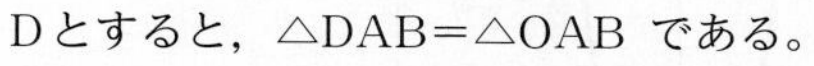

Dとすると，△DAB＝△OAB である。

⊂(1)より，直線 AB の傾きは $-2a$ であるから $-\frac{1}{2}$，切片は $8a$ であるから　2

このとき，点Dの x 座標は $\frac{1}{4}x^2=-\frac{1}{2}x$ の解で表される。

よって　$x^2+2x=0$

⊂$x^2+2x=x(x+2)$

これを解くと　$x=0,\ -2$

点Dの x 座標は 0 以外であるから　$x=-2$

また，y 軸上に OC＝PC となる点 P(0, 4) をとると，

△PAB＝△OAB であるから，点Pを通り，直線 AB に平行な

直線 $y=-\frac{1}{2}x+4$ と放物線 $y=\frac{1}{4}x^2$ の交点をDとすると，

△DAB＝△OAB である。

このとき，点Dの x 座標は $\frac{1}{4}x^2=-\frac{1}{2}x+4$ の解で表される。

よって　$x^2+2x-16=0$

これを解くと

$$x=\frac{-2\pm\sqrt{2^2-4\times 1\times(-16)}}{2\times 1}=-1\pm\sqrt{17}$$

したがって，点Dの x 座標は　$\boldsymbol{-2,\ -1\pm\sqrt{17}}$

演習 95

右の図のように，放物線 $y=\frac{1}{2}x^2$ 上に 2 点 A, B がある。点 A, B の x 座標はそれぞれ -4, 2 である。

(1) 直線 AB の式を求めなさい。

(2) y 軸上に，y 座標が正の点Cをとり，△ABC の面積が △OAB の面積の 2 倍になるようにする。このとき，点C の座標を求めなさい。

(3) 放物線上に点Pをとり，△ABP の面積が △OAB の面積の 2 倍になるようにする。このとき，点Pの座標を求めなさい。

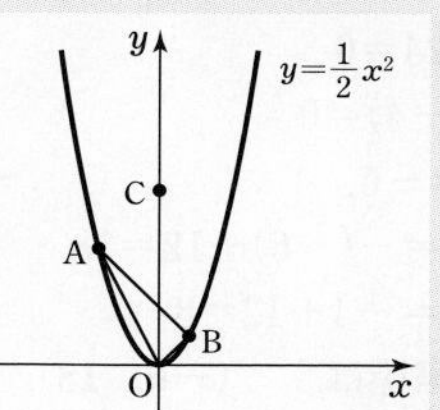

HINT

(3) △ABP＝△ABC

⟶ AB を共通の底辺とみると，高さが等しいから，AB∥CP となる。

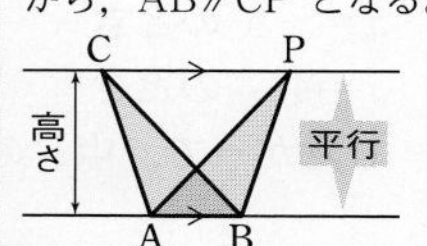

(1) $y=\frac{1}{2}x^2$ について

$x=-4$ のとき　$y=\frac{1}{2}\times(-4)^2=8$

$x=2$　のとき　$y=\frac{1}{2}\times2^2=2$

よって，A の座標は　$(-4,\ 8)$

B の座標は　$(2,\ 2)$

直線 AB の式を $y=ax+b$ とおくと，直線 AB は 2 点 $(-4,\ 8)$，$(2,\ 2)$ を通るから

$$8=-4a+b,\quad 2=2a+b$$

これを解いて　$a=-1$，$b=4$

よって，直線 AB の式は　$\boldsymbol{y=-x+4}$

(2) 直線 AB と y 軸の交点を D とすると，

(1) より点 D の座標は　$(0,\ 4)$

ここで，y 軸上に CD=2OD を満たすように点 C をとると

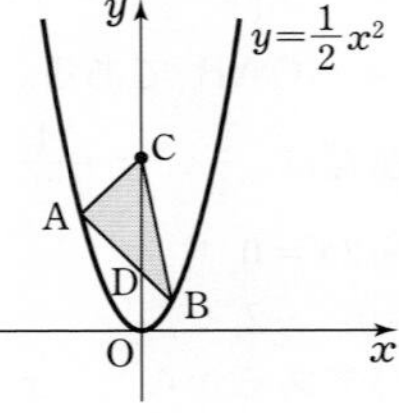

△ADC：△AOD

=△BDC：△BOD

=CD：OD

=2：1

CHART 三角形の面積比　等高なら底辺の比

よって，△ABC=2△OAB が成り立つ。

このとき点 C の y 座標は　$4+4\times2=12$

◯OD+CD から。

したがって，点 C の座標は　**(0, 12)**

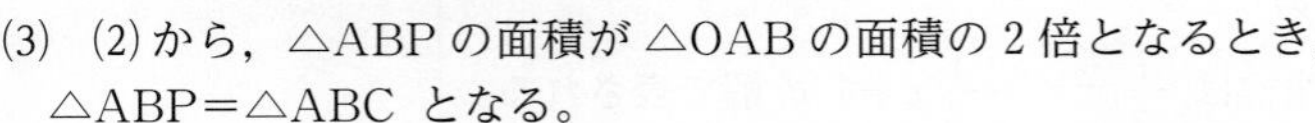
(3) (2) から，△ABP の面積が △OAB の面積の 2 倍となるとき，△ABP=△ABC となる。

◯△ABC の面積は △OAB の 2 倍。

このとき，△ABP と △ABC は，底辺 AB に対する高さが等しい。

よって，点 P は，点 C を通り直線 AB に平行な直線 ℓ と放物線の交点である。

(1)，(2) から，直線 ℓ の式は $y=-x+12$ と表される。

したがって，点 P の x 座標は，方程式

$\frac{1}{2}x^2=-x+12$ の解である。

よって　$x^2+2x-24=0$

$(x+6)(x-4)=0$

これを解くと　$x=-6,\ 4$

$x=-6$ のとき　$y=-(-6)+12=18$

$x=4$　のとき　$y=-4+12=8$

◯点 P は 2 つある。

したがって，点 P の座標は　**(−6, 18)，(4, 8)**

演習 96 右の図のように，放物線 $y=x^2$ と直線 $y=2x+8$ が2点A，Bで交わっている。また，点Pは放物線 $y=x^2$ 上をAからBまで動く。四角形APBQが平行四辺形となるとき，次の問いに答えなさい。

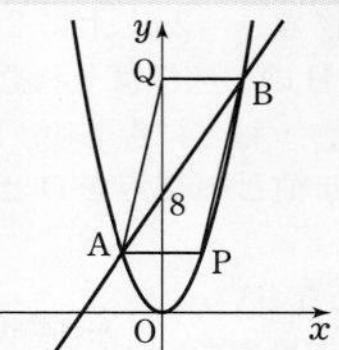

(1) 2点A，Bの座標を求めなさい。

(2) 原点Oと点Pを通る直線が直線 $y=2x+8$ に平行となるとき，点Qの座標を求めなさい。

(3) (2)のとき，▱APBQの面積を求めなさい。また，点$(-9,\ 0)$を通り，その面積を2等分する直線の式を求めなさい。

HINT
(3) 平行四辺形の面積は，対角線の交点を通る直線で2等分される。

(1) 放物線 $y=x^2$ と直線 $y=2x+8$ の交点の x 座標は，方程式 $x^2=2x+8$ の解である。

これを解くと　$x^2-2x-8=0$

$(x+2)(x-4)=0$

よって　$x=-2,\ 4$

$x=-2$ のとき $y=4$，　$x=4$ のとき $y=16$

したがって，**Aの座標は** $\boldsymbol{(-2,\ 4)}$，　**Bの座標は** $\boldsymbol{(4,\ 16)}$

(2) 直線OPの式は $y=2x$ である。

方程式 $x^2=2x$ を解くと　$x=0,\ 2$

よって，点Pの座標は　$(2,\ 4)$

▱APBQにおいては，点Pから点Aへの移動と，点Bから点Qへの移動は同じ移動である。

点Pから点Aへの移動は，左に4の移動である。

よって，点Qの座標は　$(4-4,\ 16)$　すなわち　$\boldsymbol{(0,\ 16)}$

(3) (2)のとき　$\mathrm{AP}=2-(-2)=4$

▱APBQの底辺をAPとみると，高さは

$16-4=12$

よって，**▱APBQの面積は**

$\mathrm{AP}\times12=4\times12=\boldsymbol{48}$

←底辺×高さ

点$(-9,\ 0)$を通り，この面積を2等分する直線の式を $y=ax+b$ ……① とおく。

平行四辺形は，対角線の交点を通る直線によって面積を2等分される。

また，対角線は，それぞれの中点で交わる。

対角線PQの中点の座標は

$$\left(\frac{2+0}{2},\ \frac{4+16}{2}\right)$$

すなわち　$(1,\ 10)$

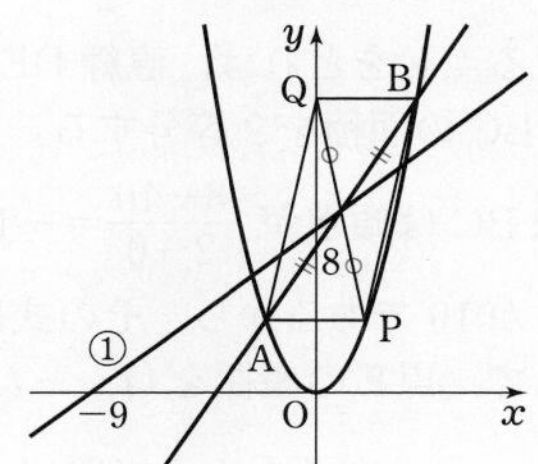

よって，直線①は2点$(-9,\ 0)$，$(1,\ 10)$を通るから

$0=-9a+b,\ 10=a+b$

←2点の座標を代入。

これを解いて　$a=1,\ b=9$

したがって，求める直線の式は　$\boldsymbol{y=x+9}$

4章
演習［関数 $y=ax^2$］

演習 97　右の図のように，放物線 $y=2x^2$ 上に 2 点 A，B をとる。点 A，B の x 座標はそれぞれ -1，2 である。また，y 軸上に点 C(0，10) をとり，直線 AB と y 軸との交点を D とする。

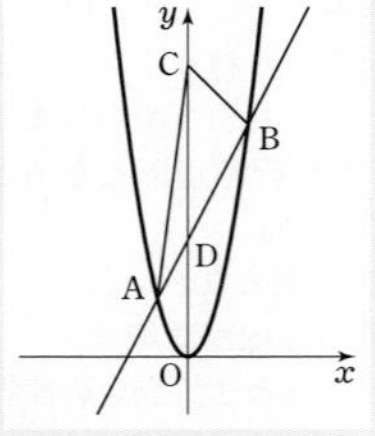

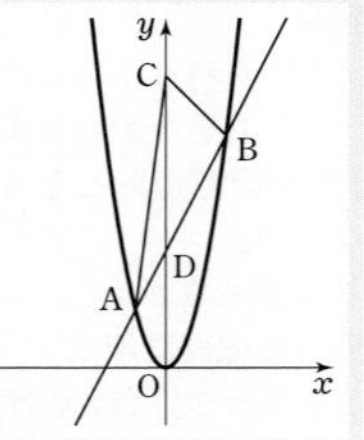

(1)　点 D の座標を求めなさい。

(2)　△ABC の面積を求めなさい。

(3)　点 D を通り，△ABC の面積を 2 等分する直線の式を求めなさい。

(4)　△ACD を y 軸の周りに 1 回転させてできる立体の体積を求めなさい。ただし，円周率は π とする。

HINT

(3)　求める直線と辺 BC の交点を E とすると，四角形 ADEC の面積が △ABC の面積の半分。

(4)　大きな円錐から小さな円錐を取り除く。

(1)　$y=2x^2$ について

$x=-1$ のとき　　$y=2\times(-1)^2=2$

$x=2$ 　のとき　　$y=2\times2^2=8$

よって，点 A の座標は　$(-1,\ 2)$，　点 B の座標は　$(2,\ 8)$

直線 AB の式を $y=ax+b$ とおくと

$$2=-a+b,\ 8=2a+b$$

⊂A，B の座標を代入。

これを解くと　　$a=2,\ b=4$

よって，直線 AB の式は　　$y=2x+4$

この直線の切片は 4 であるから，点 D の座標は　　**(0，4)**

(2)　$CD=10-4=6$ であるから

$$\triangle \mathbf{ABC}=\triangle ADC+\triangle BDC$$

$$=\frac{1}{2}\times6\times1+\frac{1}{2}\times6\times2$$

$$=3+6=\mathbf{9}$$

(3)　$\dfrac{1}{2}\triangle ABC=\dfrac{9}{2}$

⊂$3<\dfrac{9}{2}$ であるから

$\triangle ADC<\dfrac{1}{2}\triangle ABC$

よって，点 D を通り △ABC の面積を 2 等分する直線は辺 BC と交わることがわかる。

また，△ADC＝3 であるから，

直線 BC 上に

$$\triangle CDE=\frac{9}{2}-3=\frac{3}{2}$$

となる点 E をとれば，直線 DE は △ABC の面積を 2 等分する。

直線 BC は傾きが $\dfrac{8-10}{2-0}=-1$，

切片が 10 であるから，その式は　　$y=-x+10$

そこで，点 E の座標を $(t,\ -t+10)$ $[t>0]$ とおくと

⊂直線 $y=mx+n$ 上の点 ⟶ $(t,\ mt+n)$ とおける。

$$\triangle CDE=\frac{1}{2}\times6\times t=3t$$

よって　　$3t=\dfrac{3}{2}$　　　したがって　　$t=\dfrac{1}{2}$

$t=\dfrac{1}{2}$ のとき　　$-t+10=-\dfrac{1}{2}+10=\dfrac{19}{2}$

よって，点 E の座標は　　$\left(\dfrac{1}{2},\ \dfrac{19}{2}\right)$

直線 DE の傾きは $\dfrac{\frac{19}{2}-4}{\frac{1}{2}-0}=11$，切片は 4 であるから，求める直線の式は　　$\boldsymbol{y=11x+4}$

(4)　できる立体は，底面の半径が 1，高さが $10-2=8$ の円錐から，底面の半径が 1，高さが $4-2=2$ の円錐を取り除いたものである。

よって，求める立体の体積は

$$\frac{1}{3}\times\pi\times1^2\times8-\frac{1}{3}\times\pi\times1^2\times2=\frac{8}{3}\pi-\frac{2}{3}\pi$$
$$=\boldsymbol{2\pi}$$

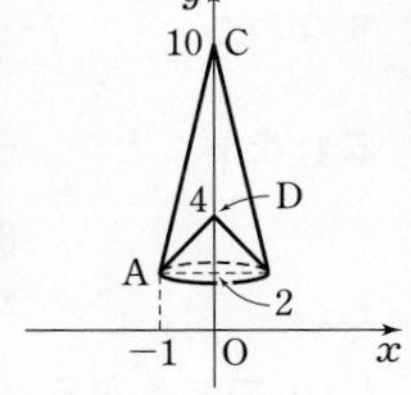

右の図のように，2 点 A，C は放物線 $y=\frac{1}{2}x^2$ 上，点 B は点 $\left(\frac{1}{2},\ \frac{1}{2}\right)$ を通る放物線 $y=ax^2$ 上の点で，辺 AD が x 軸に平行である正方形 ABCD がある。ただし，A，B，C，D の x 座標は正とする。

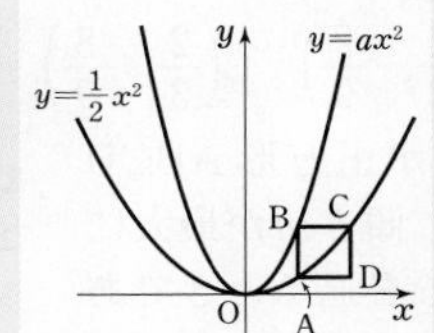

(1)　定数 a の値を求めなさい。

(2)　点 D の x 座標を求めなさい。

(3)　点 (0, 1) を通る直線の傾きを m とする。この直線が上の正方形 ABCD と共有点をもつとき，m の値の範囲を求めなさい。

HINT

(2)　点 D の x 座標を t とし，C，B，A の座標を t で表す。BC=BA から，t の値を求める。

(3)　まず，m が最大になる場合と，最小になる場合を，図をかいて調べる。

(1)　放物線 $y=ax^2$ は点 $\left(\frac{1}{2},\ \frac{1}{2}\right)$ を通るから

$$\frac{1}{2}=a\times\left(\frac{1}{2}\right)^2\qquad\text{よって}\qquad \boldsymbol{a=2}$$

←$y=ax^2$ に $x=\frac{1}{2}$，$y=\frac{1}{2}$ を代入。

(2)　点 D の x 座標を $t\ (t>0)$ とする。

CD は y 軸に平行であるから，点 C の x 座標も t になる。

よって　　$\mathrm{C}\left(t,\ \frac{1}{2}t^2\right)$

←C は放物線 $y=\frac{1}{2}x^2$ 上の点。

また，BC は x 軸に平行であるから，点 B の y 座標は，点 C の y 座標と等しく　　$\frac{1}{2}t^2$

$y=2x^2$ で $y=\frac{1}{2}t^2$ とすると　　$\frac{1}{2}t^2=2x^2$

←B は放物線 $y=2x^2$ 上の点。

よって　　$x^2=\frac{1}{4}t^2$

これを解くと　　$x=\pm\frac{1}{2}t$

したがって，点 B の x 座標は $\frac{1}{2}t$ であるから

←B の x 座標は正。

$$\mathrm{B}\left(\frac{1}{2}t,\ \frac{1}{2}t^2\right)$$

点 A の x 座標は，点 B の x 座標と等しく $\frac{1}{2}t$ で，y 座標は

$$\frac{1}{2}\times\left(\frac{1}{2}t\right)^2=\frac{1}{8}t^2$$

よって　　$A\left(\frac{1}{2}t,\ \frac{1}{8}t^2\right)$

◯Aは放物線 $y=\frac{1}{2}x^2$ 上の点。

四角形ABCDは正方形であるから　　BC＝BA

すなわち　　$t-\frac{1}{2}t=\frac{1}{2}t^2-\frac{1}{8}t^2$

これを解くと　　$\frac{1}{2}t=\frac{3}{8}t^2$

$3t^2-4t=0$

$t(3t-4)=0$

$t>0$ であるから　　$t=\frac{4}{3}$　　答 $\boldsymbol{\frac{4}{3}}$

(3)　(2)から

$$C\left(\frac{4}{3},\ \frac{8}{9}\right),\ A\left(\frac{2}{3},\ \frac{2}{9}\right),\ B\left(\frac{2}{3},\ \frac{8}{9}\right),\ D\left(\frac{4}{3},\ \frac{2}{9}\right)$$

◯Dの y 座標は，Aの y 座標と等しい。

点(0, 1)を通る直線が正方形ABCDと共有点をもつとき，傾きmが最大になるのは，直線が点Cを通るときである。このとき

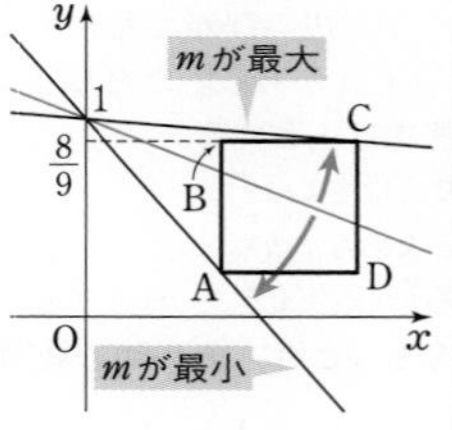

◯B，Cの y 座標 $\frac{8}{9}$ が直線の切片1より小さいことに着目する。

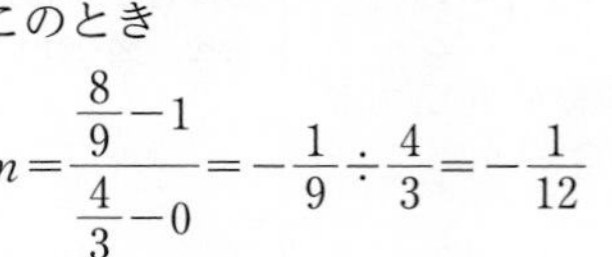

$$m=\frac{\frac{8}{9}-1}{\frac{4}{3}-0}=-\frac{1}{9}\div\frac{4}{3}=-\frac{1}{12}$$

また，傾き m が最小になるのは，直線が点Aを通るときである。このとき

$$m=\frac{\frac{2}{9}-1}{\frac{2}{3}-0}=-\frac{7}{9}\div\frac{2}{3}=-\frac{7}{6}$$

よって，求める m の値の範囲は　　$\boldsymbol{-\frac{7}{6}\leqq m\leqq-\frac{1}{12}}$

演習 99　xの小数点以下を切り捨てた値をyとするとき，yはxの関数である。定義域が $0\leqq x<6$ のとき，この関数のグラフをかきなさい。

HINT　たとえば，
$x=0.3$ のとき　$y=0$
$x=3.7$ のとき　$y=3$
$x=4$　のとき　$y=4$
となる。

yはxの小数点以下を切り捨てた値であるから

$0\leqq x<1$ のとき　　$y=0$
$1\leqq x<2$ のとき　　$y=1$
$2\leqq x<3$ のとき　　$y=2$
$3\leqq x<4$ のとき　　$y=3$
$4\leqq x<5$ のとき　　$y=4$
$5\leqq x<6$ のとき　　$y=5$

よって，この関数のグラフは，**右の図**のようになる。

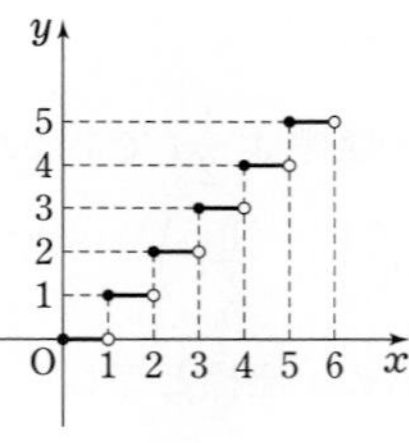

参考　x を超えない最大の整数を記号 $[x]$ で表すことがある。
この記号 [　] を **ガウス記号** という。
$x \geqq 0$ のとき，$[x]$ は x の小数点以下を切り捨てた値を表すから，本問の関数を [　] を使って表すと，$y=[x]$ $(0 \leqq x < 6)$ となる。

◯たとえば，$[1.3]=1$，$[3]=3$，$[-1.3]=-2$

演習 100　次の関数のグラフをかきなさい。

(1) $y=\begin{cases} -x+1 & (x \leqq -1) \\ x+3 & (-1 < x) \end{cases}$　　(2) $y=\begin{cases} -\dfrac{1}{3}x^2 & (x<3) \\ -\dfrac{2}{3}x-1 & (3 \leqq x) \end{cases}$

(3) $y=\begin{cases} -x^2 & (x \leqq 0) \\ \dfrac{1}{2}x^2 & (0 < x \leqq 2) \\ 2x-2 & (2<x) \end{cases}$　　(4) $y=\begin{cases} x+2 & (x<-1) \\ x^2 & (-1 \leqq x < 2) \\ -\dfrac{1}{2}x+6 & (2 \leqq x) \end{cases}$

HINT　それぞれの x の変域でグラフを別々にかき，それらを合わせる。

(1)　$x=-1$ のとき

$y=-x+1=-(-1)+1=2$

$y=x+3=-1+3=2$

よって，グラフは点 $(-1,\ 2)$ でつながっている。

したがって，グラフは **図の実線部分** である。

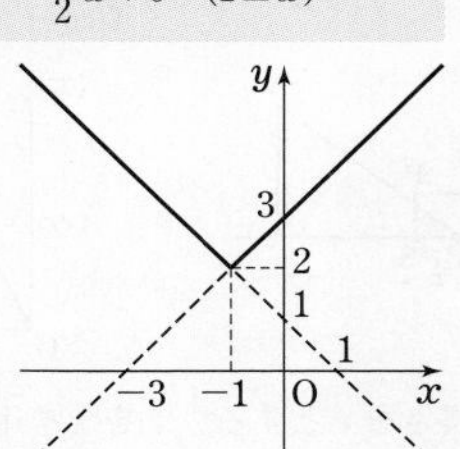

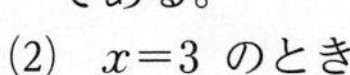

(2)　$x=3$ のとき

$y=-\dfrac{1}{3}x^2=-\dfrac{1}{3}\cdot 3^2=-3$

$y=-\dfrac{2}{3}x-1=-\dfrac{2}{3}\cdot 3-1=-3$

よって，グラフは点 $(3,\ -3)$ でつながっている。

したがって，グラフは **図の実線部分** である。

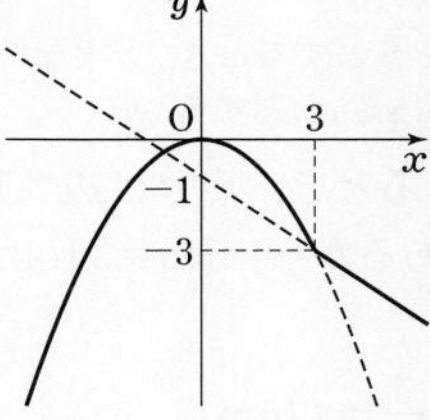

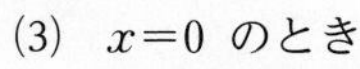

(3)　$x=0$ のとき

$y=-x^2=-0^2=0$

$y=\dfrac{1}{2}x^2=\dfrac{1}{2}\cdot 0^2=0$

$x=2$ のとき

$y=\dfrac{1}{2}x^2=\dfrac{1}{2}\cdot 2^2=2$

$y=2x-2=2\cdot 2-2=2$

よって，グラフは原点と点 $(2,\ 2)$ でつながっている。

したがって，グラフは **図の実線部分** である。

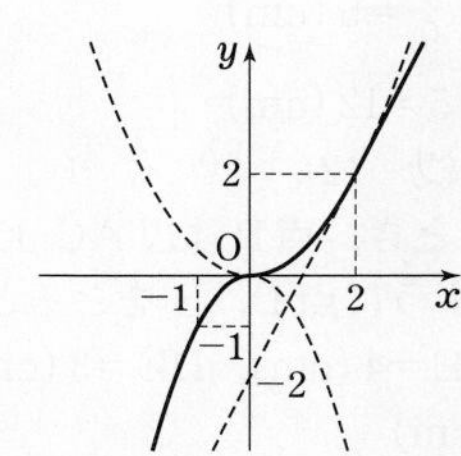

(4)　$x=-1$ のとき

$y=x+2=-1+2=1$

$y=x^2=(-1)^2=1$

$x=2$ のとき

$y=x^2=2^2=4$

$y=-\dfrac{1}{2}x+6=-\dfrac{1}{2}\cdot 2+6=5$

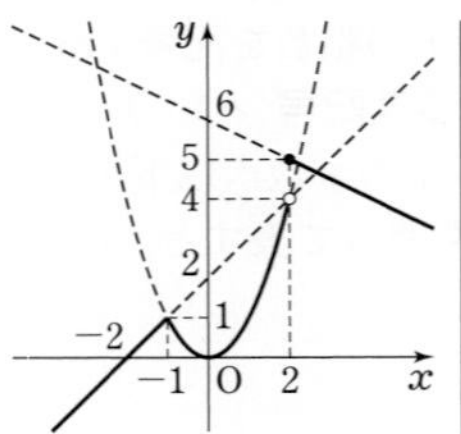

よって，グラフは点 $(-1,\ 1)$ でつながっていて，$x=2$ でつながっていない。

したがって，グラフは **図の実線部分** である。

演習 101　図1のような，∠C=90°，AB=15 cm，AC=9 cm，BC=12 cm の直角三角形 ABC と高さ 3 cm，幅 15 cm の長方形 PQRS とが重なる部分の図形を F とする。BS=x cm として，次の問いに答えなさい。

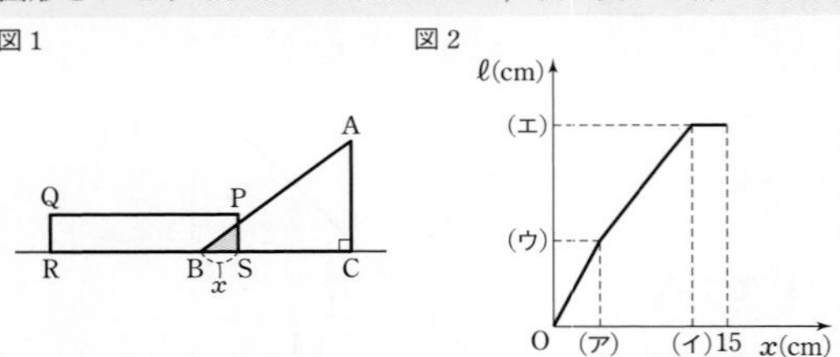

(1)　図形 F の周の長さを ℓ とする。ℓ を x を用いて表すとき，ℓ と x の関係のグラフが図2のようになった。(ア)，(イ)，(ウ)，(エ) にあてはまる数値を求めなさい。

(2)　図形 F の面積を S とするとき，S と x の関係をグラフで表しなさい。ただし，$0\leqq x\leqq 14$ とする。

HINT
(1)　x が(ア)の値をとるとき，Pは辺 AB 上にあり，(イ)の値をとるとき，Pは辺 AC 上にある。
(2)　F の形が変化することに注意して場合分けする。

(1)　x が(ア)の数値になるとき，点Pは辺 AB 上にある。

△PBS∽△ABC であるから，PS=3 (cm)

であり

$$BS=12\times\frac{3}{9}=4\ (\text{cm})$$

$$PB=15\times\frac{3}{9}=5\ (\text{cm})$$

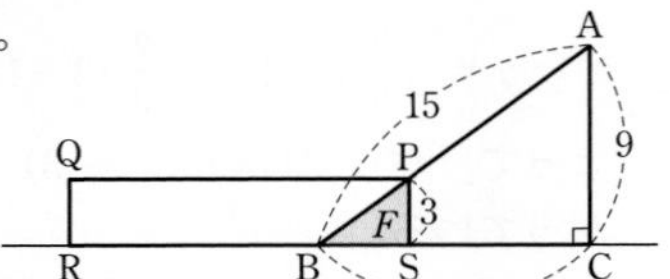

よって　$\ell=3+4+5=12$ (cm)

答　(ア)　**4**　　(ウ)　**12**

x が(イ)の数値になるとき，点Pは辺 AC 上にある。

このとき，右の図のように点 D，E をとると

BD=5 (cm)，BE=4 (cm)，DE=3 (cm)

また　　BS=12 (cm)

よって　　ES=BS−BE=12−4=8 (cm)

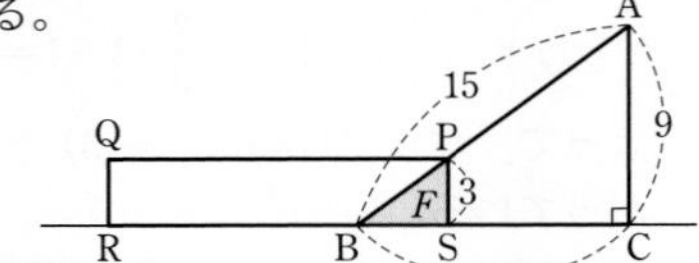

したがって，DP=8 (cm) であるから

ℓ=DP+PS+BS+BD

$=8+3+12+5=28$ (cm)

答　(イ)　**12**　　(エ)　**28**

(2) [1] $0 \leqq x \leqq 4$ のとき

図形 F は底辺が x cm，高さが

$x\times\dfrac{9}{12}=\dfrac{3}{4}x$ (cm) の直角三角形である。

したがって

$$S=\frac{1}{2}\times x\times\frac{3}{4}x=\frac{3}{8}x^2\ (\text{cm}^2)$$

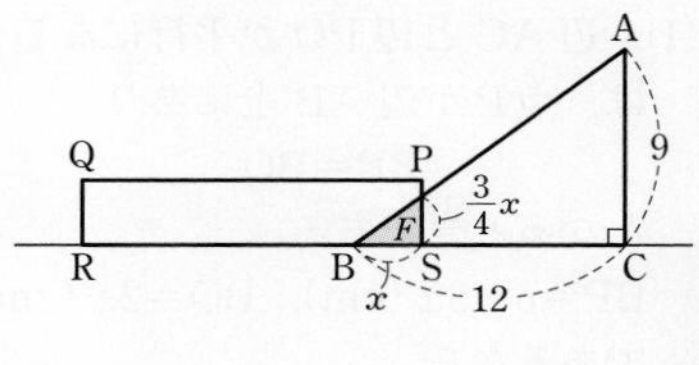

[2] $4 \leqq x \leqq 12$ のとき

図形 F は上底が $(x-4)$ cm，下底が x cm，高さが 3 cm の台形である。

したがって

$$S=\frac{1}{2}\times\{(x-4)+x\}\times 3$$
$$=3x-6\ (\text{cm}^2)$$

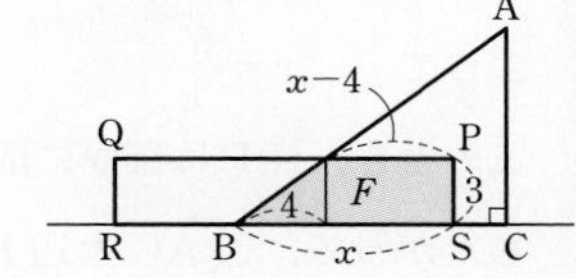

[3] $12 \leqq x \leqq 14$ のとき

図形 F は上底が 8 cm，下底が 12 cm，高さが 3 cm の台形である。

したがって

$$S=\frac{1}{2}\times(8+12)\times 3=30\ (\text{cm}^2)$$

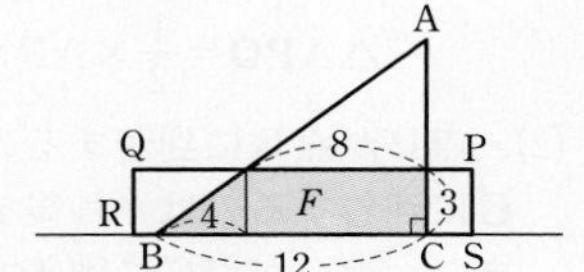

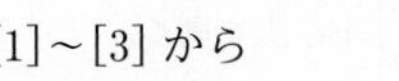

[1]～[3] から

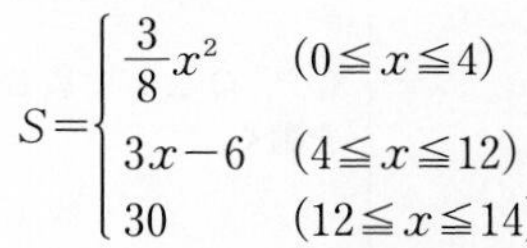

$$S=\begin{cases}\dfrac{3}{8}x^2 & (0 \leqq x \leqq 4)\\ 3x-6 & (4 \leqq x \leqq 12)\\ 30 & (12 \leqq x \leqq 14)\end{cases}$$

よって，求めるグラフは **右の図** のようになる。

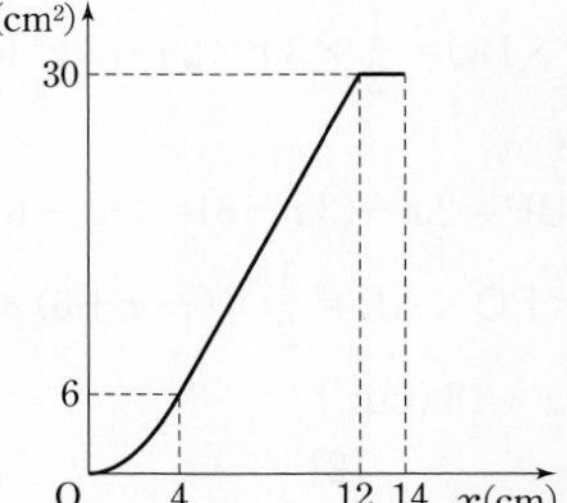

演習 102 AB＝BC＝6 cm の直角二等辺三角形がある。いま，動点PはAを出発し，毎秒 3 cm の速さで辺上を，A → B → C の順に進み，Cに到着後停止する。また，動点Qは点Pと同時にBを出発し，毎秒 2 cm の速さで辺上を B → C に向かって進み，Cに到着後停止する。2点P，Qが出発して x 秒後の △APQ の面積を y cm² とする。

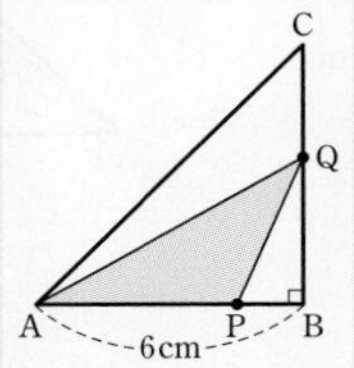

(1) 辺 AC と辺 PQ が平行になるのは，2点P，Qが出発してから何秒後か答えなさい。また，そのときの △APQ の面積を求めなさい。

(2) 点Pが出発してから停止するまでの，x と y の関係を表すグラフをかきなさい。

(3) △APQ の面積が △ABC の面積の $\dfrac{1}{3}$ になるのは，出発してから何秒後か答えなさい。

HINT

(1) AB＝BC であるから，BP＝BQ のとき AC∥PQ となる。

(2) P，Q の位置で場合を分ける。

(3) (2)の結果を利用。

(1) 辺 AC と辺 PQ が平行になるのは，点Pが辺 AB 上にあり

$$BP=BQ$$

となるときである。

$BP=6-3x$ (cm)，$BQ=2x$ (cm) であるから

$$6-3x=2x$$

よって　$x=\frac{6}{5}$

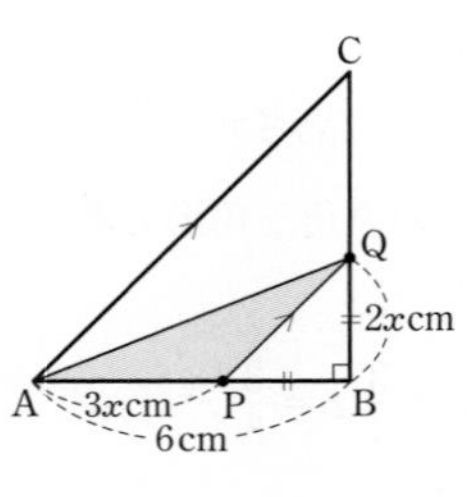

このとき，点Pは確かに辺 AB 上にある。

したがって，辺 AC と辺 PQ が平行になるのは　$\boldsymbol{\frac{6}{5}}$ **秒後**

このとき，$AP=\frac{18}{5}$ (cm)，$BQ=\frac{12}{5}$ (cm) であるから

$$\boldsymbol{\triangle APQ=\frac{1}{2}\times AP\times BQ=\frac{1}{2}\times\frac{18}{5}\times\frac{12}{5}=\frac{108}{25}\ (cm^2)}$$

◯$AP=3x$ (cm)

(2) 点Pが点Bに到着するのは，出発してから 2 秒後であり，点Cに到着するのは 4 秒後である。

また，点Qが点Cに到着するのは，出発してから 3 秒後である。

[1]　$0\leqq x\leqq 2$ のとき

$$y=\frac{1}{2}\times AP\times BQ=\frac{1}{2}\times 3x\times 2x=3x^2\ (cm^2)$$

◯Pは辺 AB 上，Qは辺 BC 上を動く。

[2]　$2\leqq x\leqq 3$ のとき

$$PQ=BQ-BP=2x-(3x-6)=-x+6$$

よって　$y=\frac{1}{2}\times PQ\times AB=\frac{1}{2}\times(-x+6)\times 6$

$$=-3x+18\ (cm^2)$$

◯P，Qともに辺 BC 上を動く。

[1]

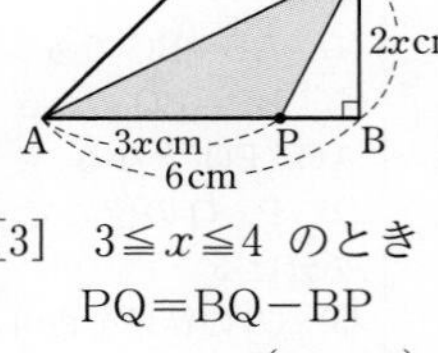

[2]

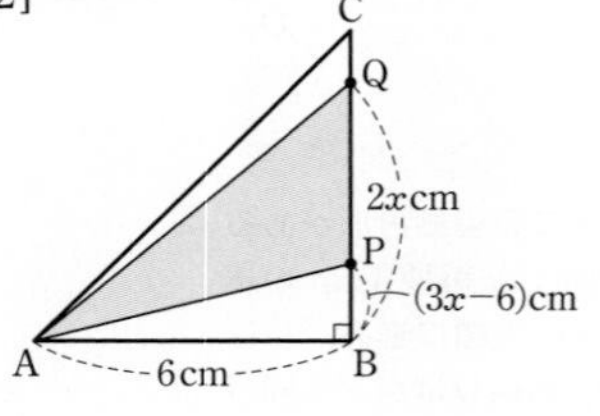

[3]　$3\leqq x\leqq 4$ のとき

$PQ=BQ-BP$

$=6-(3x-6)$

$=-3x+12$

よって

$y=\frac{1}{2}\times(-3x+12)\times 6$

$=-9x+36\ (cm^2)$

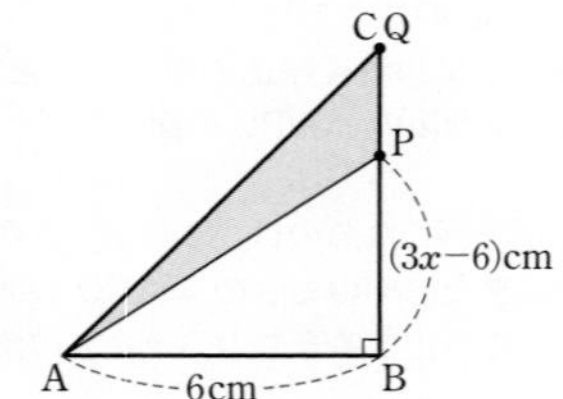

◯Pは辺 BC 上を動き，QはCで停止している。

[1]～[3] から

$$y=\begin{cases} 3x^2 & (0\leqq x\leqq 2) \\ -3x+18 & (2\leqq x\leqq 3) \\ -9x+36 & (3\leqq x\leqq 4) \end{cases}$$

よって，求めるグラフは **右の図** のようになる。

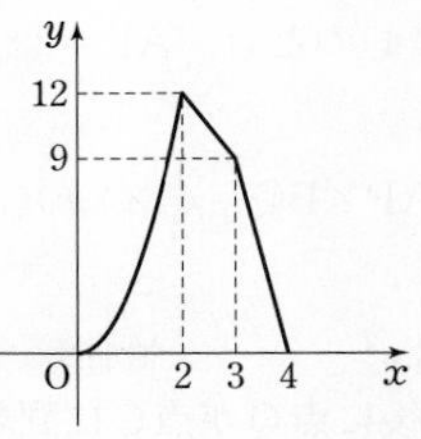

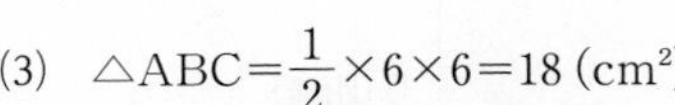

(3)　$\triangle ABC=\dfrac{1}{2}\times 6\times 6=18\ (\mathrm{cm}^2)$

よって，条件を満たすとき，△APQ の面積は

$$\frac{1}{3}\times 18=6\ (\mathrm{cm}^2)$$

関数 y について，$y=6$ となる x の値を求める。

[1]　$0\leqq x\leqq 2$ のとき，$y=6$ とすると　　$3x^2=6$

　これを解くと　　$x=\pm\sqrt{2}$

　$0\leqq x\leqq 2$ であるから　　$x=\sqrt{2}$

[2]　$2\leqq x\leqq 3$ のとき，(2) のグラフから $y=6$ とならない。

[3]　$3\leqq x\leqq 4$ のとき，$y=6$ とすると　　$-9x+36=6$

　これを解くと　　$x=\dfrac{10}{3}$

　$3\leqq x\leqq 4$ であるから，これは問題に適している。

[1]～[3] から　　**$\sqrt{2}$ 秒後と $\dfrac{10}{3}$ 秒後**

◯ $2\leqq x\leqq 3$ のとき，値域は　$9\leqq y\leqq 12$

◯ $\dfrac{10}{3}=3.3\cdots\cdots$

演習 103　図 1 のような，AB＝16 cm，BC＝a cm（a は定数）で，辺 BC は辺 AB より短い長方形 ABCD がある。点 P は辺 AB 上を毎秒 2 cm の速さで，点 A から点 B まで動き，点 B に到着したあとは動かない。点 Q は辺 BC 上を毎秒 3 cm の速さで，点 B から点 C まで動き，点 C に到着したあとは動かない。2 点 P，Q は同時に出発するものとし，出発してから x 秒後の △APQ の面積を y cm² とする。ただし，$x=0$ のときは $y=0$ とする。

図 2 のグラフは，x と y の関係を表したものである。

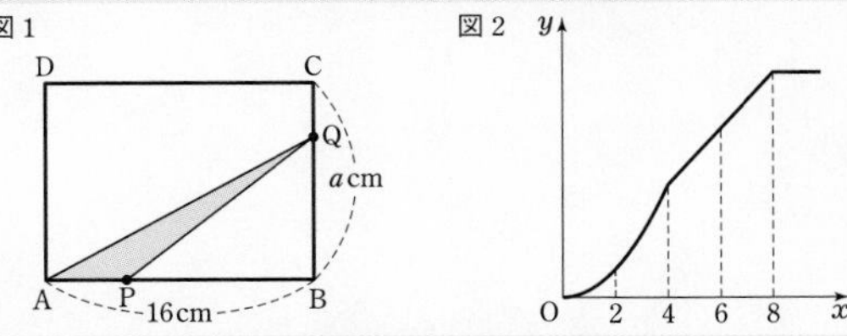

(1)　$0\leqq x\leqq 4$ のとき，y を x の式で表しなさい。

(2)　定数 a の値を求めなさい。

(3)　△APQ の面積が 54 cm² になるのは，出発してから何秒後か答えなさい。

HINT　図 2 において，$x=4$ と $x=8$ の前後でグラフの状態が変化していることに注目。グラフの状態が変化するのは，P が B に到着するときか，Q が C に到着するとき。

(1)　点 P は出発してから 8 秒後に点 B に到着する。

よって，図 2 より，点 Q は出発してから 4 秒後に点 C に到着することがわかる。

◯ $\dfrac{16}{2}=8$

したがって，$0 \leqq x \leqq 4$ のとき，$AP=2x$ (cm)，$BQ=3x$ (cm) であるから

$$y=\frac{1}{2}\times AP\times BQ=\frac{1}{2}\times 2x\times 3x$$
$$=3x^2$$

答 $\boldsymbol{y=3x^2}$

(2) 出発してから 4 秒後に点Qが点Cに到着するから

$$\boldsymbol{a}=3\times 4=\mathbf{12}$$

(3) $x=4$ のとき　$y=3\times 4^2=48$

よって，$y=54$ となるのは $x>4$ のときである。

$4 \leqq x \leqq 8$ のとき，$AP=2x$ (cm)，$BQ=12$ (cm) であるから

$$y=\frac{1}{2}\times AP\times BQ=\frac{1}{2}\times 2x\times 12=12x$$

$y=12x$ に $y=54$ を代入して　$54=12x$

これを解くと　$x=\frac{9}{2}$

$4 \leqq x \leqq 8$ であるから，これは問題に適している。

答 $\boldsymbol{\frac{9}{2}}$ **秒後**

(距離)=(速さ)×(時間)

$\frac{9}{2}=4.5$

練習 87 次のデータは，45 名の生徒に実施したテストの成績である。このデータについて，次の問いに答えなさい。

33 21 35 46 66 56 79 46 27 63 39 54 74 69 67
63 57 51 25 59 51 15 36 43 60 33 45 57 67 68
80 82 47 59 67 40 52 76 44 98 47 50 68 58 37

(単位は 点)

(1) 最初の階級を 0 点以上 20 点未満として，どの階級の幅も 20 点である度数分布表をつくりなさい。

(2) (1)の度数分布表で，度数が最も大きい階級の階級値を求めなさい。

CHART
データの整理
もれなく 重複なく
数えること

(1) 度数分布表は **右の表** のようになる。

(2) 度数が最も大きい階級は 40 点以上 60 点未満の階級であるから，その階級値は

$$\frac{40+60}{2}=\mathbf{50}\ (\textbf{点})$$

階級 (点)	度数 (人)
0 以上　20 未満	1
20　～　40	9
40　～　60	19
60　～　80	13
80　～　100	3
計	45

練習 88 右の表は，J 中学校の 2 年生男子 50 人の身長測定結果について，A らんにはある年のもの，B らんにはその 5 年前のものを整理した度数分布表である。次の度数分布のグラフをつくりなさい。

(1) A，B それぞれのヒストグラム

(2) A，B それぞれの度数折れ線

階級 (cm)	度数 (人) A	度数 (人) B
140.0 以上 145.0 未満	0	3
145.0　～　150.0	2	5
150.0　～　155.0	4	11
155.0　～　160.0	9	15
160.0　～　165.0	17	9
165.0　～　170.0	10	4
170.0　～　175.0	5	2
175.0　～　180.0	3	1
計	50	50

重要
ヒストグラム
横軸の目もりは階級の境界の数値

(1) ヒストグラムは，それぞれ **次の図** のようになる。

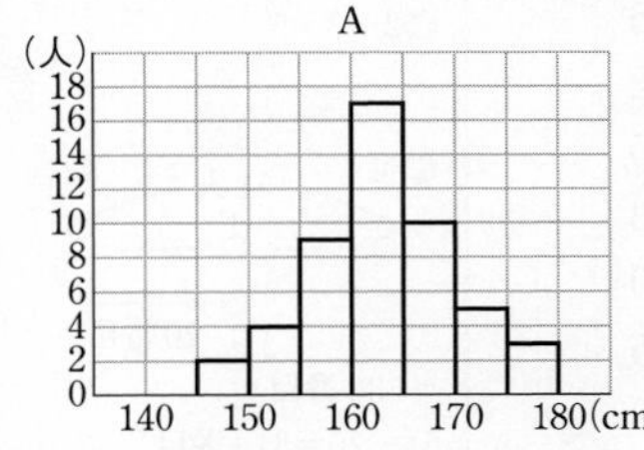

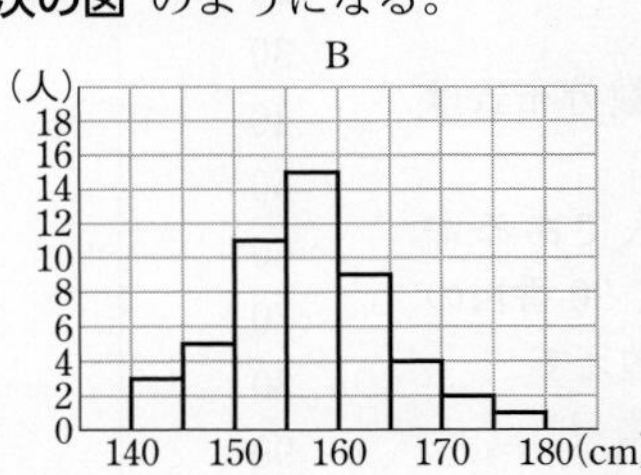

◯ヒストグラムの横軸の目もりは，階級の境界の数値にする。

(2) 度数折れ線は，それぞれ **右の図** のようになる。

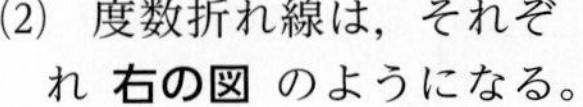

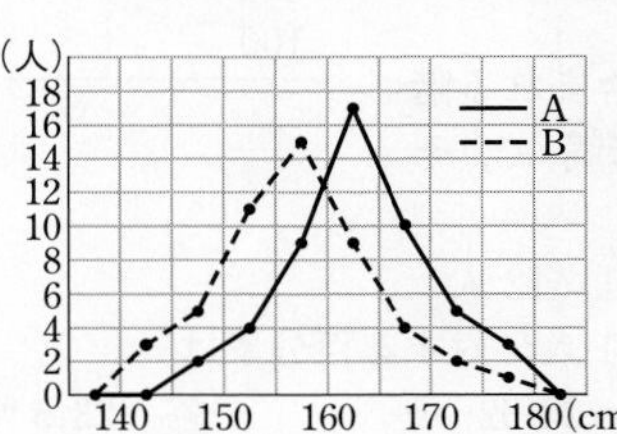

◯ヒストグラムから，度数折れ線をつくるときは，両端にもう 1 つずつ階級を考え，その階級値を示す点に折れ線をのばす。

練習 89 右の度数分布表について，相対度数の分布表をつくりなさい。ただし，相対度数は小数第 3 位を四捨五入して，小数第 2 位まで求めなさい。

階級 (点)	度数 (人)
0 以上　20 未満	1
20　～　40	9
40　～　60	19
60　～　80	13
80　～ 100	3
計	45

重要
(相対度数) $=\dfrac{(\text{その階級の度数})}{(\text{度数の合計})}$

相対度数の分布表は **右の表** のようになる。

階級 (点)	相対度数
0 以上　20 未満	0.02
20　～　40	0.20
40　～　60	0.42
60　～　80	0.29
80　～ 100	0.07
計	1.00

◁1÷45＝0.022……
◁9÷45＝0.2
◁19÷45＝0.422……
◁13÷45＝0.288……
◁3÷45＝0.066……
◁相対度数の和は 1

練習 90 右の図は，あるグループの試験の成績のヒストグラムである。
(1) 累積度数分布表をつくりなさい。
(2) 点数の高い方から数えて 20 番目の点数が含まれる階級とその人数を求めなさい。

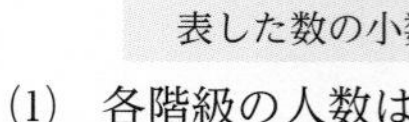

(3) 40 点未満の人数は全体の何 % か答えなさい。ただし，百分率で表した数の小数第 2 位を四捨五入して求めなさい。

HINT 累積度数
はじめの階級からその階級までの度数の合計。

(1) 各階級の人数は
2，3，7，13，8，7，5，4，2 (人)
であるから，累積度数分布表は **右の表** のようになる。

階級 (点)	累積度数 (人)
20 未満	2
30	5
40	12
50	25
60	33
70	40
80	45
90	49
100	51

◁2＋3＝5

(2) 全体の人数は 51 人であるから，高い方から数えて 20 番目の点数は，低い方から数えて
51－20＋1＝32 (番目)
になる。
よって，この点数が含まれる階級は **50 点以上 60 点未満** で，その人数は **8 人**。

◁
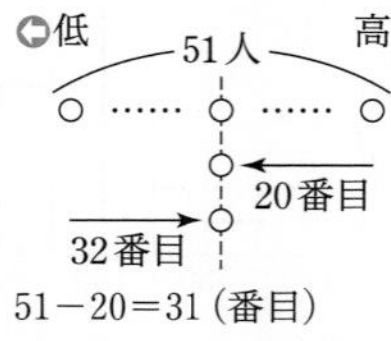

51－20＝31 (番目) ではないことに注意。

(3) 40 点未満の人数は　12 人
したがって，全体の 51 人に対する百分率は
12÷51×100＝23.52……　　**答　23.5 %**

◁40 点未満の累積度数は 12

練習 91 右の表は，生徒数30人の学級で行ったテストの得点（50 点満点）の度数分布表である。この 30 人の生徒の得点の平均値，最頻値を求めなさい。ただし，平均値は小数第 2 位を四捨五入して小数第 1 位までを求めなさい。

階級値（点）	50	40	30	20	10
度数（人）	5	9	12	3	1

平均値は $\dfrac{50\times5+40\times9+30\times12+20\times3+10\times1}{30}$

$=\dfrac{1040}{30}=34.66\cdots\cdots$　　答　**34.7 点**

最頻値は，度数が最も大きい階級の階級値である。

答　**30 点**

重要
（平均値）
$=\dfrac{\{(\text{階級値})\times(\text{度数})\}\text{の合計}}{\text{度数の合計}}$

練習 92 次のデータ ① は，生徒 7 人のある日曜日の睡眠時間である。

①：410，360，440，420，390，450，400（分）

(1) データ ① の中央値を求めなさい。

(2) データ ① に，次の 3 人分の睡眠時間の値を加えたデータを ② とするとき，データ ② の中央値を求めなさい。

420，360，430（分）

(1) データ ① を値の大きさの順に並べると

360，390，400，410，420，440，450

よって，データ ① の中央値は　**410 分**

(2) データ ② を値の大きさの順に並べると

360，360，390，400，410，420，420，430，440，450

よって，データ ② の中央値は　$\dfrac{410+420}{2}=$**415（分）**

(1) データの個数は 7 で **奇数** ⟶ 小さい方から 4 番目の値が中央値。

(2) データの個数は 10 で **偶数** ⟶ 小さい方から 5 番目と 6 番目の値の平均値が中央値。

練習 93 右の表は，あるクラスの生徒の 1 日の家庭での学習時間を度数分布表にまとめたものである。この表において，次のものを求めなさい。

(1) 平均値

(2) 最頻値

階級（分）	度数（人）
0 以上　30 未満	3
30 ～ 60	5
60 ～ 90	11
90 ～ 120	15
120 ～ 150	4
150 ～ 180	2
計	40

(1) $\dfrac{1}{40}(15\times3+45\times5+75\times11+105\times15+135\times4+165\times2)$

$=\dfrac{3540}{40}=88.5$

答　**88.5 分**

(2) 度数が最大である階級値は 105 分である。

答　**105 分**

階級（分）	階級値	度数（人）
0 以上　30 未満	15	3
30 ～ 60	45	5
60 ～ 90	75	11
90 ～ 120	105	15
120 ～ 150	135	4
150 ～ 180	165	2
計		40

重要
（平均値）
$=\dfrac{\{(\text{階級値})\times(\text{度数})\}\text{の合計}}{\text{度数の合計}}$

練習 94 次の表は，6 人の生徒 A，B，C，D，E，F のボール投げの記録から 20 m をひいた差を表したものである。このとき，6 人のボール投げの記録の平均値と中央値を求めなさい。

生徒	A	B	C	D	E	F
(ボール投げの記録)−20 (m)	+6	−2	+9	0	−4	+3

HINT 平均値は，(ボール投げの記録)−20 (m) の値の平均を求めて，仮の平均 20 m に加える。中央値は，小さい順に並べた中央の順位にくる 2 つの値の平均値。

6 人のボール投げの記録の 20 m との差の平均値は

$$\frac{(+6)+(-2)+(+9)+0+(-4)+(+3)}{6}=\frac{12}{6}=2$$

よって，求める平均値は　$20+(+2)=22$

◯20 点を加えるのを忘れないように。

次に，ボール投げの記録から 20 m をひいた差を，小さい順に並べると

$-4,\ -2,\ 0,\ +3,\ +6,\ +9$

このときの中央値は　$\frac{0+(+3)}{2}=1.5$

よって，求める中央値は　$20+1.5=21.5$

答　平均値 22 m，中央値 21.5 m

練習 95 次のデータは，ある遊園地の迷路に挑戦した 8 人の生徒について，何分で抜け出すことができたかを調べたものである。

7，16，11，8，12，15，10，9（分）

(1) このデータの平均値を求めなさい。

(2) 記録にミスがあり，正しくは 16 分が 15 分，11 分が 8 分，9 分が 13 分であった。修正後のデータの平均値と中央値は修正前から「大きくなる」「変わらない」「小さくなる」のいずれになるか答えなさい。

(1) $\frac{1}{8}(7+16+11+8+12+15+10+9)=\frac{88}{8}=\mathbf{11}$ **(分)**

(2) $15-16=-1,\ 8-11=-3,\ 13-9=4$ で　$-1-3+4=0$

◯修正のある 3 つの値について，どれだけ変化するか調べる。

よって，修正後もデータの総和は変わらないから，修正後の **平均値は** 修正前と **変わらない。**

また，中央値は，データを値の大きさの順に並べたときの 4 番目と 5 番目の値の平均値である。小さい方から 4 番目と 5 番目の値は，修正前は 10，11 であり，修正後は 10，12 となるから，修正後の **中央値は** 修正前より **大きくなる。**

◯修正前 7，8，9，10，11，12，15，16
修正後 7，8，8，10，12，13，15，15

練習 96 次のデータは，A 市と B 市における，ある 10 日間の降雪量である。

A市　3，10，8，25，7，2，12，35，5，18（cm）

B市　5，20，16，34，10，3，12，52，6，23（cm）

(1) それぞれのデータの範囲を求め，データの散らばりの程度が大きいのはどちらであると考えられるか答えなさい。

(2) A 市のデータの第 1 四分位数，第 2 四分位数，第 3 四分位数，四分位範囲，四分位偏差を求めなさい。

(3) 四分位範囲から，データの散らばりの程度が大きいのはどちらであると考えられるか答えなさい。

(1)　A市のデータを値の大きさの順に並べると

2, 3, 5, 7, 8, 10, 12, 18, 25, 35

B市のデータを値の大きさの順に並べると

3, 5, 6, 10, 12, 16, 20, 23, 34, 52

A市のデータの範囲は　　35－2＝**33**(**cm**)

B市のデータの範囲は　　52－3＝**49**(**cm**)

B市の範囲の方が大きいから，**B市** と考えられる。

(2)　**第2四分位数は**　　$\frac{8+10}{2}$＝**9**(**cm**),

第1四分位数は　　**5 cm,**

第3四分位数は　　**18 cm,**

四分位範囲は　　18－5＝**13**(**cm**)

四分位偏差は　　$\frac{13}{2}$＝**6.5**(**cm**)

(3)　B市のデータについて

第1四分位数は6 cm，第3四分位数は23 cm

四分位範囲は　　23－6＝17(cm)

B市のデータの四分位範囲の方が大きいから，**B市** と考えられる。

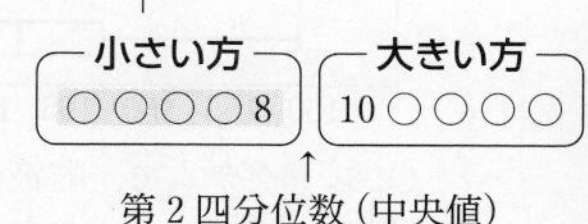

小さい方　2, 3, **5**, 7, 8

↑

第1四分位数

大きい方　10, 12, **18**, 25, 35

↑

第3四分位数

練習 97　次のデータは，ある書店の月刊誌A，Bの12か月間の販売冊数である。

A　12, 14, 11, 20, 9, 17, 10, 12, 17, 20, 15, 16 (冊)

B　19, 16, 12, 19, 13, 20, 18, 15, 10, 19, 14, 15 (冊)

(1)　それぞれのデータの箱ひげ図を並べてかきなさい。

(2)　(1)から，販売冊数が多い方に分布しているのはどちらの月刊誌であると考えられるか答えなさい。

(1)　月刊誌A，Bのデータを大きさの順に並べると

A　9, 10, 11, 12, 12, 14, 15, 16, 17, 17, 20, 20

B　10, 12, 13, 14, 15, 15, 16, 18, 19, 19, 19, 20

2つのデータについて，最大値，最小値，四分位数を表にまとめると，次のようになる。

	最小値	第1四分位数	中央値	第3四分位数	最大値
A	9	11.5	14.5	17	20
B	10	13.5	15.5	19	20

(単位は 冊)

したがって，箱ひげ図は **下の図** のようになる。

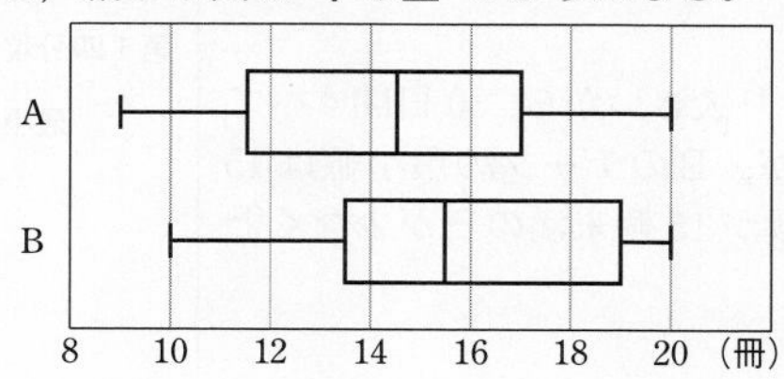

◯箱ひげ図は縦向きにかいてもよい。

(2) 箱ひげ図では，Bの方が右の方に分布しているから，**B** と考えられる。

練習 98 右下のヒストグラムに対応している箱ひげ図を，左下の ①～③ から選びなさい。

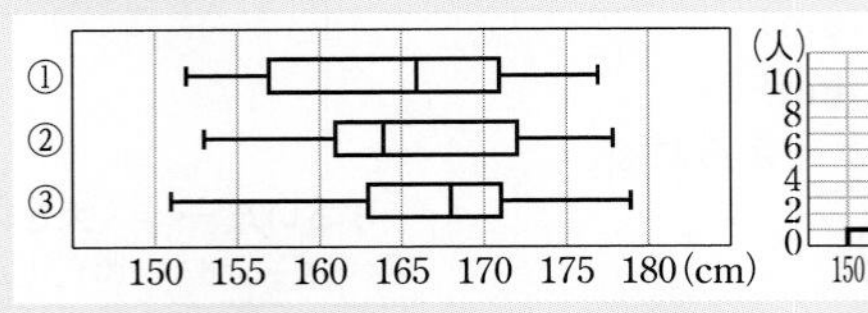

（ヒストグラムで，階級は 150 cm 以上 155 cm 未満，155 cm 以上 160 cm 未満，……のようにとっている。）

データの最小値は 150 cm 以上 155 cm 未満の階級，最大値は 175 cm 以上 180 cm 未満の階級にある。

◎箱ひげ図 ①～③ はすべて＿を満たす。

また，データの個数は 30 である。

◎1＋3＋10＋7＋6＋3＝30

よって，データの値を大きさの順に並べたとき，
第 1 四分位数は小さい方から 8 番目の値，
第 2 四分位数（中央値）は小さい方から 15 番目と 16 番目の値の平均値，
第 3 四分位数は小さい方から 23 番目の値である。
したがって，
第 1 四分位数は 160 cm 以上 165 cm 未満の階級，
中央値は 165 cm 以上 170 cm 未満の階級，
第 3 四分位数は 170 cm 以上 175 cm 未満の階級にある。

◎① の第 1 四分位数は 155 cm 以上 160 cm 未満。② の中央値は 160 cm 以上 165 cm 未満。

よって，箱ひげ図としても最も適当なものは　③

練習 99 右の図は，ある商店における，商品A，Bの 30 日間にわたる販売数のデータの箱ひげ図である。この箱ひげ図から読みとれることとして適切なものを，次の ①～③ からすべて選びなさい。

① Aの販売数の第 3 四分位数は，Bの販売数の中央値よりも小さい。
② 30 日間すべてにおいて，Aは 5 個以上，Bは 15 個以上売れた。
③ A，Bともに，20 個以上売れた日が 7 日以上ある。

① Aの販売数の第 3 四分位数は　20
Bの販売数の中央値は，20 より小さいから，
$$(\text{Aの第 3 四分位数}) > (\text{Bの中央値})$$
よって，① は正しくない。

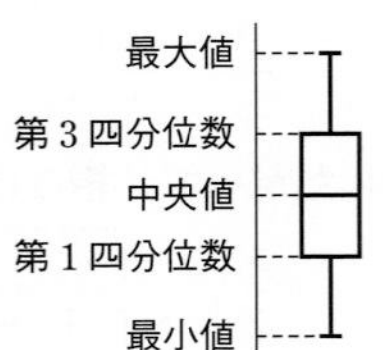

② Aのデータの最小値は 5 個より大きいから，30 日間すべてにおいてAは 5 個以上売れたが，Bのデータの最小値は 15 個より小さいから，Bの販売数が 15 個未満の日が少なくとも 1 日ある。
よって，② は正しくない。

③　A，B の販売数の第 3 四分位数はともに 20 以上で，これはデータの大きい方から 8 番目の値である。

よって，③ は正しい。

以上から，正しいものは　　③

⊃すなわち，8 日間は 20 個以上売れている。

演習 104

次のデータは，A 中学校 3 年のある学級の男子の身長を測定した結果である。

153, 172, 161, 163, 167, 152, 162, 155, 163, 167, 170, 158, 162, 164, 174, 166, 169, 168, 156, 161

(1) このデータの度数分布表をつくりたい。右の表の(ア)〜(オ)を求めなさい。

(2) 160 cm 以上 165 cm 未満の階級の人数は，全体の何 % か答えなさい。

階級 (cm)	度数 (人)
150 以上 155 未満	(ア)
155 〜 160	(イ)
160 〜 165	(ウ)
165 〜 170	(エ)
170 〜 175	(オ)
計	20

CHART
データの整理
もれなく 重複なく
数えること

(1) (ア) **2**　(イ) **3**　(ウ) **7**　(エ) **5**　(オ) **3**

(2) $\frac{7}{20}\times100=\mathbf{35}$ **(%)**

演習 105

右の図は，ある中学校の 2 年男子 40 人のハンドボール投げの記録をヒストグラムに表したものであるが，25〜28 と 28〜31 の階級については記入されていない。

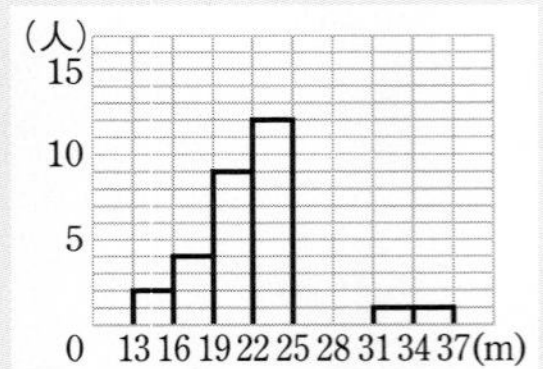

(1) 16〜19 の階級と 25〜28 の階級の度数の比は 1：2 である。右のヒストグラムを完成させなさい。

(2) (1)のヒストグラムの図に度数折れ線をかき加えなさい。

(3) 22〜25 の階級の相対度数を求めなさい。

(1) 25〜28 の階級の度数を x (人) とすると

$$4:x=1:2$$

よって　$x=8$

28〜31 の階級の度数は

$40-(2+4+9+12+8+1+1)$

$=3$ (人)

したがって，**右の図** のようになる。

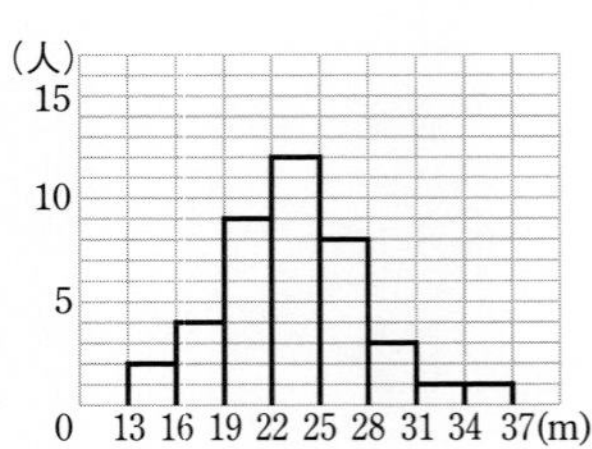

(2) 度数折れ線は，ヒストグラムの各長方形の上の辺の中点を結んでできる折れ線グラフであるから，**右の図** のようになる。

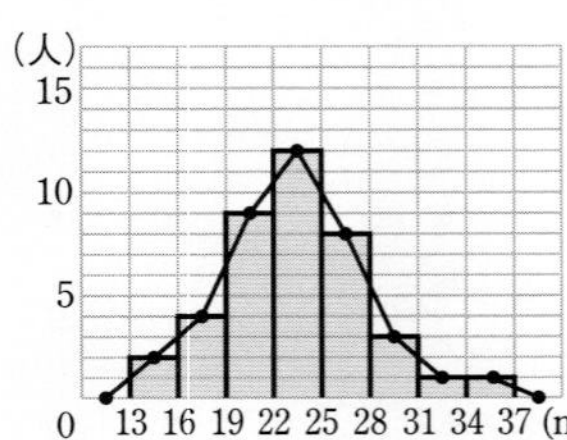

(3) 22〜25 の階級の 12 人の，全体の 40 人に対する相対度数は

$$\frac{12}{40}=\mathbf{0.3}$$

重要
(相対度数)
$=\dfrac{(\text{その階級の度数})}{(\text{度数の合計})}$

演習 106 右の表は，ある中学校の3年生80人の通学時間について調べた結果を，相対度数で表したものである。

階級（分）	相対度数
0以上　10未満	0.20
10　～　20	0.35
20　～　30	0.30
30　～　40	0.10
40　～　50	0.05
計	1.00

(1) 通学時間が20分以上30分未満の生徒の人数を求めなさい。
(2) 通学時間が30分以上の生徒の人数は，全体の人数の何％か答えなさい。
(3) 通学時間の短い方から数えて，40番目の通学時間が含まれる階級の階級値を求めなさい。

(1) $80\times0.30=$ **24（人）**

(2) 通学時間が30分以上の生徒の相対度数は

$0.10+0.05=0.15$

$0.15\times100=$ **15（%）**

(3) 80人に対して40人の割合は　$\frac{40}{80}=0.50$

したがって，相対度数が0.5より大きいかどうかを調べる。

通学時間が20分未満の生徒の相対度数は

$0.20+0.35=0.55$

$0.20<0.50<0.55$ であるから，通学時間の短い方から数えて40番目の通学時間が含まれる階級は，10分以上20分未満の階級である。

よって，その階級値は　**15分**

重要
（相対度数）$=\frac{（その階級の度数）}{（度数の合計）}$
（相対度数の和）$=1.00$

演習 107 右の図は，ある中学校の生徒の握力について調べ，その結果をヒストグラムに表したものである。

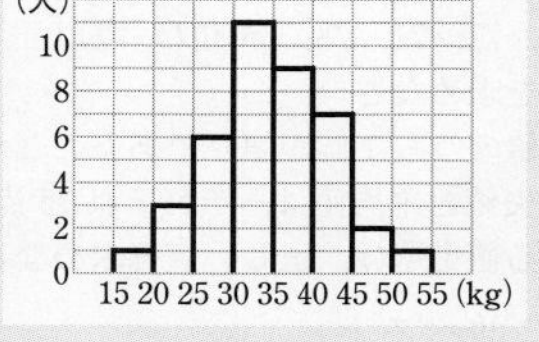

(1) 累積度数分布表をつくりなさい。
(2) 記録の高い方から12番目が含まれる階級とその人数を求めなさい。
(3) 40 kg未満の生徒は全体の何％か答えなさい。

(1) 各階級の人数は

1，3，6，11，9，7，2，1（人）

であるから，累積度数分布表は**右の表**のようになる。

階級（kg）	累積度数（人）
20未満	1
25	4
30	10
35	21
40	30
45	37
50	39
55	40

(2) 全体の人数は40人であるから，高い方から数えて12番目の記録は，低い方から数えて
$40-12+1=29$（番目）になる。
よって，この記録が含まれる階級は **35 kg以上40 kg未満** の階級で，その人数は **9人**。

$30-21=9$

5章 演習［データの活用］

(3) 記録が 40 kg 未満の生徒の数は　30 人
したがって，全体の 40 人に対する百分率は

$$30\div40\times100=\mathbf{75}\,(\%)$$

演習 108
右のヒストグラムは，ある学校の生徒 25 人について，この 1 週間における路線バスの利用日数を調査した結果である。このヒストグラムにおいて，次のものを求めなさい。
(1) 最頻値，中央値
(2) 平均値

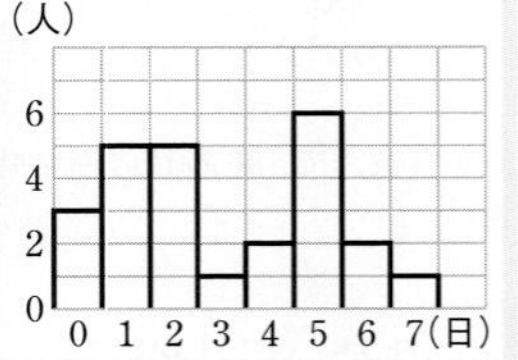

(1) 各階級の人数は
3，5，5，1，2，6，2，1 (人)
よって，**最頻値は　5 日**
中央値は，利用日数が少ない方から 13 番目の値である。
利用日数が 0 日，1 日，2 日の生徒はそれぞれ 3 人，5 人，5 人であり　3＋5＋5＝13
よって，**中央値は　2 日**

◯データの個数は 25

(2) 平均値は

$$\frac{0\times3+1\times5+2\times5+3\times1+4\times2+5\times6+6\times2+7\times1}{25}$$

$$=\frac{75}{25}=\mathbf{3}\,(\text{日})$$

◯(平均値) $=\dfrac{(\text{データの値の合計})}{(\text{データの個数})}$

演習 109
次のデータは，5 人の生徒の試験の結果である。
75，85，77，71，78　(単位は 点)
(1) 中央値と平均値を求めなさい。
(2) 5 個のデータの値のうち 1 個が誤りであることがわかった。正しい値にもとづく中央値と平均値は，それぞれ 75 点と 76.8 点であるという。誤っている値を選び，正しい値を求めなさい。

データを大きさの順に並べると
71，75，77，78，85

(1) **中央値　77 点**

平均値　$\dfrac{71+75+77+78+85}{5}=\dfrac{386}{5}$

$$=\mathbf{77.2}\,(\text{点})$$

(2) 正しい平均値は(1)で求めたものより 0.4 小さいから，正しい数値は誤っている数値より 0.4×5＝2 (点) 小さい。
また，5 つのデータのうち，2 点減らした結果，中央値が 75 点になるのは，誤りを含むデータのうち，77 点のデータのみである。
よって，**誤っている数値は 77 点，**
正しい数値は 75 点

◯76.8−77.2＝−0.4

演習 110 30人のクラスで10点満点のテストを行い，その結果は次の表の通りである。

得点（点）	0	1	2	3	4	5	6	7	8	9	10	計
人数（人）	0	0	2	4	5	a	b	2	3	4	3	30

(1) $a+b$ の値を求めなさい。
(2) 得点の平均値が6点のとき，a，b の値を求めなさい。
(3) 得点の中央値が5.5点のとき，a，b の値を求めなさい。
(4) 得点の中央値が6点のとき，a，b の値を求めなさい。
(5) 得点の最頻値が6点のみのとき，a，b の値を求めなさい。

(1) 全体の人数は30人であるから

$$0+0+2+4+5+a+b+2+3+4+3=30$$

よって　　$\boldsymbol{a+b=7}$　…… ①

(2) 得点の平均値が6点であるとき

$$\frac{1}{30}(0\times0+1\times0+2\times2+3\times4+4\times5+5\times a+6\times b+7\times2+8\times3+9\times4+10\times3)=6$$

整理すると　　$5a+6b=40$　…… ②

①，② から　　$\boldsymbol{a=2,\ b=5}$

(3) 得点の中央値が5.5点のとき，下から15番目の得点は5点，16番目の得点は6点である。

よって，得点が5点以下の人数が15人であるから

$$0+0+2+4+5+a=15$$

$$a=4$$

これを ① に代入して　　$\boldsymbol{a=4,\ b=3}$

(4) 得点の中央値が6点のとき，上から15番目と16番目の得点は6点である。

よって，得点が6点以上の人数が16人以上であればよいから

$b+2+3+4+3\geqq16$　　したがって　　$b\geqq4$

$a\geqq0$ であることから，① より

$\boldsymbol{a=3,\ b=4}$　**または**　$\boldsymbol{a=2,\ b=5}$　**または**
$\boldsymbol{a=1,\ b=6}$　**または**　$\boldsymbol{a=0,\ b=7}$

(5) 得点の最頻値が6点のみであるとき　　$b\geqq6$

$a\geqq0$ であることから，① より

$\boldsymbol{a=1,\ b=6}$　**または**　$\boldsymbol{a=0,\ b=7}$

◯$\dfrac{(\text{データの値の合計})}{(\text{データの個数})}$

◯$\dfrac{1}{30}(5a+6b+140)=6$

◯データの個数が30で偶数。
⟶ 小さい方から15番目と16番目の値の平均値が中央値。

演習 111 次のデータは，ある店舗で1日あたりに売れた缶コーヒーの本数である。ただし，a の値は0以上の整数である。

103，96，85，91，83，111，99，105，94，a　（単位は 本）

(1) 1日あたりの本数の平均値が97本のとき，a の値を求めなさい。
(2) a の値がわからないとき，1日あたりの本数の中央値として何通りの値が考えられるか答えなさい。

a 以外の本数を小さい順に並べると

83，85，91，94，96，99，103，105，111

(1)　1 日あたりの本数の平均値が 97 本であるから，10 日分の本数の合計は

$$97\times10=970\ (\text{本})$$

よって　$a=970-(83+85+91+94+96+99+103+105+111)$
$=\mathbf{103}$

(2)　データの個数は 10 日分であるから，小さい方から 5 番目と 6 番目の本数の平均値が中央値となる。

[1]　$a\leqq94$ のとき

5 番目の本数は 94 本，6 番目の本数は 96 本であるから，中央値は

$$\frac{94+96}{2}=95\ (\text{本})$$

[2]　$a\geqq99$ のとき

5 番目の本数は 96 本，6 番目の本数は 99 本であるから，中央値は

$$\frac{96+99}{2}=97.5\ (\text{本})$$

[3]　$95\leqq a\leqq98$ のとき

5 番目，6 番目の本数は a 本か 96 本のいずれかであり，中央値は a の値によってすべて異なる。

a の値は，95，96，97，98 (本) の 4 通りあるから，中央値も同様に 4 通りある。

◯中央値はそれぞれ 95.5，96，96.5，97

また，これらの中央値は [1]，[2] のものと異なる。

[1]～[3] から，中央値は **6 通り** の値が考えられる。

演習 112　A，B，C，D，E の 5 人の生徒の身長を測定し，それぞれの身長から 170 cm をひくと，次の表のようになった。5 人の身長の平均値と中央値を求めなさい。

生徒	A	B	C	D	E
身長－170 (cm)	2.5	－0.7	－5.8	3.1	7.4

5 人の身長の 170 cm との差の平均値は

$$\frac{2.5+(-0.7)+(-5.8)+3.1+7.4}{5}=\frac{6.5}{5}=1.3$$

よって，求める **平均値は**

$$170+(+1.3)=\mathbf{171.3\ (cm)}$$

次に，身長から 170 cm をひいた差を，小さい順に並べると

$$-5.8,\ -0.7,\ 2.5,\ 3.1,\ 7.4$$

このときの中央値は　2.5

よって，求める **中央値は**

$$170+2.5=\mathbf{172.5\ (cm)}$$

演習 113 次のデータは，ある年の札幌と那覇の降雨(雪)がなかった日数を月別に並べたものである。それぞれのデータの範囲を求め，データの散らばりの程度が大きいのはどちらであると考えられるか答えなさい。

札幌	3	1	3	13	17	8	4	11	11	13	6	2	(日)
那覇	9	8	6	7	12	10	8	7	5	5	3	8	(日)

札幌 のデータの範囲は　　$17-1=\mathbf{16}$ **(日)**

那覇 のデータの範囲は　　$12-3=\mathbf{9}$ **(日)**

札幌の範囲の方が大きいから，**札幌** と考えられる。

演習 114 次の表のデータは，テスト A，B の得点をまとめたものである。

A(点)	2	3	4	7	8	8	9	9	10	10
B(点)	5	5	5	7	7	7	7	8	9	10

(1) A，B のデータの四分位範囲と四分位偏差を求めなさい。

(2) A，B について，四分位範囲によってデータの散らばりの程度を比較しなさい。

(1) **Aのデータ** について，

第 2 四分位数 (中央値) は 8，第 1 四分位数は 4，

第 3 四分位数 は 9

四分位範囲 は　　$9-4=\mathbf{5}$ **(点)**

四分位偏差 は　　$\dfrac{5}{2}=\mathbf{2.5}$ **(点)**

Bのデータ について，

第 2 四分位数 (中央値) は 7，第 1 四分位数は 5，

第 3 四分位数は 8

四分位範囲 は　　$8-5=\mathbf{3}$ **(点)**

四分位偏差 は　　$\dfrac{3}{2}=\mathbf{1.5}$ **(点)**

(2) Aのデータの四分位範囲の方が大きいから，**Aのデータの方が散らばりの程度が大きい** と考えられる。

←データの個数が 10 であるから，第 2 四分位数は 5 番目と 6 番目の平均値，第 1 四分位数は 3 番目の値，第 3 四分位数は 8 番目の値。

←$5>3$

演習 115 右の図は，30 人の生徒に対して理科のテストを行った結果の得点を箱ひげ図に表したものである。この箱ひげ図に対応しているヒストグラムを次の ①～③ から選びなさい。

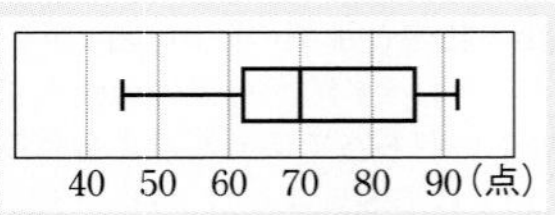

HINT 最大値と最小値の入る階級は等しいから，第 1 四分位数と第 3 四分位数を比較する。

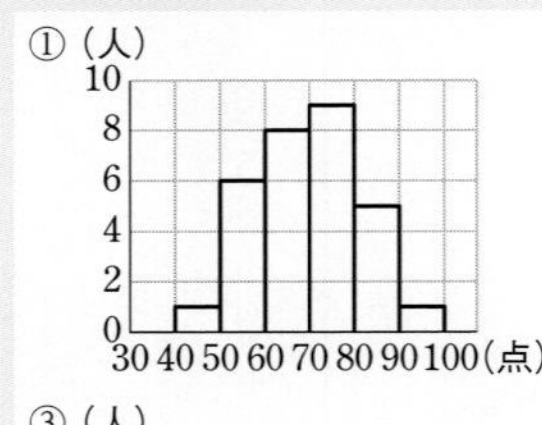

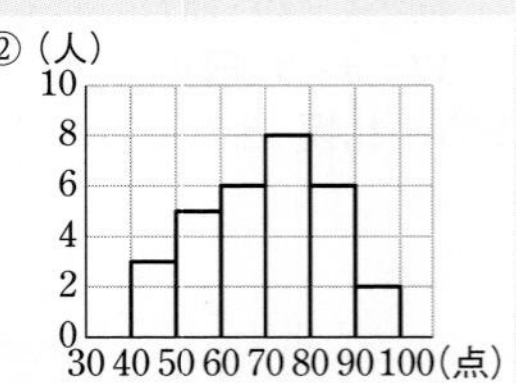

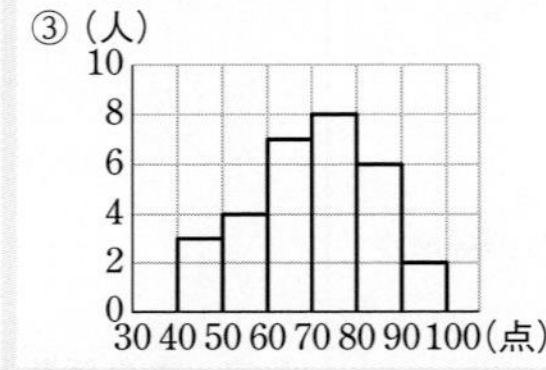

箱ひげ図から，第 1 四分位数は 60 点台，第 3 四分位数は 80 点台である。
ヒストグラム ② の第 1 四分位数は 50 点台であるから適さない。
ヒストグラム ① の第 3 四分位数は 70 点台であるから適さない。
ヒストグラム ③ は条件を満たすから，箱ひげ図のもとになった得点をヒストグラムにしたとき，対応するものは **③** である。

◯最大値と最小値の入る階級は等しいから，第 1 四分位数と第 3 四分位数を比較する。
第 1 四分位数：
下から 8 番目の値
第 3 四分位数：
上から 8 番目の値

演習 116 右の図は，ある学校で行った 4 種類のテスト A，B，C，D についての，生徒 200 人の得点を箱ひげ図に表したものである。この箱ひげ図から読みとれることとして適切なものを，次の ①～④ からすべて選びなさい。

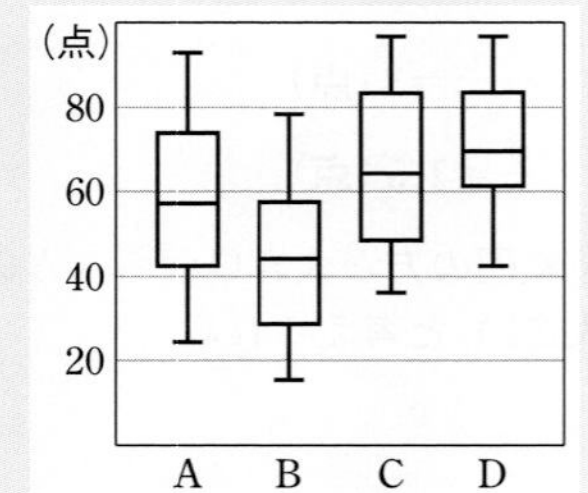

① 60 点以上の生徒の数は，A より D の方が多い。
② 40 点以下の生徒は，B では 50 人以上，C では 50 人以下である。
③ 20 点台の生徒は，B にはいるが，A にはいない。
④ 40 点以上の生徒が最も多いのは D である。

テストの受験者は 200 人であるから中央値は，点数の低い方から
100 番目の得点と 101 番目の得点の平均値
第 1 四分位数は，点数の低い方から
50 番目の得点と 51 番目の得点の平均値
第 3 四分位数は，点数の低い方から
150 番目の得点と 151 番目の得点の平均値

① Aは，中央値が 60 点より低いから，60 点以上の生徒の数は 100 人以下である。
Dは，第 1 四分位数が 60 点より高いから，60 点以上の生徒の数は 150 人以上である。
よって，① は正しいといえる。
② Bは第 1 四分位数が 40 点より低いから，40 点以下の生徒は 50 人以上である。
Cは第 1 四分位数が 40 点より高いから，40 点以下の生徒は 50 人以下である。
よって，② は正しいといえる。
③ Aの点数の最小値は 20 点台である。
よって，③ は正しいとはいえない。
④ Dの点数の最小値は 40 点より高い。
一方，A，B，C の点数の最小値は 40 点より低い。
よって，④ は正しいといえる。
以上から，正しいといえるのは　①，②，④

⊃四分位数はデータを四等分する。

練習 100A 3個のさいころ A，B，C を同時に投げて，その目の和が5となる場合は何通りあるか答えなさい。

目の和が5になるように，Aの目の数，Bの目の数，Cの目の数を並べる樹形図をかくと，右の図のようになる。

したがって　**6通り**

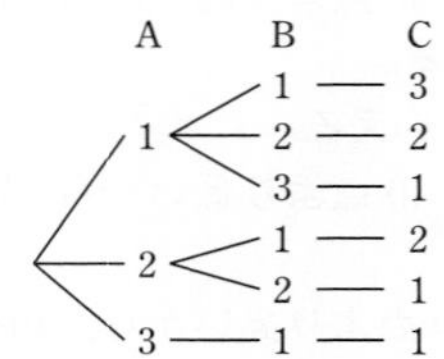

CHART 場合の数
もれなく重複なく
樹形図をかく

◀1個でも4が出ると，和は5を超えてしまう。A，B，Cのすべての目は3以下である。

練習 100B 10円，50円，100円の3種類の硬貨がそれぞれ1枚ずつある。この中から何枚かを選ぶ方法は，1枚も選ばない場合も含めて何通りあるか答えなさい。また，そのときの金額はそれぞれいくらになるか答えなさい。

選ぶことを○，選ばないことを×で表し，樹形図をかくと，右の図のようになる。

よって　**8通り**

また，それぞれの金額は

160円，60円，
110円，10円，
150円，50円，
100円，0円

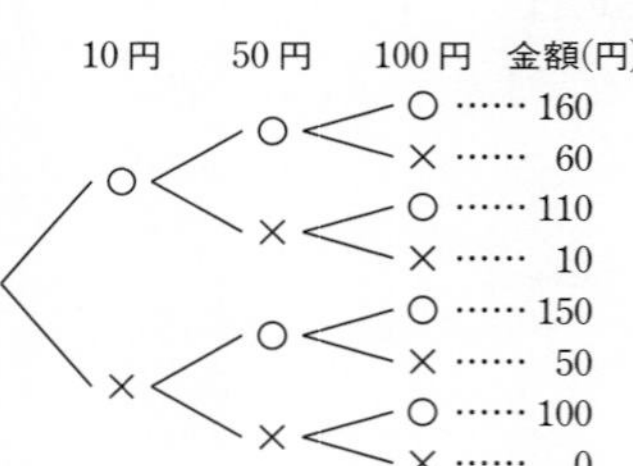

HINT 選ぶことを○，選ばないことを×で表し，樹形図をかく。

練習 101 大小2個のさいころを同時に投げるとき，次のような場合は何通りあるか答えなさい。

(1) 出る目の和が5の倍数　　(2) 出る目の和が9以上
(3) 出る目の積が6の倍数　　(4) 出る目の積が12の約数

2個のさいころの目の出方とそれらの和，積を表にまとめると，次のようになる。

(1) 出る目の和が5の倍数になるのは，右の表で○印をつけたところであるから　**7通り**

小＼大	1	2	3	4	5	6
1	2	3	4	⑤	6	7
2	3	4	⑤	6	7	8
3	4	⑤	6	7	8	9
4	⑤	6	7	8	9	⑩
5	6	7	8	9	⑩	11
6	7	8	9	⑩	11	12

CHART 場合の数
もれなく重複なく
表をつくる

(2)　出る目の和が 9 以上になるのは，右の表で○印をつけたところであるから　　**10 通り**

小＼大	1	2	3	4	5	6
1	2	3	4	5	6	7
2	3	4	5	6	7	8
3	4	5	6	7	8	⑨
4	5	6	7	8	⑨	⑩
5	6	7	8	⑨	⑩	⑪
6	7	8	⑨	⑩	⑪	⑫

(3)　出る目の積が 6 の倍数になるのは，右の表で○印をつけたところであるから　　**15 通り**

小＼大	1	2	3	4	5	6
1	1	2	3	4	5	⑥
2	2	4	⑥	8	10	⑫
3	3	⑥	9	⑫	15	⑱
4	4	8	⑫	16	20	㉔
5	5	10	15	20	25	㉚
6	⑥	⑫	⑱	㉔	㉚	㊱

(4)　出る目の積が 12 の約数になるのは，右の表で○印をつけたところであるから　　**16 通り**

小＼大	1	2	3	4	5	6
1	①	②	③	④	5	⑥
2	②	④	⑥	8	10	⑫
3	③	⑥	9	⑫	15	18
4	④	8	⑫	16	20	24
5	5	10	15	20	25	30
6	⑥	⑫	18	24	30	36

練習 102A　6 種類の数学の参考書と 5 種類の英語の参考書から，それぞれ 1 種類ずつ選んで，計 2 冊の組をつくる方法は全部で何通りあるか答えなさい。

HINT　積の法則を利用。

6 種類の数学の参考書から 1 種類を選ぶ方法は　　6 通り
そのおのおのについて，5 種類の英語の参考書から 1 種類を選ぶ方法は　　5 通り
よって，積の法則により，求める選び方の総数は
$6\times5=$**30 (通り)**

練習 102B　500 円硬貨が 1 枚，100 円硬貨が 2 枚，10 円硬貨が 3 枚ある。これらを使って支払うことのできる金額は全部で何通りあるか答えなさい。ただし，どの硬貨も 1 枚以上使うものとする。

HINT　3 つの事柄について積の法則を利用。

500 円硬貨の使い方は　　1 通り
100 円硬貨の使い方は，1，2 枚の　　2 通り
10 円硬貨の使い方は，1，2，3 枚の　　3 通り
よって，積の法則により，支払うことのできる金額は
$1\times2\times3=$**6 (通り)**

練習 103A 次の値を求めなさい。

(1) ${}_7\mathrm{P}_4$　(2) ${}_9\mathrm{P}_1$　(3) ${}_6\mathrm{P}_6$　(4) 8!　(5) $\dfrac{{}_9\mathrm{P}_9}{7!}$

HINT 異なる n 個から r 個取る順列 ${}_n\mathrm{P}_r=n(n-1)\times\cdots\cdots\times(n-r+1)$

(1) ${}_7\mathrm{P}_4=7\times6\times5\times4=\mathbf{840}$

(2) ${}_9\mathrm{P}_1=\mathbf{9}$

(3) ${}_6\mathrm{P}_6=6!=6\times5\times4\times3\times2\times1=\mathbf{720}$

(4) $8!=8\times7\times6\times5\times4\times3\times2\times1=\mathbf{40320}$

(5) $\dfrac{{}_9\mathrm{P}_9}{7!}=\dfrac{9!}{7!}=9\times8=\mathbf{72}$

← ${}_n\mathrm{P}_n=n!$

← $9!=9\times8\times7!$

練習 103B (1) 8 枚の異なるカードのうち 4 枚を，A，B，C，D の 4 人に 1 枚ずつ配るとき，配り方は何通りあるか答えなさい。
(2) CHART の 5 文字すべてを 1 列に並べる文字列は何通りあるか答えなさい。

HINT 配り方，文字列を順列と考える。

(1) 異なる 8 枚から 4 枚を選んで並べる順列の総数であるから

${}_8\mathrm{P}_4=8\times7\times6\times5=\mathbf{1680}$ **(通り)**

(2) 異なる 5 文字を 1 列に並べる順列の総数であるから

${}_5\mathrm{P}_5=5!=5\times4\times3\times2\times1=\mathbf{120}$ **(通り)**

練習 104 男子 5 人，女子 4 人をすべて 1 列に並べる。次のような並べ方は何通りあるか答えなさい。

(1) 男子 5 人が続く。　(2) 女子が隣り合わない。
(3) 左端が男子である。　(4) 両端が女子である。

(1) 男子 5 人をまとめて 1 組と考えると，この 1 組と女子 4 人の並べ方は

女 [男男男男男] 女女女

${}_5\mathrm{P}_5$ 通り

そのおのおのについて，男子 5 人の並べ方は　${}_5\mathrm{P}_5$ 通り

よって　${}_5\mathrm{P}_5\times{}_5\mathrm{P}_5=5!\times5!$

$=120\times120=\mathbf{14400}$ **(通り)**

CHART 隣り合うもの 枠に入れて中で動かす

(2) 女子が隣り合わないようにするには，まず，男子 5 人を並べて，その間または両端に女子 4 人を入れるとよい。

○男○男○男○男○男○
↑ ↑ ↑ ↑ ↑ ↑
女 女 女 女

男子 5 人の並べ方は　${}_5\mathrm{P}_5$ 通り

男子 5 人の間と両端の 6 か所に女子 4 人を入れる方法は

${}_6\mathrm{P}_4$ 通り

よって　${}_5\mathrm{P}_5\times{}_6\mathrm{P}_4=5!\times(6\times5\times4\times3)$

$=120\times360=\mathbf{43200}$ **(通り)**

CHART 隣り合わないもの あとから間または両端に入れる

(3) 左端に並ぶ男子の選び方は　5 通り

そのおのおのについて，残り 8 人の並べ方は　${}_8\mathrm{P}_8$ 通り

よって　$5\times{}_8\mathrm{P}_8=5\times8!$

$=5\times40320=\mathbf{201600}$ **(通り)**

(4) 両端の女子の並べ方は　${}_4P_2$ 通り
そのおのおのについて，残り 7 人の並べ方は　${}_7P_7$ 通り
よって　${}_4P_2 \times {}_7P_7 = (4\times3)\times7!$
$= 12\times5040 =$ **60480 (通り)**

練習 105　5 個の数字 0，1，2，3，4 から異なる 3 個を選んで 3 桁の整数をつくるとき，次のような数は何個できるか答えなさい。
(1) 3 桁の整数　(2) 奇数　(3) 偶数

CHART
0 を含む数字の順列
最高位の数は 0 でないことに注意

(1) 百の位は 1 から 4 までの 4 個から 1 個取るから　4 通り
そのおのおのについて，十の位，一の位は 0 を含めた残りの 4 個から 2 個取る順列で　${}_4P_2 = 4\times3 = 12$ (通り)
よって，求める個数は　$4\times12 =$ **48 (個)**

←最高位は 0 でない。

別解　3 個の数の順列 (012 なども含む) から，百の位が 0 になる 0□□ の形の数を除くと考えて
${}_5P_3 - {}_4P_2 = 5\times4\times3 - 4\times3 =$ **48 (個)**

←条件処理を後で行う。

(2) 奇数であるから，一の位は 1，3 のどちらかで　2 通り
百の位は 0 以外の 3 個から 1 個取るから　3 通り
十の位は 0 を含めた残りの 3 個から 1 個取るから　3 通り
よって，求める個数は　$2\times3\times3 =$ **18 (個)**

(3) 偶数であるから，一の位は 0，2，4 のどれかである。
[1] 一の位が 0 のとき
百，十の位は 0 以外の 4 個から 2 個取る順列で
${}_4P_2 = 4\times3 = 12$ (通り)
[2] 一の位が 2，4 のとき
百の位は 0 以外の 3 個から 1 個取るから　3 通り
十の位は残りの 3 個から 1 個取るから　3 通り
よって　$(3\times3)\times2 = 18$ (通り)
したがって，求める個数は　$12 + 18 =$ **30 (個)**

別解　偶数の個数は，3 桁の整数の個数から奇数の個数をひいて
$48 - 18 =$ **30 (個)**

←(偶数)
＝(全体)－(奇数)

練習 106A　次の値を求めなさい。
(1) ${}_6C_2$　(2) ${}_7C_4$　(3) ${}_8C_6$　(4) ${}_{12}C_1$　(5) ${}_9C_9$

HINT　異なる n 個から r 個取る組合せ
${}_nC_r = \dfrac{n(n-1)\times\cdots\cdots\times(n-r+1)}{r(r-1)\times\cdots\cdots\times3\times2\times1}$

(1) ${}_6C_2 = \dfrac{6\times5}{2\times1} = \mathbf{15}$

(2) ${}_7C_4 = \dfrac{7\times6\times5\times4}{4\times3\times2\times1} = \mathbf{35}$

(3) ${}_8C_6 = \dfrac{8\times7\times6\times5\times4\times3}{6\times5\times4\times3\times2\times1} = \mathbf{28}$

(4) ${}_{12}C_1 = \dfrac{12}{1} = \mathbf{12}$

(5) ${}_9C_9 = \dfrac{9\times8\times7\times6\times5\times4\times3\times2\times1}{9\times8\times7\times6\times5\times4\times3\times2\times1} = \mathbf{1}$

練習 106B Aを含む男子5人，Bを含む女子5人について，次のような選び方の総数を求めなさい。
(1) 10人から5人を選ぶ。　(2) 男子3人，女子2人を選ぶ。
(3) 男子からAを含む3人，女子からBを含む2人を選ぶ。

HINT 選び方を組合せと考える。

(1) $_{10}C_5=\dfrac{10\times9\times8\times7\times6}{5\times4\times3\times2\times1}=$**252（通り）**

(2) 男子5人から3人を選ぶ方法は　$_5C_3$ 通り
そのおのおのについて，女子5人から2人を選ぶ方法は
$_5C_2$ 通り
よって　$_5C_3\times{}_5C_2=\dfrac{5\times4\times3}{3\times2\times1}\times\dfrac{5\times4}{2\times1}$
$=10\times10=$**100（通り）**　◯積の法則

(3) A，Bを先に選んでおく。
残りの男子4人から2人を選ぶ方法は　$_4C_2$ 通り
そのおのおのについて，残りの女子4人から1人を選ぶ方法は
$_4C_1$ 通り
よって　$_4C_2\times{}_4C_1=\dfrac{4\times3}{2\times1}\times4=$**24（通り）**　◯積の法則

練習 107 ある街には，右の図のように東西に7本，南北に8本の道がある。次の場合に，図のA地点からB地点まで遠回りしないで行く道順は，何通りあるか答えなさい。
(1) P地点とQ地点を通る。
(2) P地点を通らない。

HINT (1) AからP，PからQ，QからBの3つに分けてそれぞれの道順を求める。

南から北へ1区画動くことを↑，西から東へ1区画動くことを→で表す。

(1) A地点からP地点まで遠回りしないで行く道順は，2つの↑と3つの→の組合せで表される。
この組合せの総数は，5回の動きのうちどの2つが↑であるかを選ぶ方法の総数であるから
$_5C_2$ 通り
P地点からQ地点へ遠回りしないで行く道順の総数は
$_4C_2$ 通り
Q地点からB地点へ遠回りしないで行く道順の総数は
$_4C_2$ 通り
よって，A地点からB地点へ，P地点とQ地点を通って遠回りしないで行く道順の総数は
$_5C_2\times{}_4C_2\times{}_4C_2=\dfrac{5\times4}{2\times1}\times\dfrac{4\times3}{2\times1}\times\dfrac{4\times3}{2\times1}$
$=10\times6\times6=$**360（通り）**　◯積の法則

(2)　P地点を通らない道順は，すべての道順から，P地点を通る道順を除いたものである。

すべての道順の総数は

$$ {}_{13}C_6=\frac{13\times12\times11\times10\times9\times8}{6\times5\times4\times3\times2\times1}=1716\text{（通り）}$$

A地点からP地点へ遠回りしないで行く道順の総数は，(1) により　$_5C_2$ 通り

P地点からB地点へ遠回りしないで行く道順の総数は

$_8C_4$ 通り

よって，P地点を通る道順の総数は

$$ {}_5C_2\times{}_8C_4=\frac{5\times4}{2\times1}\times\frac{8\times7\times6\times5}{4\times3\times2\times1}=10\times70=700\text{（通り）}$$

したがって，P地点を通らない道順の総数は

$1716-700=$ **1016（通り）**

◯13 回の動きのうちどの 6 つが↑であるかを選ぶ方法の総数。

◯(1) で $_5C_2=10$ を計算しているから，10 通りとしてもよい。

◯積の法則

練習 108　3 枚の硬貨を同時に投げるとき，次の場合の確率を求めなさい。

(1)　すべて裏が出る。　　(2)　表が 2 枚，裏が 1 枚出る。

3 枚の硬貨の表，裏の出方は

$2\times2\times2=8$（通り）

これらは同様に確からしい。

(1)　すべて裏が出るのは，裏裏裏の　1 通り

よって，求める確率は　$\mathbf{\frac{1}{8}}$

(2)　表が 2 枚，裏が 1 枚出るのは，表表裏，表裏表，裏表表の　3 通り

よって，求める確率は　$\mathbf{\frac{3}{8}}$

CHART　確率の計算

n と a を求めて　$\frac{a}{n}$

さいころ，硬貨，玉，くじなどは異なるものと考える

練習 109　2 個のさいころ A，B を同時に投げるとき，A の出る目の数を a，B の出る目の数を b とする。次の場合の確率を求めなさい。

(1)　$a+b$ が素数になる。　　(2)　ab が 10 以上 15 以下になる。

(3)　$(a+1)(b+2)$ が 3 の倍数でない。　　(4)　$\frac{b}{a}$ が整数になる。

HINT　2 個のさいころの目について考えるときは，表の利用も有効。

2 個のさいころを同時に投げるとき，目の出方は

$6\times6=36$（通り）

(1)　$a+b$ が素数になる場合は，右の表の○印をつけた 15 通りある。

よって，求める確率は

$\frac{15}{36}=\mathbf{\frac{5}{12}}$

b＼a	1	2	3	4	5	6
1	②	③	4	⑤	6	⑦
2	③	4	⑤	6	⑦	8
3	4	⑤	6	⑦	8	9
4	⑤	6	⑦	8	9	10
5	6	⑦	8	9	10	⑪
6	⑦	8	9	10	⑪	12

◯素数は正の約数が 1 とその数自身のみである自然数。

(2)　ab が 10 以上 15 以下になる場合は，右の表の○印をつけた 8 通りある。

よって，求める確率は

$$\frac{8}{36}=\mathbf{\frac{2}{9}}$$

b \ a	1	2	3	4	5	6
1	1	2	3	4	5	6
2	2	4	6	8	⑩	⑫
3	3	6	9	⑫	⑮	18
4	4	8	⑫	16	20	24
5	5	⑩	⑮	20	25	30
6	6	⑫	18	24	30	36

(3)　$(a+1)(b+2)$ が 3 の倍数でない場合は，右の表の○印をつけた 16 通りある。

よって，求める確率は

$$\frac{16}{36}=\mathbf{\frac{4}{9}}$$

$b+2$ \ $a+1$	2	3	4	5	6	7
3						
4	○		○	○		○
5	○		○	○		○
6						
7	○		○	○		○
8	○		○	○		○

⊂$a+1$ と $b+2$ のどちらも 3 の倍数でないとき，$(a+1)(b+2)$ は 3 の倍数でない。

別解　$a+1$ が 3 の倍数でない場合は，2，4，5，7 の　4 通り

$b+2$ が 3 の倍数でない場合は，4，5，7，8 の　4 通り

よって，$(a+1)(b+2)$ が 3 の倍数でない場合は

$4\times4=16$ (通り)

したがって，求める確率は　$\dfrac{16}{36}=\mathbf{\dfrac{4}{9}}$

(4)　$\dfrac{b}{a}$ が整数になる場合は，a が b の約数になる場合であるから，右の表の○印をつけた 14 通りある。

よって，求める確率は

$$\frac{14}{36}=\mathbf{\frac{7}{18}}$$

b \ a	1	2	3	4	5	6
1	○					
2	○	○				
3	○		○			
4	○	○		○		
5	○				○	
6	○	○	○			○

練習 110　D，R，E，A，M の 5 文字を 1 列に並べるとき，次の場合の確率を求めなさい。

(1)　右端が E である。　　　(2)　A と D が隣り合う。

5 文字の並べ方は　　5! 通り

(1)　右端が E であるときの並べ方は，残りの 4 文字の並べ方の総数と同じで　　4! 通り

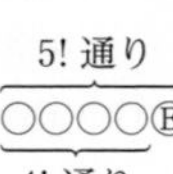

よって，求める確率は　$\dfrac{4!}{5!}=\mathbf{\dfrac{1}{5}}$

(2)　A と D をひとまとめにする。

残り 3 文字とひとまとめにした文字の並べ方は　　4! 通り

そのおのおのについて，ひとまとめにした A と D の並べ方は

2! 通り

⊂隣り合う A と D の組を 1 つの文字と考えると，4 文字の順列。

よって，A と D が隣り合う並べ方は　　$4!\times2!$ 通り

したがって，求める確率は　$\dfrac{4!\times2!}{5!}=\dfrac{2\cdot1}{5}=\mathbf{\dfrac{2}{5}}$

⊂$n=5!$，$a=4!\times2!$

練習 111A 赤玉 4 個，白玉 3 個，青玉 2 個が入った袋から，同時に 4 個の玉を取り出すとき，次の場合の確率を求めなさい。
(1) 赤玉が 2 個，白玉が 1 個，青玉が 1 個出る。
(2) 赤玉が 2 個出る。

赤玉 4 個，白玉 3 個，青玉 2 個の計 9 個から 4 個取る組合せは

$${}_9C_4=\frac{9\times8\times7\times6}{4\times3\times2\times1}=126\ (\text{通り})$$

(1) 赤玉 4 個から 2 個取る組合せは　${}_4C_2$ 通り
白玉 3 個から 1 個取る組合せは　${}_3C_1$ 通り
青玉 2 個から 1 個取る組合せは　${}_2C_1$ 通り
よって，赤玉が 2 個，白玉が 1 個，青玉が 1 個出る取り出し方の総数は

$${}_4C_2\times{}_3C_1\times{}_2C_1=\frac{4\times3}{2\times1}\times3\times2=36\ (\text{通り})$$

したがって，求める確率は　$\dfrac{36}{126}=\boldsymbol{\dfrac{2}{7}}$

◯$n=126$，$a=36$

(2) 赤玉 4 個から 2 個取る組合せは　${}_4C_2$ 通り
白玉 3 個と青玉 2 個の計 5 個から 2 個取る組合せは
${}_5C_2$ 通り
よって，赤玉が 2 個出る取り出し方の総数は

$${}_4C_2\times{}_5C_2=\frac{4\times3}{2\times1}\times\frac{5\times4}{2\times1}=60\ (\text{通り})$$

したがって，求める確率は　$\dfrac{60}{126}=\boldsymbol{\dfrac{10}{21}}$

◯$n=126$，$a=60$

練習 111B 1 から 9 までの番号札の中から無作為に同時に 2 枚取り出すとき，次の場合の確率を求めなさい。
(1) 2 枚とも奇数である。　(2) 2 枚の数字の積が 3 の倍数である。

HINT (2) 2 枚のうち少なくとも一方が 3 の倍数である。

1 から 9 までの 9 枚の番号札から 2 枚取る組合せは

$${}_9C_2=36\ (\text{通り})$$

(1) 2 枚とも奇数であるのは，1，3，5，7，9 の番号札から 2 枚取り出す場合であるから

$${}_5C_2=10\ (\text{通り})$$

よって，求める確率は　$\dfrac{10}{36}=\boldsymbol{\dfrac{5}{18}}$

(2) 取り出した札の番号が 1 と 2 であることを，(1，2) で表す。
2 枚の数字の積が 3 の倍数であるのは
(1，3)，(1，6)，(1，9)，(2，3)，(2，6)，(2，9)，
(3，4)，(3，5)，(3，6)，(3，7)，(3，8)，(3，9)，
(4，6)，(4，9)，(5，6)，(5，9)，(6，7)，(6，8)，
(6，9)，(7，9)，(8，9)
の場合で　21 通り

◯数字の組合せを考えているから，(1，2) と (2，1) は区別しない。

よって，求める確率は　$\dfrac{21}{36}=\boldsymbol{\dfrac{7}{12}}$

練習 112A 1組52枚のトランプから1枚を抜き出すとき，次の確率を求めなさい。
(1) ハートでない。 (2) 札の番号が5の倍数でない。

52枚のトランプから1枚抜き出す方法は 52通り

(1) 52枚のトランプのうち，ハートの札は13枚ある。
よって，抜き出した札がハートである確率は $\frac{13}{52}=\frac{1}{4}$
したがって，求める確率は $1-\frac{1}{4}=\mathbf{\frac{3}{4}}$

(2) 札の番号が5の倍数である場合は，ハート，クラブ，スペード，ダイヤの各5，10の8通りある。
よって，抜き出した札の番号が5の倍数となる確率は
$$\frac{8}{52}=\frac{2}{13}$$
したがって，求める確率は $1-\frac{2}{13}=\mathbf{\frac{11}{13}}$

CHART Aでない確率
(Aでない確率)
=1−(Aの確率)
…でない，少なくとも1つに有効

練習 112B あたりくじ3本，はずれくじ5本が入った8本のくじから同時に2本引くとき，少なくとも1本があたりくじである確率を求めなさい。

8本のくじから2本引く方法の総数は ${}_8C_2=28$ (通り)
5本のはずれくじから2本引く方法の総数は ${}_5C_2=10$ (通り)
よって，2本ともはずれる確率は $\frac{10}{28}=\frac{5}{14}$
したがって，求める確率は $1-\frac{5}{14}=\mathbf{\frac{9}{14}}$

CHART Aでない確率
(Aでない確率)
=1−(Aの確率)
…でない，少なくとも1つに有効

練習 113 A, B, Cの3人がじゃんけんを1回するとき，次の場合の確率を求めなさい。
(1) あいこになる。 (2) Cだけが勝つ。 (3) 1人だけが勝つ。

HINT じゃんけんでは，誰が，どの手で勝つかに注目して考える。

3人の手の出し方は，1人につき，グー，チョキ，パーの3通りの出し方があるから，全部で $3\times3\times3=27$ (通り)

(1) Aがグーのとき，あいこになる場合は，次の[1]~[3]のどれかである。
[1] Bがグー，Cがグー [2] Bがチョキ，Cがパー
[3] Bがパー，Cがチョキ
Aがチョキ，パーを出してあいこになる場合も，それぞれ3通りずつあるから，A，B，Cの3人があいこになる場合は
$$3\times3=9 \text{ (通り)}$$
よって，求める確率は $\frac{9}{27}=\mathbf{\frac{1}{3}}$

⇦3人とも同じ手，3人とも異なる手のどちらかである。

(2) Cだけが勝つのは，Cがグー，チョキ，パーのどの手を出して勝つかで 3通り
よって，求める確率は $\frac{3}{27}=\mathbf{\frac{1}{9}}$

(3)　(2) と同じように，Aだけが勝つ場合，Bだけが勝つ場合も，それぞれ 3 通りずつある。

よって，3 人のうち，誰か 1 人だけが勝つ場合は

$$3\times3=9\ (\text{通り})$$

したがって，求める確率は　$\dfrac{9}{27}=\mathbf{\dfrac{1}{3}}$

◯(2) がヒント

練習 114　右の図のように，1 辺の長さが 1 の正八角形 ABCDEFGH がある。点Pは初め点Aの上にある。
1 個のさいころを 3 回投げ，出た目の数の和と同じ長さだけ，正八角形の辺にそって矢印の向きに進み，頂点の上で止まる。
点Pが点Cの上で止まる確率を求めなさい。

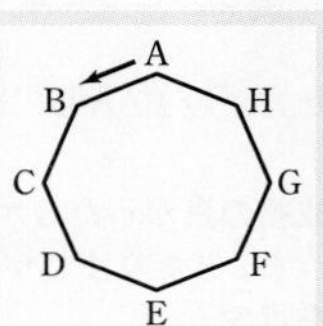

さいころを 3 回投げるとき，目の出方は全部で

$$6\times6\times6=216\ (\text{通り})$$

点Pが点Cの上で止まるのは，点Aから進んだ長さが 2, 10, 18, 26, …… のときである。

このうち，3 回投げたさいころの目の和として考えられるものは　10, 18

[1] 和が 10 になる場合

3 回のさいころの目の出方は，次の場合がある。

1 回目	1	1	3	3	6	6	1	1	4	4	5	5	2	2	6	2	2	3	3	5	5	2	4	4	3	3	4
2 回目	3	6	1	6	1	3	4	5	1	5	1	4	2	6	2	3	5	2	5	2	3	4	2	4	3	4	3
3 回目	6	3	6	1	3	1	5	4	5	1	4	1	6	2	2	5	3	5	2	3	2	4	4	2	4	3	3

よって　27 通り

[2] 和が 18 になる場合

3 回のさいころの目の出方は，すべて 6 の場合で　1 通り

[1] と [2] に重複はないから，点Pが点Cの上で止まる場合は全部で　$27+1=28\ (\text{通り})$

したがって，求める確率は　$\dfrac{28}{216}=\mathbf{\dfrac{7}{54}}$

練習 115　次のそれぞれの調査は，全数調査と標本調査のどちらが適当であるか答えなさい。
(1)　ある中学校の 3 年生の健康診断の調査
(2)　あるテレビ番組の視聴率の調査
(3)　ある貯水池の水質調査

(1)　ある中学校の 3 年生の健康診断の調査は，全員に行わないと意味がない。

したがって　**全数調査**

■ **全数調査**
対象の全部を調査
標本調査
対象の一部を調査

(2)　あるテレビ番組の視聴率の全数調査を行うとすると，労力・時間・費用がかかりすぎる。
したがって　**標本調査**

(3)　貯水池の水質調査は，一部を調査すれば貯水池全体の水質がわかる。したがって　**標本調査**

全数調査では，労力・時間・費用がかかりすぎるときには，標本調査が適当。

練習 116　200 人が受けたあるテストの成績を，大きさ 20 の標本を抽出して調べることにした。標本の選び方として最も適当なものを，次の ①～③ から選びなさい。
① 早く試験場を出た方から 10 人と，遅く試験場を出た方から 10 人の 20 人を選ぶ。
② 前回のテストで成績の良かった方から 20 人を選ぶ。
③ 全員に 200 本のうち，あたりくじが 20 本のくじを引かせて，あたりくじを引いた人を選ぶ。

■ **標本の選び方**
無作為に抽出する

①　公平ではなくかたよりがある。
②　公平ではなくかたよりがある。
③　全員の中から公平に選ばれており，かたよりがない。
したがって，最も適当である選び方は　**③**

練習 117　本文が 192 ページの数学の教科書から，でたらめに 10 ページを選び出し，それぞれのページに使われている「数」という文字の個数を数えたところ，次のようであった。

2,　6,　6,　6,　8,　0,　2,　4,　4,　7

このとき，この教科書の本文には，およそ何個の「数」という文字が使われているといえるかを推定しなさい。

HINT　(標本の比率)≒(母集団の比率)を利用する。

数学の教科書の本文に使われている「数」の文字の総数をおよそxとする。
抽出した10ページ中にあった「数」の文字の総数は

$$2+6+6+6+8+0+2+4+4+7=45$$

よって　$\dfrac{x}{192}=\dfrac{45}{10}$

したがって　$x=\dfrac{192\times45}{10}=864$

よって　**およそ 864 個**

標本の比率で母集団の比率を推定する。

演習 117 A，B，C，Dの4人がそれぞれ1つずつプレゼントを持って集まり，プレゼントの交換会を開くことになった。4人のプレゼントをいったん集めて，あらためて4人に1つずつ配ることにする。このとき，4人とも自分が持ってきたプレゼントを自分で受け取ることがないような配り方は何通りあるか答えなさい。

CHART 場合の数
もれなく重複なく
樹形図をかく

4人とも自分が持ってきたプレゼントを自分で受け取ることがないような場合は，右の樹形図のようになる。
(たとえば，樹形図の1番目の場合は
AがBの持ってきたプレゼントを
BがAの持ってきたプレゼントを
CがDの持ってきたプレゼントを
DがCの持ってきたプレゼントを
それぞれ受け取る場合である。)
したがって，求める配り方は　**9通り**

A	B	C	D
B	A	D	C
	C	D	A
	D	A	C
C	A	D	B
	D	A	B
		B	A
D	A	B	C
	C	A	B
		B	A

参考　1，2，……，n の順列に対して，各数の順番がその数と違っている順列を **完全順列** という。本問は $n=4$ のときの完全順列の総数を求める問題といえる。

演習 118 1g，2g，3gの重さのおもりがたくさんある。これらのおもりを使って，10gの重さをつくる方法は何通りあるか答えなさい。なお，使わない重さのおもりがあってもよいものとする。

CHART 場合の数
もれなく重複なく
表をつくる

下の表より，10gの重さのつくり方は　**14通り**

3gのおもり	3	2			1				0					
2gのおもり	0	2	1	0	3	2	1	0	5	4	3	2	1	0
1gのおもり	1	0	2	4	1	3	5	7	0	2	4	6	8	10

演習 119 4つの地点A，B，C，Dが図のように道で結ばれている(たとえば，A，B間の道は3本ある)。A地点からD地点への行き方は何通りあるか答えなさい。ただし，通らない地点があってもよい。また，同じ地点を2度は通らないものとする。

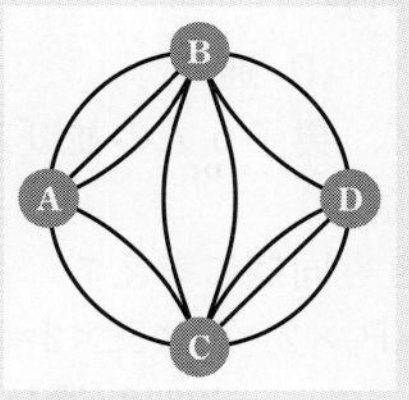

HINT　4つの地点の回り方を樹形図にかいて，それぞれの道の通り方を求める。

4つの地点の回り方を樹形図にかくと，右の図のようになる。

A ─ B ─ D
A ─ B ─ C ─ D
A ─ C ─ D
A ─ C ─ B ─ D

A → B → D の通り方は
　$3\times2=6$ (通り)
A → B → C → D の通り方は　$3\times2\times3=18$ (通り)
A → C → D の通り方は　$2\times3=6$ (通り)
A → C → B → D の通り方は　$2\times2\times2=8$ (通り)
よって，全部で　$6+18+6+8=$**38(通り)**

演習 120 大，中，小 3 個のさいころを同時に投げるとき，出る目の和が奇数になる場合は何通りあるか答えなさい。

HINT
奇数＋奇数＋奇数＝奇数，
奇数＋奇数＋偶数＝偶数，
奇数＋偶数＋偶数＝奇数，
偶数＋偶数＋偶数＝偶数

出る目の和が奇数になるのは，次の [1]，[2] のどちらかである。

[1] 3 個とも奇数の目が出る場合

奇数の目は 1，3，5 の 3 通りあるから，目の出方は

$3\times3\times3=27$ (通り)

[2] 1 個だけ奇数の目が出る場合

大のさいころの目が奇数のとき，中，小のさいころの目は偶数であり，偶数の目も 3 通りあるから，目の出方は

$3\times3\times3=27$ (通り)

他のさいころの目が奇数のときも同様であるから，目の出方は全部で　$27\times3=81$ (通り)

[1]，[2] から，出る目の和が奇数になる場合は

$27+81=$ **108 (通り)**

演習 121 男子 5 人と女子 5 人の 10 人が 1 列に並ぶとき，次のような並び方は何通りあるか答えなさい。

(1) 男子 5 人が続いて並ぶ。　(2) 両端が女子である。

(3) 男女が交互に並ぶ。

(1) 男子 5 人をまとめて 1 組と考えると，この 1 組と女子 5 人の並び方は　${}_6P_6$ 通り

そのおのおのについて，男子 5 人の並び方が　${}_5P_5$ 通り

よって　${}_6P_6\times{}_5P_5=6!\times5!=720\times120=$ **86400 (通り)**

CHART 隣り合うもの 枠に入れて中で動かす

(2) 女子 2 人が両端に並ぶ方法は　${}_5P_2$ 通り

そのおのおのについて，残りの 8 人が間に並ぶ方法は

${}_8P_8$ 通り

よって　${}_5P_2\times{}_8P_8=5\times4\times8!=20\times40320=$ **806400 (通り)**

(3) 男女が交互に並ぶとき，

㊛男㊛男㊛男㊛男㊛男

左端が女子であるときは

女子 5 人の並び方が　${}_5P_5$ 通り

そのおのおのについて，男子 5 人の並び方が　${}_5P_5$ 通り

よって　${}_5P_5\times{}_5P_5$ (通り)

左端が男子であるときも同様に考えて　${}_5P_5\times{}_5P_5$ (通り)

したがって　${}_5P_5\times{}_5P_5\times2=5!\times5!\times2=120\times120\times2$

$=$ **28800 (通り)**

演習 122 0，1，2，3，4，5 の数字が書かれたカードが 1 枚ずつ全部で 6 枚ある。このカードを並べて数をつくるとき，次の問いに答えなさい。

(1) 4 桁の数は何個できるか答えなさい。

(2) 4 桁の偶数は何個できるか答えなさい。

(3) 6 桁の数をつくるとき，小さい方から数えて 150 番目の数を答えなさい。

CHART
0 を含む数字の順列
最高位の数は 0 でないことに注意

(1) 千の位は 1 から 5 までの 5 個から 1 個取るから　5 通り

そのおのおのについて，百，十，一の位は 0 を含めた残りの 5

⊂最高位は 0 でない。

個から3個取る順列で

$${}_5P_3=5\times4\times3=60$$ (通り)

よって，求める個数は　$5\times60=$ **300 (個)**

別解　4個の数の順列 (0123 なども含む) から，千の位が0になる0□□□の形の数を除くと考えて

$${}_6P_4-{}_5P_3=6\times5\times4\times3-5\times4\times3=$$ **300 (個)**

◎(全体)−(千の位が0)＝(4桁の数)

(2)　偶数であるから，一の位は0，2，4のどれかである。

[1]　一の位が0のとき

千，百，十の位は0以外の5個から3個取る順列で

$${}_5P_3=5\times4\times3=60$$ (通り)

[2]　一の位が2，4のとき

千の位は0以外の4個から1個取るから　　4通り

百，十の位は残りの4個から2個取るから

$${}_4P_2=4\times3=12$$ (通り)

よって　$(4\times12)\times2=96$ (通り)

したがって，求める個数は　$60+96=$ **156 (個)**

(3)　1□□□□□の形の数は　${}_5P_5=120$ (個)

20□□□□の形の数は　${}_4P_4=24$ (個)

ここまでで　$120+24=144$ (個)

よって，小さい方から数えて150番目の数は21□□□□の形の数のうち，小さい方から数えて6番目の数である。

21□□□□の形の数を小さい方から順に書き出すと

210345，210354，210435，210453，210534，210543，……

したがって，求める数は　**210543**

◎基本は辞書式。

演習 123　A，B，C，D，E，F，Gの7文字から4文字を選んで1列に並べるとき，AかEを少なくとも1つ含む並べ方は何通りあるか答えなさい。

HINT
(少なくとも1つ含む)
＝(全体)
−(1つも含まない)

7文字から4文字を選んで1列に並べる方法は

$${}_7P_4=7\times6\times5\times4=840$$ (通り)

A，Eを除く5文字から4文字を選んで1列に並べる方法は

$${}_5P_4=5\times4\times3\times2=120$$ (通り)

よって，A，Eを少なくとも1つ含む並べ方は

$$840-120=$$ **720 (通り)**

演習 124　A，B，C，D，Eの5人が1列に並ぶとき，Dが左から3番目になる場合は何通りあるか答えなさい。ただし，AはいつもDの向かって右側にいるものとする。

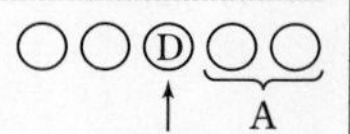

Dの並ぶ位置を先に決めておく。

Aが並ぶ位置は，Dの右側の2か所のうちのどちらかであるから　　2通り

B，C，Eの3人が並ぶ位置は，残りの3か所であるから，並び方は　${}_3P_3=6$ (通り)

◎条件を先に処理する。

よって，求める並び方の総数は　　$2\times6=\mathbf{12}$ **(通り)**

演習 125　座席が 4 つずつあるボート 2 そうに 6 人を分乗させるとき，次のような場合の乗り方は何通りあるか答えなさい。
(1) 人もボートも区別するが，どの人がどの座席に着くかは区別しない。
(2) 人は区別するが，ボートも座席も区別しない。
(3) 人もボートも区別し，どの人がどの座席に着くかも区別する。

HINT (1) ボートを区別するから，まず，ボートに乗る人数で場合を分ける。
(2) は，(1) においてボートを区別しない場合である。
(3) は，ボート 2 そうの座席全体から 6 人の座席を取ると考える。

(1) ボートを A，B とする。
[1] A に 4 人，B に 2 人乗せる場合　　${}_6C_4$ 通り
[2] A に 3 人，B に 3 人乗せる場合　　${}_6C_3$ 通り
[3] A に 2 人，B に 4 人乗せる場合　　${}_6C_2$ 通り
よって

$$ {}_6C_4+{}_6C_3+{}_6C_2=\frac{6\times5\times4\times3}{4\times3\times2\times1}+\frac{6\times5\times4}{3\times2\times1}+\frac{6\times5}{2\times1} $$
$$ =15+20+15=\mathbf{50}\ \textbf{(通り)} $$

(2) (1) において，ボートの区別をしない場合である。
よって　　$50\div2=\mathbf{25}$ **(通り)**

⇐(1) でボート A と B を入れかえると同じ乗り方になるものが 2 通りずつある。

(3) A，B の座席を合わせた 8 つの座席に 6 人が着くから，8 つの座席から，6 つの座席を取る順列の数と考えてよい。
よって　　${}_8P_6=8\times7\times6\times5\times4\times3=\mathbf{20160}$ **(通り)**

参考　(3) は (1) において，座席も区別する場合と考えると次のようになる。
[1] A に 4 人，B に 2 人乗せる場合

$$ {}_6C_4\times{}_4P_4\times{}_4P_2=\frac{6\times5\times4\times3}{4\times3\times2\times1}\times4!\times4\times3 $$
$$ =15\times24\times12=4320\ \text{(通り)} $$

[2] A に 3 人，B に 3 人乗せる場合

$$ {}_6C_3\times{}_4P_3\times{}_4P_3=\frac{6\times5\times4}{3\times2\times1}\times4\times3\times2\times4\times3\times2 $$
$$ =20\times24\times24=11520\ \text{(通り)} $$

[3] A に 2 人，B に 4 人乗せる場合

$$ {}_6C_2\times{}_4P_2\times{}_4P_4=\frac{6\times5}{2\times1}\times4\times3\times4! $$
$$ =15\times12\times24=4320\ \text{(通り)} $$

よって　　$4320+11520+4320=\mathbf{20160}$ **(通り)**

演習 126　右の図のように，5 本の平行線と，それらに交わる 6 本の平行線がある。これらの平行線によって作られる平行四辺形は何個あるか答えなさい。

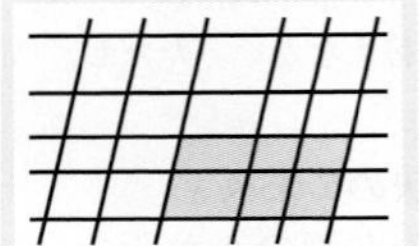

HINT 平行四辺形は，2 組の対辺が決まれば 1 つ決まる。

水平な 5 本から 2 本，斜めの 6 本から 2 本選ぶことで，平行四辺形が 1 つ決まる。
よって，平行四辺形の個数は，線の選び方の総数と等しくなる。

水平な 5 本から 2 本選ぶ方法の総数は　$_5C_2$ 通り
斜めの 6 本から 2 本選ぶ方法の総数は　$_6C_2$ 通り
よって，線の選び方の総数は，積の法則により

$$_5C_2\times{}_6C_2=\frac{5\times4}{2\times1}\times\frac{6\times5}{2\times1}=10\times15=150\ (\text{通り})$$

したがって，求める平行四辺形の個数は

150 個

演習 127　円に内接する八角形の 3 個の頂点を結んで三角形を作る。
(1)　八角形と 1 辺だけを共有する三角形は何個あるか答えなさい。
(2)　八角形と辺を共有しない三角形は何個あるか答えなさい。

HINT　三角形は，一直線上にない 3 点の組合せで 1 つ決まる。

円に内接する八角形の頂点を A，B，C，D，E，F，G，H とする。

(1)　共有する 1 辺の選び方は

8 通り

そのおのおのについて，たとえば，図の辺 AB を共有するものは，頂点 D，E，F，G が選べるから

4 通り

よって，求める三角形の個数は

$8\times4=$ **32 (個)**

⇦辺 AB だけを共有する三角形は　4 個

(2)　八角形の 3 つの頂点を結んでできる三角形は

$$_8C_3=\frac{8\times7\times6}{3\times2\times1}=56\ (\text{個})$$

八角形と 1 辺を共有する三角形は，(1) の結果から　32 個

八角形と 2 辺を共有する三角形は，八角形の頂点の個数だけあるから

8 個

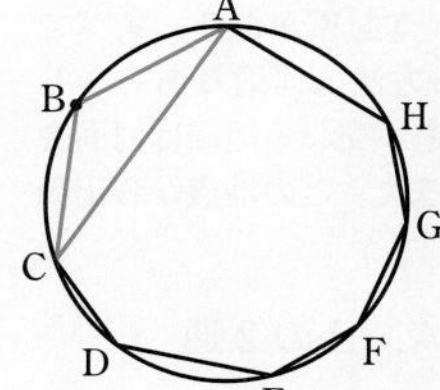

⇦共有する 2 辺は，八角形の隣り合う 2 辺。

よって，求める三角形の個数は

$56-32-8=$ **16 (個)**

⇦(全体)
−(辺を共有する三角形)

演習 128　5 色の色鉛筆から何色かを使って，右の図のような 5 つの円をかく。ただし，互いに交わる円は異なる色でかくものとする。次の場合のかき方は何通りあるか答えなさい。
(1)　2 色を使う。　(2)　3 色を使う。
(3)　4 色を使う。　(4)　5 色すべてを使う。

HINT　5 色のうちの一部を使う場合，色の組合せを考えなければならない。

各円を左から順に ①～⑤ とする。

(1)　5 色から 2 色を選ぶ組合せは

$_5C_2=10$ (通り)

そのおのおのについて，① のかき方は　2 通り

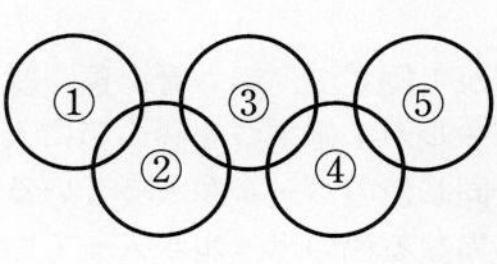

残りの円は，交互に異なる色でかけばよい。

よって，2色を使ってかく方法は　$10\times2=$**20（通り）**　　◯積の法則

(2)　5色から3色を選ぶ組合せは　${}_5C_3=10$（通り）

①をどの色でかくかで　3通り

そのおのおのについて，②の色は　2通り

③～⑤は1つ前の番号で使った色以外の2通りずつでかくと

$10\times3\times2^4=480$（通り）　　◯積の法則

この中には，2色でかく場合も含まれているから，それを除く。

1組の3色について，その中の2色でかく場合，色の選び方は，3通りある。　　◯${}_3C_2=3$（通り）

そのおのおのについて，①のかき方は　2通り

残りの円は，交互に異なる色でかく。

よって，1組の3色について，その中の2色でかく方法は

$3\times2=6$（通り）

ここで，3色の選び方は10通りあるから，除く場合の数は

$6\times10=60$（通り）

したがって，3色を使ってかく方法は　$480-60=$**420（通り）**

(3)　5色から4色を選ぶ組合せは　${}_5C_4=5$（通り）

4色のうちのどの色を2回使うかで　4通り

どの2つの円を同じ色にするかで　6通り　　◯①と③，①と④，①と⑤，②と④，②と⑤，③と⑤

残りの3色の使い方は　${}_3P_3=3!=6$（通り）

よって，4色を使ってかく方法は　$5\times4\times6\times6=$**720（通り）**

(4)　5色の並べ方になるから　${}_5P_5=5!=$**120（通り）**

演習 129　庭の中に右の図のような道がある。すべての道を1回だけ通る方法は何通りあるか答えなさい。ただし，道が交わる地点は何回通ってもかまわない。また，どの地点から出発してもかまわない。

HINT　図の輪の部分から出発すると，すべての道を通ることはできない。

出発点は，右の図のA，Bの2通りある。

①，②，③の部分は

どの順序で通るかで

${}_3P_3=3!=3\times2\times1=6$（通り）

それぞれの輪の通り方は右回りまたは左回りの2通りずつあるから　$2\times2\times2=8$（通り）　　◯積の法則

よって，すべての道を1回だけ通る方法の総数は

$2\times6\times8=$**96（通り）**　　◯積の法則

演習 130　赤，青，黄，緑の箱が1個ずつ，赤，青，黄，緑のボールが1個ずつある。この4個のボールが1個ずつ4個の箱に入っている。

(1)　どの箱にも箱と同じ色のボールが入っている確率を求めなさい。

(2)　どの箱にも箱と異なる色のボールが入っている確率を求めなさい。

HINT　(2)　樹形図をかく。

4色の箱に4色のボールを1個ずつ入れる方法は全部で

$${}_4P_4=4!=24 \text{（通り）}$$

(1) どの箱にも箱と同じ色のボールが入っている場合は　1通り

よって，求める確率は　$\dfrac{1}{24}$

(2) どの箱にも箱と異なる色のボールが入っている場合は，右の樹形図により

9通り

よって，求める確率は

$\dfrac{9}{24}=\dfrac{3}{8}$

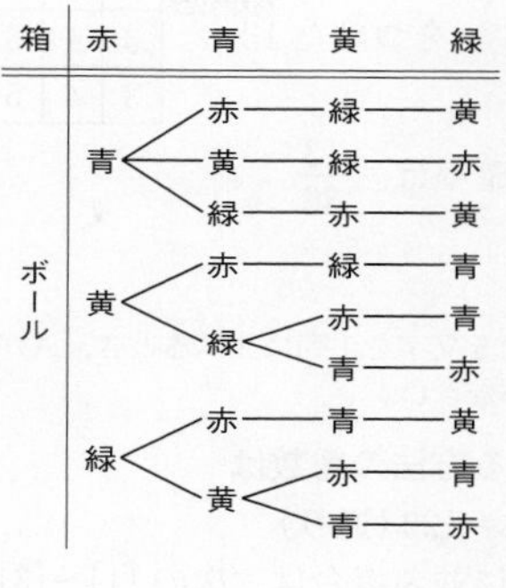

⊂$n=4$ のときの完全順列（$p.153$ 参考）の総数を調べているのと同じ。

演習 131 袋Aの中には白玉2個と赤玉4個が，袋Bの中には白玉3個と赤玉2個が，それぞれ入っている。袋A，袋Bからそれぞれ1個ずつ玉を取り出して入れかえるとき，袋A，袋Bの中の白玉と赤玉の個数が，入れかえる前と同じである確率を求めなさい。

HINT 袋A，Bから同じ色の玉を取り出せばよい。

袋A，Bからそれぞれ1個の玉を取り出す方法の総数は

$$6\times5=30 \text{（通り）}$$

袋の中の白玉と赤玉の個数が，入れかえる前と同じであるのは，取り出した玉が同じ色である場合で，それは次の[1]，[2]のどちらかである。

[1] Aから白玉，Bから白玉を取り出すとき　$2\times3=6$（通り）

[2] Aから赤玉，Bから赤玉を取り出すとき　$4\times2=8$（通り）

よって，全部で　14通り

したがって，求める確率は　$\dfrac{14}{30}=\dfrac{7}{15}$

⊂玉はすべて異なるものと考える。

演習 132 ジョーカーを除いた1組52枚のトランプをよく混ぜて1枚を取り出すとき，ダイヤの札または絵札が出る確率を求めなさい。

HINT ダイヤの札の中には絵札も含まれているから，重複して数えないように注意。

ダイヤの札は全部で13枚ある。

また，ダイヤ以外の絵札は $3\times3=9$（枚）あるから，ダイヤの札または絵札は $13+9=22$（枚）ある。

よって，求める確率は　$\dfrac{22}{52}=\dfrac{11}{26}$

演習 133 1の目が1つ，2の目が2つ，3の目が3つある正六面体のさいころが2個ある。この2個のさいころを同時に投げるとき，出る目の数の和が3の倍数となる確率を求めなさい。

HINT 表をつくって，出る目の数の和を書き入れる。

2 個のさいころの目の出方は

$6\times6=36$ (通り)

2 個のさいころの出る目の数の和は，右の表のようになる。

このうち，出る目の数の和が 3 の倍数となるのは，表の ○ をつけた 13 通りである。

	1	2	2	3	3	3
1	2	③	③	4	4	4
2	③	4	4	5	5	5
2	③	4	4	5	5	5
3	4	5	5	⑥	⑥	⑥
3	4	5	5	⑥	⑥	⑥
3	4	5	5	⑥	⑥	⑥

したがって，求める確率は $\mathbf{\dfrac{13}{36}}$

演習 134 A，B，C，D，E の 5 文字を 1 列に並べるとき，A が C と D よりも左側に並ぶ確率を求めなさい。

HINT A が C と D よりも左側に並ぶ。⟶ A は左から 1～3 番目のどれか。

5 文字を 1 列に並べる方法の総数は

$_5P_5=5!=120$ (通り)

A が C と D より左側に並ぶ場合は，次の [1]～[3] のどれかである。

ア	イ	ウ	エ	オ

[1] A が右の図のアの位置にあるとき

残りの 4 か所に 4 文字を並べればよいから

$_4P_4=4!=24$ (通り)

◯ C と D が A の左側にくることはない。

[2] A がイの位置にあるとき

アに入るのは B か E の　2 通り

残りの 3 か所に 3 文字を並べる方法は

$_3P_3=3!=6$ (通り)

よって　$2\times6=12$ (通り)

◯ A の左側の位置が埋まれば，C と D はどこに並んでもよい。

[3] A がウの位置にあるとき

アとイに B，E を並べる方法は　2 通り

エとオに C，D を並べる方法は　2 通り

よって　$2\times2=4$ (通り)

したがって，求める確率は　$\dfrac{24+12+4}{120}=\mathbf{\dfrac{1}{3}}$

別解　5 文字を 1 列に並べる方法の総数は

$_5P_5=5!=120$ (通り)

5 か所から，A，C，D が入る 3 か所を選ぶ方法は

$_5C_3$ 通り

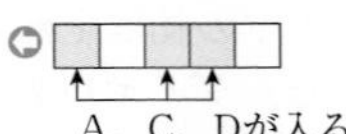

その 3 か所には，左から A，C，D または A，D，C を並べるから，その並べ方は　2 通り

残りの 2 か所に B，E を並べる方法は　2 通り

◯上の 3 か所に並べる場合

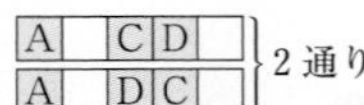

よって，A が C と D より左側に並ぶ場合は

$_5C_3\times2\times2=10\times2\times2=40$ (通り)

したがって，求める確率は　$\dfrac{40}{120}=\mathbf{\dfrac{1}{3}}$

演習 135 あたりくじを3本含む10本のくじがある。このくじをA，B，Cの3人がこの順に1本ずつ引く。ただし，引いたくじはもとに戻さない。
(1) Bがあたる確率を求めなさい。
(2) Cがあたる確率を求めなさい。

HINT 3人が順にくじを引く代わりに，3本のくじを取り出してA，B，Cの前に並べると考える。

10本のくじから3本を取り出して並べる順列の総数は

$${}_{10}P_3 \text{通り}$$

並べたくじを，この順にA，B，Cが引くものと考える。

(1) Bがあたる場合は，2番目があたりくじで，1番目と3番目のくじは，あたりでもはずれでもよい。この場合の数は

□あ□

$$3\times{}_9P_2 \text{通り}$$

よって，Bがあたる確率は

$$\frac{3\times{}_9P_2}{{}_{10}P_3}=\frac{3\times(9\times8)}{10\times9\times8}=\frac{3}{10}$$

(2) Cがあたる場合は，3番目があたりくじで，1番目と2番目のくじは，あたりでもはずれでもよい。この場合の数は

□□あ

$$3\times{}_9P_2 \text{通り}$$

よって，Cがあたる確率は

$$\frac{3\times{}_9P_2}{{}_{10}P_3}=\frac{3\times(9\times8)}{10\times9\times8}=\frac{3}{10}$$

参考 本問では，引いたくじを戻さないため，引く順番によってあたる確率が異なるように思いがちであるが，あたりくじを引く確率は3人とも等しくなる。同じくじを4人が順に1本ずつ引くとしても，各人があたる確率は，上と同じように考えて

$$\frac{3\times{}_9P_3}{{}_{10}P_4}=\frac{3\times(9\times8\times7)}{10\times9\times8\times7}=\frac{3}{10}$$

一般に，n本のくじの中にあたりくじがa本あるとき，引く人がn人以下なら，それぞれの人のあたる確率は，全員同じ$\dfrac{a}{n}$である。

演習 136 2つの袋A，Bがあり，どちらの袋にもあたりくじが2本とはずれくじが4本入っている。このとき，次の確率を求めなさい。
(1) 袋Aの中から同時にくじを2本引くとき，あたりくじとはずれくじが1本ずつ出る。
(2) 2つの袋A，Bのそれぞれの中から同時にくじを1本ずつ引くとき，あたりくじとはずれくじが1本ずつ出る。

HINT (2) あたりくじ，はずれくじが，どの袋から取り出されたかで場合分けする。

(1) 袋Aの中からくじを2本引く方法は　${}_6C_2=15$(通り)
あたりくじ2本から1本を引く方法は　${}_2C_1$ 通り
はずれくじ4本から1本を引く方法は　${}_4C_1$ 通り
よって，あたりくじとはずれくじが1本ずつとなる引き方は

$${}_2C_1\times{}_4C_1=2\times4=8 \text{(通り)}$$

したがって，求める確率は　$\dfrac{8}{15}$

(2) 袋A，Bのそれぞれの中から同時にくじを1本ずつ引くとき，A，Bの引き方はそれぞれ6通りずつあるから，全部で

$6\times6=36$（通り）

このうち，あたりくじとはずれくじが1本ずつ出る場合は，次の[1]，[2]のどちらかである。

[1] Aからあたりくじ，Bからはずれくじを引くとき

Aからあたりくじを引く方法は　${}_2C_1$ 通り

Bからはずれくじを引く方法は　${}_4C_1$ 通り

よって　${}_2C_1\times{}_4C_1=2\times4=8$（通り）

[2] Aからはずれくじ，Bからあたりくじを引くとき

[1]と同じように　8通り

したがって，求める確率は　$\dfrac{8+8}{36}=\dfrac{16}{36}=\boldsymbol{\dfrac{4}{9}}$

⇦A，Bともにあたりくじ2本，はずれくじ4本であるため。

演習 137

2，3，4，5，6の数字を1つずつ書いた5枚のカードがある。この5枚のカードをよく混ぜて，4枚を続けて取り出す。取り出した順に左から右に並べて4桁の整数をつくる。このようにしてつくった整数が次のようになる確率を求めなさい。

(1) 偶数となる。　(2) 3の倍数となる。　(3) 6の倍数となる。

HINT (3) 3の倍数のうち，一の位が偶数となるものが6の倍数である。

4桁の整数は全部で　${}_5P_4=5\times4\times3\times2=120$（個）

(1) 偶数であるから，一の位は2，4，6のいずれかの　3通り

千，百，十の位には，一の位の数字を除いた4枚から3枚を取り出して並べるから，並べ方は

${}_4P_3=4\times3\times2=24$（通り）

よって，偶数は　$3\times24=72$（個）

したがって，求める確率は　$\dfrac{72}{120}=\boldsymbol{\dfrac{3}{5}}$

⇦偶数…一の位が偶数

(2) 3の倍数となるのは，各位の数字の和が3の倍数のときである。2，3，4，5，6のカードから異なる4枚を選ぶとき，その数字の和が3の倍数になるのは

(2，3，4，6) と (3，4，5，6)

の2通りである。

そのおのおのについて，4枚のカードの並べ方は　${}_4P_4$ 通り

よって，3の倍数は　$2\times{}_4P_4=2\times4!=2\times24=48$（個）

したがって，求める確率は　$\dfrac{48}{120}=\boldsymbol{\dfrac{2}{5}}$

(3) 6の倍数は，(2)の4枚のカードの順列のうち，一の位が偶数になる場合である。

[1] 4枚のカードが2，3，4，6のとき

一の位は2，4，6のどれかで　3通り

千，百，十の位には，一の位の数字を除いた3枚を並べるから，並べ方は　${}_3P_3$ 通り

よって　$3\times{}_3P_3=3\times3!=3\times6=18$（個）

[2] 4 枚のカードが 3，4，5，6 のとき
一の位は 4，6 のどちらかで　2 通り
千，百，十の位には，一の位の数字を除いた 3 枚を並べるから，並べ方は　$_3P_3$ 通り
よって　$2\times{}_3P_3=2\times3!=2\times6=12$（個）
したがって，求める確率は　$\dfrac{18+12}{120}=\dfrac{30}{120}=\mathbf{\dfrac{1}{4}}$

演習 138　1000 から 9999 の 4 桁の数から，1 つを無作為に選び出すとき，同じ数字が 2 つ以上含まれている確率を求めなさい。

HINT 同じ数字を含むのは，2 つ，3 つ，4 つの場合があって複雑。同じ数字を含まない場合の方が考えやすい。

1000 から 9999 までの 4 桁の数から 1 つを選ぶ方法は
$9999-1000+1=9000$（通り）
選んだ数について，数字がすべて異なる場合の数は
千の位は 1 から 9 までの数字から選ぶから　9 通り
百，十，一の位は，残りの数字から 3 つを並べる順列で
$_9P_3$ 通り
であるから　$9\times{}_9P_3$ 通り
よって，同じ数字が現れない確率は
$$\frac{9\times{}_9P_3}{9000}=\frac{9\times(9\times8\times7)}{9000}=\frac{63}{125}$$
したがって，求める確率は　$1-\dfrac{63}{125}=\mathbf{\dfrac{62}{125}}$

◯最高位は 0 でない。

CHART　A でない確率
（A でない確率）
$=1-$（A の確率）

演習 139　A，B，C の 3 人がじゃんけんをして，負けた者から順に抜けていき，最後に残った 1 人を優勝者とする。このとき，次の場合の確率を求めなさい。
(1)　1 回目で A が抜ける。　(2)　1 回目で 1 人だけ抜ける。
(3)　3 回目が終わった時点で 3 人とも残っている。

HINT (1)　A だけが負ける場合と，A ともう 1 人が負ける場合がある。
(3)　3 回ともあいこになればよい。

(1)　A，B，C 3 人の手の出し方は，1 人につき，グー，チョキ，パーの 3 通りがあるから，全部で　$3\times3\times3=27$（通り）
1 回目で A が抜ける場合は，次の [1]～[3] のどれかである。
[1] A だけが負けるとき
A がグー，チョキ，パーのどれを出して負けるかで　3 通り
[2] A と B が負けるとき
A と B がグー，チョキ，パーのどれを出して負けるかで
3 通り
[3] A と C が負けるとき　[2] と同じように　3 通り
よって，1 回目で A が抜ける場合は　$3+3+3=9$（通り）
したがって，求める確率は　$\dfrac{9}{27}=\mathbf{\dfrac{1}{3}}$

◯A がグーのとき，B と C はパーを出す。

◯A と B がグーのとき，C はパーを出す。

(2)　(1) の [1] と同じように，1 回目で B だけが抜ける場合，1 回目で C だけが抜ける場合も 3 通りずつある。
よって，1 回目で 1 人だけ抜ける場合は　$3\times3=9$（通り）

◯(1) がヒント

したがって，求める確率は　$\dfrac{9}{27}=\mathbf{\dfrac{1}{3}}$

(3)　3人がじゃんけんを3回するとき，手の出し方は全部で

$27\times27\times27$ (通り)

1回目であいこになる場合は，次の [1]，[2] のどちらかである。

[1]　3人とも同じ手を出すとき　　3通り

[2]　3人すべてがちがう手を出すとき　$_3P_3=3!=6$ (通り)

よって，1回目であいこになる場合は

$3+6=9$ (通り)

3回目が終わったとき，3人とも残っているのは3回ともあいこになる場合であるから　$9\times9\times9$ (通り)

したがって，求める確率は　$\dfrac{9\times9\times9}{27\times27\times27}=\mathbf{\dfrac{1}{27}}$

◯確率を求めるときに約分するから，積の形のままにしておくとよい。

演習 140　大中小3個のさいころを同時に投げて，出る目の数をそれぞれ a，b，c とする。

(1)　$a<b<c$ となる確率を求めなさい。

(2)　$a+b+c=6$ となる確率を求めなさい。

(3)　$a+b+c\leqq6$ となる確率を求めなさい。

HINT (1)　目の出方は，樹形図を利用。
(2)　まず，$a+b+c=6$ となる3つの数 a，b，c の組合せを考える。

大中小3個のさいころを同時に投げるとき，目の出方は

$6\times6\times6=216$ (通り)

(1)　$a<b<c$ となるような目の出方は，次の樹形図のようになり，全部で20通りある。

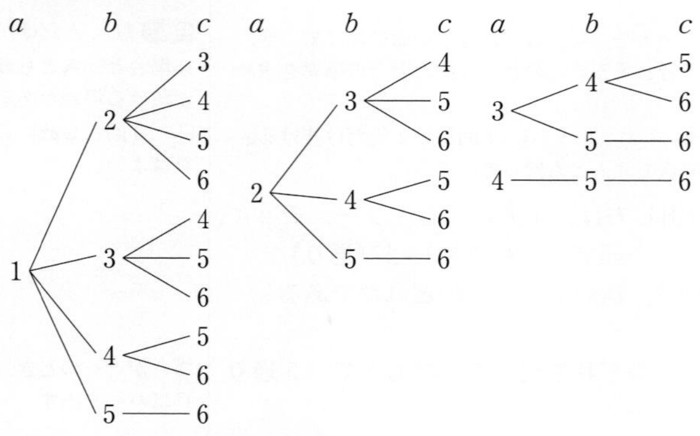

したがって，求める確率は　$\dfrac{20}{216}=\mathbf{\dfrac{5}{54}}$

別解　1，2，3，4，5，6の6個の数から異なる3個を選ぶ方法は

$_6C_3$ 通り

選んだ3個の数字を小さい順に a，b，c とすればよい。

よって，求める確率は　$\dfrac{_6C_3}{216}=\dfrac{20}{216}=\mathbf{\dfrac{5}{54}}$

◯たとえば，2，3，5を選んだら $a=2$，$b=3$，$c=5$ とする。

(2)　$a+b+c=6$ となるような3つの数 a，b，c の組み合わせは

1，1，4　と　1，2，3　と　2，2，2

1，1，4となる目の出方は，(1，1，4)，(1，4，1)，(4，1，1)の3通り，1，2，3となる目の出方は，異なる3つの数の順列の総数に等しく6通り，2，2，2となる目の出方は1通りあるから，全部で10通りある。

⇦ $3!=3\times2\times1=6$

したがって，求める確率は　$\dfrac{10}{216}=\mathbf{\dfrac{5}{108}}$

(3)　$a+b+c\leqq6$ より，$a+b+c$ の値が3，4，5，6のときの場合の数を求める。

$a+b+c=3$ のとき (1，1，1) の1通り

$a+b+c=4$ のとき (1，1，2)，(1，2，1)，(2，1，1) の3通り

$a+b+c=5$ のとき (1，1，3)，(1，3，1)，(3，1，1)，
(1，2，2)，(2，1，2)，(2，2，1) の6通り

$a+b+c=6$ のとき (2) より10通り

したがって，求める確率は　$\dfrac{1+3+6+10}{216}=\mathbf{\dfrac{5}{54}}$

演習 141　さいころを2回投げ，1回目に出た目の数を a，2回目に出た目の数を b とするとき，次の場合の確率を求めなさい。
(1)　2次方程式 $x^2-ax+b=0$ が異なる2つの整数の解をもつ。
(2)　3本の直線 $y=\dfrac{b}{a}x$，$y=\dfrac{a}{b}x$，$y=2x-1$ が三角形を作る。

HINT (1)　解が異なる2つの整数
⟶ $(x-p)(x-q)=0$
(p，q は整数，$p\neq q$)
(2)　三角形ができないときはどのようなときかを考える。

さいころを2回投げるとき，目の出方は　$6\times6=36$ (通り)

(1)　解が異なる2つの整数である場合は

$(x-1)(x-2)=0$　すなわち　$x^2-3x+2=0$　$(a=3,\ b=2)$
$(x-1)(x-3)=0$　すなわち　$x^2-4x+3=0$　$(a=4,\ b=3)$
$(x-1)(x-4)=0$　すなわち　$x^2-5x+4=0$　$(a=5,\ b=4)$
$(x-1)(x-5)=0$　すなわち　$x^2-6x+5=0$　$(a=6,\ b=5)$
$(x-2)(x-3)=0$　すなわち　$x^2-5x+6=0$　$(a=5,\ b=6)$

の5通りある。

⇦ a，b はさいころの目の数であるから，方程式 $(x-p)(x-q)=0$ において $p+q$，pq は1～6である。

よって，求める確率は　$\mathbf{\dfrac{5}{36}}$

(2)　3本の直線が三角形を作らないのは，異なる3本の直線が1点で交わるときか，2本の直線が平行になるときである。

⇦ 2本の直線が一致する場合もある。

$y=\dfrac{b}{a}x$ ……①，$y=\dfrac{a}{b}x$ ……②，
$y=2x-1$ ……③

[$a=3$，$b=2$ のとき]

とおくと，直線①と②は原点を通り，③は原点を通らないから，異なる3本の直線が1点で交わることはない。

したがって，3本の直線が三角形を作らないのは，2本の直線が平行になるときで，次の[1]～[3]のどれかである。

[1]　①と②が平行になるとき

$a=b$ より

⇦ ①と②が一致する。

$(a,\ b)=(1,\ 1),\ (2,\ 2),\ (3,\ 3),\ (4,\ 4),\ (5,\ 5),\ (6,\ 6)$
の 6 通り

[2]　① と ③ が平行になるとき

$\dfrac{b}{a}=2$ より $b=2a$ であるから

$(a,\ b)=(1,\ 2),\ (2,\ 4),\ (3,\ 6)$ の 3 通り

◯① と ③ の傾きが等しい。

[3]　② と ③ が平行になるとき

$\dfrac{a}{b}=2$ より $a=2b$ となるから

$(a,\ b)=(2,\ 1),\ (4,\ 2),\ (6,\ 3)$ の 3 通り

◯② と ③ の傾きが等しい。

したがって，求める確率は　$1-\dfrac{6+3+3}{36}=1-\dfrac{1}{3}=\boldsymbol{\dfrac{2}{3}}$

演習 142　右の図のように，正方形 ABCD において，各辺を 3 等分する点と頂点を合わせた 12 個の点がある。いま，大小 2 個のさいころを同時に 1 回投げて，それぞれ出た目の数だけ点の上を移動する 2 点 P，Q を考える。P，Q は初めに正方形の頂点 A の位置にあり，点 P は反時計回り，点 Q は時計回りに各点を進むものとする。2 個のさいころを同時に 1 回投げるとき，3 点 A，P，Q を線分で結んでできる図形が直角三角形になる確率を求めなさい。

HINT　△APQ のどの角が直角になるか考える。

大小 2 個のさいころを同時に 1 回投げるとき，目の出方は

$6\times6=36$（通り）

大きいさいころの出る目が a，小さいさいころの出る目が b であることを $(a,\ b)$ と表すものとする。△APQ が直角三角形になるのは，次の [1]～[3] のどれかである。

◯点 P は辺 AB，BC 上を動き，点 Q は辺 AD，DC 上を動く。

[1]　$\angle \mathrm{PAQ}=90^\circ$ となるとき

点 P が辺 AB 上，点 Q が辺 AD 上にあるとき，すなわち

$(a,\ b)=(1,\ 1),\ (1,\ 2),\ (1,\ 3),$
$(2,\ 1),\ (2,\ 2),\ (2,\ 3),$
$(3,\ 1),\ (3,\ 2),\ (3,\ 3)$

のときで　9 通り

[2]　$\angle \mathrm{APQ}=90^\circ$ となるとき

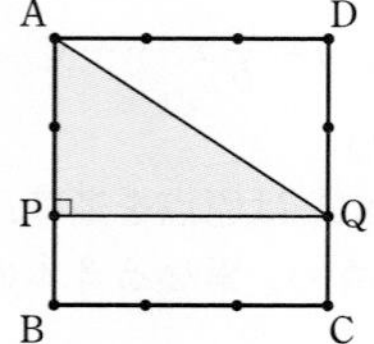

点 P が辺 AB 上，点 Q が辺 DC 上にあるとき，すなわち

$(a,\ b)=(1,\ 4),\ (2,\ 5),\ (3,\ 6)$

のときで　3 通り

[3]　$\angle \mathrm{AQP}=90^\circ$ となるとき

点 P が辺 BC 上，点 Q が辺 AD 上にあるとき，すなわち

$(a,\ b)=(4,\ 1),\ (5,\ 2),\ (6,\ 3)$ のときで　3 通り

したがって，求める確率は　$\dfrac{9+3+3}{36}=\boldsymbol{\dfrac{5}{12}}$

演習 143 ある高校の 3 年生 400 人の身長を測定したものを母集団と考えて，それから 10 個の標本を無作為に抽出したところ，次のものを得た。

162.5　157.2　151.3　156.2　161.1
154.7　150.3　152.4　163.5　166.8（単位は cm）

これから，母集団の平均値を推定しなさい。

HINT （標本平均）≒（母集団の平均値）を利用する。

$162.5+157.2+151.3+156.2+161.1+154.7+150.3$
$+152.4+163.5+166.8=1576$

よって，10 個の標本の標本平均は

$$\frac{1576}{10}=157.6\ (\mathrm{cm})$$

したがって，母集団の平均値を推定すると　**およそ 157.6 cm**

演習 144 X 市のすべての中学生 8500 人のうち，無作為に抽出した 500 人について通学時間を調査した。その結果を，右のように度数分布表に表した。この調査結果を使って，通学時間が 40 分以上 50 分未満の生徒の人数は，X 市全体で何人いるか推定しなさい。

階級（分）	度数（人）
0 以上 10 未満	118
10 ～ 20	131
20 ～ 30	125
30 ～ 40	106
40 ～ 50	20
計	500

HINT （標本の比率）≒（母集団の比率）を利用する。

X 市のすべての中学生のうち，通学時間が 40 分以上 50 分未満の生徒の人数をおよそ x 人とする。
無作為に抽出した 500 人に含まれる，通学時間が 40 分以上 50 分未満の生徒の割合は　$\frac{20}{500}=\frac{1}{25}$

◀標本の比率

X 市のすべての中学生は 8500 人であるから　$\frac{x}{8500}=\frac{1}{25}$

◀母集団の比率は $\frac{x}{8500}$

したがって　$x=\frac{8500}{25}=340$

よって　**およそ 340 人**

演習 145 池にいる魚の総数を推定するために，次のような調査を行った。
[1] 池のあちこちから全部で 100 匹の魚を捕えて，それらに印をつけて，池にもどした。
[2] 2 週間後に，同じようにして池から全部で 300 匹の魚を捕えたところ，そのうちの 20 匹に印がついていた。
この結果から，池にいる魚の総数を推定しなさい。

HINT （標本の比率）≒（母集団の比率）を利用する。

池にいる魚の総数をおよそ x 匹とする。

抽出した標本における印がついた魚の割合は　$\frac{20}{300}$

◀標本の比率

印をつけた魚は全部で 100 匹であるから　$x\times\frac{20}{300}=100$

◀母集団の比率は $\frac{100}{x}$

したがって　$x=\frac{100\times300}{20}=1500$

よって，池にいる魚の総数は　**およそ 1500 匹**

演習 146 赤，青，白の球が，合わせて 400 個入った箱がある。この箱の中から無作為に 20 個抽出し，白球の個数を調べ，抽出した球を箱にもどす。この作業を 8 回くり返して，次の表を得た。この箱の中の白球の個数を推定しなさい。

回	1	2	3	4	5	6	7	8
白球の個数	6	6	8	7	7	7	5	6

HINT （標本の比率）≒（母集団の比率）を利用する。

箱の中にある白球の数をおよそ x 個とする。
作業を 8 回くり返して抽出した白球の合計は

$6+6+8+7+7+7+5+6=52$ (個)

また，抽出した球の合計は　$20\times8=160$ (個)

よって　$\dfrac{x}{400}=\dfrac{52}{160}$

⇐標本の比率で母集団の比率を推定する。

したがって　$x=\dfrac{400\times52}{160}=130$

よって，箱の中の白球の個数は　**およそ 130 個**

※解答・解説は数研出版株式会社が作成したものです。

発行所
数研出版株式会社

〒101-0052 東京都千代田区神田小川町２丁目３番地３
〔振替〕00140-4-118431
〒604-0861 京都市中京区烏丸通竹屋町上る大倉町205番地
〔電話〕代表 (075)231-0161
ホームページ　https://www.chart.co.jp
印刷　寿印刷株式会社
乱丁本・落丁本はお取り替えします。　201201